Conrad Matschoss
Geschichte der Dampfmascl

SEVERUS

Matschoss, Conrad: Geschichte der Dampfmaschine
Hamburg, SEVERUS Verlag 2013
Nachdruck der Originalausgabe von 1901

ISBN: 978-3-86347-728-8
Druck: SEVERUS Verlag, Hamburg, 2013

Der SEVERUS Verlag ist ein Imprint der Diplomica Verlag GmbH.

Bibliografische Information der Deutschen Nationalbibliothek:
Die Deutsche Nationalbibliothek verzeichnet diese Publikation in der
Deutschen Nationalbibliografie; detaillierte bibliografische Daten sind im
Internet über http://dnb.d-nb.de abrufbar.

Geschichte der Dampfmaschine.

Ihre kulturelle Bedeutung,

technische Entwicklung und ihre grossen Männer.

Von

Conrad Matschoss,

Ingenieur.

Mit 188 Abbildungen im Text, 2 Tafeln und 5 Bildnissen.

Vorwort.

An grosse Ereignisse knüpfen sich gern Geschichtchen — Anekdoten. Die Erfindungsgeschichte der Dampfmaschine kennt eine ganze Anzahl. Eine Weinflasche, eine Tabakspfeife, ein Flintenlauf und vor allem ein Theekessel spielen hierbei eine grosse Rolle. Letzterer hat sich bis auf unsere Zeit im Andenken erhalten, und heute noch wird mancher nicht viel mehr von der Geschichte der Dampfmaschine wissen, als dass ein Theekessel dem jungen James Watt die Geheimnisse seiner grossen Erfindung verraten habe.

So lange diese Anekdoten uns vor Augen führen, dass auch das Grösste seinen bescheidenen Anfang hat und dass der sogenannte Zufall bei unserer menschlichen Entwicklung eine grosse Rolle spielt, ist nichts dagegen einzuwenden. Wenn aber einer solch kleinen Theekesselgeschichte eine Bedeutung beigelegt wird, die sie nie haben kann, wenn sie als einzig Bemerkenswertes im Gedächtnis zurückbleibt und sich zu einer besonderen bildlichen Darstellung des der Anekdote zu Grunde gelegten Vorganges, womöglich mit der Unterschrift „James Watt erfindet die Dampfmaschine" verdichtet, so gewinnt sie ernstere Bedeutung, denn sie zeigt alsdann, dass für die Art technischer Arbeit vielen noch jegliches Verständnis abgeht.

Der geniale Erfinder wird zum Lotteriespieler, der gerade zufällig das grosse Los zieht, herabgesetzt, und der grosse Konstrukteur, der in ernster technisch-wissenschaftlicher Arbeit sich abmüht, dem Erfindungsgedanken die notwendige praktische Form zu geben, gilt höchstens als gebildeter Handwerker oder als Zeichner und wird weit unter den Jünger der reinen Wissenschaft gestellt.

Ist dann eine grosse Erfindung der Natur abgerungen, ausgebildet und schliesslich eingeführt und kann gegen ihre Bedeutung nichts mehr eingewendet werden, weil sie zu unmittelbar in die Augen fällt, dann wird wohl aus alten Folianten klipp und klar bewiesen, dass die Sache gar nicht so neu sei, dass schon vor vielen hundert

Jahren einer — wenn möglich gar die alten Griechen und Römer —
davon „gesprochen" habe. Welch ein Unterschied besteht zwischen
derartigen phantasievollen Vorahnungen und der harten Lebensarbeit
des endlich mit Erfolg gekrönten Erfinders, steht bei derartigen
Prioritätsnachforschungen, bei dieser Jagd nach dem „ersten" Erfinder
gewöhnlich nicht vermerkt.

Aufklärend in dieser Richtung zu wirken, die Grösse der
Technik, ihre Leistungen und ihre Bedeutung für unsere gesamte
Kultur klar zu legen, ist eine der Aufgaben, die die Geschichte der
Technik zu erfüllen hat.

Noch wenig ist auf diesem Gebiete geschehen. Der rastlos
vorwärtsschreitende Entwicklungsgang der Technik hat wenig Zeit
zum Rückwärtsschauen übrig gelassen. Unsere grossen Ingenieure
haben wohl Geschichte gemacht, aber noch nicht Musse gefunden, sie
zu schreiben.

Die neuste Zeit erst zeigt bedeutsame Anfänge zu einer Geschichte der Technik. In dem Werke L. Becks haben wir eine gross
angelegte Geschichte des Eisens erhalten und in den „Beiträgen zur Geschichte des Maschinenbaues" von Th. Beck sowie in Merkels Ingenieurtechnik im Altertum ist uns eine ungeahnte Fülle der Anregung
aus der Technik längst entschwundener Zeiten zu teil geworden.
Eine grössere Anzahl geschichtlicher Betrachtungen in den technischen Zeitschriften aller Länder zeigt ebenfalls, dass man beginnt,
die Bedeutung der geschichtlichen Behandlung technischer Gebiete
zu würdigen und Zeit dafür zu finden.   .

Wenn es erst neben den zahlreichen Litteratur- und Kunstge-
schichten auch eine Technikgeschichte — wie ungewohnt klingt sogar das Wort uns noch — geben wird, dann werden auch die Verfasser unserer Welt- und Kulturgeschichten an den grossen Thaten
der Ingenieure nicht mehr wie bisher stillschweigend vorbei- oder mit
einigen Zeilen darüber hinweggehen können. Ja es wird dann auch
die Zeit kommen, wo in den Museen nicht nur die Werkzeuge der
Stein- und Eisenzeit, sondern auch die geschichtlich denkwürdigen
Erzeugnisse des Maschinenzeitalters Platz finden werden.

Bescheidene Anfänge sind auch schon in dieser Richtung vorhanden. Ich erinnere an das äusserst interessante Eisenbahn-Museum
des bayrischen Staates, das in Nürnberg, dem Ausgangspunkt des
deutschen Eisenbahnwesens, seinen richtigen Platz gefunden hat.
Freilich von der „ersten" Lokomotive Deutschlands, dem „Adler",
findet der Besucher Abbildungen und in neuester Zeit wohl ein

Modell. Als der „Adler" ausgedient hatte, war nicht einmal bei der
Eisenbahn, viel weniger bei einem Museum Raum für ihn vorhanden.
Wenn einst die Bedeutung der Technik so klar erkannt sein wird,
dass im grossen Stil an die Errichtung eines Museums der Technik
gedacht werden kann, wird es unseren Nachkommen nicht mit
vielen Erzeugnissen der Technik ähnlich gehen, wie uns mit dem
„Adler"? Wie manches, was heute ohne Beachtung seines geschichtlichen Wertes der Zerstörung anheimfällt, wird dann als unersetzlich
schmerzlich vermisst werden.

Auch nach dieser Richtung hat die Geschichte der•Technik
vorzuarbeiten.

Indem sie zeigt, welch hervorragende Stellung die Technik in
dem Entwicklungsgang unserer Kultur vom Urbeginn an bis heute
einnimmt, wird sie uns lehren, auch die menschliche Arbeit zu achten,
die jedem technischen Erzeugnis zu Grunde liegt, und indem sie
uns den Zusammenhang unserer Arbeit mit der Vergangenheit
nachweist, wird sie darauf schliessen lassen, dass die heute geleistete
technische Arbeit auch Wert und Interesse für die Zukunft hat.

In diesem Sinne vorbereitend wirken möchte auch die vorliegende „Geschichte der Dampfmaschine". Sie will sich deshalb
nicht nur an den Dampfmaschinen-Ingenieur, sondern an alle technisch
Gebildeten wenden, ja möchte über die Kreise hinaus auch versuchen, den nicht unmittelbar dem technischen Leben Angehörigen
von der seit zwei Jahrhunderten auf die Ausgestaltung der Dampfmaschine gerichteten technischen Arbeit zu erzählen. Dieser Wunsch
bedingte Auswahl und Anordnung des Stoffes.

Rechnungen und theoretische Auseinandersetzungen wurden
vermieden. Manches für den Fach-Ingenieur Interessante musste
wegbleiben oder konnte nur kurz angedeutet werden, und anderes
musste vielleicht ausführlicher, als dem Dampfmaschineningenieur
lieb ist, behandelt werden.

Die Betrachtungen über die kulturelle Bedeutung der Dampfmaschine wurden vorangestellt, weil in ihnen zugleich die Begründung
liegt für die ausführliche Behandlung der technischen Entwicklung.
Wer die Werke kennt und schätzt, wird sich auch für die Meister
interessieren, deshalb sind im dritten Teil die Lebensschicksale einiger
der Männer, die sich um die Entwicklung der Dampfmaschine verdient gemacht haben, zusammengestellt.

Von dem bedeutsamen Zusammenhang zwischen technischen und
wirtschaftlichen Fragen überzeugt und durchdrungen von der Einsicht,

dass der Maschinenbau mehr ist als „angewandte Mathematik und Physik", habe ich auf die wirtschaftlichen Momente, die in der Geschichte der Dampfmaschine eine grosse Rolle spielen, besonders hingewiesen.

Ich bin bestrebt gewesen, die mir zugängliche Litteratur sorgfältig zu benutzen. Für ausführlichere, persönliche Auskünfte, die es mir möglich gemacht haben, das Leben des noch zu wenig gekannten Dr. Ernst Alban zu schildern, bin ich Herrn E. Alban in Plau und Herrn Civilingenieur Lüders in Leipzig zu besonderem Danke verpflichtet.

Allen den Maschinenbauanstalten, die mich mit Material in liebenswürdiger Weise unterstützt haben, möchte ich auch von dieser Stelle aus nochmals danken.

An die Fachgenossen, denen das Buch in die Hand kommt, richte ich die Bitte, an Berichtigungen und Ergänzungen es nicht fehlen zu lassen. Noch viel ist zusammenzutragen, ehe eine grosse, umfassende Geschichte unserer bedeutungsvollsten Kraftmaschine verfasst werden kann. Und die Zeit eilt. Das, was mit unsern heutigen alten Veteranen des Maschinenbaues an persönlichen Erinnerungen dahingeht, ist unersetzlich.

Möge es dem Buch gelingen, wenigstens einige unserer alten Ingenieure anzuregen, aus dem Schatz ihrer Erinnerungen an die vergangenen Zeiten die grossen Lücken unsers technisch-geschichtlichen Wissens auszufüllen.

Köln, September 1901.

Der Verfasser.

Inhaltsangabe.

Verzeichnis der Bildnisse.

A. Die kulturelle Bedeutung der Dampfmaschine.

Wer die Bedeutung der menschlichen Thaten und Schöpfungen nur nach dem Umfang ermessen wollte, den ihre Erzählung in unserm Welt- und Kulturgeschichten einnimmt, würde die kulturelle Bedeutung der Dampfmaschine gänzlich unterschätzen. Unsere Geschichtsschreiber haben zu viel von Kriegen und Helden, von Königen und Kaisern, von hoher Staatspolitik und allenfalls noch von Künsten und Wissenschaften zu berichten, um „für die Millionen, die ackern und schmieden und hobeln müssen, damit einige Tausende forschen, malen und regieren können",[1]) noch Raum in ihren Werken zu finden. Von „der ungeheuren Mehrheit der Menschen, die immer und überall der Sorge um das Leben, der materiellen Arbeit ihr Dasein widmen muss",[2]) von all den Schöpfungen, den Werkzeugen und Maschinen, die diese Arbeit, die Grundlage unserer Kultur erleichtern und zum Teil erst ermöglicht haben, erzählen sie uns wenig oder nichts.

Die Technik ist noch nicht Gegenstand der zünftigen Geschichtsschreibung. Und doch ist „das wahre Heldengedicht unserer Zeit nicht Waffe und Mensch, sondern Werkzeug und Mensch — eine unendlich umfassendere Art des Heldengedichtes"[3]). Und doch hat Adalbert Chamisso seinen Söhnen verkündet: „Die Zeit des Schwertes ist abgelaufen und die Industrie erlangt in der Welt, wie sie wird, Macht und Adel."

---

[1]) Treitschke. Der Socialismus und seine Gönner.
[2]) Treitschke, a. a. O.
[3]) T. Carlyle. „The true Epic of our time is not Arms and the Man, but Tools and the Man, — an infinitely wider kind of Epic".

Nicht aus dem Inhalt der Staatsarchive, sondern unmittelbar
dem wirtschaftlichen Leben ergiebt sich die Bedeutung der
:hnik, folgt die Wirkung ihrer gewaltigsten Schöpfung — der
npfmaschine.

Die Geschichte der Dampfmaschine ist eine Geschichte menschlicher Arbeit und menschlichen Erfolges, deren Umfang und Wert
sich erst ganz ermessen lässt, wenn wir kurz die Vorgeschichte
betrachten, den Untergrund herstellen, auf dem sich das Spätere
aufbaut, die Grenzen abstecken, zwischen denen sich die Geschichte
der Dampfmaschine einreiht.

Alles Entstehen, Dasein und Vergehen ist Gesetzen unterworfen,
die, auch wenn wir sie noch nicht zu erkennen und auszusprechen
vermögen, doch vorhanden sind, die sich nicht ändern lassen, denen
wir mit unserm Wirken und Thun unterworfen sind.

> „Nach ewigen, ehrnen
> Grossen Gesetzen
> Müssen wir alle
> Unseres Daseins
> Kreise vollenden."

Eins dieser ehernen Gesetze, gleichsam das Motto aller menschlichen Kulturbestrebungen, lautet: „Machet die Erde euch unterthan."

Herrschaft über die Erde heisst das Ziel, das der Menschheit gesetzt ist. Zeiten und Menschen wechseln, das Ziel bleibt
immer das gleiche.

Die Kulturgeschichte erzählt von dem Streben nach diesem Ziel,
von dem zwar ungleichmässig geführten, aber nie rastenden Kampf
um diese Herrschaft. Sie lässt Zeiten an uns vorüber ziehen, in
denen die Menschheit mit Riesenschritten ihrem Ziel entgegen eilt,
und gleich darauf wieder andere, wo sie zu ruhen scheint, wo es
gilt das Erworbene zu befestigen, zu erhalten. Aber in dieser Stille
werden schon wieder neue Waffen zu neuem Kampf geschmiedet,
und bald folgen die Zeiten, in denen mit neuen Mitteln versucht
wird, die Grenzen menschlichen Machtbereichs zu erweitern.

Doch immer noch ist „Herr der Erde" ein leerer Titel, ein
schmückendes Beiwort, den Thatsachen vorweg genommen; noch
immer ist der Punkt nicht gewonnen, von dem aus schon Archimedes
die Welt aus den Angeln heben, die Erde ganz beherrschen wollte.

Der Mensch will nicht nur Herr der Erde heissen, er will es sein.

Je weiter aber der Mensch sich die Erde unterwirft, um so grösser
wird sie. Jeder Schritt vorwärts enthüllt neue Weiten. Jeder Sieg
ist der Anfang zu neuem Kampf. Und unermüdet wird weiter ge-

kämpft. Unbeugsam, wie ein unabänderliches Naturgesetz ist der Befehl, der dem Menschen gegeben ist:

„Herrschet über die Erde."

Der Weg zu dieser Herrschaft führt allein durch die Arbeit. Arbeit ist die unerlässliche Voraussetzung jeden Erfolges. Zu dieser Arbeit aber gehört das einheitliche Zusammenwirken dreier Faktoren: Kraft, Werkzeug und Intelligenz sind Bedingung für jede nutzbringende Arbeit. Je machtvoller der Mensch diese Faktoren zu gestalten vermag, um so wirkungsvoller wird ihr Produkt, die Arbeit.

Um „Herr der Erde" zu werden, muss der Mensch sich immer neue Kraftquellen erschliessen, seine Werkzeuge vervollkommnen und seinen Verstand vertiefen.

Der Intelligenz des ersten Menschen stand als physische Kraft zunächst nur seine eigene Muskelkraft, als Werkzeug nur seine Hand, dieses „Werkzeug der Werkzeuge", wie sie Aristoteles nennt, zur Verfügung.

Mit diesem Grundkapital begann die Intelligenz ihre Arbeit und schuf so die ersten einfachsten und notwendigsten Mittel oder Werkzeuge für die Thätigkeit des Menschen.

Wo die Faust als Hammer nicht ausreichte, griff man zum Stein oder zur Keule. Wo der Arm zu kurz war, half ein Ast. Wenn die Schärfe der Nägel nicht genügte, musste ein spitzer Knochen oder scharfkantiger Stein aushelfen.

Dieses Suchen und Finden von Werkzeugen lehrte den Menschen denken und handeln, es übte seinen Verstand und vermehrte sein Wissen und Können.

„Nur an den Schöpfungen des Menschen rankte sich der menschliche Gedanke empor; nur durch seine eigenen sichtbaren Gebilde wurde sein Bewusstsein heller, seine Sprache reicher, mannigfaltiger an Laut und Inhalt, bedeutungs- und ausdrucksvoller. Man streiche diese Schöpfungen aus dem Leben unserer Urahnen, und die Entstehung von Sprache und Vernunft wird unmöglich."[1]

Die erste Stufe der Kultur ist erreicht; die notwendigsten Bedürfnisse sind befriedigt. Es folgt ein zweiter grosser Schritt in der Entwicklung. Die Erfahrung lehrt den Menschen, dass es zweckmässiger sei, nicht erst den Augenblick des brennenden Bedarfs

---

[1] Ludwig Noiré, das Werkzeug und seine Bedeutung für die Entwicklungsgeschichte der Menschheit.

abzuwarten und diesen dann in Eile notdürftig zu befriedigen, sondern schon vorher und von vornherein auf Werkzeuge zu sinnen und sie anzufertigen. Der Mensch kommt vom Werkzeugfinden für den augenblicklichen Bedarf zum Werkzeugersinnen und -Verfertigen für ganz bestimmte, ein für allemal feststehende Zwecke. Je vielfältiger diese werden, um so grösser wird auch die Anzahl verschieden gestalteter Werkzeuge. Parallel der Entwicklung des Werkzeuges zu immer mannigfaltigeren und zweckentsprechenderen Formen geht der Fortschritt in der Wahl des Materials, nach dem Grundsatz, je dauerhafter, desto zweckmässiger und vollkommener. Zuerst das leicht zu bearbeitende Holz mit seiner geringen Dauerhaftigkeit, dann der Stein, der die grössere Mühe, die seine Gestaltung erfordert, durch längere Brauchbarkeit aufwiegt.

Auf diese „Holz- und Steinzeit" folgten Bronce- und Eisenzeit.

Die Metalle beginnen in der Menschheitsgeschichte ihre ausschlaggebende Rolle zu spielen. Aber nur mit Hilfe des Feuers sind sie den rohen Erzen abzugewinnen, nur mit Benutzung des Feuers vermag der Mensch aus ihnen sich Werkzeuge, Waffen zu gestalten.

Prometheus, ein Sohn der Götter — ein Titan — hat einst wider den Willen der Unsterblichen das Feuer vom Himmel zur Erde gebracht. Erst jetzt, im Besitz der Himmelsfackel, ist dem Menschen der Weg zur höchsten Kultur geöffnet. Der Zorn der neidischen Götter trifft den kühnen Entwender. An den massigen Fels, die rohe Materie, geschmiedet, muss Prometheus erfahren, dass der Fortschritt der Menschheit mit den Qualen des kühnen Pfadfinders bezahlt werden muss. Herkules, das Sinnbild der Kraft, befreit den Genius von seinen Ketten, und im Olymp, als Ratgeber der Götter, thront von nun an der grösste Wohlthäter der Menschheit, — Prometheus.

Tiefer und grossartiger als in dieser mythischen Gestaltung der Griechen lässt sich die Bedeutung des Feuers für die menschliche Kultur nicht zum Ausdruck bringen.

Die mit des Feuers Macht errungene höhere Kulturstufe machte Steigerung der Kraft notwendig. Der Mensch beginnt sich Kräfte, die ausser ihm liegen, dienstbar zu machen. Er zähmt das Tier und zwingt den Feind zum Dienen.

Solange der Mensch für die Muskelkraft seines Feindes noch keine Beschäftigung hatte, war Tod das Loos des Besiegten. Die fortgeschrittene Technik rettet ihm das Leben, indem sie ihn zum Sklaven macht. Die Sklaverei war ein Kulturfortschritt von grösster Bedeutung, weil sie Menschenkraft erhielt und zu dauernder, nutzbringender Arbeit erzog; sie ist immer solange Voraussetzung höherer Kultur geblieben, bis der Mensch es verstand, andere Kräfte in seinen Dienst zu zwingen, die, weil wirksamer und leistungsfähiger, die Menschenkraft verdrängen und mehr oder weniger entbehrlich machen konnten.

Ungeheure Sklavenheere waren die gewaltigen Kraftmaschinen des Altertums, von deren Leistungsfähigkeit uns noch heute einige Denkmäler erzählen.

„Zehnmal zehntausend Mann" im Dienst des Königs Cheops zogen drei Monate hindurch die Steine vom Gewinnungsort zum Nil, während eine gleiche Anzahl das über den Fluss geschaffte Baumaterial zum Bauplatz schaffte. Und diese Sklavenheere bauten vorerst zehn Jahre an dem Weg, „worauf sie die Steine zogen" — berichtet Herodot. Auch diese riesigen Menschenmassen hätten ohne weitere Ausbildung der Werkzeuge nicht die Wirkung erzielen können, von der ihre Werke noch heute Zeugnis ablegen. Daher geht gleichzeitig mit dieser riesigen Steigerung der einem Willen unterworfenen physischen Kraft die Erfindung und Ausbildung der Werkzeuge zur Aufnahme, Weiterleitung und Nutzbarmachung dieser physischen Kräfte. Der Mensch kommt vom einfachen Werkzeug zur zusammengesetzten Maschine, bei welcher das „Rad" in der verschiedensten Verbindung mit anderen Konstruktionsteilen zur grössten Bedeutung gelangt.

Mit Rolle und Flaschenzug gelingt es der Muskelkraft des Menschen, die grössten Lasten zu bewegen. Am vorteilhaftesten wird gleichzeitig Muskelkraft und Körpergewicht bei der Kurbel ausgenutzt. Andere Mittel zur besseren Ausnutzung menschlicher Kraft stellen die Laufräder dar. Am innern Umfang mächtiger Räder versucht der Sklave emporzusteigen, aber das Rad weicht unter seinen Tritten aus, und während er selbst immer an derselben Stelle bleibt, dreht sich das Rad und überträgt die Bewegung auf alle maschinellen Vorrichtungen, die mit ihm in Verbindung stehen. Dasselbe geschieht, wenn der Arbeiter oben am äussern Umfang des Rades seine Stellung einnimmt; man spricht dann von Treträdern.

Die tierische Kraft wird am einfachsten und wirkungsvollsten durch Zug bei geradlinigem Fortschreiten ausgenutzt. Das maschinelle Bedürfnis nach konstanter Drehbewegung führte dazu, Tiere am Ende eines Hebels, der um eine senkrechte Achse drehbar ist, — am Göpel — kreisförmigen Rundgang ausführen zu lassen. Auch das Körpergewicht der Tiere hat man in ähnlicher Weise wie bei den Lauf- und Treträdern wirksam zu machen gesucht.

Gleichzeitig mit dem Aufkommen dieser einfachen Maschinen

werden die Werkzeuge im engeren Sinne des Wortes, d. h. das zur
Bearbeitung der von der Natur gelieferten Rohstoffe dienende Hand-
werkszeug, immer mehr vervollkommnet.

Grossartiger und leistungsfähiger werden auch die Werkzeuge
der Zerstörung, — die Waffen. Gewaltige Sturmmaschinen und
Schleudervorrichtungen — Katapulte und Ballisten — geben Zeugnis
von der Maschinentechnik des Altertums.

Die Werkzeuge, die zur Ortsveränderung dienen — die Trans-
portmittel — stehen in der Entwicklung nicht zurück. Der Schritt
von der einfachen Schleife, dem Schlitten, zum Wagen ist auf diesem
Gebiet jedenfalls der bedeutungsvollste.

Indem so der Mensch mit fortschreitender Technik zu immer
höherer materieller Kultur emporstieg, schuf er sich zugleich die
unerlässliche Grundlage für eine reiche Geisteskultur, für Wissenschaft
und Kunst.

Aus den Bedürfnissen des praktischen Lebens, aus der Kunst,
diese Bedürfnisse zu befriedigen, aus der Technik entwickeln sich
die Wissenschaften.

Das Zählen bei dem Tausch der Waaren führt zur Algebra, die
Feldervermessung entwickelt sich zur Geometrie. Von der Metal-
lurgie geht der Weg über die Alchemie schliesslich zur Chemie. Die
Sternbeobachtung, zunächst nur als Orientierungsmittel von den
Menschen betrieben, wird zur Astronomie.

Losgelöst von den Augenblicksforderungen und unvermeidlichen
Einschränkungen des praktischen Lebens geht der menschliche Geist
freiere Bahnen. Ein rein geistiges Interesse führt zur Erforschung
weiter Thatsachengebiete, deren wissenschaftliche Ergebnisse rück-
wirkend oft zur grössten Bedeutung für die Technik gelangen, und
so zur Steigerung der materiellen Kultur, aus der sie im Grunde
hervorgegangen waren, wesentlich beitragen.

Noch augenscheinlicher ist der Zusammenhang zwischen Technik
und Kunst. Im Kunstgewerbe äussert zuerst sich die Freude des
Menschen an der Form; man schmückt die technischen Erzeugnisse,
soweit es der Gebrauchszweck zulässt. Allmählich löst sich aus diesen
Kunstanfängen die „reine Kunst" ab, die etwas Selbstständiges für
sich ist, nicht bloss zur Verzierung dient, sondern die hohe Aufgabe
hat, den Ausdruck für solche Gedanken und Empfindungen zu
schaffen, die einer eigenen Form wert sind, für welche die alltäg-
lichen Formen nicht ausreichen.

Technik, Wissenschaft und Kunst, die menschliche Kultur in
ihrer Gesammtheit, gewannen stetig an Ausbreitung und Vertiefung,

bis am Anfang unserer Zeitrechnung erst Stillstand, dann langsamer Rückgang und endlich der Zusammenbruch eintrat. Die Ursache zu diesem Zerfall lag in der Entwicklung selbst. Ungeheuere Menschenmassen waren nur ihrer Muskelkraft wegen geschätzt, sie waren für eine Minderheit Besitzender „nur Kraft", nur Maschine. Die Wenigen, die mit ihrem Verstand dieser Kraft die Richtung zu geben hatten, vergassen im Gefühl ihrer Macht, dass der Mensch nie ganz Maschine werden kann, da er einen „Willen" behält, der ihn unter Umständen befähigen kann, seine Kraft gegen seine Unterdrücker zu kehren. Wie dieser Wille in den Kraftmaschinen des Altertums in der That lebendig ist, zeigen die Sklavenaufstände, durch die immer von neuem der Bestand der ganzen Organisationsform in Frage gestellt wurde. Nur das straffe, absolutistische Regiment des römischen Reiches konnte diese Menschenmassen noch so lange zusammenhalten. Gleichzeitig lassen diese Erschütterungen, die immer mehr die Oberfläche des socialen Lebens zerreissen, erkennen, dass die Steigerung „der Kraft" durch Ansammlungen menschlicher Muskelkraft ihre Grenze erreicht hatte. Die Maschine begann bereits ihre Lenkbarkeit zu verlieren.

Ein Fortschritt im Kampf um die Herrschaft der Erde aber ist nur möglich durch Steigerung der Kraft, durch Erschliessung neuer Kraftquellen. Die Unterwerfung der Elementarkräfte wird nunmehr die unerlässliche Bedingung für neue Erfolge.

Wer die Naturkräfte im Dienste hat, kann der im Verhältnis zu ihnen so winzigen physischen Kraft des Menschen entraten. Die Sklaverei hört dann auf und der Mensch kann diese einst so wesentliche Bedingung der Kultur billig als Schandfleck der Menschheit mit seiner Entrüstung strafen.

Der Weg, der zu diesem Fortschritte — Nutzbarmachung der Naturkräfte — führte, war lang und mühsam. Der Gang der politischen Ereignisse unterbrach auf Jahrhunderte hinaus die Entwicklung in der oben angedeuteten Richtung. Das römische Reich und mit ihm die ganze alte Kultur war kulturlosen, aber kulturfähigen Völkern als Beute anheim gefallen. Alle die Schätze, in unendlicher Zeit durch mühevollste Arbeit, durch immer sich wiederholende Versuche geschaffen, verbreiteten sich nun. Das, was in Jahrtausenden geworden war, mussten sich die Menschen dieser neuen Zeit durch gesteigerte Verstandesthätigkeit in wenigen Jahrhunderten aneignen. Ihre Denkthätigkeit erhielt vorwiegend durch den Einfluss der Religion, die die Geringschätzung der irdischen Dinge zur Tugend erhob, nach und nach eine einseitige Richtung. Es entstand die

Geistesströmung, die den Menschen immer weiter von der Natur, vom Leben ablenkte und ihn der abstrakten Spekulation in die Arme führte. Der Mensch begann das Gebiet seiner Erkenntnis dogmatisch abzugrenzen und unendlich zu verkleinern. Von einem bösen Geist im Kreis herumgeführt, verlernte es der Mensch, auf der schönen grünen Weide des wirklichen Lebens, die überall in seiner Nähe zu finden war, sich neue Kräfte zu holen. Man geriet dabei auf solche Ungeheuerlichkeiten, dass beispielsweise ernsthaft darüber nachgedacht wurde, alle logischen Kombinationsmöglichkeiten auf mechanischem Wege durch eine „Maschine" zu Stande zu bringen. Der menschliche Geist sollte sich selbst entbehrlich machen. Ihrerseits unfruchtbar vermochte diese Wissenschaft nichts Neues zu schaffen, denn „alle begrifflichen Operationen — sagt Kant — bringen immer nur den bisherigen Erkenntnisinhalt in neue formale Beziehungen, können aber niemals etwas Neues erschliessen und hinzufügen."

Auf die Zeit des Stillstandes folgte endlich wieder die des Fortschritts. Mit der Bankerotterklärung der scholastischen Denkweise erwuchs eine neue Richtung, die klar erkannte und aussprach, dass aller Fortschritt nur auf dem Wege klarer Naturerkenntnis und Erfahrung zu finden sei. Man sah ein, nur der Versuch, die direkte Fragestellung an die Natur, konnte weiterführen. Man begann sich wieder mehr dem Diesseits zuzuwenden.

Der Kampf um die Herrschaft über die Erde wurde überall von neuem aufgenommen. Die Bedingung aber für den Sieg war, entsprechend dem langen Stillstand, noch immer Steigerung der Kraft. Die Elementarkräfte mussten dem Menschen in viel grösserem Massstabe dienstbar werden, nur so war ein Fortschritt in der Kultur möglich.

Die Elementarkraft, die sich der Mensch zuerst dienstbar machte, war die Kraft des strömenden Wassers. Ein Baumstamm, der im Fluss dem Meere zuschwamm, mag dem Menschen die erste Anregung zum Bau von Wasser-Fahrzeugen, zur Schiffahrt, gegeben haben. Zur Erfindung der vom Wasser betriebenen Kraftmaschinen mögen die schon bei den alten Assyrern im Gebrauch gewesenen Schöpfräder, mit denen das für die Bewässerung des Ackerlandes nötige Wasser aus den Flüssen geschöpft wurde, geführt haben.

„An den Stirnseiten der Räder werden nämlich Schaufeln befestigt, welche, durch den Stoss des fliessenden Wassers in Bewegung gesetzt, die Umdrehung des Rades erzeugen. Indem sie so in Kasten das Wasser schöpfen und zur höchsten Höhe führen, leisten sie ohne Tretarbeit der Tagelöhner, vielmehr durch die Wirkung des Wassers selbst, das, was zum Gebrauch nötig ist." So beschreibt Vitruv die Verbindung des Schöpfrades mit dem Wasserrad, wie sie zu Zeiten des Kaisers Augustus in Rom angewendet wurde. Die Muskelarbeit des Sklaven im Tretrade ist ersetzt durch die Wirkung des fliessenden Wassers. Der Mensch beginnt zu ahnen, dass die Naturkräfte ihn einst von all der schweren Muskelarbeit befreien werden.

„Höret auf euch zu bemühen, ihr Mädchen, die ihr in den Mühlen arbeitet, jetzt schlaft und lasst die Vögel der Morgenröte entgegensingen; denn Ceres hat den Najaden befohlen, eure Arbeit zu verrichten, diese gehorchen, werfen sich auf die Räder und treiben mächtig die Wellen und durch diese die schwere Mühle." Das war der poetische Ausdruck dieses Gedankens schon zur Zeit Ciceros.

Aber damals waren jene Worte kaum etwas anderes als Zukunftsmusik. Solange Menschenkräfte noch reichlich vorhanden und billig waren, stand die Ausnutzung der Naturkraft für motorische Zwecke vereinzelt da. Dazu kam ferner, dass die Elementarkraft des Wassers nicht überall zu Gebote stand. Die Produktion musste, wenn Wasserkraft benutzt werden sollte, ohne Rücksicht auf den Ort der Rohstoffgewinnung und den Ort des Verbrauchs, dahin verlegt werden, wo die Kraftquelle gerade vorhanden war, d. h. oft in unwegsame Gebirgsthäler. Daraus ergaben sich weitläufige und kostspielige Transporte, denen die primitiven Verkehrsmittel vielfach garnicht gewachsen waren. Bei Verwendung menschlicher oder tierischer Kräfte war es dagegen, da man hier die Kraftquelle selbst leicht transportieren konnte, stets möglich, dort zu produzieren, wo man den Rohstoff gewann, oder wo man die fertigen Güter absetzen konnte. Uebrigens war auch die durchschnittliche Leistungsfähigkeit der Räder mit dem Massstab unserer Zeit gemessen äusserst gering.

Der Maschinenbau war noch zu unentwickelt, das Material, das ihm damals für derartige grössere Maschinen fast allein zu Gebote stand, das Holz, war zu wenig widerstandsfähig, um grössere Kräfte in der geeigneten Weise aufnehmen und übertragen zu können. Wollte man grössere Arbeitsleistungen an einem Ort erzielen, so half man sich wie bei der physischen Kraft, man vergrösserte die Zahl der Kraftquellen. Je grössere Leistungen man so auf einen Ort zu koncentrieren suchte, um so schwerfälliger und ungeheuerlicher wurden die Maschinenanlagen. Schnell wurde die Grenze erreicht, wo der wirthschaftliche Nutzen aufhörte und das technische Kunststück begann. Derartige grosse Kraftcentralen waren ein

Luxus, den sich nur Fürstenlaunen gestatten konnten. Nur etwa ein Ludwig XIV, der Sonnenkönig des reichen Frankreichs, hat den Ehrgeiz, die mächtigste Kraftmaschine der Zeit sein eigen zu nennen, befriedigen können. Aber in welchem Verhältnis standen Umfang und Kosten der Anlage zu ihrer Leistung?

Aus nicht weniger als 14 Wasserrädern und 235 Saug- und Druckpumpen bestand das 1682 von einem Lütticher Zimmermann ausgeführte Pumpwerk zu Marly, das etwa 5000 Kubikmeter Wasser in 24 Stunden in einen. 160 m höher gelegehen Behälter zu heben hatte, von dem aus die Versailler Wasserkünste gespeist wurden.

Die andere Elementarkraft, die dem Menschen schon frühzeitig dienstbar wurde, war die bewegte Luft, der Wind. Wohl auch zuerst nur zur Fortbewegung auf dem Wasser, zum Segeln ausgenutzt, wurde sie etwa 1000 Jahre n. Chr. in grösserem Masse, vor allem in Deutschland, zur gewerblichen Arbeit herangezogen. Die Windmühlen beginnen sich zu mehren, aber ihre Bedeutung erreicht kaum die der Wasserräder und war jedenfalls nicht gross genug, um wesentlich umgestaltend auf das Kulturleben der Menschheit einzuwirken. Ihrer allgemeinen Verwendung stand entgegen die Unbeständigkeit und Unberechenbarkeit des Windes. Die Wasserkraft hatte den Hauptfehler, dass sie an einen bestimmten Ort gebunden war, die Windkraft den der zeitlichen Unbeständigkeit, von der übrigens auch die Wasserkraft nicht gänzlich frei war, so wenig wie die Windkraft von der Ortsgebundenheit. Die Wassermühle bannte die Menschen an einen bestimmten Ort, die Windmühle band ihn an unbestimmte Zeiten.

Unabhängig von Ort und Zeit war die dritte Elementarkraft, die sich der Mensch in grossem Umfange dienstbar machte, die Explosionskraft des Pulvers. Aber während die Natur Wasser und Wind dem Menschen zur unmittelbaren Benützung darbot, musste das Pulver erst erfunden, die neue Kraft selbst erst entdeckt werden. Die Art ihrer plötzlichen koncentrierten Wirkung liess diese neue Elementarkraft nicht für gewerbliche Arbeit verwendbar erscheinen; so wenig sie sich zum Schaffen eignete, so gut war sie zu gebrauchen zum Zerstören. Die Werkzeuge und Maschinen, die ihre Wirkung vermitteln, sind Waffen. Und diese „Feuerrohre", die Kanonen und Flinten sind in dem Grade wirkungsvoller und den alten Waffen überlegener, als die neue Elementarkraft mächtiger ist als menschliche Muskelkraft. Da aber die Macht des Menschen über den Menschen von der Güte seiner Waffen abhängt, so musste diese ausserordentliche Verbesserung der Waffe den Menschen, der sie besass, unendlich dem überlegen machen, der sich noch allein mit den alten Hilfsmitteln behelfen musste. Die Machtverhältnisse beginnen sich daher wesentlich zu verschieben. Gesellschaftliche Organisationsformen, die ihre Bedeutung der alten Art der Bewaffnung und Kriegsführung verdanken, gehen mit dieser zu Grunde. Der eisengepanzerte Ritter stirbt, seine Burgen zerfallen, eine neue Zeit, durch den Fortschritt der Technik heraufbeschworen, schafft neue Formen. „Was vor hundert jaren fest gewesen, — sagt Joh. Agricola 1528 in seiner Sammlung deutscher Sprüchwörter,— das ist jetzt unfest, wie man weyss von den alten stetten und schlössern." Und weiter an anderer Stelle des gleichen Werkes: Die gröste feste war vor aller gewalt: die bergschloss, mauren und steinern thürme. Da warden büchsen und grewlich geschoss erdacht, damit man die grossen festen ernieder würfft und zerbricht, und das geschoss thut grösseren schaden, weil es mauern und stein sein, dann so es eine blosse were. Bey unsern Zeiten trachtet man wider das geschoss und bereitet zur gegenwehr bolwerck, gräben, welle, darin die büchsen bestecken, und können nicht schaden thun. Es wirt bald auch eine kunst kommen, damit man auch die welle und bolwerck umbreisset, das das sprüchwort war sey: Was menschen hende machen, das können menschen hende auch wiederumb zerbrechen."

Die neuen Waffen stellen der Metalltechnik, dem Maschinenbau neue Aufgaben. Die Kanonenwerkstätten werden zu Lehrstätten der Metalltechnik, die hier gesammelten Erfahrungen im Giessen und genauen Bearbeiten grösserer Konstruktionsteile, vor allem im Ausbohren der Kanonenrohre kommen später dem Maschinenbau sehr zu Nutze. Die Metalle, die Bergwerksprodukte, werden immer gesuchter.

Wo die Waffen ruhen, beginnt sich gewerbliche Produktion auszubreiten und ein maschinelles Hilfsmittel nach dem andern in Gebrauch zu nehmen. Allerdings nie, ohne auf heftigsten Widerstand der durch die Neuerung Betroffenen zu stossen. Denn wo die Maschine an die Stelle des Menschen tritt, wird dieser entbehrlich, verliert seine Arbeit, wird brotlos.

Freilich schafft auch jede technische Verbesserung durch Steigerung der Produktion und durch ihre eigene Herstellung wieder neue Arbeitsgelegenheiten; aber nicht immer steht gleich demselben Menschen der Uebergang von einer zur andern Beschäftigung offen. So sehen wir, wie auch die Fortschritte der materiellen Kultur vielfach von Hass und Feindschaft verfolgt werden. Auch die Technik hat ihre Märtyrer.

Richard Arkwright, der durch seine 1769 patentierte Spinnmaschine den Grund für die gewaltige Ausdehnung der Textilindustrie, in der heute unzählige Arbeiter ihr Brot finden, gelegt hat, wurde als Feind der Arbeiter angeklagt, eine seiner Fabriken zerstörte der Pöbel. Nicht besser ging es einige Jahrzehnte später in Lyon der für die Entwicklung der Weberei so hochbedeutsamen Erfindung Jaquard's. Seine Originalmaschinen verbrannte man feierlichst, die Werkmeister verklagten ihn auf Schadenersatz, ja selbst sein Leben war mehrmals in der grössten Gefahr. Moller, der Erfinder eines Bandwebstuhles, mit dem er 16 und mehr Stück gleichzeitig herstellen konnte, wurde am Anfang des 17. Jahrhunderts in Danzig von einer wütenden Volksmenge auf das entsetzlichste gemisshandelt und schliesslich getötet. Seine Bandmühle wurde als Teufelswerk verbrannt, ihre Benutzung im heiligen römischen Reich verboten.

Aufgeregte Volksmassen und Vorschriften der Behörden vermögen naturnotwendige Entwicklung auf die Dauer nicht zu hindern. Die Zeit schreitet über sie hinweg. Die einst so laut auf ihr Recht und ihre Einsicht pochten, werden schliesslich als kurzsichtig und beschränkt von der Nachwelt bemitleidet. Was einst bitter bekämpft wurde, wird später oft gradezu unterstützt. Wer einige Jahrzehnte darauf jene Bandmühle anlegen wollte, bekam von der Regierung 30 bis 50 Thaler Belohnung, „weil sich die Zeiten geändert hätten", hiess es in der Verfügung.

Und die Zeiten fuhren fort, sich im Sinn einer stets durch Benutzung maschineller Vorrichtungen weiter sich ausdehnenden gewerblichen Thätigkeit zu ändern, bis endlich auch hier wieder die „Kraft" zu Ende war, und weder die physische Kraft der Tiere und Menschen, noch die unzuverlässige Wasser- und Windkraft mehr ausreichten, die gesteigerten Kulturbedürfnisse zu befriedigen. Dieser Kraftmangel machte sich naturgemäss zunächst da bemerkbar, wo die grössten Kräfte zur Verwendung kamen — im Bergbau.

Die ersten Metalle haben die Menschen jedenfalls auf der Erde gefunden. Verhältnissmässig mühelos werden die Erze auf der Oberfläche der Erde gesammelt. Der erste Bergbau war Tagebau. Aber frühzeitig schon zwang das steigende Bedürfnis nach Erz den Menschen, wenn er es freiliegend nicht in genügender Menge fand, in die Tiefe zu steigen und es mühsam aus der Erde zu holen. Jahrtausende währender Bergbau erschöpfte den Reichtum der Gruben; nur tiefer, immer tiefer waren die ersehnten Schätze zu finden. Mit der Tiefe wuchsen die Gefahren und Schwierigkeiten. Der menschliche Erfindungsgeist war rastlos thätig, um sie zu besiegen, und doch schien es, als müsste er unterliegen. Die Beseitigung der Wassermengen, die wuchsen, je tiefer man kam, erforderten immer grössere Kräfte. Gewaltig waren die Anstrengungen, die man machte. Die Verwendung von fünfhundert Pferden auf einer Grube allein zum Betrieb der Wasserkünste war schliesslich keine Seltenheit mehr. Wieder war man mit der physischen Kraft an eine Grenze gekommen, über die hinaus sie mit Rücksicht auf die Kosten und die Schwerfälligkeit des Betriebes nicht mehr gesteigert werden konnte. Die Elementarkraft des Wassers war nur selten in genügender Stärke vorhanden, der Wind war zu unbeständig.

Immer fühlbarer wird in manchen Gegenden der Mangel „an Kraft". Schon müssen Gruben aufgegeben werden. Die Metalle werden seltener. Die ganze Kultur, auf den reichlichen Besitz dieser Naturschätze gegründet, muss zusammenstürzen, wenn das Fundament zu schwinden droht. Um die Erhaltung des bisher Erreichten handelt es sich zunächst nur, noch kommt eine Erweiterung des Machtbereichs gar nicht in Frage.

Die bisherigen Kräfte reichten nicht mehr aus; eine neue Elementarkraft musste dem Menschen unterworfen werden, und diese neue Kraft war — die **Dampfkraft**.

Weltbewegende Ereignisse werfen ihren Schatten voraus. Grosse Erfindungen entstehen nicht plötzlich, und sind nicht mit einem Male fertig. Organischen Gebilden vergleichbar wachsen sie empor aus dem Boden des praktischen Lebens.

Klein und unscheinbar und kaum beachtet besteht schon seit Jahrtausenden das Pflänzchen, aus dem die neue Kraftmaschine entstehen sollte. Ab und zu giebt sich wohl ein Gelehrter damit ab, es etwas zu pflegen, auch Fürsten schenken zuweilen seinem Gedeihen wohlwollendes Interesse. Aber erst die Not des wirtschaftlichen Lebens erzwingt ein wirkliches Wachstum. Immer rascher und schneller entwickelt sich sodann aus den unscheinbaren Anfängen der gewaltige Bau der Dampfmaschine.

Ueberall wo in den Bergwerksbezirken das Klagelied über die nicht mehr besiegbaren Wasserzuflüsse ertönt, hört man jetzt von der neuen Kraft erzählen. Wie ein Märchen klingt es zunächst den ungläubigen Ohren: Aus Feuer und Wasser sei ein Riese entstanden, der mehr zu leisten vermöge, als alle die vielen Pferde zusammengenommen, der nur Holz oder Kohlen zur Nahrung brauche, der nie ermüde

und willig sich jedem Befehl des Menschen füge. Man macht bald
hier, bald da einen Versuch mit der neuen Kraft. Er gelingt über
Erwarten und in wenigen Jahrzehnten ist die Dampfmaschine Dank
der weiteren Vervollkommnung, die sie inzwischen erfahren hat, in
Wahrheit ein „Freund des Bergmanns" geworden.

Doch damit nicht zufrieden, ging man sofort daran, die
neue Kraft auch all den anderen Zweigen gewerblicher Thätigkeit
zu Nutze zu machen. Die einzelnen Gewerbe, bisher hauptsächlich
auf Menschenkraft angewiesen, bisweilen unterstützt von schwerfälligen Rosskünsten oder unzuverlässigen Wasser- oder Windrädern,
erhielten jetzt in der Dampfmaschine eine Kraftmaschine, mit der
sich grosse Kräfte auf kleinen Raum koncentrieren liessen, die stets
dem Menschen zur Verfügung stand, wenn er ihrer bedurfte, die
ununterbrochen und ohne Ermüdung Tag und Nacht zu arbeiten
vermochte und die in ihrem Unterhalt doch noch bei weitem billiger
war als die bisher bekannten. Auf diesen Vorzügen beruhte ihre
Ueberlegenheit.

Der Mangel an Kraft hatte der Ausdehnung der gewerblichen
Produktion eine Schranke gezogen, die nur durch Nutzbarmachung
neuer brauchbarer Kräfte überwunden werden konnte. Die Dampf-
maschine war der Prinz, der das Dornröschen Industrie aus ihrem
Schlummer erweckte, um mit ihr vermählt eine neue Epoche in der
Kulturgeschichte der Menschen heraufzuführen.

Eine grosse Anzahl von allerhand maschinellen Erfindungen,
Arbeitsmaschinen und Arbeitsverfahren war schon vor dem Auftreten der Dampfmaschine in Gebrauch. Aber ihre Leistungsfähigkeit liess viel zu wünschen übrig, da ihnen nur kleine, oft unzuverlässige Kraftquellen zur Verfügung standen.

Die Einführung der Dampfmaschine in den Gewerbebetrieb bedeutete deshalb eine ungeheure Steigerung der Produktion. Mit der
wachsenden Menge der Waren, die auf den Markt kamen, fiel ihr
Preis, und damit wuchs zugleich ihr Absatzgebiet. Die Kultur, zunächst die materielle, drang in immer grössere Kreise. Neue Bedürfnisse wurden geweckt und befriedigt.

Dieses durch die Dampfmaschine hervorgerufene Wachstum der
Gewerbethätigkeit sprengte die alten Organisationsformen und riss
die Schutzwehren nieder, die für die Entwicklung in früherer Zeit
ebenso notwendig als ·jetzt hinderlich waren. Manche der alten
Gewerbe gehen unter, andere verändern von Grund aus ihr Wesen;
neue Gewerbe entstehen. Kein Gebiet des industriellen Lebens
bleibt schliesslich von der neuen Kraft unbeeinflusst. Der Wett-

bewerb zwingt zu gesteigerter Arbeit und Produktion, zwingt damit zu ausgedehnterer Anwendung der Maschinenkraft. Die Entwicklung drängt zum Grossbetrieb, der in den meisten Fällen billiger und rascher arbeitet als der Kleinbetrieb.

Ungeheure Kräfte sind so in kurzer Zeit dem Menschen dienstbar geworden und haben seine Macht auf allen Gebieten in nie geahnter Weise vergrössert, ihn der Herrschaft näher gebracht, ohne ihn jedoch von der eigenen Arbeit zu befreien. Nur die Art der Arbeit hat sich vielfach verändert. Von der schweren physischen Muskelkraft wird der Mensch mehr und mehr frei, aber stets tritt eine neue Thätigkeit, oft nicht minder anstrengend, an ihre Stelle. Im Ganzen genommen muss die Entwicklung, die in ihrem Endziel den Menschen zur Herrschaft über die Erde führen soll, Arbeitsvermehrung aber nicht Arbeitsentlastung zur Folge haben. Deshalb ist trotz der ausgedehnten Benutzung der Elementarkräfte nur in sehr wenigen Gewerben eine Herabminderung der gewerbsthätigen Persönen festzustellen, meistens lässt sich sogar eine durch die intensive Betriebsweise, und die vermehrten Ansprüche notwendig gewordene Steigerung der menschlichen Arbeitskräfte nachweisen.

Einige Zahlenangaben, unterstützt durch die bildlichen Darstellungen der Tafeln I und II mögen die Richtigkeit des eben Gesagten bestätigen.

Die andauernde Zunahme der Dampfmaschinen in Preussen zeigt Taf. I Fig. 6. 1837 waren erst 419 Dampfmaschinen mit 3356 Pferdekräften in Preussen im Betriebe, 61 Jahre später zählte man im gewerblichen Leben bereits 84 648 Dampfmaschinen mit einer Leistung von über drei Millionen Pferdekräften. Während die Bevölkerung in dem genannten Zeitraum um das 1,36 fache wuchs, stieg die Zahl der Dampfmaschinenpferdekräfte um das 834 fache. 1837 kam in Preussen auf je 4200 Einwohner, 1898 auf je 10,7 Einwohner eine Dampfmaschinenpferdekraft.

Diese Zahlen bringen eine gewaltige Unterstützung der gewerblichen Thätigkeit zum Ausdruck. Das wird noch anschaulicher, wenn wir die Maschinen- auf Menschenkräfte zurückführen.

Wird berücksichtigt, dass die Maschine nicht des Ausruhens bedarf, so wird eine motorische Pferdekraft der Kraft von drei Pferden und $3 \times 8 = 24$ Menschenkräften, gleichwertig sein. Das heisst, die Dampfmaschinen leisteten in Preussen 1837 soviel, wie etwa 80 Tausend und 1895 wie etwa 78 Millionen Menschen. Die Gesamtheit der motorischen Kräfte, die 1895 in Deutschland Industrie und Gewerbe unterstützten, entsprach der Arbeitsleistung von $82^1/_4$ Millionen Menschen, rechnet man hier zu die $10^1/_4$ Millionen, die 1895 in Deutschland im gewerblichen Leben beschäftigt wurden; so ergiebt sich, dass nicht weniger als $92^1/_2$ Millionen Paar Hände erforderlich sein würden, um ohne Unterstützung der Elementarkräfte die gewerbliche Leistung dieses einen Staates zu verrichten. Da fast Vierfünftel der ganzen motorischen Leistung durch die Dampfmaschine geliefert werden, so geben diese Zahlen unmittelbar auch eine Vorstellung von der Bedeutung der Dampfmaschine.

Aber nicht nur die Zahl der Dampfmaschinen ist in stetem Wachsen begriffen, die Maschinen selbst nehmen immer gewaltigere Dimensionen an. Die durchschnittliche Stärke einer Dampfmaschine betrug 1837 in Preussen 8 und 1898 37 Pferdekräfte. Eine Dampfmaschine von 100 Pferdekräften hat man bis zum Anfang des vorigen Jahrhunderts noch nicht zu erbauen gewagt, und im preussischen Bergbau leistete noch 1825 die stärkste Maschine etwa 80 PS. Auch noch um die Mitte des 19. Jahrhunderts zählten 100pferdige Dampfmaschinen schon zu den grossen Dampfmaschinen und wurden als besonders bemerkenswert hervorgehoben. Rasch steigerte sich dann die Grösse der Maschineneinheiten von den Hunderten zu den Tausenden und heut am Anfang des 20. Jahrhunderts ist man im Begriff, Dampfmaschinen von 20 000 Pferdekräften zu erbauen. Die Wirtschaftlichkeit des Betriebes hängt naturgemäss wesentlich von der Höhe des Brennstoffverbrauchs ab. Auch hier sind wesentliche Fortschritte zu verzeichnen. S. Fig. 12 Tafel I.

Mit der gleichen Kohlenmenge kann heute eine etwa 6 mal grössere Arbeit geleistet werden als vor hundert Jahren.

Bemerkenswert ist, in welchem Umfange die einzelnen Gewerbegruppen von der Dampfmaschine Gebrauch machen. Die Fig. 4 Tafel I zeigt die Verteilung auf die einzelnen Gewerbezweige im Deutschen Reich. Von allen 1895 in Deutschland für gewerbliche Zwecke arbeitenden Dampfmaschinenpferdekräften kommen allein etwa 35,7% auf Bergbau und Hüttenwesen, 16,4% auf Textilindustrie.

In welch steigendem Masse die Vorteile elementarer Kraft den grossen Betrieben zu Gute kommen, sie leistungsfähiger machen, zeigen die Darstellungen Fig. 6 Tafel II, bei denen ausser dem Dampf auch die andern motorischen Kräfte, wie Wasser, Gas, Benzin u. s. w. in Rechnung gezogen sind. Teilt man die Gewerbebetriebe, je nachdem bis 5, bis 20, oder über 20 Personen in ihnen beschäftigt sind, in drei Klassen ein, die als Klein-, Mittel- oder Grossbetrieb bezeichnet werden, so kommen auf 100 in den Kleinbetrieben thätige Personen 9,2, in den Mittelbetrieben 24,8 und in den Grossbetrieben 64,4 Pferdestärken. Das heisst einer gleich grossen Personenzahl steht in den Grossbetrieben eine 7 mal stärkere Elementarkraft zur Seite als in den Kleinbetrieben. In den Betrieben mit mehr als 1000 Personen, den sogenannten Riesenunternehmungen, deren es 1895 schon 296 in Deutschland gab, kommen auf 100 gewerbethätige Personen sogar 450 Pferdekräfte, also fast 50 mal mehr als in den Kleinbetrieben. Die Motoranwendung steigt mit Ausdehnung des Betriebes.

Die Fig. 7 Tafel II zeigt, in welchem Umfange die Menschenkraft in den einzelnen Gewerbegruppen durch Maschinenkraft unterstützt wird. Allen voran steht „Bergbau und Hüttenwesen", woselbst je hundert beschäftigten Personen 181,6 Maschinenpferdekräfte gleichwertig etwa 4300 Menschenkräften helfend zur Seite stehen.

Die Verwendung motorischer Kräfte in den Gewerbebetrieben ist gerade in letzter Zeit ausserordentlich gestiegen. Die Zahl der Pferdekräfte ist von 1895 bis 1898, also in 3 Jahren, um fast 40 Prozent gewachsen. Mehr als 5 Millionen maschineller Pferdekräfte, die etwa 120 Millionen Menschenkräften entsprechen würden, sind im Deutschen Reich für gewerbliche Produktion thätig, und noch immer lässt sich eine ausgedehntere Benutzung der Elementarkräfte erwarten, ja sie wird für weiteren Fortschritt notwendig sein. Welch ungeheuer weites Feld den Kraftmaschinen innerhalb der einzelnen Gewerbegruppen noch offen steht, lässt sich erkennen, wenn man die Anzahl der Motorenbetriebe, die auf 100 Gewerbebetriebe kommen, feststellt. Nur im Bergbau arbeitet bereits die Hälfte der Betriebe mit Unterstützung der Elementarkräfte. In allen andern Gruppen überwiegt die Zahl der Betriebe, die sich ohne Kraftmaschine behelfen, zum Teil noch sehr weit die Zahl der Motorenbetriebe. Alle Betriebe zusammengefasst kommen auf 100 Gewerbebetriebe erst 4,5 Motorenbetriebe. Viel ist gethan, aber noch bei weitem mehr ist zu leisten.

Erst viel später als die Industrie und nicht entfernt in so grossem Umfange hat die Landwirtschaft sich für ihre Zwecke die Elementarkraft dienstbar gemacht. Nutzen von der Kraftmaschine hat sie freilich schon früher spüren können, da der Bedarf an landwirtschaftlichen Produkten entsprechend der riesigen gewerblichen Entwicklung immer bedeutender wurde.

Um die Mitte des 19. Jahrhunderts begann man damit, die Dampfmaschine in den unmittelbaren Dienst des Ackerbaues zu stellen. Die Anforderung an die Bodenbearbeitung war mit dem zunehmenden Anbau tiefwurzelnder Pflanzen — Zuckerrüben — sehr gestiegen. Je tiefer gepflügt werden musste, um so grösser wurde der Kraftverbrauch, der schliesslich nur noch durch Elementarkraft, durch die Dampfmaschine gedeckt werden konnte. Die Versuche ergaben die günstigsten Resultate, denn die gründlichere Bearbeitung des Bodens erhöhte wesentlich die Ernteerträge. Das Wort Jonathan Swift's „Der Mann, welcher bewirkt, dass da zwei Aehren wachsen, wo vorher nur eine gedieh, hat seinem Vaterland mehr genützt, als ein Feldherr, der hundert Schlachten gewonnen hat", gilt nicht zum wenigsten von den Männern, die in unablässigem Bemühen die Dampfmaschine für die Bodenkultur brauchbar gestaltet haben.

Durch die Verwendung der Dampfmaschine wurde es möglich, auch solche Bodenflächen ertragsfähig zu machen, die bisher unfruchtbare Einöden gewesen waren, weil tierische Kraft nicht ausreichte sie so gründlich zu bearbeiten, wie es das Gedeihen der Pflanzen erforderte.

Die Dampfmaschine macht auch hier den Menschen unabhängiger von Wind und Wetter und der Unzuverlässigkeit des thierischen Organismus, sie hat durch bessere Bodenbearbeitung auch die Erträge seiner Anstrengungen ihm sicherer gewährleistet. Nicht nur der Industrie, auch der Landwirtschaft hilft die Dampfmaschine vorwärts.

Mit der Thätigkeit der Dampfmaschine auf dem Gebiet der städtischen Wasserversorgung und Kanalisation gewinnt die Kraftmaschine auch den grössten Einfluss auf das körperliche Wohlbefinden der Bewohner. Gutes Trinkwasser war früher für alle die Orte, die nicht besonders von der Natur in dieser Beziehung begünstigt waren, ein Luxus, den nur die Bemittelten sich gestatten konnten. Die Dampfmaschine gab in den meisten Fällen erst die Möglichkeit, gutes Wasser in beliebigen Mengen auch aus grossen Entfernungen herbeizuschaffen. Wie wichtig diese erst durch die Dampfmaschine ermöglichten Anlagen für die Besserung des Gesundheitszustandes sind, dafür giebt das beste Zeugnis die zahlenmässig nachweisbare Abnahme der Sterblichkeit an den betreffenden Orten.

An Goethes Wort im Faust

> „Erlange dir das köstliche Geniessen,
> Das herrische Meer vom Ufer auszuschliessen,
> Der feuchten Breite Grenzen zu verengen
> Und, weit hinein, sie in sich selbst zu drängen"

erinnert die segensreiche Thätigkeit der Dampfmaschine, die sie in grossartigstem Umfange z. B. in den Niederlanden entfaltet hat. Hier gelang es erst mit ihrer Hilfe, dem Meere jenes Land wieder abzuzwingen, das gewaltige Sturmfluten früherer Jahrhunderte zum Meeresboden gemacht hatten.

Ueberall war die neue Kraft thätig, den Wirkungskreis des Menschen auszudehnen. Arbeiten, die früher unmöglich erschienen, wurden ausgeführt und Leistungen, die man sonst als ausserordentlich empfunden hatte, wurden alltäglich.

Wirklich von Grund aus revolutionär aber wirkte die Dampfmaschine erst, nachdem sie sich das Gebiet des Verkehrs erobert hatte.

Die vorhandenen Verkehrsmittel genügten schon zur Zeit, als die ersten Dampfmaschinen ihre Arbeit begannen, dem Verkehrsbedürfnisse nicht mehr. Der Zustand wurde unerträglich, als die gewerbliche Produktion, durch die Dampfkraft unterstützt, immer gewaltiger wurde.

Man suchte zunächst die vorhandenen Verkehrsmittel leistungsfähiger zu gestalten und zu vermehren. Strassen wurden verbessert und neue ausgeführt. Das Gleiche geschah mit den Wasserwegen, den schiffbaren Flussstrecken, den Kanälen. Aber das Bedürfnis nach vollkommneren Verkehrsmitteln stieg schneller als die Leistungsfähigkeit der bisher bekannten.

Da begann man sich hilfesuchend an die neue Kraft, an die Dampfmaschine zu wenden, die mit so grossem Erfolg auf vielen anderen Gebieten schon Anwendung gefunden hatte. Das Problem, den Dampf für die Fortbewegung zu Wasser und Land auszunutzen, begann eine Unzahl Erfinder auf das Lebhafteste zu beschäftigen. Langsam und schrittweise, der eine die Erfahrungen des anderen benutzend, reifte die Lösung der Aufgabe heran.

1807 wurde in der neuen Welt die erste regelmässige Dampfschiffahrt eingerichtet, und das Jahr 1828 brachte in der alten Welt die Eröffnung der ersten Eisenbahn. Eine neue Bewegungskraft von unerschöpflicher Ausdehnung war in den Verkehr eingeführt. Ungeheuer mussten ihre Wirkungen auf die Menschheitsgeschichte sein.

Zunächst freilich waren die Ansichten geteilt. Die einen staunten verständnislos die neuen Erscheinungen an, andern erschienen sie als Vermessenheit, die sich selbst bestrafen würde. Nur wenige ahnten die Tragweite und Bedeutung des Ereignisses, das sie mit erleben durften. Von diesen hat wohl niemand in so vollendeter Weise seine Empfindungen zum Ausdruck gebracht als Heinrich Heine, der am 5. Mai 1843 aus Paris schrieb:

„Die Eröffnung der beiden neuen Eisenbahnen, wovon die eine nach Orléans, die andere nach Rouen führt, verursacht hier eine Erschütterung, die jeder mitempfindet, wenn er nicht auf einem socialen Isolierschemel steht. Die ganze Bevölkerung von Paris bildet in diesem Augenblick gleichsam eine Kette, wo einer dem andern den elektrischen Schlag mitteilt. Während aber die grosse Menge verdutzt und betäubt die äussere Erscheinung der grossen Bewegungsmächte anstarrt, erfasst den Denker ein heimliches Grauen, wie wir es immer empfinden, wenn etwas Unerhörtes geschieht, dessen Folgen unübersehbar und unberechenbar sind. Wir merken bloss, wie unsere ganze Existenz in neue Gleise fortgerissen, fortgeschleudert wird, dass neue Verhältnisse, Freuden und Drangsale uns erwarten, und das Unbekannte übt seinen schauerlichen Reiz, verlockend und zugleich beängstigend. So muss unsern Vätern zu Mute gewesen sein, als Amerika entdeckt wurde, als sich die Erfindung des Pulvers durch die ersten Schüsse ankündigte, als die Buchdruckerei die ersten Aushängebogen des göttlichen Wortes in die Welt schickte. Die Eisenbahnen sind wieder ein solches bestimmendes Ereignis, das der Menschheit einen neuen Umschwung giebt, das die Farbe und Gestalt des Lebens verändert; es beginnt ein neuer Abschnitt in der Weltgeschichte, und unsere Generation darf sich rühmen, dass sie dabeigewesen. Welche Veränderungen müssen jetzt eintreten in unserer Anschauungsweise, in unsern Vorstellungen! Sogar die Elementarbegriffe von Zeit und Raum sind schwankend geworden. Durch die Eisenbahnen wird der Raum getötet, und es bleibt uns nur noch die Zeit übrig. In viertehalb Stunden reist man jetzt nach Orléans, in ebensoviel Stunden nach Rouen. Was wird das erst geben, wenn die Linien nach Belgien und Deutschland ausgeführt und mit den dortigen Bahnen verbunden werden! Mir ist, als kämen die Berge und Wälder auf Paris zugerückt. Ich rieche schon den Duft der deutschen Linden; vor meiner Thür brandet die Nordsee."

In allen Staaten begann man Eisenbahnen zu bauen. Zunächst nur, um naheliegende grössere Städte miteinander zu verbinden; aber bald zogen die Schienengeleise immer weiter in das Land hinaus, immer grössere Entfernungen wurden bewältigt, bis endlich in verhältnismässig kurzer Zeit alle Kulturländer von Eisenbahnen durchzogen waren, die, an wichtigen Orten sich miteinander vereinend, sich kreuzend, schliesslich ein ungeheures Netz bildeten, auf dessen Fäden in immer grösserer Anzahl und mit rasch wachsender Geschwindigkeit, vom Dampfross gezogen, Personen- und Güterzüge einherrollen.

Ueber all die grossen Schwierigkeiten und Hindernisse schritt die Technik im Dienst des Verkehrs siegreich hinweg.

Nur wenige Brücken führten bisher über die Flüsse und verbanden dauernd die beiden Ufer, noch vielfach bediente man sich der schwerfälligen Fähre. Die Eisenbahn erforderte Brücken, über die gewaltige Lasten mit grosser Geschwindigkeit hinüber rollen konnten. Der Bau eiserner Brücken begann; das Eisen gewann ein neues Gebiet der Anwendung. Auch vor den gewaltigen Gebirgsketten, die Länder und Völker trennten, machten die Eisenbahnen nicht Halt. Wo man nicht über die Berge hinüber konnte, durchbohrte man sie. Mit Recht kann man die gewaltigen Tunnelbauten zu den Weltwundern der Neuzeit zählen.

Nicht nur die Natur, auch die Kurzsichtigkeit der Menschen trat hin und wieder dem Siegeslauf des „rollenden Flügelrades" in den Weg.

Hohe Staatsbeamte im Anfang des 19. Jahrhunderts sahen in der Eisenbahn nur ein „höchst beschränktes und untergeordnetes Kommunikationsmittel", andere hielten sie gar für ein Spielzeug, das nie ernsthaften Zwecken dienen könnte. Gelehrte Mediciner gaben Gutachten dahin ab, dass der Dampfbetrieb bei den Reisenden wie bei den Zuschauern unfehlbar schwere Gehirnerkrankungen erzeugen würde, und empfahlen die Bahn wenigstens zum Schutz friedlicher Passanten mit hohen Bretterzäunen zu umgeben. Was sollte aus den Pferden und vor allen Dingen aus den Fuhrleuten werden, fragten andere. Die Chausseegeldeinnahmen würden verringert und sogar die finanzielle Lage der staatlichen Post könnte gefährdet werden.

Die Dampfschiffahrt über den Ocean wurde noch 1836 als ein lächerliches Unterfangen hingestellt, das ungefähr dem gleich komme, nach dem Mond zu reisen.

Aber die riesigen Verkehrsmächte waren erschienen, und keine abfällige Kritik war im Stand, ihren Siegeslauf aufzuhalten.

Und so schnell war ihre Entwicklung, dass die meisten der Ungläubigen sich noch persönlich durch den Augenschein von ihrem Irrtum überzeugen konnten.

1830 betrug die Eisenbahnlänge 381 km, 1850 bereits 38 443 km und heute befahren die Züge 772 159 km, also eine Strecke, die mehr als das 19 fache des Erdumfanges beträgt. Und diese ganze riesige Entwicklung hat sich in dem kurzen Zeitraum eines Menschenalters vollzogen. Wie schnell sich die Eisenbahnen in den Erdteilen und einzelnen Staaten ausgedehnt haben, zeigt Abb. 1 und 2 Tafel II. Die Zahl der Lokomotivdampfmaschinen, die auf diesen Eisenschienen die Lande durchfahren, dürfte heute mehr als 120 000 betragen.

Der Verkehr auf den Eisenbahnen der Welt wurde schon 1889 auf

3000 Millionen Personen und 1600 Millionen Tonnen Fracht geschätzt, d. h. täglich wurden schon 1889 im Durchschnitt auf den Eisenbahnen der Erde nahezu 8 Millionen Personen und 4,5 Millionen Tonnen Güter durch die Dampfmaschine befördert. Die deutschen Bahnen allein beförderten 1898 fast 237 Millionen Tonnen Güter. Die Gesammt-anlagekosten aller Eisenbahnen wurden 1889 auf $128^{1}/_{2}$ Milliarden Mark geschätzt. Diese Summe mit nur 4 % zu verzinsen würde einen täglichen Reinertrag von 14,3 Millionen Mark erfordern.

Unablässig steigern sich noch die Anforderungen an die Leistungs-fähigkeit der Eisenbahnen, unablässig arbeitet man daran, sie zu befriedigen. Parallellinien werden gebaut, um die Hauptverkehrs-strassen zu entlasten, und zugleich sieht man sich nach andern Transportmitteln um, auf die man wenigstens Teile des allzu ge-waltig und rasch geschwollenen Güterstromes ableiten könnte. Die Zeit der gewaltigsten Ausnutzung des Eisenbahnnetzes zwingt zu umfangreicherem Ausbau der Wasserstrassen. Die Kanäle werden nicht überflüssig, wie einige der Förderer des Eisenbahnwesens anfangs geglaubt hatten. Ebenso geht es mit den Landstrassen, den Chausseen, welche als Zu- und Abfuhrwege für die Eisenbahnen die grösste Bedeutung erlangen.

Die Entwicklung des Dampfschiffverkehrs entspricht der der Eisenbahnen.

Man vergleiche: 1805 der „Komet" mit seinen 3 Maschinen-pferdekräften und heute die „Deutschland" mit einer 10 000 mal grösseren Leistung! Und schon ist auf der Stettiner Werft, aus der auch die Deutschland hervorging, ein neuer Dampfer „Kaiser Wilhelm II." im Bau, der eine Maschinenanlage von gar 40000 PS erhalten wird. Am Anfang des 19. Jahrhunderts war man damit zufrieden, in der Dampfmaschine ein Mittel gefunden zu haben, mit dem man gegebenen Falls auch gegen Wind und Meeresströmung fahren könnte, heute am Anfang des 20. Jahrhunderts sehen wir allenthalben die Meere, Flüsse und Seen von Dampfschiffen belebt.

Das typische Segelschiff der früheren Zeit, das den Ocean durchfurchte, war im Wesentlichen aus Holz gebaut und hatte im Durchschnitt etwa 500 Tons Gehalt. Es kostete gegen 50 000 Mark. Heut werden Oceanriesen von über 36 000 Tons Wasserverdrängung ausgeführt, und unsere Schnelldampfer grösster Abmessung kosten etwa 14 Millionen Mark. Als Material kommt nur Eisen und Stahl noch in Frage, das in der erforderlichen Weise herzustellen und zu verarbeiten erst wieder mit Hilfe der Dampfmaschine gelang. Unter ausgedehnter Benutzung der Dampfmaschine entstanden, von der

Dampfmaschine durch die Fluten getrieben, ist der grosse Ocean-dampfer ein mechanisches Kunstwerk, ein Mikrokosmos, an dem alle Zweige der Technik vereint haben zeigen können, was Menschen-geist, unterstützt durch die Elementarkraft, zu leisten vermag.

Gewaltig, grossartig ist die Dampfmaschinenkraft, die der heutige Verkehr für sich beansprucht. Fast 3 mal mehr Pferdekräfte, als sämmtliche in der Industrie Deutschlands thätigen Dampfmaschinen aufweisen können, entsprechen der Leistungsfähigkeit von Deutsch-lands Lokomotiven (s. Fig. 5 Tafel I). Bei den Dampfschiffen ist die Konzentration der Kraft schon ins Riesenhafte gestiegen. Die 30 000 Maschinenpferdekräfte eines einzigen Schiffes würden der Arbeitsleistung von 720 000 Ruderknechten etwa entsprechen.

Den Kriegsflotten der Völker dienen rund 10 Millionen Dampf-maschinen-Pferdekräfte, von denen etwa $1/_3$ allein auf England ent-fallen, in weiten Abständen folgen Frankreich, Russland, Italien und Deutschland (s. Fig. 3 Tafel II).

. Auch auf diesem Gebiet der Verwendung der Dampfmaschinen zu Verkehrszwecken ist ein Stillstand noch nicht eingetreten, auch hier stehen wir erst am Anfang, nicht am Ende der Entwicklung.

Wie aber hat schon heute die Dampfkraft im Dienste des Ver-kehrs „Farbe und Gestalt des Lebens" verändert!

Aus der Abgeschiedenheit der engen Heimat wird der Mensch hinausgeführt. Die Stammeseigentümlichkeiten treten allmählich zurück vor dem Volksbewusstsein. Die Eisenbahnen einigen die Völker. Schon 1838 sieht K. Beck in den Eisenbahn-Aktien „Wechsel ausgestellt auf Deutschlands Einheit", in den Schienen „Hochzeitsbänder, Trauungsringe blank gegossen: liebend tauschen sie die Länder und die Ehe wird geschlossen", und der englische Kulturhistoriker Thomas Buckle spricht es aus: „Die Lokomotive hat mehr gethan, die Menschen zu vereinen, als alle Philosophen, Dichter und Propheten vor ihr, seit Beginn der Welt."

Früher war das Reisen ein Vorrecht der Reichen oder der unabhängigen, bedürfnislosen Jugend, heute ist die notwendige Ausgabe an Zeit und Geld für die gleichen Wegestrecken auf einen geringen Bruchteil des Früheren vermindert; auch dem weniger Be-mittelten steht heute die Welt offen.

Die Naturschönheiten, die Heilquellen, die Orte der Kunst und des erhöhten Lebensgenusses sind heute einem ungleich grösseren Teil der Menschheit zugänglich, als noch vor 50 Jahren.

Hungersnöte, der Schrecken früherer Zeiten, in denen die Ver-kehrsmittel noch nicht den Ueberfluss der einen Gegend dem bedürftigen Nachbargebiet rechtzeitig zuzuführen vermochten, sind heute den Kulturvölkern, die sich die Errungenschaften der Technik zu Nutze gemacht haben, unbekannt.

Auch Erfindungen älteren Datums sind durch den modernen Verkehr, wie ihn die Dampfkraft geschaffen, in ihrer Einrichtung und Anwendung stark beeinflusst.

Ungleich grösser ist die Bedeutung des Pulvers im Kriege, seitdem Eisenbahn und Dampfschiff die Möglichkeit geben, das gewaltige Zerstörungsmittel bald hier bald dorthin zu senden. Die Buchdruckerkunst hat erst im Zeitalter des Verkehrs den riesigen Absatz für ihre Erzeugnisse gefunden, der schon bei ihrer Entstehung prophezeit wurde. Unser heutiges Zeitungswesen ist ohne Eisenbahnen nicht denkbar, so hat an dem Einfluss, den unsere Presse auf das Geistesleben ausübt, auch die Dampfmaschine einen wohlgemessenen Anteil.

In zuerst unendlich langsamem, später sich immer mehr beschleunigendem Entwicklungsgang sind wir heute auf eine Höhe gelangt, von der aus rückwärtsschauend wir mit Bewunderung und Staunen die Leistung derer gewahr werden, die vor uns gewesen sind, auf deren Schultern stehend wir erst das haben erreichen können, dessen wir uns heute rühmen. Nach vorwärts spähend in das uferlose Meer der Zukunft zeigen sich uns die Aufgaben einer neuen Zeit, die, einst gelöst von denen, die nach uns kommen werden, die Menschheit dem Ziele „Herr über die Erde zu sein" noch näher führen werden.

Dieses Ziel zu erreichen auf allen Gebieten, die der menschliche Geist sich bereits erschlossen hat, sehen wir heut an der Grenze zweier Jahrhunderte fast die ganze Menschheit in wetteifernder Arbeit thätig;

„und wie viel ihm auch noch übrig sei, so viel ist nun gethan, dass er sich fühlen muss als Herr der Erde, dass ihm nichts Unversuchtes bleiben darf auf seinem eigentümlichen Boden und immer enger der Unmöglichkeit Gebiet zusammenschwindet. Die Gemeinschaft, die hiezu mich mit allen verbindet, fühl' ich in jedem Augenblick des Lebens als Ergänzung der eigenen Kraft. Ein jeder treibt sein bestimmt Geschäft, vollendet des einen Werk, den er nicht kannte, arbeitet dem andern vor, der nichts von seinen Verdiensten um ihn weiss. So fördert über den ganzen Erdkreis sich der Menschen gemeinsames Werk, jeder fühlet fremder Kräfte Wirkung als eignes Leben, und wie elektrisch Feuer führt die kunstreiche Maschine dieser Gemeinschaft jede leise Bewegung des einen durch eine Kette von Tausenden verstärkt zum Ziele, als wären sie alle seine Glieder und alles, was sie gethan, sein Werk, im Augenblick vollbracht."[1])

Die Dampfkraft wird vielleicht auch einmal durch leistungsfähigere Kräfte abgelöst werden, aber für alle Zeiten wird die Dampfmaschine als eine Kulturbringerin allerersten Ranges das Interesse der Gebildeten verdienen. Welche Revolution kann sich in ihrer Wirkung mit der vergleichen, die der Dampf durch Umgestaltung und Beeinflussung sämmtlicher Lebensverhältnisse herbeigeführt hat? Er hat die Entwicklung und das Leben so beschleunigt, dass wir heutigen Menschen trotz geringer zeitlicher Entfernung Mühe haben, uns in die früheren Zeiten, die den Dampf noch wenig oder gar nicht zu verwerten wussten, zu versetzen.

Als der Mensch noch auf einer rohen Kulturstufe stand, da hob er betend seine Hände auf zu der geheimnisvollen Macht des Feuers. — Die Zeiten haben sich geändert — aber auch der Mensch des zwanzigsten Jahrhunderts wird ein Gefühl staunender Bewunderung nicht unterdrücken können, wenn er sieht, was das Feuer als Erzeuger des Dampfes dem Menschen nach und nach geworden ist, und in noch weit umfassenderem Sinn als Schiller wird er sagen können:

„Wohlhätig ist des Feuers Macht,
wenn sie der Mensch bezähmt, bewacht
und was er bildet, was er schafft,
das dankt er dieser Himmelskraft."

---

[1]) Friedrich Schleiermacher. Monologen.

B. Die technische Entwicklung der Dampfmaschine.

I. Die Dampfmaschine im 18. Jahrhundert.

KAPITEL 1.
Vorläufer und erste Versuche.

Weit zurück in der Zeitengeschichte liegen die Anfänge der Dampfmaschine. Manches können wir mit rückwärts schauendem, durch die Kenntnis ihrer modernen Entwicklung und Bedeutung geschärftem Blick in jenem Nebel vergangener Zeiten erkennen, vieles nur mutmassen. Vermutung und Thatsachen in bunter Mischung — das Wissen bald hier, bald da ersetzt durch Kombination — nur so ist es möglich, eine Entwicklung bis auf ihre ersten Anfänge zurück zu verfolgen, nur so wird es möglich sein, die Kindheitsgeschichte der Dampfmaschine zu schreiben.

Die Kenntnis des Wasserdampfes ist so alt, wie die Verwendung des Feuers zum Kochen des Wassers. Einer der ersten, die ihn praktisch verwendeten, soll Archimedes, der berühmte Erbauer von Kriegsmaschinen, etwa 212 v. Chr., gewesen sein. Leonardo da Vinci erzählt, vermutlich nach einer für uns verlorenen Handschrift, von dem „Erzdonnerer" des grossen Gelehrten.

Diese Dampfkanone bestand aus einem ziemlich umfangreichen, kastenförmigen Gefässe mit anschliessendem kurzen Rohr. Ein Teil das Behälters wurde durch ein kräftiges Feuer möglichst stark erwärmt und dann mit einem dicht danebenen befindlichen Wasserbehälter in Verbindung gebracht. Das Wasser floss in den erhitzten Raum und verwandelte sich plötzlich in Dampf, „der so bedeutend und stark ist, dass es wunderbar ist, die Wut des Rauches zu sehen und das hervorgebrachte Geräusch zu hören. Dies warf eine Kugel, die ein Talent wog, 6 Stadien weit".

Von einer anderen praktischen Anwendung verlautet nichts. Verhältnismässig ausführliche Nachrichten über die Benutzung des Wasserdampfes und der erhitzten Luft zur Erzeugung von Bewegungen giebt uns Heron der Aeltere von Alexandria, der um 120 v. Chr. lebte. Es handelt sich um eine „tanzende Kugel", die durch ausströmenden Dampf in die Höhe geworfen und in hüpfender Bewegung gehalten wird. Ferner finden wir bei Heron die Schilderung einer Vorrichtung, die zum Heben von Flüssigkeiten bestimmt war. Aus einem halbgefüllten Gefäss drückt die durch Feuer erwärmte Luft im Verein mit etwa erzeugtem Dampf das Wasser in einen oberhalb aufgestellten Behälter. Es ist die Idee unsers Siphons. Vermittelst dieser Vorrichtung vermochte eine auf dem Altar stehende Figur den Göttern ein Trankopfer darzubringen. Man verwandte wohl auch das Gewicht des gehobenen Wassers dazu, Tempelthüren geheimnisvoll zu öffnen und zu schliessen. Mechanische Figurenwerke verschiedenster Art erhielten durch gleiche Kraft Leben und Bewegung.

Besonders interessant ist die Drehkugel Herons, bei welcher der Rückdruck des ausströmenden Wasserdampfes zur Erzeugung einer Drehbewegung benutzt wird. Dieses Urbild einer Dampfturbine besteht aus einer hohlen Metallkugel (s. Fig. 1 und 2), die zwischen zwei Stützen

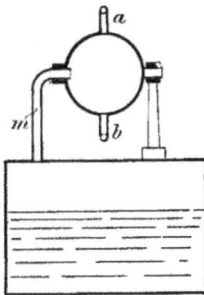 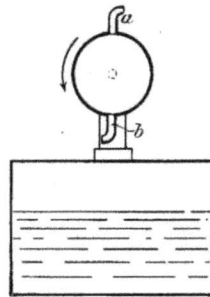

Fig. 1.   Fig. 2.

drehbar angebracht ist. Am Umfange senkrecht zur Drehachse trägt sie zwei sich gegenüberliegende kurze Ansatzröhrchen a, b, die beide nach der gleichen Richtung rechtwinklig umgebogen sind. Die eine Stütze m der Kugel ist hohl und verbindet das Innere der Drehkugel mit einem Dampferzeuger. Der Dampf strömt in die Kugel und sucht sich durch die Ansatzröhrchen den Weg in das Freie. Der Rückdruck des Dampfes versetzt die Kugel in Umdrehung.

Ferner beschreibt Heron einen Kessel zur Erzeugung siedenden Wassers, der so eingerichtet war, dass in einem kleinen abgetrennten Raume auch Wasser verdampft wurde. Dieser Dampf wurde zum Anblasen des Feuers benutzt. Der Kessel von kreisförmigem Querschnitt mit innenliegendem Feuerrohre, das von beiderseits offenen Röhren durchzogen wurde, erinnert auffällig an einen Flammrohrkessel mit Galloway-Röhren.

Viele dieser Vorrichtungen standen im Dienst einer mächtigen Priesterkaste, die sie dazu benutzte, das Verlangen der gläubigen Menge nach Wundern zu befriedigen. Die Anfänge des Maschinenwesens standen in enger Beziehung zu den geheimen Künsten der Zauberei. Begreiflicherweise war das ihrer Weiterverbreitung und ferneren Entwicklung nicht förderlich.

Von einem Dampferzeuger einfachster Form giebt Vitruv (um 160 n. Chr.) Nachricht. Das „Aeolusball" oder „Aeolipile" genannte Gerät war eine hohle Metallkugel mit feiner Oeffnung. Durch Erwärmung schuf man einen luftverdünnten Raum in der Kugel. Legte man diese nun in das Wasser, so drückte der äussere Luftdruck Wasser durch die feine Oeffnung in das Innere hinein. Setzte man jetzt den Ball von neuem dem Feuer aus, so strömte der erzeugte Dampf durch die Oeffnung ins Freie.

Das Mittelalter hat diesen Errungenschaften des Altertums fast nichts neues hinzugefügt. Die Ideen der Alten gingen in dem engen Kreis der Gelehrten zwar nicht verloren, aber sie entwickelten sich auch nicht weiter, sie trugen keine brauchbaren Früchte. Die Aeolipilen dienten nach wie vor zur Erzeugung „eines gewaltig wehenden Hauches".

An ihrem stundenlangen Blasen ergötzten sich die Gelehrten und suchen aus diesen Beobachtungen „Kenntnis und Urteil über die grossen, unermesslichen Naturgesetze" zu erlangen. Sie hielten den Dampf für Luft, die durch Feuer und Wasser erzeugt wird, „denn das Feuer löst alles Dichte auf und wandelt es um". Mit dieser Anschauung gab man sich zufrieden. In der Philosophie weiter ausgebildet, wurde sie zur starren Denkgewohnheit und machte weitere Fortschritte unmöglich.

Die Geschichtsschreiber der damaligen Zeit schenkten etwaigen neuen Erscheinungen auf dem Gebiete der Mechanik wenig oder gar keine Aufmerksamkeit. Nur kurz aufzählend sind daher die Berichte aus dem Mittelalter. So erfahren wir z. B. von einer Benutzung der Aeolipile zum Bratenwenden; man liess den Dampf gegen ein Schaufelrad blasen (s. Fig. 3), welches den Bratspiess in Drehung versetzte.

Giovanni Branca, der Erbauer der Kirche von Loretto, beschreibt in einem Werke aus dem Jahre 1629 unter anderem eine Vorrichtung, bei der vom Schaufelrad aus vermittelst Zahnräder ein kleines Stampfwerk seine Bewegung erhielt, das einem Apotheker zum Farbenzerkleinern diente. Branca hielt die Vorrichtung sogar zum Holzsägen und zum Wasserfördern geeignet.

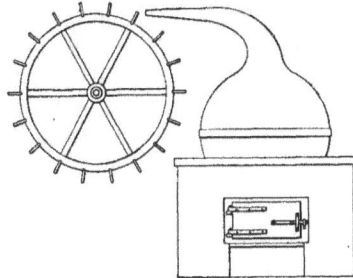

Bei alledem blieb die Aeolipile ein physikalischer Apparat, eine technische Kuriosität ohne wirtschaftliche Bedeutung.

Fig. 3.

Der Name, mit dem zuerst die Erfindung einer wirtschaftliche Arbeit leistenden Dampfmaschine verbunden worden ist, tauchte am Anfang des 17. Jahrhunderts auf.

Salomon de Caus veröffentlichte 1615 in Frankfurt a. M. sein Werk über „die Ursachen der bewegenden Kraft bei verschiedenen, ebenso nützlichen als interessanten Maschinen". Der Inhalt hielt nicht, was der stolze Titel versprach. Weitschweifig und selbstgefällig behandelte de Caus seine Erfindung, die man als grundlegend für die Entwicklung der Dampfmaschine ausgegeben hat, die aber im Wesen sich nicht von der Herons unterscheidet.

Eine hohle kupferne Kugel steht durch zwei Rohrenden, die durch Hähne verschliessbar. sind, mit der äusseren Umgebung in Verbindung (s. Fig. 4). Das eine Rohr reicht fast bis auf den

Fig. 4.

Boden der Kugel, das andere ist nur ein kurzes Ansatzrohr, das zum
Wasserfüllen dient und während der Erhitzung der Kugel geschlossen
bleibt. „Dann wird die Hitze, indem sie gegen die Kugel schlägt,
das gesammte Wasser durch das Rohr C auftreiben."

Arago, der berühmte französische Physiker, glaubte in diesem
Apparat die erste Dampfmaschine und somit in Salomon de Caus
ihren Erfinder entdeckt zu haben. Durch einen gefälschten Brief irre
geführt, hat man diesen weiter auch zum Märtyrer seiner Idee ge-
stempelt. Richelieu habe ihn wegen der Tollheit seiner Erfindung in
das Irrenhaus geworfen. Die neue Zeit entrüstete sich über einen solch
schnöden Undank vergangener Geschlechter, häufte Ehre und Anerkennung auf den Namen des Toten und verherrlichte ihn pietätvoll im
Bild, Roman und auf der Bühne. Die rücksichtlos wahre geschichtliche
Forschung hat den Erfinderruhm und die Märtyrerkrone hinweg-
genommen, und übrig geblieben ist nur der friedsame Gartenbaumeister
Ludwig XIII., der, unberührt von grossen, weittragenden Ideen,
keine Vorstellung von dem hatte, was er dem Titel seines Buches
nach behandeln wollte und seine Befriedigung darin fand, seine zier-
lichen Gartenanlagen mit springenden Wasserstrahlen zu beleben.

Nationale Eitelkeit hat die Erfindung der Dampfmaschine auch
nach Spanien verlegt und den Schiffshauptmann Blasco de Garay als
Erfinder ausgegeben. Blasco soll danach 1543 nicht nur eine Dampfmaschine erbaut, sondern mit ihr auch ein Schiff betrieben haben.
Die genaue Prüfung der in Frage kommenden Schriftstücke hat die
Grundlage dieser Behauptung zerstört. Allerdings handelt es sich um
eine neue Fortbewegung der Schiffe durch Schaufelräder; diese
wurden aber nicht durch Dampf, sondern durch Menschenkraft in
Bewegung gesetzt.

In England wurde 1630 einem gewissen Ramseye ein Patent
erteilt, „Wasser durch Feuer in tiefen Bergwerken zu heben", aus
derselben Zeit finden sich noch andere Dokumente, deren Inhalt, mit
den Augen unserer Zeit gesehen, auch auf die Dampfmaschine bezogen
werden könnte.

Von einer Ausführung dieser Ideen wissen wir nichts; sie ver-
körpern nur den Wunsch nach einer neuen „ungeheuren" Kraft.

Nächst dem Franzosen Salomon de Caus ist dem Engländer
Marquis of Worcester der Titel „Erfinder der Dampfmaschine" in
hartnäckigster Weise beigelegt worden. Nicht weniger als 100 Erfindungen will der Marquis gemacht oder doch vervollkommnet haben.
In unklarer, schwülstiger Weise beschrieb er sie in einer 1663 er-
schienenen Schrift betitelt: „Ein Hundertvoll der Namen und Bei-

spiele solcher Erfindungen, so zur Zeit ich mich erinnern kann
versucht und vervollkommnet zu haben."

Fünf Geheimschriften, schreckliche Sprengmittel, eine in der
Tasche tragbare Maschine, die an einem Schiffe angebracht „dieses
zu einer bestimmten Minute, sei es eine Woche später, am Tage
oder in der Nacht, unfehlbar zum Sinken bringen wird", Mittel, das
Schiff hiergegen zu schützen und anderes mehr bildete den Inhalt
jenes Buches, das dem König und dem Parlament gewidmet war.
Nirgends ist eine Bemerkung zu finden, die über die Art der gedachten Ausführung Aufschluss giebt. Das ganze Werk diente
lediglich der Reklame und nicht der Belehrung und wurde mit Recht
von Männern wie Newton, Boyle, Hooke und anderen einer besonderen
Beachtung nicht für wert befunden. Die beste der 100 Erfindungen
ist noch Nummer 68, in der englische Darsteller die Erfindung
der Dampfmaschine haben sehen wollen. Die Thatsache, dass der
Dampf Gefässe sprengen kann, wird von Worcester im ersten Teil
gebührend hervorgehoben, ohne dass damit aber etwas Neues gesagt
wäre, denn schon aus dem Jahre 1605 wird berichtet, dass Aeolipilen
mit grossem Knall zerspringen, wenn man das Entweichen der
Dämpfe verhindere. Der betreffende Berichterstatter fügte sogar
wichtig hinzu: „Die Wirkung der Verwandlung des Wassers in
Dampf ist im Stande, die verwegensten Menschen in Schrecken zu
setzen." Der zweite Teil der 68. Erfindung bringt eine Methode,
Wasser mit Hilfe der elastischen Kraft des Dampfes zu heben. Die
Idee gleicht der des Salomon de Caus, hat aber insofern eine weitere
Entwicklung erfahren, als Worcester zwei Töpfe nebeneinander
anordnet, die er abwechselnd in Wirksamkeit treten lässt.

Phantastische Redensarten in schwülstiger Sprache konnten ebensowenig als eine abstrakte Gelehrsamkeit die Kraftmaschine schaffen,
die fähig gewesen wäre, die Welt zu erobern und umzugestalten.
Erst auf dem festen Boden der durch Versuch und scharfe Beobachtung
erworbenen Naturkenntnis konnte die Dampfmaschine geboren
werden. Die für ihre Entstehungsgeschichte wichtigste Entdeckung
ging von Italien aus. Toricelli entdeckte 1643 die Schwere der atmosphärischen Luft und brachte damit das Dogma vom Abscheu der
Natur vor dem Leeren zum Wanken. Die ferneren Untersuchungen
Pascals, die Konstruktion der Luftpumpe und die Versuche, die der
Magdeburger Bürgermeister Otto von Guericke mit dieser seiner
Erfindung sogar vor Kaiser und Reichstag unternahm, erregten die
weitgehendste Aufmerksamkeit.

Die wissenschaftliche Erkenntnis ist nicht an Landesgrenzen

gebunden, Italien und Deutschland, Frankreich und England arbeiteten gleichzeitig an ihrer Vertiefung und Anwendung.

Die Versuche Otto von Guerickes hatten die ausserordentliche Kraft des Luftdruckes anschaulich gemacht, und es lag nahe, nun zu versuchen, diese Kraft dem Menschen dienstbar zu machen. Der Wunsch Ludwig XIV. — Wasser aus der Seine zur Speisung der Wasserkünste in die Gärten von Versailles zu leiten — wurde die Veranlassung, den Luftdruck als treibende Kraft in einer Maschine zu verwenden. Der berühmte holländische Physiker Huyghens konstruierte eine Pulvermaschine, bei der die Pulvergase die Luft zu verdrängen und so einen luftverdünnten Raum zu schaffen hatten. Der äussere Luftdruck trieb dann das Wasser in die Höhe. Der Assistent Huyghens, der französische Gelehrte Denys Papin, hatte diese Versuche 1674 in Gegenwart des Ministers Colbert mit Erfolg ausgeführt. Die Maschine wurde jedoch über andern Angelegenheiten vergessen, und erst 1687 lenkte eine Abhandlung mit der Ueberschrift „In majorem Dei gloriam" die allgemeine Aufmerksamkeit wieder auf die Brauchbarkeit der Huyghens'schen Pulvermaschine. Der Landgraf von Hessen gab Papin, der inzwischen als Professor nach Marburg übergesiedelt war, den Auftrag, eine solche Maschine zu konstruieren. Papin fertigte ein Modell an, das in Fig. 5 dargestellt ist.

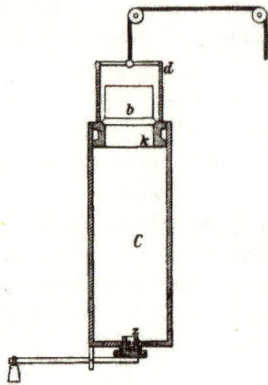

Fig. 5.

Ein Cylinder C, aus Messing, 400 mm lang, 130 mm im Durchmesser, enthält einen ringförmigen Kolben k, dessen Oeffnung durch ein Ventil b geschlossen wird. Der Kolben hängt an einem Tau, das über 2 Rollen läuft und an seinem andern Ende ein Gewicht trägt, dessen Grösse auf die Kraft der Maschine schliessen lässt. Am Boden des Cylinders ist eine Zündpfanne z angebracht, die das Pulver enthält und die durch einen mit Gewicht belasteten Hebel von unten gegen den Cylinderboden angepresst wird. Die Pulvergase treiben die Luft durch das Ventil b in das Freie und entweichen dann gleichfalls zum Teil. Der äussere Luftdruck schliesst das Ventil b und drückt den Kolben hinab.

Wie wenig man in der damaligen Zeit das Wesentliche dieser Idee, die Nutzbarmachung einer neuen Kraft, begriff, zeigt der Vor-

schlag, den man Papin machte, den luftverdünnten Raum statt durch
Pulvergase durch eine von Menschen betriebene Luftpumpe zu erzeugen.

Die Unvollkommenheiten dieser Pulvermaschine verhehlte sich
Papin nicht. Geringe Leistungsfähigkeit, weil nur eine verhältnismässig geringe Luftverdünnung erzielt werden konnte, grosse Be-
triebsunsicherheit infolge der heftigen Explosionswirkung und Gefahr bei der Bedienung hinderten ihre Verbreitung, immer aber
wird diese Maschine, das Urbild der atmosphärischen Gasmaschine,
das grösste Interesse erwecken.

Die erwähnten Uebelstände brachten Papin auf den Gedanken,
den luftverdünnten Raum durch Kondensation von Wasserdampf
zu erzeugen. Anstatt des Pulvers wurde etwas Wasser in den Cylinder
gebracht und dieser darauf dem Feuer ausgesetzt, der entstehende
Dampf trieb die Luft aus und füllte schliesslich den ganzen Cylinder.
Hörte man dann mit der Erwärmung auf, so wurde der Dampf
wieder zu Wasser, das nun in diesem Zustand nur einen sehr kleinen
Teil des Cylinders ausfüllte. Auf diesem Wege erhielt man einen
luftverdünnten Raum, der den äusseren Luftdruck in Thätigkeit
treten liess. Papin veröffentlichte seine neue Erfindung 1690 in
einer Schrift:

„Neue Methode, die stärksten Triebkräfte mit leichter
Mühe zu erzeugen.“

Klar erkannte Papin die Natur des Wasserdampfes
und legte den Grundgedanken fest. „— — — da das
Wasser die Eigenschaft hat, nachdem es durch Feuer in
Dämpfe verwandelt worden, so elastisch wie Luft zu
werden und nachher durch Abkühlen sich wieder so gut
zu verdichten, dass es vollkommen aufhört, elastisch zu
sein, so habe ich geglaubt, dass man leicht Maschinen
machen könnte, in denen das Wasser mittelst mässiger
Wärme und geringen Kosten die vollständige Leere hervorbringen würde, die man vergeblich mit dem Schiess-
pulver zu erzielen versucht hat.“

Die erste Ausführung dieser Idee zeigt Fig. 6. In
den Cylinder *C* wird etwas Wasser gebracht und darauf
der gut abdichtende Kolben *k* herabgedrückt. Die Luft
entweicht durch die Oeffnung *o*. Sobald der Kolben die
Wasserschicht berührt, wird die Oeffnung durch die
Stange *s* geschlossen. Der Cylinder wird jetzt dem Feuer ausgesetzt. Die entstehenden Dämpfe treiben den Kolben nach oben,

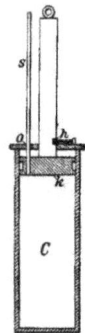

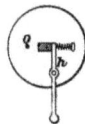

Fig. 6.

der in seiner höchsten Stellung durch eine Klinke h, die in eine
Nut der Kolbenstange einschnappt, festgehalten wird. Nimmt man
jetzt den Cylinder von dem Feuer oder das Feuer von dem Cylinder,
d. h. hört man mit der weiteren Erwärmung auf, so kondensiert der
Dampf. Hebt man dann die Feststellung des Kolbens auf, so drückt
der äussere Luftdruck den Kolben hinab. Der Cylinder der Versuchsmaschine hatte 63 mm im Durchmesser. 27 kg konnten mit
ihr in 1 Minute gehoben werden. Papin berechnete, dass eine Maschine von 610 mm Cylinderdurchmesser und 1219 mm Hub 3600 kg
in einer Minute 1,2 m hoch heben würde. Das entspricht ungefähr
einer Maschinenpferdekraft im heutigen Sinn.

Papin war somit der erste, der eine praktisch brauchbare Kraftmaschine, bei welcher die Eigenschaft des Wasserdampfes benutzt
wird, erfunden und ausgeführt hat, und somit gebührt auch ihm
allein der Name eines „Erfinders der Dampfmaschine".

Aber nicht nur die Konstruktion und die Wirkung der Maschine
legte Papin fest, auch über ihre wirtschaftliche Anwendbarkeit sprach
er sich genügend aus. Die Kraft — so meinte er — sollte verwendet
werden, um Wasser und Gestein aus Bergwerken zu fördern,
eiserne Kugeln zu schleudern und gegen den Wind zu rudern. Bei
der letzteren Verwendung empfahl er, statt der gewöhnlichen Ruder
Schaufelräder anzuwenden. Um eine gleichmässige Bewegung zu
erzielen, solle man mehrere Cylinder anbringen, deren mit Zähnen
versehene Kolbenstangen in Zahnräder eingreifen, die auf der
Schaufelradachse sitzen. Beim Heraufgehen der Kolbenstange
drehen sich die Triebräder lose auf der Achse, bei entgegengesetzter
Bewegung wird die Achse durch Sperrklinken von den Zahnrädern
gedreht. Uebrigens eine Konstruktion, die lebhaft an die unserer
Zeit angehörende Otto-Langen'sche atmosphärische Gasmaschine
erinnert.

Die Hauptschwierigkeit sah Papin mit Recht in der Herstellung
der grossen Cylinder. Er glaubte, das Hindernis nur durch lange
Uebung und Erfahrung beseitigen zu können und empfahl daher
die Gründung einer grossen Fabrik, die sich nur mit der Herstellung
der Dampfcylinder beschäftigen sollte.

Bei einer bald nach der ersten Veröffentlichung in Aussicht genommenen praktischen Verwendung im Bergwerksbetriebe brachte
Papin eine verbesserte Feuerung an, durch die es ihm gelang, die
Geschwindigkeit der Maschine von 1 auf 4 Hub für die Minute zu
steigern.

Anderweitige Arbeiten und Untersuchungen hinderten den Erfinder zunächst an dem weiteren Ausbau seiner Maschine. Der Landgraf von Hessen gab neue Anregung dazu. Er wünschte zu wissen, woher der Salzgehalt seiner Quellen stamme. Um dies näher zu untersuchen, sollten grössere Wassermengen auf eine bedeutende Höhe gehoben werden, und hierfür hielt Papin seine Dampfmaschine, entsprechend vervollkommnet, für vorzüglich geeignet.

Mit grosser Freude und Begeisterung begab sich der Erfinder im April 1698 von neuem an die Arbeit. Bei der Maschine, die also für den besonderen Zweck der Wasserförderung bestimmt war, sollte der direkte Druck des Dampfes Verwendung finden. Die Benutzung des direkten Druckes gab ein Mittel an die Hand, die Leistungsfähigkeit der Maschine durch Erhöhung des Druckes zu steigern und sich von dem immer gleichbleibenden Luftdruck unabhängig zu machen. Wünschenswert musste ferner vor allem auch eine solche Anordnung und Konstruktion der Maschine sein, bei der man ohne den genau bearbeiteten Cylinder und Kolben auskam, an deren schwieriger Herstellung die praktische Verwendung der ersten Maschine gescheitert war.

Papin brauchte zu seinem Werke grosse, widerstandsfähige Gefässe; er wollte sie aus Schmiedeisen herstellen. Dazu waren aber ganz besondere Einrichtungen erforderlich. Er hatte sich also zunächst mit der Konstruktion leistungsfähiger Oefen zu befassen. Während dieser Vorarbeit erhielt er aus London die Mitteilung, dass man auch dort Versuche angestellt habe, um Wasser durch die Kraft des Feuers zu heben. Die Versuche seien jedoch unbefriedigend ausgefallen. Das war die erste Mitteilung von Savery's Maschine, die Papin erhielt. Ueber Einrichtung und Betrieb erfuhr er nichts.

Die Arbeiten an seiner Dampfmaschine schritten unterdess stetig, wenn auch langsam vorwärts. Papin stellte Versuche an über die Leistungen, die mit einer bestimmten Menge Wasser bei einem gewissen Wärmegrad zu erreichen sind. Ferner untersuchte er, wie stark die dem Dampfdruck ausgesetzten Teile einer Dampfmaschine sein müssten, und stellte fest, dass diese Abmessungen bisher zu klein gewesen seien. Ueber die Einrichtung der Maschine selbst erfahren wir erst aus einem Brief vom 13. März 1704 etwas Näheres.

Die Maschine hat zwei Gefässe, die untereinander in Verbindung stehen, während das eine, mit Hilfe der Kondensation des Dampfes luftleer gemacht, durch den äusseren Luftdruck mit Wasser gefüllt wird, drückt der Dampf das Wasser des zweiten Gefässes auf die verlangte Höhe. Das Spiel wiederholt sich abwechselnd. Der Ein- und Austritt des Dampfes wird durch Drehen eines Hahnes be-

3*

werkstelligt. Die Versuche mit der Maschine führten gelegentlich zu einer Explosion, die ziemliches Unheil anrichtete; das verleidete für die nächste Zeit dem Landgrafen das Interesse an der Maschine.

Ein Anstoss von aussen musste erst wieder erfolgen, ehe der Fürst von neuem seine Aufmerksamkeit dem Gegenstande zuwandte. Diese Anregung gab Leibniz, indem er 1705 eine Zeichnung der Savery'schen Maschine an Papin sandte, die dieser sofort dem Landgrafen vorlegte. Es gelang ihm überzeugend nachzuweisen, dass diese englische Maschine im Prinzip mit der seinen genau übereinstimme. Dadurch wurde das Interesse des Landgrafen so gesteigert, dass Papin sofort den Auftrag erhielt, seine Maschine im Grossen auszuführen; sie sollte dereinst zum Betrieb einer Mahlmühle Verwendung finden.

Am 23. März schrieb Papin hierüber an Leibniz:

„Ich kann es Ihnen versichern, je mehr ich vorwärts komme (mit der Maschine) um so mehr sehe ich mich im Stande den Wert dieser Erfindung zu schätzen, die der Theorie nach die Kräfte der Menschen bis ins Unendliche steigern muss. Was aber die praktische Seite anbelangt, so glaube ich ohne Uebertreibung behaupten zu dürfen, dass mit Hilfe dieses Mittels ein einziger Mensch die Arbeit von sonst hundert verrichten wird. Allerdings gebe ich zu, dass Zeit dazu erforderlich sein wird, um es bis zu dieser Vollkommenheit zu bringen. Sie können überzeugt sein, dass ich alles thun werde, was in meinen Kräften steht, damit die Sache gut und zur Zufriedenheit von statten geht, obwohl man hier nur schwer einigermassen brauchbare Arbeiter erhalten kann. Indessen hoffe ich, dass mit Gottes Hilfe die Geduld endlich über alle Schwierigkeiten triumphieren wird."

Die neue Dampfmaschine, deren Konstruktion Papin 1706 veröffentlichte (Fig. 7), hatte ein völlig anderes Aussehen als die erste atmosphärische Maschine. Die Maschine war in sofern selbstthätig geworden, als man nicht mehr nötig hatte, das Gefäss vom Feuer hinwegzunehmen. Die schwierig herzustellenden Teile, wie akkurat gearbeiteter Cylinder und gut dichtender Kolben, waren vermieden. Die Erzeugung des Dampfes war von dem Ort seiner Verwendung getrennt und in ein besonderes Gefäss, den Kessel, verlegt worden. Die Maschine diente zunächst zum Wasserheben. Die Pumpe war aber noch nicht vom Dampfcylinder getrennt. Da man einen Kolben mit verzahnter Kolbenstange nicht anwandte, so konnte auch die Drehbewegung nicht mehr in der vorher angegebenen Weise mit Zahn und Sperrrädern erzielt werden. Man musste es auf anderm Wege

versuchen und Papin wandte sich der von alters her bekannten Kraft-
übertragung durch fliessendes Wasser zu. Er liess das mit seiner
Maschine gehobene Wasser auf ein Wasserrad fallen, von dem aus die
Mühle sodann ihre drehende Bewegung erhielt.

Fig. 7. Ein durch Sicherheitsventil geschlossener Kessel K
sendet den Dampf in den cylindrischen Behälter C. Der hohle
Blechkolben, der den Dampf vor der direkten Berührung mit dem
kalten Wasser und so vor zu früher Kondensation schützt, wird
herabgedrückt und das Wasser steigt in dem geschlossenen Gefässe G.

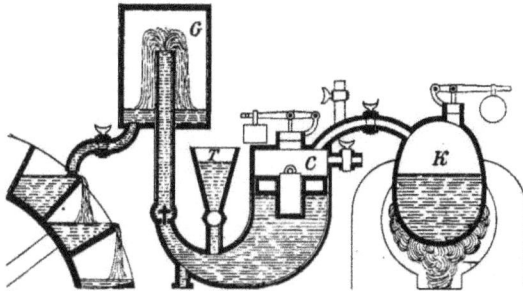

Fig. 7.

Die hierbei in G zusammengepresste Luft dehnt sich aus, schliesst
das Rückschlagventil in dem Zuleitungsrohr und drückt gegebenen
Falls das Wasser in einem Steigrohr noch höher.

Leibniz schlug vor, den Abdampf zur Heizung dieses Gefässes G
zu verwenden, um durch grössere Erwärmung der Luft eine grössere
Leistung hervorzubringen. Das beim nächsten Hub nachströmende
kalte Wasser sollte für die nötige Abkühlung sorgen. Ist ein
weiteres Steigen des Wassers nicht erforderlich, so kann das Wasser,
wie es in der Abbildung 7 dargestellt ist, direkt aus dem Gefäss
durch Oeffnen eines Hahnes entnommen und zum Betrieb eines
Wasserrades verwendet werden. Neues Wasser wird der Maschine
durch den Trichter T zugeführt. Der Kolben wird aufwärts gedrückt,
und zugleich strömt der Dampf durch einen oben am Cylinder angebrachten Hahn in das Freie. Die Maschine ist somit eine Dampfmaschine ohne Kondensation, die erste Auspuffmaschine.

Die Kenntnis der grossen Nachteile einer teilweisen Kondensation des Dampfes im Cylinder führte Papin zu einer abenteuerlichen Idee. Er will den Dampf im Cylinder durch zeitweise eingeführte rotglühende Eisenstücke heizen. Wie die Abbildung zeigt,
hat der Zwischenkolben eine cylindrische Vertiefung, in die massive

Eisenstücke genau passen. Eine nach Art der Sicherheitsventile verschliessbare Oeffnung am Deckel des Cylinders gestattet das Ein-
legen der zuvor in der Kesselfeuerung erwärmten Eisenstücke.

Leibniz, dem Papin sehr ausführlich seine Ansichten und Pläne
mitgeteilt hatte, sprach sich günstig über die Maschine aus. Sein
tiefes Eingehen auf Einzelheiten, seine Verbesserungsvorschläge zeigen,
welch grosses Interesse und Verständnis dieser Universalgeist, dieser
gelehrte Erfinder der Infinitesimalrechnung, der Staatsmann und
Philosoph für die Entwicklung der Technik gehabt hat. Leibniz gab,
wie erwähnt, den Rat, den Abdampf zur Erwärmung der Luft im
Gefässe G zu verwenden, um die Ausdehnungskraft der Luft und
damit die Leistung der Maschine wesentlich zu erhöhen. Leibniz
brachte damit als Erster die Idee der Heissluftmaschine mit konstantem
Volumen zum Ausdruck. Auch würde sich gewiss, schrieb Leibniz,
leicht ein Mechanismus konstruieren lassen, der die Bewegung der
Hähne von dem Gange der Maschine abhängig, sie also selbstthätig
mache.

Mit Ausdauer und Hingebung arbeitete Papin an seiner Maschine.
Da geschickte Arbeiter nicht zur Verfügung waren, so musste der
Professor in eigener Person die Arbeiten in der Werkstatt ausführen.
Um die Mitte des Jahres 1706 war endlich die Maschine fertig und
konnte dem Landgrafen im Betriebe vorgeführt werden.

Das Steigrohr war von den Arbeitern durch Zusammenkitten
kurzer Rohrstücke hergestellt worden; es vermochte den Wasserdruck
nicht auszuhalten. Papin schreibt darüber am 19. August 1706 an
Leibniz: „Als man nun zum Versuch kam, sah man, dass in der That das
Wasser aus allen Verbindungsstellen heraustrat, und das geschah an
der untersten in so starkem Strahl, dass Seine Hoheit sich bald dahin aussprach, dieser Versuch könne nicht gelingen. Aber ich bat ihn
ganz unterthänig, ein wenig zu warten, weil ich glaubte, dass die
Maschine genug Wasser liefern würde, um es trotz der beträchtlichen
Verluste in die Höhe zu bringen. Und wirklich, als die Versuche fort-
gesetzt wurden, sahen wir vier- oder fünfmal das Wasser bis zum
Ende des Rohres steigen." Der Landgraf war mit der Maschine
sehr zufrieden und befahl ein neues Steigrohr aus Kupfer herzustellen.
Das geschah, aber zu weiteren Versuchen kam es nicht, da das
Interesse des Landgrafen sich inzwischen andern Dingen zugewandt
hatte. Damit war Papins Geduld und Ausdauer gebrochen.

Die fernere Entwicklung vollzieht sich von jetzt an unabhängig
von Fürstenlaunen; sie wird erzwungen und unaufhörlich gefördert
durch die Anforderungen des gewerblichen Lebens, vorzüglich in

dem Lande, das die neue Kraft zunächst am nötigsten brauchte, in England.

Thomas Savery war der erste, der eine Dampfmaschine baute, die im gewerblichen Leben zu dauernder Verwendung gelangte. Er war mit der Notlage der Grubenbesitzer, die den Wasserzufluss in ihren Gruben kaum noch bewältigen konnten, vertraut und hatte seine Zeit und sein Geld dafür eingesetzt, eine Kraftmaschine zu · erfinden, die im Stande wäre, unabhängig von Wasser und Wind dem Menschen nutzbringende Arbeit zu leisten. Durch einen Zufall — so erzählt man — sei er darauf aufmerksam geworden, wie sich durch Kondensation des Wasserdampfes ein luftleerer Raum erzielen lasse. Versuche führten ihn dann, unabhängig von Papin, zu einer ähnlichen Lösung.

Die Maschine Saverys besteht aus zwei Gefässen, dem Dampferzeuger und Dampfaufnehmer. An letzteren schliessen sich Saug- und Druckrohr, beide mit Rückschlagventilen versehen, an. Der Aufnehmer wird mit Dampf gefüllt, darauf schliesst man die Hähne und unterbricht so die Verbindung mit dem Dampfkessel. Der Dampf kondensiert, von aussen drückt der Luftdruck, der Behälter füllt sich mit Wasser. Das Rückschlagventil im Saugrohr hindert das Zurückströmen des Wassers. Frischer Kesseldampf drückt dieses durch ein Steigrohr auf eine Höhe, die in direktem Verhältnis zum Dampfdruck steht.

Savery wandte gewöhnlich zwei Aufnehmer bei jedem Kessel an, um durch die abwechselnde Thätigkeit derselben eine grössere und gleichmässigere Wasserförderung zu erzielen.

Am 25. Juli 1698 erhielt Savery ein Patent auf die „von ihm gemachte neue Erfindung, betreffend das Wasserheben und den Betrieb von allerlei Mühlen durch die treibende Kraft des Feuers, welche von grossem Nutzen sein wird zur Entwässerung der Bergwerke, zur Wasserversorgung der Städte und zum Betrieb der Mühlen, sofern diese nicht die Benutzung des Wassers oder beständigen Windes haben".

Savery bemühte sich, das Verständnis für diese neue Betriebskraft in möglichst weite Kreise zu tragen. Er veröffentlichte unter dem Titel „des Bergmanns Freund" 1702 eine genaue Beschreibung und Zeichnung seiner Maschine, die in den 4 Jahren seit 1698 mancherlei Verbesserung erfahren hatte (s. Fig. 8). Die beiden Dampfzuleitungshähne sind durch eine Messingplatte ersetzt. Durch Ziehen der Stange Z, die mit der Platte gelenkig verbunden ist, verschiebt sich die Platte, auf den Dichtungsflächen gleitend, und

schliesst den Dampfzutritt zu dem einen Behälter, indem sie gleichzeitig dem Dampf den Weg in den zweiten Behälter freigiebt. An
Stelle der Hähne ist also ein Schieber getreten. Ferner ist eine

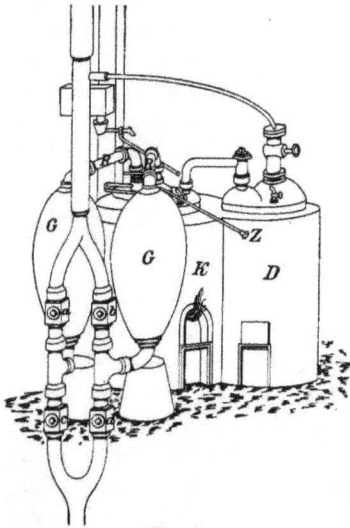

Vorrichtung angebracht, um aus
dem Druckrohr Wasser über die
Gefässe G rieseln zu lassen. Die
hierdurch beschleunigte Kondensation des Dampfes erhöhte die
Leistungsfähigkeit der Maschine.
Der neben dem Kessel aufgestellte
Behälter D dient als Speisevorrichtung. Soll während des Betriebes der Kessel mit neuem
Wasser versehen werden, so wird
D geheizt. Sobald der Dampfdruck in D grösser ist als im
Kessel, wird die Verbindung
zwischen D und dem Kessel hergestellt, dann drückt der Dampf
das Wasser von D nach K. An
dem Betriebskessel sowohl wie an
dem Speiseapparat hat man Probier-

Fig. 8.

hähne angebracht, um den Wasserstand bestimmen zu können.

Den ersten Versuch mit solch einer grossen Maschine machte
Savery im Jahre 1706 auf einem Kohlenbergwerk bei Broadwaters
in der Nähe von Wednesbury. Die Grubenbesitzer hatten ihn dazu
aufgefordert. Die Wassermengen, die bewältigt werden sollten, waren
aber für die Maschine zu gross, und als Savery trotzdem sein Ziel
durch Steigerung des Dampfdruckes erzwingen wollte, zersprang
der Kessel, die Maschine zerschlug in Trümmer.

Explosionen bei Savery'schen Maschinen waren auch in der
folgenden Zeit keine Seltenheit, da keinerlei Vorrichtung an den
Maschinen vorhanden war, die den Wärter über die Grösse des
Druckes unterrichten konnte. Nimmt man hinzu, dass die Maschine
um so leistungsfähiger war, je höher der Dampfdruck stieg, so
wird es erklärlich, dass die Maschinenwärter grosse Vorliebe für
hohen Druck hatten und somit häufig selbst die Veranlassung zu den
Explosionen gaben.

Zu der Explosionsgefahr kamen noch andere Schattenseiten. Die
Dampfverluste waren sehr beträchtlich, und der Brennstoffverbrauch
erreichte eine solche Höhe, dass ein dauernder Betrieb der Maschinen

in grossen Anlagen sich aus wirtschaftlichen Gründen von selbst verbot.

Saverys Erfindung fand daher nur für unbedeutende, gleichmässige Leistungen hier und da Anwendung. In herrschaftlichen Wohnungen und Gärten, bei Wasch- und Badeeinrichtungen und Springbrunnen bediente man sich wohl seiner Maschine, um das Wasser herbeizuschaffen. 1712 wurden zwei derartige Maschinen, die in der Nähe von London im Betrieb sich befanden, als besonders gut in Leistung und Betrieb hervorgehoben. Diese Maschinen waren nur mit je einem Aufnehmer ausgerüstet. Man hatte diese einfachere Konstruktion vorgezogen, da hier auf ununterbrochenen Betrieb nicht grosses Gewicht gelegt wurde. Ausserdem war mit dieser Ausführung der Vorteil verbunden, dass während der Unterbrechung der Druck im Kessel Zeit hatte, wieder anzuwachsen. Der Dampfkessel dieser Maschine fasste etwa 177, der Druckkessel 59 Liter Wasser. Saug- und Druckrohr hatten je 76 mm Durchmesser. Die Maschine förderte in einer Minute 235 Liter auf 17,7 m Höhe, etwa 5 m davon kamen auf die Saughöhe. Die Leistung entspricht also fast einer Maschinenpferdekraft. Die Maschine hatte etwas über 1000 Mark gekostet. Die Feuerungsvorrichtung des Kessels bestand noch immer in einer offenen Kohlenpfanne; man setzte die Maschine in einfachster Weise ausser Betrieb, indem man das Feuer unter dem Kessel wegzog. Feuerung und Steuerung der Maschine besorgte ein Knabe.

Eine der ältesten „grossen Maschinen" Savery's wurde 1710 für das Wasserwerk von York-buildings in West-London aufgestellt; sie besass zwei Dampf- und zwei Druckkessel. Die Explosionsgefahr suchte Savery dadurch zu verringern, dass er alle Teile doppelt so stark ausführte als früher. Da er aber Dampfspannungen von 8 bis 10 Atmosphären anwandte, wurde die Erwärmung für die Lötverbindungen zu stark. Das Lot schmolz, und der Dampf trieb die Fugen auseinander. Die Maschine stand noch 1732.

Savery muss auch bereits den Vorteil der Expansion kennen gelernt haben, wenigstens gab er den Maschinenwärtern den Rat, den Dampfhahn zu schliessen, ehe der Behälter ganz geleert sei, man würde dadurch beträchtlich an Dampf sparen.

Trotz ihrer Mängel hatte die Savery'sche Maschine doch in ihrer einfachen und billigen Herstellung auch Vorzüge gegenüber den späteren glücklicheren Konkurrenten und diese ihre Vorzüge veranlassten es, dass man sich immer wieder von neuem mit ihrer Verbesserung abgab.

Ihre Fortentwicklung stand naturgemäss unter dem Einfluss der

Erfahrungen, die man inzwischen an anderen Maschinengattungen gemacht hatte.

Desaguliers wandte 1718 die Einspritzkondensation und das Sicherheitsventil auch bei der Savery'schen Maschine an und erhöhte mit diesen Verbesserungen die Leistungsfähigkeit und Betriebssicherheit in hervorragendem Masse.

Die Druckkessel erhielten einfachere und zweckmässigere Formen. Der Dampfkessel wurde durch aussen umgelegte Reifen und innen angebrachte Riegel für höheren Druck widerstandsfähiger gemacht. Die Querschnitte der Röhren und Durchlassöffnungen, · die bei den ersten Maschinen immer bedeutend zu klein gewesen, wurden in richtiges Verhältnis zu den andern Abmessungen der Maschine gebracht. Um den Dampf vor direkter Berührung mit dem Wasser und damit vor zu früher Kondensation zu schützen, verwandte Blakely 1766 eine Oel- oder Luftschicht über dem Wasser. In Amerika suchte Nancarrow dasselbe Ziel, Verhinderung frühzeitiger Kondensation, durch eine Konstruktion der Maschine zu erreichen, die den Dampf mit immer derselben Wasserschicht in Berührung treten liess. Nancarrow verlegte auch die Kondensation aus dem Druckkessel in einen besonderen Behälter. Die Wärmeabgabe nach aussen suchte man durch gute Isolierung der Behälter zu vermindern. Der aus Kupferblechen zusammengelötete oder später getriebene Dampfaufnehmer wurde mit starken Holzbohlen umkleidet, oder auch mit einem gusseisernen Mantel umgeben, die Zwischenräume füllte man mit Holzkohle aus.

Die Maschinen dienten ausnahmslos zum Wasserfördern. Drehbewegungen erzielte man auch in späterer Zeit durch Zwischenschaltung eines Wasserrades, wie Papin das schon angegeben hatte. Auf solche Weise wurden z. B. noch 1774 in einer Londoner Maschinenfabrik die Drehbänke mechanisch angetrieben. Die dabei verwandte Savery'sche Maschine hatte selbstthätige Steuerung und zwar geschah die Bewegung der Ventile von der Wasserradwelle vermittelst Daumenrad, Stangen und Hebel.

Der Wunsch, die ständige Anwesenheit eines Maschinenwärters entbehrlich zu machen, führte auch bei den Maschinen, denen die Drehbewegung eines Wasserrades nicht zur Verfügung stand, zur Konstruktion selbstthätiger Steuerungen, die aber teilweise zu empfindlich gebaut waren, um in der Praxis nennenswerte Anwendung und Verbreitung zu finden. Man versuchte durch Schwimmer die Steuerungsorgane zu bewegen oder liess drehbar aufgestellte Wassergefässe, deren Füllung und Entleerung von dem Gang der

Maschine abhängig war, auf die Ventile wirken, ja man konstruierte einen „Pyrorégulateur", der die wechselnden Temperaturen im Druckkessel zur Bewegung der Steuerung ausnutzen sollte. Eine kupferne Röhre wurde so angebracht, dass abwechselnd Dampf und kaltes Wasser auf sie wirkte. Die hierdurch erreichte wechselnde Längenänderung der Röhre, die also abhängig war von dem Wechsel des Dampfes und kalten Wassers im Druckkessel, wurde mit Hebeln auf die Steuerung übertragen. So sinnreich auch diese Steuerung ausgedacht war, in der praktischen Ausführung bewährte sie sich nicht, da sie zu empfindlich war und auch zu langsam funktionierte.

Fassen wir kurz die Hauptergebnisse dieser ersten Entwicklungsperiode zusammen, so sehen wir, dass Papin als erster 1690 den Dampf in einem mit Kolben versehenen Cylinder benutzte, um ein Vacuum zu erzeugen und dadurch den äusseren Luftdruck als bewegende Kraft in Thätigkeit treten zu lassen. Diese erste Kolbendampfmaschine ist um so bedeutungsvoller, als an sie, wie wir sehen werden, die spätere Entwicklung unmittelbar anknüpft. Praktische Schwierigkeiten der Herstellung verhinderten zunächst den Erfolg dieser Papin'schen Konstruktion.

Neben dieser atmosphärischen Maschine, in der der Dampf nur eine mittelbare Rolle spielt, wird der Dampfdruck unmittelbar ausgenutzt in der Papin'schen und Savery'schen Dampfpumpe (s. Fig. 7 und Fig. 8). Bei beiden drückt der Dampf das Wasser so hoch, als seiner Spannung entspricht, während aber Papin seiner Maschine das Wasser bis zum Druckbehälter zuführt, lässt Savery es durch den äusseren Luftdruck unter Benutzung der Kondensation des Dampfes in den Druckbehälter drücken. In Papin's Konstruktion, Fig. 7, sehen wir eine Hochdruckdampfmaschine mit Auspuff des Dampfes, in der Savery's gleichfalls eine Hochdruckdampfmaschine, aber mit Kondensation des Dampfes.

KAPITEL 2.

Entwicklung und Verbreitung der atmosphärischen Maschine in England.

Die Savery'sche Maschine hatte ihr Versprechen, „ein Freund des Bergmanns" zu sein, nicht erfüllt. Ihre Leistungsfähigkeit war zu gering, ihr Brennstoffverbrauch zu ungeheuer, als dass sie zu Wasserhaltungszwecken der Bergwerke verwendbar gewesen wäre.

Pumpe und Dampfmaschine, die in der Savery'schen Konstruktion noch in einem Apparat vereinigt waren, mussten getrennt werden. Die atmosphärische Maschine, wie wir sie in der Huyghens'schen Pulvermaschine und in der ersten Papin'schen Kolbenmaschine kennen gelernt haben, war berufen, nach weiterer Ausbildung als erste Wärmekraftmaschine den Anforderungen der Industrie in höherem Masse zu genügen.

Der Grobschmied Newcomen und der Glaser Cawley in Darmouth hatten etwa um das Jahr 1700 Gelegenheit, den mangelhaften Betrieb einer Savery'schen Maschine aus eigner Erfahrung in ihrer Eigenschaft als Maschinenwärter kennen zu lernen. Das erregte in ihnen den Wunsch nach einer Verbesserung. Sie glaubten diese in einer Trennung der Pumpe von der Kraftmaschine gefunden zu haben, und zwar sollte letztere, mit Cylinder und Kolben ausgerüstet, durch geeignete Uebertragungsmittel ihre Kraft an die Pumpe abgeben. Im Ungewissen über die Ausführbarkeit ihrer Idee, zu bescheiden, ihrem eigenen Verständnis diese Beurteilung zuzutrauen, wandten sie sich an den berühmten Gelehrten Hooke und baten um seine Ansicht. Hooke machte sie auf die Papin'sche Erfindung, die sich im Prinzip mit der ihren decke, aufmerksam, verhehlte ihnen den mangelhaften Erfolg derselben nicht und sprach seine Meinung sogar allgemein dahin aus, dass man auf diesem Wege überhaupt zu keiner praktisch brauchbaren Maschine gelangen könne. Zum Glück gelang es dem Gelehrten durch diese vernichtende Kritik nicht, die Erfinder von der Herstellung einer Versuchsmaschine abzuhalten. Der Fortschritt war unverkennbar. Während in der ersten atmosphärischen Kolbendampfmaschine Papin'scher Konstruktion (s. Fig. 6) der Dampfcylinder zugleich der Dampferzeuger, der Kessel, gewesen, so waren nun für die beiden Zwecke der Erzeugung und Verwendung des Dampfes auch zwei getrennte Apparate, Kessel und Cylinder, vorhanden. Nur ihre räumliche Nähe — der Dampfcylinder stand direkt über dem Kessel — deutete gleichsam noch an, dass sie aus ein und demselben Gefäss hervorgegangen waren.

Der Fortschritt in der Idee war vorhanden, die Ausführung dieser Idee war — Grobschmiedarbeit, und dieser Umstand war wenig geeignet, der Maschine ihre Arbeit zu erleichtern.

Jahre vergingen, ehe die atmosphärische Maschine gebrauchsfähig wurde. Newcomen musste erst Maschinenbauer werden, ehe es ihm gelang, seinen Gedanken die richtige, praktische Form zu geben.

Newcomen's Maschine benutzte als treibende Kraft nicht direkt den Dampfdruck, sondern den äussern Luftdruck, der den Kolben in

Bewegung zu setzen suchte, sobald auf der andern Seite ein luftverdünnter Raum geschaffen, also der Druck vermindert worden war.
Dieses Vakuum zu schaffen, diese treibende Kraft des Luftdruckes
gleichsam auszulösen, dazu war der Dampf wohl geeignet. Man
brauchte ja nur den Cylinder mit Dampf, der den Kolben nach vorwärts schob, zu füllen und dann diesen Dampf durch Abkühlung in
Wasser umzuwandeln. Diese Kondensation des Dampfes wurde nicht
mehr durch das unbeholfene Papin'sche Verfahren des Feuer-Weg-
nehmens, sondern nach Saverys Vorgang durch Abkühlen des Cylinders
mit kaltem Wasser bewirkt.

Da diese Oberflächenkondensation unter Saverys Patent fiel, so
erhob dieser von vornherein gegen die ganze Maschine Einspruch, und
ihm, dem einflussreichen und auch bei Hofe angesehenen Ingenieur,
gelang es leicht, die einfachen Handwerker einzuschüchtern, so dass
sie gar nicht erst den Versuch machten, auf ihre Maschine ein Patent
nachzusuchen. Auf Processe konnten sie sich ohnehin als Quäker ihres
Glaubens wegen nicht einlassen; so mussten sie zufrieden sein, von
Savery als Teilhaber an dessen Dampfmaschinenpatent angenommen
zu werden. Für die Ausführung ihrer Maschine zahlten sie an
Savery während der Dauer seines Patentes, das man ihm aus Dank
für seine Erfindung bis 1733 verlängert hatte, eine bestimmte Gebühr.
Auf die Stellungnahme Saverys zu Newcomens Erfindung bezieht sich
unter andern Switzer, ein Zeitgenosse der Erfinder: „Newcomens
Erfindung war so früh wie die Saverys, der aber stand dem Hofe
näher und hatte schon ein Patent erworben, ehe der andere davon
wusste; Newcomen war daher froh, Theilhaber von ihm werden zu
können."

Die konstruktive Aufgabe, die bei der neuen Maschine zu lösen
war, bestand darin, den Kessel, den Dampfcylinder und die Pumpe in
zweckentsprechender Weise mit einander in Beziehung zu setzen.
Die Newcomen'sche Lösung dieser Aufgabe wurde für lange Zeit
vorbildlich. Ihm gebührt das Verdienst, in der Balanciermaschine
einen Typus geschaffen zu haben, der über ein Jahrhundert lang
den Markt beherrschte.

Der Kessel wurde in unmittelbarer Nähe des Schachtes auf der
Sohle des Maschinenhauses aufgestellt und in zweckentsprechender
Weise eingemauert. Ueber dem Kessel, sich mit kräftig gehaltenem
Flansch auf die Balkenlage des ersten Stockwerks stützend, hing der
Dampfcylinder. In dem kurzen Rohrstück, welches die Verbindung
des Kessels mit dem Cylinder herstellte, war ein Hahn angebracht, der,
geöffnet, den Dampf in den Cylinder einströmen liess. Die Ueber-

tragung der Kraft vom Kolben des Dampfcylinders auf die Pumpe geschah mit Hülfe eines zweiarmigen Hebels — Balancier — an dessen kreisbogenartig ausgebildeten Enden der Dampf- und der Pumpenkolben mit Ketten angehängt waren.

Die Herstellung der einzelnen Teile, soweit sie sich an vorhandene Fabrikationszweige anschloss, bot wenig Schwierigkeiten. Grosse kupferne Gefässe waren bei Brauereien schon lange im Gebrauch, somit waren auch kupferne Dampfkessel zu bekommen, deren Dom der leichten Herstellung wegen anfangs aus Bleiplatten angefertigt wurde. Gestänge, Ketten und andere Bestandteile waren schon immer bei Wasserrädern und Pumpen angewandt worden. So blieb also nur der Dampfcylinder übrig, dessen Anfertigung besondere Schwierigkeiten bot; seine mangelhafte Ausführung trug ja die grösste Schuld an den Misserfolgen der früheren Versuche. Da das damals hergestellte Gusseisen so hart war, dass es sich kaum bearbeiten liess, wurden die ersten Cylinder aus Bronce, zumeist wohl vom Glockengiesser gefertigt.

Der Kolben bestand aus einer starken eisernen Platte, die nahe an ihrem Umfang derartig mit einer umlaufenden Rippe versehen war, dass zwischen ihr und der Cylinderwandung eine ringförmige Vertiefung entstand, die mit Dichtungsmaterial ausgefüllt wurde. Gusseiserne Gewichte wurden darauf gelegt, um die Dichtung festzuhalten und gegen die Cylinderwandung anzupressen. Unter den Stoffen, die zur Dichtung Verwendung fanden, spielten die Exkremente einiger Hausthiere, vermischt mit aufgedrehtem Tauwerk, eine bedeutende Rolle. Da trotz dieser Dichtung noch Luft in das Innere des Cylinders drang, sah sich Newcomen genötigt, eine Schicht Wasser über dem Kolben stehen zu lassen. Er brachte über dem Cylinder ein Gefäss an, aus dem Wasser auf den Kolben floss. Der Cylinder erhielt oben eine rinnenartige Erweiterung, von der aus das überflüssige Wasser beim Kolbenaufgang abfloss.

Diese Wasserdichtung sollte den Erfinder zu seiner bedeutendsten Verbesserung führen. Newcomen beobachtete bei einer Betriebsmaschine eine plötzlich eintretende Geschwindigkeitszunahme und fand bei genauer Untersuchung, dass ein kleines Loch im Kolben dem Wasser den Zutritt zum Innern des Cylinders freigegeben hatte. Er deutete die Erhöhung der Geschwindigkeit durch schneller erfolgende Kondensation des Dampfes. Die Einspritzkondensation war erfunden und wurde sofort überall angewendet. Ein Rohr mit düsenartig ausgebildetem Ende, von unten in den Cylinder geführt, stand mit einem möglichst hoch aufgestellten Gefäss, das vom Druckrohr der Pumpe aus stetig mit Wasser gefüllt wurde, in Verbindung. Ein nahe dem Cylinder am Verbindungsrohr angebrachter Hahn vermittelte das Oeffnen und Schliessen der Leitung.

Die Bedienung der Maschine bestand in der richtig abwechselnden Bewegung des Dampf- und Kondensationshahnes. Eine durch Unaufmerksamkeit erfolgte Verwechselung dieser Bewegungen führte gewöhnlich zum Stillstand der Maschine. Dies mag wohl oft Veranlassung zu fortdauernden Betriebsstörungen gegeben haben. Statt des Dampfhahnes wandte man bald eine Art Schieber an, eine Platte, die im Kessel das Dampfrohr abzuschliessen hatte. Diese Messingplatte war um einen seitlich senkrecht zu ihrer Ebene angebrachten Zapfen drehbar und konnte mittelst einer durch die Kesselwandung geführten Stange von aussen verschoben werden. Die Steuerung des Dampf- und Wassereintrittes machte man von einander in richtiger Weise abhängig, so dass von nun ab ein einziger Handgriff zur Bedienung genügte. Auch diese Thätigkeit sollte bald die Maschine selbst übernehmen müssen. Humphrey Potter, ein Knabe, der beauftragt war, die Maschine zu bedienen, soll bereits 1713 die Handgriffe mit den bewegten Theilen der Maschine durch Schnüre derartig verbunden haben, dass die Maschine selbstthätig ihre Arbeit verrichtete und ihm somit Zeit zum Spiel mit anderen Knaben liess. Die Idee der selbstthätigen Steuerung hat jedenfalls von Anfang an nahe gelegen. Leibniz hatte Papin gegenüber bereits ihre Möglichkeit mit Nachdruck betont.

Ihre Ausführung aber war, wie wir sahen, noch ausserordentlich mangelhaft. Bei neuen Maschinen ersetzte man bereits 1714 die Schnüre durch Hebel, die von einem Schwimmer ihre Bewegung erhielten. Aber erst Henry Beighton gelang es 1718, die selbstthätige Steuerung soweit zu verbessern, dass sie vollkommen gebrauchsfähig wurde.

Von dem Balancier hing an Ketten ein Balken — Steuerbaum — herab, der sich somit parallel zum Cylinder auf und nieder bewegte. Verstellbar an ihm angebrachte Knaggen drückten die Hebel nieder, die mittelst andrer Hebel und Stangen — auch Zahnradsegmente wurden angewendet — ein Drehen der Hähne veranlassten. Sobald die Knaggen den Hebel frei liessen, brachten Gegenwichte ihn wieder in seine Anfangsstellung zurück. Durch diese selbstthätige Steuerung wurde die Leistungsfähigkeit der Maschine bedeutend gesteigert. War vorher die Hubzahl in der Minute etwa 10 gewesen, so stieg sie jetzt auf 15 bis 16 in der gleichen Zeit.

Die Newcomensche Maschine mit der Beightonschen Steuerung erhielt sich Jahrzehnte lang fast unverändert. Ihre Erbauer hatten zu thun, um der Nachfrage nach neuen Maschinen, die besonders stark in den Grubenbezirken Cornwalls war, zu genügen. 1711 war auf einer Steinkohlengrube in der Nähe von Birmingham die erste Newcomensche Maschine in Betrieb gekommen. 1713 arbeiteten bei Newcastle bereits zwei Maschinen und eine dritte wurde aufgestellt. 1718 stand bei Saulton in Cumberland eine Maschine von 1000 mm Cylinderdurchmesser im Betrieb. Trotzdem diese Anlage sehr kostspielig arbeitete, wurde wenige Jahre später auf demselben Bergwerke eine zweite ebenso grosse Maschine aufgestellt. 1719 werden in Nordengland zwei Maschinen erwähnt. 1720 bekam Schottland seine erste Newcomen-Maschine. Das grosse Schwindeljahr in England, 1720, brachte auch die erste Organisation des Dampfmaschinenbaues. Es bildete sich eine „Gesellschaft", an deren Spitze fünf Londoner Kaufleute standen, diese erwarben Saverys und Newcomens Ansprüche auf die Dampfmaschine und machten es zu ihrer Geschäftsaufgabe, „Wasser durch Feuer zu heben". Jeder, der eine Feuermaschine aufstellen wollte, hatte bei der Gesellschaft um Erlaubnis nachzusuchen und für die Gewährung eine jährliche Abgabe zu entrichten. Die Gesellschaft betrieb ferner die fabrikmässige Herstellung der wichtigsten Maschinenteile und lieferte diese an die Interessenten; auf Verlangen stellte sie ihren Kunden auch tüchtige Monteure zur Verfügung, um die Maschinenteile zusammenzusetzen.

1720 wurde eine grosse Newcomensche Maschine in den Londoner Warwick York Buildings neben der bereits erwähnten Savery-Maschine aufgestellt. Von dieser „erhabenen Maschine", wie ein Zeitgenosse sie bezeichnete, besitzen wir die Beschreibung und Zeichnung eines Deutschen, F. Weidler, der nach 1728 London besuchte und die Maschine noch in ununterbrochenem Betriebe fand. Der broncene Cylinder hatte 760 mm Durchmesser und 2650 mm Höhe. Die Zahl der Hübe schwankte zwischen 12 und 20 in der Minute. Sie hob in der Stunde etwa 3,1 cbm Wasser aus der Themse auf rund 38 Meter Höhe und verbrauchte im Jahre für 20 000 Mark Kohlen. Gebührend hob Weidler die Leistung dieser einfachen Maschine hervor im Vergleich zu jener ungeheuerlichen Wasserkraftanlage, die unter Ludwig XIV. zu Marly bei Paris errichtet war.

Als vorzügliche Newcomen'sche Maschine galt eine 1722 in der Nähe von Coventry auf einer Kohlengrube aufgestellte Kraftmaschine. Ihre Betriebskosten sollen im Jahr nur 3000 Mark betragen haben, während die Unterhaltung der 50 Pferde, deren Arbeit sie ersetzte, 18 000 Mark jährlich verschlungen hatte. Diese Maschine, die Newcomen selbst aufgestellt haben soll, mag eine rühmliche Ausnahme gewesen sein unter den vielen Feuermaschinen, deren Ausführung und Betrieb noch sehr mangelhaft war. So waren z. B. die Kessel gewöhnlich bei weitem zu klein im Verhältnis zum Dampfverbrauch. Infolgedessen musste der Betrieb oft solange eingestellt werden, bis der Heizer wieder etwas Dampf zur Verfügung hatte. Die Dampfleitung war fast immer zu eng, der Dampf wurde daher stark gedrosselt. Die Erbauer neuer Maschinen kopierten mehr oder weniger verständnislos die ausgeführten Anlagen und waren stolz, wenn ihre Maschine pro Hub nur eine möglichst grosse Wassermenge zu heben vermochte. Das allein schien ihnen ein Mass für die Stärke der Maschine zu sein. Dass bei der Leistung einer Maschine auch die Geschwindigkeit, mit der die Last gehoben wird, also die Anzahl der Hübe in Frage kommt, kümmerte sie wenig. Wollte man die Kraft der Maschine vergrössern, so wechselte man einfach den vorhandenen Cylinder gegen einen von grösserem Durchmesser aus. Da man aber alle übrigen Theile gewöhnlich unverändert liess, so waren Unzuträglichkeiten im Betrieb, die mitunter zu dessen vollständiger Einstellung führten, die natürlichen Folgen dieser „Verbesserung".

Unter solchen Verhältnissen war es für die Weiterentwicklung der Feuermaschinen von grosser Bedeutung, dass einer der hervorragendsten Ingenieure jener Zeiten, John Smeaton, sich dem Bau dieser Kraftmaschinen zuwandte. Smeaton war durch häufige Ausführung von Wasser- und Windmühlen mit dem damaligen Maschinenbau eng vertraut geworden, hatte dabei umfangreiche Erfahrungen gesammelt und mehrere bedeutsame Neuerungen geschaffen. So war von ihm z. B. 1754 für Windmühlen und 1769 für Wassermühlen die erste gusseiserne Achse angewandt worden.

Seine erste Thätigkeit auf dem neuen Gebiete bestand in einer sehr sorgfältigen Untersuchung vorhandener Anlagen. Sein scharfer Verstand entdeckte bald die Hauptmängel und drang immer tiefer in das Wesen der Sache. So gelang es ihm, Grundlagen für eine rechnerische Behandlung der Maschine zu finden, die ihm den Bau von damals unerhört grossen Maschinen ermöglichte. Ohne die Newcomen'sche Maschine wesentlich zu ändern, verstand er es, durch genaue Berechnung der einzelnen Teile und sorgfältige Ausführung den Brennstoffverbrauch der Maschine bei gleicher Leistung um zwei Drittel zu vermindern.

Smeaton wandte einen möglichst grossen Hub an und verstärkte
die Wirkung der Kondensation, indem er das Wasser mit grösserer
Geschwindigkeit einströmen liess. Der Kolben war mit in Oel ge-
tränkter Hanfpackung versehen und wurde unten mit etwa 60 mm
dicken Bohlen bekleidet, um eine zu frühzeitige teilweise Kondensation des Dampfes möglichst zu verhindern. Das Einspritzrohr
wurde, soweit es sich im Cylinder befand, durch Holzumkleidung
gegen zu starke Erwärmung geschützt. Der Kolben hing mit einer
oder zwei, bei grossen Maschinen sogar mit vier, Gelenkketten am
Balancier, der zuerst aus einem Baumstamm, später aber aus mehreren
Balken, die in passender Weise durch Schrauben und Dübeln verbunden waren, bestand. Durch die Mitte des Balanciers ging die
gusseiserne Achse, die, soweit sie in dem Holz stak, rechteckigen
Querschnitt hatte. Die Zapfen drehten sich in Rotgussblöcken, die
passend durchbohrt waren und ihrerseits wieder in hölzernen oder
steinernen Blöcken ihre Unterstützung fanden.

Weit und breit berühmt war eine von Smeaton erbaute und auf
der Kohlengrube Long-Benton bei Newcastle aufgestellte Maschine,
die, noch unbeeinflusst durch Watts Ideen, den Typus einer verbesserten Newcomen'schen Maschine bot. Diese etwa 40 Pferdekräfte starke
atmosphärische Maschine ist auf Fig. 9 bis 14 dargestellt. Der
Cylinder hatte einen Durchmesser von 1320 mm, der Hub betrug
2100 mm. Vor dem von Smeaton ausgeführten Umbau der Maschine
machte diese $7^3/_4$ Hübe pro Minute, nach demselben 12; hatte sie
vorher mit 1 kg Kohlen 16000 Meterkilogramm Arbeit geleistet, so
brachte sie es jetzt auf 35000 Meterkilogramm.

Fig. 9 und 10 bringen die Gesammtanordnung der ganzen
Maschinenanlage in Grund- und Aufriss zur Darstellung. Der Kolben
steht im höchsten Punkte, der Einspritzhahn ist geöffnet, und ein
kräftiger Strahl kalten Wassers, das aus einem auf dem Dach aufgestellten Gefäss zufliesst, spritzt gegen den Kolbenboden und kondensiert den Dampf. Der Luftdruck drückt den Kolben hinab. Bevor dieser jedoch seine tiefste Stellung erreicht hat, wird der Einspritzhahn geschlossen und der Dampfschieber geöffnet. Der Frisch-
dampf strömt ein und treibt die mit dem Einspritzwasser ein-
gedrungene Luft durch das seitliche Schnüffelventil hinaus. Gleichzeitig entweicht das Einspritz- und Kondenswasser durch eine
andere nach unten führende Rohrleitung, die ebenfalls mit Rückschlagventil versehen ist, in den Heisswasserbehälter. Die Rück-
schlagklappen schliessen sich bald durch den äussern Luftdruck,
da der frische Dampf an den kalten Cylinderwandungen schnell

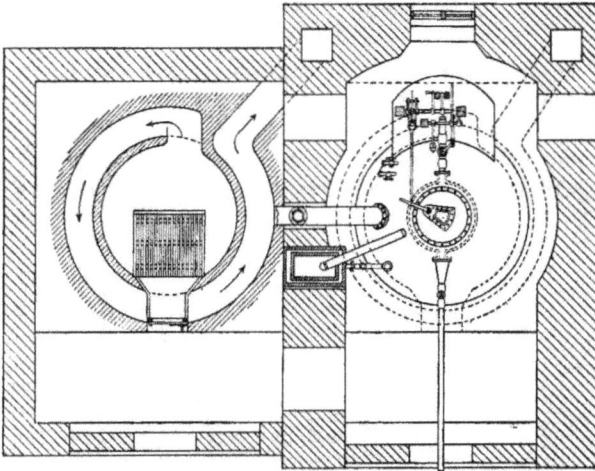

Fig. 10.

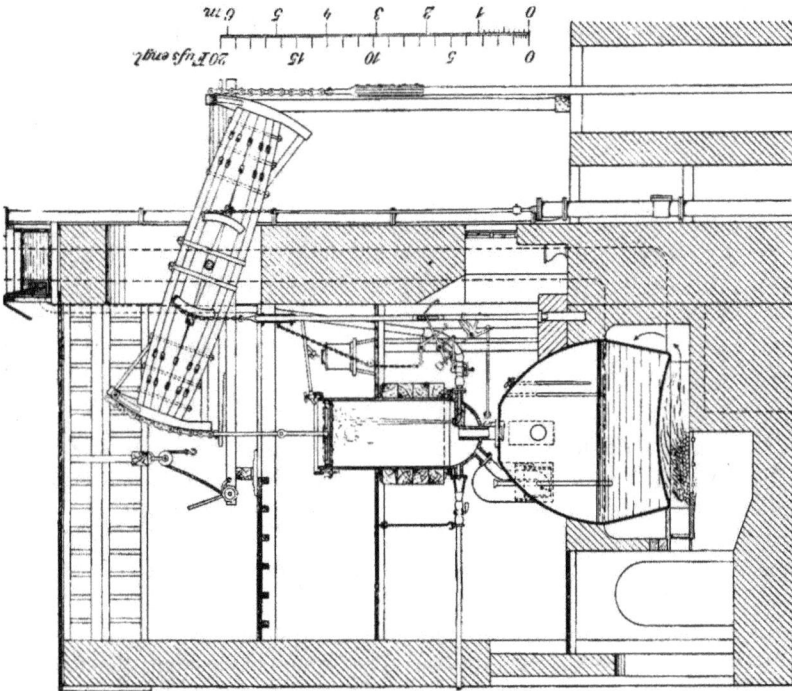

Fig. 9.

seinen geringen Ueberdruck verloren hat. Der Dampf unterstützt
deshalb auch nur den Beginn der Kolbenaufwärtsbewegung, die in
ihrem grössten Teil durch das Uebergewicht des Pumpengestänges
von statten geht. Die Steuerung des Einspritzhahnes und des Dampf-
schiebers geschieht durch Hebel, deren Arme von den Knaggen
des auf- und niedergehenden Steuerbaumes niedergedrückt werden.
Ueberfallgewichte bringen die Steuerungsorgane wieder in die ursprüngliche Lage zurück. (s. Fig. 11 u. 12.)

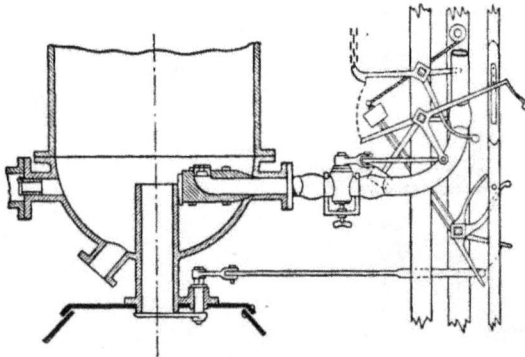

Fig. 11.

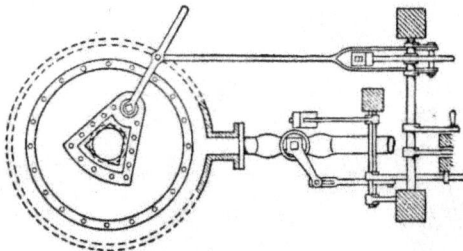

Fig. 12.

Waren die Knaggen am Steuerbaum eingestellt, so war die
Geschwindigkeit der Maschinenbewegung und damit ihre Leistung
festgelegt. Das Bedürfnis, diese Leistung immer möglichst der
zu fördernden Wassermenge anzupassen, führte zu einer allerdings
primitiven Regulierung des Ganges; man liess Luft in den Cylinder
oder verschob je nach Bedarf die Gegengewichte. Zufriedenstellend
wurde die Regulierungsfrage erst durch Einführung der Kataraktsteuerung gelöst. Der Apparat, von den Bergleuten scherzhaft
„Jack in the Box" genannt, bestand aus einem kleinen Wasser-

gefäss, das am Ende eines Winkelhebels in aufrechter Stellung befestigt war. Das andere Ende des Hebels war durch eine Kette
mit der Klinke der Einspritzsteuerung verbunden. In diesen drehbar angeordneten kleinen Behälter mün-
dete ein Wasserstrahl, dessen Stärke sich
bequem durch Stellen eines Hahnes regu-
lieren liess. Sobald das Gefäss voll war,
kippte es um und veranlasste eine Einspritzung und damit einen Hub der Maschine.
Durch entsprechende Regulierung des
Wasserzuflusses war es somit möglich, die
Pausen zwischen den einzelnen Hüben der
Maschine nach Belieben zu verkürzen oder
zu verlängern, oder mit anderen Worten,
man war jetzt in der Lage, die Anzahl
Hübe in der Zeiteinheit, also die Leistung
in weiten Grenzen zu verändern.

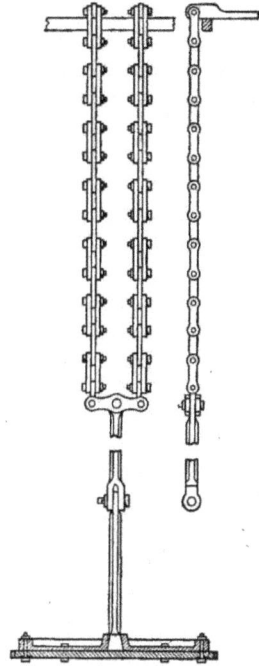

Die Smeaton'schen Maschinen erhielten sich trotz der starken Konkurrenz,
die ihnen die Watt'schen Maschinen be-
reiteten, noch lange an den Orten, wo
Kohlen zu billigem Preis zu haben waren,
und wurden oft in riesigen Abmessungen
hergestellt.

Eine der grössten dieser Maschinen,
etwa 80 Pferdekräfte stark, befand sich auf
der Chacewater-Grube in Cornwall. Sie
war von Smeaton 1775 erbaut worden. Der

Fig. 13.

Cylinder hatte einen Durchmesser von
1,82 m. Der Hub betrug 3 m. Der Balancier,
aus 20 tannenen Balken zusammengesetzt,
war 8,3 m lang und in der Mitte 1,8 m
hoch. Die Zapfen, um die er sich bewegte,
massen 210 mm im Durchmesser. Sie waren
in ausgebohrten grossen Bronceblöcken,
die ihrerseits wieder in mächtigen Granit-
blöcken Halt und Stütze fanden, gelagert.

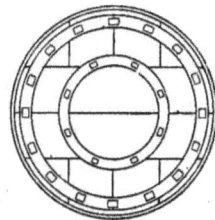

Fig. 14.

Diese ganze Lagerkonstruktion ruhte auf gemauerten Pfeilern,
von denen jeder unten am Fuss 3 m im Quadrat mass. Die
ganze Höhe von Sohle Kessel bis zum oberen Wassergefäss betrug
etwa 30 m. Der Cylinder wog 6600 kg. Auch die Einheitspreise

dieser Maschine sind erhalten, danach wurde bezahlt: für 100 kg bei
dem gebohrten Cylinder und den wichtigeren Steuerungsteilen
56 M., für 100 kg bei Achse und ähnlichen Gussstücken 32 und für
100 kg der gewöhnlichen Röhren und übrigen Teile 22 M.

Smeaton, der bei seiner Thätigkeit als Bauingenieur viel mit
dem Auspumpen von Baugruben zu thun hatte, führte 1765 die erste
Maschine aus, die vom Maschinengebäude unabhängig so eingerichtet
war, dass sie eine Ortsveränderung leicht zuliess. Diese Vorläuferin
unserer modernen „Lokomobile auf
Tragfüssen" zeigt Fig. 15; Cylinder,
Pumpe und Kessel sind nahe aneinander gerückt. Der Balancier ist zur
Scheibe geworden, über ihr liegt die
Kette, an deren Enden Dampf- und
Pumpenkolben befestigt sind. Das
Rad ruht auf einem hölzernen Aförmigen Gestell, das leicht auseinander
genommen werden kann. Die
Schwellen, auf denen es steht, tragen
auch den Cylinder. Der Steuerbaum
und die Kaltwasserpumpe werden von
einem kleineren, auf der Hauptachse
sitzenden Rade angetrieben. Der
Dampfkessel von der Form eines
grossen Theekessels hat Innenfeuerung
aus Gusseisen, die mit dem 6,5 mm
dicken Eisenblech des Kessels durch

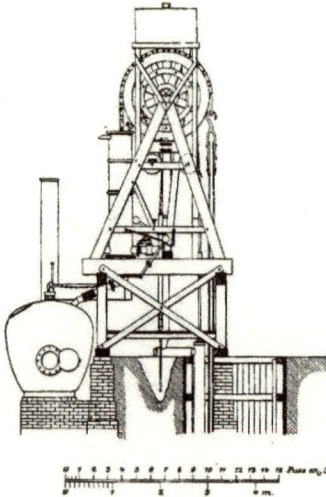

Fig. 15.

Flansche verschraubt ist. Die Maschine sollte 10 Hübe pro Minute
machen und etwa 4 Pferdekräfte leisten. Der Cylinder hatte 455 mm
Durchmesser und wies einen Hub von 1,8 m auf.

Die atmosphärische Maschine, auch in der Smeaton'schen Ausführung, wurde fast ausschliesslich zur Wasserförderung verwandt.
Um ihre Kraft in den Dienst gewerblicher Thätigkeit zu stellen, benutzte man nach wie vor ein Wasserrad, das seine Bewegung durch
das von der Feuermaschine gehobene Wasser erhielt.

Die atmosphärische Maschine gab auch den Anstoss zur Erfindung der Wassersäulenmaschine, die vor allem in Deutschland
ausgebildet wurde und eine segensreiche Thätigkeit im Bergbau
entfaltet hat. Auch ein neues wirksameres Gebläse, welches das
Eisenhüttenwesen um so nötiger brauchte, als Koks in grösserem
Umfang Anwendung fand, wurde der Feuermaschine abgesehen.

Das neue Cylindergebläse, das die riesigen und plumpen Blasebälge
gänzlich verdrängte und die Ansprüche einer sich von Jahr zu
Jahr steigernden Produktion vollkommen befriedigte, bestand wie
die Feuermaschine in seinen Hauptteilen aus einem grossen
Cylinder und einem Kolben. Vermutlich hat man die ersten
Versuche mit alten Dampfcylindern angestellt. Praktisch ange-
wandt wurde das neue Gebläse zum ersten Mal wahrscheinlich von
Smeaton 1768 auf dem Eisenwerk Carron. Der Antrieb erfolgte
auch hier noch durch ein Wasserrad, dessen Aufschlagwasser die
Feuermaschine lieferte.

Welch grosse Bedeutung die atmosphärische Maschine schon
vor Watt in Bergwerksbezirken gehabt hat, geht aus der Thatsache
hervor, dass 1767 bereits 57 dieser Maschinen in der Nähe von Newcastle in Betrieb waren, deren gesamte Leistung, bei Cylinder-
durchmessern von 710 bis 1900 mm, etwa 1200 Pferdekräfte betragen
mochte.

Soweit Watt's Patente es zuliessen, suchte man auch nach dem
Auftreten der Watt'schen Dampfmaschine die atmosphärische Maschine
weiter zu verbessern, um mit der neuen Kraftmaschine noch konkurrieren zu können. Das führte unter andern zum Bau von doppeltwirkenden atmosphärischen Maschinen.

Ein gewisser Thompson führte 1793 für eine Dampfmühle eine
derartige Maschine aus, die aus zwei mit ihren Oeffnungen einander zugekehrten Cylindern bestand, welche abwechselnd in Thätigkeit traten. Die Maschine blieb 17 Jahr lang im Betrieb. 1794 wurde
eine doppeltwirkende Maschine anderer Konstruktion nach einer Idee
Dr. Falck's für eine Spinnerei ausgeführt. Ueber zwei in gleicher
Höhe nebeneinander aufgestellten Cylindern war ein Zahnrad so
angebracht, dass die verzahnten Kolbenstangen auf einander gegenüberliegenden Seiten desselben eingreifen konnten. Ging der eine
Kolben abwärts, so wurde der andere in die Höhe gehoben, um dann,
vom Luftdruck herabgedrückt, wieder den ersten Kolben nach aufwärts zu bewegen.

Alle diese Verbesserungen, die dem Konkurrenzkampf ihr Dasein verdanken, genügten auf die Dauer nicht; notwendig musste
die wirtschaftlich billiger arbeitende Maschine ihre Nebenbuhler vom
Markte verdrängen, um schliesslich diesen allein zu behaupten.

Verdienst und Nachteil der Newcomen'schen Maschine fasste
1778 Price in die Worte zusammen:

„Durch Newcomens Maschine wurde es uns möglich, unsere
Schächte doppelt so tief als früher abzuteufen. Seitdem diese Er-

findung vervollständigt worden ist, sind alle andern derartigen Versuche erfolglos geblieben. Der Nutzen wird indess durch den unge-

Fig. 16.

heuren Brennmaterialverbrauch bedeutend vermindert, denn jede Feuermaschine von einiger Grösse verbraucht für 3000 ℔ Kohlen im Jahre, eine Summe, die nahezu so gross ist, dass sich die Anwendung fast nicht mehr lohnt."

Newcomens Maschinen, durch Besseres ersetzt, wurden vergessen. Nur dürftige Ueberreste haben sich noch bis auf unsere Zeit erhalten. Die Abbildung 16 zeigt die Trümmer einer bald nach 1700 von Newcomen erbauten Feuermaschine, die später zur Entwässerung eines Bergwerkes im Fairbottom-Thal zwischen Ashton-under-Tyne und Oldham diente und bis 1830 wenigstens aushilfsweise noch im Betrieb gewesen sein soll.

Der Cylinder misst 695 mm im Durchmesser, 2,66 m in der Länge. Er ist in einem Stück mit 32 mm Wandstärke gegossen. Der Hub beträgt 1,828 m. Der etwa 6 m lange, aus Eichenholz hergestellte Balancier ruht auf einem mächtigen Mauerpfeiler von 4,4 mal 2,9 m Grundfläche.

Das Bergwerk, dem die Maschine ein Jahrhundert lang gedient hatte, wurde 1830 verlassen. Niemand kümmerte sich um die alte, wirtschaftlich nutzlos gewordene Maschine. Wind und Wetter begannen ihr Zerstörungswerk und sie werden es bald beendet haben, wenn nicht rechtzeitig sich noch die Erkenntnis bahnbricht, dass auch das ehrwürdige Denkmal einer alten Maschinentechnik wohl wert ist, vor gänzlichem Verfall bewahrt zu werden.

3. KAPITEL

Die Watt'sche Dampfmaschine.

Siebenzig Jahre alt war die atmosphärische Maschine, als sie abgelöst wurde durch die neuen Erfindungen des genialen Schotten James Watt. Nach kaum zwei Jahrzehnten war die einst so gepriesene Newcomen-Maschine, wenigstens an Orten mit hohen Kohlenpreisen, nur noch dem Namen nach bekannt.

Die Geschichte der Dampfmaschine in den letzten Jahrzehnten des 18. Jahrhunderts ist die Geschichte der Watt'schen Erfindungen. Die auf den Namen Watt ausgestellten Patenturkunden sind Marksteine in der Entwicklungsgeschichte der neuen Kraftmaschine, denen, was Tragweite und Bedeutung angeht, auch das 19. Jahrhundert nichts an die Seite zu stellen vermag.

1759 wurde die Aufmerksamkeit des 23 jährigen Universitätsmechanikus James Watt zu Glasgow zuerst auf die Dampfmaschine
gelenkt. Ein Student Robison, der später berühmte Professor Dr.
Robison, war auf die Idee gekommen, Dampfkraft zur Fortbewegung
von Wagen praktisch zu verwenden. Er teilte seinem Altersgenossen
Watt, dessen überlegene Kenntnis und Einsicht in technischen Fragen er
schätzen gelernt hatte, seine Pläne mit, und liess sich von ihm ein Modell
anfertigen. Robison ging bald darauf ins Ausland und kümmerte
sich nicht weiter um sein Projekt. Aber in James Watt hatte der
Gedanke an die Dampfmaschine dauernd Wurzel geschlagen.
1761 oder 62 finden wir ihn mit Versuchen beschäftigt. Ein
Papin'scher Topf, eine Heberröhre mit Kolben und Hahn, genügten
ihm zum Bau einer kleinen Hochdruckdampfmaschine mit Auspuff des
Dampfes. Er war sich zwar klar darüber, dass die Handsteuerung
leicht durch eine selbstthätige Steuerung zu ersetzen wäre, versprach
sich aber trotzdem keinen Erfolg von seiner Maschine, da er nach
den Erfahrungen, die Savery hatte machen müssen, annahm, dass
es zu gefährlich sei, hochgespannten Dampf im praktischen Betrieb
anzuwenden.

Seine Berufsthätigkeit zwang ihn bald wieder, sich in ganz
anderer Richtung zu beschäftigen, und erst 1764 bot sich ihm die
gewünschte Gelegenheit zu eingehender Beschäftigung mit den
Grundlagen des Dampfmaschinenbaues. Schon vorher hatte er sich
durch eifriges Studium der gesamten einschlägigen Litteratur über
den Gang der bisherigen Entwicklung genau unterrichtet.

Da bot sich ihm die Gelegenheit, ein der Universität Glasgow
gehöriges Modell einer Newcomen'schen Maschine zu reparieren.
Watt fasste diese Reparatur des Modelles zunächst mehr
als die Aufgabe eines Mechanikers auf, dem man die
Wiederherstellung eines interessanten Spielzeugs übertragen
·hat, d. h. er ahnte natürlicherweise nichts von den folgereichen
Ergebnissen, zu denen diese an sich unwichtige Arbeit führen sollte.
Nachdem die wesentlichen Teile ausgebessert waren, wurde
die kleine Maschine in Betrieb gesetzt, wobei sich herausstellte, dass
der Kessel nicht so viel Dampf liefern konnte, um die Maschine
auch nur für kurze Zeit im Gang zu erhalten. Den grossen Dampfverbrauch glaubte sich Watt anfangs aus unzweckmässigen Anordnungen und Abmessungen der Modellmaschine erklären zu
müssen. Auch der Bronce, aus der der Cylinder gefertigt war, gab
er wegen ihrer guten Wärmeleitungsfähigkeit Schuld an dem hohen
Dampfverbrauch. Er konstruierte ein neues, etwas grösseres Modell

und nahm zum Cylinder Holz, das in Oel getränkt und dann am
Ofen stark getrocknet war. Die Erfolge, die er mit diesen Ver-
änderungen erzielte, waren nicht so gross, dass sie ihm die
Erklärung für den riesigen Dampfverbrauch hätten geben können.
Watt beobachtete ferner, dass die Leistung der Maschine grösser
wurde, wenn mehr Wasser eingespritzt wurde, dass aber gleichzeitig
auch der Dampfverbrauch wesentlich stieg. Da bereits in der
Physik bekannt war, dass Wasser unter der Luftpumpe bei niedrigeren
Temperaturen koche als unter dem gewöhnlichen Luftdruck, so schloss
Watt richtig, dass die noch heissen Cylinderwandungen einen Teil des
Einspritzwassers in Dampf verwandeln mussten, der das vollkommene
Vacuum verhinderte und dementsprechend die Leistung der Maschine
herabsetzte.

Wollte Watt die Untersuchung fortsetzen und sich nicht damit
begnügen, die Abhängigkeit von Spannung und Temperatur bloss
erkannt zu haben, so kam alles darauf an, diesen Vorgang zahlenmässig festzulegen und einer rechnerischen Behandlung zugänglich
zu machen. Die Litteratur gab über diesen Punkt keinen Aufschluss.
Watt musste selbst die Versuche anstellen.

Da seine technischen Hilfsmittel nicht ausreichten, um die in
Frage kommenden Verhältnisse im luftleeren Raume zu bestimmen,
untersuchte er zunächst mit Hilfe eines Papin'schen Topfes, eines
Barometers und Thermometers die Wechselwirkung von Spannung
und Temperatur des Wasserdampfes bei Drucken, die grösser waren
als eine Atmosphäre. Die gefundenen Werte trug er graphisch in
der Weise auf, dass die Temperaturen die Abscissen, die dazu gehörigen Spannungen die Ordinaten bildeten. Die sich durch Verbindung
der Ordinaten am Endpunkte ergebende Kurve gestattete ihm durch
entsprechende Verlängerung, Schlüsse von hinreichender Genauigkeit
auf die Verhältnisse im luftleeren Raume zu ziehen.

Die nächste Frage, die zu beantworten war, bezog sich auf den
Dampfverbrauch der Newcomen'schen Maschine. Durch einen ebenso
einfachen wie genialen Versuch ermittelte Watt zunächst das Raum-
verhältnis von Wasser in flüssigem, beziehungsweise dampfförmigem
Zustande. Mehrfache Wiederholungen des Versuchs ergaben als
specifisches Dampfvolumen bei einer Atmosphäre die Zahl 1727,
was unserem heutigen Werte sehr nahe kommt. Da Watt an Stelle
der bis dahin üblichen Probierhähne ein Wasserstandsglas am Kessel
angebracht hatte, vermochte er den Wasserstand genau zu beobachten; aus der Wasserverdampfung im Kessel liess sich aber
mit Hülfe des specifischen Dampfvolumens der Dampfverbrauch

seiner Versuchsmaschine berechnen. Die Versuche zeigten, dass
der Dampfverbrauch für einen Hub das Drei- bis Vierfache des
Cylinderinhaltes betrug, dass somit zwei bis drei ganze Cylinder-
füllungen bei jedem Hub durch Wärmeverluste verloren gingen.

Gelegentlich dieser Versuche war es Watt aufgefallen, dass
die Kondensierung des Dampfes eine unverhältnismässig grosse
Menge Einspritzwasser erforderte, das noch dazu sehr bedeutend erwärmt wurde. Weitere ausgedehnte Versuche führten zu dem über-
raschenden Ergebnis, dass 1 Liter Wasser in Dampfform von 100° C
6 Liter Wasser in flüssigem Zustand von 11° C auf 100° C erwärmte.
Oder anders ausgedrückt, die im Dampf von Atmosphären-Spannung
gebundene Wärmemenge ergab sich zu 534 Wärme-Einheiten, ein
Wert, der von der heute als richtig angesehenen Zahl 536,5 nur
wenig abweicht. Watt, überrascht durch dieses Resultat, konnte sich
den Grund der merkwürdigen Erscheinung nicht erklären und teilte
seine Beobachtung Dr. Black, seinem alten Freunde, dem Professor
der Physik in Glasgow, mit, der ihm nun die von ihm gefundene
Lehre der gebundenen Wärme auseinandersetzte, für die Watt's
zahlenmässig festgelegten Versuche eine neue glänzende Bestätigung
abgaben.

Von der praktischen, einfachen Aufgabe eines Mechanikers, das
Modell einer Newcomen'schen Maschine wieder in brauchbaren Zustand zu versetzen, war Watt ausgegangen. Das geistige Durch-
arbeiten dieser Aufgabe hatte ihn mit logischer Notwendigkeit von
Versuch zu Versuch geführt, und nun konnte er auf dem Boden der
beobachteten und zahlenmässig festgelegten Erscheinungen alles zu
einer Kritik der atmosphärischen Maschine zusammenfassen.

Auf Grund seiner in wissenschaftlicher Arbeit erworbenen
Erfahrungen stellte Watt als die Bedingung einer möglichst vollkommenen Ausnutzung des Dampfes folgende Forderungen auf:

1. der Cylinder muss immer so heiss gehalten werden als der
   eintretende Dampf,
2. nach der Kondensation des Dampfes muss die Temperatur
   des Kondens- und Einspritzwassers 38° C oder, wenn möglich,
   noch weniger betragen.

Der Cylinder der Newcomen'schen Maschine verlangte somit
im Interesse einer wirtschaftlich günstigen Dampfausnutzung mit
jedem Hub wechselnd bald eine möglichst hohe, bald eine möglichst
tiefe Temperatur, um das eine Mal den frischen Dampf vor vor-
zeitiger Kondensation zu schützen, das andere Mal eine möglichst
vollkommene Kondensation zu erzielen.

Die Ursache des übergrossen Dampfverbrauchs der vorhandenen Maschinen war bestimmt, der Fehler aufgedeckt, aber noch fehlte der Weg, der zur Besserung führte. Dem Rückwärtsschauenden, der noch einmal das klare, schrittweise Vorgehen Watts, das mit logischer Notwendigkeit ein Ergebnis auf das andre aufbaute, überblickt, könnte der Schluss dieser Gedankenkette fast einfach und selbstverständlich erscheinen, und doch musste ein Watt noch „lange Zeit im Dunkeln tappen, von vielen Irrlichtern irre geleitet", bis die erlösende Konstruktion in seinem Geiste auftauchte, bis sein nie ermüdendes Nachdenken Früchte trug. Dies Ereignis, in seinen Folgen von einschneidendster Bedeutung, beschreibt Watt selbst in seiner einfachen und anspruchslosen Weise: „An einem schönen Sonntag Nachmittag ging ich vor dem Thor im Freien spazieren. Ich dachte an die Maschine und war noch nicht weit gegangen, da kam mir der Gedanke: der Dampf ist ein elastischer Körper, der schnell in einen luftleeren Raum einströmen würde. Wenn also ein luftentleertes Gefäss mit dem Cylinder in Verbindung gesetzt würde, so würde der Dampf in dieses einströmen und könnte in demselben kondensiert werden, ohne dass der Cylinder abgekühlt würde. Ich sah wohl ein, dass ich das Kondenswasser und, wenn ich, wie bei den Newcomen'schen Maschinen, Einspritzkondensation anwenden wollte, auch das Einspritzwasser entfernen müsste. Mir fielen zwei Wege ein, um dies zu erreichen: entweder man liess das Wasser durch ein Rohr abfliessen, das ging, wenn der Ausfluss in einer Tiefe von 35—36 Fuss erfolgen könnte, die etwa vorhandene Luft wäre durch eine kleine Pumpe zu entfernen, oder zweitens liesse sich die Pumpe genügend vergrössern, um Luft und Wasser zusammen herauszuschaffen. Ich war noch nicht viel weiter gegangen, da stand mir bereits die ganze Sache im Geiste fest!"

Der vom Cylinder getrennte Kondensator war erfunden. Schon in der Frühe des folgenden Tages machte sich Watt an die Arbeit, mit den primitiven Mitteln, die ihm zu Gebote standen, eine kleine Versuchsmaschine herzustellen. Der Apparat (Fig. 17) bestand aus einem Kessel, dem Dampfcylinder, dessen Kolbenstange abwärts gerichtet war, damit man bequemer Belastungsgewichte anbringen könnte, und einem Oberflächenkondensator mit Pumpe, welche beide in einem Kaltwasserbehälter standen. Der Cylinder, eine Spritze aus Messing, wie sie die Chirurgen im Gebrauch hatten, war 254 mm lang und mass 44 mm im Durchmesser. Die beiden Enden des Cylinders waren durch Rohrleitung mit dem Kessel verbunden; diese Verbindung konnte durch Drehen der betreffenden Hähne unterbrochen werden.

Der Raum über dem Kolben war ausserdem noch mit dem Kondensator verbunden. Die Kolbenstange war inwendig hohl, um das über
dem Kolben sich bildende Kondenswasser ableiten zu können.

Vor dem Versuche füllt man den Apparat mit Dampf, um die
Luft daraus zu entfernen, dann sperrt man den oberen Cylinderteil
vom Dampfkessel ab und stellt die Verbindung mit dem Kondensator

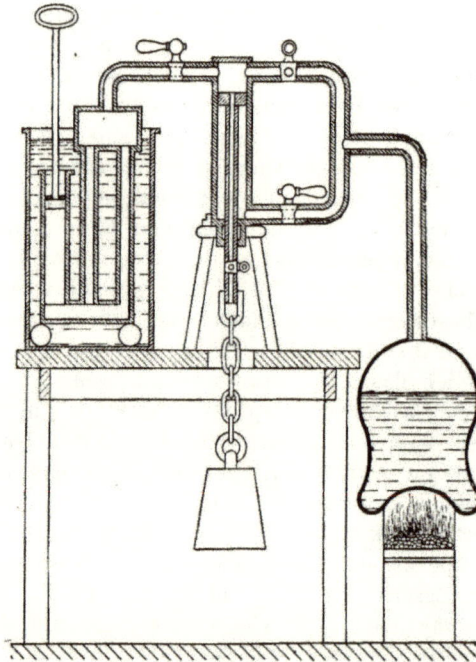

Fig. 17.

her. Der Dampf strömt hinein und wird kondensiert; der Dampf
unter dem Kolben drückt den Kolben mit Belastungsgewicht aufwärts.
Der Hahn des zum Kondensator führenden Rohres wird geschlossen,
der obere Dampfhahn geöffnet. Da jetzt über und unter dem Kolben
der gleiche Dampfdruck ist, dieser sich also aufhebt, zieht das
Belastungsgewicht den Kolben wieder hinab. Das Spiel kann von
neuem beginnen.

Der Apparat genügte, um das Richtige der Watt'schen Idee und
die Vorzüge seiner Verbesserung zu bestätigen. Aus dem einen Satz,
„der Cylinder muss so heiss gehalten werden wie der eintretende

Dampf", war die Idee des getrennten Kondensators geboren worden, aus ihm entwickelten sich, erzählt Watt selbst, wie Perlen an einer Kette mit logischer Unabänderlichkeit und in schneller Aufeinanderfolge auch all die andern wesentlichen Verbesserungen, die Watts Maschine schliesslich gegenüber den atmosphärischen Maschinen aufweist.

Wasser konnte nicht mehr zum Abdichten des Kolbens genommen werden und es mussten daher neue Kolbenpackungen und Schmiervorrichtungen, die bereits damals zur Konstruktion einer Schmierpumpe führten, erdacht werden.

Bei den bisherigen Maschinen, wo der äussere Luftdruck den Kolben herunterzudrücken hatte, wurde der Cylinder stets beträchtlich abgekühlt. Es mussten daher Thür und Fenster des Maschinenhauses ängstlich geschlossen gehalten werden, damit sich die Luft möglichst warm erhielt. Da kam Watt auf den Einfall, es ähnlich zu machen, wie bei seinem Versuchsapparat. Er sagte sich, wenn man nun den ganzen Raum statt mit Luft mit Dampf füllte, dann würde dieser, so gut wie früher die Luft, den Kolben zurückdrücken. Zugleich würden Undichtigkeiten im Kolben aber nicht mehr von so grossem Nachteil sein, weil der etwa durchströmende Dampf sofort im Kondensator niederschlüge. Dieselben Vorteile — sagte sich Watt weiter — liessen sich erreichen, wenn man allein den Cylinder in ein nur wenig grösseres Gefäss einschlösse und dieses mit Dampf von 1 atm. fülle. Der Cylinder erhielt also einen Deckel mit Stopfbüchse und einen Dampfmantel, der, ebenso wie der Raum über dem Kolben, stets von frischem Kesseldampf angefüllt war. Seitdem Wasserdampf statt Luft den Kolben bewegte, konnte man auch leicht durch veränderte Dampfspannung die Kraft, mit der der Kolben sich bewegen sollte, beeinflussen.

Wenige Tage hatten genügt, diese Gedanken auszuspinnen und zu fixieren, aber Jahre voll eifrigster Arbeit und bitterster Enttäuschung vergingen, ehe aus der Theorie Praxis — aus der Idee der Maschine die Maschine selbst leibhaftig in Holz und Eisen hervorging. Die Leiden aller der früheren Dampfmaschinenerbauer hatte Watt noch einmal durchzukosten. Es gab weder Werkzeuge, noch geübte Arbeiter, die seine Maschine ausführen konnten. Die ungeschickte, ungenaue Arbeit seiner Schlosser, Schmiede und Klempner brachte den Feinmechaniker Watt fast zur Verzweiflung. Er selbst besass keine Erfahrung in der Herstellung und Bearbeitung grösserer Maschinenteile. Das erste Modell fiel dementsprechend

mangelhaft aus und zeigte wenig Fortschritt. Trotz dieses Misserfolges und trotz aller Berufsgeschäfte war es Watt jetzt nicht
mehr möglich, mit der Arbeit an seiner Maschine aufzuhören, es lag
wie eine Last auf ihm. „Alle meine Gedanken sind nur auf die
Maschine gerichtet, ich kann an nichts anderes mehr denken", so
schrieb er damals seinem Freunde.

Um seine Maschine vor neugierigen Augen zu schützen, mietete
Watt eine abgelegene, damals verlassene Töpferei und fing mit seinem
alten Klempner als einzigen Gehilfen von neuem an, eine Versuchsmaschine zu bauen. Der Cylinder wurde aus Kupferblech gehämmert,
hatte einen Durchmesser von etwa 140 mm und 610 mm Hublänge.
Ein zweiter Cylinder aus Holz umschloss ihn. Im August 1765 konnte
Watt von einem guten Erfolge seiner Maschine berichten, den er trotz
sehr unvollkommener Ausführung erreicht hatte. Im Oktober desselben Jahres vollendete er noch eine grössere Modellmaschine.

Damit war sein Geld erschöpft. 20 000 Mark waren, trotzdem
sich Watt stets mit den einfachsten Mitteln bei seinen Versuchen zu
behelfen wusste, bereits für die Erfindung ausgegeben. Erst das
Interesse und die thatkräftige Unterstützung eines unternehmungslustigen Grossindustriellen machten eine weitere Entwicklung möglich.

Dr. Roebuck, der als Besitzer grosser Eisenwerke und Kohlengruben leistungsfähige Kraftmaschinen selbst sehr nötig brauchte, übernahm Watts Verbindlichkeiten und gab das Geld zu ferneren Versuchen.
Eine neue Maschine von etwa 190 mm Cylinderdurchmesser wurde
errichtet, und der Erfolg ermutigte den Erfinder, ein Patent nachzusuchen, das ihm die Ausnutzung seiner Erfindung gewährleisten
sollte. Am 25. April 1769 wurde jenes denkwürdige Patent ertheilt,
in dessen erstem Absatz klar und deutlich ein Hauptsatz des Dampfmaschinenbaues ausgesprochen ist, der auch heute an allgemeiner
Gültigkeit noch nichts eingebüsst hat. Die Fassung des Patentes,
die deutlich zeigte, wie tief Watt in die Sache eingedrungen war,
lautete:

„Mein Verfahren, den Dampfverbrauch und damit den Brennstoffverbrauch bei Feuermaschinen zu verringern, besteht in folgenden
Grundsätzen:

1. Das Gefäss, in welchem der Dampf zum Antrieb der Maschine
   benutzt werden soll, das bei den gewöhnlichen Feuermaschinen Dampfcylinder heisst und das ich Dampfgefäss
   nenne, muss, solange die Maschine im Betrieb ist, so heiss
   erhalten werden, wie der eintretende Dampf, und zwar erstens
   dadurch, dass man das Gefäss mit einem Mantel aus Holz

oder einem anderen die Wärme schlecht leitenden Material umschliesst, zweitens dadurch, dass man es mit Dampf oder anderen erhitzten Körpern umgiebt, und schliesslich drittens dadurch, dass man darauf achtet, dass weder Wasser noch ein anderer Körper kälter als der Dampf in das Gefäss eintritt oder dasselbe von aussen berührt.

2. Der Dampf ist bei Maschinen, die ganz oder teilweise mit Kondensation arbeiten, in Gefässen zu kondensieren, die von den Dampfgefässen oder -Cylindern getrennt sind und nur zeitweise mit ihm in Verbindung treten. Diese Gefässe nenne ich Kondensatoren; sie sollen, solange die Maschine arbeitet, durch Wasser oder kalte Körper mindestens so kühl erhalten werden wie die umgebende Luft.

3. Luft und etwa durch den Kondensator noch nicht niedergeschlagener elastischer Dampf, der die Leistung der Maschine verringert, sind durch Pumpen, die von der Maschine selbst oder auf andere Weise betrieben werden können, aus den Dampfgefässen oder Kondensatoren zu entfernen.

4. Ich beabsichtige in vielen Fällen die Spannkraft des Dampfes zum Bewegen der Kolben, oder was an deren Stelle tritt, anzuwenden, in derselben Weise, wie der Luftdruck bei den gewöhnlichen Feuermaschinen angewendet wird. Falls kaltes Wasser nicht in genügender Menge vorhanden ist, können die Maschinen durch diese Dampfkraft allein betrieben werden, indem man den Dampf, nachdem er seine Arbeit geleistet hat, in die freie Luft austreten lässt."

Der weitere Inhalt des Patentes bezieht sich auf Ausführungen der Kolbendichtungen, auf rotierende Maschinen und anderes mehr.

Eine Maschine, die dem Patent genau entsprechen sollte, wurde begonnen und im September 1769 vollendet. Dr. Roebuck hatte zu ihrer Erbauung ein Häuschen bei Kinneil zur Verfügung gestellt. Der Cylinder dieser Maschine mass bereits 458 mm im Durchmesser und hatte 1520 mm Hublänge. Aber weder die Ausführung, noch die Leistung wies irgend welchen Erfolg auf. Der Oberflächen-Kondensator war nicht dicht zu halten, der Kolben liess grosse Mengen Dampf hindurch, und je mehr man versuchte, der Uebelstände Herr zu werden, um so schlimmer schien es zu werden.

Watt hörte nicht auf, zu verbessern, immer neue Kolbendichtungen und Schmiermittel wurden versucht, Röhren- und Plattenkondensation, Luftpumpen, Speisepumpen und Oelpumpen, die dem Kolben stetig

Fischthran zuführen sollten, wurden konstruiert und ausgeführt, die Steuerungsteile veränderten sich unaufhörlich.

Die Watt'sche Dampfmaschine stellte mit ihrem oben geschlossenen Dampfcylinder, ihrer besonders abzudichtenden Kolbenstange und ihrer Steuerung hohe Ansprüche an die Werkstattarbeit der damaligen Zeit. Die Newcomen'sche Maschine war mit Rücksicht auf die Ausführungsarbeiten die notwendige Vorstufe zur Watt'schen Maschine; trotz ihrer langsamen Entwicklung hatte sie ihrer Nachfolgerin eine grosse Anzahl praktischer Hindernisse aus dem Wege geräumt, sie hat ihre Einführung ganz wesentlich erleichtert. Watt selbst hat einige dieser Maschinen aufgestellt, um ihnen alles das abzusehen, was ihm bei seinem Werke zu statten kommen konnte.

Noch einmal war der Erfolg der ganzen Erfindung und mühseligen Arbeiten in Frage gestellt, als Dr. Roebuck Konkurs anmelden musste. Die Kohlengruben, in denen er sein ganzes Vermögen festgelegt hatte, standen unter Wasser. Keine der vorhandenen Maschinen konnte sie retten, Watt war mit der seinen noch nicht fertig. Als die Gläubiger sich zur Beratung versammelten, zeigte es sich, dass keiner von ihnen für das Patent auf die Dampfmaschine auch nur einen Pfennig zu geben gewillt war. Da übernahm Boulton, einer der bedeutendsten Grossindustriellen des 18. Jahrhunderts, den Anteil am Patent, der dem Dr. Roebuck rechtlich zugesichert war, und trat mit Watt in Verbindung. Niemand wohl auf der weiten Erde wäre besser geeignet gewesen, eine Erfindung von solcher Tragweite in das praktische Leben einzuführen, als Boulton, dessen Organisationstalent und kaufmännischer Blick eine Metallwaarenindustrie in Soho bei Birminghann geschaffen hatte, die Weltruf genoss.

Im Frühjahr 1774 siedelte Watt nach Soho, dem Wohnsitze Boultons, über. Die Maschine, die er in Kinneil verlassen hatte, war ihm vorausgesandt worden. Es machte viel Mühe, ihre Teile, die drei Jahre der Witterung ausgesetzt gewesen waren, wieder einigermassen in Stand zu bringen. Nur der aus Blockzinn hergestellte Dampfcylinder war noch wohl erhalten. Schliesslich gelang es doch, die Maschine wieder herzustellen, und im November desselben Jahres konnte Watt seinem Vater mitteilen, dass die von ihm erfundene Feuermaschine den Erwartungen besser entspräche als irgend eine frühere.

Die Zeit war der Einführung der Maschine äusserst günstig. In Cornwall mussten Gruben bereits verlassen werden, weil die Maschinen das Wasser nicht mehr bewältigen konnten. Alles wartete voll Spannung, wie sich die neue Kraftmaschine bewähren würde, die

unbedingt etwas grossartiges sein musste, da ein Mann wie Boulton
sein Kapital dafür hergab. Sechs Jahre des Patentes waren aber
bereits über den Versuchen verstrichen, die Zeit, die noch übrig
blieb, war zu kurz und bot deshalb zu wenig Vorteile, um so grosse
Kapitalien, wie sie die Fertigstellung und Einführung der Dampfmaschine erforderte, aufwenden zu können. Es musste daher eine
Verlängerung des Patents nachgesucht werden, die nach erbittertem
Kampf mit den Grubenbesitzern 1775 vom Parlament bis zum
Jahre 1800 gewährt wurde.

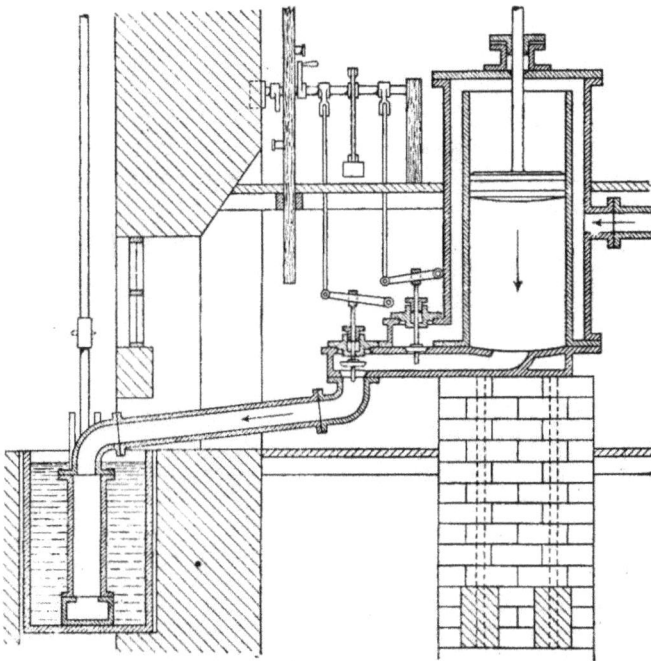

Fig. 18.

Jetzt begann in Soho ein reges Leben. Grosse Werkstätten
wurden errichtet, Werkzeugmaschinen gebaut, Werkzeuge geschaffen
und tüchtige Arbeiter systematisch nach dem Princip der Arbeits-
teilung herangebildet. Die erste Maschine, die in der neuen Fabrik
auf Bestellung gebaut worden war, erhielt Wilkinson, jener hervorragende Förderer des Eisenhüttenwesens, der durch Erfindung einer
Cylinderbohrmaschine auch wesentlich zum Erfolg der Watt'schen
Maschine beigetragen hat.

5*

Die Konstruktion der ersten Watt'schen Maschine ist aus Fig. 18
ersichtlich. Der Antriebscylinder ist von einem grösseren Cylinder,
der oben durch Deckel abgeschlossen ist, umgeben. Waren Newcomen'sche Maschinen umzubauen, so wurde meistens der vorhandene
Cylinder als Mantel benutzt und ein neuer Arbeitscylinder eingebaut.
Der äussere Cylinder steht durch eine Rohrleitung mit dem Kessel
in ständiger Verbindung. Der Raum um den Arbeitscylinder und
über dem Kolben ist also stets mit Dampf gefüllt. Will man die
Maschine in Betrieb setzen, so öffnet man zunächst die beiden in der
Figur links vom Cylinder gezeichneten Ventile, um durch den einströmenden Dampf die Luft hinauszutreiben. Schliesst man jetzt
beide Ventile, so kondensiert der Dampf im Kondensator und Zu-
führungsrohr. Da über und unter dem Kolben Dampf von gleicher
Spannung ist, befindet sich der Kolben im Gleichgewicht. Oeffnet
man jetzt nur das untere Ventil, so strömt der Dampf unter dem
Kolben in den Kondensator, wird dort niedergeschlagen, der Dampf
über dem Kolben erhält das Uebergewicht und drückt den Kolben
hinab. Das untere Ventil wird darauf geschlossen und das obere
geöffnet; frischer Dampf tritt unter den Kolben. Der Gleichgewichts-
zustand ist wieder hergestellt; Gegengewichte ziehen den Kolben
hinauf.

Anfangs wandte Watt nur Oberflächenkondensation an. Diese
wurde aber für grössere Anlagen zu umfangreich und liess sich
nur schwer ausführen. Ihre Wirkung war zu langsam und die Ab-
lagerung, die das Wasser hinterliess, führte zu häufigen Betriebsstörungen. Watt ging daher bald zur Einspritzkondensation über.
Die Ventile erhielten ihre Bewegung von einem Steuerbaum, von
dessen Knaggen ein Hebelwerk in Bewegung gesetzt wurde. Hervorzuheben ist, dass der äussere Dampfmantel noch durch einen
Holzmantel, der durch einen schlechten Wärmeleiter vom Cylinder
getrennt war, vor Wärmeverlusten geschützt wurde. Die Bewegungsübertragung vom Kolben auf die Pumpe geschah durch einen
Balancier wie bei den Newcomen'schen Maschinen.

Mitte des Jahres 1777 wurden aus Soho zwei solcher Maschinen
in den Minenbezirk nach Cornwall gesandt. Da von ihren Leistungen
zum guten Teil der Ruf der Maschine und somit direkte Bestellungen
abhingen, so begleitete sie Watt an ihren Bestimmungsort, um sie selbst
aufzustellen. Mit grosser Neugierde und noch viel grösserem Misstrauen sahen die Ingenieure und Grubenbesitzer dem Tage entgegen,
an welchem zum ersten Mal die Maschine in Betrieb gesetzt
werden sollte.

Der Tag kam und überzeugte alle von der Ueberlegenheit der neuen Erfindung über die bisherigen Feuermaschinen. Watt schreibt darüber an Boulton: „Geschwindigkeit, Kraft, Grösse und der furchtbare Lärm der Maschine haben jetzt alle, die sie sahen, ob Freund oder Feind, zufrieden gestellt. Ich hatte sie ein oder zweimal so eingestellt, dass ihr Gang ruhiger war und sie weniger Lärm machte; aber Mr. Wilson (der Besitzer) kann nicht schlafen, wenn sie nicht tobt. Da habe ich sie denn dem Maschinenwärter überlassen. Nebenbei gesagt — die Leute scheinen von der Grösse des Lärms auf die Kraft der Maschine zu schliessen. Das bescheidene Verdienst wird hier ebensowenig anerkannt wie bei den Menschen."

Drei Jahre darauf hatte die Firma Boulton und Watt bereits 20 Pumpmaschinen nach Cornwall geliefert und etwa die doppelte Anzahl überhaupt fabriciert. 1790 gab es in ganz Cornwall keine atmosphärischen Maschinen mehr.

Den normalen Typus einer Watt'schen Wasserhaltungsmaschine stellt Fig. 19 dar. Zu den zwei früheren Ventilen ist noch ein drittes hinzugekommen, welches oben am Cylinder angebracht ist. Es dient zum Drosseln des Dampfes, also zur Regulierung der Maschine. Die Ventile erhalten in üblicher Weise durch den Steuerbaum, der hier mit der Luftpumpenkolbenstange fest verbunden ist, ihre Bewegung. Kondensator und Luftpumpe sind dicht neben den Cylinder gerückt. Ausserhalb des Maschinenhauses befindet sich nur die Kaltwasserpumpe, die das Gefäss, in welchem Kondensator und Luftpumpe untergebracht sind, mit kaltem Wasser versorgt, und weiter oben die Heisswasserpumpe, die das warme Kondensationswasser zum Speisen des Kessels weiterbefördert. Der Dampf tritt nicht mehr, wie bei den ersten Maschinen, durch den Dampfmantel, sondern direkt aus der Dampfleitung in den Arbeitscylinder ein. Der Dampfmantel wird durch eine kleine Ableitung vom Hauptdampfrohr aus gespeist. Er hört damit auf ein unvermeidlicher Bestandteil der Maschine zu sein. Das Bestreben, möglichst billig zu bauen, veranlasste die Firma, ihn ganz wegzulassen. Doch diese Sparsamkeit rentierte sich schlecht, da der Kohlenverbrauch beträchtlich stieg; man führte den Dampfmantel wieder ein, und setzte ihn aus einzelnen Platten zusammen, die gewöhnlich 38 mm von der äusseren Cylinderwandung abstanden. Bei grösseren Maschinen wurde Cylinderdeckel und Boden gleichfalls geheizt. Beim Betriebe wurde auch bereits die Kompression des Dampfes benutzt, um bei Bewegungsumkehr der bewegten grossen Massen nachteilige Stösse zu vermeiden. Häufig arbeiteten die Maschinen mit der Smeaton'schen Katarakt-

steuerung. Die konstruktive Ausführung der Ventile hat sich gegenüber der der ersten Maschinen insofern wesentlich geändert, als
man die durchgehende Ventilspindel mit ihrer Stopfbüchse ganz
umgangen hat. Die schwierige Herstellung hat zum Verlassen der

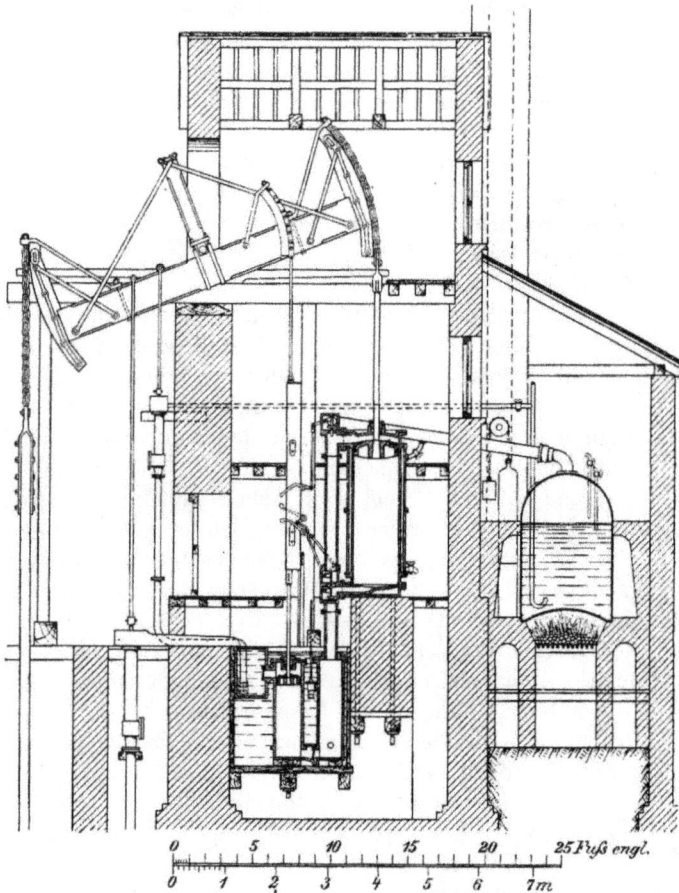

Fig. 19.

ersten Konstruktion gezwungen, und erst später, als es nicht mehr
so schwierig war, eine Stopfbüchse dampfdicht zu halten, kehrte
man wieder zu ihr zurück. Die lange Zeit hindurch übliche Ventilanordnung ist aus Fig. 20 bis 22 zu ersehen. Die Ventile und

Ventilsitze wurden aus Rotguss hergestellt. Den Querschnitt der Ventilöffnung machte Watt gleich $^1/_{25}$ des Kolbenquerschnittes. Grossen Wert legte er ferner auf dichten Abschluss und schnelles Oeffnen der Ventile. Den Ventilhub nahm er zu $^1/_4$ des Durchmessers. Die früher übliche Dichtung der Rohr- und Deckelflanschen durch Bestreichen mit Glaserkitt genügte nicht mehr. Es wurden jetzt mit Oel getränkte Pappstreifen zur Abdichtung dazwischen gelegt. Als Balancier nahm Watt am liebsten einen einzigen Baumstamm und versteifte ihn ähnlich wie einen Dachträger.

Der Kessel hatte kastenförmige Form angenommen, die ihm den Namen Kofferkessel eintrug. Das Wasserstandsglas, das Watt bei seinen ersten Versuchen angewandt hatte, kam noch einmal für

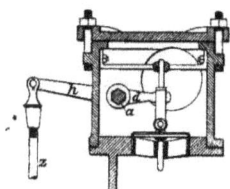 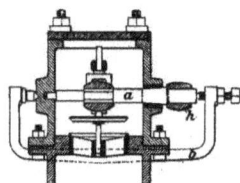

Fig. 20.   Fig. 21.   Fig. 22.

längere Zeit ausser Gebrauch, da die bei ihrer Herstellung schlecht abgekühlten Glasröhren zu häufig sprangen. Zwei Probierhähne traten wieder an seine Stelle.

Da die Firma sich in ihrem Verkaufsvertrage das Anrecht auf einen Teil der Kohlenersparnis, die man mit ihren Maschinen gegenüber den früheren erreichte, gewöhnlich ausbedang, so war es notwendig, die Leistung der Maschine, d. h. die von ihr in einer bestimmten Zeit gehobene Wassermenge, genau festzustellen. Das gab Watt Veranlassung, bereits einen Hubzähler zu ersinnen und an seinen Pumpmaschinen anzubringen.

Eine neue Epoche der Dampfmaschinenentwickelung brach an, als es Watt gelang, aus der hin und her gehenden Bewegung eine Drehbewegung abzuleiten. Die Maschine wurde von da ab dem allgemeinen Gewerbebetriebe dienstbar. Ein unübersehbares Feld industrieller Bethätigung lag vor ihr.

Der Gedanke, für diese Umwandlung der Bewegung den längst bekannten Kurbelmechanismus zu verwenden, lag ausserordentlich nahe. Watt selbst drückt das drastisch aus, wenn er sagt: „der wahre Erfinder des Kurbelmechanismus war der Mann, der zuerst eine Drehbank zum Treten einrichtete, ihn auf die Dampfmaschine

zu übertragen war nicht mehr, als wenn einer ein Brotmesser zum
Käseschneiden nimmt." Er hielt daher auch diese Anordnung für
keineswegs patentfähig und wurde erst eines Besseren belehrt, als
ein anderer das Patent auf die Kurbel erworben hatte. Watt sah
sich gezwungen, andere Mechanismen zu erfinden, die ihm die Kurbel
ersetzen konnten. Von den fünf 1781 patentierten Vorrichtungen
wandte er nur das sogenannte Planetenräderwerk wirklich an.

Die Vorgänge bei der Kurbelbewegung waren noch wenig klar
erkannt; so kam es, dass Watt erst eine Menge Vorurteile und
falscher Vorstellungen zu überwinden hatte, von denen sogar Männer
wie Smeaton vollkommen beherrscht wurden. Smeaton hatte noch
1781 das Gutachten abgegeben, dass eine Dampfmaschine, gleichviel
ob mit Kurbel oder einer andern Vorrichtung für die Drehbewegung
versehen, überhaupt nicht zu gebrauchen sei und niemals ein Wasserrad ersetzen könne. Dieses Urteil sowie die ängstliche Vorstellung,
dass alle Kurbelmaschinen in „Stücke fliegen müssten", wurde durch
die Praxis schon in den nächsten Jahren widerlegt.

Dem Patent von 1781 folgten im nächsten Jahr die denkwürdigen
Patente auf die Expansionsmaschine und die doppeltwirkende Dampfmaschine.

Schon 1769 findet sich die Idee der Expansionsdampfmaschine
bei Watt in einem Brief an Dr. Small ausgesprochen, es heisst da:

„Ich erwähnte gegen Sie ein Verfahren, das mich in Stand
setzt, auf ziemlich leichte Weise die Wirkung des Dampfes zu ver-
doppeln, indem man die Spannkraft des Dampfes, die jetzt unbenützt
im Kondensator verloren geht, wirken lässt. Das würde aber zu
grosse Cylinder erfordern. Die Idee ist daher am ersten für rotierende
Dampfmaschinen von Bedeutung. Oeffnen Sie das eine Dampfventil,
und lassen Sie soviel Dampf ein, bis der vierte Teil des in Frage
kommenden Rauminhaltes mit Dampf gefüllt ist, schliessen sie jetzt
den Dampfzutritt ab, dann wird der Dampf fortfahren, sich auszudehnen und mit abnehmender Kraft seine Wirkung ausüben, bis
er mit $1/4$ der anfänglichen Kraftäusserung endet. Die Summe dieser
Reihe werden sie grösser finden als $1/2$, obwohl nur $1/4$ des Dampfes
angewandt wurde. Die Kraftleistung wird allerdings ungleichmässig
sein, doch kann man diesem Uebelstande durch ein Schwungrad oder
auf andere Weise abhelfen."

Erst die Sohoer Versuchsmaschine bot 1776 Gelegenheit, von
dieser Idee Gebrauch zu machen; 1778 wurde für ein Londoner Wasserwerk die erste Expansions-Dampfmaschine mit $2/3$ Füllung ausgeführt.
Watt suchte ein Patent auf die Verwendung der Expansion nach.

Die Patentschrift war begleitet von der in Fig. 23 wiedergegebenen Zeichnung, aus der zu ersehen ist, dass Watt sich schon damals der heute allgemein üblichen Form der graphischen Darstellung bediente.

Bei der Anwendung der Expansion im praktischen Betriebe stellten sich unerwartet grosse Unzuträglichkeiten heraus. Die Maschinenwärter waren stolz darauf, eine möglichst starke Maschine unter sich zu haben. Sie merkten bald, dass ihre Maschine, wenn sie ihr mehr Dampf gaben, sie mit voller Füllung arbeiten liessen, mehr leistete. Dass dies auf Kosten des Kohlenverbrauchs geschah, kümmerte sie wenig. Der Kessel, seiner Grösse nach für den Dampfverbrauch der Maschine bei Benutzung der Expansion bestimmt, konnte bald die nötige Dampfmenge nicht mehr liefern. Klagen auf Klagen liefen bei der Firma ein, bis sich Watt entschloss, trotz der grossen Kohlenersparnis, die mit der Ausnutzung der Expansion notwendig verbunden war, ganz darauf zu verzichten, bis er „Wärter bekommen würde, die etwas davon verstünden".

Auch die doppelt wirkende Maschine, die in demselben Patent von 1782 zu zweit aufgeführt war, hatte Watt der Idee nach schon 1767 zum Ausdruck gebracht, bereits 1774 legte er die Zeichnungen dem Parlament vor. Zur Patentnahme wurde er erst 15 Jahre später durch die Befürchtung, andere könnten ihm damit zuvorkommen, getrieben. Der Kolben, bisher allein durch den Dampf abwärts gedrückt, wird bei der doppeltwirkenden Maschine in gleicher Weise auch nach oben gedrückt. Es müssen also beide Kolbenseiten sowohl mit dem Kessel wie mit dem Kondensator durch die Steuerung wechselweise verbunden werden. Da der Dampf jetzt nicht wie bisher nur bei dem Hingang des Kolbens, sondern bei Hin- und Rückgang in Wirkung tritt, so verdoppelt sich bei derselben Tourenzahl die Leistung der Maschine.

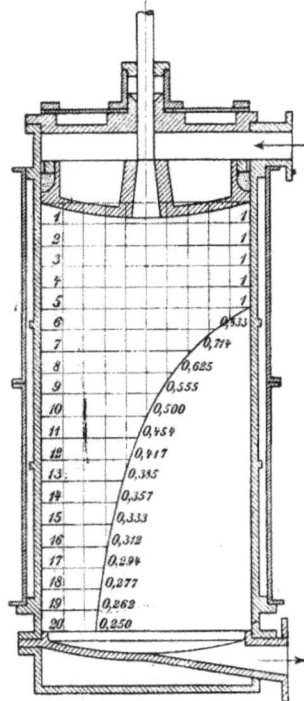

Fig. 23.

Bei der gleichen Leistung hatte also die doppeltwirkende Maschine wesentlich kleinere Abmessungen. Die Konzentration der Kraft auf einen möglichst kleinen Raum hatte damit einen grossen Fortschritt gemacht. Ferner konnte auch erst mit der doppeltwirkenden Dampfmaschine den Anforderungen, die der Gewerbebetrieb an die Gleichmässigkeit des Ganges stellte, einigermassen entsprochen werden. Während aber die einseitige Benutzung des Dampfes bei den bisherigen Maschinen auch nur die Verbindung des Kolbens mit dem Balancier nach einer Richtung hin beansprucht hatte, musste bei den doppeltwirkenden Maschinen diese Verbindung abwechselnd Zug und Druck aufnehmen können. Die Erfüllung dieser Bedingung führte den Konstrukteur zu verschiedenen Lösungen. Zunächst brachte man zwei Ketten in der Weise an, dass bei dem Kolbenaufgang die eine, beim Niedergang die andere, auf Zug beansprucht wurde. Das war ein Notbehelf, der nur durch die Neigung, an Vorhandenes anzuknüpfen, erklärt werden kann. Watt bildete das Ende des Balanciers als Zahnradsegment aus, in das die entsprechend mit Zähnen versehene Kolbenstange eingriff. Auch diese Konstruktion bewährte sich im praktischen Betrieb nicht. Erst die 1784 patentierte Gelenkgeradführung ermöglichte „eine senkrechte Bewegung ohne Ketten, ohne Führungen mit unangenehmen Reibungsverlusten, ohne Bogenköpfe und andere unbeholfene Dinge". Ausserdem hatte sie den Vorteil, dass die Höhe des Maschinenhauses bedeutend verringert werden konnte. Watt war auf diese Erfindung, wie er selbst sagte, stolzer, als auf irgend eine der andern. Erst diese Parallelogrammführung machte die doppeltwirkende Maschine für die gewerbliche Benutzung in grösserem Umfange gebrauchsfähig, zumal es gleichzeitig auch Watt gelang, die Leistung der Maschine selbstthätig dem jeweiligen Arbeitsbedarf anzupassen.

Die bisherige Regulierung geschah einfach durch Verringerung der Hubzahl. War weniger Wasser zu heben, so machte der Kolben weniger Hübe, die Pausen zwischen den einzelnen Hüben wurden länger. Diese Kataraktsteuerung war nicht anwendbar, sobald von der Dampfmaschine für die gewerbliche Benutzung eine konstante Drehbewegung verlangt wurde. Das Schwungrad konnte wohl periodische Schwankungen von Kraft und Widerstand ausgleichen, es versagte aber da, wo auf längere Zeit Kraft oder Widerstand sich änderten. Bleibt der Widerstand der gleiche und wird der Dampfdruck grösser, so beginnt die Dampfmaschine schneller zu laufen. Das Gleiche tritt ein, wenn der Dampfdruck konstant bleibt, aber durch Ausrücken von Arbeitsmaschinen der Widerstand kleiner wird.

Es galt, bei der neuen Verwendungsart der Dampfmaschine den Dampfdruck oder die Dampfmenge der jeweilig von der Dampfmaschine verlangten Arbeitsleistung so anzupassen, dass die Geschwindigkeit konstant blieb. Für Watt kam zunächst, da er mit voller Dampffüllung im Cylinder auch bei normaler Leistung arbeitete, nur Veränderung des Dampfdruckes in Frage, die sich mit Hilfe einer Klappe im Dampfzuleitungsrohr, der Drosselklappe, erreichen liess. Je weniger Arbeit die Dampfmaschine zu leisten hatte, um so weiter musste sie die Drosselklappe schliessen, das heisst den Druck vermindern. Stiegen die Anforderungen an die Arbeitsleistung der Dampfmaschine, wurden z. B. weitere Arbeitsmaschinen mit der Kraftmaschine in Verbindung gebracht, so musste der Druck wieder erhöht und dementsprechend die Drosselklappe geöffnet werden. Hierzu bediente sich Watt des im Mühlenbetriebe bereits damals bekannten Centrifugal - Regulators. (S. Fig. 24.)

Die Welle w ist mit ihrer Umdrehungszahl direkt abhängig von der Geschwindigkeit der Dampfmaschine. Sobald die Geschwindigkeit steigt, fliegen die Kugeln K weiter auseinander, heben die Hülse H und drehen mit Hilfe der angebrachten Hebel die Klappe D so, dass der Durchgangsquerschnitt kleiner wird. Der Dampf-

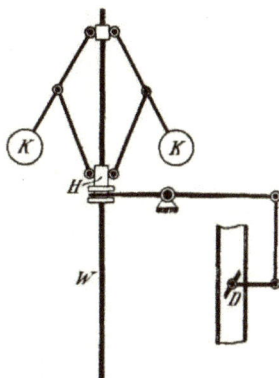

Fig. 24.

druck fällt, und die Geschwindigkeit der Maschine geht auf das normale Mass wieder zurück. Fällt die Geschwindigkeit, so sinken die Kugeln, die Drosselklappe wird weiter geöffnet, der Druck steigt und mit ihm die Umdrehungszahl, bis die normale Geschwindigkeit wieder erreicht ist.

Eine normale, doppeltwirkende Dampfmaschine mit Planetenradgetriebe, Parallelogrammführung und Regulator zeigt mit zugehöriger Kesselanlage die Fig. 25.

Die Maschine leistete 10 PS. Der Cylinderdurchmesser betrug 445 mm, der Hub 1255 mm. Sie machte 25 Umdrehungen in der Minute und brauchte ca. 5,7 kg Kohlen für 1 Pferdekraft in der Stunde.

Der Kessel von der üblichen Kastenform steht ausserhalb der Maschinenstube. Er ist mit Sicherheitsventil, zwei Hähnen als

Wasserstandsanzeigevorrichtung und einer selbstthätigen Speisevorrichtung versehen. Die letztere, eine äusserst interessante Erfindung des berühmten Brindley, fehlt fast auf keinem der Niederdruckdampfkessel in damaliger Zeit. In weitem gusseisernen Rohr wird der Dampf zum Cylinder geführt und dort in üblicher Weise durch Ventile verteilt, diese erhalten ihre Bewegung noch in hergebrachter

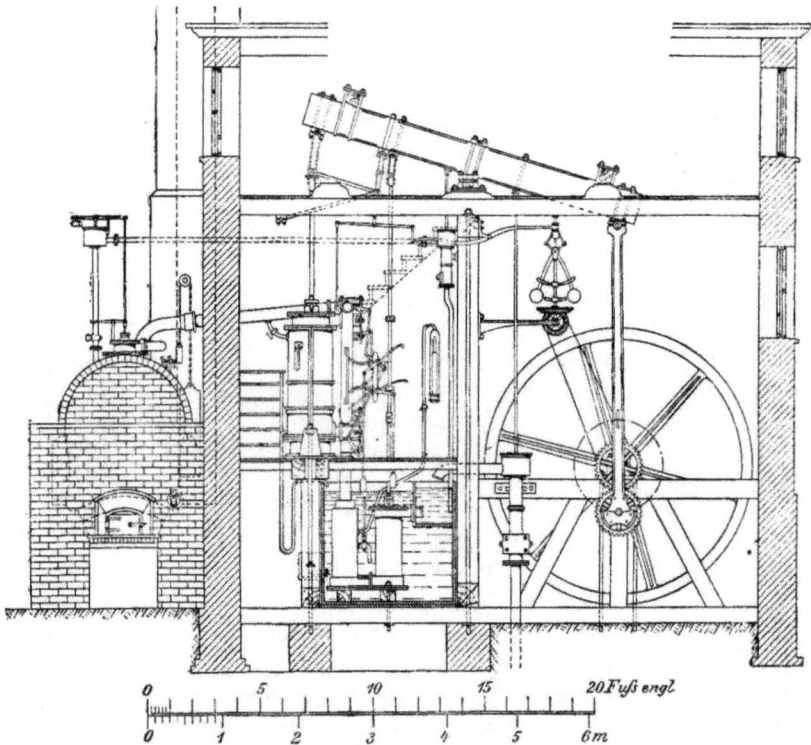

Fig. 25.

Weise durch Hebel, die abwechselnd von Knaggen, die am Steuerbaum — hier zugleich Luftpumpenstange — befestigt sind, niedergedrückt werden; und zwar ist die Anordnung so getroffen, dass die Ventile durch die Steuerung geschlossen werden. Für die Oeffnung und das Offenhalten der Ventile haben entsprechend angebrachte Gewichte zu sorgen. Neben dem Cylinder, aber wesentlich tiefer, sind Kondensator und Luftpumpe in einem Wasserbehälter angeordnet. Zwei Pumpen, von denen die eine kaltes Wasser dem Behälter zu-, die andere das erwärmte Wasser abzuführen hat, sind ebenfalls im Maschinenraum untergebracht und werden in einfachster Weise vom Balancier aus in Thätigkeit gesetzt. Die Anordnung des Regulators ist deutlich aus der Zeichnung zu ersehen. Der Raumbedarf, vor allem die Höhe dieser zehnpferdigen Maschine, ist noch sehr bedeutend.

Die doppeltwirkende Dampfmaschine stellte grosse Anforderungen an die Werkstattarbeit. Bei der wechselnden Kraftrichtung führten schon kleine Ungenauigkeiten in den Zapfen und Lagern der Maschine zu sehr gefährlichen Stössen. Genau passende, geschlossene Lager mit Nachstellvorrichtungen mussten daher entworfen und ausgeführt werden. All diese konstruktiven Einzelheiten schuf fast ausnahmslos derselbe Mann, dem man die grossen Erfindungen verdankte; Watt war nicht nur der geistreiche Erfinder, sondern auch der geniale Konstrukteur, der nicht ruhte, bis er für seine Idee auch den passendsten Ausdruck in der Konstruktion und Ausführung gefunden hatte.

Den Anstoss zu der Konstruktion und endlichen Ausführung der Dampfmaschine mit Drehbewegung hatte Boulton gegeben; er war es auch, der sich die Einführung der neuen Maschine in die Gewerbebetriebe am meisten angelegen sein liess. Watt, der die Schwierigkeit der Ausführung schon bei den viel einfacheren Pump-Maschinen kennen gelernt hatte, wollte zunächst von Boultons Vorschlägen nichts wissen. Er fürchtete, den neuen Arbeiten nicht mehr gewachsen zu sein. Dass die neuen Maschinen im Betriebe sich bewähren würden, bezweifelte er nicht; da ihre Herstellung aber bedeutend teurer kommen musste, wie die der früheren Maschinen, so glaubte er nicht, dass etwas daran zu verdienen wäre. Boulton liess aber nicht nach, ihn zu drängen, er hatte seine Gründe. Der Handel mit den Bergwerksprodukten lag darnieder. Die Einkünfte der Firma aus den Cornwaller Grubenbezirken gingen zurück, die schlechte Geschäftslage hinderte die Grubenbesitzer, maschinelle Anlagen einzuführen. Unbedingt musste daher im Geschäftsinteresse das Absatzgebiet für die Dampfmaschine durch ihre Einführung in den allgemeinen Gewerbebetrieb erweitert werden, und die Zeit dafür war Anfang der 80er Jahre besonders günstig. Da die Dampfmaschine sich in den schwierigen Betriebsverhältnissen der Grubenwasserhaltungen bereits hinreichend bewährt hatte, so wünschten die Mühlenbesitzer immer entschiedener, die neue Kraft auch in ihren Betrieben zu verwenden. Boulton wurde mit Anfragen bestürmt. „Die Leute in London, Manchester und Birmingham sind rein toll nach Dampfmühlen" schrieb er an Watt.

Schon 1781 hatten sich die Besitzer eines grossen Kupferwalz-

werkes hilfesuchend an Boulton gewandt. Ihr Wasserrad sei ein-
gefroren, der Betrieb wäre unterbrochen, die Arbeiter müssten feiern
und die Kundschaft warte vergeblich auf die bestellten Bleche. Im
Sommer gab Wassermangel oft Grund zu ähnlichen Klagen.
Boulton riet den Leuten, die Dampfmaschine zu verwenden, „die
gehe Tag und Nacht, Sommer und Winter“. Er machte sich sogleich
selbst an die Arbeit und entwarf ein kleines Walzwerk mit Dampfmaschine, die zwei Cylinder und zwei Balanciers besass, von denen
jeder eine Walze antrieb. Diese kleine Anlage leistete mehr als ein
benachbartes, bedeutend grösseres Walzwerk, das durch Wasserräder
betrieben wurde. Wilkinson gefiel die neue Einrichtung so ausgezeichnet, dass er ein ebensolches, nur viel grösseres Walzwerk in
Auftrag gab. Andere Bestellungen auf Dampfwalzwerke gingen ein,
aber die Zahl der damals überhaupt vorhandenen Walzwerke war viel
zu klein, um grossen Absatz zu versprechen, und für eine grössere
Anzahl von neuen Anlagen war noch kein Bedürfnis vorhanden.

Bei den Dampfmühlen war das anders, hier kam ein Absatz-
feld von grösstem Umfang in Frage.

Die erste Dampfmaschine mit rotierender Bewegung wurde Ende
1782 für eine Kornmühle in Ketley in Betrieb genommen. London
erhielt seine erste derartige Maschine in der Betriebsmaschine der
Brauerei von Goodwyn & Co., deren Beispiel in kurzer Zeit alle
anderen Brauereien folgten. Bemerkenswert für die Güte bereits der ersten Watt'schen Maschinen ist die Thatsache, dass die
zweite in London aufgestelle Dampfmaschine mit Drehbewegung bei
nur wenigen Abänderungen fast hundert Jahre ihre Arbeit verrichtet hat.

Um die neuen Maschinen noch schneller bekannt und begehrt
zu machen, beschloss Boulton, in London, dem Mittelpunkt allen
Verkehrs, eine grosse Mustermaschinenanlage zu schaffen, die, mit
allen Verbesserungen versehen und auf das sorgfältigste ausgeführt,
die Bewunderung der ganzen Welt erzwingen sollte. 1783 hatte
Boulton den Plan gefasst, eine grosse Aktiengesellschafft für Dampfmühlen in das Leben zu rufen. Die Männer, die sich bereit fanden,
gemeinsam mit ihm und Watt Kapital in der neuen Unternehmung
anzulegen, waren vorwiegend Londoner Getreidehändler, die bisher
ihr Korn Themse-aufwärts bis zu den Wassermühlen hatten schaffen
müssen. Das Mehl musste dann zum Verkauf wieder nach London
zurück transportiert werden. Diese hohen Transportkosten waren zu
ersparen, wenn man die Verarbeitung an den Ort des Ein- und
Verkaufs, d. h. nach London legen konnte. Dazu bot die Dampfmaschine die Möglichkeit. 1784 wurde bei der Regierung die Ein-

tragung als Gesellschaft beantragt. Da erhob sich ein Sturm der
Entrüstung unter allen Müllern und Mehlhändlern. Was sollte aus
ihren Wasser- und Windmühlen werden! Wie viele tausend Menschen
würden da ihre Arbeit verlieren! Wie sollte man noch etwas verdienen können, wenn durch eine so erhöhte Produktion der Brot-
preis wesentlich herabgedrückt würde! Boulton ärgerte sich, dass
die Müller sich als die Herren aufspielten, nach denen sich Dampf-
maschinenfabrikant und Publikum ausschliesslich zu richten hätten.
Weil die Dampfmühlen den Wassermühlen Konkurrenz machen
könnten, sollten keine Dampfmühlen gebaut werden dürfen. Das
wäre so, meinte Boulton, als wenn man verbieten wollte, schiffbare
Kanäle anzulegen, weil dadurch die Fuhrleute geschäftliche Ein-
busse erleiden könnten. Dann solle man doch wenigstens konsequent
sein und alle die Maschinen verbieten, die den Menschen Arbeit
abnehmen. Die Wassermühlen kämen dann auch an die Reihe,
denn es könnten entschieden mehr Leute beschäftigt werden, wenn
wieder jeder selbst sein Korn eigenhändig mahle. Alle Einwendungen
halfen nichts. Die Eintragung wurde abgelehnt. Nur in der Form
eines gewöhnlichen Kompagniegeschäftes liess sich das Unternehmen
begründen.

1786 wurde die erste Londoner Dampfmühle in Betrieb gesetzt.
Anfangs zeigten sich allerhand Uebelstände, die selbst Boulton aus
der Ruhe brachten. Watt sollte sofort nach London kommen, um
die Maschinen wieder in Ordnung zu bringen. Der aber hatte selbst
zu dringende Arbeit und konnte nur brieflich seine Ratschläge
erteilen. Er ermahnte vor allem zur Geduld. „Nur nicht die Ruhe
verlieren! Wenn die Leute murrten, solle man sie daran erinnern,
dass bei allen neuen, komplicierten und schwierigen Sachen menschliche Voraussicht nicht weit genug reiche, dass Zeit und Geld nun
einmal darangewandt werden müssen, um die Dinge vollkommener
zu machen, ihre Fehler herauszufinden. Anders lasse sich das nicht
heilen."

Murdock, der beste Monteur der Firma, musste schliesslich aus
Cornwall kommen und ihm gelang es, die Maschinen so in Gang zu
bringen, dass sie von da an eitel Staunen und Bewunderung erregten.
Die Mühle wurde von Besuchern nicht leer. Die beste Gesellschaft
Londons gab sich in der Maschinenstube häufig Stelldichein. Alle
waren überrascht durch den ruhigen Gang der mächtigen Maschinen,
von denen jede etwa 50 PS. leistete. Watt ärgerte sich über den Jahr-
marktstrubel in der Mahlmühle. Die Besucher hielten die Arbeiter
nur von der Arbeit ab. Sein Aerger ging in Zorn über, als er hörte,

dass die Geschäftsleiter zur Feier der Eröffnung ein grosses Masken-
fest in den Räumen der Mühle veranstalten wollten. Das sei ein toller
Blödsinn. „Was haben denn alle die Herzöge, Herren und Damen,
in einer Mahlmühle zu thun? Da wir von allen Seiten mit Neid angesehen werden, sollte man thunlichst alles vermeiden, was Aufsehen
erregt. Verzichten wir auf die Anerkennung des grossen Haufens.
Begnügen wir uns damit, die Sache zu machen." Der energische
Einspruch Watt's half, man schloss die gastlichen Thore der ersten
Mahlmühle Londons für alle neugierigen Besucher.

Die Leistung der Albion-Mühle, wie die neue Gründung hiess,
war nach damaligen Begriffen eine sehr hohe. 16 000 Scheffel Weizen
wurden wöchentlich zu feinem Mehl verarbeitet; das reichte ja, wie
Boulton ausgerechnet hatte, für 150 000 Menschen!

Der geschäftliche Erfolg war zunächst sehr gering, steigerte
sich aber von Jahr zu Jahr. Da wurde 1791 die Mühle von einer
Rotte planmässig in Brand gesteckt. In wenigen Stunden war die
Dampfmühle ein Trümmerhaufen. Die Bevölkerung gab durch feier-
liche Gesänge auf der Strasse ihre Genugthuung über diesen Zusammen-
bruch des Unternehmens kund. So endigte diese . bemerkenswerte
Episode in der Einführung der Dampfmaschine mit einem scheinbaren
Siege der Gegner.

Doch die wirtschaftliche Entwicklung kümmerte sich nicht um
die Leidenschaften aufgereizter Volkshaufen; die Ausbreitung der
Dampfmaschine nahm ihren Fortgang. Zahlreich liefen die Bestellungen auf Dampfmaschinen bei der Firma Watt und Boulton
ein. Papierfabriken, Spinnereien und Webereien, Getreidemühlen
und Brauereien, Sägemühlen und Zuckerfabriken, Walzwerke und
Maschinenfabriken, alles verlangte nach der neuen Kraftmaschine.
Es begann eine eifrige Arbeit, den Arbeitsgang der einzelnen Gewerbe der neuen Kraft anzupassen. Manche Arbeitsmethoden mussten
von Grund aus geändert werden. Neue Maschinen waren zu erfinden,
die alten leistungsfähiger zu gestalten. Neue Gewerbe entstanden
und kamen zu ungeahnter Blüte. Alte Handwerke verloren ihre
Bedeutung und verschwanden. Es war ein Kampf gegen alles
Bestehende, eine wirtschaftliche Revolution, wie sie grossartiger,
radikaler in ihren Wirkungen, noch nicht dagewesen war.

Die Dampfmaschine war zu einer Macht geworden, die Anerkennung erzwang:

„Es geht kein Wasserrad in Staffordshire, sie sind alle einge-
froren, und wäre nicht Wilkinsons Dampfwalzwerk, so könnten die
Nagelschmiede verhungern. Das geht aber Tag für Tag seinen

Gang, walzt und schmiedet seine 10 Tonnen Eisen jeden Tag, das noch warm verkauft wird", schrieb Boulton 1786.

Mit dem Jahre 1785, mit welchem die Dampfmaschine mit Drehbewegung als fertig angesehen werden kann, begannen auch die ersten Ueberschüsse aus dem Dampfmaschinengeschäft sich einzustellen. 800 000 Mark hatte Boulton daransetzen müssen, ehe er ans Verdienen kam. Es begann jetzt die Zeit, in der es galt, das Vorhandene auszunützen, statt ratslos nach neuen Erfindungen zu jagen. „Ich finde es jetzt an der Zeit, endlich damit aufzuhören, neue Dinge zu erfinden. Man sollte auch nichts mehr versuchen, was mit irgend welcher Gefahr des Misserfolges verbunden ist oder uns besondere Mühe bei der Ausführung bereitet. Lassen Sie uns weiter an den Sachen arbeiten, die wir verstehen, und überlassen wir das Uebrige jüngeren Leuten, die weder Geld noch Ruf dabei zu verlieren haben," so schrieb 1785 Watt an Boulton.

Damit schloss Watt seine Erfinderthätigkeit für die Dampfmaschine ab und widmete sich von da an ausschliesslich der Leitung des Konstruktionsbureaus. Es wurden Maschinentypen ausgebildet, Zeichnungen, Beschreibungen, Instruktionen für Maschinenwärter u. a. m. wurden angefertigt. Seine Erfahrungen und die Ergebnisse seiner Versuche suchte er nach Möglichkeit in mathematische Formeln einzukleiden, nach denen seine Ingenieure arbeiten konnten. Zur Feststellung der Maschinenleistung bei Pumpmaschinen hatte Watt den Tourenzähler erfunden, zur Beobachtung der Arbeitsvorgänge des Dampfes im Dampfcylinder führte er einen Druckmesser, den Federindikator ein, der später, vermutlich von einem seiner Ingenieure, mit Schreibvorrichtung versehen wurde. Interessant ist es auch, dass Watt auf seinem Bureau bereits jenes Rechenhilfsmittel zum ausschliesslichen Gebrauch eingeführt hatte, das erst in der Neuzeit unter den Ingenieuren allgemeine Verbreitung gefunden hat — den Rechenschieber, den er durch Anbringung einer genauen Teilung auf Metall gebrauchsfähiger gemacht hatte; es wird erzählt, dass die Fähigkeit, mit dem Rechenschieber arbeiten zu können, ein besonderes Merkmal aller der Ingenieure gewesen sei, die mit Watt in Berührung gekommen waren.

An dem Princip der Maschinen wurde nichts mehr geändert. Wohl aber erfuhr die Ausführung durch Verbesserung der Werkzeugmaschinen noch viele wertvolle Vervollkommnungen.

Das Holz, das man anfangs noch zu vielen Maschinenteilen verwandt hatte, wurde naturgemäss immer mehr vom Eisen verdrängt. Ein hölzerner Teil nach dem andern wurde durch Eisen ersetzt.

Am längsten erhielt sich der hölzerne Balancier. Als Watt auch diesen 1799 aus Gusseisen ausführte, da hatte die Dampfmaschine nur noch eiserne Glieder zu bewegen. Der Typus der Watt'schen Niederdruckdampfmaschine, wie er sich viele Jahrzehnte lang erhalten sollte, war fertig gestellt, kurz bevor das neue Jahrhundert begann.

Die Figuren 26 bis 29 bringen eine derartige Watt'sche normale doppelt wirkende Maschine mit Drehbewegung zur Darstellung, bei der auch bereits die Ventilsteuerung von der Kurbelwelle aus mit Hilfe eines Excenters bewirkt wird. Diese Maschine wurde zwar erst 1808 erbaut, vertritt aber genau den gleichen Maschinentypus, nach dem von 1800 an bis etwa 1810 fast alle Dampfmaschinen mit Drehbewegung in Soho ausgeführt wurden.

Der Dampf gelangt von dem Kofferkessel K durch das Dampfrohr A und das Ventil 1 über den Kolben. Der Dampf unterhalb des Kolbens ist inzwischen durch Ventil 4 in den Kondensator geströmt. Da somit unter dem Kolben ein luftverdünnter Raum ist, drückt der Oberdampf, der nur geringen Ueberdruck gegenüber dem äussern Luftdruck hat, den Kolben abwärts. Für die Rückbewegung des Kolbens treten die Ventile 2 für Dampfeinlass und 3 für Zutritt zum Kondensator in Thätigkeit. Die Anordnung der Ventile übereinander mit ihren beiden Ventilspindeln, von denen die des unteren Ventils durch die hohle Spindel des oberen hindurch geht, verlangt bereits eine hohe Stufe der Werkstättenbearbeitung. Gehoben werden die Ventile durch die Hebel h, von denen je zwei mit einer Stange l verbunden sind, so zwar dass bei Auf- und Niedergang dieser Stange die entsprechenden Ventile sich schliessen und öffnen. Geschlossen gehalten werden die Ventile durch die Gewichte G, eine Aenderung der Watt'schen Anordnung, bei der sonst die Gewichte das Offenhalten, zu besorgen hatten; diese Verbesserung hatte Murdock veranlasst. Die Stangen l erhalten ihre Bewegung von der Steuerwelle w, die bei hin und hergehender Drehung mit den Winkelarmen m die Arme p, an denen die Stangen befestigt sind, abwechselnd herunterdrückt. Die Welle w erhält zugleich mit Hebel f ihre Bewegung von dem Excenter E aus, das auf der Kurbelwelle aufgekeilt ist. Vom Standort des Maschinisten aus kann durch die mit g, o bezeichnete einfache Vorrichtung die Excenterstange abgehoben, die Steuerung also ausgeschaltet werden.

Die Regulierung der Maschine erfolgt durch den Regulator R, der mit Hilfe des Hebels z die Drosselklappe d bewegt. Der Kolben ist mit einer der von Watt eingeführten Hanfpackungen versehen, die durch Anziehen des Kolbendeckels nachgezogen werden

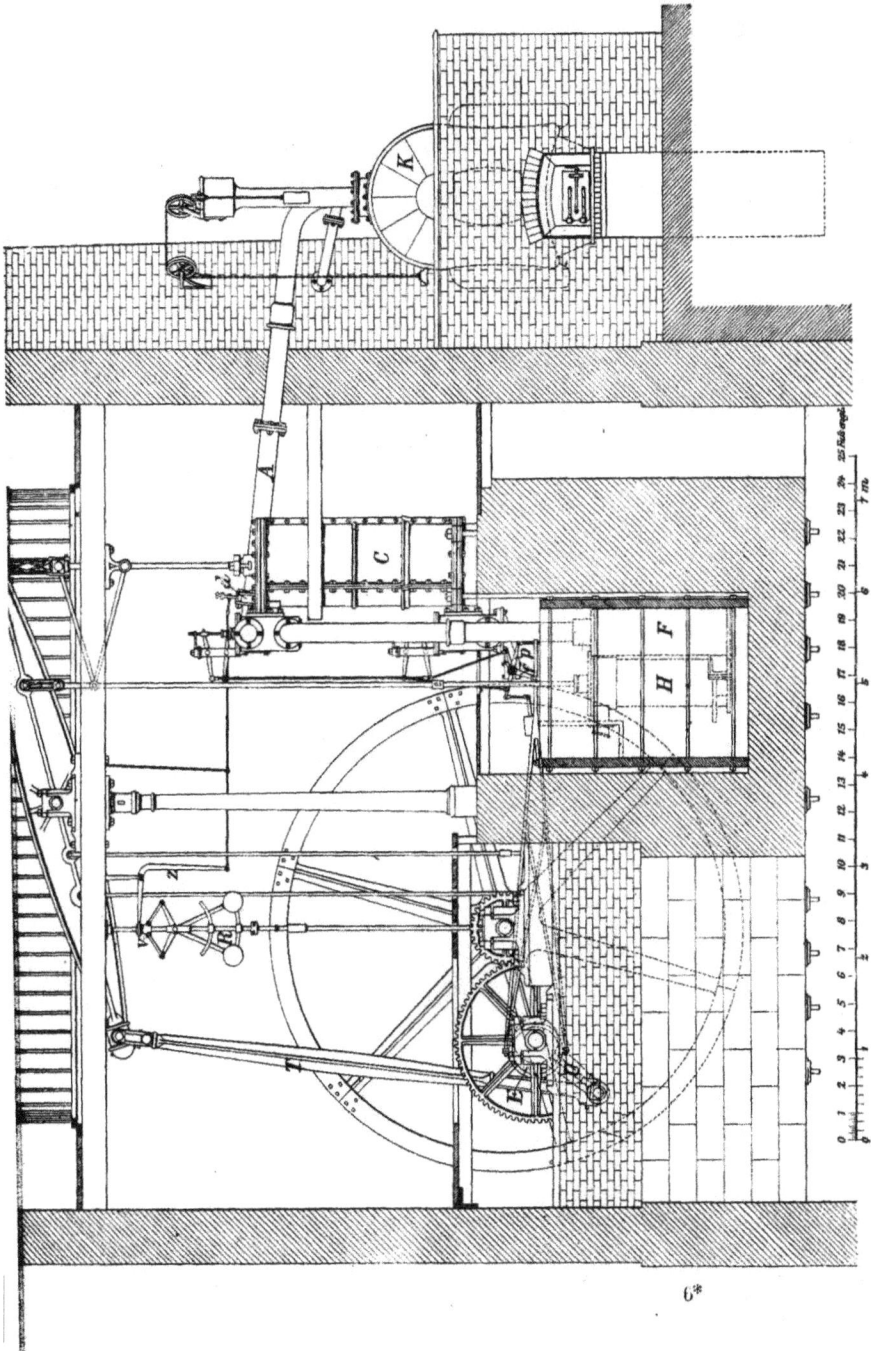

Fig. 26.

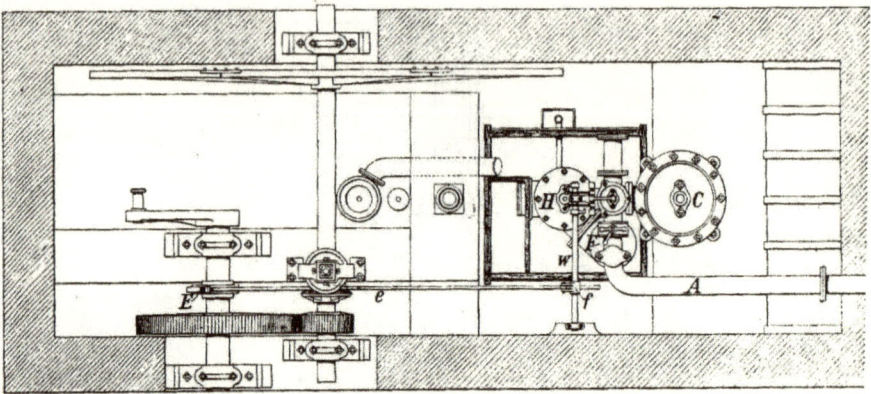

Fig. 27.

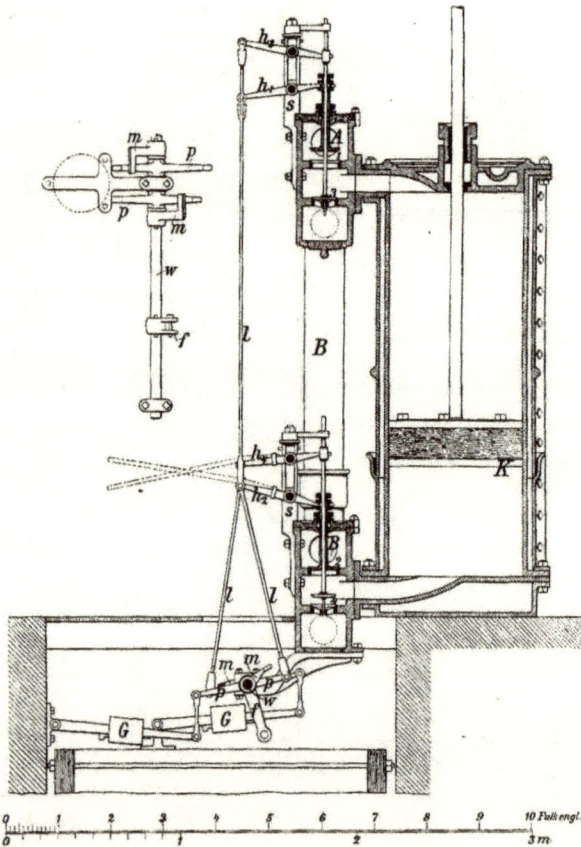

Fig. 28.

kann. Die Geradführung geschieht durch das Wattsche Parallelogramm. Die gusseiserne Schubstange T mit kreuzförmigem Querschnitt setzt die ebenfalls gusseiserne Kurbel U in Umdrehung.
Bei den niedrigen Tourenzahlen der Maschine war eine Zahnrad-
übersetzung notwendig, um grössere Geschwindigkeit erzielen zu
können. Der Kondensator F
und die Luftpumpe H sind in
üblicher Weise in der Nähe des
Cylinders unter Maschinenhaussohle angeordnet. Die ganze
Maschine ruht auf kräftigen
Fundamenten, mit denen sie
durch Ankerschrauben ver-
bunden ist, die auch von unten
her zugänglich sind. Die Lager
zeigen die Ausbildung der noch
heute als „normales Stehlager"
bezeichneten Form. Zur Bedienung der oberen Balancier-
lager ist eine durch Geländer
eingefasste und durch eine
Treppe zugänglich gemachte
Gallerie angeordnet.

Die Maschine hat 807 mm
Cylinderdurchmesser bei 1830
mm Hub. Die Schwungradwelle
macht 38 Umdrehungen pro
Minute. Die Leistung der
Maschine betrug etwa 50 Pferdekräfte, kam hierin also der in
Figur 9 und 10 abgebildeten
atmosphärischen Maschine ungefähr gleich. Die Betriebsverhältnisse derartiger Maschinen

Fig. 29.

werden wie folgt angegeben: Die Temperatur des Einspritzwassers
war 10° C., die des Ablaufwassers aus dem Kondensator 38° C.
Das Vakuum im Kondensator betrug 706 mm Quecksilbersäule.
Der kleinste Gegendruck im Cylinder, in kg f. d. qcm absolut
gemessen war 0,119, der mittlere Gegendruck 0,28. Da der mittlere
Dampfdruck im Dampfcylinder 0,893 kg/qcm betrug, so ergab sich
ein wirksamer Kolbendruck von 0,893 — 0,28 = 0,613 kg/qcm.

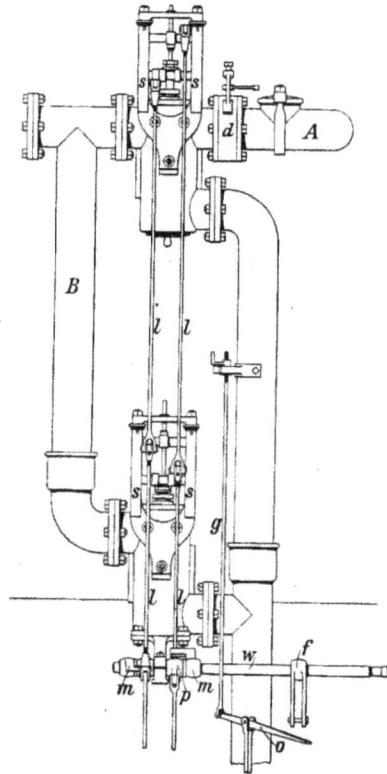

Die Reibungswiderstände pflegte Watt mit 0,1225 kg/qcm in der Berechnung zu berücksichtigen, so dass der nutzbare (effective) Arbeitsdruck sich zu 0,613 — 0,1225 = 0,49 kg/qcm, also einer halben Atmosphäre berechnet, ein Wert, der damals auch dem Entwurf neuer Niederdruck-Dampfmaschinen gewöhnlich zu Grunde gelegt wurde.

Vergleichen wir diese durch Watt geschaffene Maschine mit der denkbar vollkommensten atmosphärischen Maschine der damaligen Zeit, so sehen wir einen Fortschritt, wie er in so kurzer Zeit selten, durch einen einzigen Menschen aber wohl nie erreicht worden ist.

Der Dampfmaschine Watt's verdankt England die Möglichkeit, seine Schätze an Kohlen und Metallen früher als irgend ein anderes Volk in grösstem Umfang zu verwerten und so in kürzester Zeit den ungeheuren Vorsprung vor der Industrie aller andern Völker zu erreichen, den auf allen Gebieten einzuholen auch heut noch keineswegs gelungen ist.

England wurde das Land der Maschinen. Von England aus eroberte sich die Watt'sche Dampfmaschine die Welt.

KAPITEL 4.

Entwicklung und Verbreitung der Dampfmaschine ausserhalb Englands.

Deutschland.

Die technische Begabung der Deutschen, in der sie sich vor den meisten anderen Völkern auszeichneten, wurde im 16. und 17. Jahrhundert ganz besonders rühmend hervorgehoben. Engländer, Franzosen und Italiener stimmten mit dem Urteil eines venetianischen Gesandten überein, der 1563 an seine Regierung berichtete: „In den mechanischen Künsten sind die Deutschen ausserordentlich erfindsam." Etwa 200 Jahre später (1775) schrieb der Franzose Grignon: „Deutschland ist das Land der Maschinen. Im allgemeinen erleichtern die Deutschen die Handarbeit bedeutend durch Maschinen aller Art." Trotzdem hat die in Deutschland von dem Franzosen Papin erfundene Dampfmaschine ihre Ausbildung, Vervollkommnung und Einführung in das praktische Leben in England gefunden. Der Grund, dass Deutschland nicht selbst die in ihm gemachte Erfindung weiter entwickelte, liegt somit nicht in der mangelnden

Befähigung der Deutschen, sondern in dem mangelnden wirtschaftlichen Bedürfnis Deutschlands nach einer neuen Kraft; während in
England die Notlage der Bergwerke die neue Kraftmaschine
herbeiführte, gewissermassen heraufbeschwor, wurden die wohl-
gelungenen Versuche in Deutschland abgebrochen, weil das Interesse
des Landgrafen von Hessen sich andern Dingen zugewandt hatte.
Als der Fürst wieder Lust und Zeit für die Feuermaschine
fand, war inzwischen ihr Erfinder in London sang- und klanglos
begraben worden. Es wurde daher eine englische Maschine, wahrscheinlich Savery'scher Bauart, gekauft und 1715 in Cassel an der
Wallmauer aufgestellt; sie sollte einem Springbrunnen das Wasser zuführen. Ein halbes Jahrhundert lang hat sie ihren Platz hier behauptet. Später, 1722, soll in Cassel auch eine Newcomen-Maschine
durch den Kaiserlichen Rat Fischer von Erlach versuchsweise aufgestellt worden sein.

Etwa um das Jahr 1720 boten zwei Kapitäne, Weber und Bruch-
mann, die in London die Betriebsmaschine eines Wasserwerks
kennen gelernt hatten, der hannoverschen Regierung eine von ihnen
erfundene Feuermaschine an, „die so stark erbauet ist, dass selbige
eines Feuers bedürftig ist, welches in Zeit von 24 Stunden ¹/₂ Klafter
oder 171 Kubikfuss Holz verzehret, kann binnen solcher Zeit 6480
Ohm oder 1080 Fuder Wasser 150 Fuss hoch heben in einer Röhre,
die 7 Zoll in ihrem Diameter weit ist." Diese Maschine sollte der
Wasserhaltung eines Harzer Bergwerkes dienen. Da die Erfinder
aber nicht weniger als 100 000 Thaler Prämie und ein Privilegium
auf 20 Jahre verlangten, so zerschlugen sich die Verhandlungen.
Sie suchten dann anderweitig „ihre neu erfundene Elementar-
maschine" an den Mann zu bringen, aber trotz aller Reklame
ohne Erfolg, da sie mit ihren Forderungen nicht heruntergingen.

Zur wirklichen Ausführung einer Feuermaschine brachte es
1744 der Landbaumeister Friedrich Kessler in Bernburg, der die von
ihm erdachte und für den Steinkohlenbergbau zu Opperode bei
Ballenstedt bestimmte „Feuer-Machina" dem Fürsten Victor Friedrich
am 26. März 1745 fertig montiert und angefeuert vorführen konnte.
Die Konstruktion dieser atmosphärischen Maschine weicht in
einigen Einzelheiten von den englischen Ausführungen ab, · ihre
Wirkungsweise ist dieselbe. „Der Embolus (Kolben), der sich in dem
Cylinder befindet, wird durch die Dunst auf- und durch das Kon-
densiren wieder niedergetrieben."

Der Cylinder steht direkt über dem Kessel. Das Dampfeinlassorgan ist ein kegelförmiger Metallpfropfen, der sich nach dem Kessel

zu öffnet. Er erhält seine Bewegung durch eine zweimal rechtwinklig gebogene Stange, „welche durch den Deckel des Kessels
wohl eingeschmirgelt beweglich ist". Die Ventilstange steht mit der
Kolbenstange in geeigneter Verbindung. Bemerkenswert ist, dass
Kessler Blattfedern statt der Gewichte zum Schliessen des Ventils
verwandte. Der Kolben ist mit Ketten an einem ungleicharmigen
Balancier befestigt, an dessen kürzerem Arm die Pumpengestänge
angehängt sind, und wird durch Wasser gedichtet. Der Cylinder
hat 9 Zoll Durchmesser. Der Kessel besitzt ein Ventil, „wodurch
das Zerspringen desselben hintertrieben wird", und zwei Hähne,
„dadurch man erfähret, ob zu viel oder zu wenig Wasser im
Kessel ist". Ferner hat Kessler auch „eine Pfanne über dem Zug
des Feuers angebracht, allwo das Wasser, so im Kessel evaporieret
wird, etwas warm in den Kessel gelassen werden kann".

Ueber die Leistung seiner Maschine sagt der Erbauer:

„Diese Maschine kann ihrer wenigen Friktion wegen in eine
grosse Geschwindigkeit gebracht werden. Wenn erwähnte Machina
nur in einer Minute 10 mal zu heben zugelassen wird, so thut solche
soviel, als 36 Mann oder 6 Pferde in 24 Stunden kaum thun können,
und werden zu der Unterhaltung des Feuers in 24 Stunden 3 Scheffel
Steinkohlen und etwas Holz verbrannt, wobei dann auch noch zwei
Mann zur Feuerung gebraucht werden."

In der richtigen Erkenntnis, dass allein wirtschaftliche Gründe
die Einführung seiner Maschine bewirken könnten, fügte Kessler
seiner Beschreibung und Zeichnung der Maschine auch eine ausführliche, übersichtliche Rentabilitätsberechnung hinzu. Danach
kostete die Wasserhaltung bei Verwendung von Menschenkraft
jährlich 1859 Thaler 4 Groschen, von denen allein 1825 Thaler für
Arbeitslohn zu rechnen waren.

Wird die menschliche Muskelkraft durch die neue Kraftmaschine ersetzt, so rechnet Kessler:

„Die Feuermaschine an sich 250 Thaler, alle 30 Jahr neu, thut
ein Jahr 8 Thaler 8 Gr. Das Gebäu solcher Maschine 130 Thaler, alle
20 Jahr neu, thut in einem Jahre 6 Thaler 12 Gr. Ferner die
Unterhaltung des Feuers als mit Steinkohlen jährlich 304 Thaler
4 Gr. à Tag 20 Gr. Zwei Personen, so auf das Feuer Achtung geben,
täglich 8 Gr. thut in einem Jahr 121 Thaler 8 Gr. Können alte
Leute, so sonst nichts verdienen, auch verrichten; sind also die
Kosten der Feuer-Maschine jährlich 466 Thaler und so der
Profit vor den Pumpen mit Menschen 1393 Thaler 4 Gr."

Ob diese Maschine ihrer grossen wirtschaftlichen Vorteile

wegen im praktischen Betriebe Verwendung gefunden hat, konnte
bisher noch nicht aktenmässig festgestellt werden, ist aber wohl
als sicher anzunehmen.

Die Kenntnis und der Gebrauch der Maschinen hat jedenfalls von der Mitte des 18. Jahrhunderts an auch in Deutschland
zugenommen. 1773 berichtete Professor Eberhard in Halle in
seinen neuen Beiträgen zur angewandten Mathematik: „Oft setzt
man, besonders bei Kohlenbergwerken und wo die Feuerung leicht
und wohlfeil zu haben ist, die Kunst (Wasserhaltung der Bergwerke)
durch eine Feuermaschine in Bewegung." Eberhard hält die neue
Maschine auch bereits für so wichtig, dass „einer, der dem Staat
künftig in dieser Absicht nützlich zu werden gedenkt", ihre Einrichtung und Betrieb, wenn auch nur im allgemeinen, schon auf der
Universität kennen lernen müsse. Eberhard erläutert dann kurz an
Hand einer von ihm entworfenen Zeichnung eine Feuermaschine
mit den von ihm angebrachten Verbesserungen.

.Diese Maschine gleicht in Ausführung und Wirkungsweise der
Newcomen'schen Konstruktion. Das Dampfeinlassorgan besteht in
einer Scheibe, die, um einen zu ihr seitlich und senkrecht angebrachten Zapfen gedreht, sich vor der Rohrmündung verschieben
lässt. Die Drehung dieser Scheibe und des Einspritzhahnes, also die
Steuerung, wird in eigentümlicher Weise von einer liegenden Steuerwelle, die vom Balancier durch Stangen und Hebelarme eine hin
und her drehende Bewegung erhält, abhängig gemacht. Ein Sicherheitsventil, das dem Professor als Papin'sche Erfindung sicher bekannt war, finden wir merkwürdiger Weise bei seinem Kessel nicht;
statt dessen ist nur ein Hahn angebracht, „wodurch im Falle der
Not die gar zu sehr angehäuften Wasserdämpfe, welche den Kessel
sprengen könnten, aus demselben herausgelassen werden können".

Eberhard versprach in der Einleitung seines Werkes, später
eine Geschichte der Feuermaschinen und ihrer verschiedenen Arten
herauszugeben, ist aber leider nicht dazu gekommen, dies Versprechen zu erfüllen.

Aus den obigen Ausführungen geht, wo nichts anderes,
so doch jedenfalls das hervor, dass die Kenntnis der Feuermaschine und ihre Anwendung um 1770 auch in Deutschland schon
ziemlich verbreitet war. Doch der Nutzen der neuen Maschine
wurde hier noch mehr als in England, wo ein Smeaton sich die
weitere konstruktive Ausbildung angelegen sein liess, durch den hohen
Brennmaterialverbrauch zu nichte gemacht. Von einer allgemeinen
Anwendung konnte vor /der Einführung der Watt'schen Dampf-

maschine keine Rede sein. Erst mit Watt's Niederdruckdampfmaschine beginnt die eigentliche Dampfmaschinenperiode Deutschlands.

Diesen Anfang mit heraufgeführt zu haben, war eine der
letzten Thaten Friedrich des Grossen. Wohlberaten durch Männer,
wie den Grafen von Reden, den Schöpfer der Oberschlesischen Grossindustrie, erkannte der grosse Preussenkönig die weitgehende Bedeutung der neuen Kraft und bewilligte die Mittel zur Anschaffung
einer solch neuen Maschine aus dem Landesmeliorationsfonds. Da
hieraus stets nur Unternehmungen, die der ganzen Monarchie zu Nutze
waren, wie z. B. die Entwässerung des Oder-, Warthe- und Netze-
bruchs, Kanalbauten u. s. w., bestritten wurden, so zeigte der König
damit deutlich an, welche allgemeine Förderung für das ganze Land
er sich durch die Einführung der Dampfmaschine versprach.

Diese erste Dampfmaschine Watt'scher Konstruktion kam im
Bezirk des Magdeburg-Halberstädtischen Oberbergamts in Betrieb.

Man war gezwungen, mit einem Schachte bei Hettstädt im Mans-
feldischen tiefer zu gehen. Die hierfür projektierte neue Wasserhaltung erforderte als Kraftquelle zu ihrem Betriebe mehr als 100
Pferde. Die hohen Unterhaltungskosten solcher Pferdeheerden
machten die Ausführung einer „Rosskunst" unmöglich. Für eine
„Radkunst" war Wasser in genügender Menge am Ort nicht vorhanden. Es aus grosser Entfernung hinzuleiten, hätte ungeheuere
Kosten verursacht. So blieb nur noch der Vorschlag des Bergassessors Bückling eine Dampfmaschine zu verwenden zur Berücksichtigung übrig. Da sie im eigenen Lande erbaut werden sollte, wurde
Bückling auf Specialbefehl des Königs nach England gesandt, wo er
„so glücklich war, die Boulton'sche Feuermaschine, deren Mechanismus
die französischen, nach London geschickten Akademisten vergebens
zu erforschen bemüht gewesen sind, genau zu untersuchen und
ihren Mechanismus sowohl, als das Verhältnis aller ihrer Teile sorgfältig zu berechnen." Nach seiner Rückkehr baute Bückling ein
Modell der Feuerkunst im Massstab von $1^1/_2$ Zoll auf 1 Fuss, das
seine vorgesetzte Behörde von der Möglichkeit der Ausführung
überzeugte; 1783 wurde der Befehl zum Bau der Feuermaschine
erteilt.

Die Arbeiten dafür wurden auf die verschiedenen Werke verteilt. Der Dampfcylinder wurde in dem Königl. Giesshause in Berlin
gegossen, „aus dem Kerne gebohrt und inwendig sehr sauber polirt".
Die Kolbenstange und andere grössere Schmiedeteile lieferte ein
oberschlesischer Eisenhammer. Die Gussteile stammten aus Zehdenik

in der Mark Brandenburg. Der Königliche Kupferhammer bei Neustadt-Eberswalde fertigte den Dampfkessel an, die Pumpen entstanden im Harz in Ilseburg und Mägdesprung, den hölzernen Balancier nebst Zubehör stellte man auf dem Schachte selbst her. Die ganze preussische Monarchie arbeitete an der Fertigstellung ihrer ersten Dampfmaschine. Am 23. August 1785 wurde das Werk in Gegenwart des Ministers von Steinitz, des Oberbergrates von Reden und des Bergassessors Bückling in Betrieb gesetzt.

Die Bedeutung dieses Ereignisses brachte 100 Jahre später der Verein deutscher Ingenieure durch Aufstellung eines Denkmals zum Ausdruck. Auf hoher Bergeshalde, weithin sichtbar, steht auf sandsteinernem Unterbau ein Granitblock, in den zwei metallene Platten eingefügt sind. Die eine zeigt in erhabener Arbeit ein getreues Bild der alten Dampfmaschine, auf der andern steht zu lesen:

Am 23 August 1785

kam an dieser Stelle — dem König Friedrichschachte — zum ersten

male eine aus deutschem Material und von deutschen

Arbeitern hergestellte

Feuermaschine

in Betrieb

zu dauernder gewerblicher Benutzung.

Arbeitsweise und Wirkung der Maschine entsprachen der Watt'schen Maschine; auch die Ausführung der wesentlichen Teile wich wenig oder garnicht von den englischen Vorbildern ab. Die Figur 30 giebt in der Ausdrucksweise jener Zeit ein Bild dieser denkwürdigen Maschine. Der broncene Cylinder mass 732 mm im Durchmesser und war 3 m lang. Der Hub betrug 2,51 m. Der kupferne Kessel von etwa 2,6 m Durchmesser und 2,2 m Höhe hatte runde Form und sah etwa aus, wie eine Destillierblase. Am Kessel war ein Thermometer angebracht, dessen Angaben man zur Bestimmung der Dampfspannungen benutzte.

Die Dampfverteilung im Cylinder erfolgte durch Ventile, die in der bekannten Weise von einem Steuerbaum mit Knaggen und Hebeln bewegt wurden. Zur Regulierung der Leistung wurde die Kataraktsteuerung benutzt. Die Luftpumpe stand ähnlich wie bei Watt's ersten Maschinen ganz in der Nähe des Schachtes. Als Kondensator wurde ein weites Rohr benutzt, das den untern Ventilraum mit der Luftpumpe verband. Die Kraftübertragung wurde durch Balancier und Ketten, an denen der Kolben hing, vermittelt.

Das Gewicht des Pumpengestänges wurde durch ein Gegengewicht, das an einem besonderen Hülfsbalancier angebracht war, soweit

Fig. 30.

ausgeglichen, das sein Uebergewicht gerade noch genügte, den Dampfkolben hoch zu heben.

Ueber die Leistung der Maschine wird berichtet: „Die Maschine
hebet in einer Minute 18 mal und giesset auf jeden Hub 3 Kubikfuss
Wasser. Die Kraft derselben ist übrigens der Kraft von 108 Pferden
gleich."

Die Ausführung im einzelnen war nach heutigen Begriffen
äusserst mangelhaft. Werkzeuge und Werkzeugmaschinen standen
ja jenen ersten Dampfmaschinenbauern so gut wie garnicht zur Verfügung. Eine Drechslerwippe, primitiv, wie sie heute kaum noch bei
einem Dorfstellmacher zu finden ist, diente zum Abdrehen der Ventile
und Spindeln. Für das Ausbohren oder, richtiger gesagt, Ausschaben
des gusseisernen Luftpumpencylinders benutzte man ein Wasserrad,
mit dessen Welle der Bohrer — ein Eichenklotz, der mit Messern
ausgerüstet war — unmittelbar in Verbindung stand.

Berücksichtigen wir neben der mangelhaften Ausführung noch
die äusserst ungünstige Anlage der „Feuerstätte" — der Rost befand
sich 1,56 m unterhalb des Kessels! — so ist es erklärlich, dass die mit
der Anlage erzielten Ergebnisse zuerst sehr wenig befriedigten.

Nachdem man endlich die Mängel erkannt und soweit als
möglich beseitigt hatte, gaben die gipshaltigen Grubenwasser, denen
man das Kesselspeisewasser entnahm, die Veranlassung zu einer
empfindlichen Betriebsstörung. Der Kessel brannte durch. Die
Untersuchung ergab „darinnen ein festes Gebirge, wohl an die 20
Zoll hoch." Kein Wunder, dass die vom Wasser nicht mehr be-
spülten Kesselwandungen glühend wurden und schliesslich der Zerstörung anheim fielen. Als man auch diesen Schaden geheilt hatte
und die ganze Anlage im übrigen zufriedenstellend arbeitete, stellte
sich heraus, dass die Maschine dem Wasserzuflusse der Grube nicht gewachsen war. Die Maschine war zu schwach; Bückling musste noch
einmal nach England, um hier einen neuen, grösseren Cylinder zu erwerben und, wenn möglich, auch einen erfahrenen Maschinenmeister anzuwerben, was ihm nach vieler Mühe endlich gelang. Ein Engländer,
Richards, wurde der Maschinenmeister der neuen Anlage. Der neue
Cylinder war aus Gusseisen, mass 860 mm im Durchmesser und
war 3,65 m lang.

Dem neuen aus Suhler Eisenblech gefertigten Kessel gab man
die Watt'sche Kofferform. Nach all diesen Abänderungen blieb die
Maschine bis 1794 in dauerndem Betrieb. Die wachsenden Wasserzuflüsse erforderten dann wieder eine neue, grössere Anlage. Die

Maschine wurde abgebrochen und auf einem anderen Schachte in Betrieb gesetzt; hier war sie noch bis 1848 in Thätigkeit.

Die Hettstädter Maschine hat auch insofern für den deutschen Maschinenbau grosse Bedeutung erlangt, als der Maschinenmeister Richards, unterstützt durch die Bergbaubehörde bald selbstständig anfing, Feuermaschinen auch für andere Bergbaubezirke herzustellen. Die Dampfcylinder wurden zuerst noch aus England bezogen, die übrigen Teile aber in deutschen Werken gefertigt.

Fast gleichzeitig mit Hettstädt erhielt die königliche Friedrichsgrube bei Tarnowitz in Oberschlesien ihre erste Dampfmaschine.

Man hatte ausgerechnet, dass bei Verwendung der Dampfkraft an Stelle des Pferdebetriebes jährlich über 10 000 Thaler erspart werden könnten. Um möglichst schnell die neue Arbeitskraft zur Verfügung zu haben, verzichtete man darauf, diese Dampfmaschine im Lande selbst herzustellen. Sie wurde in England bestellt und trat im Herbst 1786 ihre Reise nach Oberschlesien an. Auf dem Wasserwege, die Oder hinauf, gelangte sie nach Oppeln, von wo sie zu Wagen nach Tarnowitz geschafft wurde. Am 4. April 1788 konnte sie dem Betriebe übergeben werden. Dieser zweiten Dampfmaschine des preussischen Staates folgte bald eine ganze Zahl anderer, die in Schlesien selbst, und zwar zuerst in Malapane, dann in Gleiwitz, von dem Maschinenmeister August Friedrich Holtzhausen gebaut wurden.

Holtzhausen, der sich seine praktischen Erfahrungen als Maschinenwärter der Hettstädter Feuermaschine erworben hatté, erbaute von 1794 bis 1825 mehr als 50 Dampfmaschinen von zusammen etwa 770 PS. Er baute auch schon neben der atmosphärischen Maschine Newcomen'scher Bauart und der einfach wirkenden Watt'schen Dampfmaschine doppeltwirkende Dampfmaschinen mit grossem Erfolg. Diese Leistung ist um so höher zu bemessen, als die Werkzeuge und Hilfsmittel, die ihm dabei zur Verfügung standen, äusserst minderwertig waren. Das Einzige, was er überall haben konnte, war ein gewöhnliches Schmiedefeuer; Drehbänke und Bohrmaschinen waren dagegen an Orten, für die seine Maschinen erbaut wurden, noch nicht aufzutreiben. Holtzhausen aber verstand sich „als praktischer Mann" überall nach den gegebenen Verhältnissen zu richten und die Konstruktion seiner Maschinen so zu vereinfachen, dass, wenn die Gusswaren angeliefert, der Dampfcylinder, der Kolben und die Kolbenstange abgedreht waren, ein Grubenschmied zur Anfertigung der übrigen Teile genügte.

Durch Aufstellung bestimmter Maschinengrössen, die so gewählt waren, dass man mit möglichst wenig Modellen auskam, war Holtz-hausen im Stande, Maschinen billiger und schneller zu liefern, als alle anderen Dampfmaschinenbauer. Die Abmessungen seiner Maschinen schwankten zwischen 314 und 1570 mm Cylinder-Durchmesser, die Leistungen zwischen 4 und 80 PS. Ihre Baukosten, einschl. der Kessel, Pumpen und Gebäude nebst Zubehör, betrugen durchschnitt-lich 500 bis 760 Thaler für eine Pferdekraft.

Eine Maschine von etwa 50 PS. machte ungefähr 11 Hübe in der Minute und verbrauchte 11,5 Pfd. minderwertiger, zum Verkauf untauglicher Grubenkohle für eine Pferdekraft in der Stunde.

Noch billiger als Holtzhausen wollte ein Graf von Buquoy die Kraftmaschinen hergestellt haben. Gewöhnliche Arbeiter sollten im Stande sein, überall da, wo eine Dampfmaschine gerade gebraucht wurde, sie möglichst schnell anzufertigen. Bei einer 1812 erbauten derartigen Maschine diente ein viereckiger hölzerner Kasten, dessen Boden mit Blech beschlagen war, als Kessel. Der Deckel wurde durch 1,8 m hoch aufgeschichtetes Mauerwerk auf dem Kasten festgehalten. Der Cylinder hatte viereckigen Querschnitt und war ebenso wie die Dampfleitungen aus Holz gefertigt. Der Steuerungshahn wurde von Hand gedreht, und als besonderer Vorzug dieser Steuerung wird hervorgehoben, dass sich ein Knabe durch ihre Bedienung „nützlich" beschäftigen lasse. Einfach war allerdings die Maschine, aber die Leistung entsprach auch der Konstruktion. Buquoy's Maschine leistete nur den 36. Teil einer gleich grossen englischen Dampfmaschine; 7 Hübe machte sie in 1 Minute, stand aber nach 4 Minuten immer 4 Minuten still, heisst es in einem Bericht. Da diese hölzerne Dampfmaschine 1564 Gulden gekostet hatte und nur $1/9$ PS. leistete, so konnte sie auch nicht einmal in den Anlagekosten als billig be-zeichnet werden.

Die erste Dampfmaschine des preussischen Staates, die ausser-halb der Grubenbezirke im Gewerbebetrieb Verwendung fand, wurde 1799, zugleich als erste Dampfmaschine Berlins, auf der königlichen Porzellan-Manufaktur zum Antrieb von 12 Stampfen und ebensovielen Mühlsteinen in Betrieb gesetzt. Schon 1788 war das Projekt, das unzureichende Rosswerk durch eine Feuermaschine zu ersetzen, auf-getaucht. Die Verwirklichung liess 11 Jahre auf sich warten, weil die Nachbarn der Manufaktur, vor allem der kgl. Kammerherr und „Directeur des spectacles" Freiherr von der Reck, energischen Ein-spruch gegen die Aufstellung der Feuermaschine, die „als im hohen Grade gefährlich für die Gesundheit und das Leben der Anwohner" bezeichnet wurde, erhoben. Dem Grafen Reden erst gelang es, diesen

Widerstand zu brechen. Nach englischem Vorbild erbaute der Maschinist Baildon in Gleiwitz eine Watt'sche doppeltwirkende Dampfmaschine, die eine Arbeit von 10 Pferden leisten sollte. Der Cylinder mass im Durchmesser 418 mm, der Hub betrug 1219 mm, die Schwungradwelle machte 20 Umdrehungen in der Minute. An Steinkohlen verbrauchte die Maschine 11 Scheffel in 13 Stunden. Ausschliesslich Transport und Aufstellung stellte sich der Preis der Maschine a f 1404 Thlr. 12 Sgr. 7 Pf.

In dem Bericht des Ministers an den König wurde besonders hervorgehoben, dass sie die erste ihrer Art von kleinem Umfang und grosser Wirkung und durchaus inländisches Produkt sei, „sie verdient von Eurer Majestät und Höchst dero kgl. Frau Gemahlin besehen zu werden". Die Maschine, die ihrem Erbauer ausser einer entsprechenden Summe auch eine goldene Medaille „aus den Stempeln der Preismedaille der kgl. Akademie der Künste geprägt" eintrug, ist über 23 Jahre im Betrieb gewesen.

Oesterreich-Ungarn.

Die erste Feuermaschine Oesterreich-Ungarns war auch zugleich die erste Feuermaschine des Kontinents, die in einer industriellen Unternehmung zu dauernder Benutzung kam. Auch hier wieder das alte Lied. Ein Bergwerk kann die Wasserzuflüsse nicht mehr mit den alten Hilfsmitteln bewältigen. Aus England kommt das Gerücht von einer neuen, äusserst wirksamen Maschine, die aller Not ein Ende bereiten könne. Nähere Nachrichten werden eingezogen, und schliesslich wird eine Feuermaschine bestellt.

An den Namen Fischer von Erlach knüpft sich hier die erste Erwerbung einer Feuermaschine. Dieser hatte in England Newcomens Maschine kennen gelernt und überzeugt, dass diese auch unter den schwierigsten Verhältnissen der Wasserzuflüsse im Bergwerksbetriebe Herr werden könne, erwarb er eine atmosphärische Maschine für ein Bergwerk bei Königsberg in Ungarn, wo die bisher bekannten „Künste" gänzlich versagt hatten.

Es wird erzählt, er habe zuerst daran gedacht, die neue Maschine in einem andern Bergwerk aufzustellen, wo nicht weniger als 500 Pferde für die Wasserhaltung bereits thätig waren und doch noch nicht ausreichten. Die Pferdebesitzer und Pferdeknechte aber hätten sich, in der wohl gerechtfertigten Besorgnis, sie würden mit ihren Pferden zugleich entbehrlich werden, der gefährlichen Neuerung energisch widersetzt und so die Aufstellung verhindert.

Im März 1724 kam die Anlage bei Königsberg in regelmässigen Betrieb, der von Anfang an durchaus zufriedenstellte, da Fischer von Erlach dafür gesorgt hatte, dass zugleich mit der Maschine ein Ingenieur — Isaac Potter — aus England nach Ungarn kam, um Aufstellung und Betrieb zu leiten. Potter erwarb sich bald das Zeugnis „eines hochverständigen und klugen Mannes", da die Maschine „billig von allen zu admirieren sei".

Die Konstruktion der Maschine entsprach naturgemäss genau den üblichen englischen Ausführungen. Der Cylinder hatte etwa 850 mm Durchmesser. Der Kolbenhub betrug 2,1 m.

In demselben Jahr erbaute Fischer von Erlach auch selbständig eine Feuermaschine zum Betrieb der Wasserkünste in dem fürstlich Schwarzenberg'schen Schlossgarten in Wien.

Diese Maschine galt damals als eine der sehenswerten „Merkwürdigkeiten" Wiens. Der Cylinder war aus Metall „aus einem Stück gegossen, inwendig wohl ausgebohret und polieret". Die Maschine arbeitete zur grossen Zufriedenheit ihrer Besitzer. Der Preis, der für sie bezahlt wurde, belief sich auf 12 000 Gulden.

Frankreich.

In Frankreich kam die erste Feuermaschine 1726 für das Wasserwerk zu Passy bei Paris in Betrieb. Sie entsprach der Newcomen'schen Bauart. Die Watt'sche Dampfmaschine beabsichtigte 1777 ein französischer Mühlenbauer, Perrier mit Namen, in Frankreich einzuführen.

Perrier besass das Privilegium, Paris aus der Seine mit Wasser zu versorgen. Um für dies Wasserwerk eine Betriebsmaschine neuester Konstruktion zu erhalten, trat er mit der Firma Boulton und Watt in Verbindung. Die Verhandlungen zerschlugen sich zunächst, da Watt nicht eher die Maschine liefern wollte, als bis seine Erfindung auch in Frankreich patentiert sei, Perrier aber hierauf nicht eingehen, vor allem die Patentgebühr nicht zahlen wollte. Man einigte sich jedoch, und schon 1778 erhielt Watt das Patent, nachdem er zuvor der gesetzlichen Bestimmung, an einer in Frankreich betriebenen Maschine seiner Erfindung ihre Vorzüge nachzuweisen, genügt hatte. Diese gesetzlich verlangte Versuchsmaschine hatte Watt für eine Kohlengrube bei Nantes geliefert, wo sie aufgestellt und in Betrieb gesetzt, den Anforderungen durchaus entsprach.

Dieser ersten Watt'schen Maschine in Frankreich folgten 1779 zwei weitere, die für das Perrier-Wasserwerk bestimmt waren. Sie wurden im folgenden Jahre aufgestellt, funktionierten aber zunächst sehr schlecht, was wohl mehr an der Perrier'schen Aufstellung, als an Watt's Konstruktion gelegen haben wird.

Die ersten Dampfmaschinen, die dem eigentlichen Gewerbebetrieb dienten, scheint Frankreich 1781 erhalten zu haben. Wenigstens wird aus diesem Jahre berichtet, dass zu Nimes zwei Dampfmaschinen eine Kornmühle betrieben hätten, allerdings noch unter Benutzung von 10 oberschlächtigen Wasserrädern.

Perrier, der an den Watt'schen Maschinen Erfahrungen im Dampfmaschinenbau erworben hatte, fing bald an, auch selbständig Dampfmaschinen zu bauen. Er wurde der Gründer der ersten Dampfmaschinenfabrik Frankreichs und führte mit grossem Erfolg die neue Kraft in Frankreich ein, zunächst allerdings nur in Gestalt einfach wirkender Pumpmaschinen, später kamen aber auch doppelt wirkende Maschinen mit Drehbewegung dazu. Ende der 80er Jahre wurde von ihm in Paris eine Dampfmahlmühle in Betrieb gesetzt, deren Maschinen ungefähr der von Watt in der Londoner Albion-Mühle angewandten entsprachen.

Die Aenderungen, die Perrier an den Watt'schen Konstruktionen vornahm, waren entweder nicht wesentlicher Natur, oder wo sie es waren, kehrte er gewöhnlich bald wieder zu den Ausführungen Watt's zurück, da die Erfahrung ihn lehrte, dass die Maschinen so am günstigsten arbeiteten.

Für den Gewerbebetrieb baute Perrier 1792 die erste liegende Maschine, auf deren Anordnung wir noch zurückkommen.

Holland.

In Holland war die neue Kraftmaschine berufen, das Unheil wieder gut zu machen, was schreckliche Sturmfluten einst veranlasst hatten. Ganze Provinzen hatte in früheren Jahrhunderten die stürmische See in Meeresboden verwandelt.

1777 bis 1778 wurden hier die ersten atmosphärischen Maschinen, ausgerüstet mit Smeaton's Verbesserungen, aufgestellt, die 34 Windmühlen in ihrer Arbeit, einen See bei Rotterdam trocken zu legen, unterstützen sollten. Die betreffenden Maschinen waren, wenigstens soweit sie aus Eisen bestanden, in England hergestellt worden. Der Cylinder hatte 1320 mm Durchmesser und 2,74 m Hub. Sechs Pumpen, von denen 3 kreisförmigen und 3 quadratischen Querschnitt hatten, wurden von der Feuermaschine in Bewegung gesetzt. Bei niedrigem Wasserstand arbeiteten alle sechs, während mit steigendem Wasser eine nach der andern ausgeschaltet wurde. Bei hoher Flut waren nur zwei Pumpen im Betrieb.

Russland.

Peter dem Grossen verdankt Russland neben vielem Anderen auch seine erste Feuermaschine. 1718 etwa erbaute Desaguliers eine von ihm wesentlich verbesserte Dampfpumpe Savery'scher Bauart für die Wasserkünste des russischen Kaisers. Der Druckbehälter hatte einen Inhalt von 240 Liter und wurde je viermal in der Minute gefüllt und geleert. Das Wasser wurde 12 m hoch gehoben.

Gerüchte von der neu entdeckten Kraft waren auch bis nach Sibirien gedrungen und hatten dort einen einfachen Schichtmeister zur selbständigen Konstruktion einer eigenartigen Feuermaschine angeregt.

Im April 1763 wandte sich ein Schichtmeister namens Joh. J. Polsunow an seinen Vorgesetzten und legte, an der Hand von Kostenanschlägen und Zeichnungen einer von ihm erdachten Feuermaschine, die Vorteile dar, die im Hüttenwesen zu erreichen wären, wenn statt der Wasserkraft die Dampfmaschine zum Antrieb der Gebläse benutzt würde. Das Bergamt prüfte die Polsunow'schen Projekte eingehend und sprach sich für ihre sofortige Ausführung aus. Die Kaiserin von Russland Katharina II., der man sofort die neue, höchst bedeutsame Erfindung ihres sibirischen Unterthanen mitgeteilt hatte, ernannte Polsunow zum „Ober-Mechaniker" mit dem Range eines Ingenieur-Kapitaines, liess ihm ein Geschenk von 400 Rubeln überweisen und, was die Hauptsache war, sie bewilligte anstandslos die zur Ausführung der Idee nötigen Geldmittel. Ja, die Kaiserin ging noch weiter, sie sprach den Wunsch aus, Polsunow solle, wenn er irgend abkömmlich sei, nach Petersburg kommen, um einige Jahre an der Kaiserlichen Akademie die „mechanischen Wissenschaften" zu studieren. Leider war der einfache Schichtmeister, nach Ansicht seiner Vorgesetzten, nicht abkömmlich.

1764 begann Polsunow mit der Ausführung seiner Maschine. 1765 war sie vollendet, und er konnte der Bergbehörde berichten, dass die Leistung der Maschine für sechs bis acht Schmelzöfen — nicht nur für einen, wie zuerst angenommen war — genüge.

Die Maschine Polsunows unterscheidet sich schon in ihrer allgemeinen Anordnung wesentlich von ihren englischen Vorläufern. Da sie bestimmt war, auf mehreren Schmelzhütten nacheinander Verwendung zu finden, musste sie leicht zerlegbar sein. Sie oder die

von Smeaton auch im Jahre 1765 ausgeführte Maschine, s. Fig. 15
S. 54, war daher die erste transportable Maschine. Die allgemeine
Anordnung der Polsunow'schen Maschine ist, soweit sie sich aus der
nicht ganz klaren Beschreibung Polsunows und einer perspektivischen
Abbildung ergab, in der Figur 31 dargestellt.

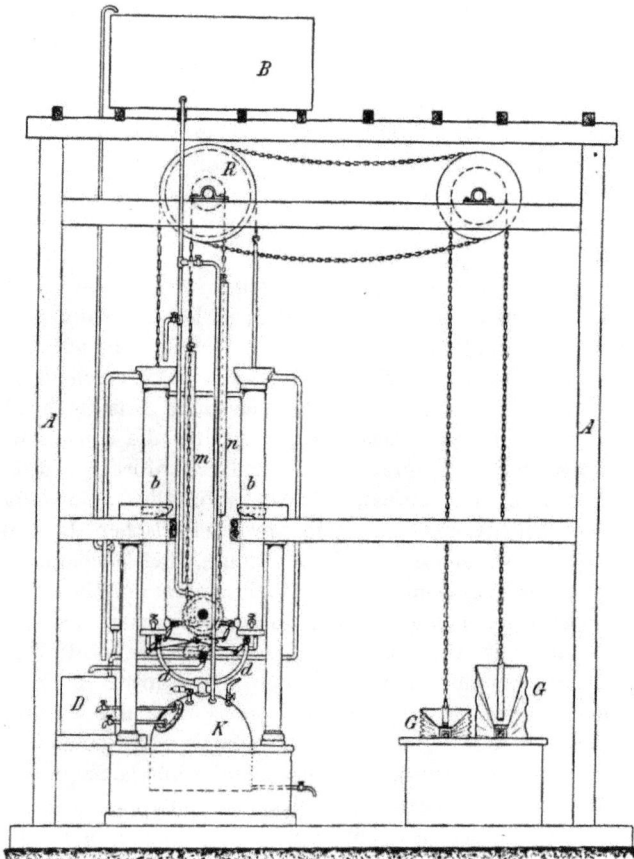

Fig. 31.

Der Kessel K, im unteren Teil cylindrisch, im oberen kugel-
förmig ausgebildet, ist aus Kupferblechen gefertigt, die miteinander
durch Vernieten und nachheriges Verlöten verbunden sind. Bei
0,5 cbm Wasser- und 0,95 cbm Dampfraum beträgt die Heizfläche

etwa 2,1 qm. Zwei Probierhähne zur Ermittlung des Wasserstandes und ein Sicherheitsventil sind an dem Kessel angebracht. Eine mit Deckel verschliessbare Oeffnung, das Mannloch, ermöglicht bequeme Reinigung des Kessels. Wasser wird dem Kessel von dem Wasserbehälter B aus durch eine Rohrleitung zugeführt.

Der Dampf wird nicht, wie bei den bisher besprochenen atmosphärischen Maschinen, einem Cylinder, sondern abwechselnd zwei Cylindern b von je 220 mm Durchmesser, die nebeneinander über dem Kessel angeordnet und mit ihm durch kurze Dampfleitung d von etwa 50 mm lichter Weite verbunden sind, zugeführt. Während der eine Cylinder sich mit Dampf füllt und gleichzeitig der Kolben steigt, wird in dem andern durch Kondensation des Dampfes ein luftleerer Raum erzeugt und infolgedessen sein Kolben durch den äussern Luftdruck herabgedrückt. Ist die äusserste Kolbenstellung erreicht, so wechselt der Vorgang und mit ihm die Kolbenbewegung. Die Kolben, an Ketten befestigt, hängen über einem Kettenrade R und erteilen ihm eine schwingende Bewegung. Der Kolbenhub beträgt 1800 mm. Die Cylinder sind aus Messing gefertigt; breite, an den Enden und in der Mitte um sie gelegte Ringe erhöhen ihre Festigkeit. Die Steuerung ist selbstthätig, unterscheidet sich jedoch wesentlich von der sonst üblichen Anordnung. Von der Hauptwelle aus wird mit Kette, die durch die Gewichte m, n gespannt ist, eine Steuerwelle in Bewegung gesetzt, von der aus durch ein verzahntes Rad ein Zahnradsegment und, mit diesem zugleich, ein Dreiwegehahn gedreht wird. Die andern Hähne werden durch besondere, mit Schlitzen versehene Hebel, vermutlich von dem Zahnradsegment aus gesteuert.

Ueber dem aus Messing gefertigten Kolben steht Wasser, das dem Gefäss B entnommen wird, und zwar soviel, wie zur Abdichtung notwendig ist. Die Höhe der Wasserschicht reguliert sich insofern von selbst, als das überflüssige Wasser in den schalenförmig ausgebildeten oberen Teil des Cylinders übertritt und von dort in den Behälter D abfliessen kann.

Interessant ist die Uebertragung der Kolbenbewegung auf die Blasebälge G, zu der wieder Ketten und Kettenräder benutzt werden, und zwar in der Weise, dass die entsprechend mit Gewichten belasteten Deckel der Blasebälge genau wie die Kolben der Cylinder abwechselnd auf und nieder gehen, so dass die Windlieferung nicht unterbrochen wird.

Sämtliche Teile der ganzen maschinellen Anlage waren in einem fast drei Stockwerke hohen Holzgerüst A untergebracht.

Die Maschine war also unabhängig von den Gebäuden, und konnte leicht auseinandergenommen und transportiert werden.

Im Frühjahr 1766 war die Aufstellung der Maschine in einem Hüttenwerke Barnaul's, einer Kreisstadt im Gouvernement Tomsk, am Ob, beendigt.

Polsunow selbst sollte die Probe seiner Maschine, durch die sie ihre Brauchbarkeit für den gewerblichen Betrieb erweisen sollte, nicht mehr erleben. Ein heftiger Blutsturz bereitete am 16. Mai 1766 dem Leben des Erfinders ein plötzliches Ende.

Vier Tage war Polsunow todt, als seine Maschine zum ersten Mal ihre Glieder in Bewegung setzte. Die Behörden und eine grosse Zuschauermenge wohnten dem bedeutungsvollen Ereignis bei. Abgesehen von einigen Mängeln, ohne die es nun einmal bei einer gänzlich neuen Unternehmung nicht abgeht, war der Gang der Maschine zufriedenstellend. Gleich am ersten Tage blieb sie von früh bis Abends 9 Uhr ununterbrochen im Betrieb.

Polsunow's Maschine wurde zunächst in den Silberhütten von Barnaul verwendet. Mit ihrer Hilfe erst wurde es möglich, in 2 Monaten etwa 153 000 kg silberhaltige Erze zu schmelzen.

Weitere Nachrichten über das Schicksal der Erfindung fehlen bis jetzt.

Polsunow und Polsunow's Arbeit, die bis zur Kaiserin von Russland hinauf das grösste Interesse und in den weitesten Kreisen Beachtung gefunden hatten, wurden bald gänzlich vergessen.

Schon 1773 scheint man in Petersburg an die im eigenen Lande erbaute Maschine nicht mehr gedacht zu haben, wenigstens wurde damals der Engländer Smeaton beauftragt, eine Feuermaschine für die grosse Schiffswerft in Kronstadt, dem Seehafen von Petersburg, zu erbauen.

Man hatte daselbst ein grosses Trockendock errichtet, das Raum für 10 Schiffe bot, aber nur einmal jeden Sommer benutzt werden konnte, da die beiden Windmühlen, die ihre Kraft auf ein Pumpwerk übertrugen, zu lange Zeit brauchten, um das Dock leer zu pumpen. Hier sollte die neue Kraft Abhilfe schaffen. Die hierfür bestimmte Feuermaschine von 1676 mm Cylinderdurchmesser und 2,6 m Hub liess Smeaton auf den Carron-Eisenwerken in Schottland anfertigen. 1777 wurde sie ihrer Bestimmung übergeben. Sie übertraf in ihrer Leistungsfähigkeit noch die Erwartung der Auftraggeber und lenkte von neuem die Aufmerksamkeit der höchsten Kreise auf die grossen Vorteile, die mit den Feuermaschinen zu erreichen waren.

Von dem Wunsche beseelt, in Russland selbst diese nützlichen Maschinen herzustellen, versuchte die Regierung englische Ingenieure, die im Bau der neuen Kraftmaschine Erfahrung hatten, anzuwerben. 1775 gab man sich Mühe, Watt für eine Niederlassung in Russland zu gewinnen und stellte ihm ein Jahresgehalt von etwa 20 000 Mk. in Aussicht. War dies auch viel mehr, als Watt damals in England verdiente, so bewog ihn doch seine angegriffene Gesundheit, die Liebe zu seinem Vaterlande und die Scheu vor neuen, ihm gänzlich unbekannten Verhältnissen, den Ruf nach Petersburg abzulehnen. Mehr Glück hatte die Kaiserin Katharina mit Gascoigne, dem Direktor der Carron-Eisenwerke. Dieser siedelte 1786 mit einem Stamm schottischer Arbeiter nach Petersburg über und gründete hier die erste russische Dampfmaschinenfabrik.

Amerika.

In Amerika war es wieder die Not des Bergbaues, die zur Anwendung der neuen Kraft zwang. Die reiche Kupfergrube John Schuyler's, bei Newark N. J. gelegen, war, soweit man sie durch Hand- und Pferdebetrieb von Wasser frei halten konnte, abgebaut. Mit der physischen Kraft war man am Ende. Eine grössere Kraft war nötig, um weitere Schätze des vielbegehrten Metalls an die Oberfläche zu bringen. Hilfe suchend wandte man sich an England, von dessen Feuermaschinen man schon gehört hatte.

1748 oder 49 wurde durch den Londoner Vertreter der amerikanischen Firma eine Feuermaschine bei Hornblower, einem Cornwaller Grubeningenieur, bestellt. Der Sohn des Erbauers, Joseph Hornblower, begleitete die Maschine nach Amerika und wurde in der neuen Welt der Stammvater eines berühmten und geachteten Geschlechts, das mehr als einen bedeutenden Ingenieur aufzuweisen hat. Erst 4 Jahre nach Bestellung kam die Maschine zur Ablieferung; September 1753, nach dreimonatlicher Ueberfahrt, traf die erste Feuermaschine Amerikas an ihrem Bestimmungsorte ein. In Bau und Wirkungsweise entsprach die Maschine ganz den atmosphärischen Maschinen, wie sie zu jener Zeit in England gebaut wurden. Ihre Leistung soll 1,775 cbm Wasser in der Minute betragen haben. Die Kosten für die betriebsfertig aufgestellte Maschine betrugen über 60 000 Mark. Die Maschine blieb über ein halbes Jahrhundert lang in Betrieb. Ihr Cylinder, dessen Guss aussergewöhnlich gelungen war und der so, wie er aus der Giesserei kam, verwendet wurde, wird noch heute in der Werkstatt einer Newarker Firma als Denkwürdigkeit aufbewahrt.

Eine zweite, wohl ebenfalls aus England stammende Feuer-maschine wurde 1774 für die Wasserwerke von New-York in Be-trieb genommen. Ferner ist noch eine Maschine in der Gipsmühle von Oliver Evans, dem später so berühmt gewordenen amerikanischen Dampfmaschineningenieur, zu erwähnen, die höchstwahrscheinlich von Evans selbst erbaut worden ist. Auch eine New-Yorker Säge-mühle soll schon vor 1800 eine Feuermaschine verwandt haben.

Alles in allem gab es am Ende des 18. Jahrhunderts in ganz Amerika nicht mehr als 3 oder 4 Dampfmaschinen. Die ganze riesige Entwicklung der Maschinenindustrie Amerikas ist somit ein Kind des 19. Jahrhunderts.

Nehmen wir hinzu, dass 1726 in London eine Feuermaschine erbaut wurde, die für Toledo in Spanien bestimmt war, und dass 1727 von Triewald, dem schwedischen Hüttenmann, eine Newcomen-Maschine, die er selbst in England erbaut hatte, auf einem Berg-werke in Schweden in Betrieb gesetzt wurde, so sehen wir, wie, gleichsam von einer Quelle her, von England aus, sich im 18. Jahr-hundert bereits Kenntnis und Anwendung der neu entdeckten Kraft allmählich über die ganze Erde zu verbreiten begannen.

II. Von der Watt'schen Niederdruckdampfmaschine bis zur Präcisionsdampfmaschine.

(Von 1800 bis 1850.)

KAPITEL 1.

Weiterer Ausbau der ortsfesten Maschine.

Die Dampfniederdruckmaschine.

Mit dem Jahre 1800 erlosch das Watt'sche Patent auf die Dampf-maschine. Das Monopol war gefallen; jeder glaubte sich jetzt im Stande, brauchbare Dampfmaschinen erbauen zu können. Bald aber sah man ein, dass der Vorsprung der Sohoer Firma, den diese durch ihre jahrzehntelange Erfahrung und ihre vortreffliche Organisation erlangt hatte, nicht so schnell einzuholen war. Das Lehrgeld wird

niemandem erspart. Die erste Dampfmaschinenfabrik blieb noch lange
allen voran, wenn sie auch nicht, wie man einst angenommen hatte,
mit ihren Einrichtungen alle Dampfmaschinen, die mit der Zeit erforderlich wurden, bauen konnte. Der Bedarf stieg gewaltig, und
Boultons Ansicht, dass neue Dampfmaschinenfabriken zu errichten
ebenso thöricht sei, als eine Mühle zu bauen, um einen Scheffel Korn
zu mahlen, wurde durch den wirklichen Gang der Dinge sehr schnell
als irrig erwiesen.

Neue Dampfmaschinenfabriken entstanden aller Orten. Die Erfindungskraft zahlreicher Fachleute und Laien wandte sich den Kraftmaschinen zu, deren kurze Entwicklung bereits so ungeheuere Erfolge gezeitigt hatte. Einen Formenreichtum, wie er sich damals
entfaltete, hat keine andere Epoche der Entwicklung mehr aufzuweisen.
Manches erwies sich erst später bei besseren Werkzeugen und
Werkzeugmaschinen als lebensfähig und geriet zunächst in Vergessenheit. Vieles war und blieb eine Kuriosität, die nur die Vielseitigkeit technischer Kombinationsmöglichkeiten zu zeigen geeignet
war. Nur das, was nützlich und ausführbar zu gleicher Zeit war,
kam sehr bald zu allgemeiner Anwendung.

Immer unbequemer für die vielseitige Anwendung der Dampfmaschine wurde ihr grosser Raumbedarf und ihre Abhängigkeit
von dem Maschinengebäude empfunden. So lange die Lager der
Balancierachse noch von den Mauern des Gebäudes getragen wurden,
war die Maschine noch kein in sich geschlossenes Ganzes.

Das praktische Bedürfnis stellte die Konstrukteure vor die
Aufgabe, die Dampfmaschine so zu gestalten, dass sie ohne grosse
Schwierigkeiten auch in wesentlich kleineren und ungünstiger gelegenen Räumlichkeiten, als bisher für die Maschinenräume genommen
wurden, aufgestellt werden konnte. In der verschiedensten und
mannigfachsten Weise suchten die Ingenieure diese Aufgabe zu
lösen.

Eine der nächstliegendsten Lösungen fanden Fenton und Murray,
die Besitzer einer bedeutenden Dampfmaschinenfabrik in Leeds. Sie
lassen die Balancierachse nicht mehr von den Wänden des Maschinen-
raumes, sondern, wie die Fig. 32 zeigt, von einem eisernen Aförmigen
Gestell tragen, das mit dem Cylinder C und den Lagern der Schwungradwelle auf einer starken gusseisernen Grundplatte vereinigt ist.
Kondensator und Luftpumpe sind unter Fussbodenhöhe in einem mit
Wasser gefüllten gusseisernen Kasten untergebracht. Die Geradführung der Kolbenstange erfolgt durch das Watt'sche Parallelogramm. Als Dampfverteilung werden nicht Ventile, sondern der

von Murray erfundene Muschelschieber *s* benutzt, dessen Bewegung von einem auf der Kurbelwelle befestigten Excenter *E* aus durch die Stangen *e* und *l* erfolgt.

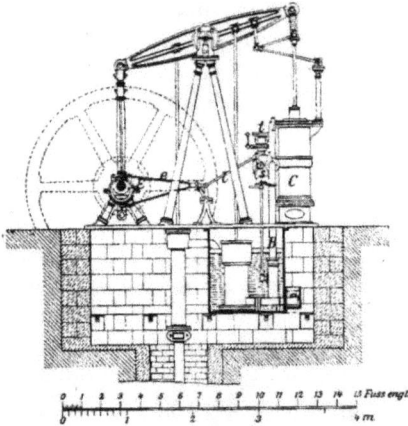

Die Leistung der in der Figur 32 massstäblich dargestellten Maschine betrug 6 PS.

Die leichte und elegante Form, die übersichtliche Anordnung und eine gute Ausführung haben gerade diesem Maschinentypus grosse Verbreitung verschafft.

Bei weitem weniger Erfolg hatte eine von derselben Firma herrührende Bauart der Dampfmaschine, wie sie uns Fig. 33 zeigt, zu verzeichnen.

Der gusseiserne Kasten *A*, in welchem Kondensator *C* und Luftpumpe *D* aufgestellt sind, ist als Maschinengestell ausgebildet. Der Balancier liegt unter der Maschine, statt wie bisher über ihr. Der Dampfcylinder *B* ist an dem einen Ende des Kastens aufgestellt. Die Kolbenstange trägt ein kräftiges Querhaupt, das mit zwei seit-

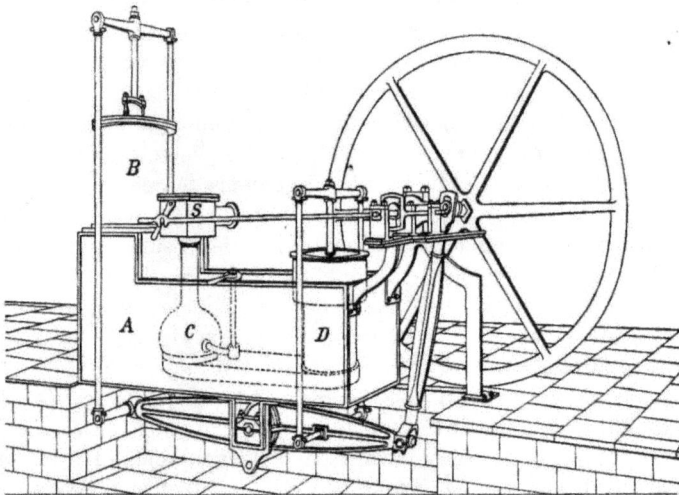

Fig. 32.

Fig. 33.

lich nach unten führenden Stangen und einem langen Zapfen, der sich unten am Ende des Balanciers befindet, gleichsam einen Rahmen bildet, der den Cylinder umschliesst. Die seitlichen Stangen übertragen die Kolbenkraft auf den Balancier, von dessen anderem Ende in üblicher Weise die Drehbewegung mit Schubstange und Kurbel abgeleitet wird. Der Schieber, der sich in dem Schieberkasten S befindet, wird von einem sogenannten Bogendreieck, das auf der Kurbelwelle angebracht ist, bewegt. Der Antrieb der Luftpumpe deckt sich mit der bei dem Dampfcylinder angewandten Bewegungsübertragung. Der Kondensator C, in unmittelbarer Nähe der Dampfauslassöffnung angebracht, ist aus Kupferblech gefertigt. Dieser Maschinentypus, hauptsächlich für Leistungen von etwa 6 PS. bestimmt, wurde 1806 zum ersten Mal ausgeführt. Die für die Wartung sehr unzugängliche Lage des Balanciers, sowie die unsichere Unterstützung der Kurbelwelle durch Konsole, die oben an dem gusseisernen Kasten angeschraubt waren, ferner eine ungenügende Führung der Kolbenstange waren Nachteile, die diese Maschinenform nicht lange am Leben liessen.

Noch unglücklicher in der Anordnung war eine Dampfmaschine, die aus der Sohoer Fabrik nach dem Ausscheiden Watt's hervorging. Fig. 34. Auch hier dient der gusseiserne Kasten, der den Kondensator und die Luftpumpe aufnimmt, zugleich als Maschinengestell. Der Balancier ist zum Winkelhebel h geworden, auf dessen wagerechtem Arm die Kolbenbe-

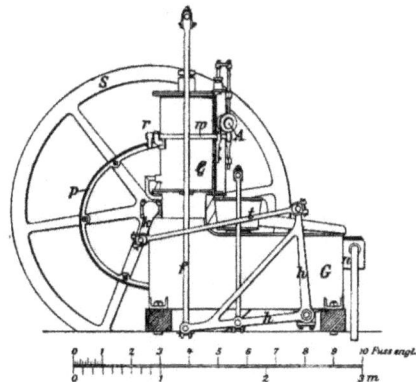

Fig. 34.

wegung von dem Querhaupt der Kolbenstange aus mit den Stangen f übertragen wird, während der senkrechte Arm des Winkelhebels unter Benutzung von Schubstange t und Kurbel k die Schwungradwelle in Umdrehungen setzt.

Die Dampfverteilung erfolgt durch einen sogenannten D-Schieber, (s. S. 118) der parallel zur Mittellinie des Dampfcylinders C bewegt wird.

Merkwürdig umständlich und wenig vertrauenerweckend ist die Bewegungsübertragung von der Kurbelwelle auf den Schieber. Von der am Schwungrad angebrachten unrunden Scheibe p wird ein

Hebel *r*, dessen gabelförmig ausgebildetes Ende den Rand der Scheibe umfasst, auf und nieder bewegt, und mit ihm erhält die gleiche Bewegung ein auf dem andern Ende der Welle befindlicher Hebel, der schliesslich die Stange, die mit dem eigentlichen Schieber durch ein Querhaupt fest verbunden ist, in senkrechter Richtung verschiebt.

Die dargestellte Maschine Fig. 34 leistete etwas über 4 Pferdekräfte, sie hatte 320 mm Cylinderdurchmesser und 610 mm Hub. Die Maschine machte 40 Umdrehungen in der Minute; dementsprechend betrug die Kolbengeschwindigkeit also 0,81 Meter in der Sekunde. An Dampf verbrauchte sie in der Stunde fast 40 kg für jede Pferdekraft.

Die Unzuträglichkeiten, die in der Konstruktion begründet waren und zumal bei grösseren Maschinen sich besonders fühlbar machten — besonders häufig zerbrachen z. B. die gusseisernen Winkelhebel *h* — liessen diese Dampfmaschine bald vom Markte verschwinden.

Schon 1806 kehrte die Firma wieder zu der alten bewährten Watt'schen Anordnung zurück, nur mit der Abänderung, dass nicht mehr Mauerpfeiler den Balancier trugen, sondern gusseiserne Säulen, die mit den übrigen zur Maschine gehörenden Teilen ein konstruktives Ganzes bildeten, das Maschinengestell ausmachten. Ein geräumiger, gusseiserner Wasserbehälter, in dem Kondensator und Pumpen angeordnet waren, bildete den unteren Maschinenteil; auf ihm stand an dem einen Ende der Dampfcylinder, an dem andern Ende die Lager der Kurbelwelle. Eiserne Ständer verbanden den Behälter mit einem hoch liegenden Rahmen, der die Lager für die Balancierachse zu tragen hatte.

Im Jahre 1802 erbaute Murray in Leeds eine Dampfmaschine, die sich von ihren Vorgängern wesentlich durch die unter dem Cylinder angeordnete Kurbelwelle, sowie durch eine eigenartige Geradführung unterschied. Die Maschine war nur für kleinere Leistungen bestimmt.

Der gusseiserne längliche Wasserkasten dieser Maschine dient wieder zugleich als Maschinengestell. Auf ihm in seiner Längsrichtung liegt die Kurbelwelle, der Cylinder steht etwas erhöht seitlich über dem Kasten. Für die Geradführung ist die Thatsache benutzt, dass ein Punkt im Umfang eines Rades, welches sich in einem Rad von doppeltem Durchmesser abwälzt, eine gerade Linie beschreibt. Die Ausführung dieser Idee erfolgte in der Weise: auf dem Kurbelzapfen ist ein Zahnrad von einem Halbmesser gleich dem Kurbelradius so angeordnet, dass es sich in einem doppelt so grossen, innen verzahnten Radkranze, der mit dem Gestell fest verschraubt ist, abrollen kann. Das Kolbenstangenende, das am Umfang des rollenden Rades angreift, bewegt sich geradlinig, während gleichzeitig der Kurbelzapfen, auf dem das rollende Rad sitzt, einen Kreis beschreibt. Um eine hängende Stopfbüchse zu vermeiden, tritt auch bei dieser Anordnung die Kolbenstange oben aus dem Cylinder. Ein Rahmen, der den Cylinder umgiebt und oben mit der Kolbenstange und unten mit dem Zapfen am Umfang des rollenden Rades in Verbindung steht, überträgt die Kolbenkraft auf die Kurbel. Der Schieber wird mit Kurbel und Stange von einer Steuerwelle aus bewegt. Diese liegt parallel über der Kurbelwelle und wird durch Zahnräder getrieben. Von der Steuerwelle werden auch unter Benutzung einer zweiten Kurbel und eines kleinen Balanciers die Pumpen betrieben.

Ein Schüler Watt's, Samuel Clegg, entwarf um die gleiche Zeit eine Dampfmaschine, die insofern von Interesse ist, als sie die erste Maschine zu sein scheint, bei der die unter dem Cylinder angeordnete Kurbelwelle direkt von der unten aus dem Cylinder tretenden Kolbenstange ihre Bewegung erhielt. Da Clegg aber nicht eine Kurbel, sondern zwei rahmenartig mit einander verbundene Zahnstangen nebst Zahnrädern anwendete, so bekam er einen höchst komplicierten und schneller Abnutzung unterworfenen Mechanismus in seine Anordnung, der einen Erfolg von vornherein unmöglich machte.

Mit am längsten von all den vielen Dampfmaschinenformen, die überall auftauchten, hielt sich die in den Figuren 35 bis 37 dargestellte Anordnung. Diese Dampfmaschine, die ihrem Konstrukteur, dem englischen Ingenieur Maudslay 1807 patentiert wurde, machte mit ihren symmetrischen, · eleganten und einheitlich durchgebildeten Formen, mit ihrer gedrängten Anordnung und der vorzüglichen Ausführung nicht geringes Aufsehen und verschaffte ihrem Fabrikanten viele Käufer. Von Uebersichtlichkeit und leichter Zugänglichkeit der einzelnen Teile, die in so hohem Masse der Watt'schen Maschine zukamen, war allerdings bei diesen Anordnungen nicht viel mehr vorhanden.

Auf einem kräftigen gusseisernen Gestell A steht der Dampfcylinder. Bogenförmige, die Eckpfosten des Gestells verbindende Querträger tragen die Welle. Die Kolbenstange tritt nach oben aus dem Cylinder und überträgt mit zwei von dem Querhaupt q ausgehenden Stangen t die Kraft auf die gekröpfte Kurbelwelle.

Zur Führung der Kolbenstange sind an den Enden des Quer-
hauptes q Rollen r angebracht, die zwischen vier genügend mit ein-

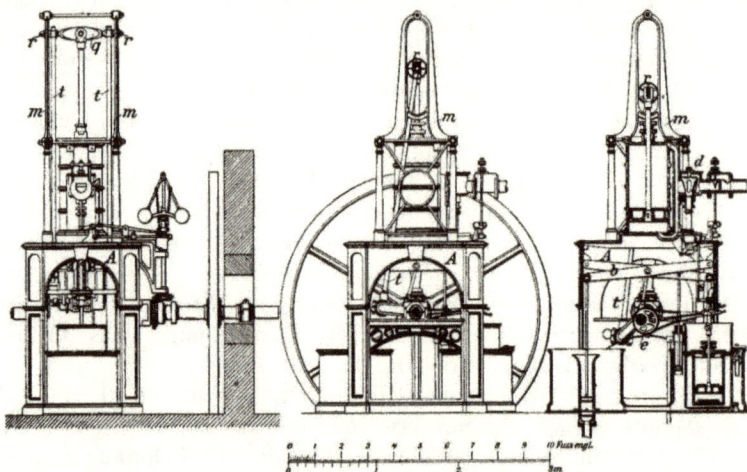

Fig. 35.   Fig. 36.   Fig. 37.

ander verbundenen Ständern m laufen. Auf dem Fussboden innerhalb
des Gestells stehen zwei mit kaltem Wasser angefüllte Gefässe, von
denen das eine die Luftpumpe, die vom Kondensatorraum umgeben

Fig. 38.   Fig. 39.

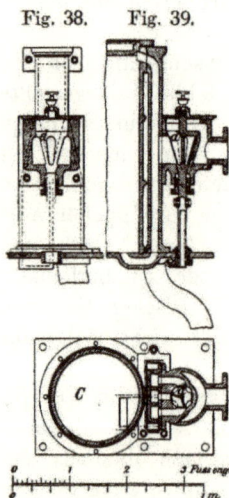

wird, das andere die Kaltwasserpumpe enthält. Die Pumpen werden von der Kurbelwelle aus durch Zwischenschaltung zweier
kleiner Balanciers b in Bewegung gesetzt.
Die Dampfverteilung dieser doppeltwirkenden
Maschine erfolgt durch einen Hahn d, dessen
Drehbewegung durch Excenter, Hebel und
Stangen von der Kurbelwelle aus abgeleitet
wird. Die Anordnung ergiebt sich aus Fig. 38,
39 u. 40. Der Schwungkugelregulator wirkt
auf eine Drosselklappe. Die Leistung der abgebildeten Maschine beträgt 10 PS.

Eine derartige Maschine Maudslay'scher
Anordnung, die mit möglichst vielen „blanken
Teilen" versehen war, erregte damals in Paris
im Schaufenster eines Chokoladenfabrikanten
im Betriebe vorgeführt, die staunende Bewunderung der Pariser.

Fig. 40.

Die Anfänge der liegenden Maschinen, bei denen also der Cylinder nicht mehr aufrecht stehend, sondern liegend angeordnet ist, gehen bis auf das Jahr 1792 zurück, wo bereits der Franzose Perrier in seinem Patent eine derartige Anordnung beschreibt.

Die Fig. 41 zeigt diese erste liegende Maschine. Der wagerecht angeordnete Cylinder *a* liegt über dem Wasserbehälter, in welchem sich der Kondensator *c* und die Luftpumpe *g* befinden. Der Dampfverteilung dienen vier Ventile, die an den Enden des Cylinders,

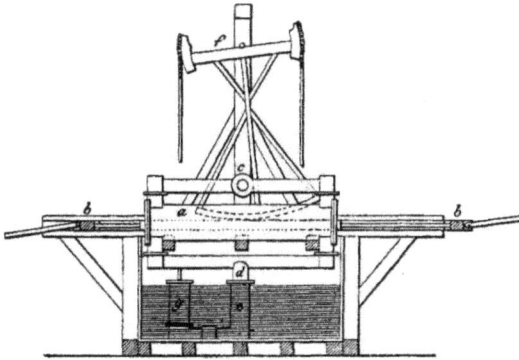

Fig. 41.

und zwar oben für Dampfeinlass und unten für Dampfauslass, angeordnet sind. Die Kolbenstange geht durch den ganzen Cylinder hindurch; ihre Enden sind mit einem Rahmen verbunden, der den Cylinder umschliesst und in Nuten des Gestelles geführt wird. Von jedem Ende der Kolbenstange wird mit Schubstange und Kurbel eine Welle in Umdrehung versetzt. Die Maschine hat also ihren Platz zwischen zwei Kurbelwellen, die beide gleichzeitig von ihr aus angetrieben werden. Trotz der von den üblichen Ausführungen ganz abweichenden Anordnung hat man es doch noch verstanden, einen Balancier, das Merkmal aller bis dahin bekannten Dampfmaschinen, anzubringen. Der kleine Balancier *f* wird durch eine Schubstange vom Rahmen aus bewegt und dient für den Antrieb der Pumpen.

Diese liegende Maschine mit Kreuzkopfführung und ganz moderner Ventilanordnung scheint ebensowenig, wie eine ganze Anzahl anderer Konstruktionen, die in Frankreich erstanden sind, den Anforderungen eines wirtschaftlichen Betriebes entsprochen zu haben, denn noch 1807 suchte die „Pariser Gesellschaft zur Förderung der

Gewerbe" nach einer auch für das Kleingewerbe passenden Dampfmaschine. Man veranstaltete einen Wettbewerb und setzte als Bedingung in dem Preisausschreiben fest: Die Maschine solle in 12
Stunden 1 000 000 kg 1 m hoch heben und für diese Leistung von
0,3 Pferdekräften mit Berücksichtigung der Verzinsung und Amortisation nicht mehr als 7,5 Francs verbrauchen.

Acht Bewerbungen gingen ein, aber nur zwei Bewerber hatten
wirklich arbeitende Maschinen geliefert. Die übrigen erschienen mit
mehr oder weniger abenteuerlichen Projekten, die von der Prüfungs-
kommission zurückgewiesen wurden. Einer der Erfinder wollte sogar
die Sonnenwärme, durch Brennspiegel konzentriert, zum Kesselheizen
verwenden, um so mit einem Male den Klagen über den hohen
Kohlenverbrauch ein Ende zu bereiten. Von den zwei Maschinen,
die in Wettbewerb traten, war die eine von Gebrüder Gerard, die
andere von Albert und Martin in Paris erbaut worden. Die erstere
arbeitete mit Expansion nach Watt'schem System. Bei einem
Cylinderdurchmesser von 165 mm und einem Hub von 355 mm
leistete sie nur halb so viel, als verlangt war. Da sie überdies
noch während des Versuchs schadhaft wurde, so kam nur die
zweite Maschine in Frage, die denn auch die Bedingungen des Preis-
bewerbes glänzend erfüllte. Für die verlangte $1/3$ Pferdekraft brauchte
sie nur 6,17 Fr., von denen 4,17 Fr. auf Brennstoffverbrauch zu
rechnen waren.

Die preisgekrönte Albert und Martin'sche Maschine, die „zehn
Menschenkräften" gleichwertig war, ist in Fig. 42 dargestellt. Der
Kesseldampf tritt durch die Rohrleitung f in den unten neben dem
Cylinder angebrachten Schieberkasten. Der Muschelschieber besorgt
die Dampfverteilung. Er wird durch Hebel und Knaggen l von der
Luftpumpenstange d aus bewegt. Der Kolben, auf den der Dampf
abwechselnd von oben und unten wirkt, überträgt seine Kraft mit
Hilfe von Kolbenstange, Hebeln und Schubstangen auf die Schwungradwelle. Die Geradführung der Kolbenstange wird durch eine
Lenkerführung, die aus den Hebeln F und G und der Schiene E
besteht, erreicht. Durch G verdeckt liegt ein zweiter, gleich grosser
Hebel, der durch eine Schubstange mit der Kurbel der Schwungradwelle in Verbindung steht. Von dem Hebel G wird auch die Luftpumpe N und Warmwasserpumpe O in Bewegung gesetzt. Luftpumpe
und Kondensator stehen ausserhalb des Wasserbehälters B, aus dem
das Einspritzwasser, dessen Menge durch einen Hahn in der Röhre q
genau bestimmt werden kann, entnommen wird. Der Regulator M
wird von der Kurbelwelle aus mit einem Schnurbetriebe, der über

eine Spannwelle *t* geleitet ist, und mit konischen Zahnrädern angetrieben. Er reguliert ein Ventil *s*, das in dem Dampfweg vom Cylinder zum Kondensator angeordnet ist. Es wird also nicht, wie bei den Watt'schen Maschinen, der Dampfdruck vor seiner Wirkung im Cylinder verändert, sondern es wird der Gegendruck, der vom Kolben zu überwinden ist, reguliert. Eine Regulierungsmethode, die ausserhalb Frankreichs

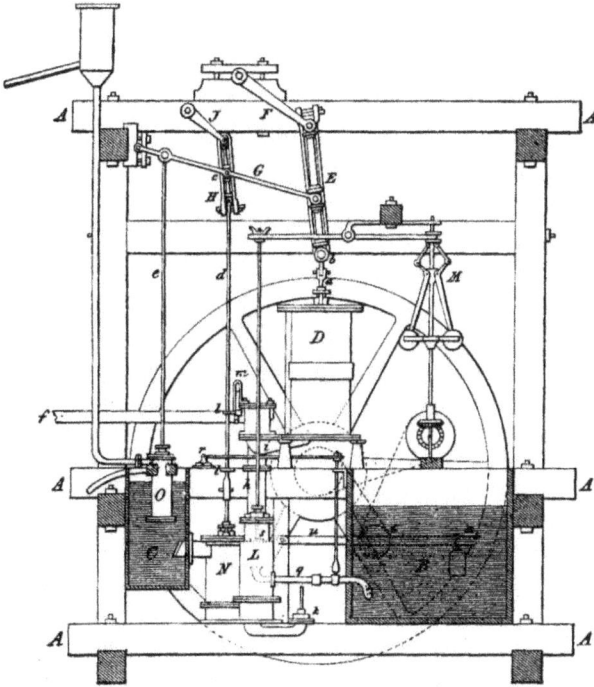

Fig. 42.

keine Verbreitung gefunden hat, und auch von den französischen Ingenieuren schliesslich zu Gunsten der Watt'schen Drosselklappe verlassen wurde. Ein starkes rahmenartiges Holzgestell *A* verbindet alle Maschinenteile zu einem Ganzen. Die wirkliche Leistung der Maschine betrug bei 212 mm Cylinderdurchmesser und 408 mm Hub etwa $^1/_2$ Pferdekraft.

Das Bestreben, die Maschine einfacher zu gestalten, hat auch frühzeitig zur Konstruktion von Maschinen mit schwingendem Cylinder, sogenannten oscillierenden Maschinen, geführt.

Der Cylinder C ist um senkrecht zu seiner Mittellinie angebrachte Zapfen Z (s. Fig. 43) in der Weise drehbar, dass die
Kolbenstange unmittelbar mit der Kurbel K verbunden werden
kann. Die besondere Schubstange wird entbehrlich, ihren Dienst
verrichtet gleichzeitig die Kolbenstange. Die Zapfen Z, die in der

Figur gleich weit von beiden Cylinderenden
entfernt angeordnet sind, können auch höher
oder tiefer angebracht werden.

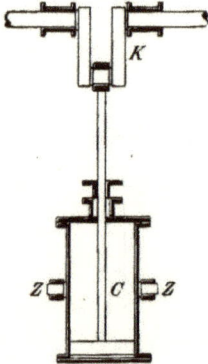

Die Maschinen mit schwingenden Cylindern können auch in wagerechter Anord-

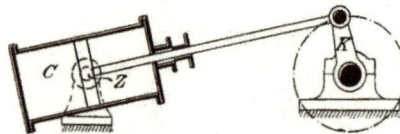

Fig. 44.

nung ausgeführt werden (s. Fig. 44). Der
Vorteil der gedrängten Bauart, die naturgemäss sich aus dem Wegfall der Schubstange

Fig. 43.

ergiebt, hat der oscillierenden Maschine speciell als Schiffsmaschine
eine Zeit lang grosse Verbreitung verschafft.

Die erste oscillierende Maschine hat bereits 1785 Murdock, der
Betriebsingenieur der Sohoer Firma, erbaut. Später ist sie von
Trevithick und einigen andern Ingenieuren vereinzelt angewandt
worden.

Eine weitere Verbreitung fand die oscillierende Maschine jedoch
erst durch die Ingenieure Cavé und Manby, von denen der erstere
sie 1820 in Frankreich, der letztere 1821 in England mit Erfolg zur
Anwendung brachte. In Preussen hatte die Berliner Dampfmaschinenfabrik von Egells ein Patent auf oscillierende Maschinen. Auch der
deutsche Ingenieur Dr. Alban gab bei seinen Ausführungen den
Dampfmaschinen mit schwingendem Cylinder vielfach den Vorzug.

Die Maschine mit schwingendem Cylinder geht über in eine
solche mit rotierendem Cylinder, wenn die Kurbel länger wird, als
die Entfernung der Kurbelwelle vom Schwingungszapfen des Cylinders
beträgt. Eine praktische Bedeutung hat diese Anordnung, die sich
der amerikanische Ingenieur Wilder sogar durch ein Patent hat
schützen lassen, naturgemäss nicht erlangen können. Die Maschine
mit rotierendem Cylinder blieb, was sie von vornherein war, eine
technische Kuriosität.

All diese konstruktiv verschiedenartigen Ausführungen der Dampfmaschine hatten an ihrem Wesen, ihrer Wirkung, nichts geändert. Viele waren vielleicht nur durch die Sucht, es „anders zu machen", entstanden, nur wenige entsprachen dem praktischen Bedürfnis so, dass sie dauernd ihren Platz behaupten konnten. Die Maschinen mit festem Cylinder blieben gegenüber denen mit beweglichen Cylindern bei weitem in der Mehrzahl und zwar blieb die Balanciermaschine nach wie vor der im industriellen Betriebe verbreitetste Maschinentypus; neben ihr bürgerte sich immer mehr, besonders für kleinere Kräfte, die stehende Maschine ein, bei der die Kolbenstange mittelst Schubstange direkt an der Kurbel angriff.

Gewöhnlich stand der Cylinder unten, über ihm die auf einem bockartigen, gusseisernen Gestell gelagerte Welle. Neben diesen Bockmaschinen kam auch bereits die umgekehrte Anordnung, oben stehender Cylinder mit unten liegender Kurbelwelle, vor.

Die liegende Maschine fand zunächst nur sehr langsam weitere Verbreitung. Man war zu sehr überzeugt, dass bei ihr die Kolbenreibung und das einseitige Ausschleifen des Cylinders zu grossen Unzuträglichkeiten führen musste, als dass man es mit ihr auch nur versuchen wollte.

Je mehr sich der Wirkungskreis der Dampfmaschine erweiterte, je mehr sie auch mit den „Gebildeten" in Berührung kam, um so mehr glaubte man auch durch „schöne Formen" dem Schönheitsgefühl des Publikums Rechnung tragen zu müssen. Aus dem grossen Garderobenvorrat der Architektur wurden die Gewänder entlehnt, die der Dampfmaschinen Nacktheit bedecken sollten. Zierformen, die einst vor Jahrtausenden erfunden wurden, um unter sonnigem Himmel gewaltige Tempel zu verschönen, sollten jetzt in engen Maschinenräumen eisernen Dampfmaschinen ein künstlerisch berechtigtes Dasein verleihen. Formen, ersonnen, toten, ruhenden Massen Bewegung zu geben, sollten jetzt auf die nie ruhenden Glieder einer Maschine übertragen werden.

Es kam die Zeit jener dorischen, jonischen und gothischen Dampfmaschinen, die mit ihren grotesken Formen uns heute wie ein in toller Laune ausgeführter Mummenschanz anmuten.

Die himmelanstrebende gothische Form wird bei einer Schiffsmaschine (s. Fig. 81) angewandt, die sich in dem ihr zugewiesenen engen und niedrigen Raum kaum bewegen kann, und in eine dorische Säule, das Sinnbild der sorglosen Ruhe, verwandelte man den sechzig mal in der Minute hin und her schwingenden Cylinder einer oscillierenden Maschine.

8*

Immerhin noch günstig für die Dampfmaschine war es, wenn all dieser Schmuck nur zur Bekleidung der Maschine diente und die konstruktive Durchbildung der einzelnen Teile nicht noch wesentlich ungünstig beeinflusst wurde. Je mehr der Maschinenbau an Ausdehnung und Bedeutung erstarkte, um so mehr machte er sich auch frei von dem aufgezwungenen falschen Schönheitsempfinden. Man begann einzusehen, dass auch auf diesem Gebiet nicht immer eins sich für alles schicke. Der Stil muss aus dem Zweck, den der Gegenstand zu erfüllen hat, aus dem Material, aus dem er hergestellt wird, und der Art und Weise, in der er gefertigt wird, sich mit Notwendigkeit ergeben; erst dann kann er auf das Wort „schön" Anspruch machen. Aus sich heraus im eifrigen Bestreben, die Maschine in allen ihren Teilen so zu gestalten, dass sie in möglichst vollkommener Weise dem Zweck ihres Daseins gerecht werden konnte, kam der Maschinenbau zu einem Stil, der eigenartig Zweck und Wesen zum Ausdruck bringt und deshalb auch schön ist. Nicht aus alten überlieferten Formen, sondern nur aus der ewig jungen Natur mit ihren unabänderlichen Gesetzen kann wahre Schönheit auch für ein gänzlich neues Gebiet erworben werden. Den Unterschied zwischen alter und neuer Form mögen die dem Riedler'schen Werk über Maschinenzeichnen entlehnten Abbildungen (s. Fig. 45 bis 47) zweier Regulatorständer zum deutlichen Ausdruck bringen.

Fig. 45.

Gleichzeitig mit der Aenderung der gesamten Maschinenanordnung erwies sich eine gänzliche Umgestaltung einzelner Teile vielfach als notwendig oder doch wünschenswert. Vor allem galt es, die **Steuerung der Dampfmaschine** zu vereinfachen.

Die Watt'sche Anordnung mit vier gesteuerten Ventilen bot zwar grosse Vorteile für die Dampfverteilung, war aber sehr schwierig herzustellen und erforderte sorgsame und sachverständige Wartung; sie stellte sich also in der Ausführung und im Betriebe

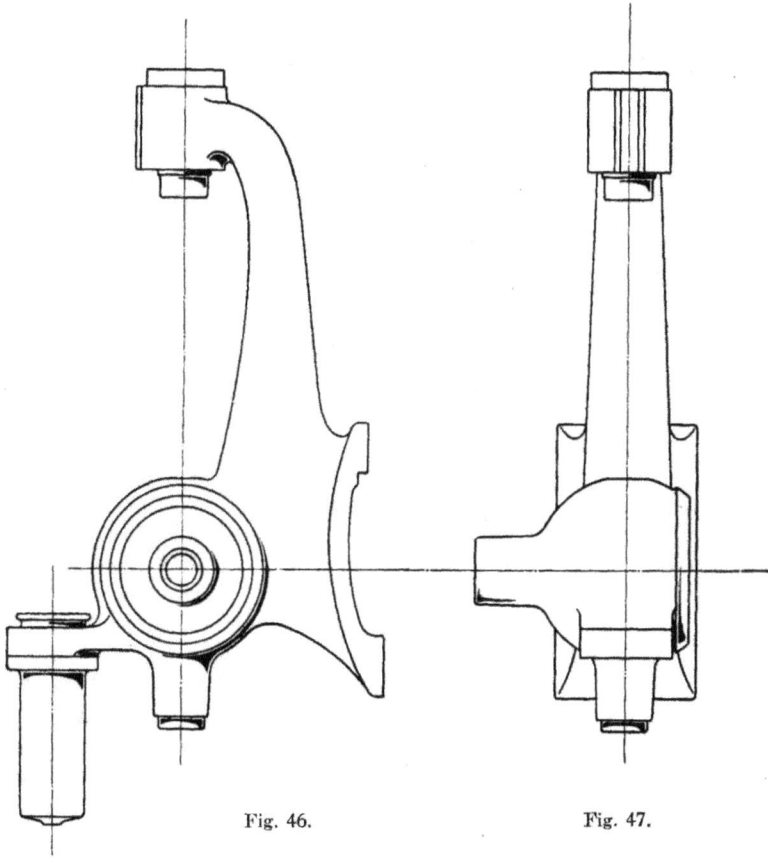

Fig. 46.　　　　　　　　Fig. 47.

ziemlich teuer. Abhülfe schaffte der Schieber, der, einmal in den Dampfmaschinenbau eingeführt, sich sehr schnell verbreitete.

1779 erfand Murdock, der als Betriebsleiter der Sohoer Dampfmaschinenfabrik wohl oftmals sowohl bei der Ausführung als bei

der Aufstellung und Inbetriebsetzung der Watt'schen Maschinen
die besonderen Schwierigkeiten der komplicierten Ventilsteuerung
empfunden haben mag, den sogenannten D-Schieber, s. Fig. 48 u. 49.

Eine Röhre von halbkreisförmigem Querschnitt gleitet mit ihrer
ebenen Seite auf einer entsprechenden Fläche des Cylinders. An
beiden Enden des Cylinders sind Schlitze angebracht, die in passender
Weise vom Schieber geöffnet oder überdeckt werden. Mit seiner
halbkreisförmigen Fläche dichtet der Schieber
gegen die Schieberkastenwand ab. Der
Dampf vermag ihn nicht einseitig an die
Gleitfläche zu pressen, der Schieber ist entlastet. Die Abbildung zeigt, wie frischer
Kesseldampf in den Schieberkasten und von
da unter den Kolben tritt; der Kolben geht
aufwärts, der Dampf über ihm gelangt durch
die obere Oeffnung und das Innere des
Schiebers *D* nach dem Kondensator *C*.

Bei grossen Cylindern wurde der
Schieber sehr schwer, und man war gezwungen, um die Schieberbewegung zu erleichtern, das Schiebergewicht durch passend
angeordnete Gegengewichte auszugleichen.
Die Versuche mit andern Schieberquerschnitten,
besonders mit dreieckförmigen, ergaben keine
Vorteile, man kehrte immer wieder zu, der
ersten Gestalt zurück. Auch Murdock's Vorschlag, seinem Schieber kreisförmigen Querschnitt zu geben und ihm nach Art eines
Hahnes eine Drehbewegung zu erteilen, fand
zunächst keinen Anklang.

Erst später, als brauchbare Metall-
packungen die Schwierigkeiten der Abdich-
tung zu überwinden gestatteten, wurde der Schieber von halbkreisförmigem durch den Schieber von kreisförmigem Querschnitt,
den sogenannten Kolbenschieber, ersetzt, der aber nicht gedreht,
sondern ebenso wie der D-Schieber in seiner Längsrichtung hin und
her verschoben wurde.

Auch Murray wandte schon Schieber zur Dampfverteilung an.
Er liess sich seine Anordnung, aus der sich bald der einfache Muschelschieber, wohl das verbreitetste Dampfverteilungsorgan, entwickelte,
1802 patentieren.

Fig. 48.

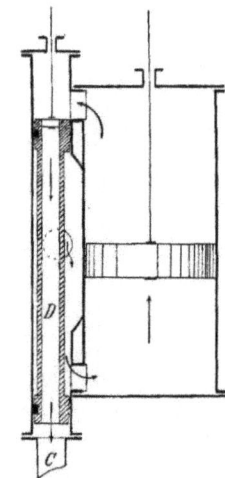

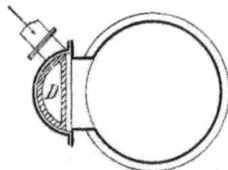

Fig. 49.

Alle Dampfzu- und Ableitungsröhren enden auf einer möglichst eben geschliffenen Platte, dem Schieberspiegel, der die Form eines Kreises, eines Kreisringstückes oder Rechteckes hat, s. Fig. 50 bis 55.

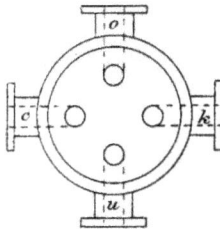 

Fig. 50. Fig. 51.

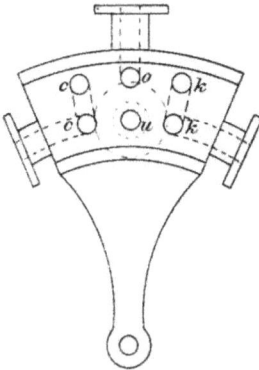  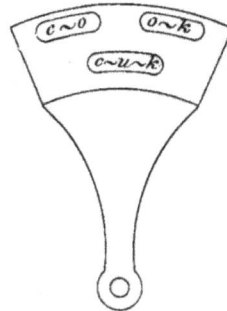

Fig. 52. Fig. 53. Fig. 54.

Durch k kommt frischer Dampf vom Kessel, durch o gelangt der Dampf über, durch u unter den Kolben; auf demselben Weg kommt der Dampf nach gethaner Arbeit wieder zurück zum Schieberspiegel und geht von da durch c zum Kondensator.

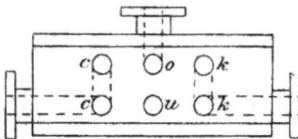

Fig. 55.

Die Aufgabe bestand jetzt darin, diese verschiedenen Oeffnungen in passender Weise abwechselnd mit einander in Verbindung zu bringen. Verbindet man k mit o, so wird der frische Dampf über den Kolben treten können und ihn abwärts bewegen; gleichzeitig muss u mit c verbunden sein, damit der Dampf unter dem Kolben zum Kondensator gelangen kann. Ist der Hub beendigt, so wird k mit u verbunden und der Kolben geht aufwärts; gleichzeitig geht der Oberdampf zum Kondensator.

Dies erreichte Murray durch Anwendung einer Platte, die auf dem Schieberspiegel genau aufgeschliffen, sich so bewegte, dass durch die auf ihrer Innenseite angebrachten Vertiefungen (s. Fig. 51, 53, 54) eine entsprechende Verbindung der Rohrenden erreicht wurde. Federn pressten die Schieberplatte an den Schieberspiegel, um möglichst dampfdichten Abschluss zu erhalten.

Um zu grosse Schieberflächen zu vermeiden, gab man den Dampfkanälen sehr kleine Abmessungen, was naturgemäss eine starke Drosselung des Dampfes zur Folge hatte. Die Leistung der Maschine fiel, der Kohlenverbrauch stieg.

In dem Bestreben, die Kanalquerschnitte zu erweitern, ohne die Schieberfläche zu vergrössern, kam Murray auf die Idee, den Schieber mit einem Kasten zu umgeben, der mit dem Kessel dauernd in Verbindung stehen, also stets mit Dampf gefüllt sein sollte. Diesem Dampf abwechselnd den Zutritt zu dem einen oder anderen Cylinderende freizugeben und entsprechend den gebrauchten Dampf in den Kondensator zu entlassen, war jetzt nur noch die Aufgabe des Schiebers. Statt der sechs kreisförmigen Oeffnungen des Schieberspiegels (Fig. 52 u. 55) wurden drei rechteckige angebracht, von denen die mittelste mit dem Kondensator, die beiden anderen mit je einem Cylinderende verbunden waren. Der Schieber wurde zu einem muschelartigen Gehäuse, das, in richtiger Weise bewegt, die beiden seitlichen Kanäle (o, u) bald mit dem Schieberkasten, bald mit der zum Kondensator führenden Mittelöffnung c in Verbindung setzte. Der einfache Muschelschieber war erfunden.

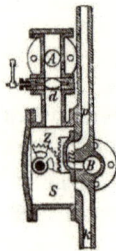

Fig. 56.

Die Murray'sche Maschine (s. Seite 106 Fig. 32) war bereits mit einem derartigen Muschelschieber ausgerüstet. Der Dampf gelangt durch das Rohr A (s. Fig. 56) und die Drosselklappe d in den Schieberkasten S. Der vom Schieberspiegel ausgehende Kanal p führt zu dem einen, der Kanal k zu dem anderen Cylinderende. Der mittlere Kanal führt durch das Rohr B zum Kondensator. In der gezeichneten Schieberstellung geht frischer Dampf unter den Kolben, während gleichzeitig der Dampf über dem Kolben in den Kondensator entweicht. Die Bewegung des Muschelschiebers geschieht durch ein Zahnradsegment z, das in Zähne, die auf dem Rücken des Schiebers angebracht sind, eingreift und ihn verschiebt.

Mit dieser oder ähnlicher Konstruktion suchte man, wie bei der Ventilsteuerung, die Stopfbüchse mit durchgehender und sich hin und her verschiebender Stange zu vermeiden, da das Dichthalten noch Schwierigkeiten bereitete. Bald aber wurden auch diese überwunden. Man kam zu der einfachsten Anordnung, bei der der Schieber direkt von der Kurbelwelle aus unter Benutzung einer am Schieber direkt angreifenden Stange, einer Excenterstange, und eines Excenters bewegt wurde. Durch die feste Verbindung des Schiebers mit der Schieberstange war es dem Dampf unmöglich gemacht, den Schieber nach geringer Abnützung der Gleitflächen noch genügend dampfdicht auf den Schieberspiegel zu pressen. Auch dieser Uebelstand wurde 1818 durch Anwendung eines Rahmens, der mit der Schieberstange fest verbunden war, in dem sich aber der Schieber senkrecht zu seiner Bewegungsrichtung verschieben konnte, beseitigt.

Durch die Anwendung des einfachen Muschelschiebers für die Dampfverteilung wurde die ganze Anordnung, die Ausführung und der Betrieb sehr vereinfacht, was natürlich auch zur schnelleren Verbreitung der Dampfmaschine wesentlich beitrug.

Neben der Schiebersteuerung suchte man auch das wohl älteste Dampfverteilungsorgan, den Hahn, wieder in Anwendung zu bringen. Da aber genügend grosse Querschnitte für Dampf-Ein- und Austritt sich nur schwer oder garnicht erreichen liessen, da ferner sich die Hähne im Betriebe nicht dauernd als dicht erwiesen, auch ihre Haltbarkeit viel zu wünschen übrig liess, so konnten die Hahnsteuerungen nur wenig Verbreitung gewinnen. Nur hin und wieder bei kleinen Maschinen wurden sie angewendet. Als Beispiel für eine Hahnsteuerung, bei der der Dampfdruck den Hahn d fest auf die Gleitfläche drückt, sei auf Mandelay's Maschine (s. Fig. 38 bis 40 S. 110) verwiesen.

Murray, der den Muschelschieber in den Dampfmaschinenbau eingeführt hat, bemühte sich auch die Ventilsteuerung zu verbessern. Während bisher die Ventile durch die Steuerung geöffnet wurden, der Ventilschluss aber unbeeinflusst von der Steuerung durch Gewichte herbeigeführt wurde, machte Murray die ganze Ventilbewegung von der Steuerung abhängig, das heisst, er konstruierte eine zwangläufige Ventilsteuerung.

Durch eine rahmenartige Erweiterung der in senkrechter Richtung beweglichen Schieberstange geht eine horizontale Steuerwelle, die zu den Rahmen passende Bogendreiecke trägt. Wird die Steuerwelle gedreht, so heben und senken sich die Ventile.

Bei dieser Anordnung fielen die sonst üblichen Knaggen, Hebel und Ueberfallgewichte hinweg und mit ihnen auch das starke Geräusch, das besonders durch das Aufschlagen der Knaggen auf die Hebel verursacht wurde. Kein Wunder, dass der geräuschlose Gang der mit Murray's Ventilsteuerung ausgerüsteten Dampfmaschine besonders rühmend hervorgehoben wurde. Trotz dieses Vorteils fand sie wenig Verbreitung. Ihre Herstellung bot zu grosse Schwierigkeiten, auch hatte sie sich im praktischen Betriebe nicht genügend dauerhaft gezeigt.

Die Regulierung der Maschine geschah in den weitaus meisten Fällen durch die Drosselklappe, die vom Schwungkugelregulator aus auf grössere oder geringere Oeffnung eingestellt wurde. Besonders „geistreiche“ Konstrukteure verstanden auch bereits „sinnreiche Einrichtungen anzugeben“, wo derselbe Zweck, gewöhnlich nur unvollkommener, durch Pendel, Zahn- und Sperrräder, Gewichte und andere Hilfsmittel erreicht wurde.

In Frankreich war lange Zeit eine andere, durch Perrier eingeführte Art der Regulierung im Gebrauch. Das Regulierungsventil wurde nicht in die Dampfzuleitung, sondern in die Dampfableitung zwischen Cylinder und Kondensator eingeschaltet. Die Bewegung des Ventils erfolgte, wie bei der Fig. 42 durch Centrifugalregulator oder auch unter Benutzung verschiedener Hebel, von einem Schwimmer aus. In diesem Falle wurde die Höhenlage des Wasserspiegels und somit die Schwimmer- und Ventilstellung in der Weise von der Geschwindigkeit der Maschine abhängig gemacht, dass eine kleine, am Steuerbaum angehängte Pumpe das Gefäss mit Wasser versorgte, während ein Heber nur einer bestimmten, sich gleichbleibenden Wassermenge den Ausfluss gestattete. Ging die Maschine zu schnell, so lieferte die Pumpe mehr Wasser, als durch den Heber abfliessen konnte, der Schwimmer stieg, das Ventil verkleinerte den Leitungsquerschnitt, so dass die Kondensation langsamer vor sich ging. Ging die Maschine zu langsam, so fand der umgekehrte Vorgang statt. Es wurde also nicht wie bei Watt der wirksame Dampfdruck, sondern der Gegendruck verändert. Später erkannte man die Unvollkommenheit dieser Regulierung gegenüber der Watt'schen Methode und wandte dann ausschliesslich in die Dampfzuleitung eingebaute Drosselklappen an, die durch Centrifugalregulatoren bethätigt wurden.

Bei der Ausführung der Maschinen machte nach wie vor trotz fortgeschrittener Arbeitsmethoden die genaue Ausbohrung des Cylinders und die Kolbendichtung die grössten Schwierigkeiten. Die von Watt eingeführte Konstruktion des Kolbens, bei der ein Anziehen des Kolbendeckels die Hanfpackung stärker an die Cylinderwandung zu pressen gestattete, war ziemlich allgemein im Gebrauch. Um bei diesem Nachziehen nicht jedesmal den Cylinderdeckel abnehmen zu müssen, brachte man wohl eine durch Stöpsel leicht verschliessbare Oeffnung im Cylinderdeckel an, die so gross war, dass man mit einem Steckschlüssel zum Kolben gelangen und eine der Kolbenschrauben anziehen konnte, von der aus durch kleine Zahnräder die Bewegung gleichmässig auf die übrigen Kolbenschrauben übertragen wurde.

Schon frühzeitig suchte man die Hanfzöpfe durch Metallringe, die mit Federn an die Cylinderwandung gepresst wurden, zu ersetzen. Den ersten Kolben mit Metallpackung gab Cartwright 1797 an. Auf dem Kolbenkörper liegt ein genau aufgeschliffener, aus sechs Teilen zusammengesetzter Ring. In eine der Fugen zwischen zwei Ringteile klemmt sich ein kleines keilförmiges Stück, das durch eine kräftige Feder an die Cylinderwandung gedrückt wird. Eine zweite bandartige Feder ist mit ihren Enden an den beiden Teilen des Ringes, die durch den Keil getrennt werden, befestigt, und liegt auf der Innenseite des Ringes; sie hat die Ringteile in ihren Fugen fest auf einander zu pressen.

Andere Ingenieure suchten die Metallpackung auf mannigfache Weise zu verbessern, zunächst ohne viel Erfolg. In dem noch immer unvollkommen gebohrten Cylinder mit seinen Riefen und kleinen Absätzen hielt die weiche, nachgiebige Hanfpackung bei weitem besser dicht, als der beste Metallkolben. Dazu kam noch die schwierige Herstellung der neuen Kolben, die sehr genaue Bearbeitung verlangten. Erst als höhere Dampfdrucke allgemein angewendet wurden und die Metallbearbeitung grössere Fortschritte gemacht hatte, gelang es, die Hanfpackung allmählich ganz zu verdrängen.

Die Verbindung der einzelnen Maschinenteile geschah durch Schrauben und Keile. Die Verbindungsstellen waren vielfach nicht bearbeitet. Die Unebenheiten suchte man durch Zwischenlegen dünner Holzplättchen oder Pappstücke auszugleichen. Auch zusammengepasste und bearbeitete Flächen pflegte man nicht direkt auf einander zu schrauben, sondern legte auch hier wenigstens Papier, am liebsten feuchtes Löschpapier, dazwischen. Bei allen Verbindungen, die dauernd dicht zu halten hatten, spielte der Eisenkitt eine grosse Rolle. Die Cylinderdeckel wurden genau abgedreht und gewöhnlich mit dazwischen gelegten Hanfflechten abgedichtet.

Als Material wurde in der Hauptsache Gusseisen verwendet;

Holz kam nur bei dem Maschinengestell als unterster Rahmen noch in Anwendung.

Steigerung des Dampfdruckes und Anwendung der Expansion.

Gleichzeitig mit diesen konstruktiven Veränderungen der Watt'schen Niederdruckmaschine begann auch die Hochdruckdampfmaschine sich allmählich zu entwickeln, und mit der Anwendung höherer Dampfspannung stieg der Wert der Expansion des Dampfes. Das Bestreben, höheren Dampfdruck und grössere Expansion anzuwenden, führte wieder zu mancherlei tiefgreifenden konstruktive Aenderungen der Dampfmaschine.

Die Anfänge der Hochdruckmaschine reichen bis auf Papin und Savery zurück, die in ihren Dampfpumpen Dampfspannungen von 10 Atmosphären und mehr angewandt hatten. Auch ein deutscher Ingenieur Leupold, der Verfasser des Theatrum machinarum, hat bereits 1725 sich mit dem Bau von Hochdruckmaschinen beschäftigt und durch Zeichnung und Beschreibung Näheres darüber mitgeteilt. Danach bestand die Maschine (s. Fig. 57) aus zwei Dampfcylindern, die über dem Kessel aufgestellt waren. Ein Dreiwegehahn gestattete, den einen Cylinder mit frischem Dampf zu füllen, während gleichzeitig dem Dampf des andern Cylinders der Ausweg in das Freie geöffnet wurde. Die beiden Kolben wurden somit abwechselnd von dem hochgespannten Dampf gegen den Luftdruck gehoben. Ihre Kraft, mit Hebeln auf zwei Pumpen übertragen, sollte zum Wasserheben benutzt werden.

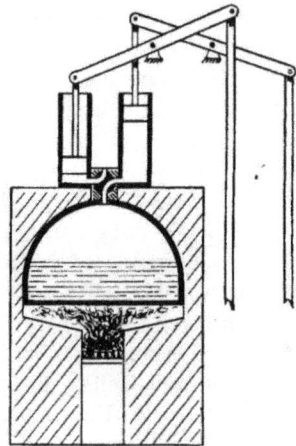

Fig. 57.

Leupold wollte versuchen, mit dieser Maschine „eine Schneidmühle in einem Walde, da genug Holz und stehende Pfützen sind", zu betreiben. Leider fehlte dem Erfinder Zeit und Gelegenheit, um die „kurieusen Proben und Versuche" mit seiner Maschine selbst anzustellen. Da seine Hoffnung, ein anderer „Kuriosus" werde vielleicht Gelegenheit nehmen, die Erfindung auszuführen, sich nicht erfüllte, so blieb diese Hochdruckmaschine zunächst ein Projekt.

Auch Watt hatte in seinem berühmten Dampfmaschinenpatent die Hochdruckmaschine ohne Kondensation ausdrücklich mit aufgenommen und wollte sie in allen den Fällen verwenden, wo Wasser zur Kondensation nicht in genügender Menge vorhanden war. Zu einer Ausführung kam es auch hier nicht. Die Ausbildung und Einführung der Niederdruckdampfmaschine nahm alle Kräfte in Anspruch. Ausserdem schien es wenig ratsam, hochgespannten Dampf zu verwenden, solange das Dichthalten des Kolbens und der Verbindungsstellen schon bei niedrigem Druck die grössten Schwierigkeiten bot. „Es ist niemals ratsam mit hohem Dampfdruck zu arbeiten, solange es vermieden werden kann, denn es vergrössert das Undichtwerden des Kessels und der Dampfleitung und führt zu keinem guten Ende", so urteilte Watt, der Erfinder der Niederdruckdampfmaschine, über die Anwendung höheren Dampfdruckes.

Die erste praktisch brauchbare Hochdruckdampfmaschine entstand in Amerika. Oliver Evans, einem der grössten Ingenieure Amerikas, gebührt der Ruhm, als Erster hohen Druck und weitgehende Expansion dauernd im praktischen Dampfmaschinenbetrieb eingeführt zu haben. Schon 1786 suchte Evans ein Patent auf eine Dampfmühle und einen Dampfwagen zu erlangen. Die Regierung hielt die Idee,

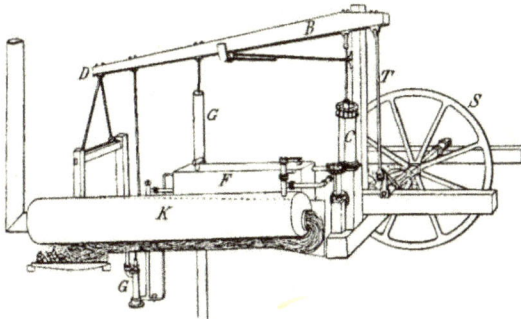

Fig. 58.

Wasserdämpfe von etwa 10 Atmosphären Druck in Dampfmaschinen zu verwenden, für unausführbar und lehnte das Patentgesuch ab. Um das Jahr 1800 führte Evans eine Hochdruckmaschine aus und wollte sie zur Fortbewegung eines Personenwagens benutzen. Aber noch war die Zeit des Dampfwagens nicht gekommen, noch war man zufrieden, die Dampfmaschine nur für den Gewerbebetrieb als treibende Kraft ausnutzen zu können. Evans gab das Projekt des Dampfwagens auf und liess seine Maschine eine Mühle antreiben.

Die erste Evans'sche Hochdruckdampfmaschine (s. Fig. 58), von ihrem Erbauer „Columbian Engine" genannt, unterschied sich durch Konstruktion und Anordnung wesentlich von den Watt'schen Niederdruckdampfmaschinen. Der cylindrische Dampfkessel K weist bereits einen durchgehenden Feuerzug auf, wodurch die Ausnutzung der Brennstoffwärme wesentlich verbessert wird. Der Kessel ist mit einem Sicherheitsventil ausgerüstet. Der Dampf gelangt durch eine kurze Rohrleitung zu dem neben dem Kessel aufgestellten Cylinder C und wird hier durch eine Art drehbaren Muschelschieber, der zugleich eine Einrichtung zur Veränderung der Füllung aufweist, abwechselnd bald über bald unter den Kolben geleitet, während gleichzeitig dem gebrauchten Dampf der Weg zum Kondensator geöffnet wird. Die Einrichtung dieser ersten Expansionssteuerung ist aus der schematischen Skizze (Fig. 59 bis 61) zu ersehen. Auf dem Boden des cylindrischen Schieberkastens dreht sich der kreisförmige Schieber, dessen Achse von der Schwungradwelle aus mittelst Zahnräder eine drehende Bewegung erhält. Der Schieberspiegel hat drei Oeffnungen, von denen die mittlere c mit dem Kondensator oder der Aussenluft, die beiden danebenliegenden o, u mit dem oberen und unteren Cylinderende in Verbindung stehen. Ueber diesen Oeffnungen dreht sich der Schieber. Das kastenförmige Gehäuse h bringt je nach der Schieberstellung bald o bald u in Verbindung mit der Rohrleitung c, während die schlitzartige Oeffnung g in dem Schieber dem Dampf aus dem Schieberkasten den Zutritt zu einer der beiden Leitungen o

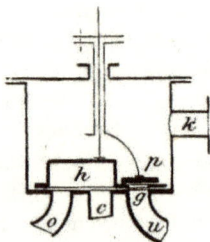

Fig. 59.

Fig. 60.

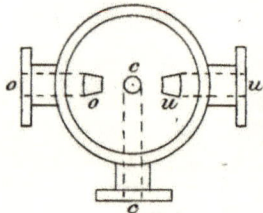

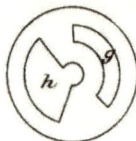

Fig. 61.

oder u freilässt. Je länger die ringförmige Oeffnung g ist, um so länger bleibt während eines Hubes dem Dampf der Zutritt zu dem einen Cylinderende frei, um so grösser ist die Füllung, um so kleiner also die Expansion. Verändert man die Länge dieser Oeffnung, so verändert man die Expansion. Eine Platte p, die mit einer die Schieberdrehachse umschliessenden hohlen Welle fest verbunden ist, lässt dies erreichen. Die Expansion wird um so grösser, je weiter die Platte p die Oeffnung g bedeckt. Die Grösse dieser Ueberdeckung und damit der Grad der Expansion kann von aussen durch Verdrehen der hohlen Achse gegenüber der Schieberdrehachse eingestellt werden.

Der Dampf wirkt im Cylinder in der bekannten Weise auf einen Kolben, der durch die Kolbenstange mit einem einarmigen Hebel B, s. Fig. 58, dessen Drehpunkt D auf einem schwingenden Balken ruht, verbunden ist. Die Geradführung der Kolbenstange wird durch eine dem Watt'schen Parallelogramm ähnliche Lenkerführung, die als Evans'sches Parallelogramm bezeichnet wird, erreicht.

An dem einen Ende des Balanciers B, dicht neben der Kolbenstange, greift die Schubstange T an und überträgt die Kraft auf die Kurbelwelle. Ein kräftiges Schwungrad sorgt für die Gleichmässigkeit des Ganges. Der Abdampf wird mit Hülfe eines Oberflächenkondensators kondensiert. Der Kondensator besteht aus schlangenförmig gewundenen Röhren, die in einem grossen Behälter F, der durch die Pumpe G mit kaltem Wasser gefüllt wird, untergebracht sind. Das Kondenswasser wird ausschliesslich zum Speisen des Kessels benutzt. Der geringe Verlust an Wasser wird durch kleine Mengen verdampften und wieder niedergeschlagenen Kühlwassers ersetzt. Da somit nur destilliertes Wasser zum Kesselspeisen benutzt wird, werden alle Nachteile, die durch Kesselsteinbildungen auftreten, vermieden.

Evans verwandte einen Dampfdruck von 7 bis 10 Atm. Eine Maschine von 228 mm Cylinderdurchmesser und 942 mm Hub soll 20 PS geleistet haben. Sie ermöglichte, „in einer Stunde 20 Scheffel Korn zu mahlen oder 5000 Fuss Bretter in 12 Stunden zu sägen". Wenn der Dampfdruck bis auf 10,5 Atm. gesteigert wurde, so leistete dieselbe Maschine bei 36 Umdrehungen in einer Minute etwa 30 PS. Der Dampf wurde gewöhnlich bei $^1/_3$, in manchen Fällen schon bei $^1/_6$ des Hubes abgesperrt. Ein besonderer Vorzug der Evans'schen Maschine war es, dass sie etwa nur den vierten Teil so schwer war als die üblichen Niederdruckmaschinen und sich dementsprechend auch im Preise erheblich niedriger stellte.

Evans gründete 1802 in Philadelphia die „Mars Werke", die erste Dampfmaschinenfabrik Amerikas. Aus ihnen gingen eine grosse Anzahl Hochdruckmaschinen hervor, die sich nach und nach im ganzen Lande und in allen Betrieben Eingang verschafften. 1812 waren 10 verkauft und 10 im Bau begriffen; die Leistung der einzelnen Maschinen lag zwischen 10 und 40 Pferdekräften.

In England bauten Trevithick und Vivian die ersten Hochdruckdampfmaschinen ohne Kondensation.

Die den genannten Ingenieuren 1802 durch Patent geschützte Maschine zeigt Figur 62. Der gusseiserne kugelförmige Kessel A ist von einem Mantel B umgeben, der unten die Feuerung aufnimmt Die Rauchgase umspülen den Kessel und werden oben seitlich einem eisernen Schornstein D zugeführt.

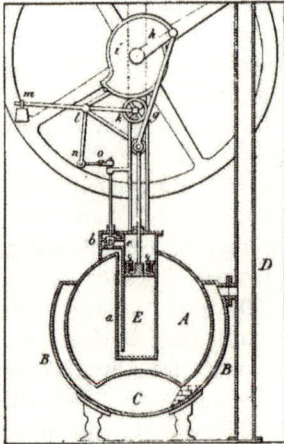
Fig. 62.

Tief in den Kessel hinein, sodass nur der obere Teil noch mit dem Steuergehäuse daraus hervorragt, hängt der Dampfcylinder E. Die Dampfverteilung geschieht durch einen zweimal durchbohrten Hahn, der durch unrunde Scheibe und Hebel von der obenliegenden Schwungradwelle aus seine Bewegung erhält. Vor dem Hahn ist ein Schieber angebracht, durch den die Menge des einströmenden Dampfes, also die Grösse der Expansion, geregelt wird. Die Kraft des Kolbens wird durch Schubstange und Kurbel auf die Schwungradwelle übertragen.

Die Geradführung der Kolbenstange ähnelt bereits der heut üblichen. Die Kolbenstange trägt ein Querhaupt, an dessen Enden Rollen befestigt sind, die zwischen zwei Paar Führungsschienen sich abwälzen können. An die Stelle der sonst üblichen Geradführung durch Lenker ist also eine Kreuzkopfführung getreten; nur sind aus Besorgnis, die Reibung könne zu gross werden, statt der einfacheren und solideren Gleitstücke Rollen zur Anwendung gekommen.

Die Bewegung wird durch ein Schwungrad gleichmässig gestaltet. Werden höhere Anforderungen an den gleichförmigen Gang der Maschine gestellt, so rät Trevithick, zwei Maschinen, deren Kurbeln um 90° versetzt sind, zu verwenden.

Die Aufgabe, eine stehende Welle in möglichst einfacher Weise durch die Kraftmaschine antreiben zu lassen, führte Trevithick zur Konstruktion einer in horizontaler Ebene schwingenden Maschine, die insofern besonders merkwürdig war, als auch der Kessel, durch die Konstruktion mit der Maschine zu einem Ganzen vereinigt, um oben und unten angebrachte Zapfen die schwingende Bewegung ausführen musste. Allerdings bemerkt Trevithick bereits, dass es zweckmässiger sein würde, Kessel und Maschine von einander zu trennen und nur den Cylinder beweglich zu machen. Trevithick wandte in seinen Maschinen Dampfdrücke von 6 bis 8 Atm. an. Zumeist wurde auf Kondensation verzichtet und der Abdampf, der noch verhältnismässig hohen Druck hatte, nur zum Erwärmen des Speisewassers noch weiter ausgenutzt. Grosse Schwierigkeiten bot bei dem hohen Druck die Kolbendichtung. Sehr erhebliche Dampfverluste waren die natürliche Folge einer mangelhaften Dichtung. Trevithick gab sich die erdenklichste Mühe, der Schwierigkeit Herr zu werden. Er versuchte es mit sogen. Taucher- oder Plungerkolben, denen er durch sehr lange Stopfbüchsen gute Führung gab; d. h. er verlegte die Dichtung vom Kolben in den Cylinder. Die Stopfbüchsen erhielten die übliche Hanfpackung, die aber ein Metallring von 'Ɛ förmigen Querschnitt in zwei Hälften teilte. Der von Ring und Kolbenstange gebildete Ringkanal stand mit dem Wasserraum des Kessels in Verbindung, so dass heisses, unter Kesseldruck stehendes Wasser die Kolbenstange stets umgab. Mit Verwendung des Taucherkolbens wurde die Maschine wieder einfach wirkend. Sie wurde dementsprechend für gleiche Kraftleistung wesentlich grösser, schwerer und teurer als die doppeltwirkende.

Sogar zu der unmittelbaren Wasserdichtung, wie sie bei den Newcomen'schen Feuermaschinen üblich gewesen war, nahm Trevithick bei einer seiner Ausführungen seine Zuflucht, ein Beweis, wie unklar sich die Ingenieure damals noch über den Weg waren, der zur Ueberwindung dieser konstruktiven Schwierigkeiten einzuschlagen war.

Trotz aller Mängel, die der Hochdruckdampfmaschine noch blieben, hatte sie doch — Dank der unermüdlichen Arbeit eines Evans und Trevithick — im gewerblichen Leben festen Fuss gefasst. Ihre Vorteile: grosse Leistungsfähigkeit bei kleinem Raumbedarf, geringes Gewicht und entsprechend niedrige Preise, waren zu gross, um nicht die Aufmerksamkeit weiterer Kreise auf sie zu lenken. Man begann zu ahnen, dass die Dampfmaschine nach dieser Richtung hin noch wesentlicher Vervollkommnung fähig sei.

„Hochdruck" wurde das Zauberwort, bei dem auch das Unmöglichste möglich erschien.

Einer der verwegensten Vorkämpfer der Hochdruckmaschine war Perkins, ein amerikanischer Kupferstecher, der nach England gekommen war, um im klassischen Lande der Dampfmaschine seine neu erfundene Maschine zu verwerten. Dampf von nicht weniger als 50 Atmosphären sollte in der neuen Maschine Verwendung finden. Man sah in der neuen Maschine „ein Ereignis von weittragendster Bedeutung, das bestimmt sei, alle andern Dampfmaschinen in kurzer Zeit zu verdrängen". Nur noch $1/9$ der Kohlenmenge, die eine Watt'sche Niederdruckmaschine nötig hatte, sollte die Perkins'-sche Hochdruckmaschine bei der gleichen Leistung brauchen.

Seit Watt hatte noch niemand auf dem Gebiet des Dampfmaschinenbaues so grosses Aufsehen in der ganzen Welt erregt als Perkins. Die Zweifel nüchterner Fachleute suchte man durch Annahme einer neuen Verdampfungstheorie hinfällig zu machen. Das erste Patent Perkins vom 10. December 1822 erstreckte sich auf die neue Dampferzeugungsmethode und auf die Verwendung dieses Dampfes.

Der Dampferzeuger besteht aus einem broncenen Cylinder, der etwa 28 Liter Wasser fasst und 80 mm Wandstärke hat. Dieser „Generator" ist mit einem Sicherheitsventil versehen; er wird ganz mit Wasser gefüllt und so lange stark erwärmt, bis das Wasser „glühend" wird, wie sich der Erfinder ausdrückte. Eine kleine Pumpe hat von Zeit zu Zeit eine bestimmte Wassermenge durch ein Rohr von unten her in den Generator zu drücken, wodurch eine gleich grosse Menge des „glühenden Wassers" in eine ziemlich weite Röhre gedrängt wird, in der nun infolge der bedeutenden Druckverminderung eine plötzliche Dampfentwicklung eintritt.

Bei der ersten Maschine, in der dieser Dampferzeuger Verwendung fand, stand der Cylinder auf einer von vier Säulen getragenen Plattform; die unter ihm liegende Kurbelwelle wurde direkt mit Schubstange angetrieben. Die hier bereits nach unten aus dem Cylinder tretende Kolbenstange wurde durch einen Kreuzkopf geführt, bei dem statt der jetzt üblichen Gleitstücke Rollen vorhanden waren. Zur Dampfverteilung diente ein Schieber, der von der Schwungradwelle aus durch unrunde Scheibe seine Bewegung erhielt. Ein während des Betriebes verstellbarer Anschlag ermöglichte eine Veränderung der Füllung.

Perkins nahm in den folgenden Jahren weitere Veränderungen mit seiner Maschine vor, die ihm auch durch Patente (1823 und 1827) geschützt wurden. Der Generator verwandelte sich in einen Röhrenkessel, der aus kurzen, gusseisernen Blöcken von quadratischem Querschnitt mit 127 mm Seitenlänge und 38 mm lichter Weite bestand. Zu der Dampfverteilung verwendete Perkins den Evans'-

schen Drehschieber, den er so veränderte, dass der Dampf ihn nur mit einem zum dichten Schluss ausreichenden Druck anzupressen vermochte.

Der ausserordentlich hohe Betriebsdruck, sowie die entsprechend hohen Dampftemperaturen führten naturgemäss zu einer Reihe der grössten technischen Schwierigkeiten. Die üblichen Rohrverbindungen hielten nicht dicht. Perkins verwandte daher hohle Doppelkegel, über denen die beiden Rohrenden durch Flansche kräftig zusammengepresst wurden. Die Hanfpackung des Kolbens verbrannte bei den hohen Temperaturen. Metallische Liderung war unbedingt erforderlich, und durch zahlreiche Versuche bemühte man sich einen brauchbaren Dampfkolben zu erhalten. Die gebräuchlichen vegetabilischen Oele verflüchtigten sich bei den hohen Temperaturen; die Folge war, dass der Kolben fest brannte und der Betrieb unmöglich wurde. Nach Aussage des Erfinders wurde diese Schwierigkeit von ihm durch Verwendung einer „eigentümlichen" Legierung für die Kolbenringe gänzlich überwunden. Es wurde behauptet, die neuen Kolben brauchten überhaupt nicht geschmiert zu werden.

Perkins liess seine Maschinen mit Expansion arbeiten. Gewöhnlich nahm er $1/_8$ bis $1/_5$ Füllung, kam aber bei einer zweicylindrigen Maschine sogar auf 16fache Expansion. Die Abmessungen der Maschine, der Raumbedarf, wurde bei den hohen Drucken und der grösseren Kolben-Geschwindigkeit, die Perkins anwandte, natürlich sehr klein.

Für eine Perkins'sche Maschine von etwa 10 Pferdekräften genügten 4,3 qm Grundfläche, eine Watt'sche gleich grosse Niederdruckmaschine brauchte etwa 21 qm Bodenfläche für ihre Aufstellung. Eine Perkinsmaschine von 50 mm Cylinderdurchmesser und 304 mm Hub soll bei 125 Umdrehungen in der Minute 10 Pferdekräfte geleistet haben. Das würde einem mittleren Druck von etwa 30 Atmosphären entsprochen haben! Die Steigerung der Tourenzahl war nicht minder kühn wie die Vergrösserung der Dampfspannung. Von 30 bis 40 Umdrehungen in der Minute auf 125! Die Perkinsmaschine verdiente es, „Schnellläufer" zu heissen. Die Maschinen nutzten sich bei den hohen Tourenzahlen sehr schnell in ihren Gelenken soweit ab, dass starke Stösse auftraten, die zur Zerstörung der Maschine führten. Perkins baute daher später seine Maschinen einfachwirkend, um den Wechsel in der Kraftrichtung ganz zu vermeiden.

Trotz aller Veränderungen gelang es Perkins jedoch nicht, seine Maschine für den praktischen Betrieb brauchbar zu gestalten.

9*

Für die damalige Zeit ungeheure Summen, man sprach von 400000 Mark, waren in wenigen Jahren verausgabt worden, indess der Erfolg liess sich nicht erzwingen.

Die Enttäuschung war um so grösser, je übertriebener die Versprechungen gewesen waren, die in marktschreierischer Weise Verbreitung gefunden und die Erwartungen auf das Höchste gespannt hatten. Der Misserfolg machte das Publikum misstrauisch gegen die Hochdruckmaschine und verhinderte, wenigstens in England, für längere Zeit ihre weitere Ausbildung. Immer wieder von neuem hatte man Erfahrung zu machen, dass die Watt'sche Maschine besser sei, als alle die neuen Erfindungen und Verbesserungen. Dies kräftigte schliesslich den bereits vorhandenen konservativen Sinn der englischen Ingenieure so, dass für die nächste Zeit jeder Fortschritt in dieser Richtung fast unmöglich wurde. Watt's Ansichten und Erfindungen erstarrten zum Dogma. Was nicht bereits er erfolgreich durchgeführt hatte, galt als schlecht, schien nicht der Mühe wert zu sein, es auch nur zu versuchen.

In Frankreich beschränkten sich die Ingenieure Saulnier, Cavé, Faivre und Meier darauf, den Dampfdruck auf etwa 2 bis 3 Atm. zu steigern. Da sie von der Expansion ausgedehnte Anwendung machten, auch auf gute Ausführung hielten, so fehlte es ihren Maschinen nicht an Abnehmern.

Auch in Deutschland begann man mit Vorteil, höheren Dampfdruck zu verwenden. Soweit man sich mit geringen Drucksteigerungen von einigen Atmosphären begnügte, hatte man guten Erfolg. Die Freund'schen und Egell'schen Dampfmaschinen, die mit etwa 2 Atm. betrieben wurden, gewannen weite Verbreitung.

An Versuchen, durch sehr grosse Drucksteigerung die Vorteile eines kleineren Raumbedarfs und geringeren Brennstoffverbrauchs zu erzielen, fehlte es auch in Deutschland nicht. Der Graf von Reichenbach in München gab eine kleine Maschine an, durch die alle Schwierigkeiten überwunden sein sollten. Der Dampfdruck müsste, falls die Angaben über Abmessung und Leistung richtig sind, etwa 50 Atm. betragen haben. Auch der Hoforgelbauer Uhte in Dresden rühmte sich, schon 1818 die Idee einer Perkins'schen Hochdruckmaschine ausgesprochen zu haben. Ein anderer versprach eine Dampfmaschine zu bauen, „die, verglichen mit der Watt'schen Dampfmaschine, bei einer gleichen Menge Dampf eine 8 mal grössere Wirkung, und bei gleicher Menge Brennmaterial eine fünfzig mal grössere Kraft hervorbringen sollte". Eine komplette 40pferdige Maschine sollte nicht mehr Raum einnehmen als der Dampfcylinder einer gleich starken Niederdruckmaschine. „Dergleichen Versprechungen sind öfters gemacht worden, aber die Erfüllung ist bisher noch immer ausgeblieben." So beurteilte Severin, der im Auftrag der preussischen Regierung 1823 ein ausführliches Werk über Dampfmaschinen herausgegeben hat, derartige Ankündigungen.

Zu den wenigen, die sich nicht darauf beschränkten, übertriebene Lobpreisungen ihrer „neu erfundenen Hochdruckmaschine" in die Welt zu setzen, sondern ihre Ehre darin suchten, durch mühevolle, angestrengte Arbeit dem als richtig erkannten Princip auch Geltung im gewerblichen Leben zu verschaffen, gehörte der deutsche Ingenieur Dr. Ernst Alban.

Sein umfassendes Wissen und sein geniales konstruktives Können brachten die Hochdruckmaschine, allen Schwierigkeiten zum Trotz, zu hoher Vollendung. In dem Kampfe zwischen Niederdruck- und Hochdruckmaschine, der gegen die Mitte des Jahrhunderts immer heftiger entbrannte, trat Alban von Anfang an für die Anwendung hochgespannter Dämpfe ein und verstand es besonders, in seinem noch heute lesenswerten Buche „Die Hochdruckdampfmaschine, eine Richtigstellung ihres Wertes", die Vorzüge des neuen Systems in wissenschaftlich einleuchtender Form zur Geltung zu bringen.

Die Anhänger der Niederdruckmaschine folgerten aus der Thatsache, dass die Hochdruckmaschine, obwohl schon im Anfange des Jahrhunderts gebaut, im Laufe von Jahrzehnten nur geringe Verbreitung und wenig Verbesserung erfahren hatte, die Unbrauchbarkeit des Systems. Die Explosionsgefahr wurde in einer Weise von den Gegnern übertrieben und als unzertrennlich von der Verwendung hochgespannter Dämpfe hingestellt, dass sogar einige Regierungen dadurch veranlasst wurden, die Einführung des höheren Druckes gesetzlich zu beschränken. Vor allem aber leugnete man jeden wirtschaftlichen Vorteil. Immer wieder wurde die Ansicht ausgesprochen, dass bei der Hochdruckmaschine eine Ersparnis an Brennstoff nicht eintreten könne. Nur ein enormer Schmierölverbrauch, schnelle Abnutzung und Zerstörung der einzelnen Teile würden die Folgen der Neuerung sein.

Die Thatsachen schienen dieser Beurteilung Recht zu geben. Dass mangelhafte Konstruktion und Ausführung der Hochdruckmaschinen, nicht der hochgespannte Dampf, den Misserfolg verschuldeten, wurde von den Gegnern übersehen. Allerdings musste die Explosionsgefahr, so lange die Hochdruckkessel aus Gusseisen hergestellt wurden, besonders gross sein. Man sah sich aber dazu gezwungen, da schmiedeeiserne Kessel für hohen Druck genügend dicht herzustellen zunächst nicht gelingen wollte. Grosse Wandstärken wurden nötig, der Guss zeigte oft Blasen, gefährliche Gussspannungen traten auf und beschleunigten die Zerstörung. Bei diesem Material und dieser Ausführung war gewiss häufig die Verwendung hochgespannter Dämpfe eine unverantwortliche Verwegenheit, und man muss sich wundern, dass nicht noch mehr Unglücksfälle aus jener Zeit überliefert sind. Zu ungeeignetem Material kamen häufig noch ungeeignete Abmessungen hinzu, die eine gewaltsame Zerstörung gleichsam heraus forderten. Gusseiserne Kessel von 1 bis 1,8 m Durchmesser und 2 bis 3 m Länge wurden ausgeführt. Oft waren die Abmessungen, die man den einzelnen Teilen der Hochdruckmaschine zu geben pflegte, bei weitem zu gering. Man konstruierte nach Verhältniszahlen, die sich auf den Cylinderdurchmesser bezogen und entnahm diese Verhältniszahlen — den Niederdruckmaschinen. So wurden zumal die beweglichen Teile im Vergleich zu ihrer Inanspruchnahme viel zu schwach. Starke Abnützung, mitunter sofortige Zerstörung waren die natürlichen Folgen.

Alle diese Fehler erkannte Alban nicht nur als solche an, sondern er verstand sie auch in mustergültiger Weise bei seinen Ausführungen zu vermeiden.

Zunächst richtete er, ähnlich wie Perkins, sein Streben darauf, möglichst hohen Druck zu verwenden. Die ersten Dampferzeuger, die er in Angriff nahm, sollten Dampfdrucke bis zu 70 Atm. aushalten. Der Kessel bestand aus verhältnismässig engen Röhren, der für hohen Druck widerstandsfähigsten Form. Bei dem geringen Inhalt seines Kessels fürchtete Alban mit Recht, dass schon bei kleinen Betriebsschwankungen Wassermangel in den Röhren eintreten könnte, was natürlich ein Verbrennen der wasserfreien Röhren zur Folge haben musste. Um das zu vermeiden, versuchte Alban zuerst 1822 eine indirekte Heizung durch eine leichtflüssige Metallmischung.

Diese Metallmischung befand sich in einem grossen eisernen Behälter, der dem Feuer direkt ausgesetzt wurde. In dem Behälter hingen, von dem flüssigen Metall umgeben, die nur etwa 26 mm weiten Dampfentwicklungsröhren.

Trotzdem dieser Kessel auf das Attribut „explosionssicher" mit Recht Anspruch machen konnte, war es mit seiner Betriebssicherheit und Betriebsdauer sehr schlecht bestellt. In dem unteren Teil der engen, senkrecht eintauchenden Röhren bildete sich Kesselstein, der die Verdampfungsfähigkeit sehr verringerte. Eine Reinigung war nur umständlich zu erreichen. Der Schmelztrog für die Metallmischung bekam leicht Risse, die nur sehr schwer wieder beseitigt werden konnten und jedesmal eine längere Betriebsstörung zur Folge hatten. Schliesslich machten, ebenso wie bei der Perkins-Maschine, die Dichtungs- und Schmiermittel bei dem hohen Druck und der hohen Temperatur die grössten Schwierigkeiten, die schliesslich Dr. Alban zu der Ueberzeugung brachten, dass es ratsamer sei, zunächst sich mit geringeren Dampfdrucken zu begnügen. Treffend bemerkt Dr. Alban 1843 in seinem Werk „die Hochdruck-maschine": „Seitdem ich aber gezwungen war, als praktischer Maschinenbauer einen sichern Weg zu gehen, habe ich den Druck der Dämpfe in meinen Maschinen mehr gemässigt und erfahren, dass ich mich sehr wohl dabei befinde, indem ich die Vorteile der Hochdruckmaschinen in genügendem Masse ernte, ohne den Unbequemlichkeiten und Schwierigkeiten, die die Anwendung eines sehr hohen Druckes doch hie und da in ihrem Gefolge hat, ausgesetzt zu sein. Wenn nun gleich diese Tendenz vielleicht weniger wissenschaftlich als die frühere, von manchen gar inkonsequent gescholten werden sollte, so ist doch nicht zu verkennen, dass sie echt praktisch und fruchtbringend für das Leben sei, und ich will mich lieber für jetzt einer Inkonsequenz bezichtigen lassen, als halsstarrig in einmal angenommenen Meinungen verharren, deren Früchte für das Leben noch in weiter Ferne liegen."

Dank dieser weisen Beschränkung auf das zunächst mit praktischen Hilfsmitteln Erreichbare gelang es ihm, eine brauchbare Hochdruckmaschine zu schaffen. Der Dampfdruck, auf den sich Dr. Alban beschränken zu dürfen glaubte, betrug immer noch 8 bis 10 Atm., ein Druck, den Evans in Amerika bereits allgemein angewandt hatte, der aber im gewerblichen Betriebe erst heut grössere Verbreitung gefunden hat. Unter 8 Atmosphären glaubte Alban nicht gehen zu dürfen, wenn er nicht die Vorteile der Hochdruckmaschine zu sehr schmälern wollte.

Zunächst galt es, einen für 10 Atm. dauernd brauchbaren Kessel zu schaffen. Alban baute zuerst Batteriekessel, dann Wasserrohrkessel mit einer, und von 1845 an mit zwei Wasserkammern. Die Wasserrohrkessel bevorzugte er, weil bei ihrem kleinen Wasserraum eine Explosionsgefahr ausgeschlossen war.

Die Hauptschwierigkeit, die sich der praktischen Ausführung dieser Kessel entgegenstellte, bestand in der Verbindung einer grösseren Anzahl Röhren unter einander und zugleich mit den nötigen Behältern. Die Hauptteile, die Alban bei seinem Röhrenkessel unterschied, waren die Entwicklungs- oder Siederöhren, die Wasserkammern, vom Erfinder Herzen genannt, und der Wasserabscheider und Dampf-

sammler. Die „Herzen" waren flache Kammern, mit denen die
Rohrenden, die zur Abführung der Dämpfe aus den Röhren und zur
Speisung mit neuem Wasser dienten, verbunden waren. Die Röhren
waren aus Kupfer und hatten bei 1,5 m durchschnittlicher Länge
etwa 100 mm äusseren Durchmesser. Das eine Rohrende war mit
einer Platte verschlossen, die leicht entfernt werden konnte, wenn
das Rohr gereinigt werden sollte. Das andere Rohrende stand mit
einer flachen Wasserkammer durch zwei ovale übereinander liegende
Oeffnungen in Verbindung. Durch die obere ging der entwickelte
Dampf in den Dampfsammler, durch die untere kam neues Wasser
aus dem Wasserbehälter in die Röhre. Diese Entwicklungsröhren
lagen in 8 Reihen über einander und waren mit der Wasserkammer
so verbunden, dass sie bei einer Reparatur leicht ausgewechselt
werden konnten. Die konstruktive Durchbildung der gesammten
Anordnung und ihrer einzelnen Teile zeigte einen hohen Grad der
Vollkommenheit und macht den dauernden, grossen Erfolg, den Alban
mit seinem Kesselsystem erzielte, begreiflich.

Diesem ersten brauchbaren Wasserrohrkessel mit einer Wasserkammer liess der Erfinder einige Jahre später den Wasserrohrkessel
mit zwei Wasserkammern folgen, dessen Röhren an beiden Enden
mit je einer Wasserkammer in Verbindung standen. Es wurden bei
diesem System aus England bezogene, geschweisste schmiedeeiserne
Rohre verwendet.

Der Werkstattarbeit widmete Alban die grösste Aufmerksamkeit.
Er liess die Löcher in die Kesselbleche nicht stanzen, sondern bohren,
um das Material zu schonen, und um grössere Genauigkeit zu erzielen.
Zur Dichtung der Rohrverbindungsstellen benutzte er profilierte
Kupferringe, die, durch Anziehen der Flansch-Schrauben flach ge-
drückt, ein vorzügliches Abdichten ermöglichten.

Dem zweckentsprechenden Einbau seines Kessels widmete
Alban nicht minder seine Aufmerksamkeit. Er sorgte für eine zum
Feuerzug günstige Lage der Röhre und gab den Zügen an allen
Stellen zweckentsprechende Querschnitte. Günstige Betriebsergebnisse
lohnten seine Sorgfalt.

Kann Dr. Alban auch nicht als Erfinder des Wasserrohrkessels
angesehen werden, worauf er selbst am wenigsten Anspruch machte,
da lange vor ihm Wasserrohrkessel gebaut worden sind, so gebührt
ihm doch der nicht geringere Ruhm, durch klare Erkenntnis der
inneren Wärmevorgänge und geniale konstruktive Ausbildung den
Wasserrohrkessel für die Praxis brauchbar gemacht zu haben. Der

Alban'sche Wasserrohrkessel bildete den unmittelbaren Ausgangspunkt für viele moderne Kesselsysteme.

Neben dem Hochdruckkessel nahm die Hochdruckdampfmaschine die ganze Arbeitskraft Dr. Albans in Anspruch.

Die grössere Kraftentfaltung auf kleinerem Raume, der einfachere Bau zumal, wenn man auf Kondensation verzichtete, vor allem aber die Möglichkeit, hohe Expansion anzuwenden, „durch die die Oekonomie in der Benutzung der Dämpfe auf den höchsten Grad gebracht wird", das alles waren Vorzüge, die die Hochdruckmaschine als Dampfmaschine der Zukunft erscheinen liessen. Dr. Alban war von diesen Vorteilen so fest überzeugt, dass er sich grundsätzlich nicht mehr mit Niederdruckmaschinen beschäftigte, weil er es für einen Verlust an Zeit und geistiger Kraft ansah, sich mit der Verbesserung einer Maschine zu befassen, die in kurzem verdrängt werden müsste.

Alban, der die Aufgabe des Ingenieurs darin sah, mit den einfachsten Mitteln die grösste Leistung zu erreichen, war bestrebt, bei seiner Maschine mit möglichst wenigen einzelnen Teilen auszukommen. Unter den vorhandenen und bereits hier und da zur Anwendung gekommenen Maschinensystemen gefiel ihm die Maschine mit schwingendem Cylinder am besten, weil bei ihr die Verbindung der Kolbenstange direkt mit der Kurbelwelle erfolgen konnte. Die Mängel der oscillierenden Maschine verstand er zum Teil zu beseitigen. Der Hauptnachteil dieser Maschinenanordnung, der in der hin- und hergehenden Bewegung grosser Massen bestand, trat wohl bei den mächtigen Cylindern grosser Niederdruckmaschinen, aber nur wenig bei den kleinen Abmessungen der damals üblichen Hochdruckmaschinengrössen in Erscheinung. Grosse Geschwindigkeiten, bei denen oscillierende Maschinen nicht mehr hätten verwendet werden können, kamen noch nicht in Frage.

Ein wesentlicher Uebelstand der bisherigen Maschinen mit schwingendem Cylinder lag in der Benutzung der Drehzapfen zur Zu- und Ableitung des Dampfes. Die starke Erwärmung der Lager führte leicht zu Unzuträglichkeiten, die besonders in der vermehrten Reibung und starken Abnutzung zum Ausdruck kamen. Um diesem Mangel ganz abzuhelfen, hing Alban seinen Cylinder in einen rechteckigen Rahmen, an dessen kurzen Seiten die Schwingungszapfen angebracht waren. Die Schwingungsachse des Cylinders konnte in beliebiger Höhenlage zum Cylinder angebracht werden. Bei den ersten oscillierenden Maschinen, die gebaut wurden, sowie bei den weitaus meisten späteren Ausführungen anderer Ingenieure lag diese Achse in

mittlerer Cylinderhöhe. Alban liess jedoch seine Cylinder um eine
Achse schwingen, die möglichst weit von der Kurbel entfernt war,
um so geringe Ausschlagswinkel, also kleinere Massenbewegung und
kleinen seitlichen Druck auf Cylinderwand und Stofpbüchse zu
erhalten. Da die Kurbelwelle unten lag, also die Cylinder pendel-
artig über ihr hingen, so wurde noch das Eigengewicht zur Umkehr
der Massenbeschleunigung ausgenutzt.

Für die Dampfverteilung hatte Alban zuerst vier Ventile benutzt. Obwohl er die Vorteile dieser Steuerung gut zu schätzen
wusste, verwandte er später ausschliesslich den Muschelschieber,
weil dieser allein seinem Streben nach grösster Einfachheit der
Maschine am besten entsprach, sich ausserdem im Betriebe als zuverlässiger erwies.

In der Besorgnis, der hohe Dampfdruck, der den Schieber
auf die Gleitfläche presste, könne die Reibung übermässig steigern,
nahm er innere Einströmung. Der Schieber wurde somit bei dieser
Ausführung, die im Princip den ersten Murray'schen Schiebern
Fig. 55 glich, von der Gleitfläche abgedrückt. Starke Federn
hatten diesem Druck Widerstand zu leisten und zugleich den
Schieber mit geringem Ueberdruck dampfdicht auf den Schieberspiegel zu pressen. Alban verliess jedoch diese Anordnung bald
wieder und kehrte zur einfachsten und gebräuchlichsten Ausführung
zurück. Als Kolbenliderung wandte Alban trotz der hohen Dampftemperaturen zuerst ausschliesslich Hanfpackung an, die er auf das
sorgfältigste herzustellen pflegte. Später gelang es ihm auch Kolben
mit Metallpackung anzufertigen, die allen Anforderungen des
praktischen Betriebes entsprachen. Die Kolbenstange wurde durch
eine möglichst lang gehaltene Stopfbüchse gut geführt. Um gute
Schmierung zu erreichen, brachte Alban zwischen die Hanfpackungen
einen gusseisernen Ring, der so ausgespart war, dass um die Kolbenstange ein ringförmiger Raum, dem von aussen Schmiermaterial zugeführt werden konnte, frei blieb.

Eine Alban'sche Normaldampfmaschine ist in den Fig. 63, 64
dargestellt: Der Dampf gelangt durch die Röhre 9 in den oberen
Schieberkasten, von wo aus er durch einen kleinen Schieber dem
unteren Schieberkasten zugemessen wird. Dieser erste Schieber hat
die Dampfmenge pro Hub, also die Füllung, und damit die Grösse
der Expansion zu bestimmen. Im untern Schieberkasten erfolgt
durch einen zweiten Schieber, den sogenannten Grundschieber, die
Dampfverteilung auf die beiden Cylinderenden. Die Bewegung des
Grundschiebers, der als gewöhnlicher Muschelschieber ausgebildet

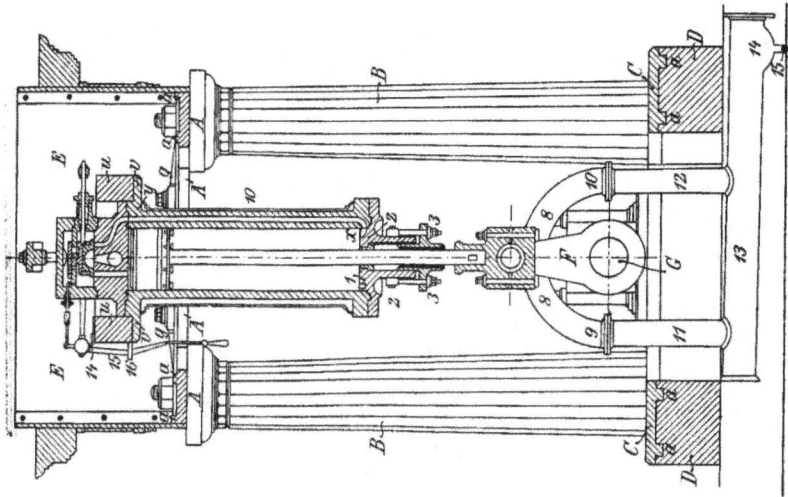

Fig. 64.

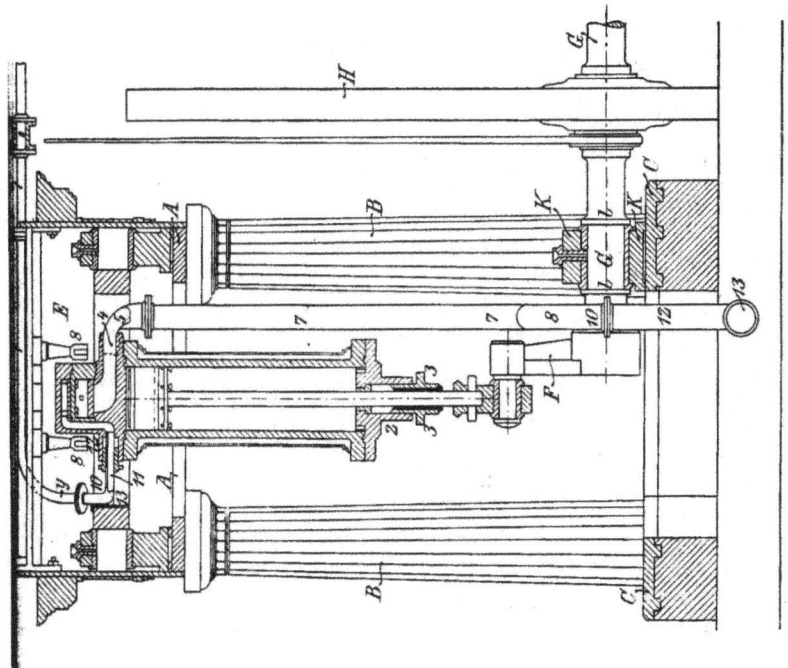

Fig. 63.

ist, wird von der schwingenden Bewegung des Cylinders abgeleitet.
Zu dem Zwecke ist das Ende der Schieberstange durch Querhaupt
und Hebel mit zwei festen Drehpunkten (8), die über der Schwingungsachse des Cylinders liegen, in Verbindung gebracht. Der Expansionsschieber wird vom Grundschieber aus durch Vorsprünge ruckweise
verschoben.

Eine kleine Oeffnung links in dem oberen Schieberspiegel hat
den Zweck, das Anlassen der Maschine zu erleichtern. Für gewöhnlich durch einen kleinen vom Maschinistenstand aus beweglichen
Schieber verschlossen, giebt sie geöffnet dem Dampf den Weg zum
Verteilungsschieber frei. Es wird also für das Anlassen der
Maschine die Expansionssteuerung ausgeschaltet; man lässt die
Maschine mit grösster Füllung angehen. Der Dampf gelangt nach
der Wirkung auf den lang und kräftig gehaltenen Kolben durch das
Rohr 7 entweder zum Auspuff oder zum Kondensator. Dampf-
zu- und Ableitungsrohr müssen genau in der Schwingungsachse
des Cylinders mit· dem Schieberkasten so verbunden werden, dass
sich die Verbindungsstelle über den Rohrenden drehen kann. Die
mit dem Kolben durch Mutter fest verbundene Kolbenstange greift
mit einem nach Art der gewöhnlichen Lager ausgebildeten Stangen-
kopfe unmittelbar an den Kurbelzapfen an. Kurbel und Kurbelwelle
sind aus Gusseisen. In der Nähe des Hauptlagers sitzt das aus
mehreren Teilen zusammengesetzte Schwungrad. Neben diesem
befindet sich die Antriebsscheibe für den Regulator, der in üblicher
Weise auf eine Drosselklappe wirkt.

Das Maschinengestell besteht aus gusseisernen dorischen Säulen
B, die oben und unten mit ebenfalls gusseisernen Rahmen *A* und *C*
durch lange kräftige Anker zu einem Ganzen verbunden sind. Auf
dem Gestell ruhen die Lager für den Schwingungsrahmen des Cylinders.
Eine gusseiserne Wand umgiebt die Teile der Maschine, die auf den
Säulen Platz gefunden haben. Sie zeigt nach aussen den aus Holz
und Gusseisen gefertigten architektonischen Schmuck einer „dorischen
Maschine", durch den sie „auch in ihrem Aeussern ihre hohe, wichtige
Bedeutung für den Menschen und sein Wirken ausdrücken" sollte.

Glaubte auch Alban in der oscillierenden Maschine eine Normal-
form für den gewerblichen Betrieb gefunden zu haben, so war er
doch weit entfernt, dies System als das einzig richtige für alle Fälle
anzupreisen. Sah er, dass der Zweck der Maschine mit einer andern
Anordnung einfacher, besser und billiger zu erreichen war, so gab
er natürlich dieser den Vorzug.

So zeigt z. B. Fig. 65 u. 66 eine von Alban ausgeführte stehende

Maschine mit obenliegender Kurbelwelle, eine sogenannte Bockmaschine. Der Cylinder ragt nur mit seinem oberen Teil über die
Fundamentplatte empor und ist fest mit dem Gestell verbunden. Der
Kolben überträgt mit Kolben- und Schubstange seine Kraft auf die
Kurbel. Der Geradführung dienen ein Kreuzkopf *o* und zwei Gleitschienen *h* und *g*, sie entspricht der heute allgemein üblichen Anordnung. Die damals aus Besorgnis, die Reibung könne zu gross
werden, vielfach angewendeten Reibungsrollen verwirft also Alban

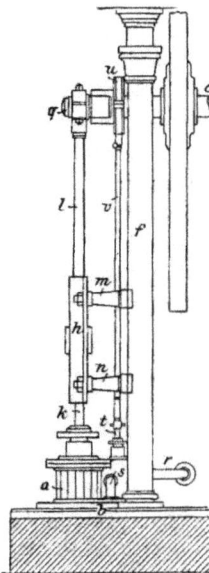

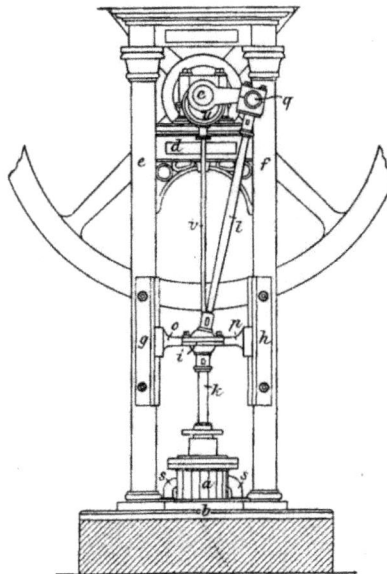

Fig. 65. Fig. 66.

und wendet Gleitschuhe an, die einfacher herzustellen und leichter
in dauernd gutem Zustande zu erhalten sind. Mit dem Kreuzkopf ist
die Schubstange *l* durch ein Kugelgelenk *i* verbunden. Die Dampfverteilung besorgt ein Schieber, der mittelst Excenter *u* von der
Kurbelwelle aus bewegt wird. Auch liegende Maschinen mit Kreuzkopfführung baute Alban, z. B. für Kornmahlmühlen; in diesem
Fall waren die Schubstangen mit der Kurbel einer stehenden Welle,
von der aus die Mühlsteine durch Zahnräder angetrieben wurden,
unmittelbar verbunden. Die Schubstange musste sich also in einer
horizontalen Ebene bewegen.

Eine Dampfpumpe zeigt Fig. 67. Der Dampfcylinder a steht auf einer durch vier Säulen getragenen Plattform über der unten aufgestellten Pumpe. Dampf- und Pumpenkolben sind durch gemeinsame Kolbenstange mit einander verbunden. Die Schieberbewegung wird von der Kolbenstange durch Hebel und Anschläge vermittelt. Die Maschine ist einfach wirkend.

Auf die Kondensation des Dampfes verzichtete Alban bei den meisten seiner Dampfmaschinenanlagen, um die Anlage so einfach als möglich zu gestalten. Dagegen bemühte er sich, die Wärme des Abdampfes anderen wirtschaftlichen Zwecken, dem Heizen von Räumen, Erwärmen von Flüssigkeiten, dem Trocknen dienstbar zu machen. Mit Recht sah er in dieser anderweitigen Verwendung des Abdampfes ein Mittel, die gesammten Betriebskosten oft wesentlich günstiger zu gestalten, als es mit der Kondensation zu erreichen war. Nur wenn jede Gelegenheit zur weiteren wirtschaftlichen Ausnutzung fehlte und kaltes Wasser leicht in genügender Menge zu beschaffen war, kondensierte Alban den Abdampf. Er pflegte einen von ihm erfundenen Kondensator einzubauen, der zwar nicht eine besonders hohe Luftleere erreichen liess, dafür aber den Vorteil hatte äusserst einfach zu sein, da zu seinem Betriebe keinerlei Pumpen erforderlich waren.

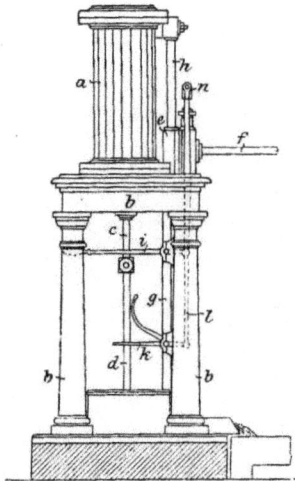

Fig. 67.

Alban baute mit Vorliebe kurzhübige Maschinen, um durch schnell aufeinanderfolgenden Dampfwechsel den Cylinderwänden weniger Zeit zur Wärmeabgabe zu lassen. Gleichzeitig liessen kleinere Hübe höhere Umdrehungszahlen zu, gestatteten somit, kleinere, billigere Schwungräder zu verwenden. Die Kolbengeschwindigkeiten betrugen bei Grössen von 1 bis 10 PS 0,914 m, bei 10 bis 50 PS 1,05, bei 50 bis 100 PS 1,25 m pro Sekunde. Mit einer Umdrehungszahl von durchschnittlich 80 in der Minute wurden die Alban'schen Maschinen zu Schnellläufern im Vergleich zu den andern damals gebräuchlichen Dampfmaschinen.

Mehr als etwa dreifache Expansion glaubte Alban zweckmässig nicht anwenden zu sollen, da grosse Druckunterschiede im Cylinder naturgemäss ungleichförmigen Gang verursacht, zu dessen Ausgleich grosse Schwungräder hätten angewandt werden müssen.

Alban war durch die Konstruktion eines brauchbaren Wasserkessels, durch Steigerung des Dampfdruckes auf 8 bis 10 Atm. und durch die konsequente Anwendung der Expansion seiner Zeit weit vorausgeschritten. Noch lange dauerte es, ehe das, was ihm bereits so einleuchtend und klar erschien, Gemeingut der technischen Welt wurde.

Noch Mitte der dreissiger Jahre verstiegen sich selbst Autoritäten zu dem Ausspruch „die Expansion sei zwar theoretisch sehr vorteilhaft, aber in praxi tauge sie nichts". War wirklich hier und da von der Maschinenfabrik eine besondere Expansions-Vorrichtung angebracht worden, so wurde sie gewöhnlich bald von den klugen Maschinenwärtern ausser Betrieb gesetzt, die von einer Expansion nichts hielten, da sie ohne Expansion „sogar mit kleinerem Dampfdruck die gleiche Leistung erzielen konnten".

Die Dampfspannung war das einzige, was diese Leute beobachten konnten; um die Dampfmenge, von der sie, so lange der Dampf bei den meisten Maschinen kondensiert wurde, nichts sahen, kümmerten sie sich nicht. Das wurde erst anders, als man bei grösserer Verbreitung der Auspuffmaschine öfters Gelegenheit hatte, an dem ausströmenden Dampf die Verringerung der Dampfmenge bei Steigerung der Expansion zu sehen.

Noch 1835, erzählte der bedeutende Berliner Ingenieur und Maschinenfabrikant Hoppe, habe er es nicht wagen können, einem grösseren Publikum Dampfmaschinen „mit Expansion" anzubieten. Die Expansionssteuerung musste stillschweigend bei den Maschinen, wo geringer Brennstoffverbrauch besonders in Frage kam, mitgeliefert werden.

Endlich aber war doch das Verständnis für die grossen Vorteile, die mit der Expansion zu erreichen waren, Allgemeingut geworden, und damit zugleich gewann die Expansionssteuerung das grösste Interesse und grosse Verbreitung.

Die Aufgabe, den Dampf nur während eines Teiles der Kolbenbewegung zuströmen zu lassen, ihm den Zutritt zum Cylinder also abzuschliessen, ehe der Kolben seinen Weg beendet hat, ist auf mannigfach verschiedene Weise zu lösen versucht worden.

Der gewöhnliche Muschelschieber war zunächst ohne Ueberdeckung ausgeführt worden, d. h. er schloss nur im Augenblick seiner Mittelstellung beide Dampfkanäle. Das Excenter bildete mit

der Kurbel einen rechten Winkel, Dampfein- und Dampfausströmung
begann somit erst im Augenblick der Bewegungsumkehr des Kolbens.
Da es sich bald als äusserst wünschenswert herausstellte, gleich am
Anfang des Kolbenweges eine grössere Dampfmenge zur Verfügung
zu haben, sowie den Dampfaustritt rasch vor sich gehen zu lassen,
so verstellte man das Excenter aus seiner gegen die Kurbel recht-
winkligen Lage um einen gewissen Winkel, den Voreilwinkel. Wenn
der Kolben seinen Weg beginnt, hat dann der Schieber schon beide
Kanäle etwas geöffnet. Da es für eine günstige Dampfverwendung
zweckmässig ist, den Dampf früher aus- als eintreten zu lassen,
sowie den Dampfeintritt früher zu beendigen als den Dampfaustritt,
so kam man dazu, die Schieberdeckflächen breiter als die Kanäle
auszuführen, so zwar, dass die Deckung auf der Dampfeintrittsseite
grösser war als auf der Dampfausströmseite. Der Schieberweg
musste natürlich dementsprechend vergrössert werden. Von der
Grösse der Dampfeinlassüberdeckung war die Füllung und damit die
Expansion abhängig. Es konnte also mit dem einfachen Muschelschieber bereits eine geringe, von seinen Abmessungen abhängige
Expansion erreicht werden. Wollte man mit grösserer Expansion
arbeiten, so musste, wenn dieser Schieber benutzt werden sollte,
die Stellung des Excenters verändert werden. Voreilwinkel und
Excentricität und damit die relative Bewegung des Schiebers zum
Kolben und der Schieberweg mussten veränderlich sein. So kam
man zur Anwendung eines verstellbaren Excenters, das an eine
auf der Welle befestigte, mit excentrischem Schlitze versehene
Scheibe angeschraubt, nach zwei Richtungen verschoben werden
konnte. Die Excenterverstellung und damit die Aenderung der
Expansion geschah von Hand beim Stillstand der Maschine.

Aelter als das verstellbare Excenter ist die unrunde Scheibe,
von der aus man die Bewegung des Schiebers mittelst Hebel ableitete, um so eine Aenderung des Schieberweges und damit
die Veränderlichkeit der Expansion zu erreichen.

Statt des Excenters sind hier auf der Kurbelwelle eine Anzahl
verschiedener, stufenartiger Erhöhungen angebracht, die den Schieber
entsprechend der Gruppierung dieser Erhöhungen bewegen oder in
Ruhe lassen. Will man mit Hilfe dieser unrunden Scheiben die
Füllung verändern, so hat man soviel Kurvenscheiben auf der Welle
anzubringen, als man verschiedene Füllungsgrade erreichen will. Es
muss dann entweder das zur Berührung kommende Hebelende oder
der aus den Scheiben gebildete unrunde Körper verschoben werden
können.

Eine derartige Steuerung mit veränderlicher Expansion, bei der nicht ein Schieber, sondern zwei Einlassventile durch verschiebbare unrunde Körper ihre Bewegung erhielten, wurde 1846 von Flachat in Paris ausgeführt. Die Auslassventile wurden durch Excenter angetrieben.

Die weiteste Ausbildung und Verbreitung fand die Schiebersteuerung, bei der mit einem Schieber Expansion zu erreichen war, durch die Kulissensteuerungen, deren Entwicklung mit der Geschichte der Lokomotiven eng verknüpft, an anderer Stelle besprochen werden soll.

Die Expansion mit einem Schieber zu erreichen, führte nicht immer zu günstigen Resultaten. Die gegenseitige Abhängigkeit der einzelnen Dampf-Ein- und -Ausströmungsperioden waren noch selten klar erkannt, die Veränderung der Expansion durch Verstellung des Excenters war umständlich und zeitraubend.

Das führte dazu, auser dem gewöhnlichen Schieber, der als Verteilungsschieber wirkte, ein zweites Abschlussorgan vor diesem in die Dampfleitung einzubauen, das, als Hahn, Ventil oder Schieber ausgebildet, den Dampfabschluss zu veranlassen hatte und damit die Grösse der Füllung bezw. Expansion bestimmte.

Ein einfacher Hahn, der den bezeichnenden Namen „Sparhahn" führte, hatte bei den Freund'schen Maschinen in Berlin den Dampfeintritt abzuschliessen, die Grösse der Expansion zu bestimmen. Dasselbe wurde bei anderen Ausführungen durch ein Ventil erreicht, das, unmittelbar vor dem Verteilungsschieber in die Dampfleitung eingeschaltet, gewöhnlich von einer horizontalen Steuerwelle aus durch unrunde Scheibe und Hebel bewegt wurde. Die Verstellung der unrunden Körper, also die Veränderung der Expansion, wurde auch vom Regulator selbstthätig bewirkt.

Eine solche durch Hand verstellbare Expansionssteuerung zeigt Fig. 68, 69. Der Verteilungsschieber *G* wird von einem Bogendreieck angetrieben. Das Expansionsventil wird von der Steuerwelle *w* aus bethätigt. Die Daumen *d* drücken gegen den Anschlag *a* und heben mit den am Querhaupt *q* befestigten Stangen *m* das Ventil. Sobald der Daumen den Anschlag frei giebt, sorgt eine Feder für den Schluss des Ventils. Je weiter der Anschlag *a* durch Handrad *h* und Schraube *s* nach links verschoben wird, um so länger bleibt das Ventil geöffnet, und um so grösser wird die Füllung, um so kleiner die Expansion.

Eine grundsätzliche Aenderung tritt nicht ein, wenn statt des Expansionsventils ein Expansionsschieber gesetzt wird. Das führte zu den ausserordentlich verbreiteten Doppelschiebersteuerungen, die mit fester, durch Hand oder durch Regulator verstellbarer Expansion in mannigfachster Weise ausgeführt wurden.

Zunächst machte man es wie bei dem Sparhahn und dem Expansionsventil; man legte den Expansionsschieber vor den Schieberkasten des Verteilungsschiebers in die Dampfleitung und umgab ihn mit

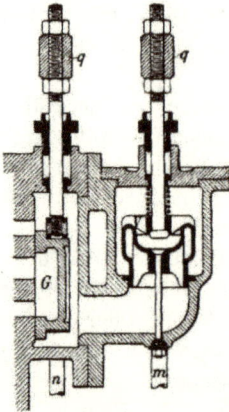

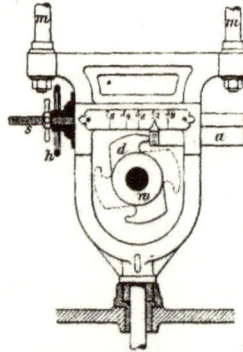

Fig. 68.   Fig. 69.

einem kastenförmigen Gehäuse. Beide Schieber waren durch eine mit schlitzartiger Oeffnung versehene Zwischenwand getrennt, auf der sich der aus einer Metallplatte bestehende Expansionsschieber gleitend bewegte. Er erhielt seine Bewegung entweder von einem Excenter oder wurde auch unmittelbar von dem Grundschieber mitgenommen, wie dies bei der Alban'schen Maschine (Fig. 63, 64) gezeigt wurde.

Der schädliche Raum, zu dem der ganze Schieberraum des Verteilungsschiebers gehörte, wurde bei diesem Zweischiebersystem mit zwei Dampfkammern sehr gross. Man versah daher den Verteilungsschieber auf beiden Seiten mit Ansätzen (s. Fig. 70), sodass zwei Durchlasskanäle, a und b, entstanden, und liess den Expansionsschieber E sich unmittelbar auf dem Rücken des Verteilungsschiebers V bewegen. Diese Art Expansionssteuerung erlangte in verschiedenster Form die grösste Verbreitung.

Fig. 70.

Es wurde wohl auch versucht, statt des Expansionsschiebers auf dem Rücken des Verteilungsschiebers ein Expansionsventil anzubringen. Derartige Ausführungen konnten einen Erfolg nicht erreichen, da die Ventilbewegung sich zu schwierig erreichen liess. Der Expansionsschieber wurde entweder zwangläufig direkt von einem zweiten Excenter aus bewegt oder er wurde von dem Verteilungsschieber, auf den ihn der Dampfdruck fest anpresste, durch die Reibung soweit mitgenommen, bis Anschläge, gegen die er stiess, ihn festhielten, während dieser sich unter ihm weiter bewegte. Diese Art, wie der eine Schieber von dem andern mitgenommen wurde, gab der Steuerungsgruppe, die, von dem französischen Ingenieur Farcot 1836 zuerst eingeführt, bald vielfach angewendet wurde, den Namen der „Schleppschiebersteuerung".

Die Einrichtung ist aus Fig. 71 zu ·entnehmen. Der mittlere Anschlag ist als ·Kurvenscheibe ausgebildet, die sich von aussen leicht so verstellen lässt, dass der Schieber früher oder später den

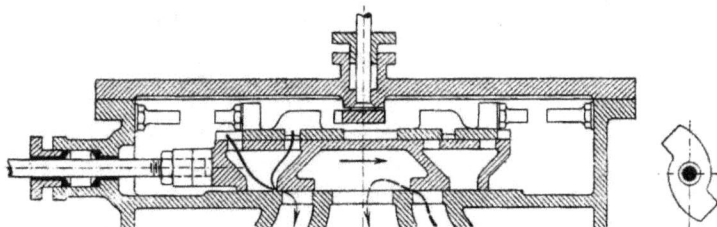

Fig. 71.

Dampf abschliesst. Die Farcot'sche Steuerung gestattet also eine bequeme Aenderung der Expansion innerhalb bestimmter Grenzen.

Auf eine ähnliche Schleppschiebersteuerung, bei der aber merkwürdigerweise der Expansionsschieber, der aus zwei ebenen Schieberplatten bestand, zwangläufig angetrieben und der Grundschieber mitgeschleppt wurde, bezog sich ein französisches Patent, das 1841 den Ingenieuren le Gavrian und Farinaux erteilt wurde. Wichtiger als diese Umkehr der Schieberantriebe war für die weitere Entwicklung die im gleichen Patent zum Ausdruck gebrachte Veränderung der Expansion durch „Anwendung einer Stange, die mit Rechts- und Linksgewinde versehen ist, sodass beim Drehen derselben in der einen oder der andern Richtung die Entfernung der beiden Schieberplatten verändert wird, wovon der Grad der Expansion abhängig ist".

10*

J. J. Meyer, Ingenieur und Besitzer einer Maschinenfabrik in Mülhausen i. E., liess sich 1842 eine Doppelschiebersteuerung zur Verwendung bei Eisenbahnlokomotiven patentieren, bei der gleichfalls die Veränderung der Expansion durch Drehen einer Stange mit rechtem und linkem Gewinde erzielt würde. Bei der Meyer'schen Steuerung, in Fig. 72 dargestellt, wird der Verteilungsschieber sowohl wie der Expansionsschieber zwangläufig durch je ein Excenter angetrieben. Die Veränderung der Expansion kann während des Betriebes von Hand durch Drehen der Expansionsschieberstange erreicht werden. Diese Anordnung, mit dem Namen des Patentinhabers als „Meyer-Steuerung" bezeichnet, erlangte unter all den vielen Expansionssteuerungen, die erfunden und ausgeführt wurden, die bei weitem grösste Verbreitung.

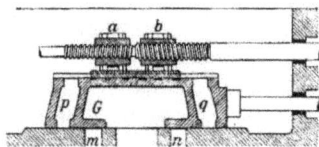

Fig. 72.

Benutzung des Dampfes nacheinander in mehreren Cylindern.

Statt in einer Eincylindermaschine den Dampf vor Beendigung des Kolbenweges abzuschliessen und dadurch für die weitere Bewegung des Kolbens die Expansion zur Wirkung zu bringen, konnte man auch zwei Cylinder anwenden: in dem ersteren, dem kleineren von beiden, mit voller Füllung oder geringer Expansion arbeiten, und diesen Dampf nach gethaner Arbeit statt in den Kondensator in einen zweiten grösseren Cylinder überführen, wo die Expansion des Dampfes dann weiter ausgenutzt wurde. Der kleine Cylinder mass dann gleichsam dem grossen Cylinder seine Dampfmenge zu.

Der erste, der denselben Dampf nach einander in zwei Cylindern von verschiedenem Rauminhalte wirken liess, war Jonathan Hornblower, ein Ingenieur, der, mitten unter den Maschinen der Cornwaller Grubenbezirke aufgewachsen, sich an den alten Feuermaschinen und neuen Watt'schen Dampfmaschinen weitgehende Kenntnisse und Erfahrungen im Dampfmaschinenbau erworben hatte. Der sehr weit reichende Patentschutz, den die Watt'sche Dampfmaschine genoss, verhinderte die anderen Ingenieure fast ganz, an der Ausführung von Dampfmaschinen sich zu beteiligen. Der Wunsch, sich durch Erfindung einer „neuen" Dampfmaschine, die nicht unter das Watt'sche Patent fiel, einen Anteil am Dampfmaschinengeschäft zu erobern, war daher sehr erklärlich, und das Bestreben, ihn zu verwirklichen, führte Hornblower, den gefährlichsten Konkurrenten der Sohoer Firma, bereits 1776 zur Ausführung einer kleinen zweicylindrigen Expansionsmaschine mit 279 und 355 mm Cylinderdurchmesser. 1781 erhielt der Erfinder das ersehnte Patent. In der Patentschrift wurde die Wirkungsweise des Dampfes beschrieben und besonders hervorgehoben: „Der Dampf wird, nachdem er in einem Cylinder gearbeitet hat, benutzt, um noch in dem zweiten zu wirken, in welchem ihm gestattet wird, sich auszudehnen."

Die erste grosse Maschine führte Hornblower 1790 für die Wasserhaltung einer Grube aus. Eine zweite Maschine wurde 1791 und 1792 erbaut, deren Abmessungen in Durchmesser und Hub für den grossen Cylinder 706 mm und 2,44 m, für den kleinen 533 mm und 1,83 m betrugen. Die Anordnung der Hornblower'schen Maschine entsprach dem damals üblichen Typus der Balancier-Maschinen, wie er u. a. in Fig. 19 dargestellt ist. Die Cylinder standen in der Längsrichtung des Balanciers nebeneinander, so zwar, dass der kleine Cylinder den kürzeren Hub hatte. Der Dampf veranlasste wie bei der einfach wirkenden Maschine den Niedergang des Kolbens, die Aufwärtsbewegung wurde durch das Gewicht des Pumpengestänges herbeigeführt. Die Dampfverteilung geschah durch 5 Hähne, die von dem Steuerbaum ihre Bewegung erhielten.

Eine andere, von der üblichen Balanciermaschine abweichende Anordnung der Hornblower-Maschine zeigt Fig. 73. Die Cylinder haben gleichen Rauminhalt. Als ganz besonderer Vorteil der Zweicylindermaschinen wurde noch hervorgehoben, dass die Nachteile einer mangelhaften Kolbendichtung insofern sehr vermindert würden, als der im ersten Cylinder durchströmende Dampf noch im zweiten zur Wirkung käme. Aber auch dieser Vorteil war nicht im Stande, die Hornblower'sche Maschine der Watt'schen Eincylindermaschine gegenüber konkurrenzfähig zu machen. Der Dampfdruck war zu

Fig. 73.

gering, um wesentliche Vorteile aus der Expansion erlangen zu können und die Kondensation konnte nur unvollkommen erreicht werden; denn die brauchbaren Kondensationseinrichtungen fielen unter Watt's Patent; sie mussten von Hornblower umgangen werden.

Dazu kam: Hornblower's Maschine war schwieriger und deshalb teurer herzustellen, als die Watt'sche Dampfmaschine. Denn gerade Dampfcylinder und Kolben machten damals der Ausführung die grössten Schwierigkeiten, und hier waren zwei Cylinder und zwei Kolben anzufertigen. Die Reibungsarbeit bei zwei Cylindern musste auch beträchtlicher sein, als bei der Eincylindermaschine. Allen diesen Nachteilen standen zunächst keinerlei Vorteile gegenüber. Die Hornblower'sche Zweicylindermaschine fand daher nur geringe Verbreitung. Die Sachlage änderte sich, als die Watt'schen Erfindungen 1800. Gemeingut Aller wurden und der Verwendung hochgespannter Dämpfe durch die Arbeiten eines Evans und Trevithick die Wege geebnet waren.

Arthur Woolf war es, der 1804 die Hornblower'sche Maschine doppeltwirkend mit Watt'scher Kondensation und höherem Dampfdruck arbeiten liess und mit diesen Aenderungen den grössten Erfolg erzielte.

Die Anordnung der Maschine entsprach zunächst vollkommen den Hornblower'schen Ausführungen, die Woolf, als Ingenieur einer Londoner Brauerei bei Aufstellung und Betrieb einer derartigen Zwei-Cylinder-Maschine, schon 1797 genau kennen gelernt hatte. Die Kolbenbewegung in beiden Cylindern war gleichlaufend, der Vorderdampf des kleinen Cylinders gelangte hinter den grossen Kolben, während der Dampf unter dem kleinen Kolben über den grossen Kolben gelangte. Die Ueberströmrohre führten vom Deckel des einen zum Boden des andern Cylinders. Die Dampfverteilung geschah durch Ventile, und zwar bediente sich Woolf der Doppelsitzventile, die, von Hornblower etwa um das Jahr 1800 erfunden, bis dahin ihrer schwierigen Herstellung wegen noch wenig Verwendung hatten finden können, und gab ihnen eine glockenförmige Form (Fig. 74); er erreichte damit, dass nur ein verhältnismässig schmaler Ring dem Dampf als Angriffsfläche zum Anpressen des Ventiles auf den Sitz übrig blieb. Die vom Dampfdruck stark entlasteten Doppelsitzventile Woolf'scher Konstruktion und Ausführung ermöglichten erst die Anwendung der Ventilsteuerung auch bei grossen Maschinen und höheren Dampfdrücken.

Von der Wirkung der Expansion und den Eigenschaften des Dampfes hatte Woolf äusserst unklare und zum Teil falsche Vorstellungen. Seine Maschinen aber waren meisterhaft in der Konstruktion, Anordnung und Ausführung, denn Woolf war nicht nur Ingenieur, sondern auch ein äusserst geschickter Metallarbeiter, von dessen Maschinenausführungen wohl gesagt wurde: „Sie sähen eher

aus wie Schmuckstücke eines Ausstellungsraumes, aber nicht wie
Maschinen, die für die Wasserhaltung einer Grube bestimmt seien."
Die erste Woolf'sche Maschine wurde in der Meux'schen
Brauerei in London in Betrieb gesetzt. Die Maschinen arbeiteten
mit etwa 2—3 Atmosphären Ueberdruck.

1806 gründete Woolf mit einem Ingenieur Edwards zusammen
eine Maschinenfabrik 'und siedelte 1812 in den Grubenbezirk nach
Cornwall über, da er mit scharfem
Blick erkannte, dass dort noch
immer das weiteste Arbeitsfeld für
gute Dampfmaschinen zu finden sei.
Trotz aller Woolf'schen Erfolge fanden die Zweicylindermaschinen in England lange Zeit
hindurch wenig allgemeinere Verbreitung. Erst durch Edwards, der
sie 1815 in Frankreich einführte,
erfuhr sie weitere Entwicklung.
Die Cylinder wurden in der Weise
nebeneinander geordnet, dass ihre
Mitte gleich weit von dem Drehpunkt des Balanciers entfernt war,
sie also beide gleichen Hub erhalten konnten. Man stellte wohl
auch die beiden Cylinder getrennt

Fig. 74.

jeden an einem Ende des Balanciers, so dass die Kolbenbewegung
gegenläufig wurde.

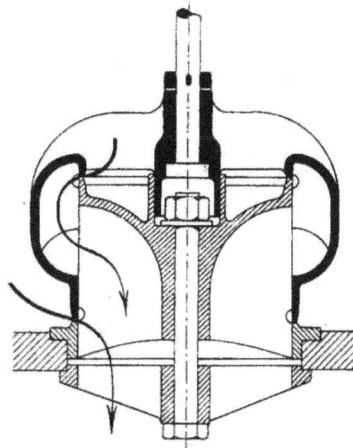

Es war natürlich, dass man der Woolf'schen Maschine auch
alle die andern Anordnungen zu geben suchte, die bei den Eincylindermaschinen bereits im Gebrauch waren. Dasselbe gilt von
den Steuerungen, die um so vielseitiger sich gestalteten, seitdem
man auch anfing, bei den Woolf'schen Maschinen den Hochdruckcylinder mit Expansionssteuerung zu versehen. Die Cylinder wurden
stehend neben- und übereinander, ja sogar ineinander, so dass der
Kolben des grossen Cylinders einen Ring darstellte, desgleichen
liegend ebenfalls in den verschiedensten Stellungen zu einander
angeordnet. Nimmt man noch hinzu, dass man bei grossen Maschinen,
um zu grosse Abnutzung zu vermeiden, den Niederdruckcylinder teilte,
d. h. statt eines mehrere mit zusammen dem gleichen Querschnitt
ausführte, so erweitert sich noch die Zahl der möglichen Ausführungsformen, ohne dass an dem Wesen der Maschine sich etwas ändert.

Eine Woolf'sche Maschine liegender Anordnung, wie sie von deutschen Werken bis weit in die zweite Hälfte des Jahrhunderts hinein ausgeführt wurde, ist in Fig. 75 u. 76 zur Darstellung gebracht. Der Dampf tritt nach Oeffnen des Ventils in den Schieberkasten

Fig. 75.

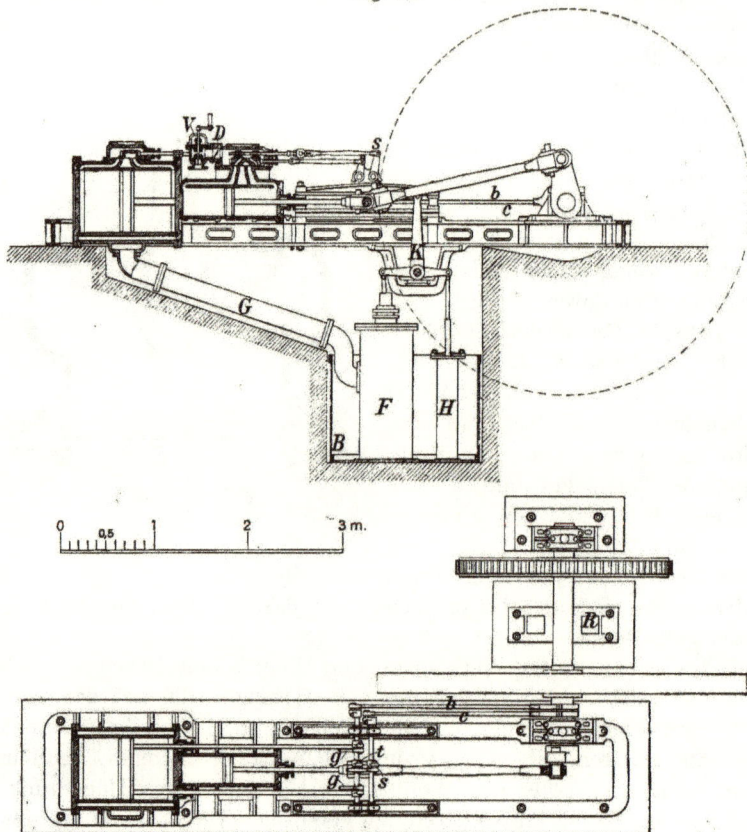

Fig. 76.

des Hochdruckcylinders. Die Dampfverteilung und Expansionssteuerung entspricht der Meyer'schen Anordnung. Der Dampf geht in den direkt hinter dem kleinen Cylinder liegenden Niederdruckcylinder, bei dem die Dampfverteilung durch einen einfachen Muschelschieber erfolgt. Die Schieber werden von der Kurbelwelle aus mit zwei Excentern (b u. c) bewegt, und zwar unter Zwischenschaltung zweier über der Kreuzkopfführung liegenden Steuerwellen, von denen aus mit den Hebeln *g* der Niederdruckschieber, mit *t* der Verteilungs-, mit *s* der Expansionsschieber des kleinen Cylinders seine Bewegung erhält. Die Regulierung der Maschine erfolgt durch Drosselklappe *D*, die von einem bei *R* aufgestellten Regulator gedreht wird. Der Niederdruckkolben überträgt durch zwei Kolbenstangen, die seitlich an dem Hochdruckcylinder vorbeigehen, die Kraft auf einen Kreuzkopf, in dessen Mitte auch die Kolbenstange des zweiten Cylinders angreift. Die hin- und hergehende Bewegung wird in bekannter Weise durch Schubstange und Kurbel in eine drehende umgewandelt.

Die ganze Maschine ruht auf einem kräftig gehaltenen gusseisernen Rahmen. Kondensator und Pumpen sind unter der Maschinenhaussohle untergebracht. Die Pumpen werden mit Kunstkreuz *K* von dem Kreuzkopf aus angetrieben. Die Maschinenleistung der dargestellten Maschine betrug 30 PS.

Eine andere Art zweicylindriger Expansionsmaschinen wurde 1840 von dem Engländer Sims eingeführt, nachdem bereits 1800 ein gewisser Robertson auf eine ganz ähnliche Anordnung ein Patent erhalten hatte.

Der Hochdruckcylinder steht ohne Trennungswand über dem Niederdruckcylinder (s. Fig. 77). Die Kolben haben eine gemeinsame Kolbenstange. Der Dampf tritt durch das Ventil 1 über den kleinen Kolben und drückt den Kolben mitsammt dem Niederdruckkolben abwärts; zugleich gelangt der Dampf von dem Raum unter dem grossen Kolben durch Ventil 3 in den Kondensator. Der Raum zwischen den beiden Kolben steht durch das Rohr *r* dauernd mit

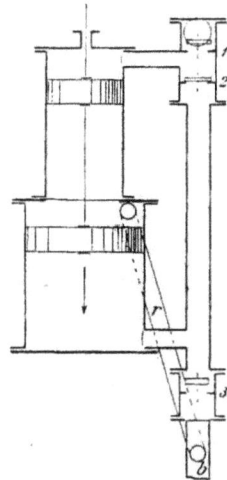

Fig. 77.

dem Kondensator in Verbindung. Sobald die abwärts gerichtete Kolbenbewegung nahezu beendigt ist, wird Ventil 1 und 3 geschlossen und 2 geöffnet. Der Dampf tritt aus dem Hochdruckcylinder unter den Kolben des Niederdruckcylinders und bewegt die Kolben nach aufwärts.

Das Verständnis für die Vorteile der Expansion verbreitete sich nur sehr allmählich, und auch als man die Expansion an Eincylinder-Maschinen sehr schätzen gelernt hatte, hielt es zunächst noch sehr schwer, Woolf'sche Maschinen in den praktischen Betrieb einzuführen.

Dem Berliner Maschinenfabrikanten Hoppe, der sich um Bau und Einführung der Zweicylinder-Expansionsmaschinen sehr verdient gemacht hatte, wollte es anfangs, trotzdem er bereit war, sehr niedrigen Kohlenverbrauch zu garantieren, durchaus nicht gelingen, eine Woolf'sche Maschine zu verkaufen. Allein das Angebot derartiger Maschinen, erzählt Hoppe, habe öfters zum unmittelbaren Abbruch aller Verhandlungen geführt.

Endlich änderten sich auch hier die Ansichten dank der grossen wirtschaftlichen Vorteile, die bei grösseren Anlagen durch den geringeren Kohlenverbrauch, den die Woolf'sche Maschine bei der gleichen Leistung aufweisen konnte, zu erreichen waren. Ja es kam eine Zeit, wo die Woolf'sche Maschine förmlich zur Mode wurde, und gewissenhafte Fabrikanten nur mit Mühe ihre Abnehmer davon überzeugen konnten, dass nicht immer und in allen Fällen eine Zweicylinder-Maschine das Beste sei.

KAPITEL 2.

Die ortsfesten Dampfmaschinen in verschiedenen Verwendungsgebieten.

Der Bedeutung und Ausdehnung nach stand auch noch im Anfang des 19. Jahrhunderts die Anwendung der Dampfmaschine zum Heben des Wassers an erster Stelle.

Die Wasserhaltungsmaschinen der Bergwerke blieben nach wie vor die hohe Schule des Dampfmaschinenbaues, zumal in den Grubenbezirken, in denen hohe Kohlenpreise immer von neuem zur Vervollkommnung der Dampfmaschine zwangen. Kein Fleck der Erde steht daher zur Entwicklungsgeschichte der Dampfmaschine in gleich enger Beziehung, als Cornwall, jener uralte Erzbergwerksbezirk, wo sich infolge des allzu reichlichen Wassers und der grossen Tiefe das Bedürfnis nach der neuen Kraft am stärksten fühlbar machte und wo zugleich die hohen Kohlenpreise an der weiteren Entwicklung und Verbesserung der Dampfmaschine das grösste Interesse hervorriefen. In Cornwall fanden die ersten Feuermaschinen ihre schnellste Verbreitung, und in keinem andern Bezirk sind sie so schnell gänzlich durch die Watt'schen Dampfmaschinen verdrängt worden, die hier bis zum Ende des Jahrhunderts die allein herrschenden blieben.

Mit dem Jahr 1800 waren auch die Verträge abgelaufen, die
der Sohoer Firma einen bestimmten Betrag der erreichten Kohlenersparnis zusprachen. Damit hatten zugleich die Erbauer das unmittelbare Interesse an der dauernden guten Leistung der Cornwaller
Wasserhaltungsmaschinen verloren. Boulton und Watt riefen ihre
Monteure, die zur Führung und Leitung des Maschinenwesens im
Minenbezirk sich dort dauernd aufgehalten hatten, nach Soho zurück
und überliessen die Maschinen den weniger geschulten Maschinisten,
die den Minenbesitzern allenfalls noch zur Verfügung standen.

Den alten Murdock, der 16 Jahre mitten im Minenbezirk gelebt
und sich die Achtung aller erworben hatte, der in allen Nöten Rat
wusste, und, wenn es nötig war, Tag und Nacht zu arbeiten verstand,
suchten die Grubenbesitzer zu halten und boten ihm für die Beaufsichtigung ihrer Maschinenanlagen ein Jahresgehalt von 20 000 Mk;
aber ohne Erfolg. Murdock blieb seiner Firma treu und kehrte
nach Soho zurück, um hier die Betriebsleitung zu übernehmen.

.'Der Schlag war schwer für die Cornwaller Bergwerksbesitzer.
Die Maschinen verwahrlosten. Ihre Leistung ging immer weiter
zurück, der Kohlenverbrauch stieg bedeutend. Viele Gruben standen
unmittelbar vor dem Bankerott.

Da kam ihnen Hilfe durch einen Ingenieur Lean, der es verstand, nach und nach die Leistung der Maschine im Verhältnis zum
Kohlenverbrauch zu verbessern. Er reiste von Grube zu Grube
und untersuchte überall die Maschinenanlagen. Die Ergebnisse seiner
Besichtigung und Versuche fasste er zu übersichtlich gehaltenen
Betriebsberichten zusammen, aus denen über Abmessung, Leistung,
und Kohlenverbrauch alles Wissenswerte zu entnehmen war. Diese
Berichte erschienen seit 1811 monatlich im Druck und wurden dem
ganzen Bezirk zu grossem Segen. Jeder konnte jetzt Vergleiche
ziehen zwischen den einzelnen Maschinenanlagen, der Wetteifer
wurde angespornt, jeder wollte die besten Berichte von seiner
Maschine liefern können.

So entstand im Laufe der Jahre die Cornwaller Wasserhaltungsmaschine, die bis zur Mitte des Jahrhunderts hinsichtlich des Brennstoffverbrauches als das Vollkommenste galt, was im Dampfmaschinenbau erreicht werden konnte. Die Maschinen Cornwall's und seine
Ingenieure waren weltberühmt.

Die Cornwaller Maschine unterschied sich von den Watt'schen
Niederdruckmaschinen durch Anwendung höheren Druckes und
weitgehender Expansion. Watt und Hornblower hatten bereits frühzeitig, um möglichst wenig Brennstoff zu verbrauchen, bei den

Wasserhaltungsmaschinen die Expansion zu benutzen versucht. Der Erfolg blieb aus, weil der Druck zu klein war, und erst Trevithick und Woolf gelang es, durch Steigerung des Dampfdruckes von 1 auf 3 bis 4 Atm. die Expansion zur wirkungsvollen Verwendung zu bringen. Trevithick wandte sich der Expansion in einem Cylinder zu, wie Watt sie versucht hatte, und Woolf unternahm es, der Hornblower'schen Methode, der Expansion in zwei Cylindern, zum Siege zu verhelfen.

1806 schlug Trevithick zuerst den Grubenbesitzern vor, „Dampf von 1,8 Atm. Ueberdruck zu verwenden und so frühzeitig den Dampfzutritt abzuschliessen, dass der Dampfdruck am Ende des Hubes 0,28 Atm. betrage". Trevithick war mit seinem Vorschlage seiner Zeit voraus. Erst 6 Jahre später, im Frühjahr 1812, fand er Mittel, seine Idee in die Praxis einzuführen. Die erste Cornwall-Maschine mit hohem Druck, Expansion und Kondensation des Dampfes arbeitete bei einem Cylinder-Durchmesser von 610 mm und Hub von 1,82 m mit einem mittleren Kolbendruck von 1,4 kg/qcm. Der Ueberdruck im Kessel betrug 2,7 Atm. Der Cylinder war nicht mit Dampfmantel versehen, wies aber eine sehr gute Verpackung auf. Trotz des günstigen Ergebnisses dieser Maschine wurde die Einführung zunächst verzögert, weil man sich von der Verwendung Woolf'scher Maschinen mit zwei Cylindern noch grössere Vorteile versprach. Die erste der Woolf'schen Pumpmaschinen leistete im Anfang nicht mehr als die besten anderer Konstruktionen. Als es aber Woolf durch einige Aenderungen gelang, die Leistung seiner Maschine bei demselben Brennstoffverbrauch um 50% zu steigern, da war der Ruf seiner Maschinen begründet. Der grosse Erfolg Woolf's brachte auch Trevithick's Anwendung der Expansion in einem Cylinder wieder in Erinnerung.

Als 1820 für eine der grössten Gruben eine neue Maschinenanlage notwendig wurde, entschied sich der Aufsichtsrat für eine Eincylindermaschine mit Hochdruck und Expansion, und Woolf übernahm, obwohl er zuerst hartnäckig für seine Zweicylindermaschine eingetreten war, die Ausführung. Die Maschine hatte gewaltige Abmessungen. Mit einem Cylinderdurchmesser von 2280 mm und einem Hub von 3 m gehörte sie zu den mächtigsten Maschinen der Grubenbezirke. Da ihre Leistung vollkommen befriedigte, so blieb man bei dieser einfachen Anwendung der Expansion in einem Cylinder. Zugleich mit der Verbesserung der Maschine versuchte man durch Aenderung der Kessel die Leistung zu erhöhen. Den gewaltigen Maschinenabmessungen entsprachen die Kesselgrössen. Da man der Ansicht war, dass grosse Kessel relativ bei weitem weniger Brennstoff verbrauchten als kleinere, so scheute man sich nicht, des vermeintlichen wirtschaftlichen Vorteils wegen, geradezu ungeheuerliche Kesselgrössen zur Ausführung zu bringen.

Die eine der Minen wies einen Kessel von der Bauart der alten Dampferzeuger der atmosphärischen Maschinen auf, der 7,3 m hoch war und das gleiche Mass zum Durchmesser hatte. Die Feuerung war etwa 2,1 m breit und 2,7 m lang. Ein anderer Kessel hatte sogar eine über 4 m lange Feuerung, die durch Thüren von zwei gegenüberliegenden Seiten aus zugänglich war. Die unvernünftigen Kessel- und Feuerungsabmessungen führten zahlreiche Betriebsstörungen herbei, die erst ihr Ende fanden, als Trevithick's Walzenrohrkessel mit innenliegendem Feuerrohr allgemein zur Anwendung gelangte. Die normale Grösse dieser unter dem Namen „Cornwall-Kessel" berühmten und heute noch mit Vorliebe angewandten Dampferzeuger mass in der Länge 7 bis 8, im Durchmesser 2,1 m. Das innere Feuerrohr, das Flammrohr, war bei den ersten Ausführungen konisch. Vorn an der Feuerthür mass es 1360 mm im Durchmesser, am Ende 533 mm. Bald ging man jedoch zu dem noch heute üblichen überall gleich weiten Flammrohr über.

Woolf's Hochdruckkessel bestanden aus einer Reihe gusseiserner Röhren von kleinem Durchmesser, die mit einem darüber angeordneten Dampfbehälter in Verbindung standen.

Trevithick fasste den principiellen Unterschied seiner und der Woolf'schen Kessel-Konstruktion in die Worte zusammen: „Woolf setzt seinen Kessel in das Feuer und ich bringe das Feuer in den Kessel."

Die Woolf'schen Kessel gaben zu vielen Klagen Veranlassung; sie dehnten sich ungleich aus und sprangen. Die Reinigung und Beseitigung des Kesselsteins war nur sehr schwierig zu bewerkstelligen. Daher kam es, dass bereits Woolf selbst auf den Minen vielfach dem Trevithick'schen Kessel den Vorzug gab.

Durch alle diese Verbesserungen, die zumeist Trevithick und Woolf zu verdanken waren, stieg die Leistung in gehobenem Wasser für 1 kg Kohle, die 1800 etwa 70 000 m/kg betragen hatte, dann aber bis 1814 auf etwa 50 000 gefallen war, auf über 100 000 m/kg. Einzelne Versuche ergaben so günstige Werte, dass an ihrer Richtigkeit auch von englischen Ingenieuren gezweifelt wurde. Aber selbst diese angezweifelten, hohen Leistungen wurden mit der Zeit durch die später ausgeführten Maschinen noch überschritten. Die Fortschritte seit 1821 erstrecken sich in der Hauptsache auf Steigerung des Dampfdruckes und weitere Ausdehnung der Expansion.

Eine 10 bis 12fache Expansion, wie sie vielfach bei den Cornwaller Wasserhaltungsmaschinen zur Anwendung kam, gehört um so mehr zu den bewundernswertesten Leistungen der Cornwall-Ingenieure, wenn man bedenkt, welch grosse Massen bei diesen Maschinenanlagen in Bewegung zu setzen waren.

Eine sehr sorgfältige Ausführung und eine sachgemässe Bedienung trugen einen grossen Teil zu den weiteren Erfolgen bei. Die einzelnen Maschinenteile erfuhren eine Formgebung, die immer vollkommener den auftretenden Kräften und der Bearbeitung angepasst war. Peinlichste Sorgfalt wurde auf Isolation der dampfführenden Teile, Rohrleitung und Cylinder verwendet. Der Dampfmantel umgab den Cylinder, der Cylinderboden wurde gleichfalls geheizt. Von der Deckelheizung sah man meistens ab, da es nötig war, der Kolbenpackung wegen, den Deckel öfter zu lösen. Frischer Kesseldampf, nicht etwa Abdampf, wie es anderwärts vielfach geschah, diente zum Heizen. Ausserdem umgab man den Cylinder mit einer oft über 400 mm starken Isolationsschicht, die zunächst dem Dampfmantel aus einer Luftschicht, dann aus Mauerwerk bestand, das in gewissem Abstand von einem starken Holzmantel umgeben war. Der Zwischenraum zwischen Holz- und Mauerwerk wurde mit Asche ausgefüllt. Als Dampfverteilungsorgane kamen ausschliesslich Hornblowersche Doppelsitzventile in Woolf'scher Ausführung zur Anwendung. Ihre Bewegung erfolgte in üblicher Weise von einem Steuerbaum aus. In der Anordnung der einzelnen Teile und dem ganzen Aufbau entsprach die Cornwall-Maschine genau der Watt'schen einfachwirkenden Wasserhaltungsmaschine. Einige eigenartige neue Maschinenanordnungen, wie die Bull's von 1797, bei der der Cylinder direkt über dem Schacht aufgestellt war und die nach unten austretende Kolbenstange unmittelbar mit dem Pumpengestänge verbunden war, fanden zunächst keine grosse Verbreitung.

Die Cornwall-Ingenieure haben für Watt'sche Niederdruckmaschinen das geleistet, was die Newcomen'schen Feuermaschinen Smeaton verdanken. Sie haben entsprechend dem Fortschritt des technischen Könnens, ohne Aenderung der allgemeinen Anordnung und des zu Grunde liegenden Princips, der Maschine eine Ausführung und Form gegeben, die ihre Leistung bei gleichem Brennstoffverbrauch mehr als verdoppelte. „Die Maschine ist jetzt auf ihre einfachste Form zurückgeführt, — eine einfachwirkende Dampfmaschine der Konstruktion Boulton und Watt; und, obwohl unsere Maschinen

drei- und viermal soviel leisten, als Boulton und Watt erreichten
oder vielleicht nur zu erreichen für möglich hielten, bleibt sie doch
trotz alledem dem Namen und der Wahrheit nach Boulton und Watt's
Dampfmaschine."

Dieses von einem der Cornwall-Ingenieure ausgesprochene
Urteil führt uns wieder vor Augen, wie grosse Erfolge nicht nur
durch bahnbrechende, neue Ideen, sondern vor allem auch durch
lange, schwere Einzelarbeit zu erreichen sind.

Wie gross der wirthschaftliche Nutzen war, der mit den verbesserten Maschinen erreicht wurde, kann daraus ersehen werden,
dass die Maschinen 1835, obwohl ihre Gesammtleistung gestiegen
war, nur 69 559 Tonnen Steinkohlen gegenüber 168 745 Tonnen in
den Jahren 1800 bezw. 1814 brauchten, was dem Geldwerte nach
einer jährlichen Ersparnis von etwa 170 000 Mark gleich kam, eine
Summe, die sich bis 1843 noch um etwa 12 000 Mark steigern sollte.
Ende 1834 waren in den Minen Cornwalls bereits 104 Pumpmaschinen in Arbeit.

Eine gleiche Entwicklung des Bergbaues in andern Ländern
führte zu gleichen Maschinenanlagen. Die Cornwaller Wasserhaltungsmaschinen waren überall die gewaltigsten und begehrtesten Förderer
des Bergbaues in der ersten Hälfte des 19. Jahrhunderts.

Nur den Silberminen Südamerikas, die in den unzugänglichen,
wilden Bergeshöhen der Cordilleren gelegen waren, konnten sie keine
Hilfe bringen, da ihre einzelnen Teile zu schwer waren, um in Trag-
lasten an den Ort ihrer Bestimmung gebracht werden zu können.
Die Trevithick'sche Hochdruckmaschine ohne Kondensation, die
„Puffer-Maschine", war berufen die reichen peruanischen Silberminen
vor dem Wasser zu retten. 1814 kam die erste Dampfmaschine
Südamerikas in Betrieb und 1816 schrieb die Limaer Zeitung unter
dem Eindruck der Maschinenleistungen, denen allein das weitere
Fliessen des Silberstromes zu verdanken war: „Unermessliche, unauf-
hörliche Arbeit und unbegrenzte Geldmittel haben Schwierigkeiten
überwunden, die wir hier für völlig unüberwindbar anzusehen uns
gewöhnt hatten. Mit einer Bewunderung, die keine Grenzen kennt,
sind wir Zeuge gewesen von der Aufstellung und der erstaunlichen
Wirkung der ersten Dampfmaschinen. Wir rechnen es uns zur Ehre
an, der Nachwelt die Einzelheiten einer so ungeheuren Unternehmung
zu übermitteln, von der wir im Voraus einen Strom Silbers entnehmen
können, der unsere Nachbarn mit Staunen erfüllen soll."

Auch ausserhalb der Grubenbetriebe hatte sich das Bedürfnis
nach „Wasserkünsten" schon frühzeitig bemerkbar gemacht.

Die Vorliebe der Machthaber, mit springenden Strahlen und künstlichen Wasserfällen ihre Gärten zu beleben, hatte schon im 17. Jahrhundert zu gewaltigen Anstrengungen des damaligen Kraftmaschinenbaues geführt. Das Frankreich Ludwig XIV. besass in der Wasserkunst zu Marly die mächtigste Kraftmaschine der ganzen Welt. 14 Wasserräder, jedes 25 Fuss im Durchmesser, zusammen 107 Fuss 6 Zoll breit, setzten mit Hilfe von 48 Kurbeln, 122 grossen Balanciers, 2108 Bruchschwingen und 63744 Fuss eisernen Zugstangen 255 Saug- und Druckpumpen in Bewegung. Damit sollten etwa 5000 cbm 160 m hoch in 24 Stunden gehoben werden! Es wurden schon frühzeitig Watt'sche Dampfmaschinen zur Unterstützung dieser ungeheuerlichen Leistung einer alten Technik herangezogen.

In Deutschland wurde das erste mit einer Dampfmaschine betriebene Luxus-Pumpwerk erst 1842 für die Gärten in Sanssouci in Betrieb gesetzt. Schon Friedrich der Grosse hatte hundert Jahre vorher beabsichtigt, den Park in Sanssouci durch springende Wasserstrahlen zu beleben. Eine Windmühle, die von dem „Fontainier des Königs", einem Holländer, erbaut wurde, war die erste Kraftmaschine, die diesem Zwecke diente. Aber endlose Schwierigkeiten mit der Rohrleitung — die hölzernen Röhren hielten den Druck nicht aus, und neu beschaffte eiserne Röhren waren zu klein gewählt, um die erforderliche Wassermenge durchzulassen — erforderten immer weitere Geldaufwendungen, bis der König schliesslich an einem Erfolg verzweifelte und das Geld nicht mehr bewilligte. 168490 Thaler und endlose Arbeit waren aufgewendet worden, ohne den Wunsch des Fürsten erfüllt zu haben. Erst Friedrich Wilhelm IV. gelang es, die Idee seiner Vorfahren zur Ausführung zu bringen. Der Berliner Maschinenbauer Egells lieferte die erste Dampfmaschine, die eine Leistung von etwa 7 PS. aufwies. Einige Jahre später entstand in der Borsig'schen Maschinenfabrik eine nach damaligen Begriffen mächtige Maschinenanlage für die königlichen Gärten in Potsdam, die bei etwa 80 PS. täglich ca. 6000 cbm Wasser fördern sollte.

Architekten verstanden es, der Maschine ein stilvoll maurisches Gewand zu geben, das die reinen Zweckformen vor den Augen ästhetisch gebildeter Menschen verbergen sollte, was ihnen auch so vollkommen gelang, dass kaum der Maschinenwärter noch seine Maschine unter all den maurischen „edlen Formen" wieder zu finden vermochte. Im Oktober 1842 wurde das Werk, dessen Maschinenanlage 25 000 Thaler gekostet hatte, in Gang gesetzt und arbeitete zur vollen Zufriedenheit. Fünf Jahrzehnte hat dies Pumpwerk seine Arbeit verrichtet, bis auch hier die An-

forderungen wieder die Leistung weit überholt hatten. Von Professor
Riedler entworfen, entstand in den 90er Jahren ein neues Pumpwerk,
das ohne Verwendung erborgten Schmuckes zu jener Art moderner
Maschinenanlagen gehört, die in ihrer zweckentsprechenden Einfachheit
eine weit höhere Schönheit in sich tragen als alle die „stilvollen
Maschinen" vergangener Zeiten. Für eine gesammte Bausumme, die
nicht viel mehr als $1/_5$ des in den 40er Jahren aufgewendeten Geld-
wertes betrug, wurde eine Maschinenanlage geschaffen, die mit der
Hälfte des früheren Brennstoffverbrauchs die doppelte Leistung
hervorbrachte und nur den 10. Teil der Reparaturausgaben erforderte.

Neben den durch Fürstenmacht hervorgerufenen Luxus-Pump-
werken entstanden auch frühzeitig in mehreren Städten Europas
Wasserkünste, die für allgemeine öffentliche Zwecke Wasser herbeizuschaffen hatten.

Von einer Wasserversorgung in heutigem Sinne konnte vor
der Einführung der Dampfmaschinen keine Rede sein. Die
Londoner Wasserwerke waren die ersten ihrer Art. Alle Dampfmaschinentypen von Savery an kamen in ihnen zur Verwendung.
Ihre Leistungsfähigkeit entwickelte sich aber nur allmählich. Noch
1828 wurde bittere Klage geführt über den Mangel an reinem und
trinkbarem Wasser. Die Pest werde erst über London kommen
müssen, schreibt man, ehe die Behörde für Abhilfe sorgen werde.

Dem Vorgange Englands folgte in Deutschland zuerst Hamburg,
dem der grosse Brand 1842 gezeigt hatte, welch ungeheure Verluste
durch Feuersgefahr entstehen können, wenn nicht überall Wasser
zum Löschen zu haben ist. Auch das Bedürfnis nach reinem Trinkwasser war immer entschiedener fühlbar geworden und konnte nicht
mehr durch die kleineren an der Alster gelegenen Privatwasserwerke
befriedigt werden. Eine eigene Wasserleitung im Hause zu haben
galt als ein Luxus, den nur die Reichsten sich gestatten konnten,
denn ausser hohen jährlichen Beiträgen musste ein Eintrittsgeld bis
zu 500 Mark bezahlt werden. Wer diese Preise nicht zahlen wollte
oder konnte, war darauf angewiesen, sich an öffentlichen Verkaufsbrunnen schlechtes Wasser eimerweise für teures Geld zu kaufen.
Die neue Wasserwerkanlage schaffte Wandel. Für den 8. Teil des
Preises, der früher an den Verkaufsbrunnen bezahlt wurde, lieferte
jetzt die Stadt ihren Bewohnern besseres Wasser und führte es bis
zu den obersten Stockwerken der Häuser in Küche, Badezimmer und
Kloset.

Dem Beispiel Hamburgs folgten bald Magdeburg, Braunschweig
und andere Städte mehr. Aber immerhin blieben die Wasserwerke in

der ersten Hälfte des Jahrhunderts noch vereinzelt, sie waren Sehenswürdigkeiten einiger reichen Gemeinwesen. Erst unsere Zeit hat sie zu einer allgemeinen und fast selbstverständlichen Einrichtung gemacht und weiter ausgestaltet, so dass wir uns heute kaum noch Zeiten vorstellen können, in denen eine Wasserleitung ein Luxus war, und doch liegt kaum ein halbes Jahrhundert dazwischen.

Die technische Gestaltung der Wasserwerkmaschinen knüpfte naturgemäss zunächst möglichst an das Vorhandene an. In diesem Falle dienten die Wasserhaltungsmaschinen der Bergwerke als Vorbild. Die Cornwall-Maschinen mit hohem Druck und starker Expansion wurden ihres geringen Brennstoffverbrauches wegen auch mit Vorliebe für städtische Wasserwerke verwendet. Die Maschinen waren einfachwirkend. Der Dampf drückte den Kolben hinab und hob die am andern Ende des Balanciers angreifenden, besonders schwer gehaltenen Pumpengestänge. Das Gewicht der gehobenen Massen drückte bei seinem Niedergang das Wasser mit gleichmässigem Druck in die Druckleitung. Da die Pumpen der Wasserwerke in unmittelbarer Nähe der Maschine standen, das Gestänge also nur kurz war, so wurden besondere Gewichtskästen an den Kolbenstangen der Pumpen angebracht, die soweit belastet wurden, dass ihr Gewicht genügte, um das Wasser auf die gewünschte Höhe zu drücken.

Die Maschinenanlage des Hamburger Wasserwerkes bestand aus zwei solchen Cornwall-Maschinen, von denen jede etwa 45 PS leistete. Der Dampfcylinder hatte einen Durchmesser von 1334 mm und war 2,6 m hoch. Die Regulierung der Maschine geschah durch Hubpausen, die von einer Katarakt-Steuerung abhängig waren. Bei aussergewöhnlich grossem Wasserbedarf, z. B. bei Feuersgefahr, konnten die Katarakte ausgerückt, also ohne Hubpausen gearbeitet werden. Normal machte die Maschine 10 Hübe in der Minute, welche Hubzahl bis auf 2 Hübe vermindert werden konnte. Die Maschinen brauchten an Brennmaterial etwas über 1,5 kg Kohlen für die eff. Pferdekraftstunde, während gewöhnliche gute Niederdruckmaschinen damals noch etwa 6 kg für die gleiche Leistung nötig hatten.

Ebenfalls einfachwirkende Cornwall-Maschinen wurden 1859 für das Magdeburger Wasserwerk in Betrieb gesetzt. Die beiden Dampfmaschinen leisteten zusammen etwa 200 PS. Mit dem steigenden Kraftbedarf der Wasserwerke kamen die einfachwirkenden Maschinen zu immer gewaltigeren Abmessungen, bis schliesslich die grossen Anlagekosten den Vorteil des geringen Brennstoffverbrauchs überwogen. Man fing daher in England schon in den vierziger Jahren an, doppeltwirkende Maschinen zu verwenden. Die Gleichmässigkeit des Ganges suchte man durch ein Schwungrad zu erreichen, dessen Welle in üblicher Weise durch Schubstange und Kurbel von dem Balancier aus in Umdrehung versetzt wurde. Man hatte dabei noch den Vorteil, die Steuerung von der Kurbelwelle aus zu bethätigen und die sehr komplicierte Kataraktsteuerung zu vermeiden. Die Pumpengestänge waren in der Nähe der Schubstange mit dem Balancier verbunden. Die Expansionswirkung des Dampfes wurde zumeist durch Verwendung zweier Cylinder nach Woolf'schem System benutzt. Eine derartige Maschinenanordnung ist in Deutschland zuerst 1855 auf den Berliner Wasserwerken in Betrieb gekommen. Allgemeine Anerkennung und Nachahmung verschaffte das Wasserwerk Altona diesem System, woselbst die englische Firma, der der Bau übertragen war, mit grossem Erfolg Woolf'sche Balanciermaschinen mit Drehbewegung zur Anwendung brachte. Diese Maschinen wurden 1859 dem Betrieb übergeben. Die Durchmesser und Hublängen des grossen und kleinen Cylinders betrugen 890 × 2135 bezw. 510 × 1600 mm. Das Schwungrad machte 15 Umdrehungen in der Minute. Die Maschinen arbeiteten mit etwa 2 Atm. Ueberdruck und brauchten für die Pferdekraftstunde 2,2 kg gewöhnlicher englischer Steinkohle.

Für Entwässerungszwecke, zum Trockenlegen von Baugruben hatte Smeaton, wie wir gesehen haben, schon 1765 die Feuermaschine in Dienst genommen und ihr eine Form gegeben, die es möglich machte, sie leicht an beliebigem Orte aufzustellen.

Die grossartigste Aufgabe, die durch die neue Kraftmaschine auf diesem Gebiete gelöst werden sollte, war die Trockenlegung des Haarlemer Meeres. Bis zum 13. Jahrhundert waren nur einzelne kleinere Seeen vorhanden gewesen. Die furchtbare friesische Sturmflut des Jahres 1230 erweiterte die kleinen Seeen zu einem Meer, in das sie hunderttausende von Menschen begrub. Und immer weitere Landgebiete frass das Meer. 1530 nahm es 56 qkm ein und 1648 bedeckte es 142 qkm Fläche. Da es im Anfang der dreissiger Jahre des 19. Jahrhunderts auf 180 qkm gestiegen war, und ausserdem fast jedes Jahr die Gefahr vorhanden war, dass die Wassermassen Amsterdam, Haarlem und Leyden überschwemmen und vernichten würden, beschloss man 1839 durch Gesetz, die Trockenlegung des Meeres mit allen zu Gebote stehenden Mitteln zu betreiben. Zwar hatten schon im 18. Jahrhundert Smeaton'sche Feuermaschinen die Windmühlen bei ihrer Arbeit unterstützt, aber ihre Leistung war zu gering gewesen, um weitreichenden, durchschlagenden Erfolg möglich zu machen. Auch die 12 000 Windmühlen, die noch 1840 zu diesem Zweck im Betrieb waren, konnten bei weitem nicht die Wassermassen bewältigen.

Die umfassenden Arbeiten begannen 1840 mit dem Bau eines grossen Ringdeiches und eines Kanals. Nach 7 Jahren waren diese Bauten soweit vorgeschritten, dass das erste Pumpwerk in Betrieb gesetzt werden konnte. Die Dampfmaschine besass zwei Dampfcylinder, von denen der eine den andern umschloss. Der Kolben des grossen Cylinders bot also dem Dampfdruck eine Ringfläche dar. In der Dampfwirkung entsprach sie der Sims'schen Anordnung, die auf S. 153 näher besprochen wurde. Der innere Dampfcylinder mass 2,13, der äussere 3,66 m im Durchmesser. Der Hub betrug 3 m. Der innere Kolben war durch eine, der äussere Ringkolben durch vier Kolbenstangen mit einem kreisförmigen Behälter verbunden, der mit Belastungsgewichten angefüllt wurde. Von diesem mit den 5 Kolbenstangen auf- und niedergehenden Behälter wurden mit Hilfe von 11 Balanciers 11 Pumpen in Bewegung gesetzt, die bei 10 Hüben pro Minute 39 600 Kubikmeter Wasser in einer Stunde förderten. Die Dampfcylinder waren in der Mitte eines runden Turmes angeordnet, und von ihm gingen strahlenförmig nach allen Seiten die Balanciers aus. Diese eigenartige Gesammtanordnung wurde auch bei den nächsten beiden Pumpwerken, die zwei Jahre später, 1849, in Betrieb kamen, beibehalten, nur dass die Zahl der Pumpen und damit die der Balanciers von 11 auf 8 vermindert wurde, während der Durchmesser der Pumpen von 1,6 auf 1,8 m vergrössert wurde. 1852, nach etwas mehr als dreijähriger Arbeit der Dampfmaschinen war das Riesenwerk der Entwässerung vollendet. Eine Wassermasse von fast 832 Millionen cbm hatten die Pumpen entfernt; die Kosten der Trockenlegung beliefen sich auf etwa 4½ Million holländischer Gulden.

Der Mut der Ingenieure wuchs während der Ausführung des Werkes und zeitigte ein neues Riesenprojekt, die Trockenlegung des Zuidersees. Einst war dieser See, der eine Fläche von 3 600 qkm, so gross wie das Grossherzogtum Sachsen-Weimar, bedeckt, fruchtbares Land gewesen. Die grossen Fluten des 12. und 13. Jahrhunderts hatten es zum Meeresboden gemacht. 2 118 qkm Gesammtfläche beabsichtigt man jetzt dem Meere wieder abzunehmen und glaubt das mit einer Maschinenleistung von 14 000 PS. erreichen zu können. Die Zeit für die Ausführung aller in Frage kommenden Arbeiten hat man auf 33 Jahre, die Kosten auf 296 Millionen Mark veranschlagt.

So bedeutungsreich und ausgedehnt das Anwendungsgebiet der Dampfkraft zum Antrieb der Pumpwerke sich gestaltete, es blieb doch nur ein einzelnes Feld unter den tausendfach verschiedenen Arbeitsleistungen, zu denen die Dampfmaschine herangezogen wurde. Für alle gewerblichen Betriebe, so mannigfaltig sie auch sein mochten, wurde die Dampfkraft brauchbar, sobald es gelungen war, in zweckentsprechender Weise die hin- und hergehende Bewegung des Kolbens in eine Drehbewegung umzuwandeln. Watts doppeltwirkende Dampfniederdruckmaschine mit Balancier, Schubstange und Kurbel (Fig. 26), durch die diese Aufgabe zuerst in zufriedenstellender Weise gelöst wurde, fand daher im Gewerbebetrieb die allgemeinste Verwendung. Von den Mühlen anfangend eroberte sich diese Dampfmaschine in kurzer Zeit alle andern Gebiete, in denen stetig bedeutende Kräfte zur Arbeitsverrichtung notwendig waren. Für jeden Industriezweig begann mit Einführung der Dampfmaschine eine neue Zeit der regsten Entwicklung, die oft wieder rückwärts ihren Einfluss auf den weiteren Ausbau der Dampfmaschine geltend machte. Wie oft die Dampfmaschine, um sich den vorhandenen Verhältnissen möglichst gut anzupassen, ihr Aussehen von Grund aus änderte, hatten wir schon früher Gelegenheit, näher zu betrachten. So mannigfaltig und grundverschieden dem flüchtigen Beschauer auch alle diese Ausführungen erscheinen müssen, so lassen sich doch bald einige Typen erkennen, die, weil besonders zweckmässig, den andern wirksam Konkurrenz machten.

Neben der Balancier-Maschine gewann die Bockmaschine mit untenstehendem Cylinder und oben auf bockartigem Gestell gelagerter Kurbelwelle besonders für kleinere Kräfte sehr an Beliebtheit. Sie wurde für Jahrzehnte der eigentliche Typus der gewerblichen Wärmekraftmaschine. Erst um die Mitte des 19. Jahrhunderts fing die liegende Maschine an, ihr das Feld streitig zu machen. Man hatte schon sehr frühzeitig auch die Dampfmaschine in liegender Bauart auszuführen versucht. Aber eine fast unbegrenzte Furcht vor vermehrter Reibung und einseitiger Abnutzung hat jede weitere Anwendung und Ausbildung dieses Maschinensystems ein halbes Jahrhundert lang ganz verhindert. Diese Befürchtung hat die abenteuerlichsten Konstruktionen gezeitigt, die gewöhnlich, statt die Nachteile der liegenden Maschine zu heben, sie bedeutend vergrösserten. So wurde z. B. der Kolben an der untern Lauffläche mit Rollen versehen, was an der Stelle die weitgehendste Undichtigkeit zur Folge hatte. Man hielt auch den Kolben fest und bewegte den Cylinder, der sich mit seitlich angegossenen Vorsprüngen auf Gleitflächen stützen konnte. Am einfachsten und besten liessen sich die so sehr gefürchteten Nachteile einschränken, wenn man die Kolbenstange ganz durch den Cylinder führte, sodass zwei Stopfbüchsen ihr sichere Führung gaben und das Gewicht des Kolbens von der jetzt an zwei Stellen unterstützten Kolbenstange aufgenommen wurde. Durch die mannigfaltigsten Uebertragungsmechanismen, unter denen das Zahnrad in dieser Periode an erster Stelle stand, wurde die Kraft des Motors auf die Arbeitsmaschinen übertragen. Schon frühzeitig wurde auf · einzelnen Anwendungsgebieten der Versuch gemacht, ohne diese Arbeit verzehrenden Zwischenglieder auszukommen. Der Dampfhammer zeigt, in wie vollkommner Weise unter Umständen Kraftmaschine und Arbeitsmaschine sich zu einer Einheit vereinigen lassen.

Schon Watt hatte 1784 die Dampfkraft zum Schmieden des Eisens benutzt. Seine Hammerwerke bestanden aus einem Stielhammer, der von dem einen Ende des Balanciers seine Bewegung erhielt. Diese kleinen Hämmer wurden sehr beliebt; sie arbeiteten sogar schneller, als damals nötig erschien. Nicht allzu lange Zeit verging, und ihre Leistungsfähigkeit blieb weit hinter den Anforderungen des Maschinenbaus zurück, der immer grössere Schmiedestücke für seine Bauten nötig hatte. Eine sehr unangenehm fühlbare Grenze war erreicht; für die weitere Entwicklung des Maschinenbaues war ein mechanischer Hammer, mit dem grosse Eisenmassen genügend bearbeitet werden konnten, zur unerlässlichen Bedingung geworden.

Der Schiffsmaschinenbau fühlte zunächst das Bedürfnis nach mächtigen Schmiedehämmern am stärksten, als es galt, für grosse überseeische Dampfer die mächtigen Radwellen herzustellen. Im November 1838 fragte den englischen Ingenieur James Nasmyth ein ihm befreundeter Schiffsmaschineningenieur um Rat, ob er wohl Gusseisen für die Radachse eines grossen Dampfers nehmen solle, da kein Hammerwerk im Stande sei, eine 660 mm starke Achse zu schmieden. Nasmyth, durch diese Anfrage angeregt, beschäftigte sich sofort auf das eifrigste mit der Angelegenheit. Er erkannte die begrenzte Leistungsfähigkeit jedes Stielhammers und beschloss, sich von dieser Anhänglichkeit an die Idee des Handhammers frei zu machen. Klar und bestimmt erkannte Nasmyth, „dass der Hauptbestandteil eines Hammers nur eine Körpermasse sei, die, gehoben, auf das zu bearbeitende Stück zu fallen habe. Deshalb sei nur ein Metallblock mit irgend einer ihn hebenden Kraft in direkteste Verbindung zu bringen, um einen Hammer herzustellen." Der klaren Vorstellung folgte sofort der konstruktive Entwurf.

Ueber dem Ambos steht auf mächtigem eisernen Gestell der Dampfcylinder C (s. Fig. 78), an dessen nach unten austretender

Kolbenstange unmittelbar der als Hammerbär dienende Metallblock *H* befestigt ist. Das Gestell giebt ihm die erforderliche Führung.

Der Entwurf des Dampfhammers überraschte und erfreute zugleich die Schiffsmaschineningenieure, und Nasmyth stellte ihnen sein Projekt zur Verfügung mit der einzigen Bedingung, dass er selbst den ersten bauen wolle.

Da beschloss man, bei dem Schiff „Great Western", das mit seiner riesig starken Radachse den Anstoss zu dieser Erfindung gegeben hatte, statt der Schaufelräder eine Schraube anzuwenden; damit wurden die ungeheuren Radwellen entbehrlich und mit ihnen zugleich der Nasmyth'sche Dampfhammer, dessen Ausführung jetzt nicht unbedingt mehr nötig war.

Der Erfinder, von der Leistungsfähigkeit seines Dampfhammers überzeugt, wünschte nichts sehnlicher, als seine Idee in nutzbringender Arbeit thätig zu sehen. Er bot seine Erfindung den verschiedensten Firmen zu den entgegenkommendsten Bedingungen an, ohne Erfolg zu erzielen. Die Zeiten waren schlecht; es waren mehr Hämmer da, als Arbeit für sie. Nasmyth Geschäftsteilhaber weigerten sich sehr entschieden, „Geld für Projekte auszugeben". So blieb dem Erfinder, wollte er seinen Hammer auch wirklich arbeiten sehen, vorläufig nichts übrig, als sein Projekt „gleich einem Hausierer", wie er selbst erzählte, weiter anzubieten. Da wurde ihm der Wunsch, seinen Hammer bei der Arbeit zu sehen, auf einer Studienreise, die er im Auftrage des englischen Marine-Ministeriums nach Frankreich unternommen hatte, sehr unerwartet erfüllt. Bei dem Besuch der Werke von Schneider und Bourdon in Creuzot hatte Nasmyth Gelegenheit, einige sehr sauber geschmiedete, grosse Kurbeln zu bewundern und war nicht wenig überrascht, als ihm der Besitzer erklärte, dass sie mit seinem Hammer geschmiedet seien. Es stellte sich heraus, dass Bourdon bei einem Besuch in England

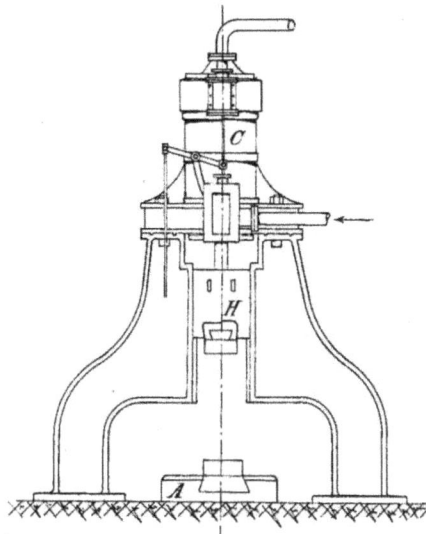

Fig. 78.

durch den Compagnon von Nasmyth über das Projekt genau
unterrichtet worden war. Der französische Ingenieur · überzeugte
sich von der Brauchbarkeit der Idee und brachte sie unmittelbar
nach seiner Rückkehr zur Ausführung. Erst jetzt gelang es Nasmyth,
in England unter Hinweis auf den Erfolg, den sein Dampfhammer in
Frankreich bereits erzielt hatte, soviel Kapital zu beschaffen, dass
er daran gehen konnte, sein Dampfhammerpatent vom Jahre 1842
praktisch auszunutzen.

Ebenso wie schon 1806 lange vor Nasmyth ein Londoner
Ingenieur Deverell die Idee eines ähnlichen Dampfhammers gehabt
hatte, die aber vergessen wurde, weil das Bedürfnis danach noch
nicht vorhanden war, so war Nasmyth auch nicht der einzige Erfinder, als die Praxis gebieterisch den Dampfhammer verlangte.

Cavé in Paris erhielt schon 1836 ein Patent auf einen unmittelbar
wirkenden Dampfhammer, und einen ganz ähnlichen Dampfhammer,
der 3000 Thaler kosten sollte, hatte 1841 die bei Zwickau gelegene
Marienhütte dem Maschinenbauer Dorning in Auftrag gegeben.
Dieser Hammer kam 1843 in Betrieb und arbeitete zu grosser Zufriedenheit.

Wir sehen auch hier wieder, wie ein praktisches Bedürfnis
gleichzeitig und unabhängig an den verschiedensten Stellen sich
Geltung verschafft und nach Befriedigung drängt. Die Eisenindustrie
war an die Grenze gekommen, die nur mit Hilfe eines mächtigen
Werkzeuges, des Dampfhammers, überschritten werden konnte. Und
wenn auch Nasmyth, „der Vulkan des 19. Jahrhunderts", bescheiden
sich und seine Arbeit mit „der Thätigkeit des Mannes, der dem
Organisten den Wind macht", vergleicht, so darf eben nicht vergessen
werden, dass ohne diesen Wind die Orgel stumm bleiben muss.

Erwähnt zu werden verdient, dass Nasmyth bereits seinen
Dampfhammer auch zum Einrammen von Pfählen brauchbar gestaltet hat und somit auch als Erfinder und Konstrukteur der direkt
wirkenden Dampframme sich um die Technik, insbesondere um die
Ausführung der Wasserbauten verdient gemacht hat.

KAPITEL 3.
Die Dampfmaschine im Dienste des Verkehrs.
1. Die Schiffsmaschine.

Wind und Wetter, Ebbe und Flut zogen der Schiffahrt oft
schwer empfundene Schranken. Die fortschreitende Technik suchte

diese Fesseln zu brechen. Sie schuf in dem Dampfschiff das Mittel, den Menschen in ungleich weiterem Masse als bisher von der Richtung des Windes und der Strömung des Wassers unabhängig zu machen.

Bis zu den Anfängen der Dampfmaschine reicht das Bestreben zurück, diese neue Kraft der Fortbewegung der Schiffe nutzbar zu machen. Papin unterliess nicht, bei der Aufzählung aller der Verwendungsgebiete, die seiner Erfindung offen standen, hervorzuheben, wie die neue Maschine es möglich mache, „gegen den Wind zu rudern und wie sehr diese Kraft der der Galeerensklaven vorzuziehen wäre, um schnell zu segeln." Papin erbaute 1707 ein Boot, dessen Treibapparat aus einem Schaufelrade bestand, das zunächst durch Menschenkraft betrieben wurde. Der Erfinder behielt sich vor, später seine Kolbendampfmaschine einzubauen, die unter Benutzung von verzahnter Kolbenstange und Zahnrädern das Rad umdrehen sollte. Die Zerstörung seines Bootes durch Mindener Schiffer hinderte die Ausführung des ersten projektierten Dampfschiffes. Auch Savery in England kam über Versuche mit Schaufelrädern, die von Menschenkraft bewegt wurden, noch nicht hinaus.

Die Anwendung der Newcomen'schen Maschine „zum Befördern der Schiffe in den Hafen und aus demselben bei widrigen Wind- und Wasserströmungen oder bei Windstille" liess sich Jonathan Hulls 1736 durch ein englisches Patent schützen. Von der Maschine aus sollte mit Hilfe einer Anzahl Seile und Seilscheiben das hinter dem Schiff angeordnete Ruderrad umgedreht werden. Ob das Projekt zur Ausführung kam, ist nicht bekannt. Erzählt wurde, dass die Versuche vollständig misslangen und dem Erfinder nur Spott und Hohn ob seiner „Neuheit" eintrugen. Etwa 20 Jahre später trat in Frankreich ein Abbé Gauthier sehr lebhaft für den Bau eines Dampfschiffes ein. Er wies nach, dass die Dampfmaschine wesentlich billiger arbeite, als Ruderknechte und ausserdem bei geringerem Gewicht auch noch weniger Raum in Anspruch nehme. Liege das Schiff still, so solle man mit der Maschine den Anker heben, die Pumpen betreiben und auf dem Feuer die Speisen zubereiten.

Auch der phantasiereiche Gedankengang dieses Franzosen wurde nicht in die Praxis umgesetzt. Erst das Zeitalter der Watt'schen Maschine schuf auch für den Verkehr zu Wasser brauchbare Dampfmaschinen.

In Frankreich beschäftigten sich ferner der Marquis von Jouffroy d'Abbans und Graf Auxiron in Verbindung mit dem Ingenieur Perrier, der Watt's Erfindung nach Paris gebracht hatte, mit grosser

Ausdauer, aber geringem Erfolg mit dem Projekt der Dampfschifffahrt. In Amerika wurden die ersten Versuche in dieser Richtung
von Henry, James Rumsey und John Fitch unternommen, die als
Treibapparate abwechselnd Schaufelräder, Schraubenräder, Reaktions-
wirkung der durch Pumpwerke gehobenen Wassermassen und Ruder,
die wie Schwimmfüsse gestaltet waren, verwandten.

In England stellte ein Schotte Patrick Miller 1787 Versuche
mit einem Fahrzeug an, das aus zwei mit einander fest verbundenen
gleich grossen Schiffskörpern bestand, zwischen denen Schaufelräder angeordnet waren. James Taylor, der Miller bei diesen Arbeiten unterstützte, schlug die Verwendung der Dampfmaschine zur
Bewegung der Räder vor und veranlasste Miller, mit einem seiner
Studienfreunde, dem Ingenieur William Symmington, über die
Lieferung einer Dampfmaschine zu verhandeln.

Am 14. Oktober 1788 konnte die erste Probe mit dem
Dampfschiff angestellt werden, die zur Zufriedenheit verlief.
Die Dampfmaschine bestand aus zwei einfach wirkenden Cylindern von je 102 mm Durchmesser, die ihre Kraft mit
Ketten auf ein über ihnen angeordnetes Rad übertrugen.
Von dieser hin und her drehenden Bewegung des Rades wurde in
geeigneter Weise mit Ketten auch die Umdrehung zweier Schaufelräder abgeleitet. Die Maschine gab dem 7,6 m langen und 2,12 m
breiten Schiffchen eine Geschwindigkeit von 5 Meilen die Stunde.

Schon im folgenden Jahre wurde ein grösseres Dampfboot erbaut. Diese Maschine war von den Carron-Eisenwerken geliefert
und wies bereits einen Cylinderdurchmesser von 457 mm auf. Im
December 1789 wurde unter den Augen der sehr zahlreich herbei-
geeilten Zuschauer das Schiff seinem Element übergeben. Die
Maschine that ihre Schuldigkeit, aber der Treibapparat war zu
schwach, eine Anzahl Schaufeln zerbrachen auf der ersten Fahrt.
Der Schaden wurde bald ausgebessert und das Schiff konnte seine
Fahrten wieder aufnehmen. Bald stellte es sich jedoch heraus, dass
Maschine und Kessel für den kleinen Schiffskörper zu schwer waren.
Miller, dessen Interesse sich inzwischen andern Dingen zugewandt
hatte, scheute die Ausgaben für ein neues und stärkeres Schiff.

Ueber ein Jahrzehnt ruhte in England das Dampfschiffprojekt, bis
1801 Symmington durch Lord Dundas veranlasst wurde, ein neues
Dampfschiff zu bauen, das als Schleppschiff im Forth- und Clyde-
Kanal Dienst thun sollte. Dieses erste für wirtschaftliche Verkehrs-
zwecke brauchbare Dampfschiff wurde 1802 dem Verkehr übergeben.
Die „Charlotte Dundas," einer Tochter des Lords zu Ehren so ge-

nannt, wurde von einer doppeltwirkenden Watt'schen Dampfmaschine angetrieben. Der Cylinder war liegend angeordnet, an seinen Enden befanden sich oben die Dampfeinlass-, unten die Dampfauslassventile, die von der senkrecht auf und nieder gehenden Luftpumpenstange mittels Knaggen und Hebeln in üblicher Weise ihre Bewegung erhielten. Die Kolbenbewegung wurde durch Lenkstange und Kurbel direkt auf die Radwelle übertragen.

Die Geradführung der Kolbenstange versah ein Kreuzkopf, der mit zwei Rollen sich zwischen zwei Schienen bewegte. Die Luftpumpe wurde von der Kolbenstange aus mit einem Winkelhebel angetrieben; sie stand mit dem Kondensator unterhalb des Dampfcylinders.

Im März 1802 unternahm das Schiff seine erste Reise. Es sollte durch den Kanal nach Glasgow zwei Frachtschiffe von je 70 tons Ladung schleppen. Besitzer und Erbauer des Schiffes, sowie einige geladene Gäste, beteiligten sich an dieser ersten Dampferfahrt. Bei einer Geschwindigkeit von $3^{1}/_{4}$ engl. Meilen pro Stunde erschien die Leistung noch um so bedeutender, als die Fahrt zu einer Zeit stattfand, wo andere Schiffe des widrigen Windes wegen nicht fahren konnten.

Doch die Einführung der Dampfschleppfahrt auf dem Kanal scheiterte an der Besorgnis, der durch die Schaufelräder verursachte starke Wellenschlag könne die Ufer zu sehr beschädigen. Die „Charlotte Dundas" war gezwungen, unthätig in einer Bucht des Kanals vor Anker zu liegen.

Symmington, den Lord Dundas mit dem Herzog von Bridgewater bekannt gemacht hatte, erhielt von diesem den Auftrag, für dessen Kanal 8 Dampfboote wie die „Charlotte Dundas" zu erbauen. Diese bedeutende Bestellung kam jedoch, da der Herzog inzwischen starb, nicht zur Ausführung. Symmington musste sein Projekt aufgeben. Ein Vierteljahrhundert später ehrte die englische Regierung seine Verdienste um Einführung der Dampfschiffahrt durch ein Geldgeschenk.

Den ersten dauernden Erfolg errang die Dampfschiffahrt in Amerika. Livingston hatte sich im Verein mit einigen Ingenieuren schon 1797 bemüht, die Dampfschiffe praktisch brauchbar zu gestalten. 1798 erhielt er in New York ein staatliches Privilegium auf die Dampfschiffahrt für die Dauer von 20 Jahren. Seine Arbeiten wurden bald unterbrochen, da ihn seine Regierung als Botschafter nach Frankreich sandte. Dort lernte er seinen Landsmann Fulton kennen, der nur vorübergehend seine Heimat verlassen hatte, um im Auslande einige seiner Erfindungen zu verwerten. Auch dieser hatte sich bereits eingehend mit dem Problem der Dampfschiffahrt beschäftigt und war gern bereit, im Verein mit Livingston die Ausführung eines Dampfschiffes zu unternehmen.

Ein kleines Dampfboot, dessen Schaufelräder an den Seiten angebracht waren, wurde alsbald in Auftrag gegeben und bis zum Frühjahr 1803 auf der Seine bei Paris auch fertig gestellt. Aber bei der Probefahrt zerbrach der Rumpf des Schiffes unter der Last der Maschine, und das Schiff ging unter. Fulton gelang es jedoch, die Maschine zu heben, und da sie sich noch als vollkommen gebrauchsfähig erwies, so wurde sofort ein neues, grösseres und vor allem kräftigeres Boot von 20 m Länge und 2,4 m Breite erbaut. Schon am 9. August 1803 konnte das neue Dampfboot, von einer grossen Zuschauermenge staunend bewundert, die Seine stromaufwärts dampfen. Die Fahrt ging nur langsam von statten. Die Geschwindigkeit betrug dem Strome entgegen 3—4, stromabwärts etwa 4—5 Meilen in der Stunde.

Trotzdem eine Abordnung der Akademie der Wissenschaften und andere hervorragende Männer bei der Probefahrt zugegen waren und den Erfolg bestätigten, wurde er in weiteren Kreisen doch wenig bekannt. Das Boot blieb unbenutzt im Hafen liegen. Der 1803 von neuem zwischen Frankreich und England ausgebrochene Krieg lenkte die allgemeine Aufmerksamkeit auf andere Gebiete. Fulton versuchte daher, das Dampfschiff den Kriegszwecken dienstbar zu machen. Er schlug der französischen Regierung vor, Dampfschiffe für den Truppentransport zu bauen und wies darauf hin, dass es dann möglich sein würde, zu jeder Zeit unabhängig von Wind und Wetter eine Armee in England zu landen. Napoleon überwies diesen Vorschlag einer Kommission zur Prüfung, die aber, in Uebereinstimmung mit dem Marineminister, den Plan für unausführbar erklärte.

Fulton gab die Hoffnung auf, in Frankreich seinem Ziele näher zu kommen, und beschloss, in seiner Heimat weiter an der Entwicklung des Dampfschiffes zu arbeiten. Vorerst aber ging er nach England, um in der berühmtesten Dampfmaschinenfabrik der Welt, bei Boulton und Watt, sich eine Dampfmaschine nach seinen Angaben anfertigen zu lassen. Sobald er die Nachricht erhalten hatte, dass die Maschine versandtbereit sei, eilte er ihr nach New York voraus, wo er im Oktober 1806 eintraf und sofort den Bau des Schiffes in die Wege leitete. Mit Livingston gemeinsam, der inzwischen auch nach den Vereinigten Staaten zurückgekehrt war, arbeitete Fulton an dem grössten Dampfschiff der damaligen Zeit.

Am 7. Oktober 1807 machte der „Clermont", wie das neue Dampfschiff nach dem Wohnort des Kanzlers Livingston genannt war, seine erste Fahrt auf dem Hudson von New York nach Albany. Das Schiff war 40,5 m lang und 5,5 m breit und erreichte eine grösste Geschwindigkeit von 4 Knoten (7,4 km) in der Stunde. Die beiden Maschinen entsprachen in ihrem Aufbau der Watt'schen Winkelhebelmaschine (s. Seite 107 Fig. 34), nur dass die Kurbelwelle auf der andern Seite des Hebels in beträchtlicher Entfernung angeordnet war. Die Schaufelräder wurden von der Hauptwelle durch Zahnräder angetrieben. Die Cylinder hatten 610 mm Durchmesser und 1,2 m Kolbenhub; die Maschinenleistung soll etwa 20 Pferdekräfte betragen haben.

Gewaltig war der Eindruck, den das Schiff auf die Anwohner des Flusses und die Mannschaften anderer Schiffe machte. Zeitungsberichte aus der damaligen Zeit erzählen von dem „Ungeheuer, das Wind und Flut Trotz bot und Flammen und Rauch von sich blies." Da man zuerst trockenes Fichtenholz als Brennstoff benutzte, so schlug die helle Flamme oft hoch über den Schornstein hinaus und setzte einige Schiffer, die das unheimliche Licht Wind und Wasserströmung entgegen schnell auf sich zukommen sahen, so sehr in Schrecken, „dass sie sich bei diesem fürchterlichen Anblick unter Deck flüchteten und auf ihren Knien den Himmel anflehten, sie vor dem Nahen des entsetzlichen Ungetüms zu schützen, das auf dem Wasser einherzog und seinen Weg durch Flammen erleuchtete."

Nach der gelungenen Versuchsfahrt nahm man den „Clermont" sofort als Passagierboot zwischen New-York und Albany in regelmässigen Betrieb. Im folgenden Jahre wurde er den Bedürfnissen entsprechend etwas umgeändert und vergrössert. Der „Clermont" war somit das erste Dampfschiff, das über die Versuche hinaus kam, das erste, das dauernd regelmässig in den Dienst des Verkehrs trat.

Die Dampfschifffahrt fand so schnell Anklang, der Verkehr stieg so schnell, dass Fulton alsbald einige weitere Dampfschiffe, jedes fast doppelt so gross wie der „Clermont", erbauen musste.

Fulton's Dampfer bildeten den Ausgangspunkt unseres heutigen Dampfschiffverkehrs. In Amerika entstand die Dampfschiffahrt, und hier auch gewann sie zunächst die schnellste Verbreitung. Ein ungeheures Land, nur von wenigen, noch dazu schlechten Landstrassen durchzogen, dagegen von der Natur reichlich mit weitverzweigten schiffbaren Wasserstrassen ausgestattet, vermochte aus dem neuen Verkehrsmittel sofort den grössten Vorteil zu ziehen.

Während Fulton auf dem Hudson die Dampfschiffe einführte,
sorgte ein anderer hervorragender Ingenieur, Stevens, dafür, dass auf
dem Delaware binnen kurzem eine Anzahl von Dampfern verkehren
konnte. Stevens und seine Söhne waren hervorragend für die Entwicklung des amerikanischen Dampfschiffbaues thätig und eine grosse
Zahl noch heut verwendeter Konstruktionseinzelheiten rühren von
ihnen her. 1812 wurden die ersten Dampffähren für New-York erbaut, und in dem gleichen Jahre befuhr die 1811 in Pittsburg erbaute
„New-Orleans", die 42 m lang, 9 m breit war und 40 000 Dollars
gekostet hatte, als erstes Dampfschiff den Mississippi. Zehn Jahre
später verkehrten bereits 70 Dampfschiffe auf dem Riesenflusse.
1831 gab Stevens die Zahl der am Mississippi erbauten Dampfschiffe
auf 348 an, und 1840 sollen bereits 1000 Dampfer auf dem Strom-
gebiet des Mississippi im Betrieb gewesen sein.

Auch das erste mit Dampf betriebene Kriegsschiff wurde in
Amerika und zwar auch durch Fulton erbaut. Der 1812 zwischen
England und den Vereinigten Staaten ausgebrochene Krieg bot die
Veranlassung, ein Projekt auszuarbeiten und es der Regierung anzu-
bieten. Das Dampfschiff, dessen Geschwindigkeit auf 4 Meilen in
der Stunde festgesetzt war, sollte auf dem Verdeck eine Batterie
schwerer Geschütze tragen, die mit glühenden Kugeln die feindlichen
Schiffe zu beschiessen hatten. 1814 bewilligte der Kongress die
Baukosten, die auf 320 000 Dollar veranschlagt wurden. Man
begann sofort mit dem Bau des Schiffes und noch in demselben Jahre lief das erste mit Dampf betriebene Kriegsschiff
„Fulton the First" vom Stapel. Es bestand aus zwei miteinander in
einem Abstande von 4,5 m fest verbundenen Schiffskörpern. Es
war etwa 47 m lang und 17 m breit. Sein Tonnengehalt betrug 2475.
Im Juli 1815 legte es bei der ersten Probefahrt 53 engl. Meilen in
8 Stunden 20 Minuten zurück.

Das Schaufelrad lag in dem Raum zwischen beiden Schiffskörpern, war vor Beschädigungen also ziemlich geschützt. Die
Maschine war auf der einen, der Kessel auf der andern Schiffs-
seite angeordnet. Der Dampfcylinder mass 1219 mm im Durchmesser, die Hublänge betrug 1,5 m. Der kupferne Kofferkessel war
bei 6,7 m Länge 3,6 m breit und 2,4 m hoch. Ausser 30 schweren
Geschützen und einer Anzahl Oefen, in denen die Kugeln glühend
gemacht wurden, waren noch mächtige Pumpen angeordnet, mit
denen man so grosse Wassermengen auf das Deck des feindlichen
Schiffes befördern wollte, „dass Geschütz und Munition unbrauchbar
würden."

In Europa begann 1812 von Schottland aus sich die Dampfschiffahrt für dauernde praktische Benutzung einzuführen. Der
Schotte Bell, in Verbindung mit seinen Landsleuten Thomson und
Robertson, erbaute ein Dampfschiff, das „Comet" genannt wurde,
„weil es erbaut und fertiggestellt wurde in demselben Jahre, in dem
ein Komet im Nordwesten Schottlands beobachtet wurde." Das
Schiff fuhr zwischen Helensburg, einem Seebadeorte am Clyde und
Glasgow, wurde aber zunächst sehr wenig benutzt, da „niemand
sein kostbares Leben auf das Spiel setzen wollte". Erst nach und
nach wurde das Unternehmen gewinnbringender, als man sich überzeugte, dass das Reisen auf dem Dampfboot bequemer, schneller
und um ein Drittel billiger als zu Wagen sich stellte.

Die Dampfmaschine des „Comet" besass einen senkrecht angeordneten Cylinder von 279 mm Durchmesser. Als Treibapparate dienten
an der Seite des Schiffes angebrachte Schaufelräder. Um den Bewohnern
der Küste Gelegenheit zu geben, sich mit eigenen Augen von den
Vorteilen der Dampfschiffahrt zu überzeugen, fuhr Bell mit dem
„Comet" an den englischen, schottischen und irländischen Küsten
entlang und bewies überall den Leuten, „dass er mit Hülfe der
Dampfkraft das zu leisten vermöge, was bisher weder einem König
noch Feldherrn gelungen war, nämlich Schiffe gegen Wind und Flut
fortzubewegen".

Bell's „Comet" folgten bald andere grössere und schnellere
Dampfschiffe, und 10 Jahre später schon waren 90 Dampfboote in
Schottland erbaut. Ein an den Ufern des Clyde errichtetes Denk-
mal soll die Erinnerung an Bell und seinen „Comet", an den
bescheidenen Anfang der europäischen Dampfschiffahrt, auch späteren
Geschlechtern wach erhalten.

Aus Schottland stammt auch der erste Themsedampfer, der
1814 zuerst bei London zu regelmässigen Fahrten benutzt wurde.
Sonderprivilegien einiger Schiffer verhinderten aber einen geschäftlichen Erfolg. Das Dampfboot wurde nach Paris verkauft, wo
es am 28. März 1816 ankam und von König Ludwig XVIII. besichtigt
wurde.

Unter den deutschen Strömen war der Rhein der erste, der
vom Dampfschiff befahren wurde. Am 12. Juni 1816 gelangte das
Dampfboot „Défiance" von Rotterdam her in Köln an.

Aber erst von 1820 ab wurde der Dampfschiffverkehr allgemeiner.
1825 bildete sich die Kölner Dampfschiffahrtsgesellschaft, die am
1. Mai 1827 mit dem Schiff „Concordia" ihren Betrieb eröffnete. Der
Dampfer war etwa 45 m lang und 5 m breit, er war noch ganz aus

Holz gebaut und besass eine Tragfähigkeit von 58,6 Tonnen. Die eincylindrige etwa 70pferdige Maschine stand auf der einen, der Dampfkessel auf der andern Seite des Schiffes. Die Maschine besass ein Schwungrad, um die Gleichmässigkeit des Ganges zu erhöhen. Der Dampfer brauchte für die Bergfahrt Köln—Mainz 22 Stunden 10 Minuten reine Fahrzeit, während heute die Schiffe derselben Gesellschaft diese Strecke, einschliesslich der Aufenthaltszeiten, in 12 Stunden 15 Minuten zurücklegen.

Die Einrichtung und Ausstattung dieser ersten Dampfer galt als hervorragend prachtvoll und bequem. „Man kann sich nichts Eleganteres und Bequemeres denken als dieses Dampfschiff", schrieb 1827 der Dichter Matthisson an Bord der „Concordia". „Angenehmer sich durch die Welt bewegen, als auf einem solchen Dampfschiff, mag auch der lebhaftesten Phantasie kaum erträumbar sein", so schloss der interessante Reisebericht des Dichters, der uns eine kleine Vorstellung giebt, wie mächtig der Eindruck gewesen sein mag, den bereits diese ersten, nach unsern Begriffen primitiven, kleinen Dampfer auf die Reisenden machten.

Zwischen Berlin, Charlottenburg und Potsdam fuhr noch vor 1820 als erstes Dampfschiff die „Princessin Charlotte". Sie wurde aber bald wieder ausser Betrieb gesetzt, da sie einen wirtschaftlichen Erfolg nicht zu erzielen vermochte.

Das erste Dampfschiff auf der Elbe war das schottische Fahrzeug „Lady of the Lake", mit dem schon 1816 regelmässige Fahrten zwischen Hamburg und Cuxhaven eingerichtet wurden, die aber bald, da sie sich nicht bezahlt machten, wieder aufgegeben werden mussten. Aehnlich ging es zwei andern Dampfern, dem „Courier" und dem „Fürst Blücher", die dem Verkehr zwischen Berlin—Magdeburg—Hamburg dienen sollten. Dauernd erhielt sich die Dampfschiffahrt auf der Elbe erst seit 1836. Auf der Donau soll 1818 der erste Dampfer gefahren sein. 1819 wurde auf Veranlassen des amerikanischen Konsuls eine Dampfschiffverbindung zwischen Triest und Venedig ins Leben gerufen. 1824 fuhr in der Schweiz auf dem Genfer See der „Wilhelm Tell" als erstes Dampfschiff. In demselben Jahr soll auch Spanien auf dem Guadalquivir sein erstes Dampfschiff erhalten haben.

Kaum war die Dampfmaschine der Binnen- und Küstenschiffahrt dienstbar geworden, so richteten unternehmende Männer ihren Blick hinaus auf das weite Meer und versuchten auch dies mit Dampfschiffen zu durchqueren. Die Fahrt des amerikanischen Dampfers „Savannah" bildete den Ausgangspunkt der transatlantischen Dampfschiffahrt. Am 26. März 1819 ging das Schiff von Savannah in Georgien ab, am 20. Juni kam es in Liverpool an. Segel mussten den Dampf noch unterstützen; denn mehr Brennmaterial — und zwar feuerte man Fichtenholz — als für etwa 18 Tage vermochte das Schiff nicht mitzuführen. Von Liverpool fuhr der Dampfer nach Petersburg, dem Endziel seiner Reise. Die Schaufelräder wurden unmittelbar von einer schrägliegenden Dampfniederdruckmaschine angetrieben. Der Cylinderdurchmesser betrug 1219 mm, die Hublänge 1,828 m. 1825 fuhr das erste Dampfschiff „Falcon" nach Indien; auch auf dieser Reise unterstützten noch Segel die Dampfmaschine.

Die regelmässige Dampferverbindung von England mit seinen ostindischen Besitzungen nahm einige Zeit später der Dampfer „Enterprise" auf, der mit seinen 120 PS. die Reise in 113 Tagen, von denen 10 auf Kosten der Kohlenaufnahme zu rechnen waren, vollendete. Die Fahrgeschwindigkeit betrug bei Dampf- und Segelbenutzung 9,3 Knoten in der Stunde. Trotz all dieser überseeischen Fahrten, bei denen nur aushilfsweise noch Segel benutzt wurden, trotz des vollständigen Erfolges der Dampfschiffahrt auf Flüssen und Seen, galt noch in den dreissiger Jahren eine direkte Dampfschiffahrt ohne Benutzung der Segel zwischen Europa und Amerika vielfach für unausführbar. Noch 1836 hielt Professor Lardner in der wissenschaftlichen Gesellschaft zu Bristol einen Vortrag über die Unmöglichkeit einer transatlantischen Dampfschiffahrt, der mit den Worten schloss: „der Gedanke, eine oceanische Dampfschiffahrt eröffnen zu wollen, gleicht vollkommen jenem andern einer Reise nach dem Monde."

Schon zwei Jahre später war die „Unmöglichkeit" möglich geworden. Am 8. April 1838 verliess der „Great Western", mit einer 400 pferdigen Dampfmaschine Maudslay'scher Konstruktion ausgerüstet, Bristol und kam am 23. zugleich mit einem kleineren Dampfer, dem „Sirius", der schon am 4. April Cork verlassen hatte, in New York an. In 15 Tagen hatte der Dampfer den Weg von Europa nach Amerika zurückgelegt; die doppelte Zeit für die gleiche Reise brauchten die Segelschiffe. Damit war die Ueberlegenheit des neuen Verkehrsmittels erwiesen. Die transatlantische Dampfschiffahrt begann, alte und neue Welt einander näher zu bringen.

Der Bedeutung dieses Ereignisses entsprach der Empfang, den die beiden ersten Seedampfer in Amerika fanden. Von den Befestigungswerken und den Kriegsschiffen donnerten Freudenschüsse über das Meer den transatlantischen Dampfern entgegen. Eine festlich geschmückte Menschenmenge harrte der Ankunft am Hafen oder fuhr auf den mannigfaltigsten Fahrzeugen dem Dampfer entgegen. Die Tageszeitungen erzählten ausführlich von der Reise und suchten durch ausführliche Beschreibungen ihren Lesern ein Bild von diesen mächtigen Schiffen zu geben.

Sechs Jahre später hatte der „Great Western" schon 70 mal das Weltmeer durchkreuzt. Die schnellste Fahrt nach New York machte er 1843 in 12 Tagen und 18 Stunden; im Durchschnitt dauerte die Reise $13\frac{1}{2}$ bis $15\frac{1}{2}$ Tage.

Der erste Kriegsdampfer in Europa war die „Sphinx"; sie gehörte zu der französischen Flotte und war mit Ausnahme der Maschinen, die aus Liverpool stammten, in Frankreich erbaut worden. Der erste englische Kriegsdampfer, die „Media", lief 1833 vom Stapel.

Der nächste grosse Fortschritt im Dampfschiffbau bestand in der Einführung der Schraube als Treibapparat, dessen gebrauchsfähige Ausbildung vor allem dem Oesterreicher Ressel, dem Engländer Smith und dem schwedischen Kapitän Ericsson zu verdanken war, und in dem Uebergang vom hölzernen zum eisernen Schiffskörper.

Der erste eiserne transatlantische Schraubendampfer lief am 19. Juli 1843 in Bristol vom Stapel. Der „Great Britain" war 91 m lang und 15,2 m breit, seine Dampfmaschine leistete über 1000 Pferdestärken. Sie bestand aus 4 unter 45° geneigten Cylindern von je 2240 mm Durchmesser und 1,828 m Hub, die so zu je zwei einander gegenüber aufgestellt waren, dass sie gemeinsam ihre Arbeit auf die 1,8 m unter Deck liegende Kurbelwelle übertragen konnten. Von dieser Welle aus, die 27 Umdrehungen in der Minute machte, wurde mit einer Uebersetzung von 1 : 3 durch Ketten und Kettenräder die Schraubenwelle angetrieben.

Ungeahnt rasch steigerte sich mit den wachsenden Ansprüchen an den Dampfschiffsverkehr auch die Leistungsfähigkeit der ausführenden Technik, durch die es möglich wurde, einen Dampfer auszuführen, dessen Grössenverhältnisse erst von unsern heutigen Schiffen wieder erreicht worden sind. Der „Great Eastern" war für den Verkehr nach Indien und Australien bestimmt; er wurde 1857 auf der Themse bei London nach 5 jähriger Bauzeit vollendet. 207 m in der Länge mass dieser Riesendampfer, dem Dampfmaschinen von 7700 PS Gesammtleistung eine Geschwindigkeit von 14 Knoten in der Stunde geben sollten. Schraube und Schaufelräder fanden bei ihm gleichzeitig Verwendung. Zum Antrieb der Schraube dienten 4 horizontal liegende Dampfmaschinen mit 2150 mm Cylinderdurchmesser und 1,22 m Hub. Die Schaufelräder erhielten ihre Bewegung durch oscillierende Maschinen von 1880 mm Cylinderdurchmesser und 4,26 m Hub.

Die Technik zwar hatte die gewaltige Aufgabe, die ihr im Bau des „Great Eastern" gestellt war, gelöst; aber die wirtschaftlichen Voraussetzungen erfüllten sich nicht. Das Unternehmen erwies sich als verfehlt. Die 20 Millionen Mark, die das Schiff gekostet hatte, trugen keine Zinsen. Der Kaufmann hatte sich verrechnet. Der Sprung vom „Great Western" zum „Great Eastern" war zu gross.

Die weitere Entwicklung, vor allem der transatlantischen Dampfschiffahrt, vollzog sich unter genauster Berücksichtigung des wirtschaftlichen Bedürfnisses in stetigen Bahnen. Ihre Geschichte ist mit den Namen einiger grossen Gesellschaften, die sich in den Weltverkehr teilten, und von denen die grössten, der Bremer Norddeutsche Loyd und die Hamburger Packetfahrtgesellschaft, Deutschland angehören, auf das engste verbunden.

Die technische Entwicklung der Schiffsdampfmaschine knüpfte zunächst an die vorhandene Landdampfmaschine unmittelbar an. Die Watt'sche Niederdruckdampfmaschine wurde mit Balancier und Schwungrad auf das Schiff verpflanzt. In Amerika geschah das Gleiche mit der Evans'schen Hochdruckdampfmaschine.

Die von Evans oder dessen Nachfolger etwa 1814 erbaute Betriebsmaschine des Dampfers „Aetna" bringt Fig. 79 zur Darstellung. Der vertikal angeordnete Cylinder a steht etwa 1,8 m über dem Boden des Schiffes. Er erhält den Dampf von einem in der Längsrichtung des Schiffes untergebrachten cylindrischen Kessel. Die Dampfverteilung besorgt ein Evans'scher Drehschieber (s. S. 126 Fig. 59-61). Er wird von der Radwelle aus mit Zahnrädern angetrieben. Die Umsteuerung der Maschine erfolgt durch Veränderung der Schieberbewegung, die von dem Hebel t aus durch Verschiebung der auf der Welle n befindlichen konischen Zahnräder erreicht werden kann. Je nachdem das obere oder untere Rad in Eingriff kommt, dreht sich der Kreisschieber rechts oder links herum.

Die Kraft des Kolbens wird unter Benutzung eines mächtigen einarmigen hölzernen Hebels, der Kolbenstange b, der Treibstange $c\,e$ und der Kurbel $e\,f$ auf die Schaufelradwelle übertragen. Der Geradführung dient das Evans'sche Parallelogramm. Der Abdampf geht aus dem Cylinder in den kleinen Behälter m und wird hier zum Teil durch Einspritzen kalten Wassers kondensiert. Der übrig bleibende Dampf strömt mit der Luft zugleich durch die Röhre u in das Meer. Eine kleine Pumpe v befördert das Kondenswasser je nach Stellung der in Frage kommenden Hähne zum Kessel oder in das Meer. Kaltwasser- und Speisepumpe werden mit Stangen und Hebel von dem Hauptbalancier aus betrieben. Von den einzelnen Maschinenteilen sind

12*

besonders die Schubstangen bemerkenswert, da sie nicht, wie
damals üblich, aus Gusseisen, sondern aus Schmiedeeisen bestehen.
Vier schmiedeeiserne Stangen, an den Enden zusammengeschweisst
und in der Mitte durch eine Scheibe auseinandergehalten, bilden die
Schubstange.

Die Maschine leistete bei 10 Atm. Betriebsdruck und $^1/_4$ Füllung
etwa 45 PS. Die Schaufelradwelle machte 21 Umdrehungen in der

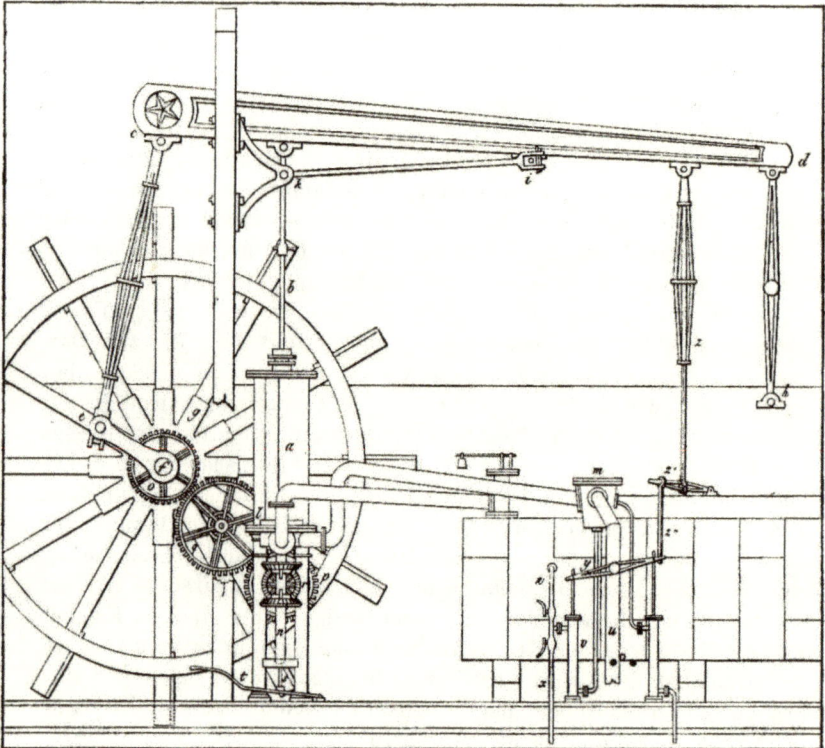

Fig. 79.

Minute. Die Kessel für derartige Hochdruckmaschinen waren cylindrisch und wurden aus Eisenblechen zusammengenietet. Sie
hatten bei etwa 5,5 m Länge gewöhnlich 600 bis 750 mm Durchmesser. Die Endplatten waren aus Gusseisen.

Die ausserordentlich schnelle Entwicklung der amerikanischen
Dampfschiffahrt führte zu mancherlei Unzuträglichkeiten. Die hohen

Dampfspannungen, die allgemein zur Verwendung kamen, das Bestreben der Maschinenwärter, diesen Druck womöglich noch zu vergrössern, liess jede Nachlässigkeit in der Herstellung, jeden Fehler im Material besonders gefährlich werden. Kesselexplosionen waren an der Tagesordnung. Nicht weniger als 50 Schiffskessel waren bis zum Jahre 1831 in die Luft geflogen und hatten 256 Menschen getötet und 101 verwundet. Es gehörte damals Mut dazu, auf einem amerikanischen Dampfer zu fahren.

Auch der Kessel des „Aetna" explodierte nach zehnjähriger Betriebszeit und gab Veranlassung zu einer jener mörderischen Katastrophen. Wassermangel im Kessel war die Ursache. Die Kesselspeisepumpe hatte, ohne dass der Maschinist dies bemerkte, ihren Dienst versagt. Bei der Untersuchung stellte sich heraus, dass die Verbindung zwischen Pumpe und Kessel vollständig verstopft war.

Die zahlreichen Unglücksfälle redeten eine deutliche Sprache und liessen es ratsam erscheinen, niedrigere Dampfdrücke zu verwenden.

Die weitere Entwicklung der amerikanischen Raddampfermaschine ist in der Hauptsache dem Ingenieur Robert L. Stevens zu verdanken. Noch heute giebt die von ihm schon 1827 für seine „Nordamerika" erbaute hochragende Balanciermaschine mit Ventilsteuerung den amerikanischen Flussdampfern ihr charakteristisches Gepräge. Stevens auch war es, der Röhrenkessel mit rückkehrendem Zug einführte und den Zug durch ein Gebläse verstärkte. Er liess seine Maschinen mit einem Dampfdruck von 3 bis 3,5 Atm. arbeiten, verwandte Kondensation und liess den Dampf expandieren. Die Steuerung gestattete. mit Füllungen von 0,7 bis 0,35 zu arbeiten. Den Aufbau der Maschine lässt Fig. 80 erkennen. Der kurze gitter-

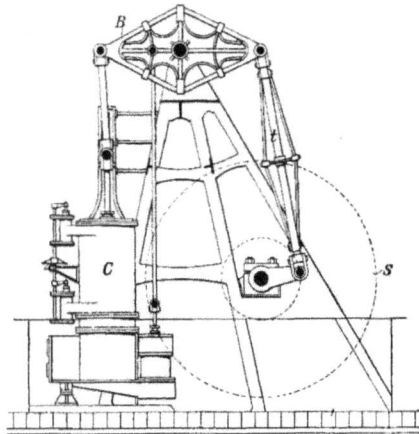

Fig. 80.

artige Balancier ermöglicht eine sehr kleine Baulänge der Maschine. Das bockartige Gestell der Maschine, noch heute vielfach, wenigstens bei hölzernen Dampfern, aus Holz gefertigt, überträgt die auftretenden Kräfte auf die Längsrichtung des Schiffes. Charakteristisch ist der riesige Hub der Maschinen von 2,5 bis 4,6 m. Die Doppelsitzventile als Dampfverteilungsorgane lassen noch bei 1000pferdigen Maschinen eine leichte Umsteuerung zu. Das Manövrieren mit der Maschine geht leicht und sicher von statten. Ihr Gang ist ruhig und ihr majestätischer Bau wird noch heut wie vor 60 Jahren vom Publikum angestaunt und bewundert. Weit über den Schiffskörper hinaus ragt der Balancier, und langsam bewegen sich die mit Sternenbannern geschmückten Enden des Balanciers auf und nieder. Auch heute noch bilden sie eine eigenartige Sehenswürdigkeit der amerikanischen Flussschiffahrt.

Die Abmessungen dieser Maschinen und die Geschwindigkeit, die sie zu erreichen gestatteten, waren oft sehr bedeutend. Die 1849 erbaute „New World" war 113 m lang, 10,67 m breit. Die Höhe vom Kiel bis zum Balancier in höchster Stellung betrug 19 m. Die Dampfmaschine leistete bei einem Cylinderdurchmesser von 1930 mm, einem Hub von 4,57 m und 17,5 minutlichen Umdrehungen 2500 PS.

In Europa entwickelte sich zunächst die von Boulton und Watt schon 1814 ausgeführte Seitenbalanciermaschine zu dem allein herrschenden Schiffsmaschinentypus. Man verwendete fast ausnahmslos Zwillingsmaschinen mit zwei um 90° versetzten Kurbeln, um grössere Gleichförmigkeit des Ganges und leichte Manövrierfähigkeit zu erhalten.

Eine Ende der dreissiger Jahre in Greenock erbaute Seitenbalanciermaschine zeigt Fig. 81, auf der die Hälfte der Zwillingsmaschine abgebildet ist. Die Kolbenstange tritt nach oben aus dem Cylinder aus; sie trägt ein Querhaupt, von dem aus zwei Stangen die Kraft auf zwei möglichst tief liegende gleicharmige Hebel übertragen. Von dem andern Ende dieser auf beiden Seiten jedes Cylinders angeordneten Balanciers wird mit Schubstange und Kurbel die Radwelle in Umdrehung versetzt. Der Geradführung der Kolbenstange dienen Lenker und Gegenlenker. Schieber besorgen die Dampfverteilung. Die Maschine arbeitet mit Expansion. Vor dem Schieber angeordnete Doppelsitzventile gestatten den Füllungsgrad zu verändern. Der Cylinder mass im Durchmesser 1860 mm, der Hub betrug 2,13 m. Die stilvoll durchgeführten gothischen Formen, die als „himmelanstrebend" so gern bezeichnet werden, mögen in dem kleinen dunklen Schiffsraum äusserst seltsam angemutet haben.

Statt mit zweiarmigen wurden auch Maschinen mit einarmigen Balanciers ausgeführt, die mit Rücksicht auf den eigentümlichen Eindruck, den sie im bewegten Zustand machten, als „grashopper" bezeichnet wurden.

Die Balanciermaschinen blieben fast ein halbes Jahrhundert lang die herrschenden Betriebsmaschinen der Raddampfer. Die Gewichte ihrer bewegten Teile waren sehr gut ausgeglichen, die Bewegung des Kolbens folgte somit leicht der Steuerung. Neben dieser für das Manövrieren besonders in Frage kommenden guten

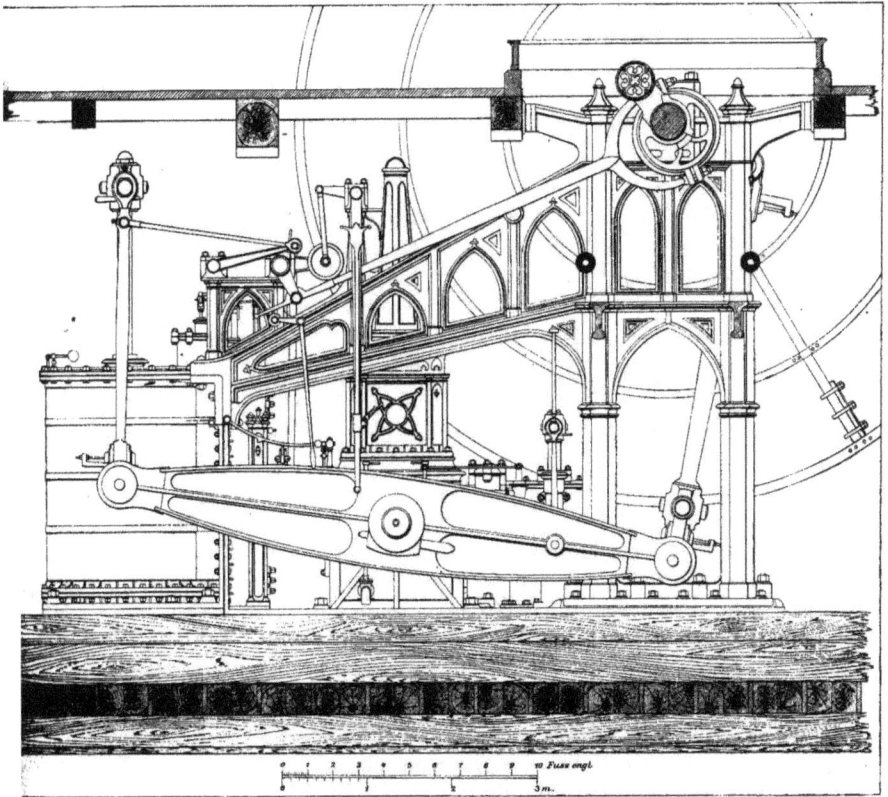

Fig. 81.

Eigenschaft war es von besonderem Vorteil, dass sie die Verwendung langer Schubstangen und dadurch eine sehr gleichmässige Druckübertragung auf die Kurbel ermöglichten. Die Bedienung der Steuerung einer normalen Balanciermaschine mit Grund- und Expansionsschieber war dagegen noch ausserordentlich kompliciert, und nur dem geübtesten Maschinisten war es möglich, in absehbarer Zeit einigermassen damit

zurecht zu kommen. Bei Inbetriebsetzung der Maschine hatte der
Wärter zunächst die beiden Dampfventile zu bedienen, die dem Dampf
den Zutritt zu den Schieberkästen gestatteten. Darauf wurde die
Verbindung der Excenter mit den Grundschiebern durch Ausheben
der Excenterstangen unterbrochen und die Grundschieber von Hand
so eingestellt, dass der Dampf, je nachdem welche Drehrichtung
verlangt wurde, über oder unter den Kolben gelangen konnte. Die
Excenter sassen lose auf der Welle und wurden durch Knaggen
mitgenommen, und zwar gehörten zu jedem Excenter zwei solcher
Mitnehmer, von denen der eine für Vorwärts-, der andere für Rückwärtsgang der Maschine diente. Je nachdem welche Umdrehungs-
richtung man der Kurbelwelle durch Einstellung des Grundschiebers
gegeben hatte, kam der eine oder andere Mitnehmer zur Wirkung.
Sobald dies geschehen war, wurde die Excenterstange mit dem
Schieber wieder in Verbindung gebracht; die selbstthätige Steuerung
der Maschine trat in Thätigkeit. Auch der Expansionsschieber
wurde alsdann mit dem zugehörigen Excenter verbunden. Vorher
waren noch die Einspritzhähne für die Kondensation zu öffnen.
Nicht weniger als 12 Handhebel, für jeden Cylinder 6, waren bei
jeder Ingangsetzung oder Umsteuerung der Maschine zu bedienen.
Auch der beste Maschinist brauchte dazu geraume Zeit. Von einem
schnellen Manövrieren konnte noch keine Rede sein. In welche Ver-
legenheiten aber die Schiffsführer kamen, wenn der eingeübte
Maschinist erkrankte oder andere Umstände ihn an der Ausübung
seines Dienstes verhinderten und ungeschulten Kräften die Wartung
übertragen werden musste, lässt sich danach leicht ermessen.

Die schwierige, umständliche Bedienung, vor allem aber das
grosse Gewicht, das, auf die gleiche Leistung bezogen, über $2^{1}/_{2}$ mal
soviel betrug, als heute für zulässig erachtet wird, liess die Seitenbalanciermaschine schliesslich den direkt wirkenden Maschinen gegenüber unterliegen. Die direkt wirkende Maschine, bei der die Kolbenstange durch die Schubstange unmittelbar mit der über dem Cylinder liegenden Kurbelwelle in Verbindung stand, wurde in den
dreissiger Jahren zuerst in England für einen Raddampfer der
englischen Marine ausgeführt. Mit der in England erbauten französischen Räderkorvette „Cuvier" kam der neue Schiffsmaschinentypus nach Frankreich und gewann besonders durch die Bemühungen
der Firma Gâche frères von hier aus weitere Verbreitung.

Eine von der genannten Maschinenfabrik 1845 erbaute, direkt
wirkende Maschine, die ein halbes Jahrhundert lang dem Norddeutschen Lloyd als Betriebsmaschine seines Raddampfers „Bremer-

haven" gedient hat, zeigt Fig. 82. Unmittelbar unter der Kurbelwelle, deren Kurbeln unter 90° versetzt sind, stehen die beiden
Dampfcylinder. Von ihnen aus wird mit Schubstange und Kurbel
die Kraft direkt auf die Radwelle übertragen. Der Geradführung
dient der Evans'sche Lenker, der aus dem [Hauptlenker *A*, dem
Gegenlenker *B* und der Schwinge *C* gebildet wird. Die Dampfverteilung besorgt ein Schieber, der nach Ausklinken der Excenterstangen durch den langen, wagerechten Hebel von Hand aus um-

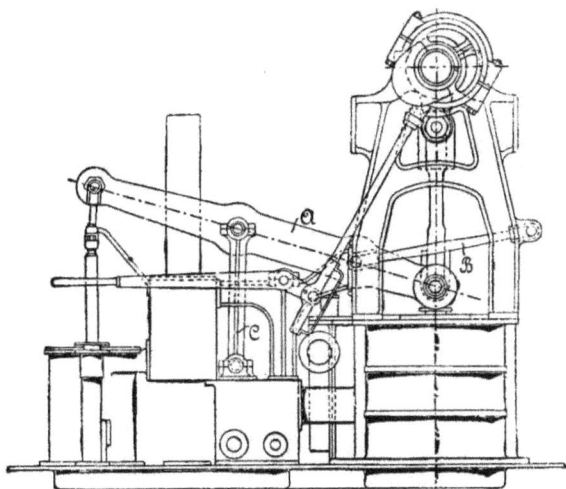

Fig. 82.

gestellt werden kann. Die selbstthätige Steuerung geschieht durch
lose auf der Welle sitzende Excenter, die von Knaggen mitgenommen
werden. Die Maschine machte bei 840 mm Cylinderdurchmesser und
0,66 m Hub 23 bis 25 Umdrehungen in der Minute, erreichte also
nur eine Kolbengeschwindigkeit von etwa 0,5 m in der Sekunde.

Der Hauptnachteil der direkt wirkenden Maschinen bestand in
den kurzen Schubstangen, die bei einem unmittelbar unter der Radwelle angeordneten Cylinder unvermeidlich waren. Schubstangen,
die nur 3, ja bei manchen Maschinen nur $2^1/_2$ mal so lang als die
Kurbeln waren, mussten in Schubstangenköpfen und Gerad-
führungsteilen grosse Reibung und entsprechende Abnutzung hervorrufen. Waren die ersten Maschinen dieses Systems bereits mit
fester Geradführung ausgeführt worden, so kehrte man, um die Rei-
bungsverluste zu verringern, bei den späteren Ausführungen zu den

Lenker-Geradführungen wieder zurück. Das heisst, man verlegte nur
die Reibung von den Gleitflächen der festen Geradführung in die Ge-
lenke des Lenkers.

Um nur einigermassen brauchbare Schubstangenlängen zu erhalten, war man gezwungen, sehr kurze Cylinder anzuwenden. Der
kleine Hub erforderte aber bei den erforderlichen Arbeitsleistungen
und der zulässigen Tourenzahl der Maschine sehr grosse Cylinderdurchmesser und die dementsprechend grossen Kolbenumfänge vergrösserten wieder beträchtlich die Reibungsarbeit der Maschine.

Die gerühmte Einfachheit dieser Maschine suchte man noch
weiter auf Kosten ihrer Betriebstüchtigkeit zu vergrössern, Die
Expansionssteuerung kam in Wegfall. Bei langsamer Fahrt musste,
statt mit verringerter Füllung zu arbeiten, der Dampf gedrosselt,
das heisst schon erzeugte Spannung wieder vernichtet werden. Die
Schieber hatte man früher bei den Seitenbalanciermaschinen, um die
Reibung zu verhindern, sie also leichter beweglich zu machen, vom
Dampfdruck entlastet angeordnet und ihr Eigengewicht durch besondere
Gegengewichte ausgeglichen. Auch auf diese Einrichtung wurde zu
Gunsten der Einfachheit und vor allem wohl aus Rücksicht auf
billige Herstellung verzichtet. Die Folge war, dass die Bedienung
der Maschine und somit die Manövrierfähigkeit noch mehr erschwert
wurde, denn bei der Ingangsetzung oder Umsteuerung der Maschine
waren jetzt gewöhnlich zwei Männer allein zur Bewegung des
Schiebers nötig. Die Manövrierfähigkeit liess also bei den neuen
Maschinen noch mehr zu wünschen übrig, als bei den alten.

Als besondere Vorteile der direkt wirkenden Maschinen gegenüber den Seitenbalanciermaschinen wurden ihr kleinerer Raumbedarf,
das geringere Gewicht, ihre grössere Zugänglichkeit und der billigere
Preis geltend gemacht. Die Nachteile, die bei ihrer Anwendung
sich zeigten, waren aber grösser als diese Vorteile. Kaum ein
Jahrzehnt hat die direkt wirkende Dampfmaschine ihren Platz als
Betriebsmaschine der Raddampfer behaupten können. Immerhin
waren ihre Vorteile gross genug, um das eifrige Bestreben, ihre
Fehler zu verbessern, begreiflich zu machen.

Eine grössere Anzahl Anordnungen, die den Hauptnachteil der
direkt wirkenden Maschine, die kurze Schubstange, zu vermeiden
suchten, entstanden. Von ihnen ist der in der Fig. 83 schematisch
dargestellte Maschinentypus, der von dem englischen Ingenieur
Maudslay Ende der dreissiger Jahre zuerst ausgeführt wurde, besonders bemerkenswert. Auf jede Kurbel arbeiten zwei Dampfcylinder, deren Kolbenstangen durch einen T förmigen Maschinen-

teil T mit einander verbunden sind. An dem senkrecht nach unten gerichteten Steg, der zwischen den Cylindern geführt wird, greift die Schubstange an. Um an Gewicht und Raum zu sparen, führte Maudslay diese Maschine auch als sogenannte Ringmaschine mit einem Cylinder aus. Die Geradhaltung wurde in einen von dem Dampfcylinder umschlossenen besonderen Geradführungscylinder

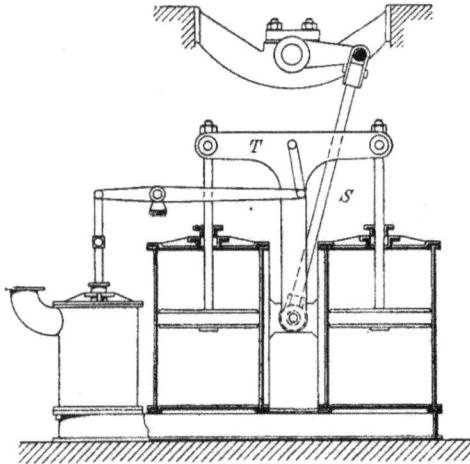

Fig. 83.

verlegt. Der Dampfkolben musste somit ringförmig ausgebildet werden und eine innere und äussere Liderung erhalten, was als wesentlicher Nachteil dieser Anordnung angesehen werden muss.

Eine grosse Bedeutung als Schiffsmaschine erlangten ferner die oscillierenden Maschinen, besonders seitdem es dem berühmten englischen Ingenieur John Penn im Anfang der dreissiger Jahre gelungen war, der Steuerung eine äusserst praktische Form zu geben. Die gebräuchlichste Anordnung war die, bei der der Cylinder in seiner senkrechten Mittellage direkt unter der Kurbelwelle stand. Lag die Radwelle zu niedrig, so wurde auch eine geneigte Aufstellung, bei der auf jeder Kurbelseite sich ein Cylinder befand, deren Mittellagen einen Winkel von 90° einschlossen, gewählt.

Den Typus einer oscillierenden Schiffsmaschine mit Penn'scher Kulissensteuerung zeigt Fig. 84, 85. Der Dampfcylinder C ist in zwei angegossenen, hohlen Zapfen, die zugleich zur Dampfzuführung (Z) und Dampfabführung (A) dienen, drehbar gelagert. Der Kolben K

überträgt durch die Kolbenstange direkt seine Kraft auf die Kurbelwelle. Die Dampfverteilung erfolgt durch den Schieber *s*, der seine Bewegung durch das Excenter *E* von der Kurbelwelle aus erhält. Die Verbindung zwischen Excenter und Schieber muss natürlich so eingerichtet sein, dass sie den schwingenden Bewegungen des Cylinders entspricht. Dies wird durch einen auf dem Cylinderdeckel angebrachten doppelarmigen Hebel *h* erreicht, der mit dem einen Ende an der Schieberstange angreift, während das andere in einer kreisförmig gekrümmten Führungsbahn sich frei verschieben kann. Diese Kulisse, deren Krümmungsradius ihrer Entfernung vom Mittelpunkt des Cylinderdrehzapfens entspricht, wird durch das Excenter *E*, dessen Stange bei *f* mit ihr verbunden ist, auf und nieder bewegt, wodurch zugleich der Hebel *h* und der Schieber *s* ihre Bewegung erhalten. Zur Führung der Kulisse werden die Säulen *t* des Gestells benutzt. Die Umsteuerung erfolgt durch Ausklinken der Excenterstange und Bewegen des Schiebers von Hand. Die Excenter sitzen lose auf der Welle und werden durch Mitnehmerknaggen der veranlassten Drehbewegung entsprechend, mitgenommen. Diese immerhin noch unbeholfene Steuerung musste gegen Mitte des Jahrhunderts nicht nur bei den oscillierenden, sondern auch bei den andern Maschinengattungen der weit vollkommeneren Stephenson'schen Kulissensteuerung den Platz räumen.

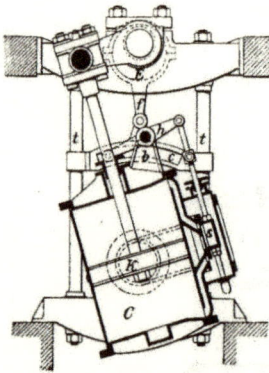

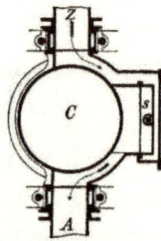

Fig. 84.   Fig. 85.

Die oscillierenden Maschinen fanden dank ihres kleinen Raumbedarfs und geringen Gewichtes verhältnismässig grosse Verbreitung, zumal Unzuträglichkeiten, die auf den von Dampf durchströmten Drehzapfen des Cylinders hätten zurückgeführt werden müssen — und die man anfangs besonders gefürchtet hatte, — sich im praktischen Betriebe wenig bemerkbar machten.

Doch auch sie vermochten auf die Dauer den sich immer steigernden Ansprüchen an die Leistungsfähigkeit und Betriebssicherheit nicht mehr gerecht zu werden. Ihre bewegten Massen wurden zu gross, desgleichen die Reibung und Abnutzung der bewegten Teile. In wirtschaftlicher Beziehung ergab sich ein schwerwiegender

Nachteil daraus, dass ihre Steuerung nicht veränderliche Füllung gestattete und somit höhere Dampfspannungen nicht mit Vorteil angewendet werden konnten.

An die Stelle der oscillierenden Maschine und all der anderen besprochenen Maschinenanordnungen setzte die Neuzeit die schrägliegende Raddampfmaschine.

Mit dem Wechsel des Treibapparates, mit dem Uebergang von dem Schaufelrad zur Schraube, der sich bei den Seedampfern sehr rasch vollzog, änderten sich auch die Anforderungen, die an den Aufbau und Betrieb der Dampfmaschine gestellt wurden. Bei den Raddampfern lag die Welle quer über dem Schiff, bei den Schraubendampfern nahm sie in der Längsachse des Schiffes tief unten im Schiffskörper ihren Platz ein. Die grossen Räder liefen mit wenig Touren, die kleinen Schrauben verlangten vier bis fünfmal grössere Umdrehungszahlen. Trotzdem knüpfte auch hier die Entwicklung zunächst an das Vorhandene unmittelbar an. Die ersten Schraubendampfer zeigten dieselben Betriebsmaschinen, wie die Raddampfer. Die höhere Umdrehungszahl wurde durch Zahnräder und Kettenvorgelege erreicht, die bei den ersten Maschinen gewöhnlich mit einer Uebersetzung von 1 : 3 arbeiteten, also bei 22 Umdrehungen der Maschinenwelle die Schraubenwelle 66 mal in der Minute umlaufen liessen. Die Uebelstände der Zahnradübertragung machten sich aber bald sehr unangenehm fühlbar. Die mächtigen Zahnräder, von oft 4 bis 5 m Durchmesser, erlitten vielfach Zahnbrüche, die den Betrieb unangenehm unterbrachen. Auch der grosse Raumbedarf und das starke Geräusch, das die Zahnradvorgelege verursachten, liessen es äusserst wünschenswert erscheinen, schnelllaufende Maschinen, die unmittelbar an der Schraubenwelle angreifen konnten, zu besitzen.

Es kamen zunächst horizontale Maschinen, die auf beiden Seiten der Schraubenwelle aufgestellt wurden, zur Verwendung. Da für ihre Konstruktionslänge somit nur die halbe Schiffsbreite zur Verfügung stand, so waren kurze Schubstangenlängen unvermeidlich, die wieder zu den bereits vorher erwähnten Unzuträglichkeiten führen mussten. Es wurde daher eifrigst nach einem Maschinensystem gesucht, das bei kleinster Baulänge doch normale Schubstangenlängen anzuwenden gestattete. Die erste Lösung dieser Aufgabe brachte in den vierziger Jahren der englische Ingenieur Penn in Greenwich mit seiner sogenannten Trunkmaschine.

Die Kolbenstange ist röhrenartig erweitert und gestattet, die Schubstange unmittelbar am Kolben angreifen zu lassen. Die hohle

Kolbenstange wird zum Kreuzkopf, die Stopfbüchsen bilden die
Gleitbahn. Das Princip der Trunkmaschine hatte bereits Watt 1784
in seinem Patent zum Ausdruck gebracht. Die Trunkmaschine
eines Schraubendampfers bringt Fig. 86 zur Darstellung. Ein Hauptnachteil dieser Maschinenanordnung bestand in den mächtigen Stopfbüchsen, die bei der grossen
Beanspruchung, die sie erfuhren,
nur sehr schwer dicht zu erhalten waren. Ferner war das
Kreuzkopfgelenk in der hohlen
Kolbenstange *s* äusserst schwer
zugänglich.

Fig. 86.

Ein von Maudslay und Field
in London etwas später einge-
führtes Maschinensystem mit zurückkehrenden Lenkstangen suchte
diese Uebelstände der Trunkmaschine zu vermeiden. Die Cylinder
hatten zwei Kolbenstangen, die so schräg versetzt waren, dass sie beide
neben der Kurbel, die eine über, die andere unter der Kurbelwelle
vorbei gehen konnten. Ihre Enden waren durch einen Kreuzkopf
verbunden, von dem aus, nach dem Cylinder zurückkehrend, die
Treibstange mit der Kurbel in Verbindung stand. Alle diese
Maschinensysteme verschwanden in der zweiten Hälfte des Jahrhunderts, als man in der Hammermaschine einen Typus gefunden
hatte, der den Anforderungen, die an eine Schrauben-Schiffsmaschine
gestellt werden, am besten entsprach.

Gross und bedeutungsvoll war die Entwicklung, die der Schiffsdampfmaschine in der ersten Hälfte des 19ten Jahrhunderts beschieden war: 1812 der „Comet" mit seiner 3 pferdigen Dampfmaschine, und 9 Jahre später die „Majestic" mit der ersten
100 pferdigen Maschine. Bell's Maschine 1812 hatte einen
Cylinderdurchmesser von 279 mm; 1853 wurde auf dem
Dampfer „Metropolis" der vielleicht auch heut noch „grösste
Dampfcylinder der Welt" von 2660 mm Durchmesser und 4,15 m
Hublänge eingebaut.

Die gewaltigen Leistungen, die von den Schiffsdampfmaschinen
schon frühzeitig verlangt wurden, die Forderung grösster Betriebssicherheit, kleinen Raumbedarfs, geringen Gewichts, und eines möglichst
wirtschaftlichen Betriebes, haben den Maschineningenieur vor eine
Reihe der schwierigsten Aufgaben gestellt. Unablässiger, mühevoller
Arbeit hat es bedurft, den gestellten Anforderungen gerecht zu
werden. Dass an dieser Arbeit sich neben dem englischen Ingenieur

auch bereits selbständig der deutsche Schiffsmaschinenbau erfolgreich beteiligt hat, sei rühmend hervorgehoben.

2. Dampfwagen und Lokomotive.

Schon Savery soll beabsichtigt haben, seine Dampfmaschine für
den Verkehr auf dem Lande zu benutzen. Von einer Ausführung
dieser Idee ist nichts bekannt. Ferner wissen wir, dass Dr. Robison
in Glasgow, der Freund Watt's, sich 1759 als junger Student mit
dem Gedanken, den Dampf als Verkehrsmittel zu verwenden, beschäftigt hatte. Auch seine Bemühungen führten noch nicht zu
einem praktisch verwertbaren Ergebnis.

Erst 10 Jahre später, 1769, lief der erste Dampfwagen und zwar
in den Strassen von Paris. Der französische Ingenieur Nicolas
Joseph Cugnot hatte ihn im Auftrage der Regierung erbaut. Der
Kriegsminister, Herzog von Choiseul, war bei der Inbetriebsetzung
zugegen und unternahm mit dem Erbauer die erste Dampfwagen-
fahrt. Der Wagen, der noch heute im Conservatoire des Arts et
Métiers zu Paris zu sehen ist, sollte zum Transport der schweren
Geschütze dienen.

Auf drei Rädern ruht ein kräftiger hölzerner Rahmen, das
Wagengestell. Das Vorderrad ist etwas kleiner und schwerer als
die beiden Hinterräder, und wird von zwei über ihm auf dem Wagen
stehenden Dampfcylindern angetrieben. Die Maschinen sind einfach
wirkende Hochdruckmaschinen, der ähnlich, die Leupold früher angegeben hatte. Die Kraft wird mit Hebeln und Sperrklinken auf
das Vorderrad übertragen. Der Kessel hatte Innenfeuerung und
eine Theekesselform, wie sie Smeaton für seine erste transportable
Maschine (s. S. 54) angewandt hatte. Er hing in einem eisernen
Rahmen vor dem Treibrade. Die Versuche führten nicht zu den
erwünschten Ergebnissen. Der Kessel war zu klein, um der Maschine
genügend Dampf liefern zu können, auch war der Wagen so schwer-
fällig, dass er mit dem einfachen Steuerapparat kaum zu regieren war.

In Amerika beschäftigte sich 1772 Oliver Evans mit der Ausführung eines Dampfwagens. 1786 versuchte er, auf seine Konstruktion ein Patent zu erlangen. Sein Gesuch wurde mit der Begründung, seine Idee sei undurchführbar, abgelehnt. 1800 begann
Evans den Bau eines Dampfwagens, der von einer Hochdruckmaschine ohne Kondensation getrieben werden sollte. Bald aber
erkannte der praktische Sinn des Amerikaners, dass der Dampfmaschine als Kraftquelle für den gewerblichen Betrieb eine näher-

liegende und gewinnbringendere Thätigkeit offen stehe. Die für den Dampfwagen bestimmte Dampfmaschine fand zum Antrieb einer Gipsmühle Verwendung. Doch 4 Jahre später schon ist Evans wieder mit dem Dampfwagen beschäftigt, mit dem er 1804 „vor den Augen von wenigstens 20 000 Zuschauern durch die Strassen von Philadelphia bis an den Schuylkill Fluss fuhr." Ein anderer amerikanischer Ingenieur, Nathan Read, erhielt 1790 ein Patent auf einen Dampfwagen, dessen Antriebsmaschine aus einer Zwillings-Hochdruckmaschine bestand, von deren zwei horizontal liegenden Cylindern aus die Kraft mittelst verzahnter Kolbenstange und Zahnradgetriebe auf die Wagenachse übertragen wurde.

Auch James Watt fehlt nicht unter den Männern, die den Dampf als Verkehrsmittel zu benutzen gedachten. In seinem Patent von 1784 ist die Verwendung seiner Dampfmaschine zum Bewegen von Fuhrwerken auf gewöhnlichen Strassen ausgesprochen. Zur Ausführung kam es nicht, da der Bau der ortsfesten Maschine dauernd die ganze Zeit des Erfinders in Anspruch nahm. Murdock, der Betriebsingenieur der Sohoer Firma, brachte dagegen das kleine Modell eines Dampfwagens zu Stande; die Angelegenheit weiter zu verfolgen, fand auch er nicht die Zeit. Der kleine, noch heute im Londoner Patentmuseum aufbewahrte Dampfwagen Murdocks erreichte eine Geschwindigkeit von 9 bis 13 km/Std. Der Cylinder, der bei 50 mm Hublänge 20 mm im Durchmesser hatte, stand an dem einen Ende des Wagens über den Treibrädern, die von der Kolbenstange aus, unter Zwischenschaltung eines einarmigen Hebels (grashopper-engine), sowie Schubstange und Kurbel angetrieben wurden. Die Treibräder hatten einen Durchmesser von 240 mm und machten etwa 200 bis 275 Umdrehungen in der Minute.

In den Jahren 1784 bis 1786 bemühte sich auch William Symmington in Schottland, einen Dampfwagen herzustellen, der jedoch auf den schlechten Wegen nicht in Betrieb zu bekommen war.

Im Anfang des 19. Jahrhunderts nahm Richard Trevithick, ein Schüler Murdocks, den Bau eines Dampfwagens mit etwas grösserem Erfolge wieder auf. Da er nach dem Vorbilde Evans hochgespannten Dampf benutzte und auf die Kondensation verzichtete, so bekam er kleine und dementsprechend leichte Maschinen, die sich vorzüglich zum Antrieb von Wagen eigneten. 1802 erhielt er mit seinem Geschäftsteilhaber Vivian ein Patent auf „Dampfmaschinen zum Antrieb von Wagen", und bald darauf baute er eine Strassenlokomotive, die von einer doppeltwirkenden Hochdruckmaschine ohne Kondensation angetrieben wurde. Der Dampfcylinder lag horizontal und war soweit in den oberen Teil des cylindrischen Kessels mit innenliegendem Feuerraum eingesetzt, dass nur die Stopfbüchse vorn an der Rauchkammer noch zum Vorschein kam. Die Kolbenstange stiess also nach vorn in der Fahrrichtung aus und erhielt ihre Geradführung durch Gleitschienen, die weit ausragend am Kessel angeschraubt waren. Von dem Kreuzkopf aus ging eine lange Schubstange nach der am andern Kesselende liegenden Kurbelwelle, die mit schwerem Schwungrad versehen war. Von dieser Hauptwelle aus wurden mittelst Zahnradvorgelege die beiden Treibräder angetrieben.

Der Dampfwagen erregte grosses Aufsehen auch in London, wo der Erfinder Gelegenheit nahm, ihn einer grossen Zuschauermenge im Betriebe vorzuführen. Zur weiteren Einführung kam es nicht. Trevithick gab die Angelegenheit ganz auf, weil er wohl eingesehen hatte, dass der Strassen-Dampfwagen bei dem äusserst schlechten Zustand aller Landstrassen vorerst wenig Aussicht auf dauernden Erfolg haben könne.

Die immer wachsende Industrie, die immer weitere Anwendungsgebiete sich erobernde Dampfmaschine sorgte dafür, dass der Dampfwagen den Ingenieuren nicht mehr aus dem Sinn kam. Das Bedürfnis nach einem besseren und schnelleren Verkehrsmittel war geweckt und drängte nach Befriedigung. So finden wir von 1820 ab wieder eine Anzahl von Versuchen mit Dampfwagen, die bereits zu ganz annehmbaren Ergebnissen führten. Eine Hauptschwierigkeit boten die Kessel, die sich fast immer als zu klein herausstellten. Die feuerberührte Heizfläche war klein, und ein sehr starkes Feuer auf grosser Rostfläche hatte auf Kosten des Brennmaterials und der Haltbarkeit des Kessels trotzdem den nötigen Dampf zu beschaffen. Verschiedene zur Verwendung kommende Röhrenkessel hatten in ihrer Konstruktion auf Entfernung des Kesselsteins keine Rücksicht genommen. Die Röhren verstopften sich, die Leistungsfähigkeit wurde geringer, häufig führte dieser Uebelstand auch zur vollen Zerstörung des Kessels. Der Bewegungsapparat wurde noch vielfach verändert. Einige der Erfinder predigten eine Art Rückkehr zur Natur und gaben der Maschine ein Paar mit Gelenken versehene Beine, die von der Maschine aus mit Kurbeln ihre Bewegung erhielten. Diese künstlichen Pferdefüsse wurden 1824 sogar patentiert; da sie aber nicht zur Zufriedenheit arbeiteten, so kamen sie bald wieder in Wegfall. Die Erschütterungen, denen jeder Wagen beim Fahren ausgesetzt ist, suchte man durch Federn zu mildern. Auch eine besondere federnde Aufhängung der Dampfmaschine wurde versucht. Die Dampfwagen

arbeiteten mit etwa 4 bis 5 Atm. Dampfdruck, aber auch Spannungen
bis zu 20 Atm. kamen vor. Expansion wurde vielfach benutzt, das
Speisewasser wurde gewöhnlich vorgewärmt und auch hier und da
schon der Dampf etwas überhitzt.

Grossen Einfluss auf die Verbesserung der Dampfwagen und
ihre praktische Verwertung übte der englische Ingenieur Walter
Hancock aus, der mit neun von ihm erbauten Dampfwagen ausser
der Bedienungsmannschaft bereits 116 Personen befördern konnte.
Hancock, der mit Vorteil oscillierende Maschinen verwandte, erreichte
mit seinen Wagen Geschwindigkeiten bis fast 30 Kilometer in der
Stunde. 1835 erbaute er einen Dampfwagen, der 20 Reisende aufnehmen und weitere 30 Personen noch in 4 angehängten Postkutschen
befördern konnte. Seine Geschwindigkeit betrug dabei noch 16 Kilometer in der Stunde. Hancock war auch der erste, der regelmässige
Dampfwagenfahrten zwischen London und den benachbarten Städten
einrichtete und diese längere Zeit mit Erfolg betrieb. Einige der
Dampfwagenlinien gingen mitten durch London, ohne in dem Fuss-
gänger- und Wagenverkehr all das Unheil anzurichten, was man als
notwendige Folge dieses Unternehmens prophezeit hatte. Wir sehen,
„das Automobil" ist nicht so neu, wie es uns heute erscheint.

Auch als die Eisenbahnen mit ihren Lokomotiven bereits im
Entstehen waren, und dem Strassendampfwagen ein scharfer Wett-
kampf bevorstand, glaubten noch viele an den Sieg des Dampf-
Automobils, besonders da die hohen Anlagekosten die Ausbreitung
der Eisenbahnen sehr einzuschränken schienen. Eine Kommission,
die im Sommer 1831 sich eingehend mit der Einführung der Dampfkraft als öffentliches Verkehrsmittel zu beschäftigen hatte, gelangte
zu der Ueberzeugung, „dass in der Verwendung der Dampfkraft für
den Verkehr auf den Landstrassen eine der wichtigsten Verbesserungen
zu sehen sei"; ihrer Ansicht nach würden die Strassendampfwagen
bald zur allgemeinen Anwendung gelangen, nur Vorurteile, feindliche
Interessen und zu hohe Abgaben verhinderten bislang noch den gänz-
lichen Erfolg. Die Denkschrift der Kommission fasste die Ergebnisse
*ihrer Untersuchung dahin zusammen: dass ein Dampfwagen mit einer
durchschnittlichen Geschwindigkeit von 16 Kilometer in der Stunde
auf den Landstrassen über 14 Reisende befördern könnte, wobei das
Dienstgewicht des Wagens nicht über 3000 kg betrage.* Bedeutende
Steigungen würden leicht und sicher überwunden. Richtig konstruierte Dampfwagen belästigten das Publikum in keiner Weise.
Das Leben und die Gesundheit der Reisenden sei nicht gefährdet.
Ferner stelle sich der Betrieb mit Dampf billiger als der mit Pferden,

dazu liesse sich mit der neuen Kraft grössere Geschwindigkeit erreichen und, da die Dampfwagen breitere Radkränze als die gewöhnlichen Wagen erhalten, so würden die öffentlichen Wege mehr geschont werden.

Ein besseres Zeugnis, als dieser Bericht noch 1831 ausstellte, konnten sich die Strassendampfwagen nicht wünschen. Die Hoffnungen der Kommission aber erfüllten sich nicht. Die äusserst schlechten Landstrassen, wohl auch die für das grosse Verkehrsbedürfnis noch geringe Leistungsfähigkeit, verhinderten ihre Verbreitung. Sie verschwanden fast ganz und wurden vergessen, als man in der Eisenbahn in Verbindung mit der Lokomotive ein Verkehrsmittel von unvergleichlich grösserer Leistungsfähigkeit sich geschaffen hatte.

Schienenwege waren schon im Altertum bekannt und wurden im Mittelalter in den Grubenbezirken der verschiedensten Länder, vor allem auch in Deutschland, vielfach angewendet. Zuerst aus Stein und Holz, dann aus Eisen hergestellt, boten sie den Wagen eine gleichmässige, feste Unterlage und erhöhten durch Verminderung des Widerstandes in sehr erheblicher Weise die Nutzleistung. Im Anfang des 19. Jahrhunderts waren in England, besonders in den Gruben und Hüttenbezirken, schon eine grosse Anzahl Eisenbahnen vorhanden, auf denen der Verkehr durch Pferde bewirkt wurde.

Richard Trevithick war der erste, der auf dem Schienenwege den Dampf als Verkehrsmittel einführte. Im Februar 1804 wurde auf einer Strecke in Wales die erste Eisenbahnlokomotive in Betrieb gesetzt, die mit Röhren beladene Wagen an ihren Bestimmungsort befördern sollte. Der Kessel K (Fig. 87) hat Innenfeuerung mit zurückkehrendem Feuerzug. Der einfachwirkende Cylinder C ist senkrecht in den Dampfraum des Kessels eingesetzt. Die Dampfverteilung erfolgt

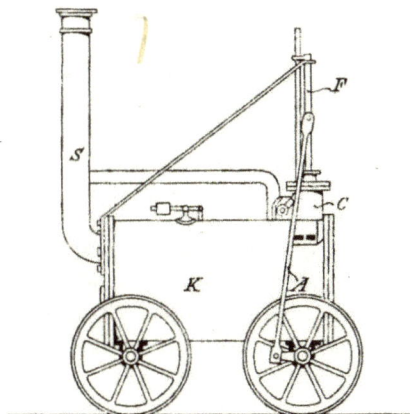

Fig. 87.

durch einen Vierweghahn. Von der nach oben austretenden Kolbenstange, die an besonders versteiften Gleitschienen F ihre Führung erhält, wird mit langer Schubstange und Kurbel die Bewegung auf

13*

die Radachse übertragen. Der Abdampf bläst in den Schornstein S aus und macht die sonst wohl zur Anfachung des Feuers angewendeten Blasebälge entbehrlich. Der Dampfdruck betrug noch nicht ganz 3 Atm., obwohl Trevithick bei seinen Hochdruckmaschinen schon Dampf bis zu 10 Atm. verwendet hatte.

1808 brachte Trevithick auf einer Londoner Eisenbahn eine ähnliche Lokomotive, der er den herausfordernden Namen „Fang mich wer kann" (Catch-me-who-can) gab, in Betrieb. Der Dampfcylinder dieser Lokomotive mass im Durchmesser 370 mm und hatte 1,2 m Hublänge. Die Geschwindigkeit, die erreicht wurde, betrug 19 bis 24 km in der Stunde.

Für den Oberbau aber mit seinen flachen, gusseisernen Schienen war die Lokomotive, die etwa 10 000 kg wog, bei weitem zu schwer. Die Schienen zerbrachen, die erste Eisenbahnlokomotive musste wieder ausser Betrieb gesetzt werden. War das Gewicht der Maschine, wenn man die Haltbarkeit der vorhandenen Schienen in Betracht zog, zu gross, so stellte es sich als zu klein heraus, wenn es galt, sehr grosse Lasten fortzubewegen. Statt den Oberbau wesentlich zu verstärken und noch grössere Achsendrücke anzuwenden, glaubten die Ingenieure zunächst auf glatte Triebräder ganz verzichten zu müssen, und versuchten, besondere Einrichtung zu treffen, um schwere Lasten, zumal auf Steigungen, sicher befördern zu können.

So nahm 1811 Blenkinsop, der Aufseher eines Kohlenbergwerkes bei Leeds, ein Patent auf eine Lokomotive, bei der ein Zahnrad, das in eine längs der ganzen Eisenbahnlinie verlegte Zahnschiene eingriff, zur Verwendung kam. Die Dampfmaschine, die von Murray aus Leeds stammte, wies zwei Dampfcylinder auf, die ähnlich wie Fig. 89 zeigt, angeordnet waren. Die Kraft wurde mit Schubstange, Kurbeln und Zahnradvorgelege auf das Antriebszahnrad übertragen.

1812 schlugen Gebrüder Chapmann in Newcastle vor, die Lokomotive mit Hilfe einer Kette fortzubewegen, die, längs der Eisenbahn ausgespannt, um eine auf der Lokomotive befindliche Trommel aufgewickelt werden sollte. Das System kam ebensowenig zur Anwendung, wie Bruntons automatische Beine und Füsse, die in „Nachahmung der Natur" von dem hinteren Teile der Lokomotive aus, sich gegen den Boden stemmen sollten.

Zu weiteren Fortschritten führte erst William Hedley, der als Aufseher eines Kohlenbergwerkes Gelegenheit nahm, die Beziehung zwischen dem Druck auf die Treibräder und der zu befördernden Last festzustellen. Seine ausgedehnten Versuche führten ihn zu der Ueberzeugung, dass unter normalen Verhältnissen, bei richtiger Wahl der Gewichte, völlig glatte Triebräder genügten, somit alle mehr oder weniger komplicierten Uebertragungsmittel entbehrt werden konnten. Sollte Frost und Feuchtigkeit zeitweilig das Gleiten der Räder veranlassen, so sollte die nötige Reibung durch Bestreuen der Schienen mit Asche erzielt werden. 1812 erbaute Hedley seine erste Lokomotive, deren Konstruktion ihm 1813, nachdem sie sich in einmonatlichem Betriebe auf das beste bewährt hatte, auch patentiert wurde.

Die Maschine besass einen gusseisernen Kessel, der einem einfachwirkenden Cylinder von 152 mm Durchmesser den Dampf zu liefern hatte.

Eine wesentlich verbesserte Lokomotive, bei der besonders der jetzt aus Schmiedeeisen gefertigte Kessel für eine ausreichende Dampferzeugung geeignetere Abmessungen aufwies, führte Hedley 1815 aus.

Da bei den bisher gebräuchlichen zweiachsigen Lokomotiven infolge der grossen Achsdrücke viel Schienen brachen, so kam er bald dazu, vier Achsen zu verwenden. Eine dieser achträdrigen Lokomotiven Hedley'scher Konstruktion, von denen eine der ersten bis 1862 im Betriebe war, zeigt Fig. 88.

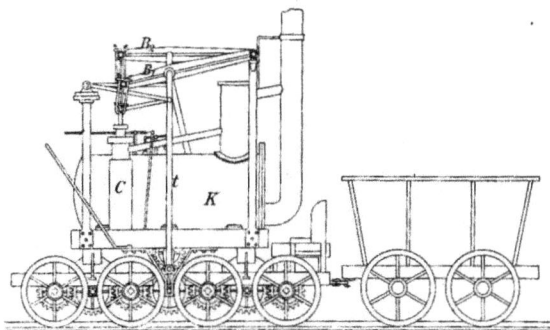

Fig. 88.

Der Kessel K ist ein schmiedeeiserner Walzenkessel mit innenliegender Feuerung und rückkehrendem Zug. Die Feuerung geschieht somit von der Schornsteinseite aus, mit der auch der Tender verbunden ist. Der Dampf wirkt in zwei neben dem Kessel senkrecht angeordneten Cylindern C; von ihren Kolbenstangen aus, die durch das Watt'sche Parallelogramm gerade geführt werden, wird unter Zwischenschaltung zweier einarmiger Balanciers, B_1 und B_2,

mittelst Schubstangen t und Kurbeln eine Welle in Umdrehung
versetzt. Von dieser Hauptwelle aus werden durch Zahnradvorgelege sämtliche vier Achsen angetrieben. Um das Auspuff-
geräusch des Dampfes zu vermindern, hat man neben dem Schornstein
einen cylindrischen Behälter angeordnet, in den der Abdampf
zunächst gelangt, ehe er in den Schornstein ausblasen kann.

Während dieser Zeit war auch George Stephenson, der später
erfolgreichste Förderer des Eisenbahnwesens, mit der Konstruktion
einer Lokomotive beschäftigt, die auf der Killingworther Kohlen-
eisenbahn in der Nähe von Newcastle die teure Pferdearbeit ersetzen sollte. In der Anordnung entsprach diese erste Stephenson'-
sche Maschine, die er zu Ehren des „General Vorwärts" „Blücher"
nannte, der Lokomotive Blenkinsops, nur dass von der Kurbelwelle
aus mit Zahnrädern die glatten Treibräder direkt angetrieben wurden.
Der schmiedeeiserne Kessel von 2,5 m Länge, 863 mm Durchmesser,
mit einem Flammrohr von 508 mm ausgerüstet, versah die beiden
Cylinder von 202 mm Durchmesser und 609 mm Hub mit Dampf.
Die Betriebskosten dieser Lokomotive waren so hoch, dass sie mit
dem Pferdebetrieb nicht konkurrieren konnte. Stephenson suchte
die Kosten durch Vermeiden des Arbeit verzehrenden Zahnrad-
vorgeleges zu vermindern und wandte bei seiner neuen, 1815 ihm
patentierten· Konstruktion, die noch heute gebräuchlichen Lenk-
oder Kuppelstangen zur Verbindung der Achsen an. Da diese aber
vielfach zerbrachen, so ging er wenigstens für kurze Zeit wieder
davon ab, und wählte als Uebertragungsmittel eine über zwei Röllen
laufende endlose Kette. Da Stephenson ebenso wie Hedley den
Dampf in den Schornstein auspuffen liess, so erhielt er so starken
Luftzug, dass er Coaks, dem er einer rauchlosen Verbrennung zu-
liebe vor Kohlen den Vorzug gab, als Brennstoff verwenden konnte.
Kleine Dampfcylinder, in denen der Dampf als Feder wirkte, stützten
die Lokomotive. Sie bewährten sich nicht und wurden bald durch
stählerne Tragfedern ersetzt.

Fig. 89 bringt eine dieser ersten Stephenson'schen Lokomotiven
zur Darstellung, von denen einige 30 Jahre lang im Betriebe
blieben.

1823 wurde Stephenson Betriebsleiter der Stockton-Darlington-
Bahn, die die kohlenreiche Grafschaft Durham mit dem Meere ver-
bindet. Auch hier bemühte sich Stephenson sofort, die Pferde durch
Lokomotiven zu ersetzen.

Von einem der bedeutendsten Teilhaber des Unternehmens
Mr. Pearse mit Kapital unterstützt, gründete Stephenson 1824 in

Newcastle die erste Lokomotivfabrik, aus der, noch rechtzeitig zur Eröffnung der Bahn, am 27. September 1825 die erste Lokomotive hervorging. Die Maschine entsprach den früheren Bauarten. Die Treibräder waren durch Kuppelstangen verbunden. Die beiden Dampfcylinder arbeiteten auf zwei Kurbeln, die um 90° gegen einander versetzt waren. Obwohl diese Lokomotive nur bestimmt war, grössere Lasten mit geringer Geschwindigkeit zu befördern, so erreichte sie doch am Eröffnungstage der Bahn, der von der ganzen Umgegend als besonderer Festtag gefeiert wurde, Geschwindigkeiten bis zu 25 Kilometern die Stunde.

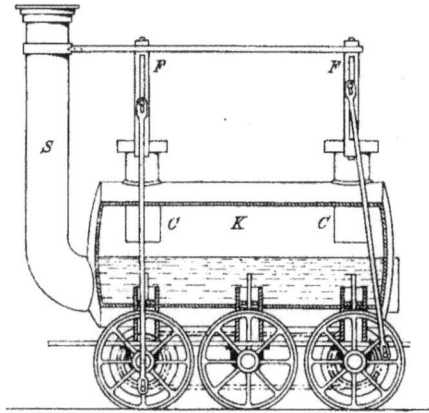

Fig. 89.

Gleichzeitig mit der Bahnlinie Stockton—Darlington wurde auch die Herstellung einer Eisenbahnverbindung zwischen den beiden mächtigen Handelsstädten Liverpool und Manchester beschlossen und schliesslich trotz des energischsten Widerstandes, der sich sogar bis zu Gewaltthätigkeiten gegen die Ingenieure, welche die Bahnlinie zu vermessen hatten, steigerte, auch ausgeführt.

Stephenson trat auch hier lebhaft für die Verwendung der Lokomotiven ein. Seiner Behauptung, dass er eine Lokomotive bauen könne, die in einer Stunde 32 km zurücklegen solle, stellte die berühmte englische Zeitschrift Quarterly Review die Frage entgegen, was wohl noch lächerlicher und alberner sein könne, als eine Lokomotive zu versprechen, die doppelt so schnell als die Postkutsche fahren solle; „selbst wenn man allen Versicherungen von der Gefahrlosigkeit Glauben schenken wollte, könnte man doch eher glauben, dass die Einwohner von Woolwich sich auf einer Congreve'schen Rackete abfeuern liessen, als dass sie sich einer so schnell fahrenden Maschine anvertrauen würden."

Der Bau der Bahnlinie war fast beendet, und noch war man völlig im Unklaren, wie der Betrieb sich gestalten sollte. Lokomotiven anzuwenden schien ohne weiteres nicht ratsam, da sie bisher nur für Gütertransport bei geringen Geschwindigkeiten sich bewährt hatten. Die einen wollten Pferde, die andern Wasserkräfte oder Luftdruck verwenden, und einige Ingenieure, die sich besonders grossen Ansehens erfreuten, traten für feststehende Dampfmaschinen ein. Die ganze Bahnlinie sollte in 19 Abschnitte geteilt und die Züge mittels Seilen durch 21 ortsfeste Dampfmaschinen befördert werden. Allen diesen verschiedenartigsten Ansichten gegenüber hatte Stephenson einen schweren Stand, und nur seiner Ausdauer war es zu verdanken, dass die Entscheidung schliesslich von dem günstigen Ausfall einer Konkurrenzfahrt abhängig gemacht wurde.

Man beschloss daher, einen Preis von 500 £ für die Lokomotive auszusetzen, die den festgesetzten Bedingungen am besten entsprechen würde. Von der Maschine wurde verlangt, dass sie bei 6 t Gewicht einen Zug von mindestens 20 t mit 16 km Geschwindigkeit pro Stunde bei einem Dampfdruck von nicht über 3,5 Atm. fortbewege. „Die Maschine musste ihren eigenen Rauch verbrennen" und sollte am 1. Oktober 1829 betriebsfertig in Liverpool der Bahn übergeben werden. Der Preis der Maschine durfte 550 £ nicht übersteigen.

Die Konkurrenzfahrt wurde auf den 6. Oktober 1829 festgesetzt und sollte bei Rainhill, in der Nähe von Liverpool, auf einer etwas über 3 km langen ebenen Bahnstrecke stattfinden. Auf dem Kampfplatze erschienen vier Lokomotiven. Die „Rocket", nach den Plänen Stephensons und seines Sohnes Robert in ihrer Newcastler Fabrik erbaut, die „Novelty" von Braithwaite und dem berühmten Ericsson in London, ferner die „Sanspareil", von Timothy Hackworth, einem früheren Werkführer Stephensons, in Shildon und die „Perseverance", von Burstall hergestellt.

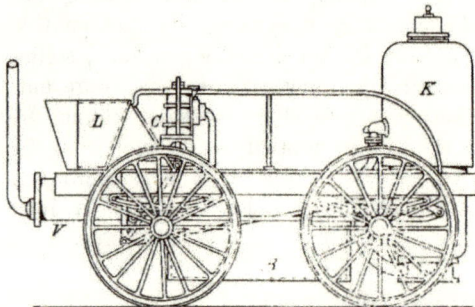

Fig. 90.

Die „Sanspareil', entsprach weder im Gewicht noch im Brennstoffverbrauch den Bedingungen. Die „Perseverance" erreichte die verlangte Geschwindigkeit nicht.

Die „Novelty", s. Abb. 90, war vorzüglich konstruiert und ausgeführt und machte auf die Zuschauer den günstigsten Eindruck.

Kessel K und Cylinder C sind stehend angeordnet. Die Kraft wird vom Kolben aus mit Kunstkreuz, Schubstange und Kurbel auf die dem Kessel benachbarte Radachse übertragen. Ein Vorwärmer V, ein Gebläse L, das zur Verstärkung des Zuges dient, und ein zur Aufnahme von Wasser und Kohlen bestimmter Behälter B gehören zur Ausrüstung dieser „Tender-Lokomotive". Die Maschine wog nur etwas mehr als 3 t und erreichte zeitweise eine Geschwindigkeit bis zu 45 km in der Stunde. Trotzdem musste sie das Rennen aufgeben, da das Gebläse seinen Dienst versagte.

Stephenson's „Rocket" allein erfüllte glänzend alle Bedingungen. Sie errang den Preis. Bei 4,5 t Dienstgewicht beförderte sie einen Wagen mit 30 Reisenden mit einer Geschwindigkeit von 40 bis 48 km in der Stunde. Zwei Tage später erreichte sie bei einem Zuggewicht von 13 t 46 Stundenkilometer Geschwindigkeit. Der Erfolg übertraf die grössten Erwartungen. Die Lokomotive hatte gezeigt, dass sie noch bei weitem mehr leisten konnte, als selbst Fachleute ihr jemals zugetraut hätten.

Die Abbildungen 91, 92 zeigen die siegreiche „Rocket". Der Dampferzeuger war ein Röhrenkessel, der unter Ueberwindung grosser

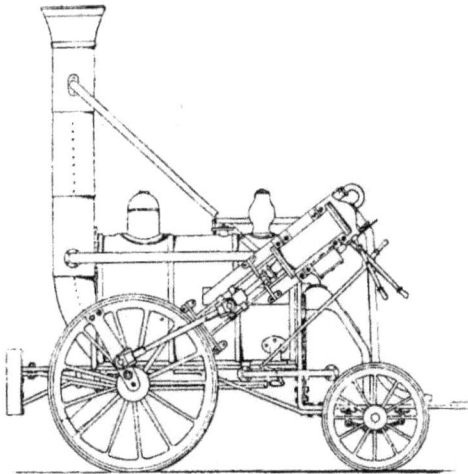
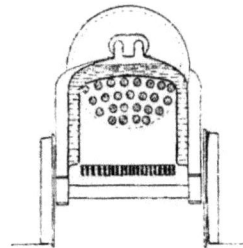

Fig. 91.   Fig. 92.

praktischer Schwierigkeiten von der Stephenson'schen Fabrik nach den Angaben des Sekretärs der Eisenbahn Henry Booth angefertigt war; er bestand aus 25 kupfernen Heizröhren von je 76 mm Durchmesser, durch die die Feuergase zum Schornstein geführt wurden.

Die hierdurch erreichte grosse Heizfläche trug wesentlich zu dem Erfolg der Lokomotive bei, weshalb auch der Preis zwischen Stephenson und Booth geteilt wurde. Der Abdampf ging ursprünglich unmittelbar in das Freie, und erst am Abend des ersten Versuchstages leitete man die Auspuffröhre als Blasröhre in den Schornstein, wobei man bereits die Oeffnung am Ende verengte, um den Luftzug noch weiter zu steigern. Ein syphonartiger Druckmesser, der am Schornstein angebracht war, zeigte während des zweiten Versuchstages einen Luftzug von 76 mm Wassersäule an. Die ganze Länge des Kessels betrug 1,8 m, sein Durchmesser 1016 mm. Von dem schräg angeordneten Dampfcylinder wurde durch Schubstangen und Kurbeln die vordere Achse unmittelbar angetrieben. Der Cylinderdurchmesser betrug 203, der Hub 419 mm.

Durch die Rainhiller Konkurrenzfahrten, „the battle of the locomotive", war die Verwendung der Lokomotiven auf der Liverpool - Manchester Bahn entschieden. Die erforderlichen Bestellungen wurden sogleich gemacht, und am 15. September 1830 konnte der Betrieb mit 8 Stephenson'schen Lokomotiven in feierlichster Weise eröffnet werden. 600 Personen bestiegen den Zug, der von froh bewegten Volksmengen längs der ganzen Strecke begeistert begrüsst wurde. Im ganzen Lande, ja in der ganzen Welt sprach man von der Eröffnung dieser Bahnlinie. Die weittragende Bedeutung dieses Ereignisses wurde überall empfunden.

Der Erfolg war errungen, aber noch harte Arbeit kostete es den beiden Stephenson und den anderen Ingenieuren, die sich mit dem Bau von Lokomotiven befassten, ihn zu behaupten, und das neue Verkehrsmittel technisch so zu gestalten, dass es dem rapide sich steigernden Verkehrsbedürfnis dauernd gerecht werden konnte.

Die von Stephenson für die Liverpool—Manchester-Bahn gebauten ersten 8 Lokomotiven entsprachen im wesentlichen der „Rocket". Nur die Cylinder waren nicht mehr schräg, sondern horizontal angeordnet, und die Leistungsfähigkeit des Kessels war durch Vermehrung der Heizröhren von 25 bis auf 92 beträchtlich erhöht worden.

1830 erbaute Hackworth eine Lokomotive, die sich besonders gut für den Personenverkehr bewährte. Die Dampfcylinder waren horizontal innerhalb des Rahmens angeordnet und übertrugen ihre Kraft auf die gekröpfte Treibachse. Zwei Excenter dienten zur Bewegung der Schieber. Gleichfalls durch Excenter wurde die Speisepumpe angetrieben.

In demselben Jahre stellte Stephenson seine Lokomotive „Planet" fertig, bei der alle bisherigen Erfahrungen in geschicktester Weise benutzt waren. Der „Planet" galt lange Zeit als Typus der englischen Lokomotiven.

Ausgerüstet mit wagerechten innenliegenden Cylindern mit Blasrohr und einem Röhrenkessel, der bereits 129 Röhren von je 41 mm Durchmesser aufwies, hatte „Planet" ein Dienstgewicht von 9,1 t und soll am ersten Betriebstage einen Zug von 77 t mit einer durchschnittlichen Geschwindigkeit von 18,3 Stundenkilometer auf der Strecke Liverpool—Manchester befördert haben.

Seit 1833 führte Stephenson auch Lokomotiven mit drei Achsen aus (s. Fig. 97), deren Bauart er sich patentieren liess. Eine seiner ersten dreiachsigen Lokomotiven vermochte bei 11 t Dienstgewicht bereits einen Zug von 220 t mit 22,5 km Geschwindigkeit in der Stunde fortzubewegen.

Forester in Liverpool baute 1834 die erste Lokomotive mit aussenliegenden Cylindern, die in dieser Lage für Bedienungs- und Reparaturarbeiten leichter zugänglich waren. Auch die gekröpfte Achse, deren Herstellung noch Schwierigkeiten bereitete, wurde bei dieser Bauart vermieden. Lokomotiven mit aussenliegenden Cylindern fanden ausserhalb Englands grosse Verbreitung.

Mit dem Anwachsen des Verkehrs, mit der Ausbreitung der Eisenbahnen über die ganze Erde, stiegen auch die Anforderungen, die an die Leistungsfähigkeit und Betriebssicherheit der Lokomotivdampfmaschine gestellt wurden.

Vor allem erwies sich die Steuerung, von der der Lokomotivbetrieb ausser der üblichen Dampfverteilung auch die Möglichkeit leichter und schneller Umsteuerung, das heisst Aenderung der Bewegungsrichtung, verlangte, noch sehr verbesserungsbedürftig.

Für die Dampfverteilung wurde aus Gründen der Einfachheit und grössten Betriebssicherheit ausschliesslich der gewöhnliche Muschelschieber verwendet. Seine Bewegung erfolgte von der Kurbelwelle aus mittelst Excenter, die lose auf der Welle angeordnet waren und in beliebiger Weise vom Führerstande aus mit Scheiben, die mit der Axe fest verbunden waren, so gekuppelt werden konnten, dass sie je nach ihrer Stellung den Dampf durch den Schieber vor oder hinter den Kolben gelangen liessen, was entsprechend einen Vorwärtsoder Rückwärtsgang der Maschine zur Folge hatte. Die Verbindung der Schieberstangen mit den Excentern und damit die selbstthätige Steuerung konnte durch Abheben der Excenterstangen von der Schieberstange unterbrochen werden. Dies geschah bei jeder Ingangsetzung oder Umsteuerung der Maschine, bei der die Schieber solange von Hand aus bewegt wurden, bis die Lokomotive in der gewünschten Richtung in Gang gekommen war. Erst dann durfte die Dampfverteilung wieder der Maschine allein überlassen bleiben. Um alle diese Veränderungen an der Steuerung vornehmen zu können, hatte der Führer nicht weniger als 5 Handgriffe und einen Trethebel zu bedienen. Trotz der Unbeholfenheit dieser Umsteuerung erhielt sich dies System der losen Excenter noch bis Mitte der dreissiger Jahre.

Erst 1833 erleichterte Norris, ein amerikanischer Ingenieur, wesentlich die Handhabung der Steuerung, indem er statt eines losen Excenters für jeden Schieber zwei feste Excenter anordnete, von denen das eine für den Vorwärtsgang, das andere für den Rückwärtsgang der Lokomotive zu benutzen war. Es kam also das Einrücken des Excenters in Wegfall, nur das der gewünschten Bewegung entsprechende Excenter war mit dem Schieber in Verbindung zu bringen. Die Figuren 93, 94 lassen den geometrischen Zusammenhang der

Fig. 93.

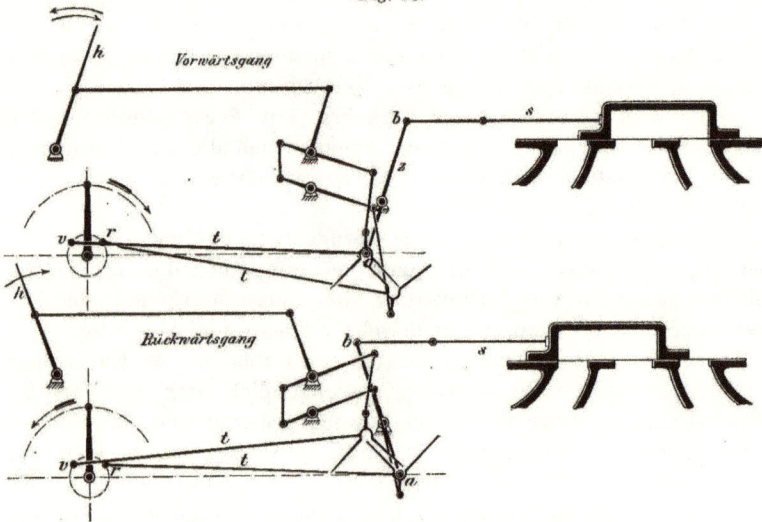

Fig. 94.

Steuerung für Vorwärts- und Rückwärtsgang erkennen. Die beiden Excenter v und r sind, um ein „Voreilen" des Schiebers zu erreichen, um mehr als 90° gegen den zugehörigen Kurbelarm versetzt. Der Schieber ist entsprechend mit Ueberdeckung versehen. Die Excenter-

stangen t sind an ihrem Ende gabelartig ausgebildet und können
vom Führerstande aus mit dem Steuerhebel h gehoben und gesenkt
werden. Bewegt der Führer den Hebel h nach vorn, so wird die
Stange t des Vorwärts-Excenters v in den Zapfen a des Zwischen-
hebels z, dessen anderes Ende b mit der Schieberstange s verbunden
ist, eingehakt, die Steuerung steht dann auf Vorwärtsfahrt. Soll die
Bewegungsrichtung sich umkehren, so muss das Vorwärts-Excenter
ausser Verbindung mit dem Schieber gebracht werden und das Stangenende des Rückwärts-Excenters den Zapfen a ergreifen. Beide
Bewegungen erfolgen gleichzeitig, wenn der Steuerhebel h nach rückwärts in die Lage der Fig. 94 gezogen wird. Diese Gabelsteuerung,
von Hawthorn 1837 auch in England eingeführt, fand solange allgemeine Anwendung, bis die erste Kulissensteuerung erfunden war.

   Die Excenterstangen endigten bei diesem neuen System nicht
mehr in Gabeln, sondern wurden durch einen Schleifbogen miteinander
verbunden, der über ein Gleitstück, das gelenkartig mit dem Schieber-
stangenende verbunden war, auf und nieder geschoben werden konnte.
Je nach der Endstellung der Kulisse wurde die Schieberbewegung
von dem einen oder andern Excenter bewirkt, lief die Maschine also
vorwärts oder rückwärts. Von Howe 1843 erfunden und von Robert
Stephenson in demselben Jahr
zuerst auf Lokomotiven angewandt, gelangte diese Steuerung
unter dem Namen der „Stephenson'schen Kulissensteuerung" zur
allgemeinen Anwendung und
erreichte die grösste Verbreitung.
Bei der in Fig. 95 schematisch
dargestellten Stephenson'schen
Kulissensteuerung ist s der
Dampfschieber, dessen Stange
mit der Kulisse c durch Gleitstück verbunden ist. An den

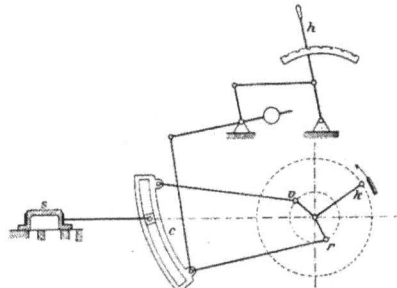

Fig. 95.

Enden der Kulisse greifen die beiden Excenterstangen der Vorwärts-
und Rückwärtsexcenter v und r an. Die Kulisse kann durch Verstellen des Hebels h, der sich auf dem Führerstande befindet, gehoben
und gesenkt werden, sodass entsprechend dem Excenter, dessen
Einfluss auf die Schieberbewegung überwiegt, sich die Maschine
vorwärts oder rückwärts bewegen muss.

   Um eine kleine Verbesserung in der Dampfverteilung zu erreichen,
vor allem aber, um den Raum zu sparen, der zum Bewegen der

Kulisse unter dem Kessel notwendig vorhanden sein musste, veränderte der Maschinenmeister einer englischen Bahn, Gooch, 1843
die Steuerung in der Weise, dass er die Kulisse festlegte und ein
bewegliches Zwischenglied
der Schieberstange hob
und senkte. War also bei
der Stephenson'schen An-
ordnung die Kulisse nach
der Kurbelwelle zu ge-
krümmt, so war sie bei
Gooch nach dem Dampf-
cylinder zu mit einem
Krümmungsradius gleich
der Länge des beweglichen
Schieberstangenendes ge-
bogen.

Um die Mitte der
fünfziger Jahre wurde
gleichzeitig durch den englischen Ingenieur Allan und
den Konstrukteur der Ess-
linger Lokomotivbauanstalt
Trick eine Kulissensteuerung erfunden und einge-
führt, bei der eine gerade
Kulisse zur Verwendung
kam. Dies wurde durch
eine Vereinigung der vor-
her erwähnten Umsteuer-
ungen in der Weise er-
möglicht, dass bei der
Allan - Trick'schen Um-
steuerung (s. Fig. 96), durch
Bewegen des Hebels m h,
das vom Maschinenstand
aus geschah, die Kulisse e d
gehoben und gleichzeitig
die Schieberstange f g gesenkt wurde. Diese gleich-
zeitige Bewegung wurde
so bemessen, dass die

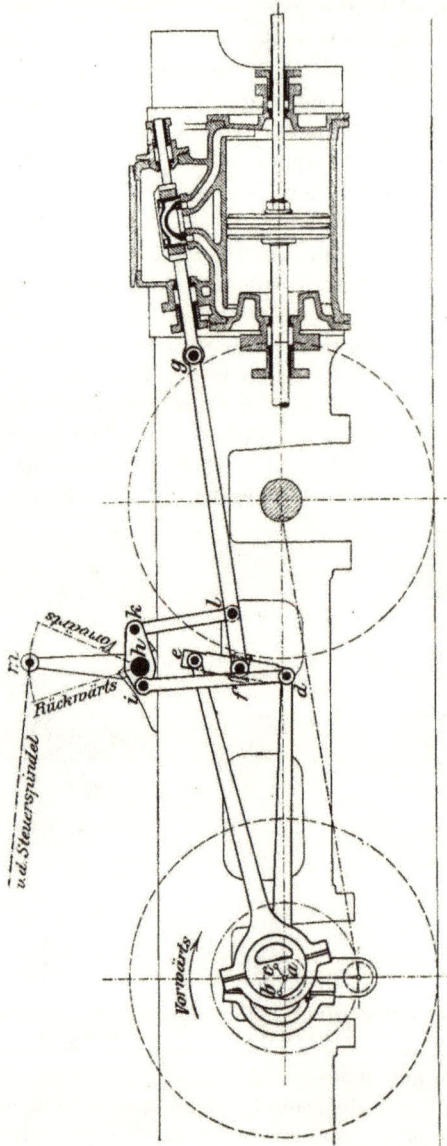

Kulisse geradlinig ausgeführt werden konnte. Die einfachere, leichtere Herstellung dieser geraden Kulisse verschaffte ihr neben ihren Vorgängern sehr weite Verbreitung.

Die Einführung der Kulissensteuerung war für die Entwicklung der Lokomotive ein Ereignis von grösster Bedeutung. Diese Steuerung gestattete nicht nur eine weit bequemere und zuverlässigere Umsteuerung der Maschine, sondern konnte auch benutzt werden, den Dampfzutritt früher oder später abzuschliessen. Sie war daher nicht nur eine Umsteuerung, sondern auch eine Expansionssteuerung, wie sie einfacher nicht zu denken war. Jede der verschiedenen Lagen des Gleitstückes zwischen den beiden Endstellungen der Kulisse ergiebt andere Schieberwege, die um so grösser werden, je weniger die Wirkung des einen Excenters durch das andere beeinflusst wird, d. h. je näher das Gleitstück der Endstellung steht. Je nach der Lage des Gleitstücks zur Kulisse werden demnach nur das eine oder beide Excenter die Schieberbewegung beeinflussen, und zwar in der Endstellung wird ein Excenter die maximale Füllung geben, während in den Zwischenstellungen durch Einwirkung beider Excenter verschiedene Füllungsgrade, also veränderliche Expansion, erreicht werden kann.

Diese Eigenschaft der Kulissensteuerung, veränderliche Expansion zu gestatten, wurde im praktischen Betriebe entdeckt. Die Lokomotivführer, die für geringen Kohlenverbrauch besondere Belohnung bekamen, hatten beobachtet, dass die Maschine, wenn sie den Steuerhebel der Mittelstellung näherten, weniger Dampf verbrauche. Die Theoretiker zweifelten noch lange an der Richtigkeit dieser Beobachtungen. Auch Redtenbacher vertrat die Ansicht, dass die Kulissensteuerung nicht zur Veränderung der Expansion zu gebrauchen sei. Die Lokomotivführer aber kümmerten sich nicht um die Theorie, sondern benutzten nach wie vor in wohlverstandenem eigenen Interesse eine der Mittellage möglichst nahe Kulissenstellung.

Die weittragende Bedeutung der Kulissensteuerung für die Entwicklung der Lokomotive bestand somit erstens in der grossen Betriebssicherheit, die sie gewährte, denn erst durch sie liess sich eine leichte und zuverlässige Umsteuerung erreichen; zweitens war aber auch die Wirtschaftlichkeit des Betriebes durch sie wesentlich vergrössert, da sie in einfacher Weise die Expansion des Dampfes auszunutzen gestattete.

Vor allen andern Expansionssteuerungen mit zwei Schiebern, die bei den ortsfesten Maschinen näher besprochen wurden, und deren Anwendung auf die Lokomotive von den vierziger Jahren ab

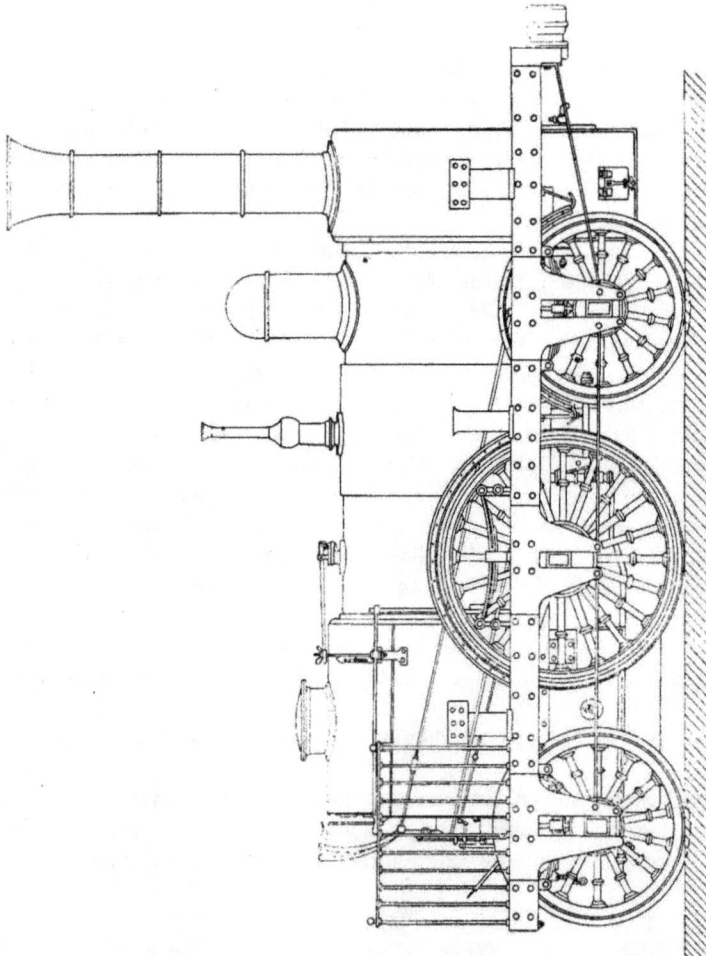

Fig. 98.

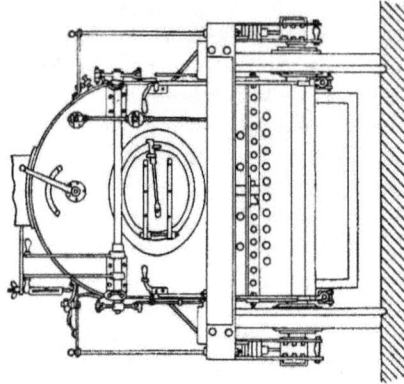

Fig. 97.

lange Zeit immer von neuem wieder versucht wurde, behielten die Kulissensteuerungen, ihrer grossen Einfachheit halber, den Vorrang.

Ausbreitung der Lokomotiven.

Wie einst die ortsfeste Dampfmaschine von England ausging, sich die Welt zu erobern, so verbreitete sich jetzt, nur noch schneller, die Lokomotive über das ganze Gebiet der Kulturvölker.

Am 5. Mai 1835 wurde als erste Bahn des europäischen Festlandes in Belgien die Strecke Brüssel—Mecheln dem Verkehr übergeben.

In Deutschland hatten schon frühzeitig einsichtige Männer die gewaltige Bedeutung der Eisenbahnen erkannt; so waren in München der Oberbergrat von Baader schon 1814, in Westfalen der Industrielle Harkort 1825 und in Braunschweig der Finanzbeamte v. Arnsberg 1824, eifrig für den Bau von Eisenbahnen eingetreten, ohne aber zunächst bei der Regierung oder bei dem grossen Publikum Verständnis für ihre Pläne zu finden. So kam die erste Eisenbahn Deutschlands erst am 7. December 1835 mit der 6,1 km langen Strecke Nürnberg—Fürth zur Eröffnung; sie war von dem Ingenieur Denis erbaut und wurde anfangs mit einer von Stephenson gelieferten Lokomotive, dem „Adler“, befahren.

Diese erste Lokomotive auf deutscher Eisenbahn zeigt Fig. 97, 98. Auf drei Achsen, von denen die mittlere durch die Dampfmaschine angetrieben wird, ruht der Kessel, der dem normalen Heizröhrenkessel, den Stephenson schon bei der „Rocket“ angewandt hatte, entspricht. 62 kupferne Heizröhren durchziehen den cylindrischen Teil des Kessels von der Feuerkiste bis zur Rauchkammer. Der Kessel ist aus schmiedeeisernen Platten zusammengenietet, der Dampfdom besteht aus starkem Kupferblech. Zur Ausrüstung des Kessels gehören ein als Hahn ausgebildetes Dampfabsperrorgan (s. Fig. 99), ein Wasserstandsglas und zwei Probierhähne, die zur Beobachtung des Wasserstandes dienen, wenn die erstere Anzeigevorrichtung versagt. Ferner befindet sich auf dem Kessel ein „Druckbestimmungsventil“, das aus einem federbelasteten Sicherheitsventil besteht, dessen Belastung bequem von Hand verändert werden kann. Das Ende des

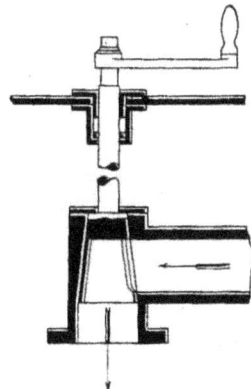

Fig. 99.

Hebels zeigt auf einer Skala den Druck an, bei welchem das Ventil Dampf austreten lässt. Das eigentliche Sicherheitsventil, gleichfalls durch Feder belastet, ist von einem hölzernen Gehäuse umschlossen, „damit nicht jedermann zu ihm gelangen kann und aus Bosheit oder Unkenntnis Schaden stiften kann." Das Sicherheitsventil ist auf einen Dampfdruck von 4,2 kg f. d. qcm eingestellt. Eine Kolbenpumpe, die von der Kolbenstange des Dampfcylinders betrieben wird, versorgt den Kessel mit Wasser aus dem Tender. Die selbstthätige Steuerung lässt sich durch Abheben des Excenterstangenendes ausser Thätigkeit setzen. Damit dieses Aushaken nicht von selbst geschieht, sind die Stangen mit „steinernen" Gewichten P (s. Fig. 100) belastet.

Soll die Lokomotive in Bewegung gesetzt werden, so hat der Führer zunächst einen links unten angebrachten Fusshebel in die horizontale Lage zu bringen; dadurch werden die Excenterstangen ausgeklinkt. Durch Drehen eines zweiten Hebels, der über dem

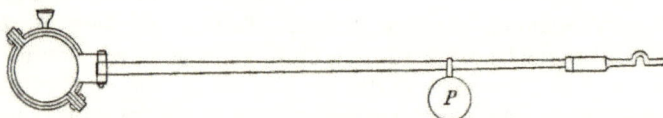

Fig. 100.

ersten angebracht ist, werden zwei weitere Hebel mit den Schiebern so in Verbindung gebracht, dass der Maschinist mit ihnen im stande ist, die Schieber, und zwar jeden unabhängig vom andern, zu bewégen. Durch einige kurze Bewegungen dieser Arbeitshebel hat er sich von dem leichten Gang der Maschine zu überzeugen. Darauf wird der Dampfabsperrhahn geöffnet und die Arbeitshebel werden so schnell bewegt, dass für das Anwärmen des Cylinders genügend Dampf eintreten kann. Erst dann wird der Schieber derjenigen Maschinenseite, deren Kurbel die für das Anfahren günstigste Stellung hat, so verschoben, dass genügend Dampf eintreten kann, um den Kolben, und damit die Lokomotive, in Bewegung zu setzen. Erst jetzt kann der Maschine die Steuerung selbst überlassen werden.

Die Dampfcylinder sind vorn innerhalb des Rahmens horizontal angeordnet und arbeiten auf zwei um 90° versetzte Kurbeln der Treibachse. Ein Schnitt durch Cylinder und den auf ihm befindlichen Schieberkasten zeigt Fig. 101. Der Kolben hat metallische Liderung. Die Kolbenringe sind aus Messing und schräg aufgeschnitten.

Der Dampfschieber ist geteilt, um kürzere Dampfkanäle zu erhalten; er erhält seine Bewegung von der Kurbelwelle aus durch ein Excenter. Die Excenterkörper E beider Maschinenseiten, die mit einander unter einem Winkel von 90° verbunden sind, sitzen lose auf der Kurbelwelle. Rechts und links von den Excentern sind zwei Mitnehmer m (s. Fig. 102) mit der Kurbelwelle fest verbunden und gegeneinander unter 90° versetzt. Je nachdem vom Führerstande aus durch Drehen eines wagerechten Hebels die Excenter mit dem einen oder dem andern Mitnehmer verbunden werden, wird die Lokomotive vorwärts oder rückwärts sich bewegen. Das Ende der Excenterstange hakt in den Zapfen eines doppelarmigen Hebels ein, dessen anderes Ende mit der Schieberstange verbunden wird. Der Lokomotivführer hat zu dem Zweck den Fusshebel wieder in die senkrechte Lage zu bringen, wodurch er die Excenterstangen

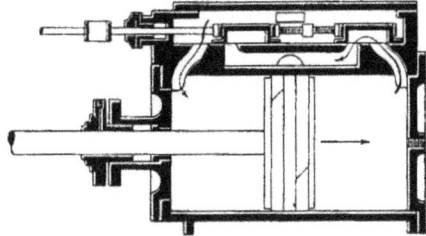

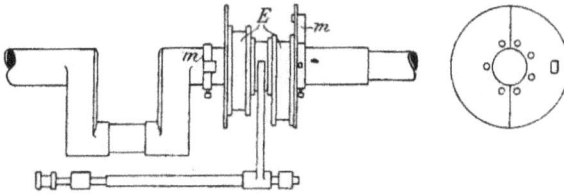

Fig. 101.

Fig. 102.

zum Einschnappen bringt, und durch Drehen des horizontalen Hebels die Excenterkörper bei Vorwärtsgang mit dem rechten, bei Rückwärtsgang mit dem linken Mitnehmer zu kuppeln.

Die beschriebene Lokomotive wog 6 t; ihr Preis betrug 24 000 M. Bis 1857 hat der „Adler" auf der Ludwigsbahn seinen Dienst verrichtet. Mancherlei konstruktive Veränderungen sind an ihm vorgenommen worden, bis endlich die Leistungsfähigkeit den gesteigerten Ansprüchen nicht mehr entsprach. Neueren stärkeren Lokomotiven musste der älteste Dampfwagen seinen Platz räumen. Der „Adler" wurde 1857 nach dem Auslande verkauft, wo er in einem grösseren Fabrikbetriebe noch mehrere Jahre gearbeitet hat. Die Eisenbahngesellschaft hatte für die älteste Lokomotive keinen Platz, und das germanische Museum, das damals erst 5 Jahre bestand, hielt eine 22 Jahre alte Maschine wohl

14*

noch nicht für des Aufhebens wert. Die Besucher des Kgl. Eisen-
bahnmuseums in Nürnberg soll wenigstens ein nach den Kon-
struktionszeichnungen der Lokomotive angefertigtes Modell jetzt an
die bescheidenen Anfänge des deutschen Eisenbahnwesens erinnern.

In Sachsen trat der bedeutende Nationalökonom Friedrich List
für die Herstellung eines Eisenbahnnetzes ein, und es gelang ihm,
Leipziger Kaufleute so für die Sache zu interessieren, dass zunächst
die Verbindung von Leipzig und Dresden beschlossen wurde. Am
24. April 1837 wurde die erste Teilstrecke Leipzig Althen (9,17 km)
eröffnet. Die erste Lokomotive, der „Comet", war im November
1836, in 15 Kisten verpackt, glücklich aus England angekommen.
Ihr Preis betrug etwa 28 000 Mk. Am 7. April 1839 konnte die
ganze 115 km lange Strecke dem Verkehr übergeben werden.

Das neue Verkehrsmittel steigerte zunächst vorwiegend den
Personenverkehr. Während 1828 die Dresdener Gasthöfe 7000 Fremde
zu beherbergen hatten, betrug diese Zahl nach Eröffnung der Bahn
in den ersten $3/4$ Jahren des Jahres 1839 bereits 36 000.

Inzwischen war auch in Preussen trotz des Widerstandes
einiger hochstehender Beamten mit dem Bahnbau begonnen worden.
Am 29. Oktober 1838 konnte die Strecke Berlin — Potsdam dem Verkehr übergeben werden. In demselben Jahr am 1. December
wurde auch die erste Staatseisenbahn im deutschen Lande mit der
Linie Braunschweig — Wolfenbüttel eröffnet. Gross war der Zudrang
des Volkes zu dem Eisenbahnhof in Braunschweig an jenem schönen
Wintertage, an dem die erste Dampfwagenfahrt stattfinden sollte.
Die kleine blitzende Lokomotive „Swift", die das Staunen der Zuschauer besonders dadurch erregte, dass sie auch rückwärts laufen
konnte, zog sicher und leicht die sieben kleinen vierrädrigen Omnibus-
wagen hinter sich her. Der regierende Herzog nahm an der ersten
Fahrt in einem „Salonwagen" teil, der aus einem offenen Güterwagen mit darauf festgebundener Equipage bestand. Uebrigens
eine unerhörte Waghalsigkeit, wenn man berücksichtigt, dass die
Probefahrt fast mit der Geschwindigkeit stattfand, mit der auch
heute die Strecke durchfahren wird.

Die übrigen Staaten folgten bald im Eisenbahnbau nach; fünf
Jahre nach Eröffnung der ersten 6 km langen Strecke hatte Deutschland 580 km und 1850 bereits 5473 km Schienenweg, auf denen eine
entsprechend grosse Anzahl Lokomotiven das gesteigerte Verkehrsbedürfnis zu befriedigen suchte.

Die ersten Lokomotiven, die auf deutschen Bahnen in Betrieb
kamen, stammten ausschliesslich aus England und Amerika. Bald

aber fing auch auf deutschem Boden der Lokomotivbau an, sich auszubreiten und so zu erstarken, dass er ausser dem Bedarf des Inlandes sich noch um Lieferungen nach dem Ausland bewerben konnte.

Die erste nach selbständigem Entwurf in Deutschland ausgeführte Lokomotive war die „Saxonia", 1838 von der früheren Maschinenfabrik Uebigau bei Dresden gebaut. Die sächsische Maschinenkompagnie in Chemnitz stellte 1840 ihre ersten Lokomotiven fertig; vor allen aber war es A. Borsig in Berlin, und zu gleicher Zeit J. A. Maffei in München, die mit glänzendem Erfolg 1841 mit dem Bau von Lokomotiven begannen. Ihrem Beispiel folgten noch in den 40er Jahren: Georg Egestorff in Linden vor Hannover 1846, die Maschinenfabrik Esslingen 1847, Rich. Hartmann in Chemnitz und Henschel und Sohn in Kassel 1848.

Von den andern europäischen Staaten entwickelte sich ausser in Oesterreich vor allem auch in Frankreich der Lokomotivbau bald zu grosser Blüte. Besonders in der wissenschaftlichen Behandlung des Lokomotivbaues zeichneten sich die Franzosen aus. Graf de Pambour stellte 1834 eine Reihe grundlegender Versuche über Verdampfung und Leistungsfähigkeit bei Lokomotiven an. Clapeyron führte 1839 die Voreilung und Ueberdeckung bei dem Verteilungsschieber ein und erzielte mit der dadurch erreichten Expansion sehr viel günstigere Brennstoffausnutzung. Pauwels in Lille war 1840 der erste, der die Schieberfläche senkrecht legte, eine Anordnung, die bald darauf auch von Stephenson angewandt wurde.

Amerika war das erste Land, das England in Benutzung des neuen Verkehrsmittels unmittelbar folgte. Auch hier war die erste Lokomotive, die im August 1829 bei Newyork probiert wurde, aus England. Der „Stourbridge Lion" erwies sich jedoch zu schwer für das Geleise und musste nach kurzer Zeit ausser Betrieb gesetzt werden. Räder und Cylinder dieser Maschine haben als Denkwürdigkeiten im Nationalmuseum zu Washington ihren Platz gefunden.

Bis zum Jahre 1840 wurden nicht weniger als 68 englische Lokomotiven in Amerika eingeführt, bis auch hier, dank der Thatkraft amerikanischer Ingenieure, ein selbständiger Lokomotivbau gross wurde, der unter Berücksichtigung der eigenartigen Verhältnisse eines zum grössten Teil der Kultur noch nicht erschlossenen Landes zu der typischen amerikanischen Lokomotive führte, die für unebene, abschüssige und scharf gekrümmte Strecken sich besonders gut eignete. Bemerkenswert ist, dass, während in Europa noch allgemein ein Dampfdruck bis zu 4 Atm. üblich war, man in Amerika den Betriebsdruck bereits auf 8 bis 9 Atm. gesteigert hatte.

Aus den kleinen Anfängen am Ende der zwanziger Jahre hatte sich bis zur Jahrhundertmitte, in kaum zwei Jahrzehnten, das Eisenbahnwesen eine hervorragende Stellung im Wirtschaftsleben der Völker erobert. Die Länge der Eisenbahnen war gewaltig gewachsen, 1830 etwa 380 und 1850 bereits 38443 Kilometer. Die Mitte des 19. Jahrhunderts fand auf der Erde ein Eisenbahnnetz, dessen Länge fast dem Erdumfange gleichkam.

III. Von der Einführung der Präcisionsdampfmaschine bis zur Jetztzeit.

(1850 — 1900.)

KAPITEL 1.

Weiterer Ausbau der ortsfesten Maschinen.

Die Dampfmaschine war um die Mitte des Jahrhunderts eine alltägliche Erscheinung geworden. Als Kraftmaschine der Industrie und des Gewerbebetriebes, als Bewegungsquelle des immer noch sich steigernden Verkehrs, hatte sie innerhalb weniger Jahrzehnte eine Ausschlag gebende Stellung eingenommen. Die 423 Dampfmaschinen mit ihren 3514 Pferdekräften, die 1837 in Preussen im Dienste der Industrie und des Verkehrs thätig waren, hatten sich bis 1852 der Zahl nach fast versiebenfacht, während ihre Leistung in diesen 15 Jahren sogar um das 12 fache gewachsen war.

Prophetische Gemüter glaubten bereits den Höhepunkt der Entwicklung erreicht zu haben und hielten diese langsam und behäbig sich bewegenden Dampfmaschinen, die noch in den meisten Fällen des Wärters zur Kraftregulierung sehr nötig bedurften, für etwas Vollkommenes. Neue, „ergiebigere Motore" versuchte man bereits an die Stelle der nicht mehr für verbesserungsfähig angesehenen Dampfmaschinen zu setzen: „So entstanden die Maschinen mit überhitztem Dampf und die Schwefeläther- und andere Gasdampfmaschinen, die kalorischen oder Warmluftmaschinen, die Gasexplosionsmaschinen und die elektromagnetischen Maschinen", heisst es in einem Bericht über die Londoner Industrieausstellung des Jahres 1862. „Aber die gewöhnlichen Dampfmaschinen, — so fährt der Berichterstatter fort — stehen noch immer an der Spitze der Kraftmaschinen und werden allem Anschein nach noch nicht so bald von einem ihrer Konkurrenten überflügelt werden." Ein Urteil, das auch heute noch an seiner Richtigkeit nichts eingebüsst hat.

Während nach dieser Richtung hin eine Schaar von Erfindern, zunächst völlig erfolglos, neuen Fortschritt zu erreichen suchte, wurde in der neuen Welt der Grund gelegt zu unserer heutigen Wärmekraftmaschine, die bei riesigen Abmessungen und ruhigem, fast lautlosen Gang für die gleiche Kraftleistung nur halb soviel Kohlen verbraucht als früher, die ihre Leistung ohne menschliche Hilfe in genauester und wirtschaftlichster Weise der jeweilig von ihr verlangten Arbeit anzupassen vermag.

Die Aufgabe, von deren erfolgreichen Lösung an in der Geschichte der Dampfmaschine die „neue Zeit" gerechnet werden kann, bestand in der Konstruktion einer Expansionssteuerung, die bei zweckmässigster Dampfverteilung selbstthätig unmittelbar vom Regulator in der Weise beeinflusst werden konnte, dass die in den Cylinder eintretende Dampfmenge der jeweilig verlangten Kraftabgabe entsprach.

Derartige Expansionssteuerungen waren in den vierziger Jahren bereits vielfach versucht worden. Die Meyersche Doppelschiebersteuerung (s. Fig. 72 S. 148) hatte mit die besten Resultate gegeben, aber eine Beeinflussung durch den Regulator liess sich nur auf sehr umständliche Weise und ziemlich unvollkommen erreichen. Etwas besser liess sich die Expansion von der Maschine selbstthätig beeinflussen bei Verwendung eines Ventils als Dampfabschlussorgan, da dessen Schluss in bequemer Weise vom Regulator abhängig gemacht werden konnte. Diese Meyerschen Expansionsventile wurden auch noch bis in die sechziger Jahre vielfach mit Erfolg ausgeführt.

Im allgemeinen aber ermutigten die Erfahrungen, die mit allen diesen selbstthätigen Expansionssteuerungen gemacht wurden, keineswegs zu ihrer Anwendung.

„Levers, links and motions various
Endless gimcracks, all precarious."

So schliesst ein Bericht über die damals bekannt gewordenen selbstthätigen Expansionssteuerungen.

Der erste Schritt zu einer vollkommneren Dampfverteilung führte zu der Anordnung Watt's zurück, bei der dem Dampfein- und

Austritt auf jeder Cylinderseite besondere Ventile zur Verfügung
standen. Statt des einen Schiebers, den man seiner Zeit der Einfachheit halber eingeführt hatte, kehrte man zu vier von einander
unabhängigen Abschlussorganen zurück, von denen jedes einzelne,
als Schieber, Ventil oder Hahn ausgeführt, nur eine Aufgabe noch
zu verrichten hatte. Ohne andere Abschnitte der Dampfverteilung
zu beeinträchtigen, konnte es daher für die eine Aufgabe so günstig
als möglich angeordnet und ausgeführt werden. Ferner war es
wünschenswert, die Steuerungsteile, die den Dampf an den Cylinderenden einzulassen hatten, so zu bewegen, dass der Abschluss des
Dampfes möglichst plötzlich erfolgte, um so Verluste durch Drosselung
des Dampfes, die bei einem langsamen Schliessen der Dampfeintritts-
öffnungen eintreten, ganz zu vermeiden. Auch dies versuchte man
durch Zurückgehen auf die ersten Ventilsteuerungen der Newcomen'-
schen und Watt'schen Maschinen zu erreichen. Das heisst, man gab
die vollkommen zwangläufige Bewegung, die bei dem von der
Kurbelwelle aus mittelst Excenter bewegten Schieber bereits erreicht
worden war, auf und führte besondere Schlusskräfte ein, die in Gestalt von Gewichten oder Federn in Thätigkeit traten, sobald ihnen
der Schieber oder das Ventil von dem äusseren Steuerungsmechanismus frei überlassen wurde. Diese Auslösung führt man in der
Weise herbei, dass mit dem gewöhnlichen Antrieb ein „aktiver Mitnehmer" verbunden ist, der bei der Oeffnungsbewegung einen „passiven
Mitnehmer", der mit dem Ventil bezw. Schieber verbunden ist, in
Bewegung setzt. Dieser Teil des Bewegungsvorganges erfolgt somit
ganz wie bei einer festen Verbindung. Bei der Abschlussbewegung
bringt man die beiden Mitnehmer ausser Eingriff; der eine wird von
dem andern soweit entfernt, dass eine besondere Schlusskraft, Gewicht oder Feder, das plötzlich sich selbst überlassene Abschlussorgan, unabhängig von der Steuerungsbewegung, schliessen kann.

Der erste, der diesen Weg beschritt, war der amerikanische
Ingenieur Frederick E. Sickels, der um das Jahr 1841 sich die erste
derartige „Ausklinksteuerung" patentieren liess. Der Dampfverteilung dienten 4 Doppelsitzventile. Die Einlassventile wurden mittelst
einer Sperrklinke soweit gehoben, bis diese gegen einen Keil stiess
und dadurch ausser Verbindung mit dem Ventil gesetzt wurde.

Die Bewegung der Sperrklinke war von einem Excenter abhängig, das um etwas mehr als 90° gegen die Kurbel versetzt war.
Um die Mitte des Kolbenhubes kehrte sich daher die Bewegungsrichtung der Sperrklinke um und das Ventil begann sich langsam
zu schliessen. Es musste also die Klinke, bevor der Kolben seinen

halben Weg zurückgelegt hatte, gegen den Keil stossen, d. h. schon in der ersten Hälfte des Kolbenweges wurde das Ventil geschlossen, und der Dampfeintritt abgeschnitten. Die Steuerung gestattete also nur mit kleinen Füllungsgraden, bis höchstens zur Hälfte des Cylindervolumens, zu arbeiten.

Diesen Nachteil gelang es Sickels in einfachster Weise bei Balanciermaschinen dadurch zu vermeiden, dass er das Ausrücken der Klinke von dem Balancier oder einem andern mit dem Kolben auf- und niedergehenden Maschinenteile besorgen liess. Diese „Balanciersteuerung" gestattete das plötzliche Schliessen des Ventils an jeder Stelle des Kolbenhubes. Sickels Steuerung fand auf den Flussdampfern im Osten Amerikas grosse Verbreitung.

Diese Anfänge der Ausklinksteuerungen wurden von dem Amerikaner George H. Corliss zu hoher Vollendung gebracht, der zugleich auch der erste war, der den Regulator auf das Ausweichen der Klinke unmittelbar einwirken liess. Bei der ersten Steuerung, die Corliss im Jahre 1848 bei einer Maschine von 560 mm Cylinderdurchmesser und 1,830 m Hub probierte, verwandte er vier getrennte Flachschieber, die auf die Cylinderenden verteilt, Dampfein- und -Austritt veranlassten, eine Anordnung, die übrigens Seaward schon 1835 in London bei Schiffsmaschinen ausgeführt hatte. In dem ersten denkwürdigen Corliss-Patente vom 15. März 1849 waren aber bereits die nach ihm auch als Corlisshähne bezeichneten Rundschieber angegeben, die vor den Flachschiebern den Vorteil hatten, dem Dampf weniger Druckfläche zu bieten und kleinere schädliche Räume zu ermöglichen. Schon Murdock hatte beabsichtigt, derartige Schieber zu verwenden, und von Maudslay war 1845 der erste Rundschieber als Verteilungsschieber ausgeführt worden, aber zu einer ausgedehnteren Verwendung kamen diese Dampfverteilungsorgane erst, nachdem sich Corliss ihrer konstruktiven Durchbildung angenommen hatte.

Aus der Abbildung des Corlissschiebers (s. Fig. 103) ist ersichtlich, dass die Drehachse mit dem Schieber nicht fest verbunden ist.

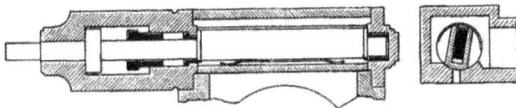

Fig. 103.

Es kann sich vielmehr der Schieber auch senkrecht zur Achse etwas bewegen, wodurch es dem Dampfdruck ebenso wie bei dem Flachschieber möglich wird, den Schieber dampfdicht auf die Gleitfläche zu pressen. Eine zwischen Schieber und Drehachse angebrachte Feder dient dem gleichen Zweck. Um möglichst kurze Kanäle und dem-

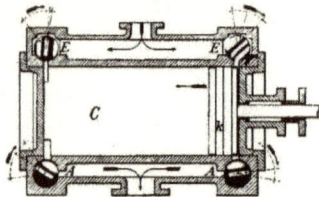

Fig. 104.

entsprechend kleine schädliche Räume zu erhalten, werden die Rundschieber an den Enden des Cylinders angeordnet (s. Fig. 104) und zwar befinden sich bei liegenden Maschinen die für den Dampfeintritt bestimmten Organe *(E)* über, die für den Dampfaustritt *(A)* unter dem Cylinder. Noch mehr verkleinern lässt sich der schädliche Raum, wenn die Rundschieber vor und hinter dem Cylinder unmittelbar im Boden und Deckel angebracht werden, eine Anordnung' die des angedeuteten Vorteils wegen auch von Corliss schon ausgeführt wurde.

Die äusseren Teile einer Corlisssteuerung auf der einen Cylinderhälfte, die der andern symmetrisch ist, bringt Fig. 105 in schematischer Weise zur Darstellung. Von einer Steuerscheibe *n* aus, die vom Excenter durch die Excenterstange *l* ihre schwingende Bewegung erhält, werden die Auslassschieber *A* mit Zugstange *c* und Kurbel *k* in einfachster Weise drehend verschoben. Auf der Schieberachse des Einlassventils sitzt ein Winkelhebel *w*, der an einem abwärts gerichteten Arm einen Vorsprung *z* trägt, mit dem er sich gegen einen Ansatz der Stange *b* legt. Die schleifenförmig gebogene Feder *s* verhütet das Abgleiten des Mitnehmers und verhindert nach Lösung der Verbindung das Abfallen der Stange *b*. So lange die Excenterstange *l* und mit ihr die Zugstange *b* nach links sich bewegt, wird die Schieberbewegung so erfolgen, als ob der Schieber wie bei dem Auslassorgan mit der Steuerung fest verbunden ist. Die Einrichtung muss nun so getroffen werden, dass, bevor die Schwingscheibe *n* ihre Richtung wechselt, die Stange *b* den auf ihr ruhenden Stift *t* gegen den Keil *m* stösst, was unmittelbar ein Abdrücken der Stange *b* von dem Vorsprung *z* zur Folge hat. Die Verbindung des Schiebers mit der Steuerung ist damit unterbrochen, das am andern Arm des Winkelhebels *w* eingreifende Gewicht *Q* tritt in Thätigkeit und schliesst den Rundschieber. Je weiter der Keil *m* nach rechts steht, um so früher wird die Stange *b* von dem Mitnehmer *z* abschnappen, um so früher wird der Dampfeintritt in den Cylinder abgeschlossen, um so grösser ist die Expansion. Lässt man das Verschieben des Keiles *m* durch den Regulator besorgen, was leicht zu erreichen ist, so ist die Aufgabe, die Veränderung der Expansion von dem Gang der Maschine abhängig zu machen, gelöst. Denn wird jetzt die Maschine über ihre normale Leistung hinaus belastet, so fängt sie an, langsamer zu gehen, der Regulator fällt und verschiebt den Keil so, dass die Dampfabsperrung später erfolgt. Bei der grösseren Füllung kam die Maschine trotz der vermehrten Arbeitsleistung wieder auf ihre normale Geschwindigkeit. Hat die Maschine weniger Arbeit zu leisten, so sorgt sie selbst dafür, dass ihr auch weniger Dampf, der geringeren Arbeitsleistung entsprechend, zugeteilt wird.

Das Wunder war zur Wirklichkeit geworden; eine von Menschen erdachte Maschine leistete nicht nur jede beliebige Arbeit, sondern bestimmte auch selbständig ohne Hilfe eines Wärters die Nahrungsmengen, die sie notwendig hatte, um die wechselnden Arbeitsgrössen, die der Mensch von ihr verlangte, mit dem geringsten Brennstoffverbrauch leisten zu können.

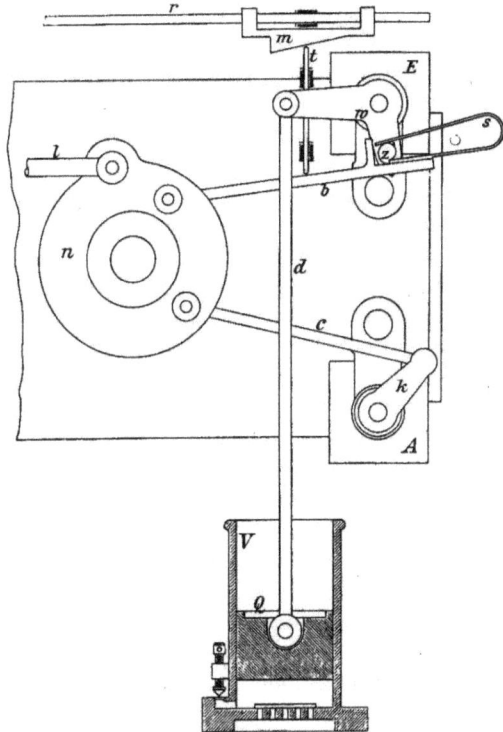

Fig. 105.

Die Gewichte, die bei den ersten Ventilsteuerungen des 18. Jahrhunderts in primitivster Weise mit Stricken an den entsprechenden Hebeln befestigt waren, und im Gegensatz zu dem jetzigen Gebrauch das Offenhalten, nicht das Schliessen besorgten, hatte Corliss, wie dies vor ihm auch Sickles gethan hatte, als Kolben ausgebildet, die in kleinen auf oder unter dem Fussboden stehenden Cylindern sich gut passend bewegen konnten (s. Fig. 105). Bei ihrer Aufwärts-

bewegung sogen sie Luft ein, die bei der Abwärtsbewegung aus der
kleinen Oeffnung links, die sich durch Einstellen einer Schraube beliebig verändern liess, entweichen musste. Da die Luft nicht so
schnell entweichen konnte, als dem beschleunigten Fall des Gewichtes entsprach, so wirkte die ganze Vorrichtung als Puffer. Jedes
harte Anschlagen, jeder Stoss wurde vermieden. Für ein ruhiges,
möglichst geräuschloses Arbeiten der Maschine war diese Anordnung
eine Grundbedingung.

Von diesem ganzen Steuerungsmechanismus, wie er im ersten
Patent festgelegt war, ist Corliss im grossen und ganzen nicht mehr
abgegangen. Die Verschiedenheiten, die seine späteren Ausführungen
dieser ersten Corlisssteuerung gegenüber aufzuweisen hatten, können
nicht als wesentliche principielle Aenderungen angesehen werden.

Die ihren Gang selbstthätig regulierende Dampfmaschine gewann naturgemäss für die Fabrikationszweige zunächst die grösste
Bedeutung, wo die Ungleichmässigkeit des Ganges einen Einfluss
auf die Güte der mit ihrer Hilfe erzeugten Waren ausübte. Das
ist der Fall bei Spinnereien und Webereien, deren Erzeugnisse
ihrem Wert nach von dem mehr oder weniger grossen Gleichgang
der Maschine abhängig sind. Es war daher für Corliss äusserst
vorteilhaft, dass die Textilindustrie in seiner nächsten Umgebung
grosse Bedeutung hatte. Aber wie es einst Watt bei den Grubenbesitzern in England ergangen war, so erging es hier Corliss mit den
Spinnereibesitzern, die zwar schon längst sich eine gleichmässig
gehende Betriebsmaschine sehnlichst gewünscht hatten, der neuen
Maschine aber nicht trauten, da sie so sehr viel komplicierter war,
als ihre Vorgängerinnen. Um sie einzuführen, musste Corliss ebenso
wie Watt seine Verbesserungen zuerst kostenlos anbringen und
sich aus der Kohlenersparnis, die sich durch seine Expansionssteuerung erreichen liess, bezahlt machen. Im Februar 1850 kam
die erste Corlissmaschine unter derartigen Bedingungen in Betrieb.
Andere Ausführungen folgten bald nach, die alle an Regelmässigkeit
des Ganges und geringem Kohlenverbrauch das bis dahin Erreichte
bei weitem übertrafen. Diese Erfolge, durch einwandfreie Fachleute
festgestellt, begründeten den Ruf der neuen Maschinen und ihres
Erfinders.

Das glänzende Geschäft, das durch die allseitige Nachfrage
nach den Corliss-Maschinen in Aussicht stand, veranlasste auch hier,
wie seiner Zeit bei Watt, Eingriffe in die Patentrechte. Viele suchten
die Corliss-Maschinen einfach nachzubauen oder das Patent mehr
oder weniger geschickt zu umgehen. Aber wie Watt in Boulton

ein scharfsichtiger Geldmann zur Seite stand, so Corliss in seinem
Teilhaber Nightingale, und nachdem die Firma Corliss & Nightingale
über 100 000 Dollar für Patentprozesse ausgegeben hatte, war der
Schutz des Patentes vor unbefugten Uebergriffen endgiltig erreicht.
Von da an entwickelte sich die von Corliss & Nightingale 1844 in
Providence (R. J.) gegründete Maschinenfabrik zu ungeahnter Grösse.
Jede Ausstellung brachte neue Anerkennungen und sorgte dafür,
dass die damals fast unglaublich klingenden Resultate immer weiteren
Kreisen bekannt wurden. Besonders in Europa erregte zunächst
der geringe Kohlenverbrauch, der schon 1857 auf der New Yorker
Ausstellung zu 1,12 kg Kohle für eine ind. Pfkr.-Std. und später sogar in manchen Fällen zu 0,65 kg durch Versuche festgestellt wurde,
etwas ungläubiges Staunen, das erst beseitigt wurde, als durch einwandfreie Versuche auch bei andern Präcisionsmaschinen gleich
günstiger Brennstoffverbrauch nachgewiesen werden konnte.

Freilich war dieser Erfolg nicht einzig und allein der neuen
Steuerung zuzuschreiben. Corliss begnügte sich nicht, alte Maschinen
mit neuer Steuerung zu versehen, sondern gestaltete die ganze
Maschine in fast allen ihren Teilen derart um, dass sie den erhöhten Kolbengeschwindigkeiten und dem stärkeren Dampfdruck bei
ruhigstem Gang entsprechen konnte.

Mit Recht legte er den grössten Wert auf die Ausführung. In
der klaren Erkenntnis, dass auch die beste Konstruktion bei mangelhafter Ausführung zu keinem Erfolg führen kann, suchte Corliss
durch Einführung neuer Werkzeugmaschinen und Arbeitsmethoden
die Werkstattarbeit so vollkommen als möglich zu gestalten. Nur
das beste Material fand Verwendung. Gleichzeitig wurde die
Leistungsfähigkeit der Fabrik durch die neuen Einrichtungen und
die vortreffliche Organisation, die Corliss geschaffen hatte, ausserordentlich gesteigert. Alle Bestandteile der am meisten verlangten
Dampfmaschinengrössen wurden, um möglichst schnell liefern zu
können, auf Vorrat gefertigt. Corliss war stolz darauf, drei normale
Dampfmaschinen in 10 Stunden nach der Bestellung schon abliefern
zu können.

Auch auf die Kesselanlagen erstreckte er seine Bemühungen
und liess es sich vor allem angelegen sein, möglichst trockenen
Dampf zu erhalten. Nimmt man hinzu, dass die neuen Maschinen,
weil sie komplicierter und dementsprechend auch bedeutend teurer
waren, wohl viel sorgfältigere und sachgemässere Bedienung erfuhren, als die alten Dampfmaschinen, so ist einleuchtend, dass ausser
der vorzüglichen Expansionssteuerung noch eine ganze Anzahl

anderer günstiger Umstände der „Präcisionsmaschine" zu ihrem grossen, unbestrittenen Erfolg verholfen haben.

Die grösste und berühmteste Präcisionsmaschine, die Corliss selbst noch erbaute, lief 1876 auf der Ausstellung zu Philadelphia und erregte durch ihre riesigen Abmessungen, ihre gewaltigen Leistungen und ihren ruhigen, gleichmässigen Gang die staunende Bewunderung der ganzen Welt. Diese prächtige Corliss-Balanciermaschine, der Mittelpunkt der ganzen Ausstellung, war für eine normale Leistung von 1200 bis 1400 Pferdekräften bestimmt, wurde aber auf der Ausstellung zum Antrieb der ausgestellten Arbeitsmaschinen mit nur etwa 600 PS. ausgenutzt. Am Eröffnungstage wurde die mächtige Maschine vom Präsidenten der Vereinigten Staaten durch Druck auf einen Knopf „elektrisch" in Bewegung gesetzt, was nicht geringes Aufsehen erregte, sich aber nach Jahren als harmloses Vergnügen herausstellte. Das Ingangsetzen der Maschine war durch wohlgeschulte Maschinisten erfolgt, die unten im Fundament, den Blicken der staunenden Menge verborgen, ihres Amtes walteten, sobald sie von dem Staatsoberhaupt auf elektrischem Wege das Signal hierzu erhalten hatten.

Das Gesammtgewicht der Maschine, die bis zu 2000 PS. belastet werden konnte, betrug nicht weniger als 607000 kg; die blitzenden Kurbeln waren ganz aus Rotguss und wogen je 3000 kg. Die Maschine wurde in 60 Eisenbahnwagen à 10 t von Providence nach Philadelphia transportiert, was etwa 20000 Mk. gekostet hat. Bemerkenswert für die grossartige Organisation der Werkstätten ist die Thatsache, dass die Maschine innerhalb 10 Monaten, nach neuen Modellen erbaut, nach Philadelphia geschafft und dort fertig aufgestellt worden ist. Noch heute verrichtet die Maschine ihre Arbeit, und zwar in der Waggonfabrik der Pullmann Car-Co. bei Chicago.

Bei dem grossen Erfolge, den Corliss mit seinen Maschinen errang, war es nicht verwunderlich, dass sich die neuen Ideen zugleich mit seinen Maschinen in kurzer Zeit über die ganze Erde verbreiteten. Nach Europa kam die erste Original-Corlissmaschine 1857. Der Ingenieur Brami Andreae, damals technischer Direktor der Maschinenfabrik Buckau A. G. zu Magdeburg, hatte sie als Modell bezogen und darauf den Bau dieser Maschinen mit immer wachsendem Erfolg als Specialität der Buckauer Fabrik unternommen.

In England, Frankreich und Belgien begannen alsbald auch hervorragende Dampfmaschinenfabriken sich mit dem Bau von

Corlissmaschinen erfolgreich zu beschäftigen. In Oesterreich-Ungarn wirkte vor allem für die Einführung der neuen Präcisionsmaschine Otto H. Mueller, jener Veteran des deutschen Dampfmaschinenbaues, der, mit klarem Blick die Vorzüge der Corlissmaschinen erkennend, zeitlebens einer der begeistertsten Verehrer des grossen Amerikaners und seiner Werke geblieben ist. Zu einer Zeit, wo Dampfmaschineningenieure sich noch darüber stritten, ob Woolf'sche oder Corliss-Maschinen vorteilhafter zu verwenden seien, verstand es Mueller bereits, die Vorteile beider in einer Maschine zu vereinen, das heisst, er baute zweicylindrige Woolf'sche Maschinen mit Corlisssteuerung und bewies damit eine klarere und weitschauendere Erkenntnis der Grundlagen des modernen Dampfmaschinenbaus, als sie sein Vorbild Corliss besessen hat, der zeitlebens ein unbedingter Gegner der Mehrfach-Expansionsmaschine gewesen ist. Trotz dieser Arbeiten hervorragender deutscher Ingenieure war Deutschland das einzige Land, in dem die Corlissmaschine sich nicht zu so alles beherrschender Stellung emporzuarbeiten vermochte, wie in den andern Ländern. Es lag das zum Teil wohl an der Eigenschaft der Corlisssteuerung nur kleine Füllungen zu ermöglichen, andererseits mögen auch schlechte Erfahrungen, die man zum Teil mit mangelhaften Ausführungen gemacht hatte und die man nun auf das System übertrug, mit hierzu die Veranlassung gegeben haben. Der Hauptgrund lag jedoch in dem Auftreten einer vorzüglichen Präcisions-Ventilmaschine, die, von Charles Brown, dem genialen Konstrukteur der Schweizerischen Maschinenfabrik von Sulzer erdacht und in mustergiltiger Weise ausgeführt, für die Schweiz und Deutschland zum herrschenden Typus der Präcisionsmaschinen wurde.

Interessant ist, wie die Erfindung dieser epochemachenden Präcisionssteuerung in gewisser Hinsicht auf einen Zufall zurückgeführt werden kann. Otto H. Mueller erzählt, dass das Speisewasser der Sulzer'schen Fabrik in Winterthur soviel Kalk in der Maschine abgesetzt habe, dass öfters der ganze Schieberkasten voll davon gewesen sei. Dies habe dem damaligen ersten Konstrukteur Charles Brown Veranlassung gegeben, sich mit einer neuen Ventilmaschine und Steuerung zu beschäftigen, was mit um so mehr Eifer geschah, je grösseren Ruf sich die Corlissmaschine auch in Europa erwarb. Eine Original-Corlissmaschine, die man sich aus Amerika verschrieben hatte, ergab bei Versuchen ungünstigere Resultate als die Ventilmaschine. Da man von Corliss, dem man wegen verschiedener kleiner Ausstände geschrieben hatte, aus irgend welchem Grunde keine Antwort erhielt, setzte man jetzt alles daran, die eigene

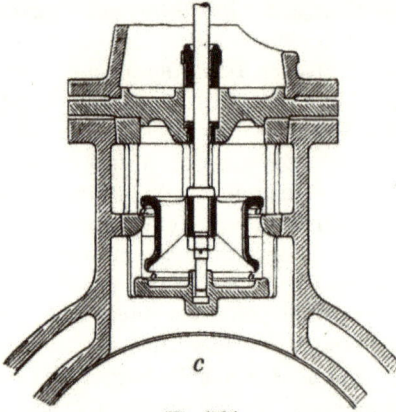

Fig. 106.

Maschine so auszubilden, dass man erfolgreich den Kampf mit dem mächtigen Gegner aufnehmen konnte. Diese Verbesserungen führten zu jener „Sulzer-Maschine", die 1867 auf der Pariser Ausstellung die Bewunderung aller Ingenieure auf sich zog, und die die goldene Medaille erhielt. Als Abschlussorgan wurden 4 Doppelsitzventile verwendet, die, von Hornblower um 1800 erfunden, von Brown als „Rohrventil" ausgebildet, im Dampfmaschinenbau bis heute die grösste Verbreitung gefunden haben. Das Rohrventil Fig. 106 hat vor dem von Woolf herrührenden Glockenventil Fig. 74 S. 151 den

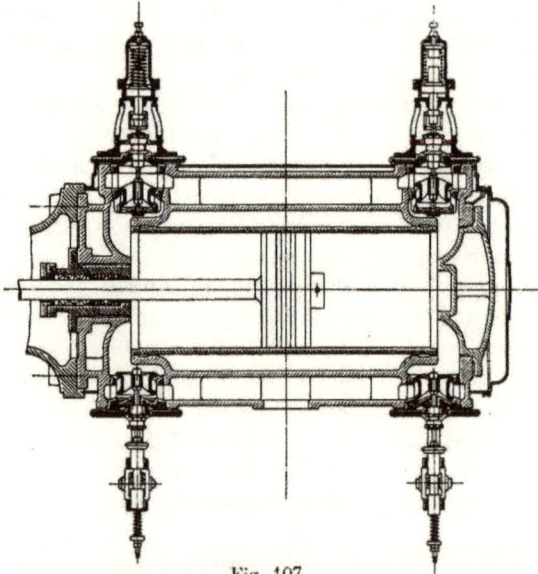

Fig. 107.

Vorteil noch grösserer Dampfentlastung, da die ringförmige dem Dampfdruck ausgesetzte Fläche bei sonst gleichen Ventilabmessungen bei der neuen Ventilkonstruktion kleiner ist als bei der alten, ein

Vorteil, der für die leichte Beweglichkeit der Ventile besonders bei den höheren Dampfspannungen, die immer allgemeinere Anwendung fanden, die grösste Bedeutung hatte.

Die vier Dampfventile wurden bei den liegenden Maschinen, ebenso wie die Corlissschieber, an den Enden des Cylinders angebracht, so zwar, dass die Einlassventile oben, die Auslassventile unter dem Cylinder zu liegen kamen. Diese in der Fig. 107 dargestellte Anordnung wurde auch für die liegenden Ventilmaschinen aller anderen Maschinenfabriken vorbildlich.

Die erste Sulzersteuerung vom Jahre 1867 entsprach den praktischen Anforderungen noch nicht genügend, da sie die Expansion nur innerhalb enger Grenzen zu verändern gestattete und infolge mangelhafter Anordnung noch einen erheblichen Rückdruck auf den Regulator ausübte. Beide Mängel wurden durch die Steuerung vom Jahre 1873 beseitigt, die zuerst auf der Wiener Ausstellung an die Oeffentlichkeit trat und noch heute in mannigfachen Ausführungen von bedeutenden Dampfmaschinenfabriken gebaut wird. Diese vielfach als „alte Sulzersteuerung" bezeichnete Bauart zeigt Fig. 108.

Der Antrieb der Ventile erfolgt von einer parallel zu dem Cylinder laufenden Steuerwelle aus, die von der Kurbelwelle mittelst eines konischen Zahnräderpaares ihre Bewegung erhält. Die unter dem Cylinder liegenden Auslassventile werden durch je eine Kurvenscheibe d mit Hilfe der Stange f und des Winkelhebels a bewegt. Eine unter dem Ventil liegende Feder wirkt der Oeffnungsbewegung entgegen, sorgt also für den Schluss des Ventils.

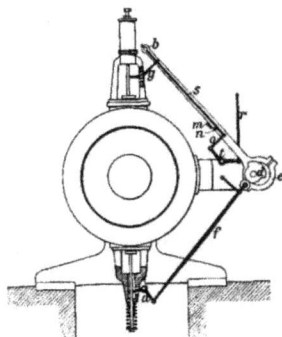

Fig. 108.

Für die Bewegung der beiden Einlassventile dient je ein Excenter e, dessen Excenterstange, als Rahmen ausgebildet, nicht in fester Verbindung mit dem Ventil steht, sondern nur zeitweise durch die Klinke m mit dem Ventilstellzeug verbunden wird. Dieses letztere besteht aus einem Winkelhebel g, dessen einer Arm mit der Ventilspindel, der andere mit einer Schiene s, die eine Klinke n trägt, verbunden ist. Die Excenterstange steht bei b so mit diesem Stellzeug in Zusammenhang, dass nicht nur die an ihr feste Klinke m, sondern auch der an der Schiene s befestigte Anschlag n sich in einer Kurve bewegen, deren Bahnlinien so bestimmt sind, dass

zeitweise *m* auf *n* zum Anliegen kommt, wodurch die Bewegung
des Excenters unmittelbar zum Anheben des Ventils benutzt wird.
Sobald *m* und *n* ausser Berührung kommt, ist das Ventil der über
ihm liegenden Feder frei überlassen und wird geschlossen. Wird
die Lage der Schiene *s* und damit die ihres Anschlags *n* verändert,
so hat dies eine entsprechend kürzere oder längere Berührungs-
dauer der beiden Anschläge zur Folge, das Ventil wird längere
oder kürzere Zeit offen gehalten, d. h. die Expansion wird je
nach Stellung des Anschlags *n* grösser oder kleiner sein. Diese
Lagenveränderung wird in
einfacher Weise vom Re-
gulator abhängig gemacht,
indem die Schiene *s* durch
den Winkelhebel *t* und die
Stange *r* mit der Regulatormuffe in Verbindung gebracht wird.

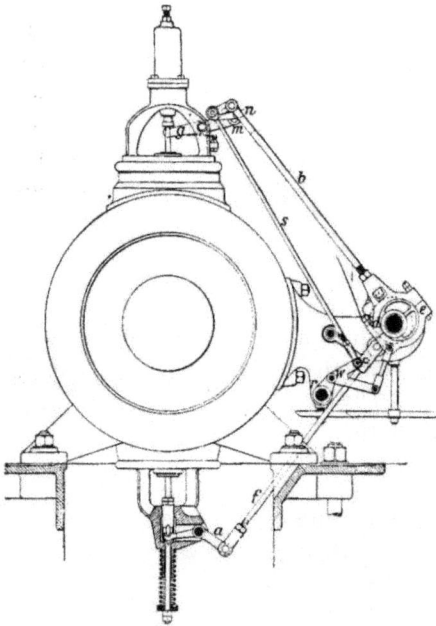

Dieser Steuerung folgte
1878 die „neue Sulzer-
steuerung", die bis heute
allgemeine Verwendung
findet; s. Fig. 109. Die
Auslassventile werden wie
vorher von einer unrunden
Scheibe *d* aus mit Zug-
stange *f* und Winkelhebel *a*
von der Steuerwelle aus
angetrieben. Die Einlass-
ventile werden durch die
Excenter *e* bewegt. Die
Klinke *n* ist drehbar mit
dem Ende der Excenter-

Fig. 109.

stange *b*, das in einem Kreisbogen um den Drehpunkt des Hebels *g* als
Mittelpunkt sich bewegen kann, verbunden. Eine zweite von dem Weg
des Excenterstangenendes gesonderte Bewegung der Klinke *n* wird
von dem Excenter *e* aus unter Zwischenschaltung des Winkelhebels *w*
und der Stange *s* abgeleitet und so bemessen, dass nur während
eines bestimmten Teils des Kolbenhubes die Klinke *n* mit *m*, dem
Ende des Hebels *g*, in Berührung kommt. Sobald diese Berührung
aufgehoben wird, ist das Ventil der über ihm liegenden Feder frei
überlassen und wird geschlossen. Die Grösse der Expansion hängt

also direkt von der Länge dieser Eingriffsdauer ab, die, vom Regulator durch Drehen des Hebels r leicht verändert werden kann. Das Streben nach möglichst geräuschlosem Gang der Maschine auch bei höheren Tourenzahlen hat neuerdings zur Veränderung dieser Steuerung, die sich lange Jahre hindurch auf das Beste bewährt hat, geführt, und die Pariser Jahrhundertausstellung gab Gelegenheit, die neueste Sulzersteuerung kennen zu lernen. Sie ähnelt der alten auslösenden Steuerung und unterscheidet sich im wesentlichen von der bisherigen, durch Verwendung sogenannter Wälzhebel und Anordnung des Luftpuffers zwischen dem Wälzhebel des Eintrittsventils und dem passiven Mitnehmer.

Auch zu einer konstruktiven Aenderung der Ventile gab die Entwicklung der letzten Jahre Veranlassung.

Die gewöhnlichen Doppelsitzventile wurden bei grossen Maschineneinheiten sehr gross und mussten, um genügend Querschnitt für den Dampf freizugeben, so hoch gehoben werden, dass für höhere Umdrehungszahlen die grössten Unzuträglichkeiten daraus entstanden. Sulzer ersetzte deshalb, um kleineren Ventilhub zu erhalten, bei den grössten Maschinen die zweisitzigen durch viersitzige Ventile. Dass derartige Ventile heute genügend dampfdicht und betriebssicher hergestellt werden können, zeigt, auf welch hohe Stufe der Genauigkeit die führenden Dampfmaschinenfabriken ihre Werkstättenarbeit gebracht haben.

Die grossen Erfolge der ersten Corliss- und Sulzer-Maschinen, die immer sich steigernde Nachfrage nach Dampfmaschinen mit geringem Kohlenverbrauch und gleichmässigem Gang lassen es begreiflich erscheinen, dass überall die Dampfmaschinenkonstrukteure sich bemühten, neue eigenartige und wenn möglich bessere Lösungen zu finden. Es begann die Zeit, wo jede Dampfmaschinenfabrik ihre eigene, „patentierte" Steuerung sich zu verschaffen suchte.

Der Indikator, den man seit Watt's Zeiten fast ein halbes Jahrhundert lang vergessen hatte, fing an, sich wieder in die Praxis einzuführen. Das Indikatordiagramm gewann eine ausserordentlich hohe Bedeutung, da es in vortrefflichster Weise die Wirkung der Steuerung auf die einzelnen Abschnitte der Dampfverteilung erkennen liess. Man schien aber nicht daran zu denken, dass trotz der schönsten Indikatordiagramme die wirtschaftliche Nutzleistung eine sehr geringe sein kann, da über die inneren Dampfverluste uns das Diagramm nur wenig, über die innere Reibungsarbeit uns aber gar keine Auskunft giebt. Neben dieser einseitigen Ueberschätzung eines guten Indikatordiagrammes mag wohl auch die

15*

Hoffnung, mit „neuen Steuerungen" die Maschine besser verkaufen
zu können, zu diesem massenhaften Erfinden von Präcisionssteuerungen
das Ihrige beigetragen haben. „Dem Ingenieur muss Gelegenheit
geboten sein, neues zu schaffen und der Kundschaft neues zu
bieten, wenn das Geschäft blühen soll. Sonst hat die Sache keinen
Zweck", so soll einst ein Ingenieur, der sich selbst mit Präcisionsmaschinen beschäftigte, auf die Frage, was er von dem wirklichen
Wert der vielen neu erfundenen Präcisionssteuerungen halte, geant-
wortet haben.

Was aber Mode war an den neuen Maschinen, das verging auch
wieder, und von all den vielen hunderten patentierten Präcisionssteuerungen erfreuen sich heut neben Corliss und Sulzer nur
wenige, die entweder in der Herstellung
oder dem Betrieb besondere Vorteile den
alten bewährten Einrichtungen gegenüber bieten oder ihnen wenigstens
gleichkommen, einer grösseren Verbreitung.

Eine der Maschinenbau-A.-G. Nürn-

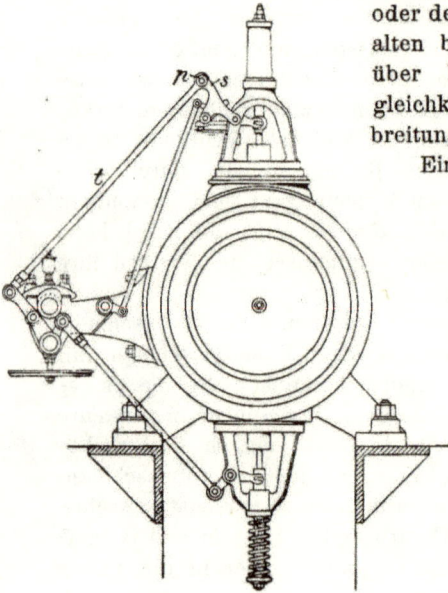

Fig. 111.

berg patentierte Präcisionssteuerung möge an Hand der
Fig. 110 u. 111 noch besprochen
werden. Die Ventilbewegung
wird von einer parallel zur
Cylinderachse horizontal angeordneten Steuerwelle unter Benutzung
unrunder Scheiben abgeleitet. Die Stange t, die bei p an zwei
Hebeln s angreift, setzt mit Hilfe zweier Mitnehmer a und q die
Bewegung der Kurvenscheiben in das Heben des Ventils um. Sobald
der aktive Mitnehmer a den passiven Mitnehmer q verlässt, wird das
Ventil unter Einwirkung einer über ihm angeordneten Feder und

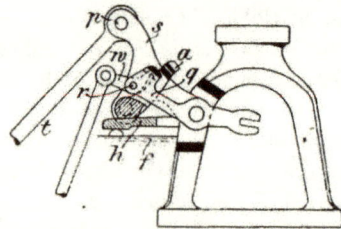

Fig. 110.

eines Luftpuffers, der bremsend wirkt, geräuschlos und schnell geschlossen. Um den Zeitpunkt des Abschnappens und damit des
Ventilschlusses vom Regulator abhängig zu machen, ist ein Winkelhebel w, der bei r angreift, so angeordnet, dass mit ihm der treibende
Mitnehmer a leicht von q abgedrückt werden kann. Eine Feder f
hat dafür zu sorgen, dass a in die ursprüngliche Lage stets
zurückkehrt.

Neben Corliss und Sulzer hat der Ingenieur A. Collmann
sich mit seiner 1876 patentierten zwangläufigen Ventilsteuerung
grosse Beachtung verschafft.

Bei der Collmann-Steuerung ist das Princip des Ausklinkens
aufgegeben; der Ventilschluss kann nicht schneller erfolgen, als die
äussere Steuerungsbewegung es zulässt. Die Schlusskraft wird auch
hier durch eine Feder gebildet, unter deren Wirkung aber das Ventil
nur eine von der Maschine bestimmte Geschwindigkeit erlangen
kann. Während die Schlusskräfte der Ausklinksteuerungen, seien es
Federn oder Gewichte, sehr genau ihrer Grösse nach abgepasst
werden mussten, da sie, falls zu klein, den Widerstand des Ventils
nicht überwinden, falls zu gross, ein starkes Aufschlagen verursachen
mussten, konnte hier die Feder mit einer gewissen Ueberkraft auf
das Ventil wirken, weil eben die Geschwindigkeit nicht mehr von
der Grösse der Schlusskraft und der Grösse der Widerstände, z. B.
der Stopfbüchsenreibung, abhängig war. Dieses Princip einer halbzwangläufigen Ventilsteuerung, von Collmann mit Unterstützung
bedeutender Maschinenfabriken in den Dampfmaschinenbau eingeführt,
hat sich auch behauptet, vor allem dank vorzüglicher Werkstättenarbeit, durch die es gelang, die in der grossen Anzahl einzelner
Teile — 116 gegen 52 bei der Corlisssteuerung — liegenden Nachteile durch gute Ausführung auszugleichen.

Eine von der Görlitzer Maschinenbauanstalt ausgeführte Collmann-
Steuerung zeigt Fig. 112. Die Ventilbewegung wird mittelst Excenter e
von einer parallel zur Cylinderachse liegenden Steuerwelle aus abgeleitet. Der untere Teil der schräg nach oben führenden Excenterstange h ist mit dem längeren Arm des zweiarmigen Hebels g
verbunden, dessen anderer Arm unter Zwischenschaltung eines Kniehebels im Punkte b eines Hebels $a\,b$ angreift. Dieser Hebel $a\,b$, der
in a seinen festen Drehpunkt hat, wälzt sich auf einem Gegenhebel
$c\,d$ ab, der bei c die Ventilstange ergreift und sich um d als
seinen festen Drehpunkt bewegen kann. Diese Wälzungshebel, die
schon 1863 in Amerika angewandt wurden, ermöglichen es, durch
die stetige Aenderung der Hebelübersetzung — der Angriffspunkt,

von dem aus der Hebel c d bewegt wird, rückt stetig von a nach b —· dem Ventil verschiedene Geschwindigkeiten zu geben. Bei der getroffenen Anordnung wird das Ventil langsam angehoben und langsam aufgesetzt, wodurch der Stoss, der bei jeder zu plötzlichen Bewegungsänderung eintritt, vermieden oder doch sehr verringert wird.

Auf die Ventilbewegung wirkt ausser der besprochenen Hebelübertragung noch eine zweite Bewegung ein, die von dem Punkt i der Excenterstange aus abgeleitet und durch die Stange k auf den Kniehebel b g und damit auf den Hebel a b und das Ventil übertragen wird. Diese zweite Bewegungsursache ändert sich je nach der Lage, die der Punkt i auf der Excenterstange h einnimmt. Um die Ventilbewegung und damit die Grösse der Expansion von der Maschine selbst regeln zu lassen, ist es nur nötig, das Stellzeug des Regulators R in geeigneter Weise so mit k zu verbinden, dass durch Auf- oder Niedergehen des Regulators

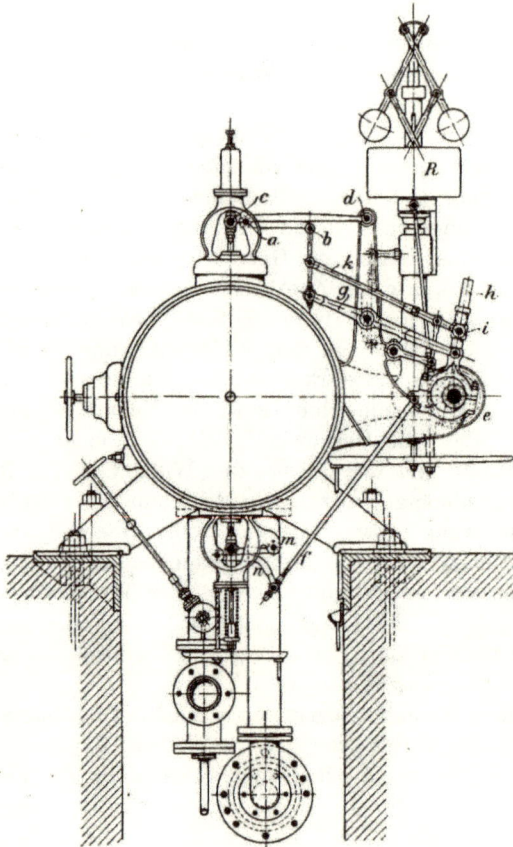

Fig. 112.

sich die mit i verbundene Büchse auf der Excenterstange h entsprechend verschiebt. Die Bewegungen der unten liegenden Auslassventile sind von dem Excenter durch Stangen f gleichfalls unter Benutzung von Wälzungshebeln m und n abgeleitet. Die Kraftübertragung von der Steuerwelle bis zum Ventil ist so getroffen, dass alle Steuerungsgelenke stets nur einseitigen Zapfendruck erfahren. Ein Stoss in dem Steuerungsgestänge wird somit selbst dann nicht auftreten, wenn die Gelenkbolzen sich etwas abgenutzt haben.

Auf eine zweckentsprechende Vereinfachung dieser von Collmann eingeführten halbzwangläufigen Ventilsteuerung zielen neuere Steuerungsarten, von denen die nach dem Namen ihrer Erfinder als Elsner-, Widnmann-, Hartung und Radovanovic-Steuerung bezeichneten Anordnungen, wohl die verbreitetsten sind. Diese neuen Steuerungsarten haben vor den älteren Ausführungen der abschnappenden Steuerungen den Vorteil, dass sie ruhiger und geräuschloser arbeiten, weniger sorgfältiger Bedienung bedürfen und vor allem höhere Geschwindigkeiten zulassen.

Auch der Corliss - Steuerung fehlte es nicht an Verbesserern, von denen die englischen Ingenieure J. F. Spencer und Inglis mit ihrem 1865 patentierten Steuerungsmechanismus zunächst zu erwähnen sind. Bei der von ihnen getroffenen Anordnung des Steuergestänges war dafür Sorge getragen, dass die beiden einzulösenden Teile stets sich in derselben Linie bewegten, wodurch ein guter Eingriff mit grosser Sicherheit gewährleistet wurde. Alle Einzelheiten der Steuerung waren vorzüglich ausgeführt, was der wohldurchdachten Konstruktion besonders Geltung verschaffte und wodurch sich gerade diese Präcisionssteuerung für lange Zeit, wenigstens in Europa, den Ruf erwarb, die beste Corliss-Steuerung zu sein.

Eine andere, äusserst sinnreiche Abänderung der Corliss-Steuerung, mit der ein möglichst geräuschloses Arbeiten auch bei höheren Tourenzahlen erreicht werden soll, rührt von dem französischen Ingenieur Bonjour her. Die Fig. 113 bis 115 zeigen diese Präcisionssteuerung in der Ausführung der Firma van den Kerchove bei einer 1500 pferdigen stehenden Maschine der Berliner Elektricitätswerke.

Ihre Eigenart liegt im wesentlichen in Benutzung einer Flüssigkeit zur Steuerung der Einlassschieber *a*, *b*. Der Apparat, der zur Bewegungsübertragung zwischen Schwingscheibe *n* und den Einlassschiebern *a* dient, besteht aus einem Kolben *q*, der unmittelbar an dem Hahnhebel angreift, und einem Cylinder *o*, der von einem Oelbehälter umgeben ist und bei *m* mit dem Arm der Steuerscheibe *n* in Verbindung steht. Ein kleiner, von der Maschine aus bewegter und vom Regulator beeinflusster Hahn dient dazu, die Verbindung zwischen Cylinder und Oelbehälter zu unterbrechen. Bei der Oeffnungsbewegung des Schiebers ist der Hahn geschlossen, das Oel kann daher nicht aus dem Cylinder entweichen, das Gestänge vermag somit den

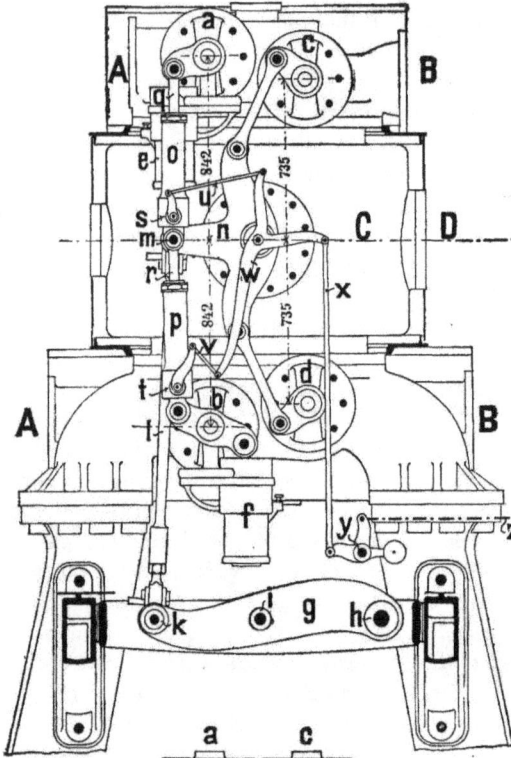

Fig. 113.

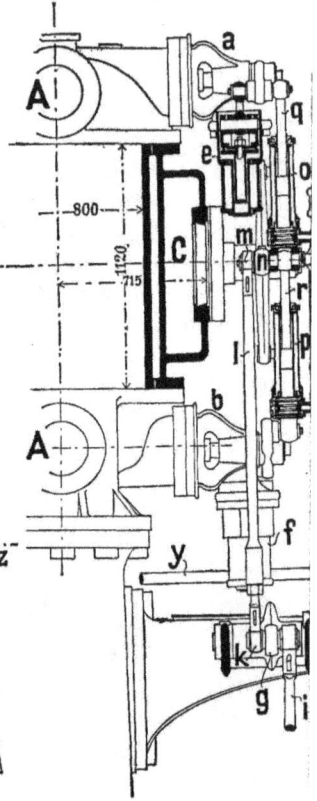

Fig. 114.

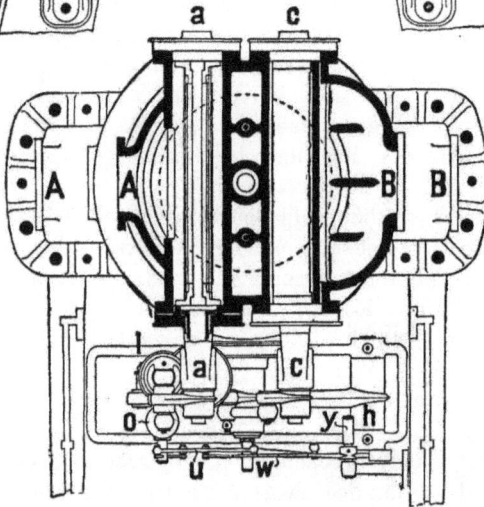

Fig. 115

Druck zu übertragen; sobald der Hahn geöffnet wird, drückt die Kolbenstange q die Flüssigkeit in den Behälter, der Schieber wird unter Einwirkung einer am Schieberhebel angreifenden Schlusskraft — hier ist der äussere Luftdruck auf einen sich luftdicht in dem Apparat e bewegenden Kolben benutzt — geschlossen. Wir haben es also hier mit einer Art hydraulischen Corliss-Steuerung zu thun.

Die Dampfauslassschieber c, d sind mit der Steuerscheibe durch feste Stangen verbunden. Die Bewegung der Steuerung wird von der Kurbelwelle aus durch ein Excenter abgeleitet, dessen Stange bei i an dem um h drehbaren Hebel g angreift, der wiederum durch die Stange l mit der Steuerscheibe n in Verbindung steht. Der dreiarmige Hebel w, die Stange x und y dienen zum Oeffnen und Schliessen der Oelhähne s und t. Ihre Bewegung erfolgt von einem zweiten Excenter aus.

Ein Hauptnachteil aller von einem Excenter aus bethätigten Corlisssteuerungen bestand bisher in der Unmöglichkeit, mehr als etwa 40 % Füllung zu geben. Also nur für kleinere Füllungen waren sie brauchbar. So lange nämlich die Auslassschieber mit dem Excenter fest verbunden sind, ist die Stellung des Excenterkörpers zur Kurbel ebenso wie beim einfachen Schieber derart bestimmt, dass, ehe noch die Kurbel eine viertel Umdrehung über den toten Punkt hinaus gemacht hat, das Excenter und der mit ihm verbundene Steuerungsmechanismus seine äusserste Stellung einnimmt. Da die Auslösung aber durch Anstossen des Mitnehmers an einen festen Anschlag stets während des Hinganges des Schiebers erfolgt, so muss sie eingetreten sein ehe der Schieber seine äusserste Stellung einnimmt und sich zur Umkehr seiner Bewegungsrichtung anschickt.

Der Uebelstand lässt sich nur vermeiden, wenn man entweder die Eintrittssteuerung von der Austrittssteuerung vollkommen trennt oder indem man den feststehenden Anschlag durch eine entsprechend bewegbare Auslösevorrichtung ersetzt. Auf diese Weise kann auch Bonjour bei seiner vorher beschriebenen Steuerung grössere Füllungen erreichen, da bei der von ihm getroffenen Anordnung die Auslösung beim Rückgang erfolgen kann. Diesen Weg hat mit grösstem Erfolg der Ingenieur Frikart beschritten, mit dessen durch Patent geschützter, äusserst eleganter Steuerung sich alle Füllungsgrade unter Einwirkung des Regulators erreichen lassen.

Die Fig. 116 zeigt die Anordnung der Frikartsteuerung an dem Hoch- und Mitteldruckcylinder einer von der schweizerischen Firma Escher, Wyss & Co. erbauten Dreifach-Expansions-Maschine. Wir betrachten die Steuerung des Hochdruckcylinders. Die beiden Aus-

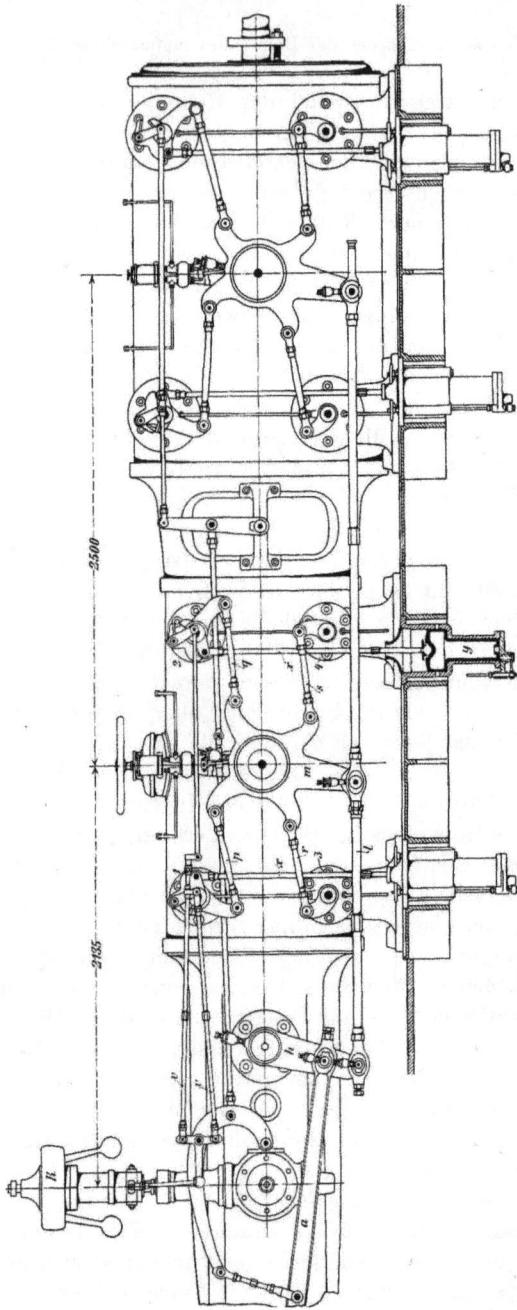

Fig. 116.

lassschieber 3 und 4 sind durch die Stangen *r* und *s* unveränderlich mit der Steuerscheibe *m* verbunden. Die eigenartige Bewegungsübertragung auf die Einlassschieber 1 und 2 lässt Fig. 117 näher erkennen. Auf der Schieberachse sitzt ein zweiarmiger Hebel. Der aktive Mitnehmer *c* ist drehbar an einem auf der Schieberachse lose sitzenden kurbelartigen Teil befestigt, an dessen anderem Ende die Stangen *p* bezw. *q* von der Steuerscheibe *m* aus angreifen. Auf der Drehachse des Schiebers ist ein zweiarmiger Hebel *b b* fest an-

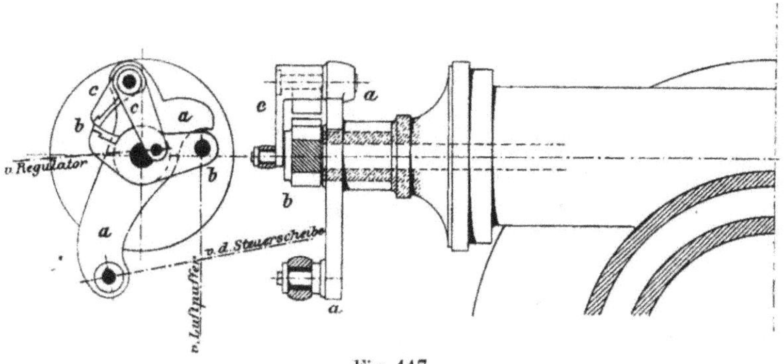

Fig. 117.

geordnet, dessen eines Ende als passiver Mitnehmer dient. Der andere Arm steht mit dem Luftpuffer *y* in Verbindung, der, sobald die Mitnehmer ausser Eingriff kommen, den Schluss des Schiebers veranlasst. Der aktive Mitnehmer erhält nun eine von der Schieberdrehung unabhängige Bewegung, die von der Excenterstange *a* aus (s. Fig. 116) unter Benutzung des sichelförmigen Hebels und zweier Stangen *v* abgeleitet wird. Die Stellung des Mitnehmers und damit der Zeitpunkt des Abschnappens lässt sich vom Regulator durch Verschieben der Stangen *v* erreichen.

Den gesamten Steuerungsantrieb besorgt ein Excenter, das mit der Excenterstange den Hebel *h* ergreift, von dem aus die Bewegung durch die Stange *l* auf die Schwingscheibe *m* übertragen wird.

Die Präcisionsmaschinen veranlassten auch die weitere Ausbildung der Regulatoren. Seitdem man verlangte, dass auch bei grossen Belastungsschwankungen der Gang der Maschine sich kaum merkbar ändere, wurde die Verwendung äusserst empfindlicher und gleichzeitig sehr wirksamer Regulatoren zur Notwendigkeit. Mit der bisher üblichen Gewichtsbelastung liess sich zwar die Energie der Regulatoren steigern, aber nur auf Kosten der Empfindlichkeit, da

die grossen Massen entsprechend grosses Beharrungsvermögen besassen. Dieser Nachteil liess sich durch Benutzung von Federn statt
Gewichten vermeiden. Die Einführung der Federbelastung bei den
Regulatoren bedeutete einen grossen Schritt vorwärts in der Entwicklung der Dampfmaschinenregulierung.

So gross auch die Vorteile sind, die sich bei Anwendung der
Präcisionssteuerung erreichen lassen, das Gebiet des Dampfmaschinenbaues ist zu vielgestaltig, die Bedingungen, unter denen sie zu arbeiten
haben, sind zu mannigfach und die Anforderungen an sie zu zahlreich, als dass eine Steuerungsgruppe, so vorzüglich sie auch sei
nach jeder Richtung befriedigen könnte.

Die Präcisionssteuerung war für die grossen Dampfmaschinen
von grösster Bedeutung, weil gerade da ihre Hauptvorteile, geringer
Dampfverbrauch und gleichmässiger Gang der Maschine, besonders
zur Geltung kamen, wogegen ihre hohen Anforderungen an sachgemässe Bedienung und ihr höherer Preis hier weniger in die
Wagschale fielen.

Bei all den kleineren Dampfmaschineneinheiten, bei denen
absolute Betriebssicherheit auch bei weniger sorgfältiger Bedienung
verlangt werden musste, bei denen der Preis eine grosse Rolle
spielte, oder wo höhere Tourenzahlen eine Ausklinksteuerung überhaupt unmöglich machten, kamen daher die Schiebersteuerungen
in all den besprochenen Anordnungen und Ausführungsformen nach
wie vor zur Anwendung.

Der grossen Bedeutung gerade dieser Steuerungsgruppe, die
am besten in ihrer weiten Verbreitung zum Ausdruck kommt — von
den 44 447 Dampfmaschinen, die 1879 im deutschen Reich gezählt
wurden, waren nicht weniger als 40068 noch mit Schiebersteuerung
ausgerüstet — entsprechen die Bemühungen, sie zu verbessern.

Zunächst wurde versucht, die Reibungsarbeit zu verringern.
Der Druck, mit dem der Dampf den Schieber auf die Gleitfläche
presste, wurde bei den grossen Maschinenabmessungen und dem
höheren Dampfdruck, der verwendet wurde, so bedeutend, dass zur
Ueberwindung des Reibungswiderstandes eine sehr erhebliche Arbeit
geleistet werden musste, die für die Nutzarbeit der Maschine verloren
ging. Die Vorrichtungen, durch die die Schieber vom Dampfdruck
entlastet wurden, erfuhren daher weitere Entwicklung und Anwendung.

Der Schieber wird entlastet, wenn man die Anordnung so
trifft, dass überhaupt kein Dampf über den Schieber gelangen kann

oder dass der Dampf den Schieber von allen Seiten umgiebt. Auf diese letztere Weise ist bei dem Kolbenschieber, der aus dem von Murdock erfundenen Schieber durch Veränderung des D-förmigen in kreisförmigen Querschnitt entstanden ist, das nachteilige einseitige Anpressen vermieden, s. Fig. 118.

Trotz des Nachteils grosser schädlicher Räume, die bei ihm unvermeidlich sind, findet er da, wo grösste Betriebssicherheit und höhere Geschwindigkeiten verlangt werden, vielfach Verwendung. Der Kolbenschieber ist die verbreitetste Bauart des entlasteten Schiebers. Auch die bereits besprochenen, als Corlissschieber bezeichneten

Fig. 118.

Rundschieber können, ähnlich wie die Flachschieber, vom Dampfdruck' entlastet werden.

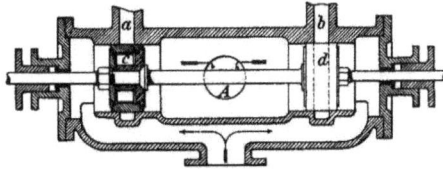

Statt dem Rundschieber eine schwingende Bewegung zu erteilen, hat man auch versucht, ähnliche Dampfverteilungsorgane mit konstanter Drehbewegung zu verwenden, doch lange ohne Erfolg, da die Abdichtung grosse Schwierigkeiten bot. Erst neuerdings scheint es Sulzer gelungen zu sein, einen brauchbaren vollständig entlasteten rotierenden Schieber zu schaffen.

Um die Nachteile zu vermeiden, die bei dem gewöhnlichen Schieber häufig durch langsames Eröffnen und Abschliessen der Dampfkanäle entstehen, oder um den Schieberhub und damit wieder die Reibungsarbeit zu verkleinern, hat man auch die Schieber so ausgebildet, dass sie dem Dampf gleichzeitig mehrere Einlässe freigeben. Hierhin gehört ausser vielen anderen Konstruktionen auch der von Trick 1855 erfundene und zuerst für Lokomo-

Fig. 119.

tiven angewandte sogenannte Kanalschieber. Die Fig. 119 lässt erkennen, dass in der gezeichneten Schieberstellung dem linken Eintrittskanal von zwei Seiten her Dampf zuströmt.

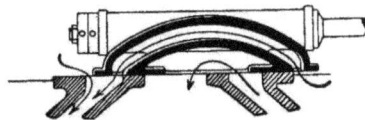

Man begnügte sich jedoch nicht damit, den Schieber leichter beweglich zu machen oder die Dampfeinströmung günstiger zu gestalten, sondern wünschte vor allem auch, ähnlich wie bei den Präcisionssteuerungen, die Expansion durch den Regulator verändern zu können.

Bei den Schleppschiebersteuerungen liess sich verhältnismässig leicht vom Regulator ein Anschlag so verschieben, dass der Dampfabschluss früher oder später erfolgte. Grosse Schwierigkeiten bot dagegen die ohne Zweifel beste Expansionssteuerung mit zwei Schiebern, die „Meyersteuerung", der Beeinflussung durch den Regulator. Erst dem amerikanischen Ingenieur Rider gelang es in den sechziger Jahren, auch für diese Aufgabe eine äusserst brauchbare und heute ganz allgemein angewandte Lösung zu finden (s. Fig. 120 bis 123).

Die Kanäle des von Rider verwandten Grundschiebers *G* treten nach dem Expansionsschieber zu in schrägliegenden Oeffnungen aus,

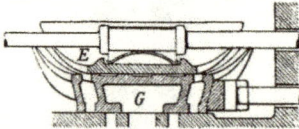 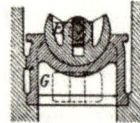

Fig. 120.   Fig. 121.

   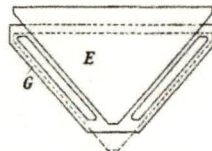

Fig. 122.   Fig. 123.

die von einer dreieckigen oder trapezförmig gestalteten Expansionsschieberplatte *E* in entsprechender Weise überdeckt und freigelassen werden. Wird der Expansionsschieber auf der Gleitfläche quer zu seiner Bewegungsrichtung verschoben, so ändert sich die Entfernung der steuernden Schieberkanten von den Dampfkanälen des Grundschiebers, es wird also durch diese Bewegung dasselbe erreicht, wie bei der Meyersteuerung durch Drehung der rechts- und linksgängigen Schraube. Um diese Verstellung und damit einen früheren oder späteren Dampfabschluss in bequemster Weise durch Drehung der Schieberstange erhalten zu können, gestaltete Rider den Expansionsschieber sowie den Rücken des Grundschiebers cylindrisch. Die Drehung der Expansionsschieber und damit die Aenderung der Expansion kann in einfacher Weise vom Regulator aus erreicht werden.

Riders Princip lässt sich in der gleichen Weise auch auf Kolbenschieber übertragen. Die Fig. 124 zeigt eine Rider-Kolbensteuerung. Im Innern des röhrenartigen Grundschiebers bewegt sich der Expansionsschieber, der von aussen durch den Regulator quer zu seiner Arbeitsbewegung verdreht werden kann.

Auch bei der einfachen Schiebersteuerung lassen sich wesentlich verschiedene Expansionsgrade durch Veränderung von Schieberhub und Voreilungswinkel erreichen. Das kann geschehen, indem man den Excenterkörper geradlinig verschiebt oder ihn um eine zweite excentrisch angeordnete Scheibe verdreht. Da die Verstellung des Excenters sich nur sehr schwierig vom Regulator abhängig machen liess, so fanden diese Expansionssteuerungen zuerst sehr wenig Beachtung. Erst die Einführung von Regulatoren, deren Pendel in einer zur Drehachse senkrechten Ebene schwingen, schaffte hier Wandel. Schon auf der Wiener Ausstellung von 1873 war ein derartiger von dem Ingenieur Friedrich herrührender sogen. Achsenregulator vorhanden. Noch früher mögen einige amerikanische Maschinenbauanstalten diese Regulatoranordnung ausgeführt haben. In Deutschland hat sich vor allem Dr. Proell um die Entwicklung und Einführung der Achsenregulatoren verdient gemacht. Der grosse Vorzug, den sie für den vorliegenden Zweck der Excenterverstellung vor den andern Regulatoren haben, liegt darin, dass man sie auf der Excenterwelle unmittelbar neben dem Excenterkörper anbringen kann und

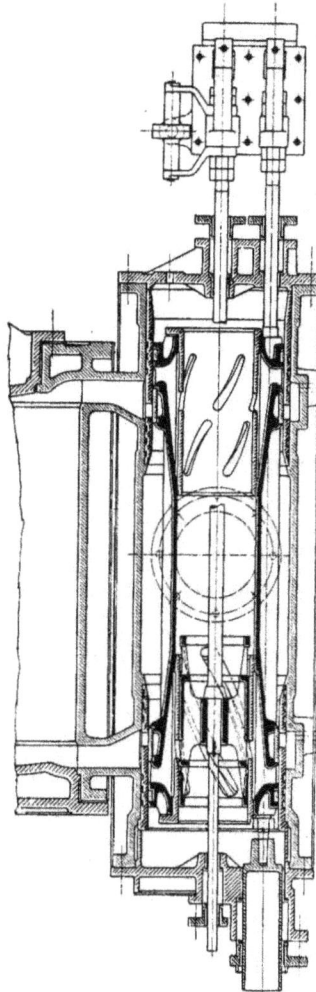

Fig. 124.

den Regulatorausschlag auf einfachste Weise in die Excenterverstellung umsetzen kann. Da sich Schieberweg und Voreilwinkel auch durch Verwendung einer Kulisse verändern lässt, so sind die Kulissensteuerungen auch Expansionssteuerungen, bei denen mit einfachem Schieber Veränderung der Expansion erreicht wird (s. S. 207).

Alle diese mannigfaltigen Expansionssteuerungen waren in der richtigen Erkenntnis geschaffen worden, dass die Wirtschaftlichkeit des Betriebes wesentlich durch weitgehende Benutzung der Expansion sich steigern lasse.

Hohe Expansion hat aber grossen Druckunterschied zwischen ein- und austretendem Dampf zur Voraussetzung. Da die untere Druckgrenze bei den Auspuffmaschinen durch den äusseren Luftdruck, bei den Kondensationsmaschinen durch die Güte des Vakuums ein für allemal festgelegt ist, so blieb nur übrig, die obere Druckgrenze zu erweitern, d. h. man ging von der Niederdruck- zur Hochdruckmaschine über.

Da Wasserdampf die wertvolle Eigenschaft hat, durch kleine Steigerung der Gesamtwärme eine äusserst beträchtliche Druckvermehrung zu erfahren, so liessen sich von der Verwendung hochgespannter Dämpfe für die Wärmeausnutzung grosse Vorteile erwarten.

Eine Gesamtwärme von 636,7 Wärmeeinheiten, die genügt, um 1 kg Dampf von 1 Atm. zu erhalten, braucht nur auf 661 Wärmeeinheiten gesteigert zu werden, um Dampf von 10 Atm. zu erzeugen. Eine Steigerung der zugeführten Wärmemenge um 3,8 v. H. hat eine Druckvermehrung um 1000 v. H. zur Folge.

Trotzdem zeigten sich bei der praktischen Benutzung grosser Dampfspannungen und hoher Expansion in der gewöhnlichen Eincylindermaschine keineswegs die erwarteten Vorteile. Zuweilen brauchten Maschinen doppelt soviel Dampf, als sie nach der Rechnung für ihre Arbeitsleistung nötig hatten. Der Hauptgrund für diese ungewöhnlich schlechte Wärmeausnutzung lag in dem Wärmeaustausch zwischen Dampf und Cylinderwandung.

Je mehr der Druck im Cylinder sich während eines Hubes änderte, je weiter also der Dampf expandierte, um so grösser wurden auch die Temperaturunterschiede. Dampf von 10 Atm. hat 178,89 ° C., Dampf von 1 Atm. 99,09 ° C. Das heisst, ein Cylinder, in dem der Dampfdruck sich bei der Expansion von 10 auf 1 Atm. vermindert, wird bei jedem Hub einem Temperaturunterschied von 79,8 ° C. ausgesetzt sein. Der eintretende Dampf von 178,89 ° C. trifft auf die Cylinderwandung, die soeben mit Dampf von 99,09 ° C. in Berührung war, er wird deshalb einen beträchtlichen Teil seiner Wärme an die metallische, gut leitende Cylinderwand abgeben müssen.

Die wesentliche Bedingung für eine gute Wärmeausnutzung, die schon Watt mit den Worten: „Der Cylinder muss immer so heiss gehalten werden, als der eintretende Dampf ist" aufgestellt hatte, war bei „hoher Expansion in einem Cylinder" nicht zu erfüllen.

Erst als man begann, nach dem Vorgang Hornblowers und Woolfs die Expansion auf mehrere Cylinder zu verteilen, gelang es, ohne die Gesamtexpansion zu verkleinern, die Expansion in jedem Cylinder und damit die Temperaturunterschiede zu verringern. Die Mehrfachexpansionsmaschinen, bei denen der Dampf nach einander in zwei oder mehreren Cylindern zur Wirkung kommt, gestatten es, die Vorteile hoher Expansion in grossem Umfange auszunutzen.

Während man bei den ortsfesten Maschinen sich gegen die Mehrcylindermaschine noch sträubte und sein Heil nur in einer mehr oder weniger geistreichen Präcisionssteuerung erblickte, ging der Schiffsdampfmaschinenbau mit der Steigerung des Dampfdruckes und der Expansion in mehreren Cylindern erfolgreich voran.

Die grossen Erfolge, die bei der Schiffsmaschine hierdurch erreicht wurden, veranlassten die Landdampfmaschine, ihr zu folgen, um so mehr, da auch der Herstellung der Eincylindermaschine in den gewaltigen Cylinderabmessungen, die sich bei grossen Maschinenleistungen ergaben, die grössten Schwierigkeiten erwuchsen. Statt, wie man es in solchen Fällen bisher gethan hatte, die gewünschte Leistung durch zwei Eincylinder-Maschinen, die auf eine Welle arbeiteten, — durch eine Zwillingsmaschine — zu erreichen, wandte man zwei Cylinder von verschiedenem Durchmesser an und liess den Dampf, nachdem er im kleinen Cylinder — dem Hochdruckcylinder — seine Arbeit verrichtet hatte, zum grossen Cylinder — dem Niederdruckcylinder — überströmen. Die Cylinderquerschnitte konnten den mittleren Dampfdrücken im grossen und kleinen Cylinder entsprechend so gewählt werden, dass die Arbeitsleistung der beiden Maschinenseiten, wie bei den Zwillingsmaschinen, einander gleich war. Traf man die Anordnung so, dass die Kolben der beiden Cylinder immer gleichzeitig einen Hub beendigten und der Dampf unmittelbar von dem einen in den anderen Cylinder gelangte, so entsprach sie der Woolf'schen Maschine. Die Kurbeln waren hierbei gleichgerichtet oder um 180° versetzt. Ein gleichmässigerer Gang und vor allem der Vorteil, dass die Maschine in jeder Stellung anging, liess sich erreichen, wenn die Kurbeln unter 90° zu einander standen, also der eine Kolben seinen Hub beendigt hatte, wenn der andere in der Mitte des Cylinders angelangt war. Diese Anordnung, als Verbundmaschine bezeichnet, fand der angeführten Vorteile wegen die grösste Verbreitung. Da bei diesem Maschinensystem der Dampf nicht immer unmittelbar von dem einen zum andern Cylinder ausströmen konnte, musste zwischen Hoch- und Niederdruck-cylinder ein Behälter (Receiver), der den Arbeitsdampf in der Zwischenzeit aufzunehmen hatte, eingeschaltet werden. Bei noch grösserer Expansion und höherem Dampfdruck kam man folgerichtig auch zur Verwendung von Drei- und Vierfach-Expansionsmaschinen, wo derselbe Dampf nach einander in 3 oder 4 Cylindern Arbeit zu verrichten hat. Wurde der Niederdruckcylinder so gross, dass seine Anordnung oder Ausführung Schwierigkeiten bot, so verteilte man den notwendigen Cylinderquerschnitt auf zwei Cylinder. Statt eines Niederdruckcylinders erhielt man also zwei, die beide ihren Dampf von dem vorhergehenden Cylinder, dem Hoch- bezw. Mitteldruck-cylinder, erhielten. Die Bezeichnung einer Dampfmaschine als Drei-fach-Expansionsmaschine drückt daher noch nicht die Anzahl Cylinder aus, sondern giebt nur an, dass der Dampf dreimal zur Wirkung kommt. Dies kann in drei, aber auch in vier Cylindern geschehen, wobei der Dampf nach seiner Wirkung im Hochdruckcylinder in den Mitteldruckcylinder und von da entweder in einen oder zwei Nieder-druckcylinder übertritt.

Das Wesentliche aller dieser Mehrfach-Expansionsmaschinen wird nicht durch die Lage der einzelnen Cylinder zu einander be-einflusst, deren Reihenfolge und Anordnung auf die mannigfaltigste Weise, hintereinander, neben und über einander getroffen wird, je nach den Gesichtspunkten, die in einem vorliegenden Fall besonders zu berücksichtigen sind.

Ausser durch die Verteilung der Expansion auf mehrere Cylinder lässt sich durch Ueberhitzung des Dampfes eine bessere Wärmeausnutzung erreichen. Beide Mittel haben den gleichen Zweck, die Abkühlungsverluste möglichst zu verringern. Im ersteren Falle geschieht dies durch Verkleinerung der Temperaturunterschiede, denen die Cylinderwandung ausgesetzt ist, im zweiten Fall durch Beeinflussung des Dampfes selbst. Führt man dem Dampf, wenn er nicht mehr unmittelbar mit dem Wasser in Verbindung steht, also ausserhalb des Kessels, noch weiter Wärme zu, so wird seine Tem-peratur erhöht, ohne dass der Dampfdruck wächst; man nennt diese Erhitzung des Dampfes über seinen gesättigten Zustand hinaus Ueberhitzung. Während gesättigter Dampf in Berührung mit kälteren Cylinderwänden kondensiert, kann bei überhitztem Dampf dies erst eintreten, wenn die ganze, durch die Ueberhitzung ihm zugeführte Wärme wieder entzogen ist, was nur verhältnismässig langsam erfolgen wird, zumal überhitzter Dampf die Wärme schlechter leitet als gesättigter Dampf.

Schon frühzeitig hat man den Vorteil der Dampfüberhitzung zu benutzen versucht. Bereits Watt hat sich mit der Frage einer geringen Dampfüberhitzung beschäftigt.

Corliss, der die grossen Vorteile trockenen Dampfes richtig erkannte, ordnete seine Kessel so an, dass eine anfängliche Ueberhitzung von etwa 30° C. erzielt wurde. War auch diese Ueberhitzung so gering, dass sie auf dem Wege zum Cylinder wieder verloren ging, so war sie doch genügend gross, um den Dampf zu trocknen. In den fünfziger Jahren war hauptsächlich in Amerika die Ueberhitzung des Dampfes schon vielfach im Gebrauch. Die Apparate, gewöhnlich in der Zuleitung zum Schornstein angeordnet, waren aber unvollkommen, und nur geringfügig war die mit ihnen erreichbare Ausnutzung der abziehenden Heizgase.

Ausser in Amerika zog auch in England und Frankreich die Ueberhitzung des Dampfes bald das Interesse der Ingenieure auf sich und erweckte, durch übertrieben günstige Berichte unterstützt, eine Zeit lang Hoffnungen auf eine gänzliche Umgestaltung der Dampfmaschine.

Von grosser Bedeutung für die Erkenntnis der Eigenschaften überhitzten Dampfes und der Vorteile, die seine Anwendung bot, waren die 1856 veröffentlichten Versuchsergebnisse Gustav Adolf Hirn's, jenes grossen Gelehrten, der nicht im physikalischen Laboratorium, sondern an den Betriebsmaschinen seiner Fabrik die Wärmelehre zu studieren pflegte. Die Ueberhitzer waren bereits in der heute noch üblichen Weise in die Kesselanlage eingebaut und gestatteten Dampf von 4 Atm. Ueberdruck auf 250° zu überhitzen. Alle Versuche bestätigten die grossen Vorteile, die sich durch Verwendung überhitzten Dampfes erzielen liessen.

Eine schnelle Verbreitung aber hinderten auch hier wieder praktische Schwierigkeiten, die sich überall bald unangenehm bemerkbar machten. Die animalischen und vegetabilischen Fettstoffe, die zur Schmierung des Dampfcylinders ausschliesslich verwandt wurden, zersetzten sich bei hohen Temperaturen, Kolben und Kolbenstange wurden rauh, weil ihnen die Schmierung fehlte, und brannten fest. Die Hanfpackung der Stopfbüchsen verbrannte. Die gusseisernen Schlangenrohre, die gewöhnlich als Ueberhitzer

16*

dienten, waren nicht dauerhaft. Die schmiedeeisernen verzogen sich und wurden schnell undicht. Ausser diesen praktischen Schwierigkeiten stellte sich der Einführung der Ueberhitzer noch eine wissenschaftliche Ansicht hindernd in den Weg. Man befürchtete nämlich, der Wasserdampf werde sich bei der hohen Temperatur in ein explosibles Gemisch von Wasserstoff und Sauerstoff zerlegen.

Die Nachteile des überhitzten Dampfes glaubte der Amerikaner Wethered durch Verwendung eines Gemisches von überhitztem und gesättigtem Dampf vermeiden zu können. Seine 1856 in Paris ausgestellte Maschine mit gemischtem Dampf vermochte aber ebensowenig wie die gleichzeitig von W. Siemens ausgestellte Dampfmaschine mit überhitztem Dampf sich damals dauernd Eingang in die Praxis zu verschaffen. Die praktischen Schwierigkeiten konnten noch nicht überwunden werden. Man verzichtete daher schliesslich ganz auf die Verwendung überhitzten Dampfes, als es gelang, auf anderm Wege durch Steigerung des Dampfdruckes und der Expansion eine wesentlich bessere Wärmeausnutzung wie bisher zu erreichen. Die Dampfüberhitzung geriet in Vergessenheit.

Erst in neuester Zeit, in den neunziger Jahren, seitdem die moderne Dampfmaschine in den andern Richtungen bis zu einer gewissen Vollendung gelangt ist, tritt das Bestreben überall wieder zu Tage, durch Anwendung der Ueberhitzung weitere Vorteile zu erzielen.

Inzwischen war der Boden vorbereitet. Die praktischen Schwierigkeiten früherer Zeiten waren zum grössten Teil schon bei Einführung der höheren Dampfdrücke überwunden worden. Die Stopfbüchsen hatten ebenso, wie früher die Dampfkolben, statt der Hanfpackung eine metallische Liderung erhalten. Die organischen Schmieröle waren durch Mineralöle, die Temperaturen von 350° und darüber vertragen können, ersetzt worden. Vor allem kam es jetzt darauf an, auch die Ueberhitzer selbst so auszuführen und anzuordnen, dass sie in dauerndem Betriebe sich bewährten. Bahnbrechend in dieser Richtung wirkte ein Schüler Hirn's, der Elsässer Schwörer, der mit zuerst einen brauchbaren Ueberhitzer schuf und die Ueberhitzung in grossem Umfang in die Praxis einführte. Schwörer steigerte die Ueberhitzungstemperaturen auf 250 bis 300°.

Mit noch höheren Temperaturen arbeitete W. Schmidt in Aschersleben, der auch die Dampfmaschine selbst so umzugestalten versuchte, dass sie den hohen Temperaturen besser entsprechen konnte. Die Schmidt'sche Heissdampfmaschine mit ihrem einfachwirkenden Differentialkolben hat zwar den Vorteil, dass ihre einzige

Stopfbüchse nicht mit dem heissen Dampf in Berührung kommt, eignet sich aber nur für kleinere Maschinen bis zu etwa 300 PS., da für höhere Leistungen ihre Abmessungen zu gross werden. Die Vorteile, die mit der Ueberhitzung zu erreichen sind, werden naturgemäss nicht für alle Fälle gleich gross sein. Ueberall, wo der eintretende Dampf starker Abkühlung ausgesetzt ist, wird die Ueberhitzung durch Beseitigung dieser Verluste äusserst günstig wirken; wo grosse Temperaturunterschiede im Cylinder, also z. B. bei grosser Füllung, von vornherein nicht vorhanden sind oder wo sie auf anderem Wege nach Möglichkeit vermieden sind, wird eine Ueberhitzung nur geringe Vorteile bieten können. Eine Verbundmaschine mit mässiger Ueberhitzung ist etwa einer Dreifach-Expansions-Maschine, die mit gesättigtem Dampf betrieben wird, in der Wärmeausnutzung gleichwertig.

Ist somit festzuhalten, dass die Ueberhitzung nicht überall am Platze ist, so sind doch die Vorteile, die sie in vielen Betrieben bietet, so gross, dass mit Recht die Einführung der Ueberhitzung als grösster Fortschritt, den die Dampfmaschine in neuester Zeit erlebt hat, bezeichnet werden kann.

Zu den Mitteln, die im Dampf enthaltene Wärme nach Möglichkeit auszunutzen, gehört auch die Kondensation des Dampfes, die sich heute wieder der grössten Verbreitung erfreut. Zahlreiche Verbesserungen, durch die die Leistungsfähigkeit und Betriebssicherheit der Kondensatoranlagen gesteigert wurden, sind auf diesem Gebiet zu verzeichnen. Auch die Temperaturgrenze nach unten noch weiter zu verschieben, als mit einfacher Kondensation zu erreichen ist, wird versucht, und zwar, indem der Abdampf zur Verdampfung einer bei niederer Temperatur siedenden Flüssigkeit benutzt wird und die hierbei erzeugten hochgespannten Dämpfe zur Arbeitsleistung in einem zweiten Cylinder wieder Verwendung finden. Als leicht verdampfende Flüssigkeiten können Ammoniak, schweflige Säure, dann auch Aether, Benzol u. s. w. gewählt werden. Die Versuche, auf diesem Wege bessere Wärmeausnutzung zu erzielen, lassen sich bis zur Mitte des 19. Jahrhunderts zurückverfolgen.

Ein Ingenieur du Trembly beschäftigte sich bereits 1850 mit dem Problem der „Kaltdampfmaschine". 1853 wurde eine zweicylindrige Maschine nach du Trembly's Angaben erbaut, bei der in dem einen Cylinder Wasserdämpfe, in dem andern Aetherdämpfe die von dem Abdampf des ersten Cylinders erzeugt waren, zur Arbeit kamen. Die Maschine leistete bei 35 Touren in der Minute

etwa 70 PS. Beide Cylinder hatten 750 mm Hub; der Durchmesser
des Wasserdampfcylinders betrug 650, der des Aetherdampfcylinders
800 mm. Die Spannung des Wasserdampfes betrug $1^3/_4$ Atm. Mit
der Maschine, die als Schiffsmaschine Verwendung fand, wurden auf
einer Fahrt von Marseille nach Algier eingehende Versuche gemacht,
die einen Kohlenverbrauch von 4,31—4,51 kg für die PS./Std. ergaben, wenn beide Cylinder mit Wasserdampf gespeist wurden,
wogegen nach Einführung des gemischten Betriebes die Maschine
nur 1,11 kg Kohlen verbrauchte. Trotz dieser in Aussicht gestellten
grossen Ersparnisse fand die Aetherdampfmaschine du Trembly's
keine Verbreitung, da sie zu kompliciert war, und ihre Ausführung
und Bedienung die grössten Schwierigkeiten bereitete. Ganz neuerdings ist die Idee der Kaltdampfmaschine wieder aufgenommen
worden. Bei einer nach den Patenten von Behrend und Zimmermann
in Charlottenburg ausgeführten Maschine, bei der schweflige Säure
benutzt wurde, sind äusserst günstige Versuchs-Resultate erzielt
worden.

Der besseren Wärmeausnutzung dient auch der von Watt
eingeführte und von ihm stets angewandte Dampfmantel. Die
Heizung des Cylinders bezweckt, den Wärmeaustausch zwischen
Arbeitsdampf und Cylinderwandung möglichst zu vermindern. Wo
dasselbe Ziel auf anderem Wege erreicht wird, z. B. durch Verwendung
überhitzten Dampfes, wird der Dampfmantel entbehrlich. Auch bei
schnellaufenden Maschinen, wo der Dampfwechsel so schnell erfolgt,
dass die Wärme keine Zeit hat, in die Cylinderwandung überzu-
strömen, wird der Dampfmantel wegfallen können.

Wenn auch die Heizung der Cylinderwandung nicht immer
besondere Vorteile bietet, so werden grössere Maschinen heute
doch stets mit Dampfmantel versehen, der auch in den Fällen, wo
während des Betriebes ein Heizen des Cylinders nicht nötig erscheint,
zum Anwärmen der Maschine bei der Ingangsetzung vorteilhaft
benutzt werden kann.

Auch alle anderen Mittel, durch die der Dampf vor Abkühlung
sich schützen lässt, erfahren heute von seiten des Dampfmaschinen-
bauers, im Interesse einer möglichst hohen Wärmeausnutzung, die
grösste Beachtung. Die Zeiten sind vorüber, wo ein Tischler
nach Beendigung der Maschinenaufstellung sich abmühen musste,
seine Bretter am Cylinder irgendwie zu befestigen. Heut trägt
schon der Konstrukteur beim Entwurf der Maschine einer zweck-
mässigen Anordnung der Wärmeschutzmittel am ganzen Cylinder
und der Rohrleitung gebührend Rechnung.

Für die Wirtschaftlichkeit eines Dampfmaschinenbetriebes ist naturgemäss auch die Brennstoffausnutzung in der Kesselanlage von grösster Bedeutung. Da in wärmetechnischer Beziehung die heutigen Kesselsysteme ziemlich einander gleichwertig sind, so kommt hierfür hauptsächlich die ganze Feuerungsanlage, die Einmauerung, Zugregulierung und die Feuerbeschickung in Frage. Ein guter Heizer ist auch heute noch wesentlich für eine zweckentsprechende Wärmeausnutzung. Ferner wird versucht, den in den Schornstein abziehenden Feuergasen nach Möglichkeit noch Wärme zu entziehen, indem sie zum Vorwärmen des Kesselspeisewassers noch ausgenutzt werden.

Im Interesse einer dauernd guten Wärmeausnutzung wird auch grösste Sorgfalt auf Verhütung des Kesselsteins, der als schlechter Wärmeleiter den Durchgang der Wärme ausserordentlich erschwert, zu legen sein, wodurch gleichzeitig die Betriebssicherheit der Kessel erheblich erhöht wird. Untersuchungen haben an einigen Anlagen schon bei einer Kesselsteinschicht von nur 1 mm eine Steigerung des Kohlenverbrauchs um etwa 5 % ergeben. Seit die Dampfmaschine besteht, wird auch versucht, die Kesselsteinbildung zu verhüten. Die grosse Zahl der verschiedensten und oft sonderbarsten Mittel — selbst Austernschalen sind in den Aufzählungen der unfehlbar helfenden Mittel nicht vergessen worden — zeigt, wie unklar man sich noch war und wie wenig Erfolg mit allen diesen Rezepten erzielt werden konnte.

Heute ist man bestrebt, in besonderen Anlagen das Kesselspeisewasser, ehe es in den Kessel gelangt, von all den Bestandteilen zu befreien, die sich im Kessel als Kesselstein niederschlagen können. Die Verwendung besonderer Wasserreiniger ist zwar das teuerste, aber auch das wirksamste Verfahren, Kesselsteinbildung zu verhüten. Leistungsfähige Wasserreinigungsapparate gehören daher heute zu den wesentlichen Bestandteilen grosser Dampfmaschinenanlagen.

Der Erfolg aller dieser auf bessere Wärmeausnutzung abzielenden Einrichtungen ist nicht ausgeblieben. War man am Anfang des 19. Jahrhunderts zufrieden, Dampfmaschinen, die etwa 4 bis 5 kg Kohlen für die Pferdekraftstunde verbrauchten, erbauen zu können, so rühmt man sich heute, durch Versuche an grossen Maschinenanlagen einen Kohlenverbrauch von wenig mehr als $1/_2$ kg bereits nachgewiesen zu haben.

Gleichzeitig und Hand in Hand mit der Ausbildung der Dampfmaschine in wärmetechnischer Beziehung ging ihre k o n s t r u k t i v e

Umgestaltung. Wie erfolgreich der Konstrukteur sich mit der Steuerung der Dampfmaschine befasst hat, ist eingangs gezeigt worden. Aber auch alle andern Teile und ihre ganze Anordnung erfuhr mit Steigerung der Anforderungen, die an die Leistungsfähigkeit gestellt wurden, wesentliche Veränderung. Die Entwicklung führte zu immer grösseren Maschineneinheiten. In den 50 er Jahren war eine ortsfeste Maschine von einigen hundert Pferdekräften eine grosse Dampfmaschine, heute sind Einheiten von vielen 1000 Pferdekräften keine Seltenheit mehr. Dazu kommt eine Steigerung der Geschwindigkeit. Während früher nur selten Kolbengeschwindigkeiten von mehr als 1 m vorkamen — noch 1879 arbeiteten in Deutschland 55 % aller Dampfmaschinen mit weniger als 1 m/sek Kolbengeschwindigkeit — kommen heut Geschwindigkeiten bis zu 5 m i. d. Sekunde zur Anwendung.

Manche der alten Dampfmaschinenformen verlor unter den neuen Forderungen ihre Daseinsberechtigung. Die oscillierende Dampfmaschine oder Maudslay's früher so berühmte Tischmaschine würden wir heute vergebens suchen. Selbst die alte Balanciermaschine, die noch bis in die 60 er Jahre für grosse Maschinen allein in Frage kam, fiel diesem Ausleseprozess zum Opfer. So gross auch ihre Vorzüge waren, die in geringen innern Reibungsverlusten, übersichtlicher Anordnung und bequemem Antrieb der Luft- und Speisewasserpumpen zu finden sind, so liessen sie doch ihr grosser Raumbedarf, vor allem ihr riesiges Gewicht — der Balancier wäre für die grössten heutigen Dampfmaschinen kaum noch ausführbar — schliesslich gegen geeignetere Maschinentypen unterliegen.

Die liegende Anordnung, die man aus Furcht vor vermehrter Reibung und einseitiger Abnutzung des Cylinders zuerst nur vereinzelt anzuwenden wagte, kam zu weiter Verbreitung, sobald die Erfahrungen mit den horizontalen Cylindern der Lokomotiven die übertriebenen Besorgnisse zerstreut hatten.

Zunächst benutzte man einen gusseisernen Rahmen als Grundplatte (s. Fig. 125), an der Dampfcylinder, Kreuzkopfführung und Kurbelwellenlager befestigt wurden. Der Cylinder war bei dieser Anordnung von unten her nicht zugänglich; deshalb musste Corliss, wenn er seine Dampfaustrittsschieber unter dem Cylinder anbringen wollte, den Maschinenrahmen anders ausbilden. Die ersten Corlissmaschinen liegender Anordnung zeigen als Maschinengestell einen kräftigen gusseisernen Balken, der seiner ganzen Länge nach auf dem Fundament auflag. An dem einen Ende war das Hauptlager angeordnet. Cylinder und Geradführung wurden seitlich an den

Balken geschraubt (s. Fig. 126). Die Gleitflächen wurden durch Ausbohren hergestellt, waren also Cylinderflächen. Auch Führungsbahnen von dreieckigem Querschnitt, durch die man dem Kreuzkopf eine bessere seitliche Führung geben wollte, worauf es besonders ankam, wenn man den Luftpumpenantrieb einseitig von dem nach

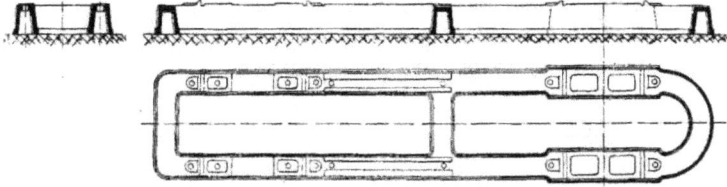

Fig. 125.

aussen verlängerten Kreuzkopfzapfen ableitete, wurden versucht, aber ohne Erfolg. Die Rundführung erhielt den Vorzug, weil sie mit der Cylinder-Bohrmaschine sich leicht so herstellen liess, dass ihre geometrische Achse mit der Cylinderachse genau zusammenfiel. Die seitlich angeschraubten Führungsschienen zeigten sich im Betrieb sehr wenig solide. Erst als es Corliss gelang, in äusserst eleganter

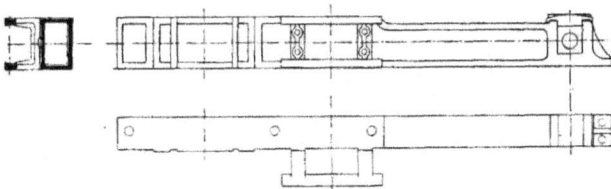

Fig. 126.

Lösung die Führung in das Gestell selbst zu verlegen, gelangte der „Corlissbalken“ zur allgemeinen Einführung. Für kleinere Maschinen wird der Balken vom Kurbelwellenlager bis zum Cylinder freitragend oder nur in der Mitte unterstützt (s. Fig. 127) ausgeführt.

Bei grossen Maschineneinheiten hat man aus Rücksicht auf die grossen Kräfte, die von dem Gestell aufzunehmen sind, auf die leichte Form des freitragenden Balkens verzichtet und ist nach dem Vorgang deutscher Konstrukteure wieder zu ganz auf dem Fundament aufliegenden und entsprechend schweren Maschinenrahmen zurückgekehrt (s. Fig. 128).

Die liegende Anordnung ist für die ortsfeste Dampfmaschine eine Zeit lang fast ausschliesslich im Gebrauch gewesen. Erst in neuester Zeit ist wenigstens für grosse Anlagen die stehende Dampf-

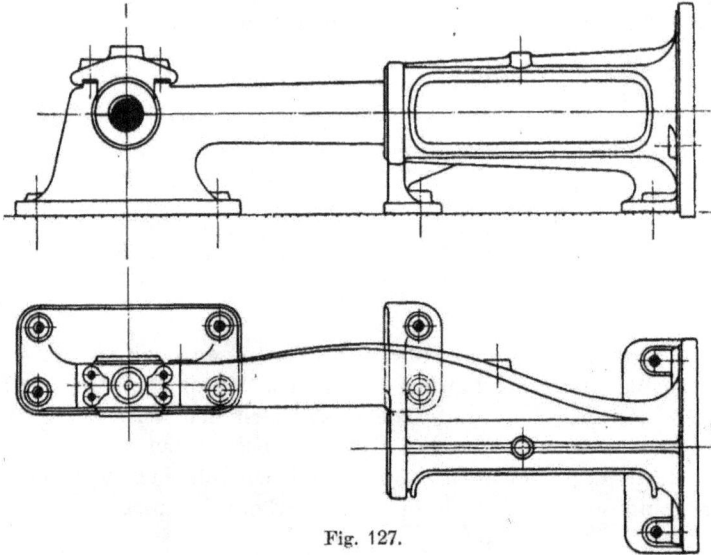

Fig. 127.

maschine in Gestalt der im Schiffbau allgemein angewandten Hammer-maschine wieder sehr in Aufnahme gekommen und hat ihres geringeren

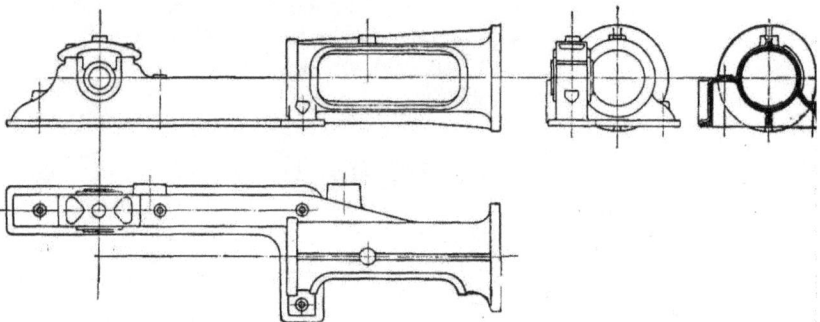

Fig. 128.

Raumbedarfs wegen die liegende Maschine überall da verdrängt, wo hohe Grundstückpreise mit der Bodenfläche möglichst zu sparen zwingen.

Das Bestreben, den mechanischen Wirkungsgrad der Dampfmaschine zu verbessern und ihre Betriebssicherheit zu erhöhen, hat
auch zu mancherlei konstruktiven Veränderungen der übrigen Teile
geführt. Es wird mit grösster Sorgfalt darauf gesehen, dass alle der
Abnutzung unterworfenen Teile genügend grosse Abmessungen erhalten. An die Stelle der früher mit Vorliebe benutzten Keil-
verbindungen treten immer mehr Schraubenverbindungen.

Die Schmiervorrichtungen gewinnen mit der steigenden Maschinenleistung, mit den hohen Kolbengeschwindigkeiten, den heisseren
Dämpfen und den hohen Anforderungen, die man an die Betriebssicherheit der Anlagen stellt, eine Bedeutung, die sie naturgemäss
bei den langsamlaufenden Maschinen früherer Zeiten nie besessen haben. Die mit Talg getränkten Hanfzöpfe der alten Kolben
schmierten sich selbst, und noch in den dreissiger Jahren war oft
ein Loch im Cylinderdeckel die einzige Schmiervorrichtung. Ein
Stöpsel, der mit Werg bewickelt durch Hammerschläge eingetrieben
wurde, besorgte den Verschluss. Diese ganz primitive Einrichtung
wurde ersetzt durch Schmierhähne, die aus einem kleinen Gefäss mit
zwei Hähnen bestanden. Der obere diente zum Füllen des Behälters;
war dies geschehen, so schloss man den oberen Hahn und öffnete
den unteren, wodurch das Oel in den Schieberkasten oder den
Cylinder gelangte; hier hatte der Dampf natürlich nichts Eiligeres zu
thun, als das ganze Schmieröl mit sich aus dem Cylinder fortzureissen.
Nur wenig blieb haften und diente notdürftig zur Schmierung. Als
Schmiermittel wurde vielfach geschmolzener Talg verwendet; bei
höheren Temperaturen zersetzte sich das Schmiermaterial unter
Bildung von Fettsäuren, die, wo sie ungestört wirken konnten, das
Material zerfrassen. Die Besserung kam mit Einführung der schweren
Mineralöle, die auch bei niedriger Temperatur flüssig bleiben und
deshalb die heute allgemein übliche kontinuierliche Schmierung er-
möglichen. Durch ununterbrochene Zuführung geringer Mengen des
Schmiermaterials wird dem Dampf soviel Fett zugeführt, dass alle
mit ihm in Berührung kommenden Teile gleichmässig in genügender
Weise geschmiert werden.

Die ersten kontinuierlichen Apparate bestanden aus einem
kleinen Oelbehälter, der durch ein Ueberfallrohr mit dem Cylinder in
Verbindung stand. Der einströmende Dampf schlug sich nieder, das
Niederschlagswasser bewirkte ein Steigen des Oels und ein dem-
entsprechendes Ausfliessen in den Cylinder.

Noch grössere Zuverlässigkeit erreichte man durch die heute
allgemein angewandten Schmierpumpen und Schmierpressen, die,

von der Dampfmaschine selbst angetrieben, für eine absolut sichere, ausreichende und dabei sparsame Schmierung Sorge tragen. Auch für alle übrigen Teile wurden die Schmierapparate verbessert. Bei den modernen grossen Dampfmaschinen ist die Schmierung aller Teile einheitlich in vollkommenster Weise durchgebildet. Schmiermittel und Schmiervorrichtung haben ihr gut Teil zu dem Fortschritt der Dampfmaschine beigetragen.

Die Dampfmaschine will aber nicht nur erdacht, sondern auch gemacht sein. Grosse Fortschritte in der Herstellung und Bearbeitung der Metalle mussten vorher gehen, ehe es gelang, die Dampfmaschine in ihrer heutigen Vollendung auszuführen.

Die komplicierten Expansionssteuerungen mit ihren zuweilen nach hunderten zählenden Einzelteilen verlangten die genaueste Herstellung. Für Präcisionsdampfmaschinen waren Präcisionswerkzeugmaschinen und Arbeiter, die mit diesen zu arbeiten verstanden, eine Grundbedingung. Ohne gute Werkstättenarbeit kann auch die besterdachte Dampfmaschine keinen Erfolg gewinnen. In einer amerikanischen technischen Zeitschrift wurde vor kurzem die Frage aufgeworfen, ob einer vorzüglich gearbeiteten, aber weniger richtig konstruierten Dampfmaschine oder einer nach allen Regeln der wissenschaftlichen Erkenntnis durchdachten Konstruktion, die aber mangelhaft ausgeführt, der Vorzug zu geben sei. So schwer, ja wohl unmöglich es ist, die Frage gewissenhaft zu beantworten, da allgemeine Begriffe wie „vorzüglich" und „mangelhaft" noch zu weite Spielräume in der Beurteilung zulassen, so bezeichnend für den ,praktischen Sinn des Amerikaners ist es doch, dass er sich ohne Zaudern für die vorzügliche Werkstättenarbeit entschied, und, diese vorausgesetzt, lieber einige Unvollkommenheiten in der technischen Durchbildung mit in den Kauf nehmen wollte.

Mit den Maschinengrössen, mit ihren wachsenden Geschwindigkeiten und dementsprechend grösseren Beanspruchungen der einzelnen Teile stiegen auch die Anforderungen, die der Konstrukteur an das Material seiner Maschinenteile stellen musste. Im Anfang des vorigen Jahrhunderts hatte das Gusseisen bereits überall das Holz verdrängt. Der Balancier war der letzte hölzerne Dampfmaschinenteil. In neuerer Zeit wird das Gusseisen vielfach durch Schmiedeeisen und Stahl ersetzt. Die kunstvoll gestalteten gusseisernen Flügelstangen und Wellen mit kreuzförmigem Querschnitt zerbrachen in dem „Schnellbetrieb" der neuen Zeit. Selbst der festliegende Rahmen wird da, wo es auf Gewichtsersparnis besonders ankommt, aus Stahlguss gefertigt. Die Kenntnis der Materialeigenschaften hat auf dem Wege gross-

artig angelegter Versuche an Ausdehnung und Vertiefung sehr gewonnen und befähigt den Konstrukteur, bei sparsamster Material-
aufwendung den einzelnen Teilen zweckentsprechendere Abmessungen
zu geben.

Wenn von der hohen technischen Vollendung der Dampfmaschine die Rede ist, muss auch der wissenschaftlich-theoretischen
Forschung, die übrigens auch vorwiegend Ingenieuren zu verdanken
ist, anerkennend gedacht werden.

Allerdings hat es brauchbare Dampfmaschinen lange vor einer
mechanischen Wärmetheorie gegeben, die Praxis ist älter als die
Theorie, und der reinen Wissenschaft ist es mit der Dampfmaschine
ähnlich gegangen wie im Faust dem Philosophen in der Weber-
werkstatt:

> „Der Philosoph, der tritt herein
> Und beweist Euch, es müsste so sein“.

.Aber wenn auch die Wissenschaft nicht durch gänzlich neue
Ideen den Dampfmaschinenbau gefördert hat, so bleibt ihr doch
das Verdienst, durch Zusammenstellung und Sichtung der Erfahrungs-
resultate, durch weitere Versuche und sachgemässe Kritik der
Entwicklung der Dampfmaschine grosse Dienste geleistet zu haben.

All diese ungeheure Arbeit auf den verschiedensten Gebieten,
alle diese Verbesserungen waren notwendig, um die Dampfmaschine
zu dem zu machen, was sie nach ihrer ersten Entwicklung war
und noch heute ist, zur mächtigsten Förderin aller menschlichen
Arbeit.

Bahnbrechende neue Ideen, denen eines Watt vergleichbar,
hat zwar die neueste Epoche der Dampfmaschinenentwicklung nicht
aufzuweisen. Fast immer heisst es auch von dem, was mit dem
Anspruch, vollkommen neu in der Idee zu sein auftritt, „es ist alles
schon einmal dagewesen“, und trotzdem der ungeheure Unterschied
zwischen der modernen Grossdampfmaschine und der Dampfmaschine
vor 50 Jahren!

Der Ruhm bleibt der neuen Zeit und all den Männern, die in
ihr an der Entwicklung der Dampfmaschine gearbeitet haben, in
harter, ernster Einzelarbeit das ausgeführt zu haben, was die
kühnen Pfadfinder früherer Zeiten — oft nur unklar — gedacht
hatten, ohne damals im stande gewesen zu sein, ihre Gedanken in die
That umzusetzen.

KAPITEL 2.

Die ortsfeste Dampfmaschine und die Lokomobile in verschiedenen Verwendungsgebieten.

Die allgemeine Betriebsdampfmaschine.*)

Den verschiedenartigsten Zwecken wird die Kraft der Dampfmaschine dienstbar in den mannigfaltigen Fabrikationsgebieten. Sie
dreht die Spindeln und treibt das Weberschiffchen, sie mahlt das
Getreide und knetet den Teig zu unserm Brot, sie presst den Lehm
in die Form der Bausteine, sie zersägt den mächtigen Steinblock
und zerlegt den Riesen des Waldes kunstgerecht in Bretter und
Balken. Sie dient der Papierindustrie und verhilft der schwarzen
Kunst Gutenbergs zu ungeahnter Leistungsfähigkeit. Die chemische
Industrie kann zu ihren bewundernswerten Arbeiten ihrer Hilfe
nicht entraten. Ohne ihre Kraft könnte sie selbst nicht entstehen,
denn alle die Dreh- und Hobelbänke der Maschinenindustrie erhalten
von ihr die Bewegung.

Alle Arbeitsmaschinen sind ohne Kraftmaschine leblose Mechanismen; erst die Dampfmaschine, als ihre Betriebsmaschine, giebt
ihnen Leben und Bewegung und befähigt sie, ihre bewundernswerte
Thätigkeit auszuüben. Dampfmaschinen und Gewerbebetrieb stehen
in stetig reger Wechselbeziehung. Mit ihren wachsenden Ansprüchen
an die Grösse der Maschinenleistung, an die Sicherheit und Wirtschaftlichkeit des Betriebes geben die gewerblichen Betriebe die
Hauptveranlassung zu den Verbesserungen der Dampfmaschine, und
andererseits übt die grossartige Weiterentwicklung der Dampfmaschine
die segensreichste Wirkung auf alle Fabrikationsgebiete aus.

Bei jeder Dampfmaschinenanlage wird stets ein möglichst
günstiger wirtschaftlicher Nutzeffekt neben der Sicherheit des Betriebes in den Vordergrund der zu stellenden Forderungen treten.
Dieser Wirkungsgrad wird aber nicht nur von der Grösse des
Brennstoffverbrauchs, sondern wesentlich auch von der Höhe und
Verzinsung der Anlagekosten abhängig sein. Die technisch vollkommenste Maschine wird den geringsten Brennstoffverbrauch aufweisen, wird sich aber teurer stellen, und, ihrer verwickelten Einrichtung wegen, eine sorgfältigere Wartung nötig haben als eine

---

*) Es sind darunter die Dampfmaschinen des allgemeinen Gewerbe-
betriebes verstanden, die nicht für einen bestimmten Zweck besonders ausgebildet sind.

Maschine, bei der man aus Rücksicht auf einfache Anordnung und Herstellung auf manches verzichtet hat. Sie wird überall da bevorzugt werden, wo hohe Brennstoffpreise ihren geringen Brennstoffverbrauch besonders wertvoll machen. Hohe Kohlenpreise sind stets die mächtigsten Förderer des technischen Fortschrittes im Dampfmaschinenbau gewesen. Da Anlagekosten, Brennstoffverbrauch und Raumbedarf einer Dampfmaschinenanlage sich bei grossen Maschineneinheiten relativ am niedrigsten stellen, so drängt die Entwicklung auf die Grossdampfmaschine hin, die allein soviel leistet, als eine ganze Zahl der früher üblichen kleineren Dampfmaschinen. Die Einführung höheren Druckes und grösserer Geschwindigkeiten hat es ermöglicht, die grossen Leistungen mit Maschinen zu erreichen, die ihren äusseren Abmessungen nach klein sind gegenüber den alten langsamlaufenden Dampfniederdruckmaschinen. Diese Verbesserungen haben somit nicht nur zu einer besseren Wärmeausnutzung, sondern auch zu einer Verringerung der Anlagekosten und des Raumbedarfs geführt. Gerade der Raumbedarf aber spielt bei den hohen Grundstückpreisen innerhalb grosser Städte eine wesentliche Rolle. Die Rücksicht auf ihn hat die Einführung stehender Maschinen, die etwa nur die Hälfte der Grundfläche einer liegenden Maschine gebrauchen, sehr begünstigt.

Je nachdem besonderer Wert auf geringen Brennstoffverbrauch und dementsprechend vollkommenste Ausführung in technisch-wissenschaftlicher Beziehung oder auf geringe Anlagekosten gelegt wird, können zwei Richtungen im heutigen Dampfmaschinenbau unterschieden werden, die in deutschen und amerikanischen Dampfmaschinen ihre bezeichnendste Vertretung finden. Unsere Grossdampfmaschinen sind in konstruktiver Hinsicht unter Berücksichtigung aller wissenschaftlichen Ergebnisse vorzüglich durchgeführt. Von der besten Ausführung unterstützt, wird der geringste Brennstoffverbrauch mit ihnen erreicht. Der ruhige, gleichmässige Gang erregt Bewunderung. In Amerika mit seinem riesigen Bedarf an Dampfmaschinen, seinem Mangel an Arbeitskräften und der immer schneller anwachsenden Industrie, waren dagegen die Bedingungen für massenhafte Herstellung der Dampfmaschinen gegeben, die auch in grossartigster Weise ausgeführt wurden. Die Konstruktion berücksichtigt dort vorwiegend eine einfache und billige Herstellung. Wenn die Maschine im Betriebe auch etwas mehr Kohlen verbraucht, das kommt in dem kohlenreichen Lande nicht so sehr in Betracht. Hauptsache ist, dass sie billig ist und sofort geliefert werden kann. Die Amerikaner haben es fertig gebracht, trotz höherer Arbeitslöhne Dampfmaschinen zu einem Preise verkaufen zu können, der kaum unsere Herstellungskosten decken würde.

Abgesehen von dem wirtschaftlichen Nutzeffekt stellt auch die Fabrikation selbst, in deren Dienst die Dampfmaschine ihre Arbeit verrichtet, oft besondere Anforderungen. So verlangt z. B. die Textilindustrie gleichmässigsten Gang, also genauste Regulierung der Kraftmaschine. Je gleichmässiger sich die Dampfmaschine bewegt, um so gleichmässiger wird das Gespinnst oder das Webstück, um so höher steht es im Preis. Die „Präcisionsmaschine" ist hier am Platze, und es ist bezeichnend, dass gerade in der Textilindustrie die ersten Corlissmaschinen in Betrieb gekommen sind.

So verschieden die Anforderungen sind, die an die Dampfmaschinen gestellt werden, so mannigfach sind auch die Ausführungen, die ihnen zu entsprechen suchen. Das im vorigen Kapitel über ortsfeste Dampfmaschinen allgemein Gesagte lässt sich im besonderen auf die Betriebsdampfmaschinen anwenden.

Der Bauart nach herrscht für kleinere und mittelgrosse Maschinenleistungen heute die liegende Anordnung vor, nur bei grossen Maschineneinheiten wird die stehende Dampfmaschine der liegenden der Zahl nach nahe kommen und bei den grössten Dampfmaschinen sie sogar übertreffen. Bei der liegenden Maschine wird fast ausschliesslich irgend eine Form der Corlissbalken und Rundführung verwendet. Die früher beliebten Lenkergeradführungen sind nirgends mehr zu finden. Bei der stehenden Dampfmaschine sind stets die Cylinder über der Kurbelwelle angeordnet. Die in den fünfziger und sechziger Jahren für kleinere Leistungen so beliebte Bockmaschine, bei der die von bockartigem Gestell getragene Kurbelwelle von unter ihr stehenden Cylindern aus ihren Antrieb erhielt, ist verschwunden.

Der Dampfverteilung dienen bei den kleineren Dampfmaschinen ausschliesslich Schieber, die zwangläufig von der Kurbelwelle aus durch Excenter ihre Bewegung erhalten. Auch bei grösseren Maschineneinheiten finden die zwangläufigen Schiebersteuerungen, da sie einfach im Betriebe sind und höhere Tourenzahlen zulassen, vielfach Verwendung. Kondensation wird auch bei kleinen Dampfmaschinen überall da sehr zu empfehlen sein, wo Kühlwasser in genügender Menge leicht zu beschaffen ist und der Abdampf nicht zu andern Zwecken verwandt werden kann. Die höheren Anlagekosten machen sich durch eine beträchtliche Brennstoffersparnis bald bezahlt. Bei grossen Dampfmaschinenanlagen wird auch, selbst wenn die Beschaffung geeigneten Kühlwassers grosse Schwierigkeiten macht, auf die Kondensation nicht verzichtet. Man hilft sich gegebenenfalls mit besondern Kühlanlagen, in denen das Wasser sich soweit abkühlt, dass es von neuem zum Niederschlagen des Dampfes dienen kann, oder man verwendet Oberflächenkondensation.

Die Verbundwirkung wird schon bei kleineren Dampfmaschinen, von etwa 50 PS. an, mit Vorteil benutzt werden können. Dreifach-Expansions-Maschinen kommen nur bei den grössten Leistungen vor. Vierstufige Expansion ist bei Betriebsmaschinen nur ausnahmsweise bis jetzt angewendet worden. Der Dampfdruck, der noch vor 20 Jahren nur bei etwa zwei Zehntel aller in Deutschland betriebenen Dampfmaschinen mehr als 5 Atm. betragen hat, wird bei kleineren Betrieben heut meist zwischen 6 und 8 Atm. gewählt. Bei dreistufiger Expansion findet man auch für Betriebsmaschinen Dampfdrücke bis 12 Atm. angewandt.

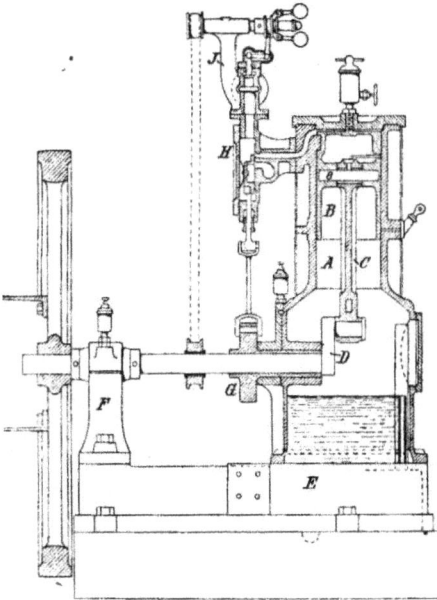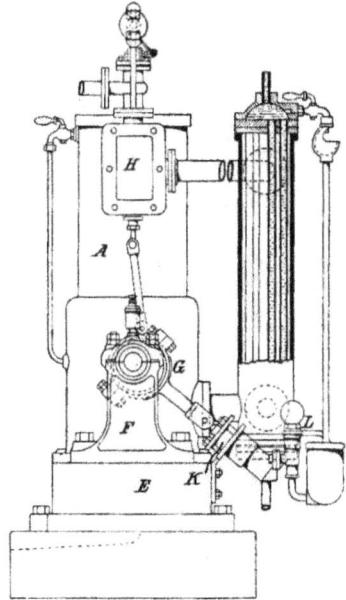

Fig. 129.   Fig. 130.

Die Regulierung der Betriebsdampfmaschine erfolgt ausnahmslos selbstthätig von einem Regulator aus, durch Veränderung der Füllung. Nur bei ganz kleinen Dampfmaschinen wird auch heut noch der Dampfdruck durch Einwirken des Regulators auf eine „Drosselklappe" verändert und auf diesem Wege die Leistung der Dampfmaschine dem wechselnden Arbeitsbedarf angepasst.

Aus dem überaus reichhaltigen Anwendungsgebiet der Dampfmaschinen seien nur einige nach Grösse und Bauart möglichst verschiedene Ausführungen als Beispiele heutiger Betriebsdampfmaschinen
herausgegriffen.

Eine Dampfmaschine des Kleingewerbes, die von den Gaggenauer
Eisenwerken in Baden in Grössen von 1 bis 25 PS. ausgeführt wird,
zeigen Fig. 129, 130. Im Interesse grösster Einfachheit und billiger Herstellung sind diese kleinsten Dampfmaschinen einfachwirkend ausgeführt. Der Dampf geht vom Kessel in den Schieberkasten *H*, wo
ein einfacher Muschelschieber, der mit Excenter von der Kurbelwelle
aus angetrieben wird, ihm den Weg in den über der Kurbelwelle
stehenden Cylinder *A* freigiebt. Der Dampf drückt den Kolben *B*
nach unten und überträgt mit der im Kolben am Zapfen *e* unmittelbar angreifenden Schubstange *C* seine Kraft auf die Kurbelwelle, die
in einem langen Lager des Cylindergestelles, sowie in einem auf die
Fundamentplatte *E* aufgeschraubten Bocklager *F* gelagert ist. Die
Regulierung besorgt ein Regulator durch Einwirkung auf ein über
dem Schieberkasten angebrachtes Drosselventil. Am Motor ist noch

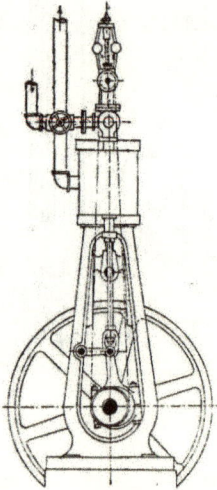

Fig. 131.

ein Oberflächenkondensator angebracht, dessen
Kondensationswasser selbstthätig von der
Maschine dem Kessel wieder zugeführt wird.
Ein derartiger Kleinmotor von 170 mm Cy-
linderdurchmesser und 170 mm Hub leistet
bei 190 Umdrehungen in der Minute 3 Pferde-
kräfte und braucht 3 bis 4 kg Kohle für eine
Pferdekraftstunde.

Eine Kleindampfmaschine amerikanischer
Konstruktion, die sich durch ihre leichte
elegante Form vorteilhaft auszeichnet, zeigt
Fig. 131. Sie ist doppeltwirkend. Der Dampfverteilung dient ein gewöhnlicher Schieber.
Die Regulierung besorgt ein Regulator durch
Drosselung des Dampfes. Die Maschine wird
in Grössen von 1 bis 12 Pferdekräften auf
den Markt gebracht.

Eine liegende Dampfmaschine nach der
Konstruktion der Ingenieure Doerfel und
Proell, von dem fürstlich Stolbergschen Hüttenamt in Ilsenburg a. H.
ausgeführt, zeigt Fig. 132. Die Dampfverteilung geschieht durch zwei
unter dem Cylinder liegende Drehschieber, von denen der Verteilungsschieber durch ein festes Excenter seine Bewegung erhält,

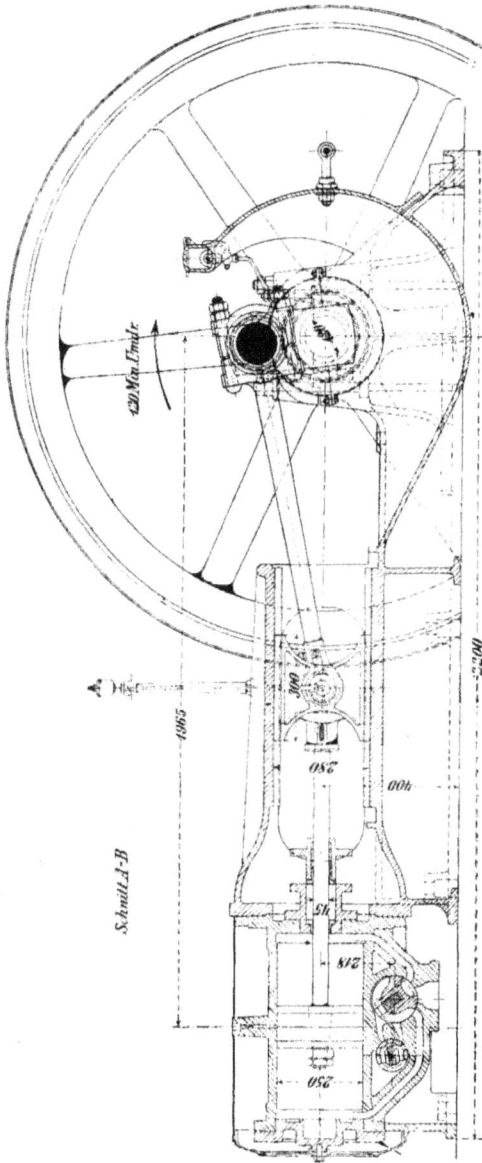

Fig. 132.

17*

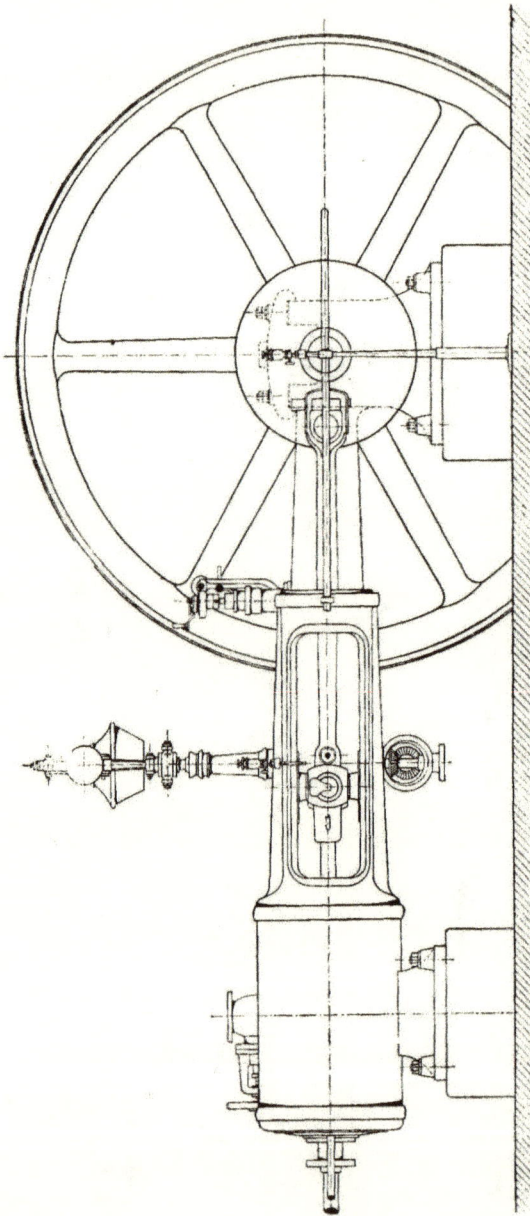

Fig. 133.

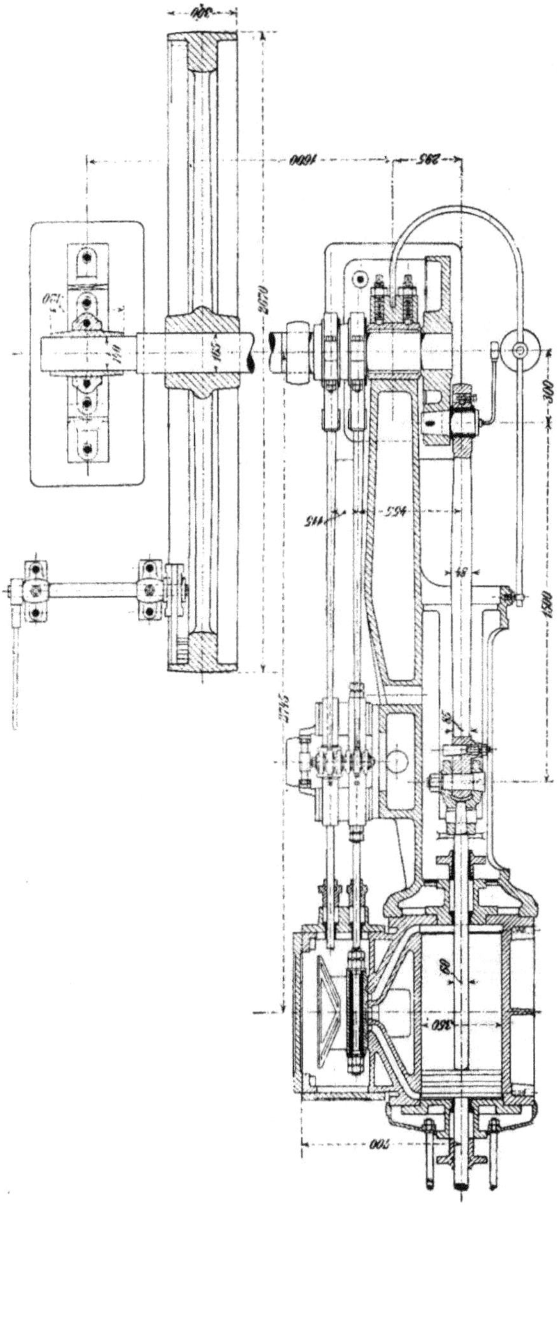

Fig. 134.

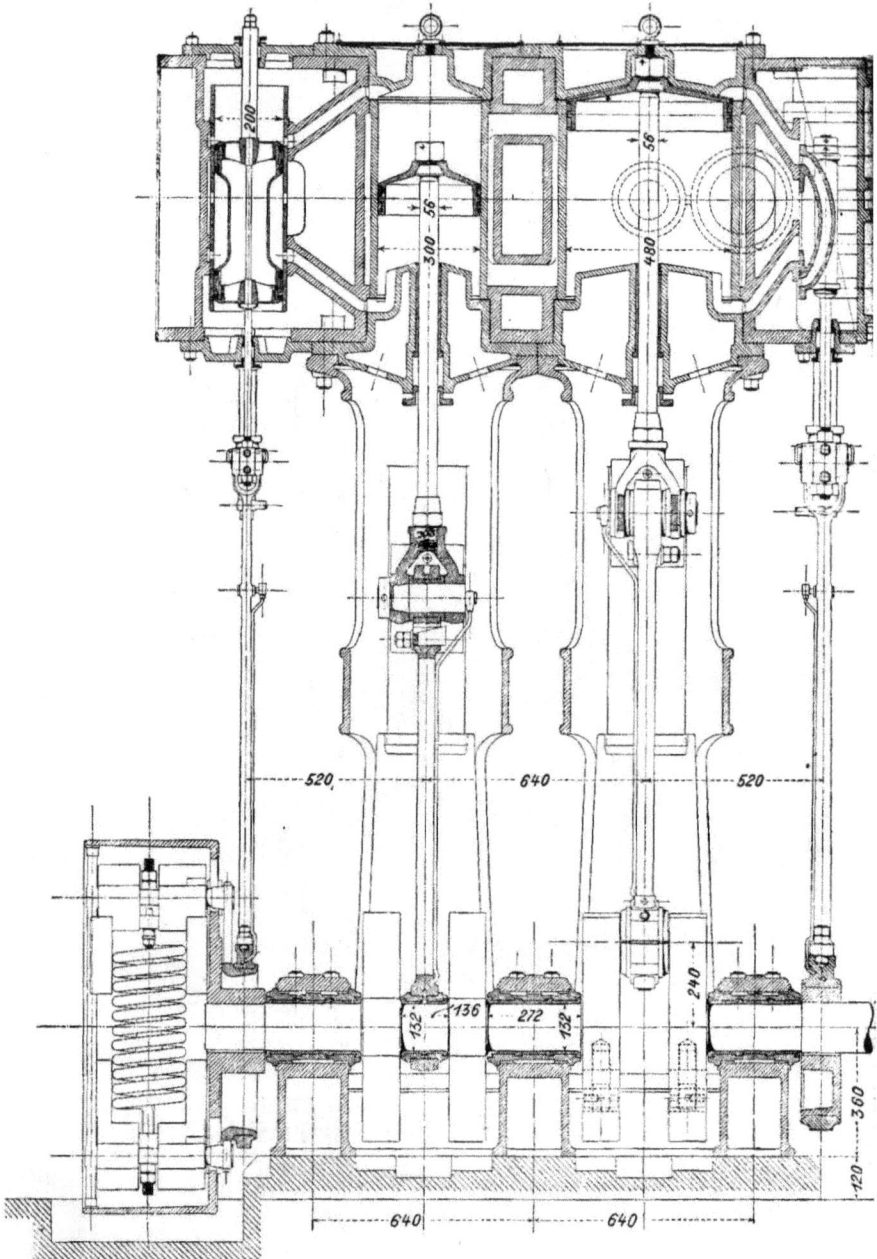

Fig. 135.

während der Expansionsschieber durch ein mittels Achsenregulator einstellbares Excenter gesteuert wird.

Eine normale liegende Betriebsdampfmaschine von 350 mm Cylinderdurchmesser und 600 mm Hub, erbaut von der Maschinenfabrik E. Leutert in Halle, bringen die Fig. 132 und 133 zur Darstellung. Die Dampfverteilung geschieht durch Schieber. Eine der bekannten Ridersteuerung ähnliche Trapezschiebersteuerung, deren Einstellung vom Regulator abhängig ist, gestattet Aenderung der Füllung und damit Regulierung der Maschine.

Eine schnelllaufende Betriebsdampfmaschine stehender Anordnung, deren Konstruktion von dem Ingenieur Sondermann herrührt, stellt Fig. 135 dar. Die bei 200 Umdrehungen in der Minute etwa 200 PS. leistende Dampfmaschine ist nach dem Verbundsystem ausgeführt. Die Cylinder und Schieberkästen, die ein einziges Gussstück bilden, werden von einem säulenartigen, gusseisernen Gestell, das zugleich die Kreuzkopfführung zu übernehmen hat, getragen. Die Dampfverteilung geschieht beim Hochdruckcylinder durch einen Kolbenschieber, beim Niederdruckcylinder durch einen Kanalschieber. Beide Schieber erhalten durch Excenter von der Kurbelwelle aus ihre Bewegung. Durch einen Achsenregulator lässt sich Voreilwinkel und Hub des Kolbenschieberexcenters und damit die Füllung im Hochdruckcylinder verändern. Die Kurbeln, zur Ausgleichung der Massenwirkung mit Gegengewichten versehen, sind unter einem Winkel von 90° gegeneinander versetzt.

Eine Verbunddampfmaschine stehender Anordnung, die bei 180 Umdrehungen in der Minute und 9 Atm. Dampfspannung etwa 100 bis 120 PS leistet, zeigt Fig. 136 in der Seitenansicht.

Die Maschine stammt aus der Maschinenfabrik Augsburg, deren

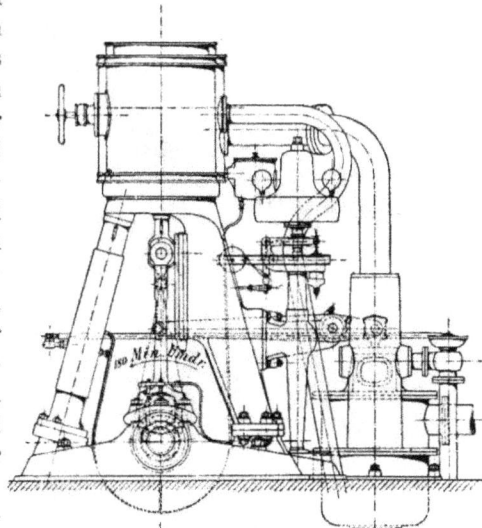

Fig. 136.

Fig. 137.

stehende Maschinen sich durch ihre soliden, kräftigen und doch eleganten Formen kenntlich machen. Noch besser als die Fig. 136 lässt die Abbildung 153 die der ausführenden Firma charakteristische Gestaltung der stehenden Dampfmaschine erkennen.

Die Vorteile der liegenden und stehenden Maschinenanordnung sucht die Görlitzer Maschinenbauanstalt in der von ihr für die Stettiner Dampfmühlen-Aktiengesellschaft ausgeführten 300 pferdigen Dreifach-Expansionsmaschine (s. Fig. 137) zu vereinigen. Hoch- und Mitteldruckcylinder sind liegend hintereinander, der Niederdruckcylinder stehend über der Kurbelwelle angeordnet. Alle drei Cylinder arbeiten auf die einfach gekröpfte, von drei Lagern unterstützte Schwungradwelle, deren eines Ende zum Antrieb der Luftpumpe benutzt wird, während das andere Ende mit der in die Mahlmühle hineingehenden Hauptantriebswelle unmittelbar verbunden ist. Die Dampfverteilung am liegenden Hoch- und Mitteldruckcylinder geschieht durch Ventile in Verbindung mit der halbzwangläufigen CollmannSteuerung (s. Fig. 112). Der stehende Niederdruckcylinder hat Schiebersteuerung. Die Regulierung der Dampfmaschine besorgt ein Regulator durch Veränderung der Füllung im Hochdruckcylinder.

Eine besondere Gruppe der Betriebsmaschinen bildet die transportable Dampfmaschine, die heute als „Lokomobile auf Tragfüssen", von ersten Maschinenbauanstalten auf das beste ausgebildet und ausgeführt, sich grosser Beliebtheit erfreut. Das Bedürfnis nach einer bequem eine Ortsveränderung zulassenden Kraftmaschinenanlage hatte bereits Smeaton 1765 veranlasst, die erste transportable Dampfmaschine zu erbauen (s. Seite 54 Fig. 15), die sich von den andern Ausführungen dadurch unterschied, dass Kessel und Maschine durch ein Gestell mit einander zu einem Ganzen verbunden waren. Um die Ortsveränderung noch mehr zu erleichtern, was besonders für landwirtschaftliche Zwecke sehr in Frage kam, lag es nahe, die Maschine mitsammt dem Kessel auf ein Wagengestell zu setzen. So entstand zuerst in England die typisch gewordene fahrbare Lokomobile, bei der auf einem liegenden cylindrischen Röhrenkessel die Dampfmaschine, gleichfalls liegend, angeordnet ist. Für den Gewerbebetrieb konnte auf die Fahrbarkeit verzichtet werden. Das Wagenuntergestell kam in Wegfall, und die Lokomobile wurde mit Tragfüssen unmittelbar auf das Fundament gesetzt, womit vor allem der Vorteil verbunden war, dass man mit den Leistungen beträchtlich höher gehen konnte, als bisher üblich gewesen war. Während fahrbare Lokomobilen gewöhnlich in Grössen von etwa 4 bis 40 PS ausgeführt werden, sind in neuerer Zeit von den bedeutendsten

Vertretern des Lokomobilbaues, den Maschinenfabriken R. Wolf in Magdeburg und H. Lanz in Mannheim, Lokomobilen auf Tragfüssen von 200 bis 300 PS Leistung erbaut worden.

Die in der Lokomobile erreichte Vereinigung von Dampfmaschine, Kessel und Feuerungsanlage zu einem einheitlich durchgebildeten Ganzen bietet mannigfache Vorteile, unter denen geringer Raumbedarf, Wegfall der kostspieligen Fundamente, der Kesseleinmauerung und der massiven Schornsteine, sowie leichte und schnelle Aufstellung besonders zu nennen sind.

In der Anordnung und Ausführung entspricht die Lokomobil-Dampfmaschine genau den liegenden Dampfmaschinen, denen sie auch, was Wärmeausnutzung anbetrifft, vollkommen gleichwertig ist. Der Dampfverteilung dienen ausnahmslos Schieber, die von der Kurbelwelle aus mit Excentern zwangläufig bewegt werden. Die Füllung ist veränderlich und wird, wenigstens bei allen grösseren Maschinen, vom Regulator beeinflusst. Auch die Vorteile der Expansion in mehreren Cylindern sind im Bau von Verbundlokomobilen benutzt worden. Ferner findet bei neuester Konstruktion die Dampfüberhitzung Anwendung.

Der erste, der in grösserem Umfange und mit bestem Erfolg Lokomobilen auf Tragfüssen erbaut und ihr in die gewerblichen Betriebe Eingang verschafft hat, war R. Wolf in Magdeburg-Buckau. Nicht weniger als $^4/_5$ aller in der grossen Magdeburger Maschinenfabrik jährlich fertiggestellten Lokomobilen dienen industriellen Zwecken.

Die Figuren 138 u. 139 zeigen eine Wolf'sche Lokomobile grösster Ausführung. Der mit Tragfüssen sich auf das Fundament stützende Kessel ist ein dem Lokomotivkessel ähnlicher Heizröhrenkessel. Das ganze Rohrsystem mitsamt der cylindrischen Feuerbüchse lässt sich bequem aus dem Aussenkessel herausziehen, wodurch sich eine leichte und gründliche Beseitigung des Kesselsteins, die für gute Brennstoffausnutzung sehr wesentlich ist, erreichen lässt. Auf dem Kessel ruht die Dampfmaschine. Die Cylinder, die unmittelbar auf den Kessel aufgenietet werden, sind so ausgebildet, dass sie ständig von frischem Kesseldampf umspült werden. Der gusseiserne Mantel, der sie umhüllt, dient gleichzeitig als Dampfdom, von dessen höchster Stelle aus der trockene Dampf sofort in den Cylinder übergeht. Jede Rohrleitung zwischen Kessel und Maschine, und damit auch die oft ziemlich beträchtlichen Verluste in der Rohrleitung werden vermieden. Die Dampfverteilung besorgen Schieber. Der Hochdruckcylinder ist mit selbstthätiger Riderexpansions-

Fig. 138.

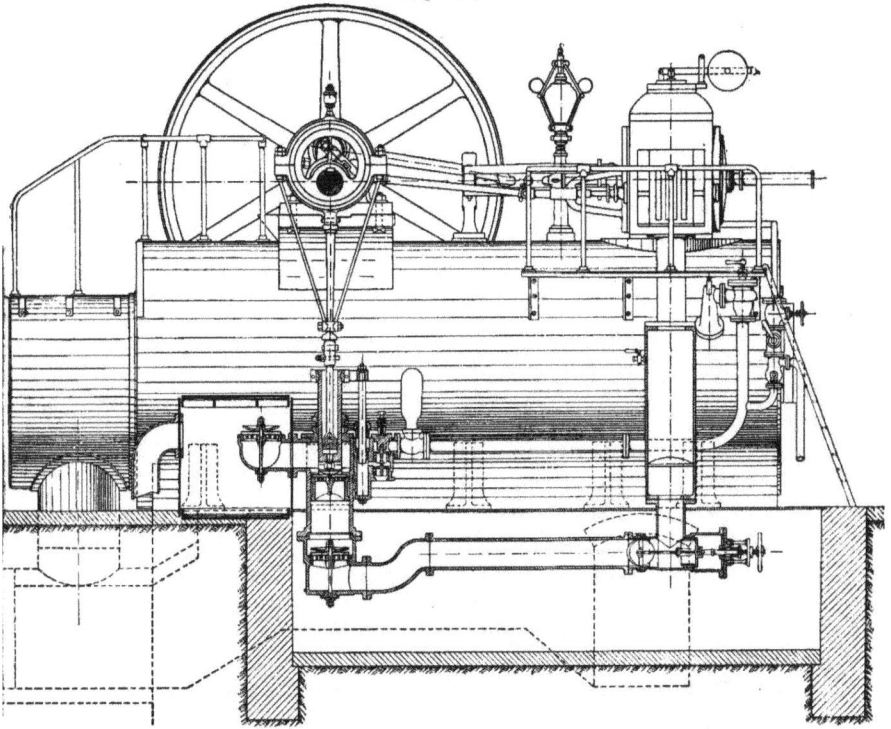

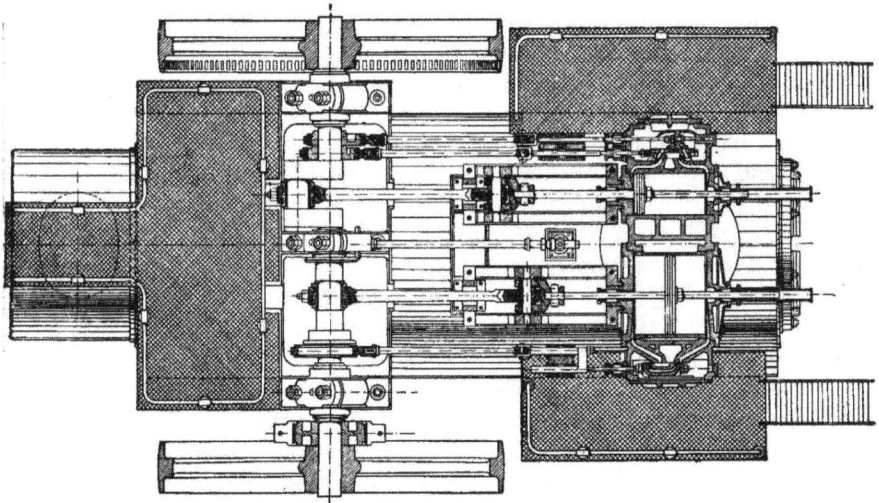

Fig. 139.

steuerung ausgerüstet. Der Regulator bewirkt durch Verdrehen
des Expansionsschiebers Veränderung der Füllung. Dem Niederdruckcylinder teilt ein Kanalschieber den Dampf zu. Die Kolben
stehen durch ihre Kolbenstangen mit gabelförmigen Kreuzköpfen,
die mit den seitlich angebrachten Gleitklötzen zwischen Gleitschienen sicher geführt werden, in Verbindung. Von dem Kreuzkopf aus wird mit Schubstangen die Kraft auf die gekröpfte
Kurbelwelle übertragen. Die Kurbeln sind unter einem Winkel
von 90° gegen einander versetzt. Auf gute Lagerung der Welle
ist besondere Sorgfalt verwendet. Die drei Lagerkörper sind
auf einem kräftigen, mit dem Kessel vernieteten Lagersattel
durch Schrauben fest verbunden. Bei den grössten Lokomobilen
werden die seitlichen Kurbelwellenlager als Kugelgelenklager ausgeführt. Von den auf beiden Enden der Welle angebrachten Schwung-
rädern wird mit Riemen die Haupttransmissionswelle angetrieben.
Kondensator und Luftpumpe sind seitlich neben der Lokomobile
angeordnet. Der Kondensator steht unmittelbar mit dem Auspuff-
rohr des Niederdruckcylinders in Verbindung. Die Luftpumpe, mit
der eine Kesselspeisepumpe verbunden ist, erhält von der Kurbelwelle aus mittelst Excenter ihre Bewegung. Ein zwischen Kondensator und Luftpumpe eingebautes Wechselventil gestattet die
Kondensation auch auszuschalten.

Die Dampfmaschine im Dienste der Elektrotechnik.

Ein neues Absatzgebiet von ungeheurer Ausdehnung eröffnete
sich der Dampfmaschine mit der Erfindung der Dynamomaschine.
Seitdem es gelungen war, Bewegungsenergie in elektrische Energie
umzuwandeln, hatten die Kraftmaschinen, und allen voran die Dampfmaschine, eine neue Aufgabe zu erfüllen — die Welt mit elektrischem
Strom zu versorgen. Von dem Glanz des elektrischen Lichtes,
das bald auf den Strassen und Plätzen der Städte, in den öffentlichen
Gebäuden, den vornehmen Privathäusern und eleganten Hôtels er-
strahlte, geblendet, begann man fast, die Dampfmaschine, die doch
allen elektrischen Maschinen erst Leben und Bewegung erteilt, zu
vergessen. Der Zeit des Dampfes sei das Zeitalter der Elektricität
gefolgt, wird verkündigt. Und doch müssen schliesslich all die elektrischen Leitungsdrähte noch zu einer Kraftmaschine, d. h. also in
den bei weiten meisten Fällen zu einer Dampfmaschinenanlage
führen. Bescheiden entzieht sich heute vielfach die Dampfmaschine
dem Gesichtskreis des grossen Publikums und begnügt sich damit,
in Kellern, engen Höfen oder an der Stadtgrenze den Glanz zu er-

zeugen, den wir am andern Ort bewundern. Das Vorhandensein einer selbstthätig regulierenden, leistungsfähigen Dampfmaschine war Voraussetzung für die überaus schnelle Verbreitung, die elektrische Licht- und Kraftverteilung gewonnen haben (s. Taf. II, Fig. 5).

Die Elektrotechnik dagegen förderte wieder ihrerseits die Entwicklung der Dampfmaschine, indem sie zwang, die Anforderungen, die man bisher an die Dampfmaschine gestellt hatte, wesentlich zu verschärfen und neue hinzuzufügen. Neues Leben und angeregteste Erfinderthätigkeit brachte dieser neue Zweig der Technik dem Dampfmaschinenbau.

Besonders der Gleichmässigkeit des Ganges musste erhöhte Sorgfalt gewidmet werden, da auch die kleinste Aenderung der Umdrehungszahlen sich durch Zucken des elektrischen Lichtes unangenehm bemerkbar machte. Die Güte des elektrischen Lichtes, die der Beurteilung eines jeden zugänglich ist, gab somit gleichzeitig den Massstab ab für die Regulierfähigkeit der Dampfmaschine. Die Präcisionssteuerungen gewannen erhöhte Daseinsberechtigung.

Die ersten Dynamomaschinen mit ihren nur kleinen Leistungen und sehr hohen Umdrehungszahlen verlangten, wenn zu hohe kraftverbrauchende Uebersetzungen vermieden werden sollten, schnelllaufende Dampfmaschinen. Der Bau von „Schnellläufern" gewann eine vorher nicht gekannte Bedeutung.

Auch ehe die Elektrotechnik auf den Dampfmaschinenbau Einfluss ausüben konnte, hat es an vereinzelten Versuchen, mit den Umdrehungszahlen weit über das allgemein Uebliche hinauszugehen, nie gefehlt. Als Schnellläufer sind Perkins und auch Dr. Albans Maschinen anzusehen, die mit ihren 150 und 80 Umdrehungen in der Minute die damals übliche Tourenzahl um mehr als das Doppelte überschritten.

Die ersten Schnellläufer, die sich dauernd Eingang in den praktischen Betrieb verschafften, gingen von Amerika aus. Ein einfacher Mechaniker, John F. Allen, und ein früherer Rechtsgelehrter Charles T. Porter verstanden es, eine Maschine zu erbauen, die durch eine Anzahl bemerkenswerter Verbesserungen und eine vorzügliche Ausführung sich für grössere Tourenzahlen aufs beste eignete. Eine von ihnen 1862 auf der Londoner Industrie-Ausstellung ausgestellte horizontale Dampfmaschine erregte allseitige Bewunderung und erhielt 3 Preismedaillen. Die ausgestellte Maschine wies bei 203 mm Cylinderdurchmesser, 609 mm Hub und 150 Umdrehungen eine Leistung von 28 PS auf.

Für die Dampfverteilung wandte Allen statt eines Schiebers vier
entlastete Flachschieber an, von denen zwei den Einlass und zwei den
Austritt des Dampfes zu regeln hatten. Sie waren, wie bei der
Corlissmaschine die Rundschieber, an den Enden der Cylinder angeordnet, und wurden von einem Excenter aus bewegt.

Mit dem Excenter E, s. Fig. 140, ist unmittelbar ein Schleifbogen S
verbunden, in welchem sich das Ende der Stange m, mit der die
Einlassschieber bethätigt werden, frei verschieben kann. Je nach
Lage des Kulissensteins a ändert sich Voreilung und Schieberweg
und damit gleichzeitig die Füllung. Und zwar ist die Füllung
am kleinsten, wenn der
Stein in der Kulisse am
tiefsten steht. Die Bewe-
gung der Auslassschieber
ist mit der Stange n von
dem äussersten Punkt der
Kulisse abgeleitet.

Diese wohl einfachste
Kulissensteuerung ist un-
abhängig von Allen schon
1857 in Deutschland von
Pius Fink erfunden und
später vielfach bei orts-
festen Maschinen ange-
wandt worden.

Der Verschiebung des
Kulissensteins und damit
der Veränderung der Ex-

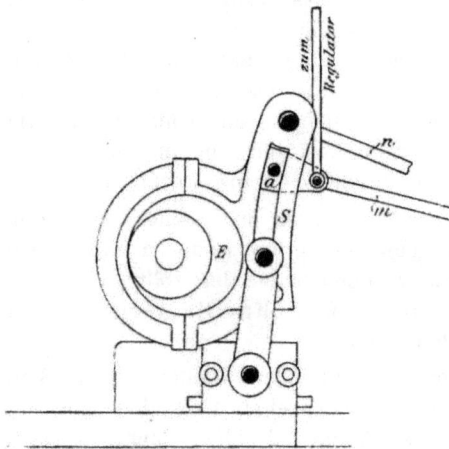

Fig. 140.

pansion dient ein von Porter abgeänderter Schwungkugelregulator,
bei dem ein auf der Regulatormuffe angebrachtes Gewicht, das
sich mit ihr auf der Regulatorwelle verschieben kann, den Regulator
für höhere Tourenzahlen und Ueberwindung grösserer Widerstände
geeigneter macht.

Porter-Allen bauten Maschinen in Grössen von etwa 20 bis über
700 PS. Die zwanzigpferdige Maschine, mit 150 mm Cylinderdurchmesser
und 300 mm Hub, erreichte mit ihren 350 Touren bereits eine Kolbengeschwindigkeit von 3,5 m in der Sekunde. Grössere Maschinen
wurden auch mit zwei Cylindern unter Benutzung zweistufiger Expansion ausgeführt. Eine gangbare Grösse der Porter-Allen'schen
Verbundmaschinen von 305 bezw. 530 mm Cylinderdurchmesser und
610 mm Hub brauchte bei 180 Umdrehungen in der Minute und

16 facher Expansion des Dampfes mit Kondensation 8,2 kg Dampf für die indicierte Pferdekraftstunde.

Trotz der grossen Vorzüge, die diese ersten Schnellläufer unstreitig vielen der alten Dampfmaschinen gegenüber aufzuweisen hatten, stiess ihre Einführung in die gewerblichen Betriebe zunächst auf die grössten Schwierigkeiten. Die Erfinder hatten schwer mit dem Misstrauen des Publikums, das einer schnellgehenden Maschine jede Betriebssicherheit zunächst absprach, zu kämpfen. Da konnte nur die Zeit und die Erfahrung helfen. Manchmal schien es, als ob der Schnellläufer aus Mangel an Beschäftigung wieder aus der Praxis verschwinden müsse. Der hartnäckigen Ausdauer und der immer weiter angestrebten Vervollkommnung ihrer Maschine hatten es die Erfinder zu verdanken, dass sie die allgemeine Anwendung der von ihnen vertretenen Grundsätze noch erleben konnten.

Vor allem in Amerika entwickelte sich der Bau schnelllaufender Dampfmaschinen mit der raschen Ausbreitung der elektrischen Beleuchtung zu grossem Umfange. Bestes Material und genaueste Werkstättenarbeit waren um so mehr erforderlich, je höhere Tourenzahlen man zu erreichen suchte. Der Bau von Schnellläufern wurde als Specialität von einer Anzahl Maschinenfabriken aufgenommen, von denen jede ihre Maschine mit Rücksicht auf Massenfabrikation so einfach als möglich zu gestalten suchte.

Die Dampfverteilung findet ausschliesslich durch Schieber statt, die von der Kurbelwelle aus mit Excentern bewegt werden. Zur Beeinflussung der Füllung und Regulierung der Maschine werden mit Vorliebe Achsenregulatoren benutzt, die unmittelbar durch Verstellung des Excenterkörpers Schieberweg und Voreilwinkel verändern.

Mit der Vergrösserung der Umdrehungszahlen ging man im Anfang der Entwicklung oft viel zu weit. Der Sprung von der normalen niedrigen Tourenzahl bis auf 750 in der Minute, den einzelne Konstrukteure wagten, war zu gross, als dass er sofort hätte gelingen können. Heute begnügt man sich mit 250 bis 500 minutlichen Umdrehungen. Die Dampfspannungen, mit denen die Maschinen arbeiten, liegen zwischen 6 bis 10 Atm. Allen diesen amerikanischen Schnellläufern hat die berühmte Porter-Allen-Maschine mehr oder weniger als Muster und Vorbild gedient.

Wesentlich andere Bahnen schlug Westinghouse ein, der das Princip der einfach wirkenden Dampfmaschinen bei seinen Schnellläufern wieder erfolgreich zur Anwendung brachte. Durch die stets nur in einer Richtung erfolgende Wirkung des Dampfdruckes wird die wechselnde Druckrichtung im ganzen Mechanismus zu Gunsten

eines vollkommen ruhigen Ganges auch bei sehr hohen Tourenzahlen beseitigt, ein Vorteil, der allerdings mit einer Vergrösserung
des Cylinders gegenüber den doppeltwirkenden Maschinen erkauft
werden muss. Der ganze Aufbau der stehend angeordneten Maschine
ist so gewählt, dass die Massenfabrikation möglichst erleichtert und die
Zeit und Arbeitskraft des Maschinisten nur in sehr geringem Masse
für die Wartung der Maschine beansprucht wird.

   Die in den Fig. 141 u. 142 abgebildete Westinghouse-Maschine
wird in 12 Grössen von 5 bis 90 PS. gebaut. Zwei einfach-

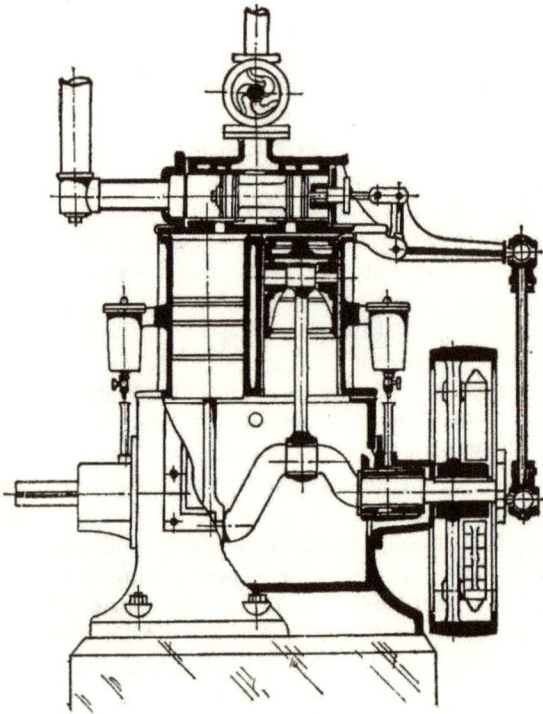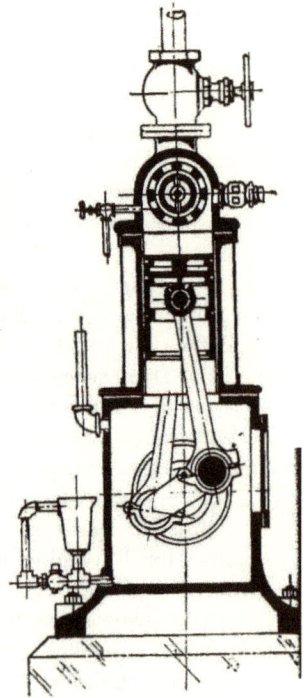

Fig. 141.   Fig. 142.

wirkende Cylinder sind nebeneinander über der Kurbelwelle
stehend angeordnet. Die Cylinder sind nach unten zu offen, nur auf
die obere Kolbenseite wirkt der Dampfdruck. Die Schubstangen
greifen unmittelbar an dem lang gehaltenen Kolben, der zugleich die
Kreuzkopfführung zu ersetzen hat, an und übertragen die Kraft auf
die doppelt gekröpfte Kurbelwelle, die in den Seitenwänden des als

Maschinengestell dienenden gusseisernen Kastens sicher gelagert ist. Die Dampfverteilung geschieht für beide Cylinder gemeinsam durch einen auf ihnen liegenden Kolbenschieber, dessen Bewegung von einer kleinen Stirnkurbel unter Benutzung eines Winkelhebels abgeleitet wird. Ein in dem gleichzeitig als Riemscheibe dienenden Schwungrad untergebrachter Achsenregulator wirkt durch Verstellung des kleinen Kurbelzapfens auf Veränderung der Füllung.

Die Anordnung der ganzen Maschine ist mit Rücksicht auf einfachste Bedienung so getroffen, dass fast alle beweglichen Teile nach aussen hin vollkommen abgeschlossen sind. Der untere Teil ist soweit mit Oel gefüllt, dass die Kurbeln etwas eintauchen und durch Fortschleudern des Oels alle innern Maschinenteile in einfachster Weise zu schmieren vermögen. Die Arbeit des Wärters beschränkt sich gewöhnlich auf Anlassen und Abstellen der Maschine und Füllen der Oelgefässe. Selbst das Putzen bleibt ihm, da die beweglichen Teile vor jeder Verunreinigung im Innern des Gestells geschützt sind, fast ganz' erspart.

Um die grosse Betriebssicherheit derartiger Schnellläufer nachzuweisen, hat man sich zeitweise in Amerika durch möglichst langen ununterbrochenen Betrieb der Maschinen gegenseitig zu überbieten gesucht. Welch erhebliche Leistungen bei diesem Sport erzielt wurden, zeigt der letzte „Rekord", demzufolge eine Westinghouse-Maschine 13 Monate und 8 Tage ununterbrochen gelaufen ist.

Die grossen Vorzüge der Westinghouse-Maschinen, die neben der beschriebenen Form noch in andern ähnlichen Typen bis zu Leistungen über 700 PS. ausgeführt werden, haben sie in kurzer Zeit zu dem verbreitetsten Schnellläufer gemacht, von denen 1897 schon insgesamt eine halbe Million PS. zum Betrieb der Dynamomaschinen oder anderer Arbeitsmaschinen dienten. Die Fabrikation ist für die massenhafte Herstellung der Maschinen besonders eingerichtet. Alle einzelnen Teile werden mit Benutzung von Schablonen und Lehren so genau angefertigt, dass ohne weiteres Teile gegeneinander ausgewechselt werden können. Dieser in Amerika vorwiegend ausgebildete sogenannte Austauschbau hat für den Maschinenbesitzer den Vorteil, jederzeit schnell von der Fabrik genau passende Ersatzteile erhalten zu können, da alle einzelnen Teile dort im Lager vorhanden sind. Die Bestellung wird durch ein von der Firma mitgeliefertes genaues Verzeichnis aller einzelnen Teile, aus dem Stichwort, Gewicht und Preis zu ersehen sind, ohne Zeitverlust ermöglicht.

Grosse Verbreitung erlangte in England eine eigenartig ausgebildete schnelllaufende Dampfmaschine, deren Konstruktion von

dem englischen Ingenieur Peter Willans herrührt. Die Willans-
Maschine ist eine einfach wirkende, stehende Dampfmaschine wie die
von Westinghouse. Sie wird mit einem oder mehreren Cylindern ausgeführt mit ein- oder mehrstufiger Expansion. Bei allen Mehrfach-
Expansionsmaschinen liegen die Cylinder übereinander, der grösste
unten, der kleinste oben. Bei grösseren Leistungen werden diese
Tandem-Verbundmaschinen zu zwei oder drei nebeneinander zu einer
Zwillings- oder Drillingsmaschine mit entsprechend gekröpfter
Kurbelwelle ausgeführt. Eigentümlich
ist die Dampfverteilung, die von der
hohlen Kolbenstange, also von der Mitte
des Cylinders aus durch Kolbenschieber
erreicht wird (s. Fig. 143).

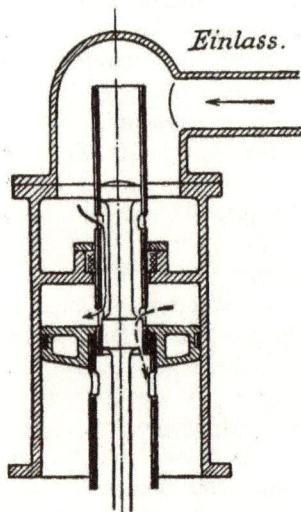

Einlass.

Fig. 143.

Die Maschine eignet sich vorzüglich
für Massenfabrikation. Da alle beweglichen Teile im Innern der Cylinder
oder des Gestells untergebracht sind,
macht die ganze Maschine naturgemäss
auf den Beschauer einen äusserst ruhigen
Eindruck. Die Wartung ist auf das
äusserste beschränkt. Ein Maschinenwärter genügt oft für 6 bis 8 Maschinen.
Die Umdrehungszahlen sind auch bei
bedeutenden Kraftleistungen sehr hoch.
Willans-Maschinen von 500 bis 800 PS.
laufen noch mit 300 bis 400 Umdrehungen
in der Minute.

In Deutschland fand der Bau von Schnellläufern wenig Verbreitung. Zu eigenartiger, sich von den andern Maschinenarten
wesentlich unterscheidender Ausbildung kam es nicht. Die weiteste
Verbreitung in Oesterreich und Deutschland erlangten die Schnellläufer, deren Konstruktion und Ausbildung von den deutschen
Ingenieuren Proell und Doerfel herrührt. Im wesentlichen entspricht
ihre Anordnung und Ausführung der in der Fig. 132 abgebildeten
Betriebsmaschine.

Der Begriff „schnell" ist relativ, und alle die „Schnellläufer" sind
höchst langsam laufende Maschinen, verglichen mit den als Dampfturbinen bezeichneten rotierenden Dampfmaschinen — jener
zugleich ältesten und neuesten Dampfmaschinengattung — die heute
bereits bedeutsame Erfolge aufzuweisen hat.

Bei allen bisher besprochenen Dampfmaschinen wirkte der

Dampf auf einen hin- und hergehenden Kolben, dessen Bewegung erst unter Benutzung eines komplicierten Mechanismus von Kolbenstange, Kreuzkopf, Schubstange und Kurbel in die Drehbewegung der Welle umgewandelt werden musste. Es lag der Wunsch nahe, diese Umsetzung zu vermeiden und mit dem Dampf unmittelbar eine rotierende Bewegung zu erzielen. Versuche, diese Aufgabe zu lösen, sind so alt wie die Dampfmaschine. Die rotierende Dampfmaschine war ein Problem, das die Erfinder nie hat ruhen lassen, das durch die Aussicht auf den Erfolg, den eine brauchbare Lösung sicher zu erwarten hatte, immer zu neuen Anstrengungen reizte.

Verschieden waren die Wege, auf denen die Erfinder ihr Ziel zu erreichen hofften. Die einen liessen durch den Dampf mit der Hauptwelle in Verbindung stehende, schwere, feste oder flüssige Körper in der Weise einseitig zur Welle verschieben, dass ihr Gewicht ein Drehmoment auf die Welle ausüben konnte. Selbst Watt beschäftigte sich mit einer solchen „Schwerkraftmaschine" und liess sich seine Idee. patentamtlich schützen. Eine Bedeutung konnten diese Maschinen naturgemäss nie gewinnen; sie blieben auch in der Gestalt, die andere Erfinder ihnen zu geben suchten, eine technische Kuriosität. Bei einer anderen Gruppe rotierender Maschinen, die gleichfalls bis auf Watt zurückzuführen ist, drückt der Dampf auf Vorsprünge radförmiger Körper oder auf klappenartig angeordnete Flächen, die, von einem Gehäuse umschlossen, so mit der Welle in Verbindung stehen, dass mit ihnen zugleich diese sich umdreht. Der Dampf drückt also hier genau wie bei den gewöhnlichen Kolbendampfmaschinen eine Fläche vor sich her, nur dass diese Fläche nicht hin und her bewegt, sondern um eine Welle gedreht wird. Einen dauernden Erfolg hat auch diese Maschinengruppe, trotzdem bis heute die Erfinder nicht müde geworden sind, neue derartige Maschinen anzugeben oder alte umzuändern, noch nicht aufweisen können. Der Hauptgrund dafür liegt darin, dass es nicht gelingt, zwischen dem rotierenden Kolben und der festen Wand des Gehäuses eine genügend dampfdichte Berührung dauernd im Betriebe zu erhalten.

Bei der dritten Gruppe der rotierenden Maschinen, die in neuester Zeit die grösste Beachtung finden, wird nicht der statische Druck, sondern die Bewegungsenergie des ausströmenden Dampfes in der Weise benutzt, dass der Dampf unmittelbar gegen ein mit Schaufeln versehenes Rad stösst und es in Umdrehungen versetzt, oder dass der bei dem Ausströmen des Dampfes entstehende Rückdruck die Drehbewegung veranlasst.

Schon vor zwei Jahrtausenden hatte Heron diese Wirkung des Dampfes in seiner „Drehkugel" (s. Fig. 1 u. 2) benutzt, und im Mittelalter hatte man vielfach sich an den schnellen Umdrehungen eines „Dampfrades" (s. Fig. 3) erfreut. Aber das waren Spielzeuge, die zur Unterhaltung, oder höchstens physikalische Apparate, die zur Belehrung dienten.

Als die Kolbendampfmaschine entstanden war und die grösste Verbreitung gewann, erinnerte man sich auch der Wirkung strömenden Dampfes und suchte immer wieder von neuem auf diesem Wege brauchbare Dampfmotoren zu erhalten. Doch zunächst stets vergebens; die praktischen Schwierigkeiten, die sich der Ausführung entgegenstellten, vermochte die Technik lange Zeit nicht zu überwinden. Die heut erreichte hohe Stufe der Werkstattarbeit war Voraussetzung für den Bau der „Dampfturbinen", wie diese Gruppe der rotierenden Maschinen, wegen ihrer nahen Beziehung zur Wasserturbine, genannt wird.

Erst am Ende des vorigen Jahrhunderts entstanden die Dampfturbinen, die mit den vorhandenen Kraftmaschinen den Wettbewerb an manchen Stellen erfolgreich aufnehmen konnten.

Das Verdienst, nicht nur eine brauchbare Dampfturbine erfunden, sondern unter Ueberwindung der grössten praktischen Schwierigkeiten sie auch in wirklich brauchbarer Form ausgeführt zu haben, gebührt dem englischen Ingenieur C. A. Parsons in Newcastle on Tyne und dem Schweden de Laval in Stockholm, von denen jeder auf etwas anderem Wege das Ziel zu erreichen versucht hat. Noch vor Parsons, im Juli 1877, hat der Ingenieur Adolf Müller in Münster i. W. sich eine Dampfturbine durch deutsches Reichspatent schützen lassen, deren Grundidee mit der Parsons übereinstimmt.

Parsons benutzt den Rückdruck des Dampfes. Seine Turbine besteht in der Hauptsache aus einem von zwei Lagern unterstützten rotierenden Teil, der walzenförmig mit verschiedenen Abstufungen ausgebildet ist und von einem entsprechend gestalteten gusseisernen Mantel umschlossen ist. Der Dampf strömt zwischen dem beweglichen und festen Teil in Richtung der Drehachse hindurch. Er trifft dabei auf eine Reihe von Schaufelkränzen, die abwechselnd mit dem feststehenden Mantel oder dem rotierenden walzenförmigen Teil befestigt sind. Durch die feststehenden Schaufelräder erfährt der in die Turbine einströmende Dampf eine solche Richtung, dass er in zweckentsprechendster Weise auf die Schaufeln des beweglichen Teils, auf die „Laufräder", trifft und sie in Umdrehung versetzt. Da der Dampf bei seiner Arbeitsleistung sich ausdehnt, sein

Volumen also grösser wird, so muss auch der ihm zur Verfügung stehende Durchflussquerschnitt nach und nach grösser werden. Parsons erreichte dies durch stufenweise Vergrösserung der Lauf- und Leiträder-Durchmesser. Indem Parsons den Dampf durch eine grosse Anzahl hintereinander aufgestellter Schaufelkränze strömen lässt, teilt er das Druckgefälle und verringert so die ungeheuren Geschwindigkeiten, die sonst den Dampfturbinen eigentümlich sind, und die ihren Grund in der gewaltigen Ausflussgeschwindigkeit der Wasserdämpfe haben.

Welche Grössen dabei in Betracht kommen, ist daraus ersichtlich, dass Wasserdampf von 6 Atm. Druck, der aus einer abgerundeten Mündung in die freie Atmosphäre strömt, unter Vernachlässigung der Widerstände eine Ausflussgeschwindigkeit von 445,1 m in der Sekunde erreicht.

Die ersten Parsons'schen Dampfturbinen liefen mit ca. 18000 Umdrehungen in der Minute, heute ist das Druckgefälle auf soviel einzelne Abteilungen verteilt, dass die Dampfturbinen je nach ihrer Grösse nur 1000 bis 5000 Umdrehungen in der Minute aufweisen, eine Zahl, die durchaus nicht zu hoch erscheint, wenn man berücksichtigt, dass nur Drehbewegung genau ausbalancierter Teile und keine hin- und hergehenden Bewegungen vorkommen.

Fig. 144.

Eine von der Schweizer Firma Brown, Boveri & Co. ausgeführte 400—500 PS Parsons-Dampfturbine zeigt Abb. 144. Die Turbine macht 3000 Umdrehungen in der Minute und arbeitet mit einem Dampfdruck von 11 Atm. Sie ist mit einem Drehstrom-Generator unmittelbar gekuppelt.

Laval's Dampfturbine besteht aus einem Laufrad mit offenen Schaufeln, dem der Dampf durch seitlich angebrachte Düsen zugeführt wird. Da die ganze Dampfenergie in dem einen Rade auszunutzen ist, ergeben sich bei dem kleinsten Modell von 5 PS Leistung etwa 30 000 Umdrehungen in der Minute, die einer Umfangsgeschwindigkeit von 175 m/Sek. entsprechen. Ein in der Maschine angebrachtes Zahnradvorgelege von zehnfacher Uebersetzung verringert die Tourenzahl auf 3000 in der Minute. Mit der Grösse der Turbine vermindert sich die Umdrehungszahl und beträgt bei der 300pferdigen Dampfturbine an der Vorgelegewelle noch 850. Diese hohen Geschwindigkeiten erfordern eine ausserordentlich genaue Ausbalancierung aller rotierenden Teile, da schon das kleinste Uebergewicht bei solchen Umdrehungszahlen sehr beträchtliche Centrifugalkräfte hervorrufen wird, die äusserst störend auf den Gang der Maschine und die Haltbarkeit der einzelnen Teile einwirken müssten. Trotz der peinlichsten Sorgfalt, die auf diese Ausgleichung verwandt wurde, gelang es zuerst nicht, einen für stossfreien Gang genügenden Grad der Genauigkeit zu erreichen. Die Dampfturbine würde unausführbar gewesen sein, wenn es nicht de Laval gelungen wäre, in sehr geistreicher Weise diese Schwierigkeit zu überwinden. Er giebt nämlich der Turbinenwelle so geringen Durchmesser, dass sie unter Einwirkung etwa auftretender Centrifugalkräfte sich etwas ausbiegen kann, wodurch es dem Laufrad möglich wird, um die wirkliche Schwerpunktsachse zu rotieren.

Die Einrichtung einer Laval'schen Dampfturbine ist aus Schnitt und Grundriss einer 5 pferdigen Maschine in der Fig. 145, 146 zu ersehen. Der bei a eintretende Dampf strömt durch einen Kanal b den beiden Eintrittsdüsen c zu und gelangt von diesen aus in das mit Schaufeln besetzte Laufrad d. Nachdem der Dampf hier seine Arbeit verrichtet hat, strömt er durch das Rohr e in die freie Luft bezw., wenn mit Kondensation gearbeitet wird, in den Kondensator. Das Zahnradvorgelege bilden die breitgehaltenen Räder f und g, die am Umfang mit feinen, schräg laufenden Zähnen besetzt sind (s. Fig. 147). Das Vorgelege wird in ausgiebigster Weise mit Oel versorgt. Der auf der Vorgelegewelle angebrachte Regulator h wirkt auf das Dampfeintrittsventil.

Den wachsenden Erfolg, den die Dampfturbinen in letzter Zeit aufzuweisen haben, verdanken sie einer Reihe von Vorzügen, die sie den Kolbendampfmaschinen gegenüber haben. Dahin gehört vor allem ihr äusserst kleiner Raumbedarf und ihr geringes Gewicht. Eine de Laval'sche 10 pferdige Dampfturbine nimmt nur etwa 0,7 qm Bodenfläche ein, während selbst ein stehend angeordneter amerikanischer Schnellläufer von gleicher Leistung etwas über 3 qm Fläche beansprucht, von liegenden Dampfmaschinen mit geringer Tourenzahl garnicht zu reden. Die ganze auf kleinen Raum zusammengedrängte Anlage ist sehr leicht zu übersehen und um so bequemer zu bedienen, als nur wenige Teile einer Aufsicht bedürfen.

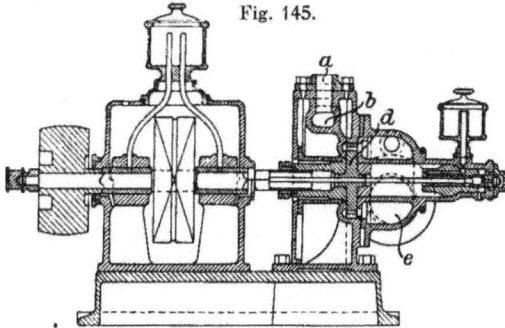

Fig. 145.

Fig. 147.

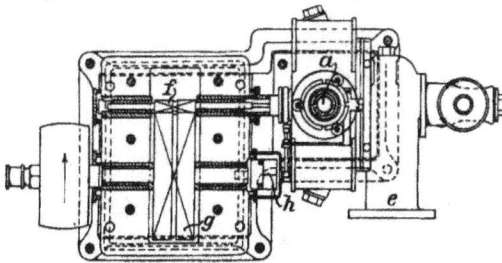

Fig. 146.

Fig. 148.

Die Zweifel an der genügenden Betriebssicherheit und Haltbarkeit sind durch gute Erfahrungen, die man bei langer Benutzung von Dampfturbinen auch unter ungünstigen Betriebsverhältnissen gemacht hat, wenigstens zum Teil beseitigt worden.

Nimmt man hinzu, dass in dem Dampfverbrauch heute schon die Dampfturbinen den besten Dampfmaschinen sehr nahe kommen, so ist eine weitere Ausbreitung dieses Dampfmaschinensystems mit Sicherheit zu erwarten, zumal es Parsons bereits gelungen ist, auch Dampfturbinen von vielen tausend Pferdekräften zu erbauen.

Die hohe Tourenzahl der Dampfturbinen lässt sie besonders zur unmittelbaren Kuppelung mit elektrischen Maschinen geeignet erscheinen, um so mehr, als ihr stossfreier, regelmässiger Gang bei dieser Verwendung besonders vorteilhaft sich bemerkbar macht. Es dienen

daher auch die bei weitem meisten der bis heut ausgeführten Dampfturbinen zur Erzeugung elektrischen Stromes.

Doch kehren wir zu den schnelllaufenden Kolbendampfmaschinen
zurück. So vielseitig sich diese auch entwickelt hatten, die Elektrotechnik hat nicht in dem Umfang, wie es wohl am Anfang ihres
Auftretens erwartet wurde, von ihnen Gebrauch gemacht.

Der elektrische Strom bot die Möglichkeit, beliebige Energie-
mengen auf weite Entfernungen hin verteilen zu können; das führte
frühzeitig zum Bau grosser Centralen, von denen grosse Gebiete
mit Licht und Kraft versorgt werden. Die Vorteile, die diese Kon-
centrierung der Stromerzeugung an eine Stelle bietet, führten aber
bald zu einer gewaltigen Steigerung des Kraftverbrauchs, den man
zunächst durch Vermehrung der Dampfmaschinen gerecht zu werden
suchte. Da aber die Krafterzeugung mit vielen kleinen Dampfmaschinen des grossen Raumbedarfs und höheren Brennstoffverbrauchs
wegen sich ungünstiger stellt als bei Benutzung weniger grosser Dampfmaschinen, so zwang die Entwicklung der elektrischen Centralen
zur Anwendung immer grösserer Maschineneinheiten, zumal es
gelungen war, Dynamomaschinen mit so geringen Tourenzahlen zu
bauen, dass sie mit den verhältnismässig langsam laufenden Grossdampfmaschinen unmittelbar, unter Vermeidung aller kraftzehrenden
Zwischenglieder, gekuppelt werden konnten.

Dampfmaschine und Dynamo vereinigten sich zur Dampfdynamo,
die den Gross-Dampfmaschinenbau durch verschärfte Anforderungen
und Ausdehnung des Absatzgebietes mächtig gefördert hat.

Für grosse Städte wurde mit Rücksicht auf den geringen
Raumbedarf die stehende Anordnung vielfach bevorzugt. Die
stehende Schiffsmaschine wurde in die elektrischen Centralen
verpflanzt, und die Schiffsmaschinenbauanstalten, die allein reiche
Erfahrungen im Bau grosser stehender Dampfmaschinen hatten,
waren den andern Dampfmaschinenfabriken gegenüber zunächst
im Vorteil. Bald aber verstanden auch diese, sich den neuen Anforderungen anzupassen und die stehende Dampfmaschine durch
Anbringung der bei den liegenden Maschinen schon bewährten
Präcisionssteuerungen noch weiter auszubilden.

Bezeichnend für die riesige Steigerung des Kraftverbrauchs
ist die Entwicklung der Berliner Centralen, die als Musteranlagen
sich eines Weltrufs erfreuen. Am 15. August 1885 wurde der Betrieb
der Werke mit einem Anschluss von etwa 3 000 Glühlampen eröffnet, und heute sind rund 400 000 Glühlampen, 16 000 Bogenlampen

und 8 000 Motoren von ihnen mit elektrischem Strom zu versorgen. Bis 1888 genügten wenige 150- und 240-pferdige Verbundmaschinen, von denen aus mittelst Riemen die Dynamomaschinen angetrieben wurden. Bereits in den folgenden Jahren wurde die Anlage durch 300- und 1200-pferdige Corlissmaschinen mit direkt gekuppelter Dynamo ergänzt und erweitert. Die neueren Centralen wurden sogleich mit 1200-pferdigen Dampfdynamos ausgerüstet, zu denen noch 1897 sechs neue Maschinensätze von je 1800 PS Leistung hinzukamen. Das vergangene Jahr hat dem Berliner Elektricitäts-werk wieder eine Vergrösserung um 3 stehende Dreifach-Expansions-maschinen von je 3 000 PS gebracht, so dass sie jetzt mit einer Gesammtleistung von 40 000 PS die grösste Kraftanlage des Kon-tinents sind. Besonders interessant für die Geschichte des Dampf-maschinenbaues sind die Berliner Anlagen auch insofern, als Dampfmaschinen der verschiedensten Systeme und Steuerungen in ihnen unter gleichen Bedingungen Arbeit leisten. Corliss-, Sulzer- und Collmannsteuerungen haben bei gleich vorzüglicher Ausführung die gleichen Erfolge erzielt.

Dieselbe Entwicklung hat sich auch in Amerika vollzogen; auch hier musste man zu grossen Maschineneinheiten übergehen, um bei den gewaltigen Leistungen, die verlangt wurden, nicht eine zu grosse Zahl einzelner Maschinen zu erhalten. Um welche ge-waltigen Kraftleistungen es sich hier, besonders seit der Einführung der elektrischen Strassenbahnen, handelt, zeigt der Bau zweier Kraft-werke in New-York, von denen das eine 11 Maschinen von je 4 500 PS, das andere gar 16 Einheiten von der gleichen Grösse enthält. Das letztere mit seinen insgesammt 72 000 PS dürfte heute die grösste Kraftcentrale der Welt sein.

Ein ungefähres Bild von der Einrichtung des zuerst erwähnten Kraftwerkes, dessen 50 000 PS für den Betrieb einer elektrischen Strassenbahn dienen, möge Figur 149 geben. 87 Wasserrohrkessel von je 290 qm Heizfläche sind in drei Stockwerken übereinander angeordnet. Ueber ihnen im Dachgeschoss sind 2 Kohlenbehälter, von denen jeder 5 000 t fasst, eingebaut. Die Kohlen werden mit mechanischen Transportvorrichtungen unmittelbar vom Schiff in die Behälter gefördert und von dort aus durch Schächte den einzelnen Feuerungen zugeführt.

Das Maschinenhaus hat zwei Stockwerke; in dem oberen be-finden sich die 11 gewaltigen Dampfdynamos von je 4 500 PS Leistung, unter ihnen haben die Kondensatoren und die Hülfs-maschinen Aufstellung gefunden.

In der Anordnung und Ausführung entsprechen allgemein die Dampfmaschinen der elektrischen Centralen den Betriebsmaschinen anderer industrieller Betriebe. Nur kurz sei noch auf einige Ausführungen als Beispiele hingewiesen.

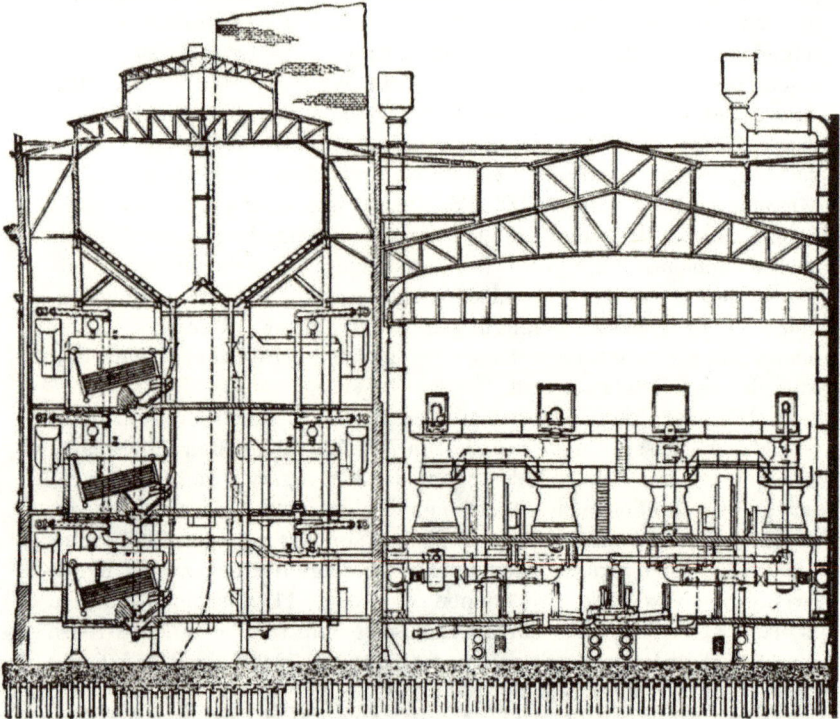

Fig. 149.

Eine 300-pferdige, stehende Tandem-Verbundmaschine der Berliner Elektricitätswerke, erbaut von der Firma van den Kerchove in Gent, zeigen die Figuren 151 u. 152.

Die beiden übereinander angeordneten Dampfcylinder, von denen jeder mit zwei Sicherheitsventilen h versehen ist, ruhen auf einem kräftigen gusseisernen Traggestell J, das unten die Lager N der Kurbelwelle K umfasst. Die Dampfverteilung geschieht durch Corlissschieber, die in üblicher Weise von einem Excenter aus mit Schwingscheibe und Stangen bewegt werden. Die Dampfeintrittsorgane werden in ihrer Bewegung vom Regulator R aus beeinflusst. Der Dampf tritt, nachdem durch die Stellvorrichtung x der Absperrschieber geöffnet ist, bei A ein und gelangt durch a oder b in den Hochdruckcylinder, den er durch c bezw. d wieder verlässt, um in einen Zwischenbehälter C überzutreten. Von hier aus strömt er durch das Rohr A zu dem den Niederdruckcylinder umhüllenden Dampfmantel. Die Dampfverteilung besorgen beim Niederdruckcylinder genau wie bei dem Hochdruckcylinder 4 Corlissschieber, von denen a und b für den Dampfeintritt, c und d für den Dampfaustritt dienen. Nachdem auch der Dampf im grossen Cylinder seine Arbeit verrichtet hat, tritt er durch B in den Kondensator E über, aus dem er, zu Wasser niedergeschlagen, zugleich mit dem eingespritzten Kühlwasser und den beigemengten Luftteilchen durch die Luftpumpe F in die Abflussröhre G geschafft wird. Die Luftpumpe wird vom Kreuzkopf aus unter Zwischenschaltung des um g drehbaren Hebels f bewegt. Das Ventil H oben am Kondensatorrohr E dient als Haupteinspritzventil.

Die Hauptabmessungen der Maschine sind: Durchmesser des Hochdruckcylinders 482,5 mm, des Niederdruckcylinders 863,5 mm; der gemeinsame Hub beträgt 762 mm, die minutliche Umdrehungszahl 80 bis 85. Die Maschine arbeitet mit 10 Atm. Dampfdruck und 14facher Expansion und braucht 8 kg Dampf für die indicierte Pferdekraft und Stunde.

Fig. 150.

Die Abbildung 150 zeigt eine von der Firma Sulzer erbaute, liegende Dreifach-Expansionsmaschine mit 4 Cylindern. Die Haupt-

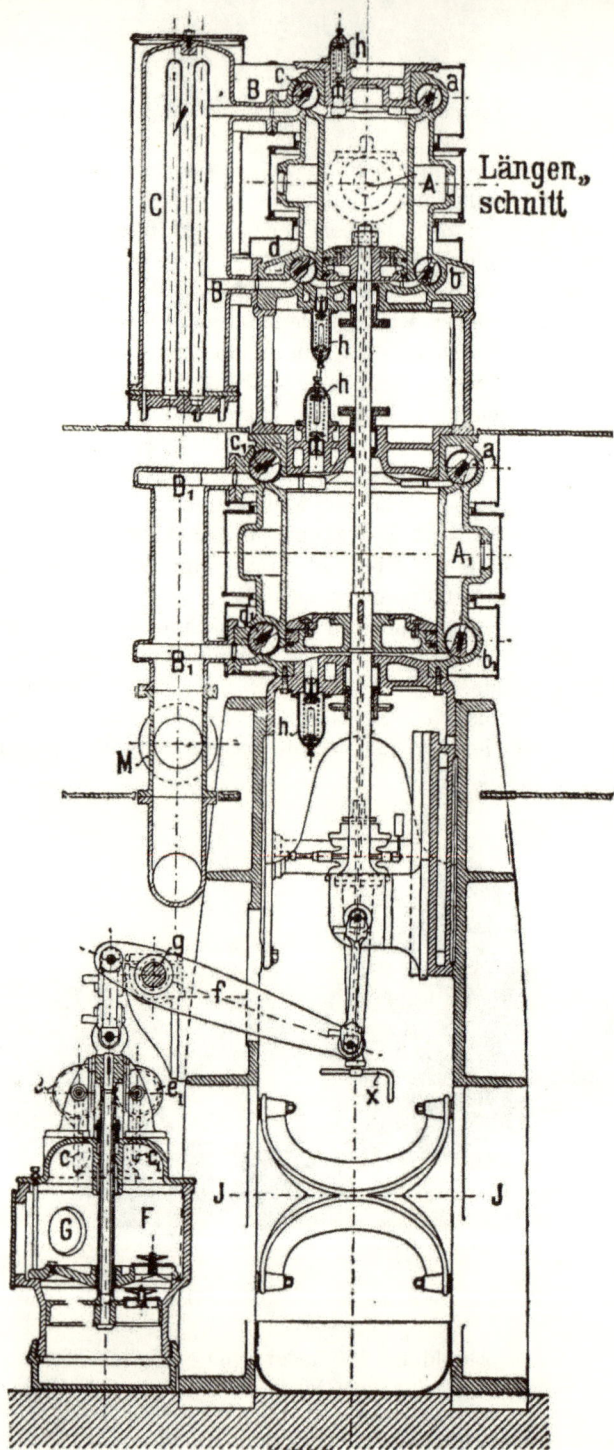

Fig. 151.

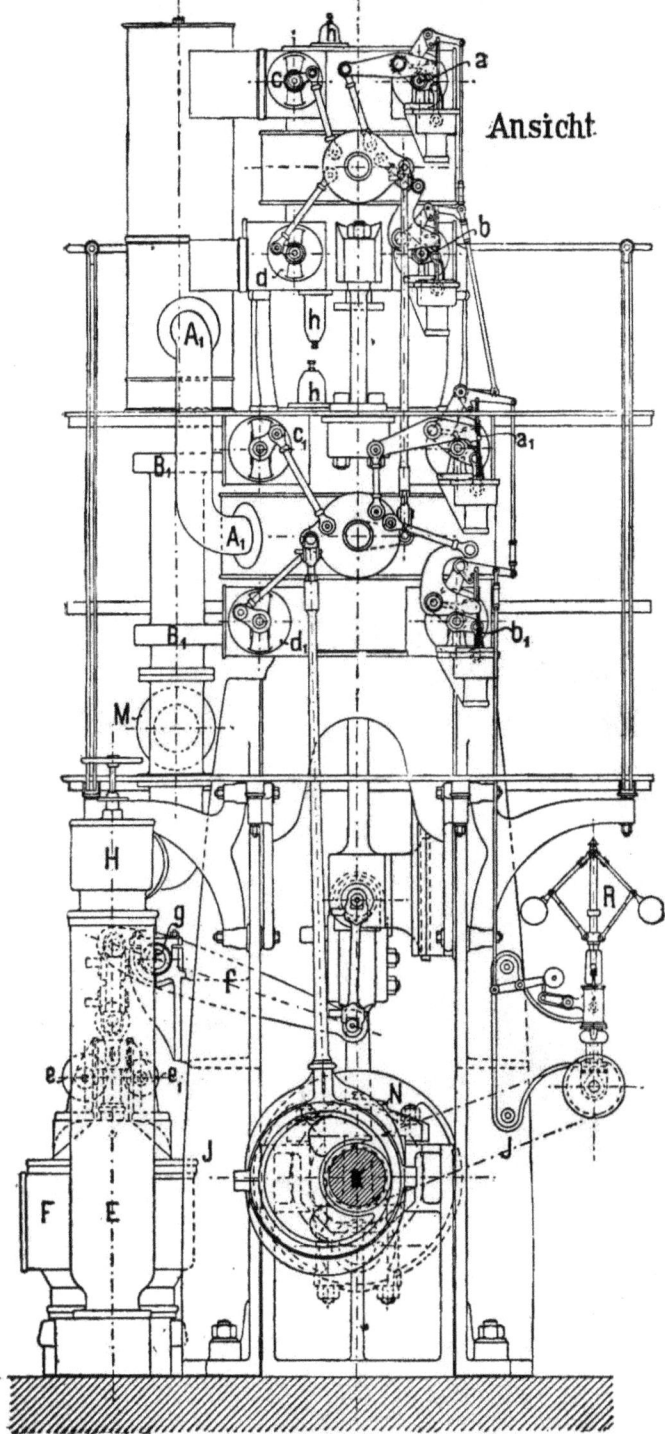

Ansicht.

Fig. 152.

abmessungen sind: Durchmesser des Hochdruckcylinders 600, der des Mitteldruckcylinders 850 mm. Jeder der beiden Niederdruckcylinder misst 1025 mm im Durchmesser. Der Kolbenhub beträgt 1500 mm, die minutliche Umdrehungszahl 85. Die Maschine leistet bei 11 Atm. Anfangsdruck und 30% Füllung im Hochdruckcylinder 1500 Pferdekräfte.

Fig. 153.

Eine 500pferdige stehende Verbundmaschine der Augsburger Maschinenfabrik ist in Abbildung 153 abgebildet.

Die Dampfmaschine im Dienst der Landwirtschaft.

Das Gebiet menschlicher Thätigkeit, das am längsten sich von den Vorteilen der neuen Kraftmaschinen fern gehalten, die Landwirtschaft, kommt heute gleichfalls zu einer immer weiter ausgedehnten Anwendung der Dampfmaschinen.

Von den landwirtschaftlichen Hilfsmaschinen wurden zuerst die Dreschmaschinen mit Dampf betrieben. Eine Trevithick'sche Hochdruckmaschine wurde bereits 1804 zum Dreschen benutzt. Noch 25 Jahre später waren auf grösseren Gütern diese kleinen handlichen Hochdruckmaschinen öfters zu finden. Ihre feste Aufstellung und die besondere Kesselanlage hinderten zunächst grössere Verbreitung. Die Eigenart der landwirtschaftlichen Betriebe verlangte eine Kraftmaschine, die in möglichst gedrängter Form mitsamt dem Kessel fahrbar angeordnet ist. Unter dem Einfluss dieser Forderung entstand jene als „Lokomobile" bezeichnete typische Form der landwirtschaftlichen Betriebsmaschine, die ihrer besonderen Vorzüge wegen auch in andern Gebieten heute vielfach angewendet wird.

Auf einer Ausstellung, welche die landwirtschaftliche Gesellschaft 1840 in Liverpool veranstaltete, erschien die erste Lokomobile. Ein Rahmen auf vier Rädern trug einen stehenden Kessel, neben dem eine rotierende Dampfmaschine Platz gefunden hatte. Aber erst in der zweiten Hälfte des Jahrhunderts entwickelte sich die Lokomobile zu der fast unwandelbar gewordenen Form.

Ein nach Art der Lokomotivkessel ausgebildeter cylindrischer Röhrenkessel ist liegend auf einem Radgestell angeordnet. Der Dampfcylinder ist direkt auf den Kesselmantel aufgenietet, ein ihn vollständig einschliessender Gussmantel dient zugleich als Dampfdom, von dem aus auf kürzestem Wege der Dampf in den Cylinder gelangt. Die Anordnung und Ausführung der Maschine entspricht der der ortsfesten liegenden Betriebsmaschinen. Die Dampfverteilung wird mit Rücksicht auf vollständige Betriebssicherheit bei geringster Wartung stets durch Schieber erreicht. Für grössere Leistungen findet auch bei den Lokomobilen die Expansion des Dampfes in zwei Cylindern Anwendung. Auf· gutes Material und sorgfältige Ausführung wird heute grosser Wert gelegt, während man früher für landwirtschaftliche Zwecke sehr geringe Anforderungen in dieser Beziehung stellte. Der deutsche Lokomobilenbau, der mit zuerst einsehen lernte, dass gerade die vielfach ungünstigen Bedingungen, unter denen die Dampfmaschine in der Landwirtschaft arbeiten muss, die grösste Sorgfalt in der Herstellung verlangt, hat in neuester Zeit gegenüber den früher allein den Markt beherrschenden englischen Lokomobilen den grössten Erfolg zu verzeichnen.

In neuerer Zeit hat die Dampfkraft nicht nur für die Bearbeitung landwirtschaftlicher Erzeugnisse, sondern auch zur Bodenbearbeitung selbst ausgedehnte Anwendung gefunden. Die Dampfkraft ist hier um so mehr am Platze, als bei tiefgehender Bearbeitung sehr grosse Kraftleistungen notwendig werden. Grosse Leistungsfähigkeit und geringe Betriebskosten haben der Dampfkraft bei der Bodenbestellung in vielen Fällen zum Sieg über die · tierischen Kräfte verholfen.

Schon James Watt hatte in seinem Patente von 1780 die Idee des Dampfpfluges mit aufgenommen. Wie bis dahin das Pferd, so sollte jetzt eine Strassenlokomotive das Ackergerät hinter sich herziehen. Man fand aber bald, dass dieses Dampfpferd unverhältnismässig viel Kraft brauchte, um sich selbst nur auf dem Acker fortzubewegen. Es gelang auch nicht, sehr tief zu pflügen, die Leistung war zu gering. Heute wird der „Gangpflug" nur in besonderen Fällen noch ausnahmsweise angewendet. Allgemein eingeführt hat sich das indirekte System, bei dem von der feststehenden Maschine aus der Pflug mit Hilfe von Drahtseilen über das Feld gezogen wird. Die Lokomobile fand hier wieder passende Verwendung, und zwar in der Bauart einer schweren Strassenlokomotive. Die ersten derartigen Dampfpflugapparate wurden 1855 in England erbaut. Viele Verbesserungen auf Grund kostspieliger Versuche waren aber noch nötig, um die Dampfkraft für diesen Zweck dauernd in Benutzung zu bringen. Erst mit umfangreichen Versuchen, die 1871 in England angestellt wurden, fand die Entstehungsperiode der Dampfbodenkultur ihren Abschluss.

An der Entwicklung des Dampfpfluges ist in ganz hervorragender Weise die Firma John Fowler & Co. in Leeds beteiligt. Eine ihrer zum Ziehen des Dampfpfluges bestimmten Strassenlokomotiven zeigt Abbildung 154. Die Dampfmaschine ist bei den Lokomotiven auf dem Kessel liegend angeordnet. Die Seiltrommel befindet sich unter dem Kessel.

Die Vorteile der Dampfkultur für den landwirtschaftlichen Grossbetrieb beförderte nach Ueberwindung der ersten Schwierigkeiten sehr schnell ihre Einführung und Verbreitung. Schon Anfang der sechziger Jahre hat Aegypten in seiner uralten Landwirtschaft von dem Dampfpflug ausgiebig Gebrauch gemacht. 1865 durchfurchten bereits über 100 Dampfpflüge den fruchtbaren Boden des Pharaonenlandes.

In Deutschland wurde nach einigen Versuchen mit dem Einmaschinensystem zuerst 1868 in der Provinz Sachsen der Dampfpflug in Gestalt einer 14 pferdigen Dampfpfluggarnitur des Fowler'schen Zweimaschinensystems eingeführt. Ein Vierteljahrhundert später führten in Deutschland etwa 210 Dampfpflüge die Tiefkultur jährlich auf 105 000 ha gleich 21 Quadratmeilen Bodenfläche aus.

Fig. 154.

In den grossen Landwirtschaftsgebieten Oesterreich-Ungarns arbeiten jetzt ca. 250 Dampfpflüge. Seit Jahrzehnten steht heute die Dampfmaschine in allen Teilen der Welt im Dienst der Bodenkultur, zahlreiche Erfahrungen liegen daher vor und beweisen die grossen Vorteile, die auch hier der Einführung der Dampfkraft gefolgt sind. Die Anschaffungskosten sind allerdings noch hoch. So kostet eine Dampfpflugeinrichtung einschliesslich zweier nominell 12pferdiger Verbund-Strassenlokomotiven etwa 53 000 Mark. Berechnet man hiervon die übliche Verzinsung, Unterhaltung und Amortisation und fügt dem Betrage die Betriebskosten hinzu, so kommen bei einer Annahme von 100 Arbeitstagen auf den Arbeitstag etwa 140 Mark. Dass trotz dieser hohen Preise die Dampfkultur so weite Verbreitung gefunden hat, beweist, wie grosse Vorteile sie zu bieten vermag.

Grosse Bodenflächen lassen sich in kurzer Zeit gründlich bearbeiten. Man kann sehr tief ackern, und gerade diese Tiefkultur stellt

Matschoss, Geschichte der Dampfmaschine. 19

sich bei Dampfbetrieb billiger als bei Verwendung von Zugtieren, deren Zahl in einem Betriebe natürlich bei Anwendung des Dampfpflugs wesentlich verringert werden kann. Vor allem wird auch hier durch die Dampfkraft der Mensch bei Bearbeitung des Feldes insofern von der Einwirkung abnormer Witterungsverhältnisse unabhängiger, als der tiefgelockerte Boden viel mehr Feuchtigkeit aufnehmen und dann wieder während einer trockenen Periode abgeben kann. Die Dampfkultur hat durch die ausserordentlich gründliche Bodenbearbeitung, die sie erst ermöglicht, auch eine wesentliche Steigerung der Erträge herbeigeführt, zumal bei den Pflanzen, die, wie z. B. die Zuckerrüben, sehr tief wurzeln. Auf einigen grossen Gütern Oesterreichs, bei denen besonders sorgfältige Vergleiche angestellt wurden, ist seit Einführung der Dampfkultur eine Steigerung der Erträge bei Weizen um 323 kg, bei Gerste um 500 und bei Zuckerrüben gar um 4600 kg für den Hektar nachgewiesen worden. Auf einer grossen Anzahl anderer Güter konnte gleichfalls nach Anwendung des Dampfpfluges eine Ertragssteigerung von 10 bis 30 % festgestellt werden.

Die Dampfmaschine im Dienst der Wasserförderung.

Auf dem ältesten Anwendungsgebiete der Dampfmaschine, der Wasserförderung, hat der immer sich steigernde Bedarf eine Entwicklung hervorgerufen, die unter Benutzung aller im Dampfmaschinenbau bereits erworbenen Erfahrung zu den grössten Fortschritten hinsichtlich Leistung, Sicherheit des Betriebes und sparsamen Brennstoffverbrauchs geführt hat.

Im Bergwerksbetriebe war die Cornwaller Wasserhaltungsmaschine noch bis in die 80 er Jahre die allein herrschende. Trotz aller ihrer Mängel hielt der Bergmann hartnäckig an der Maschinenanordnung fest, die ihm fast ein Jahrhundert lang treue Dienste geleistet hatte. Nirgends haben sich die Errungenschaften des modernen Dampfmaschinenbaues später Bahn gebrochen, als im Bergwerksbetrieb, nirgends haben sie auch so grundlegende und wesentliche Aenderungen hervorgerufen. Nur der unerbittliche Zwang brach hier die Herrschaft der alten, ehrwürdigen Cornwallmaschine.

Ehe man jedoch geneigt war, zu vollkommen neuen Anordnungen überzugehen, wurde versucht, die Balanciermaschine zu verbessern und sie den wachsenden Anforderungen anzupassen. Besonderen Erfolg mit seinen Bemühungen hatte der deutsche Ingenieur Kley, der die Nachteile der grossen Expansion in einem Cylinder durch Einführung der Woolf'schen Maschine mit Expansion in zwei

Cylindern zu vermeiden verstand. Die beiden Cylinder standen über dem Schacht, und ihre Kolben übertrugen unter Zwischenschaltung eines Balanciers mit Gegengewicht ihre Kraft direkt auf die Pumpen. Ferner bemühte sich Kley, die Gestängemaschine durch Hinzufügung von Schwungrad und Kurbelbetrieb brauchbarer zu machen. Die Maschine wurde dadurch zwar komplicierter und teurer, aber durch die Begrenzung des Hubes liess sich eine grössere Sicherheit gegen Betriebsunfälle erreichen und das Schwungrad diente zum Ausgleich der Kraft, die von der Dampfmaschine geleistet und von den Pumpen gefordert wurde. Wesentlich für die Entwicklung dieses Maschinensystems war die Verbesserung der Kataraktsteuerung, wodurch es Kley gelang, dieses vorzügliche Steuerungssystem, das bisher nur bei Hubmaschinen angewandt werden konnte, auch bei den Maschinen mit Drehbewegung vorteilhaft zu verwenden.

Alle diese Verbesserungen genügten jedoch nicht, die Gestängemaschine so zu gestalten, dass sie auf die Dauer den immer wachsenden Anforderungen entsprechen konnte. Die geringen Geschwindigkeiten und niedrigen Dampfdrücke führten zu Abmessungen der Maschinenteile, die zu ungeheuerlich waren, um mit den damaligen Mitteln des Maschinenbaues noch in genügend zuverlässiger Weise ausgeführt werden zu können. Brüche in Maschine und Gestänge waren unvermeidlich. Abgesehen von der Betriebssicherheit, mussten Maschinen, deren Cylinder oft über 2 m Durchmesser und bis 5 m Hub aufwiesen, deren Balancier allein 50 000 kg wog und Zapfen von 1 m Durchmesser nötig hatte, riesige Kosten verursachen und ungewöhnliche und kostspielige Hülfsvorrichtungen nötig machen.

Die Uebelstände lagen vor allem in der unvollkommenen Art der Kraftübertragung zwischen Dampfmaschine und Pumpen. Es wurde immer schwieriger und zuletzt unmöglich, bei den zunehmenden Tiefen die riesigen Kräfte durch schwerfällige Gestänge zu übertragen.

Diese Zwangslage führte dazu, die Dampfmaschine selbst unten im Bergwerk neben der Pumpe aufzustellen und den Dampf von der oberirdischen Kesselanlage durch im Schacht angebrachte Rohrleitungen der Maschine zuzuführen. Die Nachteile, die sich aus der Einführung grosser Wärmemengen in den Schacht auf die Arbeitsverhältnisse in der Grube, auf die Schachtzimmerung und Wetterführung ergeben mussten, traten zunächst infolge mangelhafter Ausführung und Anordnung besonders hervor. Dazu kam die mangelhafte Ausführung der unterirdischen Wasserhaltungsmaschinen. Sie sollten vor

allem billig sein. Maschinen, die man auf der Erde nie verwendet
hätte, wurden für den ungleich schwierigeren Betrieb unter der Erde für
genügend gut befunden. Diese falsch angewandte Sparsamkeit führte
zu Betriebsverhältnissen, die der alten Abneigung des Bergmanns
gegen unterirdischen Dampfmaschinenbetrieb vollkommen Recht zu
geben schienen. Man machte dem System die Fehler zum Vorwurf, die
allein in der Ausführung zu suchen waren.

Erst dem letzten Jahrzehnt war es vorbehalten, durch planmässige
Ausführung der ganzen Anlage und Verbesserung der Dampfmaschinen
und Pumpen der unterirdischen Wasserhaltungsmaschine zum vollständigen Siege über die alte oberirdische Gestängemaschine zu verhelfen. Auch hier führten die Errungenschaften der neuen Zeit, Erhöhung der Geschwindigkeit, des Dampfdruckes und der Expansion in
einem oder mehreren Cylindern zu einer Ausnutzung des Brennmaterials
und einer Betriebssicherheit, die weit das früher übliche Mass übertraf.
Nicht mehr der billige Preis, sondern die Gediegenheit der Konstruktion
und Ausführung sind mit Recht in den Vordergrund gestellt, zumal
auch trotz bester Ausführung die unterirdische Maschine nur $1/2$ bis
$1/3$ so viel kostete als die alte riesige Gestängemaschine.

Für kleinere Leistungen kommen gewöhnlich liegende Dampfmaschinen mit einfachster Schiebersteuerung zur Anwendung. Die
in derselben Höhe angebrachten doppeltwirkenden Pumpen werden
gewöhnlich von der verlängerten Kolbenstange unmittelbar angetrieben.
Für grössere Leistungen wird bei uns fast ausschliesslich die liegende
Zweicylinder- oder Verbundmaschine angewendet, die in Bauart und
Ausführung der gewöhnlichen Betriebsmaschine am meisten entspricht.

Eine horizontale unterirdische Verbund-Wasserhaltungsmaschine,
erbaut von der sächsischen Maschinenfabrik zu Chemnitz, zeigt Abbildung 155. Die Anordnung im Schacht lassen die Figuren 156 u. 157 erkennen. Der Hochdruckcylinder hat 750, der Niederdruckcylinder 1100
mm Bohrung. Der Differentialplungerkolben der Pumpe misst 200 und
290 mm im Durchmesser. Der gemeinschaftliche Hub beträgt 1000 mm.
Die Dampfverteilung geschieht durch Schieber. Die Pumpe ist mit
gesteuerten Ventilen — Patent Riedler — ausgerüstet. Die Maschine
vermag normal bei 60 Umdrehungen in der Minute 7,5 cbm Wasser
auf 180 m Höhe zu heben.

Heute, wo es gelungen ist, so schnell laufende Pumpen zu bauen,
dass sie von einem Elektromotor unmittelbar angetrieben werden
können, ist für den Bergmann die begründete Hoffnung vorhanden,
den ihm unter der Erde so unbequemen Gehilfen Dampf endgiltig
wieder aus der Grube verbannen zu können. Ueber der Erde kann

jetzt mit Hilfe technisch und wirtschaftlich auf das vollkommenste ausgerüsteter Dampfmaschinen elektrische Energie erzeugt werden, die auf das bequemste sich fortleiten lässt und deshalb an jeder Stelle der Grube mit Vorteil zum Antrieb von Pumpen oder anderen Maschinen benutzt werden kann.

Fig. 155.

Früher als im Bergbau fanden bei den Pumpmaschinen der städtischen Wasserwerke die Fortschritte des Dampfmaschinenbaues willige Aufnahme. Bei den Dampfmaschinen dieses Gebietes herrscht die liegende Anordnung vor, bei der entweder liegende Pumpen unmittelbar von der Kolbenstange aus, oder tiefer

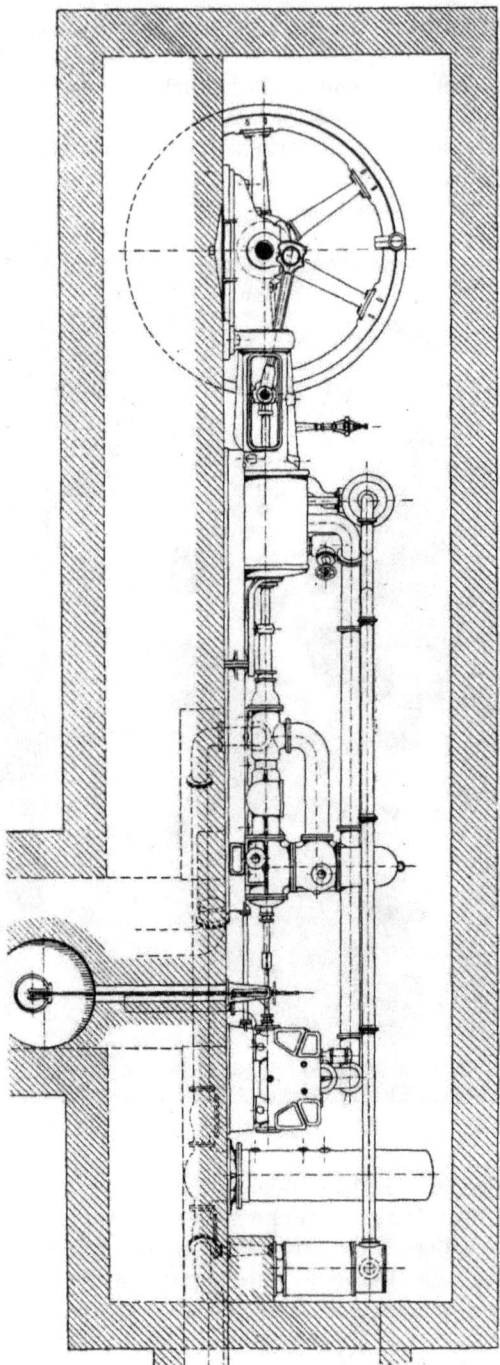

Fig. 156.

angebrachte, stehende Pumpen mittelst Winkelhebel angetrieben werden.
Stehende Dampfmaschinen mit direkt gekuppelter, stehender Pumpe
finden seltenere Verwen-
dung, obwohl sie oftmals
als natürlichste Lösung
der gestellten Aufgabe am
geeignetsten erscheinen.
Bei früheren Aus-
führungen mussten, da
die Pumpen noch viel
langsamer liefen als die
Dampfmaschinen, Vor-
gelege, meistens Zahn-
räder, zwischengeschal-
tet werden. Später liess
man die Uebersetzung
weg und kuppelte die
langsam laufende Dampf-
maschine direkt mit
der langsam laufenden

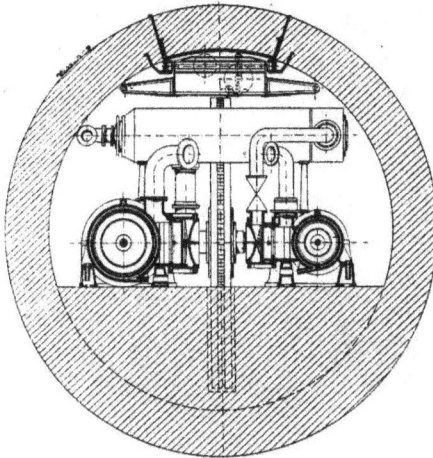

Fig. 157.

Pumpe. Die Folge davon waren riesig grosse, schwerfällige und
sehr kostspielige Maschinenanlagen. Erst bedeutsame Verbesserungen
der Pumpen, unter denen die genialen Konstruktionen Riedlers an
erster Stelle zu nennen sind, machten die Bahn frei auch für die Verwendung moderner Dampfmaschinen mit normalen Kolbengeschwindigkeiten.

Die Dampfmaschinen der Wasserwerke unterscheiden sich
nicht wesentlich von den normalen Betriebsdampfmaschinen.
Meistens sind sie sogar einfacher, da sie bei dem gleichmässigen
Widerstand, mit dem sie zu thun haben, stets mit der günstigsten
Füllung unter Wegfall schwieriger Regulierungsvorrichtungen arbeiten
können.

Die Abbildung 158 zeigt die von der Maschinenfabrik G. Kuhn
in Stuttgart erbaute Maschinenanlage des Stuttgarter Wasserwerks.
Sie besteht aus einer liegenden Verbunddampfmaschine mit zwang-
läufiger Ventilsteuerung und zwei gleichfalls liegenden doppeltwirkenden Pumpen, die mit gesteuerten Ventilen Riedler'scher Konstruktion ausgerüstet sind. Die Pumpen sind zwischen Dampfcylinder
und Geradführung angeordnet. Von jedem Cylinder wird eine Pumpe
unmittelbar angetrieben, und zwar in der Weise, dass je ein Pumpen- und
Dampfkolben eine gemeinsame Kolbenstange haben. Die Maschinen

Fig. 158.

fördern bei 45 Umdrehungen in der Minute sekundlich 88 Liter
Wasser auf 83 m Höhe.

Zu eigenartigen, von den bisher besprochenen Dampfpump-
maschinen wesentlich verschiedenen Ausführungen führte der Wunsch
nach möglichst unmittelbarer Verbindung von Kraft- und Arbeitsmaschine unter Vermeidung aller dem gewöhnlichen Dampfmaschinenbau entlehnten Zwischenglieder. Dampf- und Wasserkolben erhalten
gemeinsame Kolbenstange, und die Umkehr ihrer Bewegungsrichtung
wird nicht mehr durch Kurbelgetriebe, Excenter, Räder und Schwungrad, sondern meistens durch einen einfachen Steuerungsmechanismus
erreicht, der entweder durch direkten Dampf oder vom Kolben bezw.
von der Kolbenstange aus durch ein Zwischenglied zu einer hin- und
hergehenden Bewegung gezwungen wird.

Dr. Alban hatte bereits frühzeitig in Deutschland auf die Vorzüge
dieser direkt wirkenden Dampfpumpen, auf ihre billige Herstellung,
einfache Anordnung und den geringen Raumbedarf aufmerksam gemacht. Alban war auch hierin zu weit seiner Zeit voraus, um einen
dauernden Erfolg erzielen zu können.

Die eigentliche Heimat der „Dampfpumpe" ist Amerika und
England, wo sie zur grössten Vollkommenheit in Ausführung und
Konstruktion gebracht, auch die grösste Verbreitung gefunden hat.
Die Forderung billiger und genauster Herstellung und der grosse
Bedarf an diesen Pumpmaschinen führte naturgemäss zur Massen-
fabrikation, deren konsequenten Durchbildung die grossen Erfolge
der englischen und amerikanischen Dampfpumpen zumeist zu ver-
danken sind.

Unter der grossen Anzahl der verschiedenartigsten Dampf-
pumpensysteme sei das des Amerikaners Worthington als eins
der ältesten, besten und verbreitetsten besonders hervorgehoben.
Die grundlegende Konstruktion dieser Dampfpumpen rührt von
Henry B. Worthington her, dem sie 1848 durch Patent geschützt
wurde. Sie fand zunächst als Kesselspeisepumpe weite Verbreitung.
Schon 1854 wurde sie auch in städtischen Wasserwerken angewandt.
In den sechziger und siebziger Jahren, nachdem sich die einfache
Dampfpumpe zur Duplexpumpe vervollkommnet hatte, kam auf
diesem Gebiet neben ihr nur die Cornwallmaschine in Betracht. Ende
der achtziger Jahre wurde die Worthington-Dampfpumpe bereits in
mehr als 200 amerikanischen Wasserwerken verwendet.

Diese Zwillingsdampfpumpe besteht aus zwei nebeneinander angeordneten direkt wirkenden Dampfpumpen, die so zu einem Ganzen
vereint sind, dass die eine Pumpe von der andern gesteuert wird,

und zwar in der Weise, dass die eine anfängt, sich zu bewegen, sobald die andere zur Ruhe gelangt ist, und umgekehrt. Eine gleichmässige und stossfreie Bewegung der Flüssigkeit ist der bedeutende Vorteil, den diese Zwillingsanordnung bietet.

Eine normale Worthington-Pumpe für kleinere und mittlere Leistungen zeigt Fig. 159 im Längsschnitt.

Je ein Dampf- und ein Wasserkolben (A und B) sitzen auf gemeinsamer Kolbenstange, von der aus mit Hebel F' der Schieber des

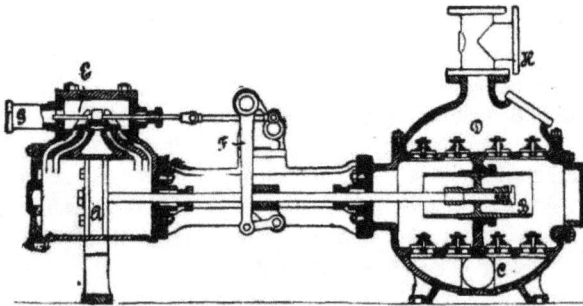

Fig. 159.

danebenliegenden Cylinders in Bewegung gesetzt wird. Als Steuerungsorgan wird bei gewöhnlichen Ausführungen der Flachschieber, bei hohen Dampfdrücken Kolbenschieber verwendet. Da durch den konstruktiven Zusammenhang der einzelnen Teile eine Begrenzung des Hubes nicht gegeben ist, muss eine unter allen Umständen sicher wirkende Kompression des Dampfes am Ende des Hubes verhindern, dass der Kolben an den Cylinderdeckel anstossen kann. Um dies zu erreichen, sind für die Ausströmung des Dampfes zwei innere Dampfkanäle vorhanden, die vom Kolben kurz vor dem Ende seines Hubes überdeckt und somit für die Ausströmung des Dampfes geschlossen werden. Die Dampfpumpen müssen dem gleichmässigen Widerstand des Wasserdrucks entsprechend mit · gleichmässigem Dampfdruck, d. h. nahezu mit Volldruck, arbeiten, was naturgemäss hohen Dampfverbrauch zur Folge hat. Um diesem Uebelstand abzuhelfen, hat man frühzeitig die Expansion des Dampfes in mehreren Cylindern eingeführt. Jede der Zwillingsdampfmaschinen besteht aus zwei hintereinander angeordneten Cylindern, deren Volumenverhältnis entsprechend der gewünschten Dampfexpansion bestimmt ist. Während mit dem Verbundsystem sich eine etwa 4 fache Expansion erzielen liess, erreicht Worthington mit Anwendung der Dreifach-Expansions-

maschinen mit je drei hintereinander liegenden Dampfcylindern eine
7- bis 10 fache Expansion. Um auch diese noch zu steigern und
einen Expansionsgrad zu erreichen, der bei den normalen grossen
Betriebsmaschinen üblich ist, wendet Worthington sogenannte
hydraulische Ausgleicher an, die aus zwei kleinen mit Flüssigkeit
von hoher Pressung gefüllten schwingenden Cylindern bestehen, deren
Kolben gelenkig mit
der Pumpenkolben-
stange verbunden
sind. Diese Ausglei-
cher in Verbindung
mit einem kleinen
Presscylinder wirken
in der ersten Hub-
hälfte als Widerstand,
nehmen also Kraft auf,
die sie während der
zweiten Hälfte wieder
abgeben, hierdurch
wird eine gleich-
mässige Uebertragung
des Dampfdrucks auf
die Wasserkolben er-
reicht. Die hydrauli-
schen Ausgleicher
wirken gleichsam als
Schwungrad, ohne den
Nachteil grosser, bewegter Massen zu haben.

Auch die Konstruktion Saverys, die
älteste kolbenlose Dampfpumpe aus der
ersten Zeit der Dampfmaschine, fand in
neuerer Zeit bedeutende Verbesserung, die sie,
unterstützt von ihrer unübertroffenen Einfachheit, für viele Zwecke besonders brauchbar
machte.

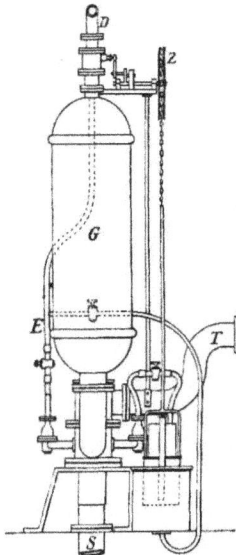

Fig. 160.

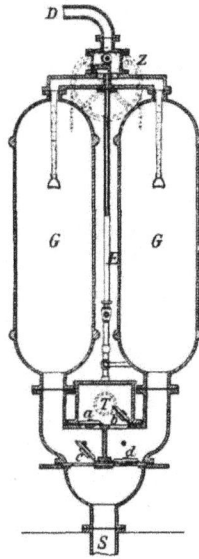

Fig. 161.

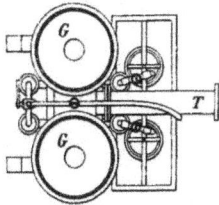

Fig. 162.

Die alte kolbenlose Dampfpumpe, bei
der der Dampf direkt auf die Flüssigkeit drückte, hatte, um im
Wettbewerb nicht überall zu unterliegen, schon früher mancherlei
Verbesserungen erfahren. Eine 1819 in England patentierte kolbenlose Dampfpumpe zeigen Fig. 160 bis 162. Der Dampf tritt bei D
ein, die Leitung E dient der Einspritzung, G sind die beiden Be-

hälter, S die Saug-, T die Druckleitung. Die Steuerung geschieht durch einen Muschelschieber, der selbstthätig bewegt wird. Ueber einem kleinen Rade Z hängen an Ketten zwei Eimer, die abwechselnd mit Wasser gefüllt werden, wodurch bald der eine, bald der andere niedersinkt. Von der Kettenradwelle, die so hin und her sich dreht, wird die Schieberbewegung durch Zahnradsegment und Zahnstange abgeleitet. Diese Dampfpumpe war in London in den City Gas Works aufgestellt und hob 246 Liter Wasser in einer Minute auf 8,5 m Höhe. Die Leistung für 1 kg Kohle soll 8600 m/kg betragen haben.

Auch diese Verbesserung genügte nicht, die Savery'sche Maschine konkurrenzfähig zu machen. Sie wurde vergessen. Erst 1838 wurde in England die unmittelbare Dampfwirkung, und zwar zum Fördern von Säuren, wieder verwendet; bald nachher fand Saverys Maschine in einfachster Form in den Zuckerfabriken unter dem Namen „Montejus" zum Heben des Saftes ausgedehnte Verwendung.

Die heutige kolbenlose Dampfpumpe — unter dem wenig schönen Namen „Pulsometer" bekannt — rührt von dem amerikanischen Ingenieur Carl Henry Hall in New-York her, auf dessen Konstruktionen in den Jahren 1871 und 1872 nicht weniger als 29 Patente erteilt wurden. 1876 wurde der Pulsometer in Deutschland eingeführt, um nach bedeutenden Verbesserungen namhafter Ingenieure sich auch bei uns die Verwendungsgebiete zu erobern, wo es auf billige einfachste Anlage mehr ankommt, als auf geringsten Dampfverbrauch.

Jeder Pulsometer besteht aus zwei birnenförmig gestalteten Kammern, in denen der Dampf abwechselnd in zweifacher Weise zur Wirkung kommt. Der Dampf wird kondensiert, bildet einen luftleeren Raum und setzt den äusseren Luftdruck in Thätigkeit, der das Wasser durch das Saugrohr in den Behälter drückt; durch darauf folgende unmittelbare Druckwirkung des Dampfes wird das Wasser gehoben. Zu der selbstthätig steuernden Dampfverteilung, die abwechselnd die eine oder andere Kammer dem Betriebsdampf zu verschliessen hat, werden in verschiedenster Weise hin- und herrollende Kugeln, Kolben, Klappen oder Ventile verwendet. Um Stösse zu vermeiden, werden kleine Luftventile am oberen Teil der Kammern angeordnet.

Als Beispiel für die heutige Ausführung der kolbenlosen Dampfpumpe sei Körting's doppelt wirkender Pulsometer gewählt, der seiner anerkannten Vorzüge wegen grosse Verbreitung gefunden hat. Fig. 163 u. 164. Der Dampf tritt bei D durch das Ventil V in den Apparat und gelangt in den birnenförmigen Behälter K_1, wenn die zungenartige Klappe Z, durch Ueberdruck von K_1 her veranlasst, den Zutritt zu K_2 abschliesst. Er wirkt auf das Wasser und drückt es durch das Druckventil H in das Druckrohr S. Gleichzeitig drückt der Dampf auch einen Teil des Wassers durch die Einspritzröhre E in den Windkessel W. Dabei wird das Verteilungsorgan U geschlossen. Eine Einspritzung in die Nebenkammer, wo gerade das Ansaugen des Wassers erfolgt, kann nicht erfolgen. Die Einspritzung in der ersten Kammer aber erfolgt, sobald der Druck sich etwas vermindert hat. Das Ansaugen findet jetzt in diesem Behälter statt, während der Dampf in der zweiten Kammer drückend wirkt, dabei wird U wieder umgesteuert u. s. w.

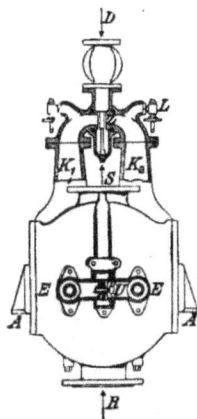 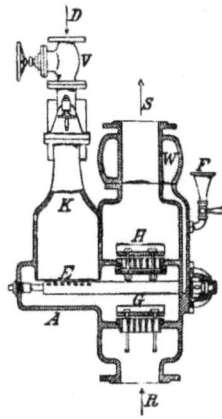

Fig. 163.   Fig. 164.

Das Bedürfnis nach fahrbaren Dampfpumpenanlagen wurde rege, als grosse Feuersbrünste die Leistungsfähigkeit gewöhnlicher Handspritzen trotz grosser Bedienungsmannschaften immer mehr als unzulänglich erwiesen hatten. Die erste Dampffeuerspritze ist in England von John Braithwaite erbaut worden, der 1830 seine Konstruktion veröffentlichte. Ein stehender Kessel mit liegender Maschine und Pumpe waren auf vierrädrigem Radgestell einheitlich angeordnet. Eine seiner ersten Maschinen lieferte Braithwaite 1832 für die preussische Regierung. Dampfmaschine und Pumpe waren als Zwillingsmaschinen mit je zwei Cylindern ausgeführt. Der Dampfcylinder mass im Durchmesser 305 mm, der Pumpencylinder 267 mm, der gemeinsame Hub betrug 356 mm. Durch ein Mundstück von 31,7 mm lichter Weite wurde das Wasser 35 m hoch geworfen.

In Amerika führte der schwedische Ingenieur Ericsson zuerst um das Jahr 1840 die Dampffeuerspritze ein. Gleichzeitig baute Hodge eine Dampfspritze, die, als Strassenlokomotive ausgebildet, sich selbst weiter bewegen sollte. Weder diese, noch andere Konstruktionen von Feuerspritzen, die in den folgenden Jahren vereinzelt auftraten, konnten sich dauernd in Benutzung erhalten. Sie waren

gewöhnlich viel zu schwer, — eine 1850 in Cincinnati ausgeführte
Dampfspritze wog 10 000 kg — um noch bequem und schnell von
der Stelle geschafft werden zu können. Zu einem gewissen Abschluss in ihrer Entwicklung und zu weiterer Anerkennung brachte
die Dampfspritze es erst im Anfange der sechziger Jahre, wo eine
grössere Anzahl verschiedener brauchbarer Konstruktionen bei
Gelegenheit der Londoner Weltausstellung an die Oeffentlichkeit
traten. In Deutschland bemühte sich zuerst Georg Egestorff in
Hannover, brauchbare Dampffeuerspritzen herzustellen und in die
Praxis einzuführen.

Fig. 165.

Als wesentliche Forderung, die an eine brauchbare Dampffeuerspritze zu stellen sind, müssen neben grösster Betriebsicher-
heit besonders hervorgehoben werden: grosse Leistungsfähigkeit
bei möglichst geringem Gewicht und Raumbedarf, leichte Beweglichkeit des Wagens, rasche und ausreichende Dampfentwicklung.
Das Bestreben, diese Bedingungen möglichst zu erfüllen, führte zu
einigen typisch gewordenen Formen, die sich in der Hauptsache
nur durch Anordnung der Maschinen von einander unterscheiden.

Der Kessel ist ohne Ausnahme stehend auf dem hinteren Teil des Wagens angebracht. Dampfmaschine und Pumpe dagegen sind entweder liegend oder stehend vor dem Kessel auf dem vorderen Wagenteil oder hinter dem Kessel, an ihm hängend, angeordnet. Die Dampfmaschinen sind gewöhnliche Auspuffmaschinen mit kurzem Hub und grossen Geschwindigkeiten, um hohe Leistungsfähigkeit bei kleinen Abmessungen zu erreichen. Für kleinere Leistung wurden sie als Eincylinder, für grössere als Zwillings- oder Drillingsmaschinen mit 2 oder 3 Cylindern eingeführt.

Eine Dampffeuerspritze der Maschinenfabrik von Jos. Beduwe in Aachen zeigt Abbildung 165. Der Kessel hängt senkrecht in dem hintern Wagenteil. Neben ihm nach vorn zu ist die Dampfmaschine mit Pumpe ebenfalls stehend angeordnet.

Interessant ist, wie selbst diesen nur dem Gemeinwohl dienenden Maschinen zuerst Misstrauen und Feindschaft von vielen Seiten entgegengebracht wurde. 1864 veranstaltete man noch in Frankfurt a. M. eine öffentliche Probe, bei der zwei kleine Handspritzen einer 10 pferdigen Dampffeuerspritze den Rang ablaufen sollten. In New-York aber waren die Feuerwehrmänner, wohl aus Besorgnis, durch die Maschine um ihr Brot zu kommen, so erbittert über die Neuerung, dass sie 1859 bei Gelegenheit eines grossen Brandes ihre sämtlichen Handspritzen auf den Schornstein der Dampfspritze richteten, um zunächst das Feuer zu löschen, was sie selbst zu bedrohen schien, und die verhasste Maschine zu verhindern, an den Löscharbeiten mitzuarbeiten. Auch hier liess sich der Fortschritt durch die Kurzsichtigkeit der Menschen nicht aufhalten. Fünf Jahre später waren bereits 26 Dampfspritzen im Besitz der Stadt New-York.

Die Gebläsedampfmaschinen.

Bei all den eben besprochenen Anwendungen der Dampfkraft zum Heben des Wassers ist als gemeinsames Merkmal hervorzuheben, dass Kraft- und Arbeitsmaschine zu einer einheitlich gestalteten Maschine miteinander verbunden sind. Auch auf andern Anwendungsgebieten hat diese Vereinigung von Kraft- und Arbeitsmaschine zu einer „vollständigen Maschine" — wie Hartig diese Maschinen nennt — vielfach stattgefunden. Die mächtigen Gebläsemaschinen der Hochofen- und Stahlwerke, die Walzenzugmaschinen und Fördermaschinen sowie die Maschinen zur Verdichtung von Luft und Gas sind derartige vollkommene Maschinen, bei denen die Dampfmaschine, zu einem einzigen Zweck bestimmt, auch die Ausbildung erfahren musste, die sie gerade für diese eine Aufgabe am besten geeignet machte. Die Dampfmaschine hat sich in all diesen Fällen mit der Arbeitsmethode und der Arbeitsmaschine zugleich entwickelt. Neuerungen in dem einen Teil mussten naturgemäss auch zu Veränderung des andern führen. Für die richtige Konstruktion der Kraftmaschine war die genaue Kenntnis des Arbeitsvorganges in der Arbeitsmaschine unbedingt erforderlich. Hieran hat es zunächst vielfach gefehlt, was zu falscher Nachahmung von Konstruktionen führte, die unter den Bedingungen, für die sie ursprünglich entworfen waren, vorzügliches leisteten, in dem neuen Gebiet aber durchaus nicht am Platze waren. So wurden auch für Gebläsemaschinen die Cornwaller schwungradlosen Hubmaschinen noch bis in die 70er Jahre angewendet, obwohl bei dem hier fehlenden Anfangswiderstand diese Maschinen für Gebläse vollkommen widersinnig waren. Mit riesigem Dampfverbrauch und schlechtem Gang hatte man die Erfahrung zu erkaufen, dass auch bei den Dampfmaschinen sich nicht eins für alle schicke. Die neuere Entwicklung hat alle diese verunglückten Bestrebungen beseitigt. Die heutigen Gebläsemaschinen werden ausschliesslich mit Hubbegrenzung durch Kurbelgetriebe und mit Kraftausgleichung durch Schwungräder gebaut. Die Dampfmaschine hat auch auf diesem Felde sich die auf den andern Gebieten erworbenen Erfahrungen zu nutze gemacht.

Ein wirtschaftlicher Betrieb wurde durch allgemeine Einführung der Verbundmaschinen mit Kondensation und guter selbstthätiger Expansionssteuerung erreicht. Der äusseren Anordnung nach findet man stehende und liegende Gebläsemaschinen ausgeführt, von denen jede ihre Vor- und Nachteile hat, von denen aber auch jede bei guter Ausführung und sachgemässer Konstruktion gleich zufriedenstellend arbeiten kann. Die örtlichen Verhältnisse, die Platzfrage und die Rücksicht auf die Bedienung, werden in jedem Fall zu bestimmen haben, welche der Anordnungen zu wählen ist.

Welch' gewaltige Maschinengrössen auch auf diesem Gebiet heute zur Verwendung kommen, lässt eine Abbildung der Hochofen-Gebläsemaschinenanlage des Krupp'schen Hüttenwerkes in Rheinhausen, erbaut von der Elsässischen Maschinenbau-Gesellschaft in Mülhausen, erkennen. Abbildung 166.

Die Maschinen sind stehend angeordnet. Auf einem kräftigen, breiten, gusseisernen Sockel, mit den Hauptlagern in einem Stück gegossen, erhebt sich das mit gebohrter Gleitführung versehene Gestell. Auf ihm ruht der Dampfcylinder, und über demselben ist unter Benutzung eines gusseisernen Zwischenstückes der Gebläsecylinder so aufgestellt, dass sein Kolben unmittelbar mit dem Dampfkolben durch eine gemeinsame Kolbenstange verbunden werden kann. Die Maschinen sind nach dem Verbundsystem mit Hoch- und Niederdruckcylinder ausgeführt, deren Kolben durch den gebräuch-

Fig. 166.

lichen Kurbelmechanismus eine Hauptwelle in Umdrehungen versetzen. Mitten auf der Kurbelwelle, also zwischen den beiden Maschinenhälften, sitzt ein gewaltiges Schwungrad von 6 m Durchmesser und rd. 36 000 kg Gewicht. Die Dampfverteilung besorgt eine Corlisssteuerung und zwar werden Dampfein- und Auslassschieber getrennt von je einem Excenter für jedes Maschinenwerk angetrieben. Der Regulator beeinflusst bei beiden Cylindern gleichzeitig die Bewegung der Eintrittsschieber.

Für die Bedienung der Maschine sind drei in geeigneter Höhe angeordnete, durch Treppen zugängliche Plattformen angebracht.

Die Hauptabmessungen der Maschine sind: Durchmesser des Hochdruckcylinders 1200, der des Niederdruckcylinders 1870 und der des Gebläsecylinders 2000 mm, gemeinschaftlicher Kolbenhub 1,5 m. Die Maschinen arbeiten mit Kondensation und sollen im Stande sein, bei 25 bis 50 Umdrehungen in der Minute minutlich 800 bis 1000 cbm Luft bis auf 1 Atm. Ueberdruck zu komprimieren. Bei ganz ähnlichen Maschinen derselben Firma wurde durch Versuche ein Dampfverbrauch von 6,14 kg für die indicierte Pferdekraft und Stunde, einschliesslich der Cylinderheizung, festgestellt.

Die Walzenzugmaschine.

Eine andere Dampfmaschine des Eisenhüttenwesens ist die Walzenzugmaschine. Der Arbeitsvorgang, bei dem das glühende Eisen zwischen zwei übereinander liegenden glatten oder mit entsprechenden Einschnitten versehenen Walzen hindurch läuft, wobei es ausgestreckt und auf den gewünschten Querschnitt gebracht wird, stellt eigenartige Anforderungen an die Kraftmaschine.

Der Kraftbedarf wechselt in kurzen Zeiträumen ausserordentlich. Sobald das Eisen von den Walzen gepackt ist, muss die Maschine ihre grösste Leistung hergeben, und mit dem Augenblick, wo das Eisen die Walzen verlässt, arbeitet die Maschine leer. Bei den Maschinen mit gleichbleibender Drehrichtung sorgt ein gewaltiges Schwungrad für den Ausgleich der Kraftleistungen. Die beim Leergang der Walzen von der Maschine im Schwungrad aufgespeicherte Energie wird benutzt, um die beim Arbeitsgang notwendige Höchstleistung zu erreichen. Diese Schwungradmaschinen arbeiten, um trotz ihrer gleichbleibenden Drehrichtung zu ermöglichen, dass jeder Durchgang des Walzgutes von der Seite der Walzenstrasse, auf der es sich gerade befindet, erfolgen kann, auf Walzenstühle mit drei übereinander liegenden Walzen — Triowalzwerk.

Ausser den Walzwerken mit gleichbleibender Drehrichtung werden auch solche mit Bewegungsumkehr gebaut, und zwar kommen diese „Reversierwalzenstrassen" heute vorwiegend für mittlere und grössere Profile in Anwendung.

Die Schwungraddampfmaschinen wurden bis in die 70er Jahre als Eincylindermaschinen in stehender und liegender Bauart ausgeführt.

Sie arbeiteten vielfach ohne Expansion, und auch die Vorteile der Kondensation des Dampfes wurden nur sehr selten benutzt. Ein riesiger Dampfverbrauch war natürlich die Folge. Die Fortschritte im Dampfmaschinenbau fanden aber bald auch Anwendung auf die Walzenzugmaschine. Zunächst wurde der Dampfdruck gesteigert. Hatte man noch in den 80er Jahren mit etwa 3 bis $4^1/_2$ Atm. gearbeitet, so verwendet man heut Dampfspannungen von 6 bis 10 Atm. Ferner begann man die Vorteile mehrstufiger Expansion auszunutzen. Die Verbundmaschine mit neben einander liegenden Dampfcylindern, sowie auch vor allem die Zweicylinder-Expansionsmaschine mit hinter einander liegenden Cylindern, die Tandemanordnung, haben heute grosse Verbreitung gefunden. In Verbindung mit gut durchgearbeiteten und reichlich bemessenen Kondensationseinrichtungen geben diese Maschinen den geringsten Dampfverbrauch.

Die schwungradlose Reversiermaschine, die sich den Anforderungen der Fabrikation hinsichtlich der veränderlichen Arbeitsgrössen und Arbeitsgeschwindigkeiten auf das beste anpasst, wird mit Rücksicht auf leichtes und rasches Umsteuern stets als Zwillingsdampfmaschine mit zwei um 90^0, oder auch als Drillingsmaschine mit drei um 120^0 versetzten Kurbeln ausgeführt.

Der „Drilling" besteht aus drei ganz gleichen Maschinensystemen, die auf eine Welle arbeiten. Er hat den Zwillingsdampfmaschinen gegenüber wesentliche Vorteile. Er giebt bei allen Geschwindigkeiten gleichmässigsten Gang, hat geringeren Dampfverbrauch und lässt sich noch leichter lenken. Bei Anwendung überhitzten Dampfes und genügender Kondensation wird auch der Dampfverbrauch einer solchen Drillings-Reversiermaschine dem der Verbundmaschine ohne Bewegungsumkehr sehr nahe kommen. Der Dampfverbrauch wird nicht unwesentlich von der Fähigkeit des Maschinisten abhängig sein, da gerade hier ein geschickter Maschinist durch rechtzeitiges Stillhalten der Maschine und möglichstes Anpassen der Füllung an die gerade verlangte Arbeitsleistung sehr viel Dampf sparen kann.

Die Dampfverteilung bei überwiegend den meisten Walzenzugmaschinen geschieht mit Rücksicht auf die grossen Geschwindigkeiten und die Forderung grösster Betriebssicherheit durch zwangläufig bewegte Schieber, und zwar haben fast ausschliesslich Kolbenschieber Verwendung gefunden.

Eine von der Firma Ehrhardt & Sehmer, Schleifmühle, für das Eisen- und Stahlwerk Hoesch in Dortmund erbaute Zwillingsreversiermaschine zeigt Abbildung 167. Der Führerstand ist hoch über der Maschine angeordnet, damit der Maschinist im stande ist, die ganze

Walzenstrasse zu übersehen, was unbedingt erforderlich ist, wenn
er genau dem Arbeitsvorgang entsprechend steuern soll.

Drillings-Walzenzugmaschinen werden heute bis zu Normal-
leistungen von 10 000 PS. gebaut.

Fig. 167.

Die Fördermaschine.

Die Dampfmaschine, die zuerst im Bergwerksbetriebe nur dazu
diente, das lästige Wasser aus den Gruben zu entfernen, wurde auch
bald benutzt, die unten gewonnenen Schätze an Kohle und Erz an
das Tageslicht zu befördern.

Die Fördermaschinen vermitteln den Verkehr zwischen dem
Innern der Grube und der Aussenwelt.

Die Förderdampfmaschine gleicht in Anordnung, Konstruktion
und Ausführung im wesentlichen der Betriebsdampfmaschine. Auf

leichte Wartung und Bedienung, sowie auf grösste Betriebssicherheit
wird besonders Wert gelegt. Ferner muss ihre Bewegungsrichtung
umkehrbar sein, d. h. sie muss sich umsteuern lassen, und zwar
müssen alle zur Ingangsetzung und Steuerung der Maschine nötigen
Arbeiten von einer Stelle aus, dem Standort des Maschinisten, verrichtet werden können.

Der Anordnung nach finden sich in England vielfach stehende
Dampfmaschinen, während auf dem Kontinent fast ausschliesslich
liegende Maschinen für grosse Leistungen angewendet werden. Der
leichteren Ingangsetzung und Umsteuerung wegen werden Zwillingsmaschinen mit unter 90° versetzten Kurbeln allgemein bevorzugt.
Auch Verbundmaschinen werden für Förderungszwecke heute ausgeführt und mit ihnen beträchtliche Dampfersparnisse erzielt, besonders,
da hierbei auf jeden Fall, auch wenn der Maschinist wenig darauf
bedacht ist, kleinere Füllungen einzustellen, Expansion des Dampfes
erreicht wird. Immerhin wird der Dampfverbrauch einer Förderdampfmaschine wesentlich ungünstig beeinflusst durch das Stillhalten
der Maschine zwischen jeder Förderung und durch die Dampfverluste
in den oft unvermeidlich langen Rohrleitungen und ist daher stets
höher als der einer gleich grossen unter günstigeren Bedingungen
arbeitenden Betriebsdampfmaschine.

Die Dampfverteilung geschieht, wie bei allen andern Dampfmaschinen, durch Schieber oder Ventile. Die letzteren sind oft nebeneinander seitlich am Cylinder angeordnet. Die Umsteuerung bei
Verwendung von Schiebern wird fast stets durch Anwendung einer
Kulisse erreicht, ähnlich wie bei den Lokomotiven. Die früher auch
auf diesem Gebiet, wie bei den Lokomotiven, angewandten Um-
steuerungen mit losen und verschiebbaren Excentern und auskuppel-
barer Excenterstange sind durch die weit sicherern und vorteilhafteren
Kulissensteuerungen ersetzt worden, die auch in Verbindung mit
Ventilen angewandt werden.

Grosser Verbreitung erfreut sich neben den Kulissensteuerungen
eine Ventilsteuerung in Verbindung mit unrunden Scheiben. Bei
dieser nach dem Namen des Ingenieurs Kraft, der sie seit den
siebziger Jahren zuerst in grösserem Umfange erfolgreich anwandte,
als „Kraftsteuerung" bezeichneten Anordnung erhalten die Ventile
unter Benutzung von Winkelhebeln ihre Bewegung durch unrunde
Scheiben, die auf einer seitlichen horizontalen Steuerwelle verschiebbar
angeordnet sind. Je nachdem die zu einem unrunden Muff vereinigten
Scheiben nach rechts oder links geschoben werden, läuft die Maschine
vorwärts oder rückwärts. Die unrunden Körper sind so konstruiert,

dass sich durch ihr Verschieben auch in einfachster Weise die Füllung verändern lässt. Eine derartige Umsteuerung wurde zuerst 1860 von der Nürnberger Maschinenbau-A.-G. bei Fördermaschinen angewendet.

Der Entwicklungsgang hat auch auf diesem Gebiet zu ausserordentlicher Steigerung der Leistungsfähigkeit geführt, die besonders in der Vergrösserung der Geschwindigkeit zum Ausdruck kommt. Begnügte man sich früher mit einer Seilgeschwindigkeit von 1 m in der Sekunde, und war man vor zwanzig Jahren noch zufrieden, 5 m in einer Sekunde zurücklegen zu können, so fährt man heut auch in die Tiefe der Erde mit Schnellzuggeschwindigkeit, denn maximale Seilgeschwindigkeiten von 16 bis 20 m in der Sekunde sind bereits erreicht worden.

Eine von der Gutehoffnungshütte in Oberhausen erbaute Förderdampfmaschine zeigt Abbildung 168. Die Maschine arbeitet im

Fig. 168.

Verbundsystem. Der Hochdruckcylinder hat 1130, der Niederdruckcylinder 1600 mm Durchmesser, der Hub beträgt 2,2 m. Die Maschine fördert unter Benutzung zweier cylindrischer Seiltrommeln von 9 m Durchmesser und 1,85 m Breite aus einer Tiefe von 850 m eine Nutzlast von 3300 kg mit 12 m sekundlicher Geschwindigkeit. Die Dampfverteilung geschieht durch seitlich am Cylinder angebrachte Ventile, deren Bewegung von der Kurbelwelle aus durch

Excenter mittelst Stangen und dreiarmiger Hebel abgeleitet wird. Zur Umsteuerung dient eine Kulisse.

Der Dampfhammer.

Der Dampfhammer ist in dem vorwärtsschreitenden Entwicklungsgange nicht stehen geblieben. Zuerst erfunden, um die grossen Schmiedestücke, die Menschenkraft nicht mehr gestalten konnte, zu bearbeiten, wurde er jetzt mit grossem Erfolg auch der Kleineisenindustrie dienstbar gemacht. Mit selbstthätiger Steuerung versehen, gestatten die kleinen Dampfschnellhämmer mit ihren rasch aufeinander folgenden Schlägen alle gewöhnlichen Schmiedearbeiten schnell und sicher auszuführen.

Sollen Gesenkarbeiten, die im Interesse einer rationellen Massenfabrikation äusserst erwünscht sind, mit dem Dampfhammer vorgenommen werden, so muss der Hammerbär in seiner obersten Stellung festgehalten werden können, auch muss der Schmied im stande sein, die einzelnen Schläge beliebig rasch aufeinander folgen zu lassen.

Ein Dampfhammer, mit dem sich gleich vorteilhaft die gewöhnlichen Schmiedearbeiten als auch Gesenkarbeiten ausführen lassen, war inzwischen zum dringenden Bedürfnis geworden. Die Kleineisenindustrie stellte die Aufgabe, und aus ihren Kreisen ging auch eine äusserst sinnreiche Lösung hervor.

Die berühmte Solinger Firma J. A. Henckels, der es gelang, die bisher vielfach geteilten Fabrikationsgebiete in einem Fabrikbetrieb zu vereinigen, war bemüht, die alten unvollkommenen Arbeitsmittel der Hausindustrie für eine rationale Massenfabrikation brauchbar zu gestalten. Hervorragend an diesen Verbesserungen beteiligt war Joh. Alb. Henckels, der Sohn des Gründers der Firma, der durch Erfindung eines „Universalhammers" auch auf diesem Gebiet dem Dampf als Betriebsmittel den Vorrang verschaffte.

Einen Universaldampfhammer System Joh. Alb. Henckels, Solingen, ausgeführt von der Firma Eulenberg, Moenting & Co. in Mülheim am Rhein, zeigt Abbildung 169.

Die Dampfverteilung geschieht durch einen Flachschieber, der mit einer plungerartig erweiterten Schieberstange so verbunden ist, dass der Dampf den Schieber stets nach abwärts drückt. Während die Abwärtsbewegung des Schiebers nur unter Einwirkung des Dampfes erfolgt, wird die Bewegung des Verteilungsschiebers nach oben zwangläufig von dem Hammerbär aus abgeleitet. Dies ge-

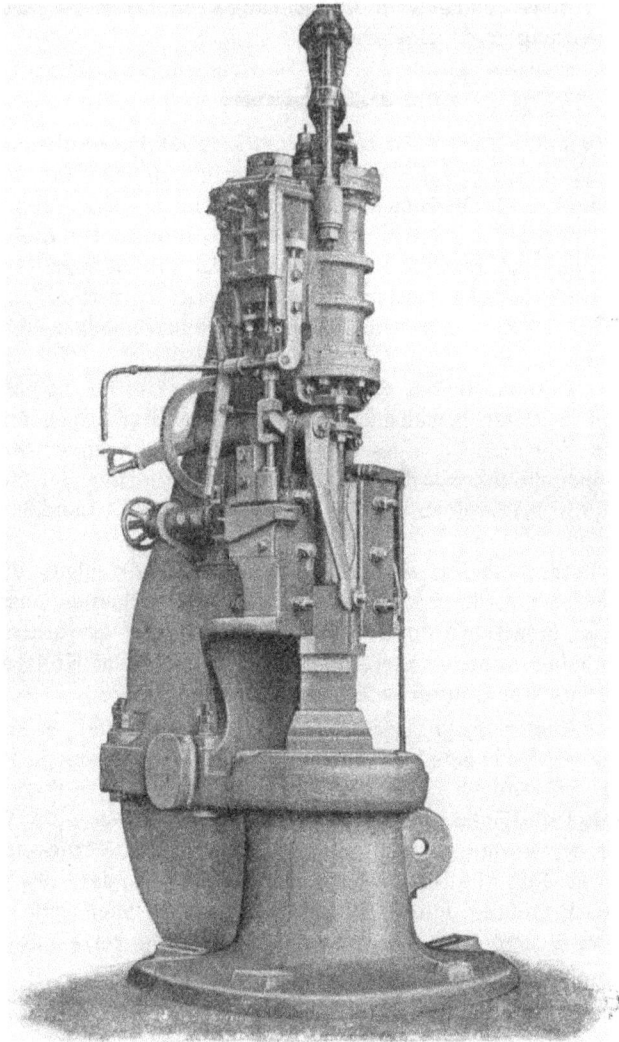

Fig. 169.

schieht unter Benutzung eines ungleicharmigen Winkelhebels, dessen kurzes Ende sich in eine Aussparung der Schieberstange legt, während der längere Arm sich an einem im Hammerbär angebrachten Bolzen mit Rolle anlehnt.

Soll beim Beginn der Gesenkarbeit der Hammer zunächst in seiner obersten Stellung festgehalten werden, so wird der Schieber in der Lage festgestellt, bei der noch genügend Dampf unter den Kolben treten kann, um ein Herunterfallen des Hammers zu verhüten. Für diese Feststellung des Schiebers dient ein drehbarer Stahlknaggen, der durch eine Feder veranlasst wird, sich stets gegen einen Einschnitt in der Schieberstange zu legen, wodurch die weitere Schieberbewegung verhindert wird. Die Einrichtung ist so getroffen, dass von einem Fusshebel aus der Knaggen von der Schieberstange abgehoben werden kann, wodurch die Sperrung des Schiebers aufgehoben wird. Der Dampf drückt den Schieber nach unten, tritt über den Kolben und treibt den Hammerbär abwärts. Solange der Schmied also den Fusstritt niederhält, erfolgen die Hammerschläge rasch auf einander, so bald der Fusstritt freigegeben wird, bleibt der Hammer in seiner obersten Stellung stehen.

Auch die Stärke der Hammerschläge lässt sich verändern. Dies wird erreicht durch einen Keil, der sich so zur Schieberstange verschieben lässt, dass der Verteilungsschieber einen längeren oder kürzeren Weg zurücklegt und dementsprechend mehr oder weniger Dampf über den Kolben gelangt.

Grössere Dampfhämmer werden auch mit einer von Hand bequem verstellbaren Meyerschen Expansionssteuerung ausgerüstet. Die über dem Cylinder angebrachte Federkonstruktion hat nicht den Schlag des Hammers zu beeinflussen, sondern dient als Sicherheitsvorrichtung gegen ein etwaiges Anschlagen des Hammerkolbens an den oberen Cylinderdeckel.

Die Universaldampfhämmer werden in Grössen von 50 bis 1500 kg Bärgewicht ausgeführt. Der kleinste Hammer hat einen Dampfcylinder von 120 mm Durchmesser und 260 mm Hub, der grösste 460 mm Bohrung und 1000 mm Hub.

Konnte der Dampfhammer bei der Massenherstellung kleinerer Schmiedestücke mit grossem Vorteil verwendet werden, so war er zur Bearbeitung der grossen Schmiedestücke schon längst nicht mehr zu entbehren.

Immer gewaltiger wurde das Gewicht, das vom Dampf gehoben werden musste, immer bedeutender wurde die Höhe, aus der es auf die glühenden Eisenmassen herniederfiel.

Bis zu welchen Abmessungen sich menschlicher Unternehmungsgeist nach dieser Richtung zu versteigen wagte, zeigt „der grösste Hammer der Welt". Auf einem der bedeutendsten Eisenhüttenwerke der Vereinigten Staaten, in den Bethlehem-Eisenwerken in Pennsylvanien, wurde 1891 jener Hammer errichtet, der mit einem Fallgewicht von 125 t sogar den Kruppschen „Fritz" noch bedeutend übertrifft. Ein Gewicht, das etwa dem dreier normaler Eisenbahnlokomotiven entspricht, wird durch den Dampf gehoben und stürzt von einer Höhe, die von 3 bis auf 6 m gesteigert werden kann, auf das Arbeitsstück herab. Der Hammer erhebt sich 27 m vom Boden und übertrifft mit dieser Höhe weit unsere normalen drei- und vierstöckigen Grossstadthäuser. Fig. 170.

Zwei mächtige Ständer, aus je drei Teilen zusammengesetzt, sind oben durch ein Querhaupt, das die Dampfkanäle enthält, verbunden. Auf ihm erhebt sich der Dampfcylinder von 1930 mm Durchmesser, dessen Kolben durch eine stählerne Kolbenstange von 434 mm Durchmesser und 12,2 m Länge mit dem Hammerbär in unmittelbarer Verbindung steht. Der Arbeitsdruck des Dampfes beträgt 8,4 Atm. Der Dampf wird nur benutzt zum Heben des

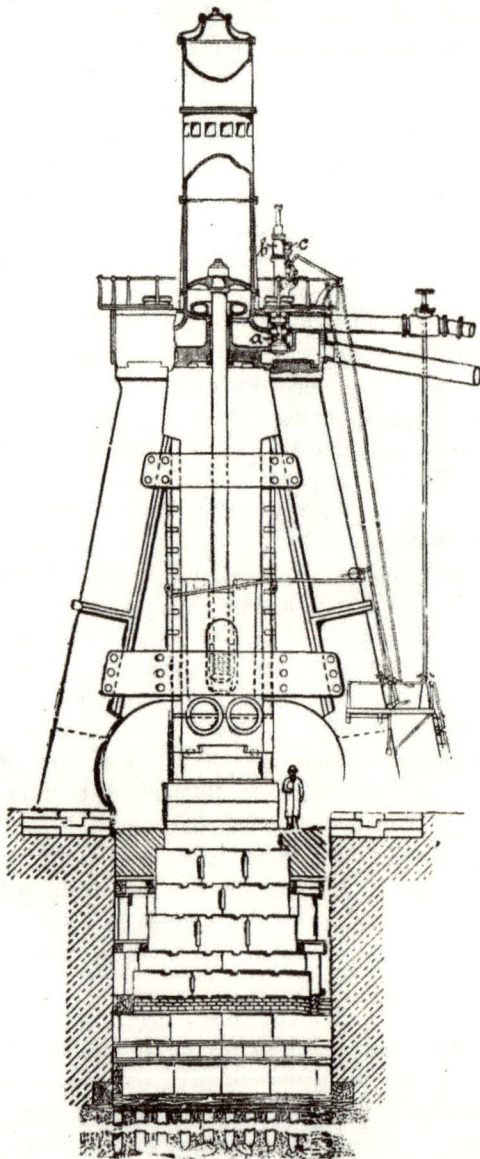

Fig. 170.

Gewichts, nicht, wie es bei kleineren Hämmern üblich ist, zur Unterstützung der Abwärtsbewegung. Die Dampfverteilung erfolgt durch einen aus zwei Kolben bestehenden Hauptschieber *a*, der seine Bewegung von einem direkt über ihm aufgestellten kleinen Dampfcylinder *b* mit Flachschiebersteuerung *c* erhält. Der Schieber *c* der kleinen Hilfsmaschine *b* wird mittelst Stangen und Hebel vom Maschinenstand aus gesteuert. Das Gesamtgewicht des Bethlehemhammers beträgt 2386 t.

Selbst mit diesen ungeheuerlichen Leistungen kommt die heutige Technik bei weitem nicht mehr aus. In der hydraulischen Schmiedepresse, der das Druckwasser wieder die Dampfmaschine zu liefern hat, ist ein Mittel gefunden, das gestattet, ohne so viel Lärm von seiner Arbeit zu machen, wie es ein solch Riesenhammer thut, das Eisen mit grösseren Kräften wirksamer zu gestalten, als es selbst der grösste Hammer der Welt vermag.

KAPITEL 3.

Die Dampfmaschine im Dienste des Verkehrs.

1. Die Schiffsdampfmaschine.

Die Dampfschiffahrt, im ersten Jahrzehnt des 19. Jahrhunderts entstanden, hatte sich von kleinen unscheinbaren Anfängen an zur grössten wirtschaftlichen Bedeutung entwickelt. Schon vor den Eisenbahnen war durch Dampfschiffe der Wunsch nach schnellerer Beförderung vor allem auf den grossen Flussgebieten Amerikas in umfangreicher Weise erfüllt worden. Auch die Meere hatte das Dampfschiff bereits um die Mitte des Jahrhunderts vielfach durchkreuzt und damit die Ansicht von der Unmöglichkeit einer Oceandampfschiffahrt wirkungsvoll widerlegt. Mancherlei Verbesserungen waren allerdings notwendig, ehe das Dampfschiff auch zum Verkehr auf dem Meere mit Vorteil benutzt werden konnte. Einer der wesentlichsten bestand in dem Ersatz der Schaufelräder durch die Schraube.

Die Dampfmaschine, die sich mit dem kleinsten Raum begnügen und den grössten Anforderungen an Leistungsfähigkeit und Betriebssicherheit gerecht werden musste, hatte vielfach ihre Gestalt geändert, ohne es jedoch bis dahin zu einer einheitlichen Form gebracht zu haben.

Die Grösse der Dampfmaschinen, die für Oceandampfer Verwendung fanden, war nach damaligen Begriffen bereits ins Ungeheuerliche gestiegen. Der grösste Dampfcylinder der Welt gehörte einer Schiffsmaschine an und auf der Londoner Ausstellung 1862 war „das grösste und imposanteste Stück" eine Schiffsmaschine von 800 Pferdekräften. Sie war für eine englische Panzerfregatte bestimmt und war in der für Schraubenschiffe üblichen Weise liegend angeordnet. Die beiden Cylinder hatten einen Durchmesser von je 2080 mm und 1,22 m Hub. Die Maschine wog nicht weniger als 188 000 kg, ein Gewicht, das etwa dem einer heutigen 5000 pferdigen Torpedobootmaschine einschliesslich des Kessels entsprechen würde — und ihr Preis, der Kessel mit eingerechnet, betrug 1 Million Mark.

So beachtungswert und grossartig auch diese erste Entwicklungsperiode war, ihre Ergebnisse genügten nicht, einen wirtschaftlichen Dampferverkehr nach entfernten Häfen ins Leben zu rufen und auf die Dauer zu erhalten. So lange noch eine englische technische Zeitschrift nicht mit Unrecht ihre Beurteilung der Schiffsmaschinen dahin zusammenfassen konnte, „dass diese einer Eisenmine bedürften, um sie anfertigen zu können, und eine Kohlengrube nötig wäre, um sie zu betreiben," war an eine erfolgreiche Konkurrenz mit den Segelschiffen wenigstens im Güterverkehr noch nicht zu denken.

Die Aufgabe, die von den Ingenieuren erst noch gelöst werden musste, ging daher dahin, den Kohlenverbrauch und das Gewicht der Maschine bei Vergrösserung der Leistungsfähigkeit wesentlich zu verringern.

Auf keinem andern Gebiete wurde die Technik um die Mitte des vorigen Jahrhunderts zur Lösung dieser Aufgaben durch die wirtschaftliche Notwendigkeit gleich gebieterisch gezwungen und auf keinem anderen Anwendungsgebiet erreichte die Dampfmaschine so frühzeitig den heutigen hohen Stand der technischen Vollendung.

Bei der Schiffsmaschine kam zu den höheren Betriebskosten, die durch grossen Kohlenverbrauch ebenso wie bei den Landdampfmaschinen bedingt wurden, noch als wesentlichster Umstand hinzu, dass die Kohlen einen grossen Teil des Laderaumes für sich in Anspruch nahmen, dass also der Nutzraum um so kleiner wurde, je mehr Kohlen für die Maschine selbst mitgeführt werden mussten.

Eine 10 000 pferdige Maschine, die bei einem Kohlenverbrauch von 0,6 kg für die ind. PS - Stunde auf einer 10tägigen Reise, somit heute mindestens $10\,000 \cdot 0,6 \cdot 10 \cdot 24 = 1440$ t Kohlen mitnehmen müsste, hätte noch Mitte der 50 er Jahre etwa 5800 t gebraucht. 4360 t Kohlen lassen sich heute bei einer 10 000 pferdigen Maschine auf

einer einzigen 10 tägigen Reise gegen früher ersparen. Eine Kohlenmenge, zu deren Transport von der Grube zum Schiff über 400
Güterwagen notwendig wären. Abgesehen von dieser Kohlenersparnis, die allein schon einen Wert von etwa 70 000 Mark darstellen
würde, kann auch der früher noch für Kohlen bestimmte Raum
jetzt Nutzlast aufnehmen, deren Frachtertrag sich bei dem Raum
von 5500 cbm, den 4360 t Kohlen einnehmen, etwa bis 110 000 Mark
stellen könnte. Die technische Vervollkommnung der Dampfmaschine,
durch die der Kohlenverbrauch von 2,4 auf 0,6 kg für die ind.
PS-Stunde vermindert wurde, hat also bei einer 10 000 PS-Maschine
auf einer einzigen 10 tägigen Reise einen Gewinn von 180 000 Mark
erzielt.

Auf keinem anderen Anwendungsgebiet stand jeder technischen
Verbesserung ein gleich grosser wirtschaftlicher Erfolg in Aussicht,
nirgends war er notwendiger, um die Konkurrenz besiegen zu können.
Kein Wunder, dass jedes Mittel, das zu einem geringeren Kohlenverbrauch zu führen versprach, willkommen war und überall versucht und angewendet wurde.

Zunächst erinnerte man sich des von Watt bereits stets benutzten Dampfmantels, den man bisher aus Scheu vor der
schwierigeren Herstellung vielfach weggelassen hatte. Gleichzeitig mit Anwendung des Dampfmantels begann man, Ueberhitzung
des Dampfes einzuführen, die allerdings mit Rücksicht auf Schmiermittel und Stopfbüchsenpackung noch so geringfügig war, dass sie
höchstens ein Trocknen des Dampfes zur Folge hatte. Immerhin
wurde mit Dampfmantel und Ueberhitzer bereits eine Kohlenersparnis von 10 % gegenüber gewöhnlichen Niederdruckmaschinen
erreicht.

Die nächste Veränderung der Schiffsdampfmaschine, die für
alle weiteren Verbesserungen die grundlegendste Bedeutung gewann,
bestand in der Einführung der Oberflächenkondensation. Schon in
der ersten Savery'schen und Newcomen'schen Maschine war die
Rückbildung des Dampfes in Wasser durch äussere Abkühlung des
Dampfgefässes erreicht worden. Auch Watt versuchte zunächst,
Oberflächenkondensatoren bei seinen Maschinen zu verwenden. Ihre
schwierige Herstellung und unvollkommene Wirkung führten zur
Einspritzkondensation, die, von den ortsfesten Dampfmaschinen auf
die Schiffsmaschinen übertragen, lange Zeit ausschliesslich ausgeführt wurde. John Ericsson, der berühmte schwedische Ingenieur,
hat mit als erster, bereits 1829, versucht, die Oberflächenkondensation
bei der Schiffsmaschine einzuführen. Erfolg hatte er so wenig, wie der

Engländer Samuel Hall mit seinem 1831 erfundenen Oberflächenkondensator. Halls Kondensator wurde nach vierjährigen Versuchen
wieder als unbrauchbar aus dem Schiff entfernt. Erst 1859 gelang
es dem Ingenieur Humphry, den Oberflächenkondensator dauernd in die Praxis einzuführen. Der grosse
Vorteil, den die neue Kondensationsmethode der alten gegenüber bot, kann am besten ermessen werden, wenn man sich die
Nachteile der bisherigen Einspritzkondensation vor Augen führt.

Um den Dampf in Wasser zu verwandeln, mussten auf 1 kg
Dampf etwa 20 bis 30 kg Wasser, das naturgemäss dem Meere entnommen werden musste, in den Condensator gespritzt werden. War
der Kessel bei der Abfahrt auch mit Süsswasser aufgefüllt, so trat
bei der Kondensation doch eine so starke Mischung mit Salzwasser
ein, dass die Wirkung ungefähr der direkten Speisung mit Meerwasser
gleichkam. Ein Teil der im Meerwasser löslichen Bestandteile
scheidet sich ohne Rücksicht auf den Sättigungsgrad bei einer
Wassertemperatur von 144 ° aus, überzieht in wenigen Stunden die
Kesselwände mit Kesselstein, der auch in ganz dünner Schicht
bereits die Wärmeleitungsfähigkeit so erheblich vermindert, dass
Steigerungen des Kohlenverbrauchs oft bis 20 % in kurzer Zeit eintreten müssen. Um dies zu vermeiden, war man gezwungen, unter
144 ° mit der Wassertemperatur zu bleiben. Man ging nicht gern
über 135 ° C., was einer Dampfspannung von 2 Atm. Ueberdruck
entspricht. Die Einspritzkondensation verhinderte somit jede Steigerung des Dampfdruckes und damit zugleich alle Vorteile der
Expansion des Dampfes, die erst bei höheren Dampfdrücken zu erreichen waren.

Aber selbst die sorgfältigste Berücksichtigung dieser Temperaturgrenze konnte die Bildung des Kesselsteins nicht verhüten, wenn
nicht durch zeitweise vollständige Erneuerung des Kesselwassers
ein zu hoher Salzgehalt vermieden wurde. Die Wärmeverluste, die
durch das häufige „Ausblasen" eintraten, machten sich in einem
Mehrverbrauch an Kohlen, der bis 15 % betragen konnte, auf das
unangenehmste bemerkbar.

Alle diese Uebelstände wurden vermieden, sobald es gelang,
den Dampf getrennt von seinem Kühlwasser zu kondensieren. Das
im Oberflächenkondensator aus dem Abdampf der Maschine gewonnene Speisewasser ist destilliertes Wasser, also frei von all den
Bestandteilen, die sich als Kesselstein niederschlagen können. Allerdings reicht das Kondensationswasser, der unvermeidlichen Dampfverluste wegen, zum Kesselspeisen nicht aus, das Zusatz-Wasser aber,

wenn es dem Kühlwasser entnommen wird, macht wieder das Speise-wasser etwas salzhaltig.

Um auch dies zu vermeiden, führt man Süsswasser als Zusatz-wasser mit oder bringt Wasserreiniger an, mit denen reines Wasser in beliebiger Menge sich herstellen lässt.

Dampfmantel, Ueberhitzer und Oberflächenkondensator hatten den Kohlenverbrauch auf etwa $^2/_3$ des früher üblichen vermindert. Das war ein Erfolg, der alle Mehrkosten der Anlage bald deckte und deshalb zur allgemeinen Einführung der Verbesserungen die Veran-lassung gab.

Kaum hatte die Einführung des Oberflächenkondensators höhere Dampfdrücke möglich gemacht, so begann auch der Bau von Hoch-druck-Expansionsmaschinen. Der Steigerung des Dampfüberdruckes von 2 auf 4, später auf 5 und 6 Atm. musste aber eine Veränderung der Kessel voraufgehen. Die alten Kofferkessel, deren flache Wände durch Anker kaum noch genügend widerstandsfähig gemacht werden konnten, mussten den Cylinderkesseln mit rückkehrender Flamme auch hier den Platz räumen. Der Erfolg dieser neuen Maschinen entsprach zunächst nicht den Erwartungen.

Das lag zum Teil an dem Wegfall der Dampfüberhitzung, die bei den höheren Dampfdrücken für die damaligen Maschinen zu hohe Temperaturen bedingt hätte, vor allem aber an den grossen Abkühlungsverlusten, die bei hoher Expansion in einem Cylinder nicht zu vermeiden sind. Je weiter die Temperaturgrenzen, zwischen denen der Dampf in einem Cylinder zu arbeiten hat, auseinander-liegen, um so mehr werden die Cylinderwände bei jeder Füllung abgekühlt, um so mehr Wärme hat der Dampf bei der nächsten Füllung abzugeben, um die Cylinder auf die Anfangstemperatur wieder zu erwärmen.

Wollte man die Vorteile weitgehender Expansion benutzen, so war man gezwungen, sie auf mehrere Cylinder zu verteilen, eine Schlussfolgerung, die mit zwingender Notwendigkeit zur allgemeinen Anwendung der Mehrfach-Expansionsmaschine führen musste.

Die Einführung der Mehrfach-Expansionsmaschinen, die zuerst bei den Schiffsmaschinen erfolgte, bedeutet einen Merkstein in der Entwicklungsgeschichte der Dampfmaschine, dem an gleich weit-tragender Bedeutung nur die von James Watt herrührenden Ver-besserungen der Dampfmaschine an die Seite gestellt werden können.

Die Anfänge der Mehrfach-Expansionsmaschine lassen sich bis ins 18. Jahrhundert zurück verfolgen, bis zu Hornblower, der 1781 als Erster dieselbe Dampfmenge nach einander in zwei Cylindern wirken liess. Jedoch erst Woolf, am Anfang des 19. Jahrhunderts, gelang es durch Erhöhung des Druckes, durch bessere Konstruktion und Ausführung, der Zweifach-Expansionsmaschine Erfolg zu verschaffen.

Bei allen diesen unter Woolfs Namen zusammengefassten Maschinen beginnen und enden die Kolben ihren Hub gleichzeitig. Die Woolf'schen Maschinen sind deshalb unmittelbar als Schiffsmaschinen nicht zu verwenden, weil hier die Rücksicht auf die Manövrierfähigkeit verlangt, dass der eine Kolben am Ende des Hubes ist, wenn der andere erst die Mitte seines Weges erreicht hat. Es blieb nur übrig, zwei derartige Maschinen einzubauen, deren Kurbeln dann, wie bei den bisherigen Eincylinder-Zwillingsmaschinen, unter 90° versetzt werden konnten. Diese Anordnung führte zu einer viercylindrigen Schiffsmaschine, die zu teuer, zu schwer und zu kompliciert erschien, um weitere Anwendung finden zu können. Eine weitere Verfolgung des Grundprincips der mehrmaligen Verwendung desselben Dampfes führte auch frühzeitig zum Begriff der Mehrfach-Expansionsmaschine, bei der dasselbe Dampfquantum statt wie bei der Woolf'schen Maschine nur zweimal, jetzt drei-, vier- und fünfmal nacheinander in ebensoviel verschieden grossen Cylindern zur Wirkung kam. Thatsächlich ist schon 1823 in einem französischen Werke die Dreifach-Expansionsmaschine ausführlich beschrieben, und der Verfasser schliesst seine allgemein gehaltene Erörterung der Mehrfach-Expansionsmaschinen mit den Worten: „Uebrigens ist kein Grund vorhanden, um nicht noch mehr Cylinder anzuordnen (als drei), aber die Kosten, die Schwierigkeiten der Konstruktion, die Reibungswiderstände und das Entgegenarbeiten so vieler bewegter Teile scheinen sich in grösserem Masse zu vermehren, als die Zahl der angewandten Cylinder. Eine solche Anordnung würde sich nicht mehr für die Praxis eignen.“

Die erste Zweifach-Expansionsmaschine — heute als Verbundmaschine bezeichnet — mit zwei Cylindern und einem Kurbelmechanismus, dessen zwei Kurbeln unter 90° gegeneinander standen, liess sich Richard Wright 1816 patentieren. Wie wenig Verständnis dieser Erfinder aber für das Wesen unserer heutigen Verbundmaschine hatte, lässt sich daraus ersehen, dass er in der Patentschrift sich ausdrücklich gegen die Anwendung von Dampfdrücken über 1 Atm. Ueberdruck in Cylindern von ungleichem Rauminhalte ausspricht. Eine Ausführung des Wright'schen Patentes ist nicht bekannt.

Der Erste, der die Mehrfach-Expansionsmaschine für Schiffszwecke brauchbar gestaltete und sie mit vollem Bewusstsein ihres
grossen Wertes erfolgreich baute und anwandte, war Gerhard Moritz
Roentgen, ein Deutscher von Geburt, der als technischer Direktor
der niederländischen Dampfschiffahrtgesellschaft hervorragend erfolgreich thätig war.

Schon im April 1824 hatte Roentgen in einer Denkschrift „über
den Nutzen, den die Anwendung der Dampfkraft auf Kriegsschiffen
gewähren könnte", darauf hingewiesen, dass man durch Verbesserung
der Maschine, namentlich durch Anwendung höheren Druckes im
stande sein müsste, den Brennmaterialverbrauch auf $1/_3$ des bisherigen
herabzusetzen. Klar erkannte Roentgen, dass dem Drucke die Expansion entsprechen müsse, und die Verwendung der Dampfmaschine
für Schiffszwecke berücksichtigend, kam er zur Verbundmaschine
mit Kurbeln, die einen Winkel von 90° miteinander bilden. Im
Jahre 1829 wurden die gewöhnlichen Zwillingsmaschinen zweier aus
England bezogenen Schiffe „Herkules" und „James Watt" in Verbundmaschinen nach Angabe und unter der Leitung Roentgens in
der Maschinenfabrik zu Fijenoord umgebaut.

Die Fig. 169 zeigt die Verbundmaschine des Dampfers „James
Watt", wie sie aus der ursprünglichen Hochdruckzwillingsmaschine
mit zwei schräg liegenden Cylindern von 508 mm Durchmesser und
1016 mm Hub durch Hinzufügen eines Niederdruckcylinders von
1370 mm Durchmesser und 1016 mm Hub entstanden war. Der
Niederdruckcylinder war liegend auf dem Verdeck angeordnet und
trieb mit seiner verlängerten Kolbenstange unmittelbar die Luftpumpe
an. Die beiden kleinen Cylinder gaben ihren Dampf in einen
Zwischenbehälter ab, von dem aus der Niederdruckcylinder seinen
Arbeitsdampf erhielt.

Nach den ersten gelungenen Ausführungen liess sich der Erfinder 1834 seine neu erfundene „Hoch- und Niederdruckmaschine"
durch Patente in Frankreich und England schützen.

Das französische Patent nahm im Auftrage Roentgens die
Maschinenfabrik von André Koechlin & Co. in Mülhausen i. E., während
für England ein gewisser Ernst Wolff des Erfinders Bevollmächtigter
war. Der Inhalt dieser denkwürdigen Patenturkunden lässt erkennen,
dass Roentgen neben der Verbundmaschine sich des allgemeinsten
Falls der Mehrfachexpansionsmaschine bereits klar bewusst war.

Da Roentgen zur Gutehoffnungshütte in Sterkrade nahe Beziehungen hatte, wurden auch von diesem Werk sehr frühzeitig
Verbundmaschinen für Schiffszwecke ausgeführt. Eine der damals

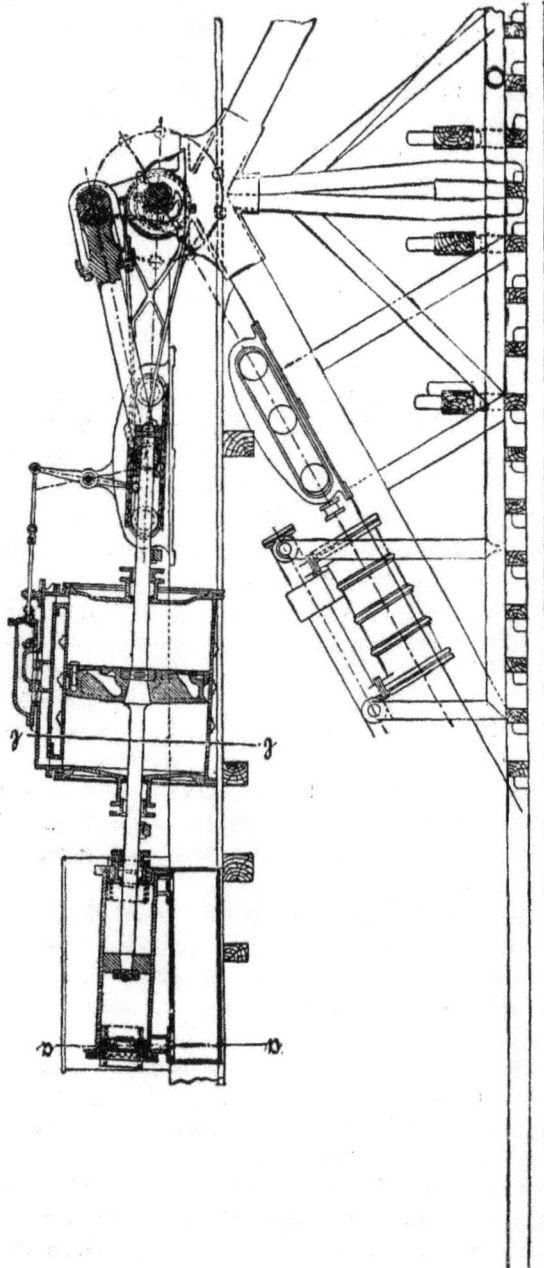

Fig. 171

erbauten Maschinen ist heute noch auf dem Rheindampfer „Stadt Mannheim" in Thätigkeit. Ferner wurden für die Wolga einige Dampfer mit den neuen Maschinen ausgerüstet und 1847 abgeliefert. Auch für einen Seedampfer „Batavia" erbaute Roentgen Verbundmaschinen, mit denen er zugleich, jedoch ohne Erfolg, die Oberflächenkondensation einzuführen versuchte.

Da aber, wie bereits vorher ausgeführt wurde, für die Schiffsmaschinen der Seeschiffe die Oberflächenkondensation notwendig war, wenn man, ohne auf Kondensation überhaupt zu verzichten, grösseren Dampfdruck verwenden wollte, so konnte auch die Verbundmaschine noch nicht dauernd Eingang finden.

Auch auf den Flussdampfern fand Roentgen's Erfindung, durch die wirtschaftlichen Verhältnisse nicht in dem Masse wie bei den Seedampfern gebieterisch gefordert, nicht die Verbreitung, die sie ihrem Wert nach bereits damals verdient hätte. Erst nachdem ein brauchbarer Oberflächenkondensator geschaffen war und der hohe Kohlenverbrauch der bisherigen Maschine immer mehr als Hindernis für die weitere Ausbreitung der Dampfschiffahrt hart empfunden wurde, fand die Verbundmaschine die verdiente Anerkennung und sehr schnelle Verbreitung.

Hervorragenden Anteil an der dauernden Einführung der Zweifachexpansionsmaschine nahm der englische Ingenieur John Elder, der schon von 1853 an in seiner Schiffswerft und Maschinenfabrik in Glasgow Verbundmaschinen baute, die um ein Drittel Kohlen bei der gleichen Leistung weniger brauchten als die andern damals üblichen Schiffsmaschinen. Weitere Verbesserungen vergrösserten noch die Kohlenersparnis, die schliesslich so bedeutend wurde, dass die alten Maschinen entweder umgebaut oder ausser Dienst gestellt werden mussten, da sie bei doppelt so hohem Kohlenverbrauch mit den neuen Maschinengattungen nicht mehr in Wettbewerb treten konnten. Ende der 70er Jahre war die allgemeine Einführung der Verbundmaschine eine vollendete Thatsache.

Während noch die meisten Ingenieure der Ansicht waren, dass eine weitere Verringerung des Kohlenverbrauchs sich durch noch weitergehende Expansion nicht mehr erreichen liesse, war schon die Arbeit im Gange, die Zweifachexpansionsmaschine erfolgreich durch die Mehrfachexpansionsmaschine zu ersetzen.

Die ersten Dreifachexpansionsmaschinen wurden vor etwa 25 Jahren ausgeführt. Schon im Jahre 1874 wurde von einem Ingenieur Franklin in Newcastle on Tyne eine Dreifachexpansionsmaschine für den Dampfer „Sexta" erbaut. Die drei Cylinder hatten 282, 436 und 615 mm Durchmesser und 461 mm Hub. Sie standen mit drei Kurbeln in Verbindung und arbeiteten bei einem Dampfdruck von 9 Atm. Der Kohlenverbrauch soll nur 0,56 kg für die Stunde und indic. Pferdekraft betragen haben. Trotz des geringen Kohlenverbrauchs konnten sich die ersten Dreifachexpansionsmaschinen nicht behaupten, da ihnen noch keine Kessel zur Verfügung standen, die auf die Dauer den notwendigen, hohen Betriebsdruck aushalten konnten. Erst als sowohl die Konstruktion, als vor allem auch das Material der Kessel bedeutende Verbesserungen erfahren hatte, gelang es zugleich mit der Steigerung des Dampfdruckes auf 9 bis 12 Atm. die Dreifachexpansionsmaschine erfolgreich als Schiffsdampfmaschine einzuführen. Unter den Männern, die für Einführung des neuen Systems in hervorragender Weise thätig waren, ist der englische Ingenieur A. C. Kirk, der zuerst bei John Elder, später bei R. Napier in Glasgow sich mit dem Bau von Dreifachexpansionsmaschinen beschäftigte, an erster Stelle zu nennen.

1874 erbaute Kirk für das Schiff „Propontis“ eine Dreifachexpansionsmaschine, bei der ebenso, wie bei der „Sexta“, in der heute allgemein üblichen Anordnung drei Cylinder auf drei Kurbeln wirkten. Auch diese Maschine arbeitete vorzüglich; aber auch hier wurden die Kessel bald bei dem grossen Druck von 11 Atm. unbrauchbar. Die erste Dreifachexpansionsmaschine, die sich dauernd auf das beste im praktischen Betriebe bewährte, wurde 1882 von Kirk für den Dampfer „Aberdeen“ hergestellt. Die Maschine wies eine Leistung von 2600 ind. Pferdekräften auf und hatte 3 Cylinder von 785—1177—1778 mm Durchmesser und einen Hub von 1412 mm. Bei einem Dampfdruck von 8,8 Atm. brauchte sie bei der Probefahrt nur 0,58 kg für 1 ind. Pferdekraft und Stunde.

Das war ein Erfolg, der mit Recht die Aufmerksamkeit aller Ingenieure auf sich zog. Wie früher die alten Maschinen durch die Verbundmaschine verdrängt wurden, so geschah es jetzt diesen durch die Dreifachexpansionsmaschinen. 1885 waren in England bereits 150 Handelsdampfer mit neuen Dreifachexpansionsmaschinen ausgerüstet und 20 Verbundmaschinen in das neue System umgebaut worden. Wurden im ersten Halbjahr von 1886 in England neben 41 Dreifachexpansionsmaschinen noch 60 Verbundmaschinen ausgeführt, so waren bereits in der zweiten Hälfte desselben Jahres 148 Dreifachexpansionsmaschinen gegenüber 71 Verbundmaschinen im Bau.

. In Deutschland wurde die erste Dreifachexpansionsmaschine 1883 von Schichau in Elbing für den Dampfer „Nierstein“ erbaut. Fünf Jahre später waren bereits über 250 Dreifachexpansionsmaschinen auf deutschen Werften erbaut, von denen allein etwa 150 auf den Schichau'schen Torpedobooten in Thätigkeit waren. Ende 1896 hatte Schichau 422 Dreifachexpansionsmaschinen mit mehr als 400 000 PS. für die Schiffahrt geliefert.

Fast gleichzeitig mit der Dreifachexpansionsmaschine suchte auch die Vierfachexpansionsmaschine sich Eingang in der Praxis zu verschaffen. Die erste Ausführung der vierfachen Expansion wird von dem englischen Ingenieur Adamson berichtet, der 1873 für eine Mühle bei Manchester eine Vierfachexpansionsmaschine ausführte, die bei 43 Umdrehungen in der Minute und 8 Atm. Kesselspannung im Mittel 540 ind. PS. leistete. Die Cylinderdurchmesser betrugen 432—572—768—1041 und der Hub 1544 mm. Des im Verhältnis zu der hohen Expansion geringen Dampfdruckes wegen kam die Maschine nicht unter den Kohlenverbrauch, der bereits mit guten Verbundmaschinen erreicht war. Erst ein Jahrzehnt später, 1884, wurde für einen Dampfer die erste Vierfachexpansionsmaschine, die dauerhd im Betriebe blieb, ausgeführt.

Zu einer allgemeinen Einführung oder gar Verdrängung der Dreifachexpansionsmaschine konnte das neue Maschinensystem es auch bis heute noch nicht bringen, da die bisherigen Kessel dem für den Betrieb der Maschine erforderlichen hohen Dampfdruck von etwa 18 Atm. noch nicht in gewünschtem Masse entsprechen. Sobald es gelungen sein wird, die praktischen Schwierigkeiten zu beseitigen, steht auch der Vierfachexpansionsmaschine ein grosses Anwendungsgebiet offen.

Die grossen Fortschritte in der Ausnutzung des Brennstoffverbrauchs ermöglichten, mit demselben Kohlenquantum wie früher bei gleichem Schiff und gleicher Geschwindigkeit viel weitere Reisen oder gestatteten, ohne den Schiffsraum noch weiter für Kohlen in Anspruch zu nehmen, eine erhebliche Steigerung der Maschinenleistung. Damit ergab sich zugleich die Möglichkeit einer erheblichen Steigerung der Geschwindigkeit, die von 12 Knoten in der Stunde Mitte der 50er Jahre heute auf über 30 Knoten, wenigstens bei den schnellsten Torpedobooten, gestiegen ist.

Die ersten transatlantischen Postdampfer brauchten 1840 zur Reise von Liverpool bis New-York noch 15 Tage, 10 Jahre später kamen sie in 13 Tagen und 1870 bereits in 8 Tagen über den Ocean. 1885 wurde der Ocean schon in $6^{1}/_{2}$ Tagen durchkreuzt, und im Oktober 1899 machte „Kaiser Wilhelm der Grosse" die Fahrt in 5 Tagen 18 Stunden und 5 Minuten, was einer mittleren Geschwindigkeit von 21,7 Knoten oder 40 km in der Stunde entspricht. In 60 Jahren ist der Zeit nach die Entfernung zwischen der neuen und alten Welt um fast $^2/_3$ verkürzt worden!

Allerdings waren zu dieser Erhöhung der Geschwindigkeiten ungeheure Maschinenleistungen nötig, wenn man bedenkt, dass die Leistung der Maschinen ungefähr mit der dritten Potenz der Geschwindigkeit zunimmt, d. h. ein Schiff, das bei 1000 PS. mit 10 km Geschwindigkeit fährt, braucht, um mit doppelter Geschwindigkeit, also mit 20 km zu fahren, eine Maschinenleistung von

$$N = \frac{20^3}{10^3} 1000 = 8000 \text{ PS.,}$$ also für die zweifache Geschwindigkeit ist

die achtfache Maschinenstärke erforderlich. Die grossen Geschwindigkeiten unserer modernen Schiffskolosse erfordern daher Maschinenleistungen für ein Schiff, die bereits über 30 000 ind. PS. hinausgehen. Eins der grössten heutigen Schiffe braucht als Antriebsmaschinen für seinen Bewegungsapparat mehr Pferdestärken als die Leistung sämtlicher feststehenden Maschinen in Preussen vor 50 Jahren noch betragen hat.

Solche Riesendampfmaschinen wären mit den alten schwerfälligen Konstruktionsformen und dem wenig widerstandsfähigen Material nicht ausführbar gewesen oder hätten wenigstens das Maschinengewicht ins Unzulängliche gesteigert.

Das Augenmerk der Konstrukteure war daher ausser auf Kohlenersparnis vor allem auf Gewichtsersparnis zu richten, und die Erfolge, die, unterstützt von vorzüglichem Material, erzielt worden sind, müssen als äusserst bedeutsam angesehen werden.

Das gesamte Maschinengewicht der Maschinen- und Kesselanlage, das auf die Pferdekraft bezogen, bis zur Mitte der 50er Jahre noch 250 kg betrug, ist auf etwa 80—90 kg bei den heutigen Schiffen, und auf den Torpedobooten, wo geringes Maschinengewicht eine der Hauptbedingungen ist, sogar auf 30 kg gefallen. Eine 5000 PS. Schiffsmaschinenanlage, die um die Mitte des Jahrhunderts noch 250 . 5000 = 1 250 000 kg gewogen hätte, würde heute nur 80 . 5000 = 400 000 kg oder bei Torpedobooten nur 30 . 500 = 150 000 kg wiegen. Das Gewicht ist bei gleicher Leistung bis auf etwa $^1/_3$ des früheren vermindert worden. Das sind Erfolge, die nur durch sorgfältigste Konstruktion, durch möglichst umfangreichen Ersatz des Gusseisens durch Stahl, Schmiedeeisen und Bronce, sowie durch sehr umfassende Aenderungen im Kesselbau und der Feuerung zu erreichen waren.

Der Anordnung und Konstruktion nach wird sich die Schiffsdampfmaschine nach dem Treibapparat zu richten haben, den sie in

Bewegung setzen soll. Die Dampfmaschine, die Schaufelräder mit der hoch- und querschiffsliegenden Welle verhältnismässig langsam umzudrehen hat, wird anders gestaltet sein als die Dampfmaschine, die Schrauben, deren Welle tief unten und längsschiffs liegt und hohe Umdrehungszahlen verlangt, antreiben soll.

Zunächst entstanden eine ganze Anzahl verschiedener Dampfmaschinentypen, die alle unter Rücksicht auf möglichst kleinen Raumbedarf den hohen Anforderungen, die gerade an eine Schiffsmaschine gestellt werden müssen, gerecht zu werden versuchten. Jahrzehnte lange praktische Erfahrungen liessen Mängel und Vorzüge der einzelnen Systeme erkennen. Es begann ein Ausleseprocess, aus dem schliesslich für Rad- und Schraubendampfer je eine Bauart hervorging, die heute ganz ausschliesslich zur Anwendung kommt. Und zwar dienen heute zum Antrieb der Radwelle schrägliegende Dampfmaschinen. Die Schraubenwellen werden von stehenden Maschinen in Umdrehungen versetzt.

Die schrägliegende Schiffsmaschine stammt aus Amerika, wo sie schon frühzeitig oft in riesigen Abmessungen mit aussergewöhnlich langem Kolbenhub für Raddampfer Verwendung gefunden hat. In Europa scheinen sie zuerst in Holland erbaut worden zu sein, von wo sie 1844 nach Frankreich gelangten, woselbst sie häufiger ausgeführt wurden. Eine grössere Verbreitung verhinderte zunächst ihr bedeutendes Gewicht.

Die ersten schrägliegenden Dampfmaschinen waren nicht leichter, als die alten Seitenbalanciermaschinen. Die von einer Rotterdamer Firma 1844 für die französische Kriegsmarine gelieferten schrägliegenden Maschinen von etwa 1500 PS. ind. wogen einschliesslich der wassergefüllten Kessel und der Schaufelräder noch 530 kg für die indicierte Pferdekraft, das Gewicht der Maschine allein, auf die gleiche Einheit bezogen, betrug 350 kg. Erst die neuere Zeit schaffte Wandel. Die Kolbengeschwindigkeit wurde vergrössert und das Gusseisen möglichst durch Schmiedeeisen und Stahlguss ersetzt. Auf diesem Wege gelang es, die schrägliegende Maschine von der schwersten zur leichtesten Räderschiffsmaschine zu machen, deren Gewicht heute kaum noch den 4. Teil des früheren beträgt.

Die schrägliegende Schiffsmaschine ergiebt sich aus der horizontalen Maschinenanordnung, indem man das Ende des Gestells, das die Kurbellager enthält, so hoch hebt, dass die Kurbelwelle mit der Radwelle zusammenfällt (s. Fig. 172). Das Maschinengestell G ruht auf dem Schiffsboden und stützt sich mit dem oberen Teil gegen den Schiffskörper. Der Cylinder C ist mit ihm durch Schrauben verbunden. Der Dampf gelangt durch die Rohrleitung D in den Cylinder. Die Dampfverteilung geschieht durch Schieber. Die Umsteuerung wird durch Drehen des Rades S erreicht.

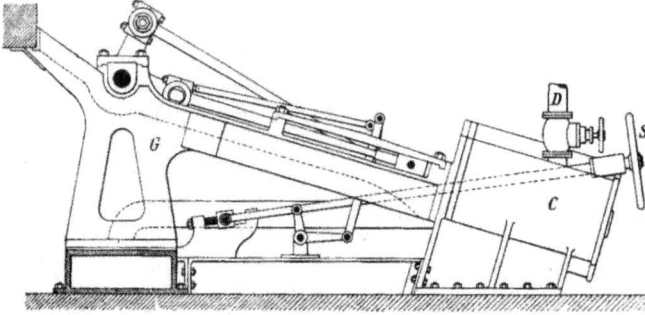

Fig. 172.

Die Abbildung 173 zeigt die Schiffsmaschine der „Kaiserin Auguste Viktoria", des neuesten Rheindampfers der Düsseldorfer Dampfschiffahrts-Gesellschaft, der 1899 von der Firma Gebr. Sachsenberg in Rosslau a. E. und Deutz erbaut wurde.

Fig. 173.

Die Dampfmaschine arbeitet mit zweistufiger Expansion. Hoch- und Niederdruckcylinder von 960 bezw. 1750 mm Durchmesser und 1250 mm gemeinsamem Hub sind nebeneinander schrägliegend angeordnet. Die Dampfverteilung geschieht durch Schieber. Der Hochdruckcylinder ist mit Meyer'scher Expansionssteuerung, die von Hand verstellbar ist, ausgerüstet, der Niederdruckcylinder besitzt einen einfachen Flachschieber. Der im kleinen Cylinder ausgenutzte Dampf wird durch einen Kanal um den Hochdruckcylinder und über den Niederdruckcylinder hinweg zum Schieberkasten des grossen Cylinders geleitet. Nachdem der Dampf auch im grossen Cylinder seine Arbeit verrichtet hat, strömt er durch einen dem Vorwärmen des Kesselspeisewassers dienenden Apparat und von da in den Einspritz-Kondensator.

Die Umsteuerung geschieht mit Stephenson'scher Kulisse, die von einer kleinen Dampfmaschine verstellt wird, aber auch mit Hilfe des Schwungrades von Hand bewegt werden kann.

Die Cylinder sind mit den aus Stahlguss hergestellten Lagerböcken der Kurbelwelle durch die gusseisernen Gleitbahnen und gedrehte schmiedeeiserne Säulen genügend sicher verbunden. Die Lagerböcke, die unter sich noch durch Anker verschraubt sind, ruhen mitsamt den Cylindern auf einem mit dem Schiffsgerippe fest verbundenen Maschinenfundament. Die Maschine giebt bei 8,5 Atm. Ueberdruck normal 750 ind. Pferdekräfte ab. Bei der Probefahrt leistete sie bei 45 % Füllung im Hochdruckcylinder und 44 bis 45 minutlichen Umdrehungen durchschnittlich 1375 ind. PS. und verbrauchte für diese Arbeitsleistung im mittel 1154 kg Kohle in einer Stunde. In tiefem ruhigen Wasser würde das Schiff eine Geschwindigkeit von 31 km in der Stunde erreichen.

Auf den Schraubendampfern wurden zunächst, wie wir gesehen haben, die schon auf den Raddampfern erprobten Dampfmaschinentypen verwendet. Durch ein Vorgelege suchte man die höheren Umdrehungszahlen, die die Schraube dem Schaufelrad gegenüber verlangte, zu erreichen. Dieser Notbehelf konnte nicht lange den Anforderungen genügen.

Die horizontale direkt wirkende Dampfmaschine kam in Aufnahme, deren Baulänge mit Rücksicht auf die geringe Schiffsbreite äusserst beschränkt werden musste. Das führte leicht zu sehr gesuchten Anordnungen und bedingte vielfach ungünstige Verhältnisse einzelner Teile. Diese Uebelstände wurden beseitigt durch Einführung der stehenden Dampfmaschine, die, dem Nasmyth'schen Dampfhammer nachgebildet, als „Hammermaschine" bezeichnet wird. Sie ist ziemlich gleichzeitig in England und Frankreich Mitte der fünfziger Jahre für Handelsdampfer in Gebrauch gekommen, um in neuerer Zeit sich auch auf den Kriegsschiffen überall einzuführen. Die Dampfcylinder stehen auf bockartigen Gestellen direkt über der Kurbelwelle. Die nach unten austretenden Kolbenstangen sind durch Kreuzkopf und Schubstange mit den Kurbeln der Hauptwelle, die unmittelbar mit der Schraubenwelle gekuppelt ist, verbunden.

Die Hammermaschine gestattete dem Konstrukteur wieder grössere Freiheit bei Ausbildung der einzelnen Teile. Die Reibungswiderstände und Abnutzungsverhältnisse sind bei der stehenden Anordnung günstiger als bei der liegenden, da das Gewicht des Kolbengestänges nicht die Reibung vermehrt. Die Cylinder können nahe aneinander gerückt werden, wodurch bei den Mehrfach-Expansionsmaschinen kürzeste Dampfwege zwischen den Cylindern erreicht und damit die Abkühlungsverluste verringert werden. Die Kurbelwelle ist durch eine Anzahl Lager, die durch eine Grundplatte fest miteinander verbunden sind, sicher gelagert. Die Cylinder sind durch das Gestell in der Weise mit den Lagern und der Grundplatte verbunden, dass die ganze Maschine einem Träger mit starker oberer und unterer Gurtung zu vergleichen ist, der allen Erschütterungen in bester Weise Widerstand zu leisten vermag.

Das Gestell wurde zuerst ganz aus Gusseisen, gewöhnlich mit kastenförmigem Querschnitt, hergestellt, den innern Hohlraum benutzte man für den Kondensator. Eine richtigere Formgebung und besseres Material und Ausführung haben gestattet, auch bereits bei Verwendung von Gusseisen das Gewicht wesentlich zu verringern. Neuerdings hat Stahlguss vielfach Verwendung gefunden, weil seine grössere Festigkeit geringere Abmessungen gestattet. Noch leichter wird die Maschine, wenn schmjedeeiserne Säulen statt der gusseisernen Ständer Verwendung finden, eine Bauart, die deshalb bei den Maschinen, auf deren geringes Gewicht es besonders ankommt — bei den Torpedobootsmaschinen — vielfach angewendet wird. Auch Gestelle, bei denen auf der einen Seite Gussständer, auf der andern schmiedeeiserne Säulen angeordnet sind, werden ausgeführt.

Die heute gebräuchlichste Anordnung ist die, dass alle Cylinder nebeneinander liegen und jeder Cylinder seine eigene Kurbel hat. Bei den Verbundmaschinen ergeben sich demnach mindestens zwei Cylinder mit zwei Kurbeln; erhält der Niederdruckcylinder Abmessungen, die auszuführen unbequem werden, so teilt man, wie es bereits Woolf vorgeschlagen hatte, den Niederdruckcylinder, d. h. man wendet statt des einen zwei von zusammen demselben Querschnitt an. Die Zweifachexpansionsmaschine wurde demnach auch als Dreicylinder-Maschine mit drei Kurbeln ausgeführt. Um die Anbringung einer dritten Kröpfung der Welle zu

vermeiden, hat man zuerst vielfach zwei Cylinder in Tandemanordnung übereinander angebracht, eine Anordnung, die sich auf die
dreicylindrigen Dreifachexpansionsmaschinen übertrug, sie wurde
wieder verlassen, als man den günstigen Einfluss der drei Kurbeln
auf die Gleichmässigkeit des Ganges zu würdigen verstand.

Zur Dampfverteilung werden ausschliesslich Schieber in den verschiedensten Ausführungen benutzt. Für den Hochdruckcylinder
findet der Kolbenschieber meistens Anwendung, da bei ihm in einfachster Weise vollkommene Entlastung erreicht ist. Für Niederdruckcylinder kommen Flachschieber in Betracht. Ihre Bewegung erhalten
sie in der üblichen Weise durch Excenter von der Kurbelwelle aus.
Die Schiebersteuerung gewährt durch ihre unübertroffene Einfachheit
und ihre vollkommen zwangläufige Bewegung die grösste Betriebssicherheit, auf die mit Recht bei Schiffsmaschinen der grösste Wert
gelegt werden muss. Sie gestattet ferner auch Umdrehungszahlen
anzuwenden, die bei Präcisionssteuerungen nicht zu erreichen sind.
Die drei- bis viertausendpferdigen Maschinen der Torpedoboote
pflegen noch mit 300 bis 400 Umdrehungen in der Minute zu arbeiten
und selbst die 15 000 PS. erreichenden gewaltigen Maschinen der
grossen Schnelldampfer laufen noch mit 80 bis 100 Umdrehungen.

Als Umsteuerung ist am meisten die Stephenson'sche Kulisse mit
zwei Excentern gebräuchlich, auch Umsteuerung mit einem Excenter,
wie die von Klug, oder solche, bei denen ohne Excenter durch
Lenker von dem Kurbelgetriebe aus die Steuerungsbewegung abgeleitet wird — Joy'sche Steuerung — findet Verwendung.

Der Dampf, der zum Antrieb des Bewegungsapparates die
grossartigsten Dienste leistete, wurde in neuerer Zeit auch in um-
fangreichster Weise zu den verschiedenartigsten anderweitigen
Dienstleistungen auf dem Schiff herangezogen. Ueberall, wo es sich
darum handelt, an Zeit oder Bedienungsmannschaft zu sparen, hat
die Dampf- die Menschenkraft ersetzen müssen.

Eine Dampfmaschine lichtet die Anker, eine Dampfmaschine von
einem Mann bedient, bewegt die Steuer, dem Befehl entsprechend, in
bei weitem kürzerer Zeit, als sonst mit einer ganzen Zahl Bedienungsmannschaften zu erreichen war. Eine grössere Manövrierfähigkeit ist
die Folge dieser Dampfmaschinenthätigkeit. Auf Handelsschiffen
dienen Dampfwinden zum Ein- und Ausladen der Waren, auf Kriegsschiffen besorgen die Dampfmaschinen das Drehen der Panzertürme,
das Laden und Richten der mächtigen Geschütze. Die schweren Boote
werden mit Hilfe von Dampfmaschinen an Bord gehoben, bezw. von
Bord in das Wasser gelassen. Selbst zum Bedienen der Haupt-

maschine findet eine Schar kleiner Dampfmaschinen vielseitige Beschäftigung. Während früher bei den grossen mehrere tausend Pferdekräfte leistenden Schiffsmaschinen mindestens 4 Mann unter Aufbietung aller Kräfte 1 Minute lang thätig waren, um die Maschine umzusteuern, besorgt es heute ein Mann mit Hilfe der Dampfmaschine in 10 Sekunden. Eine weitere Hilfsdampfmaschine tritt in Thätigkeit, um im Hafen, wenn es die Arbeiten an der Schiffsmaschine verlangen, die Hauptmaschine zu drehen. Die Kondensation ist gewöhnlich centralisiert. Eine besondere Dampfmaschine betreibt die dazu nötigen Pumpen. Die Dampfmaschine dient als Dampfpumpe, zum Speisen des Kessels, und als Dampfwinde befördert sie die Verbrennungsrückstände über Bord und in das Meer. Wirkungsvolle Dampfpumpen und Feuerspritzen sorgen bei Wassers- und Feuersgefahr für die Sicherheit der Schiffsbewohner, für deren Gesundheit und Annehmlichkeit Dampfmaschinen auch wieder zum Betrieb der Eismaschine, der Lüftungsanlagen und der elektrischen Beleuchtungsanlagen herangezogen werden.

Nirgends wird auf gleichem Raum, in gleicher Ausdehnung zu so vielerlei Diensten der Dampf herangezogen, wie auf den heutigen Schiffen. Auf unsern Schnelldampfern befinden sich zum Teil über 50 Dampfmaschinen mit etwa 100 Dampfcylindern. Diese Zahlen geben ein Bild nicht nur von der umfassenden Anwendung der Dampfkraft, sondern auch von der grossen Verantwortung, die auf dem Leiter einer solchen ausgedehnten Maschinenanlage ruht.

Wenn in neuester Zeit an Stelle der vielen Dampfhilfsmaschinen Elektromotoren treten, so wird die Bedeutung der Dampfkraft dadurch nicht verringert, da der Betriebsstrom der neuen Hilfsmaschinen erst wieder mit Dampfmaschinen erzeugt werden muss.

Einige Abbildungen mögen den Entwicklungsgang der stehenden Seedampfermaschinen vor Augen führen.

Eine der ältesten Hammermaschinen, aber bereits mit Oberflächenkondensation und Ueberhitzern ausgerüstet, ist die Schiffsmaschine des Lloyd-Dampfers „Amerika". S. Fig. 174 u. 175. Die Maschine wurde 1863 von Caird & Co. in Greenock erbaut.

Auf kräftiger gusseiserner Grundplatte, in der die Kurbelwelle gelagert ist, erheben sich die mächtigen gusseisernen Ständer, durch Rippen verstärkt. Auf ihnen ruhen nebeneinander die beiden Cylinder der Zwillingsmaschine, zwischen ihnen sind die Schieberkästen angeordnet. Der Dampfverteilung dienen je zwei Schieber, ein Verteilungs- und ein gitterartig ausgebildeter Expansionsschieber, die von der Kurbelwelle aus mittelst Excenter angetrieben werden. Die Um-

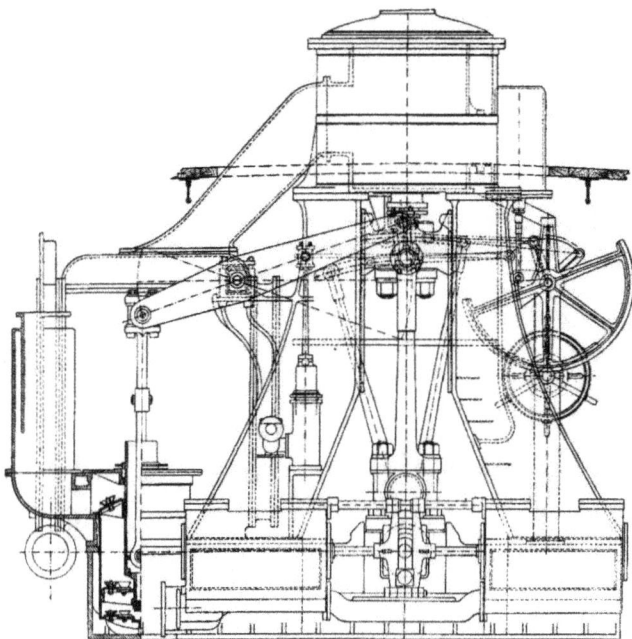

Fig. 174.

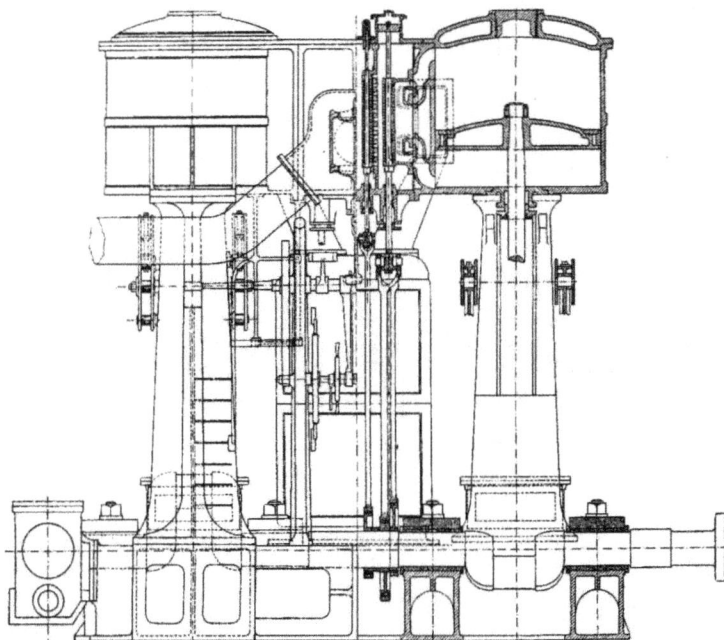

Fig. 175.

steuerung wird durch Stephensons Kulisse erreicht, die mittelst Handrad und Zahnradsegment ihre Bewegung erhält.   Die Kondensator-

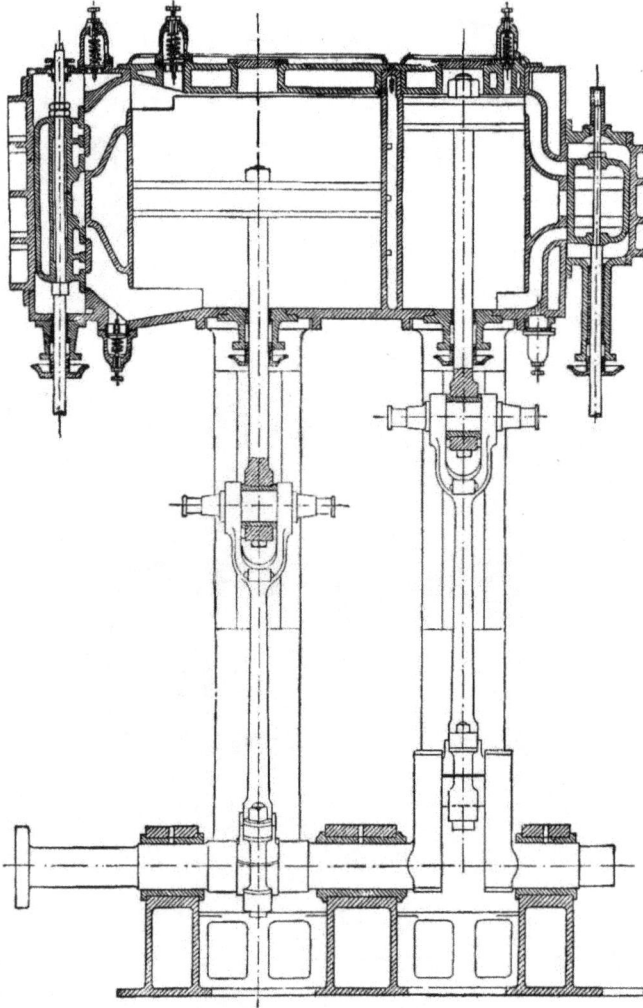

Fig. 176.

pumpen werden von dem Kreuzkopf aus unter Benutzung von
Balanciers betrieben. Von einem vorn an der Maschinenwelle angebrachten Zapfen aus werden zwei Cirkulationspumpen in Be-

wegung gesetzt, die das Kühlwasser durch den Kondensator zu pressen haben.

Die Leistung der Maschine betrug bei 2 kg/qcm Ueberdruck

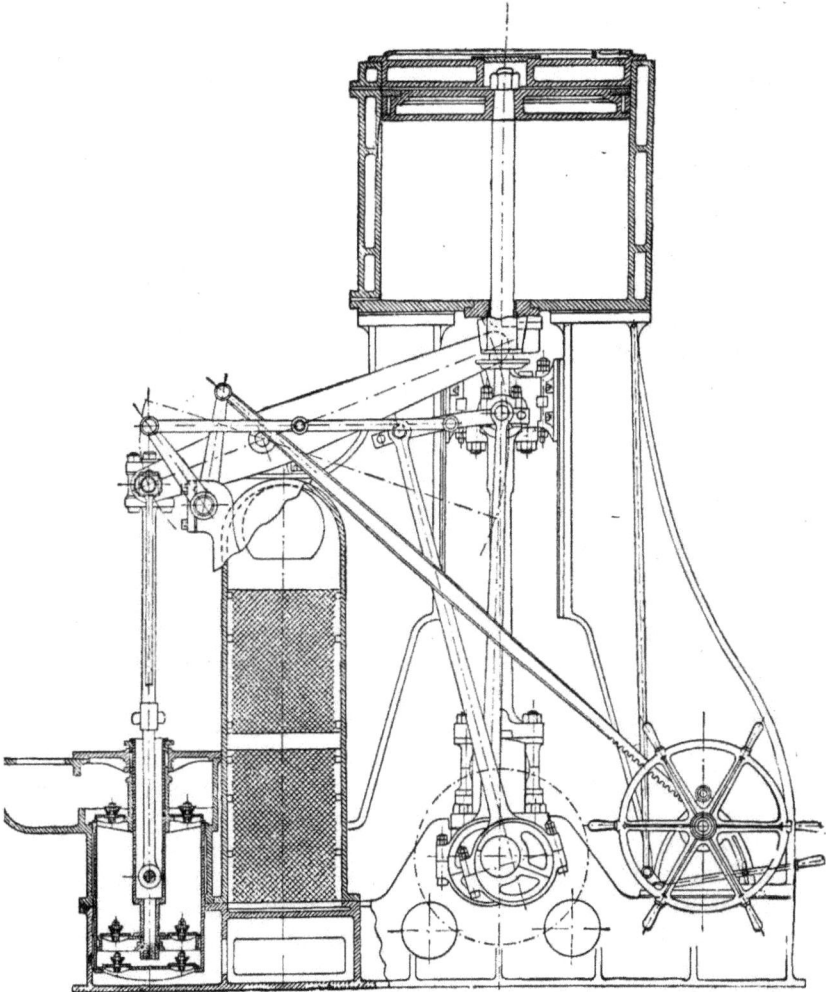

Fig. 177.

etwa 1800 ind. PS. Der durchschnittliche Kohlenverbrauch stellte sich auf rund 1,6 kg für die ind. Pferdekraftstunde.

Die Fig. 176 u. 177 bringen eine der älteren Verbundmaschinen zur Darstellung, die, 1870 von Day, Summers & Co. in Southampton erbaut, auf dem Dampfer „Borussia" der Hamburg-Amerikanischen Packetfahrt A.-G. eine ältere oscillierende Niederdruckmaschine zu ersetzen bestimmt war.

Die Maschine ist sehr kurz gebaut, was durch Aneinanderrücken der Cylinder erreicht worden ist. Die Schieberkasten liegen aussen, sind leicht zugänglich, aber auch sehr der Abkühlung ausgesetzt. Ungünstig auf den Dampfverbrauch wirken ferner die grossen schädlichen Räume in den Dampfkanälen. Eine besondere Expansionssteuerung ist nicht angebracht. Eine kleine Füllungsänderung lässt sich durch die der Umsteuerung dienende Stephenson'sche Kulisse erreichen.

Die Cylinder massen im Durchmesser 914 bezw. 1830 mm, der gemeinsame Hub 1270 mm, die Kolbengeschwindigkeit betrug 2,18 m i. d. Sek. Die grösste Leistung der Maschine betrug bei 4 kg/qcm Dampfüberdruck und 63 Umdrehungen 1371 ind. PS. Die Maschine brauchte täglich 28 bis 30 t Kohlen. Trotz mancherlei Mängel, die den Dampfverbrauch ungünstig beeinflussen mussten, wurde mit der neuen Maschine, gegenüber der alten Niederdruckmaschine, die Hälfte der Kohlen gespart.

Die Dreifachexpansionsmaschine eines der schnellsten Dampfer zeigt Abbildung 178. 1897 vom Vulkan in Stettin für den Norddeutschen Lloyd erbaut, bildet der Doppelschraubendampfer „Kaiser Wilhelm der Grosse" mit seinen beiden Dampfmaschinen von zusammen über 28 000 ind. PS. den Beweis, dass der deutsche Schiffsmaschinenbau heute den Wettbewerb mit den ersten Werften des Auslandes mit grösstem Erfolge aufgenommen hat. Die Maschinen, in Ausführungen und Aufbau naturgemäss vollkommen gleich, sind Dreifachexpansionsmaschinen mit 4 Cylindern. In den Hochdruckcylinder von 1320 mm Durchmesser tritt der Dampf mit einer Spannung von 12,5 kg f. d. qcm ein, die Verteilung besorgt ein Kolbenschieber. Von dem Hochdruckcylinder gelangt der Dampf in den nebenliegenden Mitteldruckcylinder von 2280 mm Durchmesser, bei dem zwei Kolbenschieber der Dampfverteilung dienen, und verrichtet dann in den beiden Niederdruckcylindern von je 2450 mm Durchmesser seine letzte Arbeit. Zwei Flachschieber mit doppelten Schieberkanälen sorgen für die Dampfverteilung bei den beiden Niederdruckcylindern.

Die wirksamen Cylinderquerschnitte stellen eine Fläche von 10,165 qm dar. Der gemeinsame Hub in allen Cylindern beträgt 1750 mm. Von jedem Cylinder aus wird mit einer 3,5 m langen

Fig. 178.

Schubstange die Kraft auf die Kurbelwelle übertragen, die, aus Nickelstahl hergestellt, 600 mm stark und auf 240 mm Durchmesser durchbohrt ist. Das Gewicht der Kurbelwelle beträgt nicht weniger als 83000 kg. Die Kurbelwelle ist in dem mächtigen gusseisernen Untergestell der ganzen Maschine in 8 Lagern sicher gelagert. Auf diesen Grundplatten erheben sich 16 Ständer aus Gussstahl, von

denen immer je 4 einen Cylinder tragen. Der Antrieb der Schieber
erfolgt von der Kurbelwelle aus durch Excenter. Als Umsteuer-
vorrichtung dient eine Stephenson'sche Kulisse. Die Maschine
hat eine Höhe von 10 m, eine Länge von 12 und eine Breite
von 4,6 m.

Die Kondensation ist ihrem Antrieb nach ganz unabhängig
von der Hauptmaschine ausgeführt. Für jede Maschine werden die
Luftpumpen von je zwei Dampfcylindern unmittelbar angetrieben.

Von der Dampfkraft ist zu den verschiedensten Zwecken der
ausgiebigste Gebrauch gemacht. Nicht weniger als 68 Maschinen
mit 124 Cylindern sind über das ganze Schiff verteilt. Der Erzeugung des elektrischen Stromes, der seiner bequemen Verteilung wegen ausser zu Beleuchtungszwecken auch viel zum Antrieb
von Motoren Verwendung findet, dienen allein 4 Verbunddampf-
maschinen von je 100 PS.

Der „Kaiser Wilhelm der Grosse" erreichte eine Geschwindigkeit von 41,69 km stündlich (22,5 Knoten), gewiss ein riesiger Fortschritt, wenn man bedenkt, dass die 1863 erbaute „Amerika" es
erst auf 23,16 km (12,5 Knoten) gebracht hatte.

Und der Stettiner Werft gelang es selbst diese Leistung bereits
drei Jahre später noch zu übertreffen. Der im Auftrag der Hamburger
Packetfahrt A. G. vom Vulkan erbaute Doppelschraubendampfer
„Deutschland" hat bei einer durchschnittlichen Fahrgeschwindigkeit
von 43,2 km stündlich (23,36 Knoten) den Weg von New-York nach
Plymouth in 5 Tagen 7 Stunden 48 Minuten zurückgelegt. Bei dieser
Reise betrug die mittlere Maschinenleistung nicht weniger als 36 940
ind. Pferdekräfte, der Kohlenverbrauch für die ind. Pferdekraftstunde
stellt sich auf 0,644 kg. Zwei gewaltige Vierfachexpansionsmaschinen,
von denen jede normal bei 15 Atm. Dampfüberdruck und 76 Umdrehungen in der Minute 16 500 ind. PS. leistet, dienen der Fortbewegung des Schiffes. Die Cylinderanordnung unterscheidet sich
wesentlich von der sonst gebräuchlichen. Hochdruck- sowie
Niederdruckcylinder sind je in zwei Cylinder zerlegt und paar-
weise, der kleine über dem grossen, angeordnet. Der erste und
zweite Mitteldruckcylinder stehen an den beiden Aussenseiten der
Maschine.

Jeder Hochdruckcylinder misst 930 mm, der erste Mitteldruckcylinder 1870 mm, der zweite 2640 mm im Durchmesser, die beiden
Niederdruckcylinder 2700 mm. Der gemeinschaftliche Hub beträgt
1,85 m. Die Dampfverteilung besorgen bei den Niederdruckcylindern
Flachschieber, bei allen andern Cylindern Kolbenschieber.

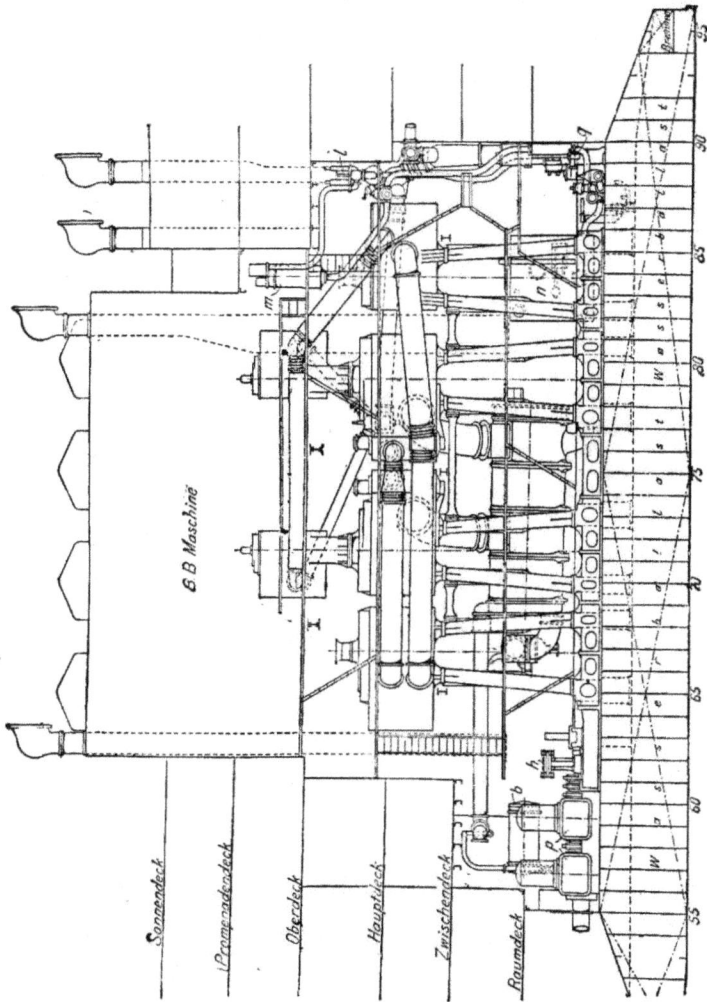

Fig. 179.

Die Anordnung der Hauptmaschinen im Schiffskörper lassen die Fig. 179 bis 181 erkennen. An den Längsseiten der Hauptmaschine sind die Hauptkondensatoren a angebracht. Die Zirkulationspumpen sind in der Figur mit c, die Hülfszirkulationspumpen mit d bezeichnet. Anderweitige Zwecke erfüllen die Pumpen e, f, g, i und k. Zum Drehen der Maschine dienen die Hilfsmaschinen h. l ist ein Speisewasserfilter, m ein Vorwärmer und n der Speise-

22*

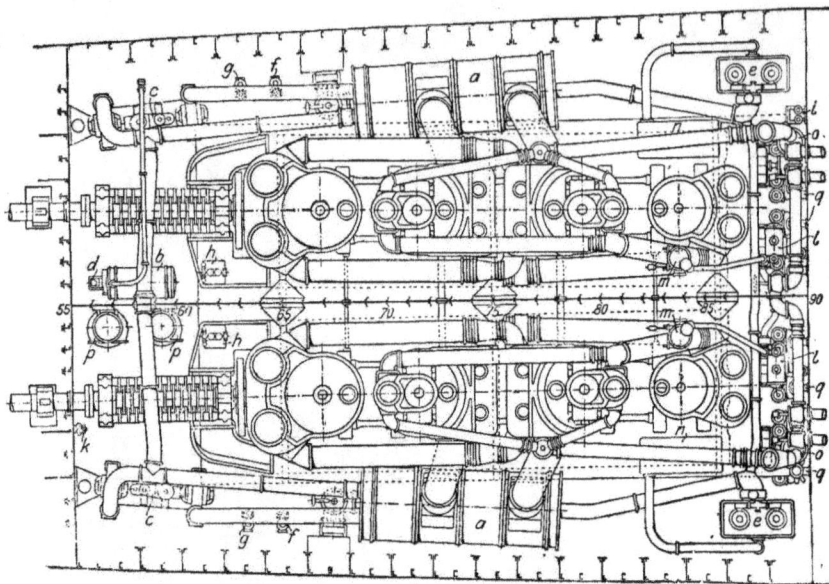

Fig. 180.

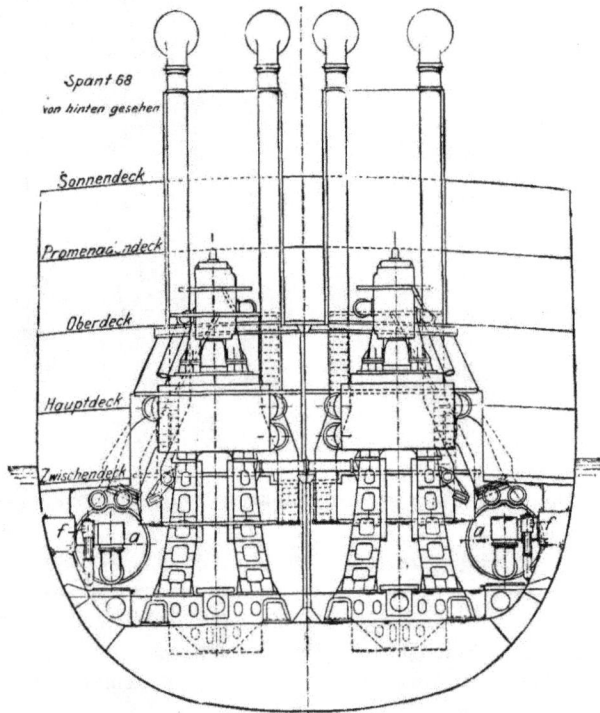

Spant 68
von hinten gesehen

Sonnendeck

Promenad..ndeck

Oberdeck

Hauptdeck

Zwischendeck

Fig. 181.

wasserbehälter. Mit *o* ist der Hauptwassersammler, mit *p* ein Verdampfer bezeichnet.

Noch schwieriger als auf den Handelsdampfern gestaltet sich der Einbau der Maschinen auf den Kriegsschiffen.

Der für die Maschine verfügbare Raum ist hier noch weiter durch die Forderung eingeschränkt, dass die, dem ganzen Schiff die Bewegung gebende Dampfmaschine unterhalb des schützenden Panzerdeckes liegen muss. Zunächst blieb man daher bei den Kriegsmarinen bei den liegenden Dampfmaschinen. Erst später suchte man die

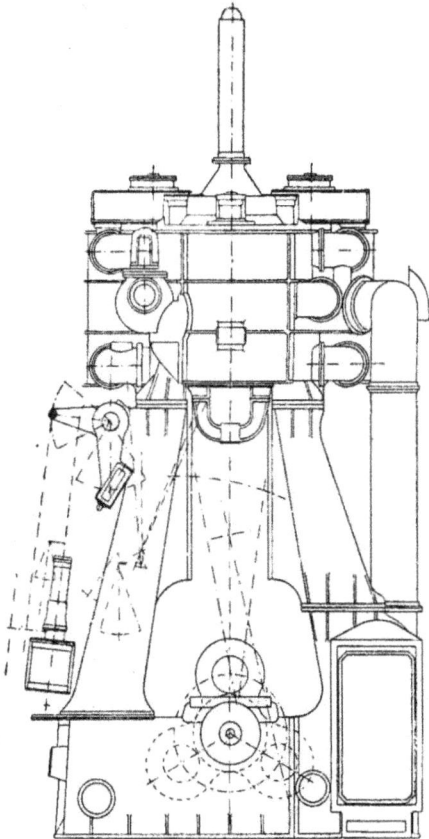

Fig. 182.

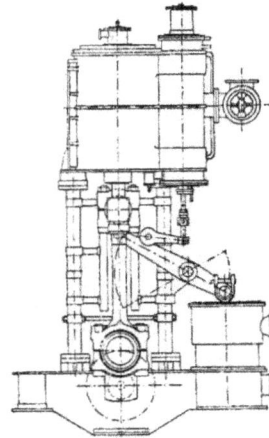

Fig. 183.

bei weitem besseren Hammermaschinen auch auf diesem Gebiet anzuwenden. Man wählte möglichst kurzen Hub, um die Maschine niedriger zu bekommen und musste dementsprechend die Tourenzahl wesentlich erhöhen. Wieweit es den Konstrukteuren schliesslich gelang, die Hammermaschine auf einen kleinen Raum zusammenzudrängen, lassen die im Massstab 1:100 gezeichneten Fig. 182 u. 183 erkennen, die zwei gleich starke Dreifachexpansions-

maschinen von je 6000 ind. PS. darstellen. Die eine, für ein Panzer-
schiff bestimmt, ist etwa 6 m hoch, hat 990 mm Kolbenhub und
macht 110 Umdrehungen in der Minute, die andere gehört einem
Handelsdampfer an. Sie erreicht eine Höhe von 11,5 m und macht
bei 1600 mm Hub 85 minutl. Umdrehungen.

Bei den Torpedobooten hat man sogar, um die leistungsfähigere
Hammermaschine verwenden zu können, auf die geschützte Lage
verzichtet, die Cylinder reichen hier bis zum Oberdeck. Das ganze
Torpedoboot bildet gleichsam einen Maschinenraum. Die hohe Geschwindigkeit, die verlangt wird, bedingt im Verhältnis zur Schiffs-
grösse ganz ungeheure Maschinenleistung. Bei keiner anderen
Dampfmaschine wird so scharf auf Raum- und Gewichtsersparnis
gesehen, als bei der Torpedobootsmaschine. Unter dem Druck
dieser harten Forderungen hat die Technik fast Unmögliches möglich
gemacht.

Die Abbildung 184 zeigt die Dampfmaschine eines modernen
Torpedobootes, das von F. Schichau für die Kaiserlich Chinesische
Marine erbaut wurde. Die beiden gleichartigen, mit einander durch
das Gestell vereinigten Dampfmaschinen leisten zusammen 6000 ind.
PS. und geben dem Boot eine Geschwindigkeit von rund 65 km in der
Stunde (35 Knoten). Das Gewicht der vollständigen Maschinen und
Kesselanlagen einschliesslich der Wellenleitung, des Wassers der
Kessel und Kondensatoren beträgt nur 19 kg für die ind. Pferdekraft.

Der äusserst kleine Raumbedarf und das geringe Gewicht der
Dampfturbinen lassen diese Maschinengattung besonders günstig für
Torpedoboote erscheinen. Anfang 1900 wurden auf dem englischen
Torpedoboot Viper zwei Satz Verbund-Parsonsturbinen eingebaut,
die bei einer Höchstleistung von 11 000 ind. PS. dem Schiff 35,5
Knoten Geschwindigkeit erteilt haben sollen.

Die Enstehung und Entwicklung des Schiffsmaschinenbaues ist
naturgemäss mit dem Schiffsbau selbst auf engste verknüpft.

England wieder ist es gewesen, dessen Industrie die Dampfer
und ihre Maschinen zuerst in grossartigster Weise entwickelt hat,
dessen Handel sich des neuen Verkehrsmittels zuerst in umfang-
reichster Weise bedient hat. Von allen europäischen Seehandels-
dampfern kamen auf Grossbritannien noch 1864 nicht weniger als
66 %, d. h. von 3509 Dampfern kamen auf Englands Handel allein
2228, und an zweiter Stelle kam Frankreich mit nur 338 Dampfschiffen.

Die Leistungen der Schiffsmaschinen in Betracht gezogen,
dienten 1864 noch 85 % aller europäischen Schiffsmaschinen-Pferde-

stärken dem Handel Englands. Von 833 700 Pferdekräften der Seehandelsschiffe mit Ausschluss von Russland, Türkei, Griechenland und Portugal kamen allein 703 000 auf Grossbritannien, auf Frankreich 52 000. Auch die grössten Dampfer mit durchschnittlich 315 PS.

Fig. 184.

besass Grossbritannien noch 1864, an zweiter Stelle kamen die deutschen Hansastädte mit Dampfern von durchschnittlich 215 PS. In welchem Umfange heute noch England allen andern Staaten der ganzen Welt in der Verwendung der Dampfkraft auf Kriegsschiffen voran ist, zeigt die Darstellung Tafel II, Fig. 3.

Während 1843 in England der „Great Britain" und 1852 das Wunder der Welt, der „Great Eastern", von Brunel

erbaut wurden, war in Deutschland 1836 erst ein Raddampfer
für die Elbe und 1852 der erste eiserne Seedampfer aus
der Werft von Fürchtenicht & Brock in Bredow bei Stettin — dem
späteren Vulkan — hervorgegangen. Langsam nur konnte sich im
Anfang der deutsche Schiffs- und Schiffsmaschinenbau entwickeln.
Es fehlte an den Einrichtungen und vor allem an Kapital. Das alte
hölzerne Segelschiff von 4 bis 500 t hatte etwa 50 000 Mk. gekostet,
die neuen eisernen Dampfer verlangten Aufwendungen, die sich auf
Millionen beliefen. Ein moderner Schnelldampfer stellt sich gar
auf 12 bis 14 Millionen, von denen die Hälfte auf die Maschinen-
Anlagen entfallen.

Erst als das neu entstandene Deutschland auch einer
deutschen Marine bedurfte und in den leitenden Kreisen die
Erkenntnis sich Bahn brach, dass die deutschen Kriegsschiffe aus
deutschem Material und auf deutschen Werften erbaut werden
mussten, wenn man nicht vom Auslande abhängig bleiben wolle,
erhielten die Schiffsbauanstalten Arbeit und mit ihr die Gelegenheit,
sich zu gleicher Leistungsfähigkeit wie die Englands emporzuarbeiten.

Die grossen Dampfschiffahrtsgesellschaften, die Hamburg-Amerika-
nische Packetfahrt-Aktiengesellschaft und der Norddeutsche Lloyd
in Bremen, die mit englischen Schiffen die deutsche Handelsflotte
bereits zu einer der bedeutendsten der Welt gemacht hatten,
konnten sich allerdings zunächst schwer dazu verstehen, lang-
jährige gute Geschäftsverbindungen zu lösen. Erst seit 1886 mit
dem Bau der Dampfer für die Ostasienfahrten, die unter der ‚Bedingung von der deutschen Regierung unterstützt wurden, dass nur
in Deutschland gebaute Schiffe zu verwenden wären, bekam der
deutsche Handelsschiffbau grossartige Bestellungen, die, zur vollsten
Zufriedenheit ausgeführt, ihm dauernd das Vertrauen der grossen
Schiffahrtsgesellschaften sicherte.

Grossartig war die Entwicklung Deutschlands gerade auf diesem ·
Gebiet. Die deutschen Ingenieure haben es verstanden, in kürzester
Zeit ihre Lehrmeister einzuholen, ja zum Teil zu übertreffen.

Vom Vulkan waren 1897 bereits 238 Schiffe, darunter 59
Kriegsschiffe, erbaut worden, und die Schiffswerften von Schichau
in Elbing und Danzig hatten bis Ende 1896 595 Fluss- und See-
dampfer und 753 Schiffsmaschinen erbaut. Die Torpedoboote dieser
Werft, mit denen Geschwindigkeiten von 35,2 Knoten = 65,2 km in
der Stunde erreicht worden sind, stehen unübertroffen in der Welt da.
Wie Schichau in Torpedobooten, so hat der Vulkan im Bau von
Schnelldampfern heute selbst England hinter sich gelassen. Der in

18 Monaten fertiggestellte „Kaiser Wilhelm der Grosse" mit seinen 29 000 Pferdekräften, die „Deutschland" mit ihren 36 000 PS. sind die schnellsten Schiffe der Welt. Auf deutschen Werften wurden 1899 über 300 Dampfer mit etwa 144 000 PS. hergestellt. Von den 32 Riesendampfern über 10 000 Reg.-Tons Raumgehalt der deutschen, englischen und amerikanischen Handelsmarine kommen 19 allein auf deutsche Dampfschiffahrtsgesellschaften, 9 auf England, 3 auf Amerika. Die Hamburg - Amerikanische Packetschiffahrt - Aktiengesellschaft und der Norddeutsche Lloyd sind heute die grössten Schiffahrtsgesellschaften der Welt. Der Norddeutsche Lloyd in Bremen hatte am Ende des Jahrhunderts 121 Dampfer mit zusammen fast 400 000 PS zur Verfügung. Die von dieser Dampferflotte in einem Jahr zurückgelegte Fahrstrecke entspricht ihrer Länge nach dem 189 fachen Erdumfange.

Deutsche Technik und deutscher Unternehmungsgeist haben Grund, auf diese Erfolge stolz zu sein.

2. Die Lokomotive.

Nicht so in die Augen fallend wie auf den andern Anwendungsgebieten sind die Veränderungen der Dampfmaschine, die sie im Laufe des halben Jahrhunderts im Dienst des Verkehrs auf dem Lande hat durchmachen müssen. Der Oberbau, die einmal festgesetzte und allgemeine Annahme der Spurweite begrenzten die Grössen- und Leistungsänderung der Lokomotive. Die Gestalt, die bereits die beiden Stephenson der Lokomotive gegeben hatten, behielt sie bei. Auch heut noch ist der Röhrenkessel, das Blasrohr, die liegend angeordnete Zwillingsmaschine, die Schiebersteuerung mit Kulissenumsteuerung im allgemeinen Gebrauch.

Sobald der Dampf als Betriebsmittel auf den Eisenbahnen sich bewährt hatte, ging man daran, die Lokomotiven den verschiedenen Bedingungen, unter denen sie zu arbeiten hatten, nach Möglichkeit anzupassen. Es entstanden Güter- und Personenzuglokomotiven, ferner Gebirgslokomotiven und kleine leichte Lokomotiven für kurze Nebenbahnen. Die geographische Beschaffenheit des Landes, die Eigenart der örtlichen Verhältnisse, bekamen Einfluss auf Bau und Ausführung und führten z. B. zu den erheblichen Unterschieden der amerikanischen Lokomotiven von denen Europas. Das Streben nach höchster Betriebssicherheit zwang frühzeitig zur Verwendung besten Materials und zu gediegenster Ausführung. Die Lokomotivdampfmaschine war der erste „Schnellläufer", der unter weit ungünstigeren Bedingungen als die ortsfesten Maschinen jede Sicherheit im Betriebe gewährleisten musste.

Der sich immer steigernde Güter- und Personenverkehr drängte zur Vergrösserung der Leistungsfähigkeit, der eine entsprechende Vergrösserung der Heiz- und Rostfläche vorangehen musste. Die Zahl der Siederohre, die 1829 bei der „Rocket" erst 25 betragen hatte, war beim „Planet" 1830 schon auf 94 gestiegen und erreicht heute bei der preussischen Schnellzuglokomotive bereits die Zahl 231, während einige amerikanische Lokomotivkessel schon mehr als 300 Heizröhren aufzuweisen haben. Dementsprechend ist die Heizfläche von 12,7 qm bei der „Rocket" bis auf 125 qm bei den deutschen und bis auf 195 qm bei amerikanischen Maschinen gestiegen. Das grösste Hindernis für Vergrösserung der Heizfläche bot die Spurweite, solange wenigstens, als man für die Stabilität der Lokomotive die tiefe Lage des Kessels für unbedingt erforderlich hielt.

Da bei Normalspur die Entfernung zwischen den Radreifen nur 1360 mm beträgt, so ergiebt sich, will man den Kessel dazwischen legen, ein Kesseldurchmesser von etwa 1,3 m. Da nur bei gewisser Rohrlänge der günstigste Effekt sich erreichen lässt, es ferner wünschenswert ist, nicht zu weite Radstände zu erhalten, so war auch die Länge des Kessels beschränkt. Die amerikanischen Ingenieure machten sich zuerst von der Ueberlieferung frei. Liegt die Kesselmitte sonst etwa durchschnittlich 1,8 m über den Schienen, so geht man in Amerika seit Anfang der neunziger Jahre bis auf 2,9 m, ohne dass der gefürchtete schlechte Gang deshalb eingetreten ist. Der Eindruck, den diese neue Bauart mit hochliegendem Kessel auf das an 'die Normallokomotive gewöhnte Auge macht, ist gewaltig. Eine weitere Vergrösserung der Dampfmaschinenleistung wurde durch Steigerung des Dampfdruckes von 3,3 Atm. bei der Rocket auf etwa 6 Atm. um die Mitte des Jahrhunderts, auf 10 bis 12, ja bis 16 Atm. in jetziger Zeit erreicht.

Ein Uebelstand lag in der Speisung des Kessels, solange diese von Pumpen bewirkt werden musste, die gewöhnlich durch Excenter von der Treibachse aus angetrieben wurden, also beim Stillstand der Lokomotive nicht arbeiteten. Die Erfindung der Dampfstrahlpumpe — des Injektors — durch den französischen Ingenieur H. Giffard in Paris, 1858, war daher für die Entwicklung der Lokomotive ein äusserst bedeutsames Ereignis.

Die Dampfmaschine der meisten Lokomotiven ist nach wie vor eine zweicylindrige Zwillingsmaschine, deren Kurbeln aus Rücksicht auf die Manövrierfähigkeit um 90° gegen einander versetzt sind.

Die Cylinder liegen innerhalb oder ausserhalb des Rahmens. Beide Bauarten haben ihre Vor- und Nachteile. Noch hat keine die andere zu verdrängen vermocht. Innenliegende Cylinder sind besser gegen Abkühlung geschützt, und durch ihre bessere Lagerung lässt sich ein ruhiger Gang der Maschine erreichen. Ihre Lage macht sie dagegen schwerer zugänglich und die bei ihnen notwendig werdende gekröpfte Achse führte wenigstens früher zu Unzuträglichkeiten, da sie sich schwieriger herstellen liess, kostspieliger war, und leicht zu Brüchen Veranlassung gab. In England werden die Cylinder fast nur innerhalb, in Amerika nur ausserhalb des Rahmens angeordnet. Auf dem Kontinent finden sich beide Anordnungen nebeneinander ziemlich in gleicher Zahl ausgeführt. In Deutschland überwiegt die Anordnung mit Aussencylinder.

Um die Maschinenkraft noch mehr zu steigern, versucht man auch drei und vier Cylinder anzuwenden, von denen die Viercylinder-Maschine mit 4 Triebwerken in neuester Zeit Verbreitung gefunden hat. . Die Anordnung ist entweder so getroffen, dass alle 4 Cylinder aussenliegend angeordnet sind und zu je zwei auf besondere Radgruppen wirken, oder dass zwei Cylinder aussen-, zwei innenliegend angebracht sind. Bei der letzteren Ausführung arbeiten die Cylinder auf Achsen, die in üblicher Weise durch Kuppelstangen miteinander in Verbindung stehen.

Für die Dampfverteilung dient nach wie vor der gewöhnliche Muschelschieber oder der Trick'sche Kanalschieber. Die Flachschieber sind vielfach mit Entlastung versehen. Neben ihnen scheint der vollkommen entlastete Kolbenschieber für die Zukunft weitere Anwendung zu finden. Alle Bestrebungen der fünfziger Jahre, die Expansionssteuerung mit zwei Schiebern nach System Meyer oder Farcot bei den Lokomotiven einzuführen, sind als erfolglos schon lange aufgegeben worden.

Auch die Präcisionssteuerungen hat man auf der Lokomotive einzuführen versucht. Corliss wandte 1860 seine Auslösesteuerungen bei den Lokomotiven an, jedoch ohne Erfolg, da den Unbilden der Witterung, dem Staub und Regen der empfindliche Mechanismus nicht gewachsen war. Auch die hohe Tourenzahl hinderte das gute Arbeiten der Präcisionssteuerung. In neuester Zeit werden in Frankreich Versuche mit zwangläufigen Corlisssteuerungen gemacht, die eine Kohlenersparnis bis 10 % ergeben haben.

Die Bewegung der Schieber geschieht durch Excenter von der Kurbelwelle aus. Zur Umsteuerung werden die verschiedenen Arten der Kulissensteuerungen, die von Stephenson, Gooch und Allan, am meisten verwendet. Neben ihnen ist die von dem deutschen Ingenieur Heusinger von Waldegg zuerst 1854 bekannt gegebene Umsteuerung, bei der ein Excenter vorhanden ist und die zweite Bewegung vom Kreuzkopf abgeleitet wird, vielfach ausgeführt. Die Steuerung von Joy, deren Bewegung ohne Benutzung eines Excenters von einem Punkte der Schubstange abgeleitet wird, findet bei englischen Lokomotiven Verwendung.

Die weittragendste Bedeutung für eine bessere Brennstoffausnutzung hat auch auf diesem Gebiet die Einführung der Expansion in mehreren Cylindern gehabt. Schon Gerhard Moritz Roentgen, der Direktor der niederländischen Dampfschiffahrtsgesellschaft, hat es 1834 in seinem französischen Patent, das sich auf die Hoch- und Niederdruckmaschinen, die heutige Verbundmaschine, bezog, ausgesprochen, dass dieselben Vorteile des Systems sich auch bei seiner Anwendung auf die Eisenbahnmaschinen ergeben würden. Eine Ausführung ist nicht bekannt. Versuche, zwei Woolfsche Maschinen jede in Tandem-Anordnung anzuwenden, hatten wenig Erfolg. Englische Patente aus den Jahren 1846, 1860 und 1872 beschäftigen sich wieder mit der Verbundlokomotive, doch führten auch sie noch zu keiner praktischen Ausführung.

Der erste, der die Verbundlokomotive sich nicht nur patentieren liess, sondern auch mit grossem Erfolg in die Praxis einführte, war der schweizerische Ingenieur Anatole Mallet. Seinem französischen Patent vom 10. Oktober 1874 folgte 1876 die erste Ausführung. Die erste Verbundlokomotive der Welt wurde nach Mallet's Entwürfen bei Schneider & Co. in Creuzot für die Bahn Bayonne-Biarritz ausgeführt. Die Ergebnisse der Versuche, die mit dieser Verbundlokomotive angestellt wurden, waren so günstig, dass bald andere Bahnen dem gegebenen Beispiel folgten und sich für Einführung des neuen Systems interessierten. Eine besondere Schwierigkeit, das Verbundsystem bei Lokomotiven anzuwenden, war in dem Umstand begründet, dass die Maschine nicht sofort in Gang gesetzt werden kann, wenn der Kolben des kleinen Cylinders nahe seiner Endstellung sich befindet. Vorrichtungen, die bei Schiffsmaschinen angebracht, diesen Uebelstand beseitigten, waren in ihrer Wirkung zu langsam, um bei den Lokomotiven Verwendung finden zu können. Mallet traf daher bei seiner Lokomotive eine Einrichtung, die dem Führer ermöglichte, beliebig mit und ohne Verbundwirkung zu fahren. Je nach Stellung eines Umschalters oder Verteilungsschiebers wird entweder jedem der Cylinder frischer Dampf zugeführt, — wir haben dann eine Zwillingsmaschine, die sich nur durch ihre ungleich

grossen Cylinder von der gebräuchlichen Anordnung noch unterscheidet, — oder nur der kleinere Cylinder, der Hochdruckcylinder,
erhält Dampf vom Kessel, während der grössere, der Niederdruckcylinder, mit dem Abdampf des kleinen Cylinders arbeitet. Nachteile
der Mallet'schen Anordnung lagen in der schwierigeren Behandlung
der neuen Lokomotiven, die einen äusserst sachkundigen Führer
zur Voraussetzung ihres Erfolges hatten.

August von Borries, damals Maschineninspektor der Kgl. Haupt-
werkstätte zu Leinhausen bei Hannover, gelang es, die Nachteile
des Mallet'schen Systems zu vermeiden.

Die Verbundlokomotive von Borries unterscheidet sich von
der Maschine Mallets vor allem dadurch, dass die Maschine während
der Fahrt stets nach dem Verbundsystem arbeiten muss, wodurch
die Vorteile desselben in weiterem Umfange zur Geltung kommen.
Zum Anfahren dient eine einfache selbstthätige Vorrichtung, die
Dampf von verringerter Spannung dem grossen Cylinder zuzuführen
gestattet. Ferner ist die Steuerung so eingerichtet, dass für bestimmte Füllungsgrade im kleinen Cylinder stets passende Füllungsgrade im grossen Cylinder selbstthätig eingestellt werden, wodurch
jede Willkür der Lokomotivführer nach dieser Richtung hin ausgeschlossen ist.

Die erste Verbundlokomotive Deutschlands wurde von Hannover
aus bereits 1880 bei Schichau in Elbing in Auftrag gegeben.
Weitere Ausführungen, auch nach von Borries System, folgten,
mit denen im Anfang der achtziger Jahre eingehende Versuche
angestellt wurden, die zu sehr günstigen Ergebnissen führten. Die
Anfahrvorrichtung war allerdings noch verbesserungsfähig und
gab zu mancherlei Erfindungen Veranlassung, bis auch diese Uebelstände beseitigt waren. Heute ist die Verbundlokomotive über das
Versuchsstadium hinaus. In Preussen wird sie seit 1895 grundsätzlich für alle Schnellzuglokomotiven, sowie für alle Güterzug-
lokomotiven, die längere Strecken zu durchfahren haben, ausschliesslich angewendet.

In England kam die Verbundlokomotive von Worsdell 1885
zuerst zur Anwendung, die sich von der von Borries'schen Lokomotive nur durch die Anordnung der Anfahrvorrichtung unterscheidet.

Schon am Schlusse des Jahres 1889 waren über 600 Lokomotiven nach der Bauart Worsdell's und von Borries' im Betrieb, die
bei gleichem Gewicht grössere Leistungsfähigkeit entwickeln, vor
allem aber eine Brennstoffersparnis von 15 bis 20 %/0 ermöglicht haben.

Die Abbildung 185 zeigt eine von A. Borsig in Tegel bei
Berlin erbaute Schnellzug-Verbundlokomotive der Preussischen
Staatsbahnen, bei der die Cylinder sowie die Steuerung ausserhalb
des Rahmens angeordnet sind.

Fig. 185.

In neuester Zeit wird auch versucht, die Dampfüberhitzung für
den Lokomotivbetrieb einzuführen. 1898 wurde unter Oberleitung
des preussischen Eisenbahndirektors Garbe die erste Zwillings-Heiss-
dampflokomotive vom Vulkan in Bredow bei Stettin erbaut und
in den Schnellzugsdienst der Eisenbahndirektion Hannover eingestellt,
wo sie auch bei schwerstem Dienst allen Anforderungen an Betriebssicherheit, Leistungsfähigkeit und leichte Bedienung vollkommen
entspricht. Ein Jahr später wurde unter Benutzung der erworbenen
Erfahrungen eine zweite Probelokomotive erbaut, der als dritte eine
von A. Borsig in Tegel bei Berlin erbaute Schnellzug-Lokomotive
folgte, die mit einem Ueberhitzer nach der dem Ingenieur Wilhelm
Schmidt patentierten Bauart versehen ist.

Die bisher gemachten Erfahrungen zeigen, dass sich die
Leistungsfähigkeit des Kessels, ohne Vergrösserung desselben, nur
durch die Verwendung überhitzten Dampfes sehr wesentlich — bis
zu 33 v. H. — steigern lässt, was neben der bedeutenden Kohlen-

ersparnis gegenüber den mit gewöhnlichem Dampf betriebenen Zwillingslokomotiven, als Hauptvorteil der Heissdampflokomotive zu betrachten ist.

Da die Heissdampfzwillingsmaschine bei 12 kg Dampfspannung bereits die gleiche wirtschaftliche Ausnutzung zu geben verspricht, wie eine Verbundlokomotive bei 15 kg Dampfdruck, ihre Bauart aber einfacher und der Gang gleichmässiger ist, als bei der mit gesättigtem Dampf betriebenen zweistufigen Expansionsmaschine, so muss die Einführung der Dampfüberhitzung als ein Ereignis von grosser Tragweite auf dem Gebiet des Lokomotivbaues bezeichnet werden.

Welch grosse wirtschaftliche Bedeutung aber selbst geringfügige Verbesserungen der Lokomotivdampfmaschine zur Folge haben müssen, lässt sich ermessen, wenn man die Ausbreitung der Lokomotiven ins Auge fasst. In Deutschland waren 1895 etwa 2 700 000 Dampfmaschinen-Pferdestärken in allen gewerblichen Betrieben zusammengenommen thätig, während gleichzeitig den Lokomotiven Deutschlands allein eine Leistungsfähigkeit von über 7 000 000 PS. entsprach. Anfang der 90 er Jahre waren etwa 109 000 Lokomotiven in der ganzen Welt thätig, von denen auf das kleine Europa 63 000, auf Amerika 40 000 entfielen.

Die Vereinigten Staaten von Nord-Amerika mit 35 000 Lokomotiven besitzen den grössten Eisenbahnbetrieb der Welt, und dem grossen Bedarf an Lokomotiven suchen Riesen-Fabriken zu entsprechen. Die Baldwin-Werke in Philadelphia stellen 1000 schwere Lokomotiven in einem Jahre fertig, d. h. soviel wie ungefähr die 8 preussischen Lokomotivfabriken zusammen. Nicht nur die grösste Lokomotivfabrik, sondern auch die stärkste Lokomotive der Welt zu besitzen rühmt sich Amerika. Die grundlegenden Angaben dieser Riesenlokomotive, mit denen der Stephenson'schen „Rocket" verglichen, geben eine Vorstellung von den Grenzen, zwischen denen sich die Lokomotive entwickelt hat.

Die Maschine der „Rocket" hatte 203 mm Cylinderdurchmesser und 418 mm Hub. Bei der 1899, also 70 Jahre später, gebauten Lokomotive betrugen der Durchmesser 584, der Hub 762 mm. Der Dampfdruck war von 3,3 auf 16 Atm. gestiegen. Das Gesammtgewicht von Maschine und Tender beträgt das 22fache des Gewichts der „Rocket" (165,5 t gegen 7,5). Die Anzahl der Rohre beträgt 424 gegen 25 und die gesamte Heizfläche 325 qm gegenüber 12,79. Die Riesenlokomotive könnte auf horizontaler Bahn bei nur 12 km Geschwindigkeit über 5000 t Gesammtgewicht befördern, bei grösster Geschwindigkeit von 48 km/Std. würde sie noch eine Zuglast von

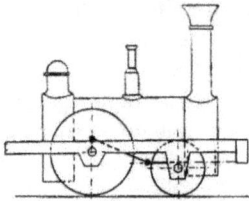

„Planet" 1830.

Gewicht: 9 t.
Heizfläche: 29,2 qm.
Cylinder-Durchmesser: 279 mm.
Hub: 0,406 m.
Gesamtlänge: 4,25 m.

Fig. 186.

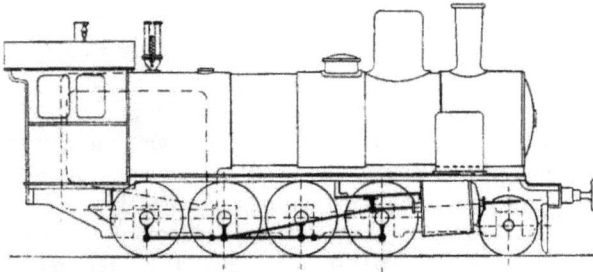

Fig. 187.

Preussische grosse Güterzuglokomotive (Verbundanordnung) 1900.

Gewicht: 56,7 t.
Heizfläche: 144 qm.
Cylinder-Durchmesser: 530 und 750 mm.
Hub: 0,63 m.
Gesamtlänge: 10,03 m.

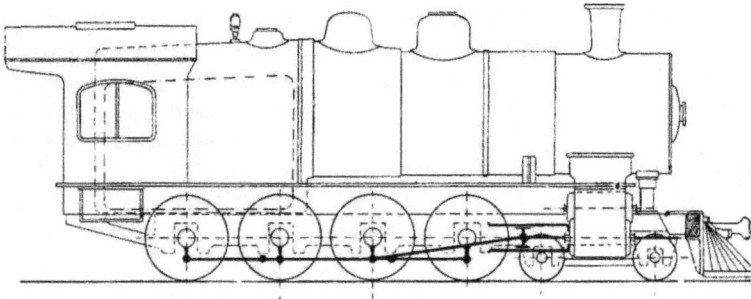

Fig. 188.

Amerikanische Riesenlokomotive 1900.

Gewicht: 105,2 t.
Heizfläche: 325. qm.
Cylinder-Durchmesser: 584 mm.
Hub: 0,762 m.
Gesamtlänge: 12,6 m.

1600 t bewegen können, was einer Leistung von 1500 PS. entsprechen würde. Die „Rocket" war im Stande, bei einem Gesamtzuggewicht von 17 t 22,2 km in der Stunde zurückzulegen. Diese Zahlen sowie die bildliche Untereinanderstellung (siehe Fig. 186, 187, 188) dreier Lokomotiven, die die Abmessungen der 1830 von Stephenson erbauten „Planet", einer preussischen grossen Güterzuglokomotive und der grössten Lokomotive der Welt mit einander zu vergleichen gestatten, mögen genügen, um nachzuweisen, dass auch auf diesem Anwendungsgebiet, trotz der besonderen Schwierigkeiten und Einschränkungen, der Entwicklungsgang der Dampfmaschine ins Riesenhafte fortgeschritten ist.

Wir stehen am Ende unserer Betrachtungen über die technische Entwicklung der Dampfmaschine.

Aus kleinen unscheinbaren Anfängen ist die Dampfmaschine entstanden; langsam war zuerst der Gang der Entwicklung. Je stärker aber das praktische Leben nach ihr verlangte, umso mehr beschleunigte sich die Ausgestaltung und Verbesserung der Dampfmaschine.

Das Bedürfnis nach ihr, die immer wachsende Nachfrage und die stete Vergrösserung der an sie gestellten Anforderungen sind stets die mächtigsten Förderer ihrer grossartigen Entwicklung gewesen.

Zunächst nur zufrieden, mit „Feuer" Wasser heben zu können, geht man bald dazu über, den Dampf auch allgemeinen Zwecken dienstbar zu machen. Die Dampfmaschine beginnt im gewerblichen Leben ihre ausschlaggebende Rolle zu spielen.

Kaum hat sie sich hier unentbehrlich gemacht, da eröffnet sich ein neues Gebiet von grösster Bedeutung. Der Dampf tritt in den Dienst des Verkehrs. Mit Dampfschiff und Dampfwagen beginnt ein neuer Abschnitt der Weltgeschichte.

„Einen Freund des Bergmanns" nannte Savery einst die Dampfmaschine. Angesichts ihrer mächtigen Entwicklung und ihres weittragenden Einflusses auf alle menschlichen Beziehungen können wir heut nach zweihundert Jahren ganz allgemein die Dampfmaschine bezeichnen als Freund und machtvolle Förderin aller menschlichen Arbeit.

C. Die grossen Männer der Dampfmaschine.

Denys Papin.

Eine Zeit, die keine Vorstellung hatte von der Bedeutung, die den Erfindungen eines Papin zu Grunde lag, konnte auch kein Interesse haben für die Person des Erfinders.

Ueber sein Schaffen berichten seine Schriften und seine Briefe, über sein Leben, sein Denken und Empfinden, über den Menschen Papin schweigen diese Quellen oder lassen nur notdürftig zwischen den Zeilen uns einiges erraten.

Papin wurde am 22. August 1647 zu Blois in Frankreich geboren. Sein Vater war ein höherer königlicher Beamter und bekleidete zugleich die Stellung eines Aeltesten an der reformierten Kirche. Von den ersten 14 Jahren seines Lebens wissen wir nur den Ort und das Datum seiner Geburt. 1662 bezog Papin die Universität in Angers und widmete sich dort dem medicinischen Studium. Etwa um das Jahr 1669 erlangte er den Doktortitel. Bald darauf finden wir ihn in Paris, wo er das Glück hatte mit Huyghens, einem der bedeutendsten Physiker, persönlich bekannt zu werden.

Sein Interesse an der experimentellen Untersuchung von Naturerscheinungen wurde rege, und seine persönliche Geschicklichkeit, die es ihm möglich machte, die Apparate sich zumeist selbst herzustellen, und seine scharfe Beobachtungsgabe machten ihn sehr bald zu einem äusserst brauchbaren Gehilfen seines Meisters. Unter Huyghens Leitung stellte er eine Reihe von Versuchen mit der Luftpumpe an, die seine Begabung für die Herstellung, Anordnung und Bedienung der Apparate zeigten und in ihm den künftigen Konstrukteur ahnen liessen. Die Erfindung des doppeltdurchbohrten Hahnes, des Zweiweghahns, ermöglichten ihm eine bequemere Anordnung und leichte Bedienung seiner Luftpumpe.

Damals lernte Papin auch den deutschen Philosophen Leibniz, mit dem er später in fruchtbaren wissenschaftlichen Gedankenaustausch treten sollte, persönlich kennen.

DENYS PAPIN
geb. 1647 gest. 1712.

Der Wirkungskreis, den der junge Gelehrte in Paris gefunden hatte, genügte ihm nicht lange. 1675 finden wir Papin in London, wohin er sich in der Hoffnung, dort bessere Bedingungen für sein

23*

Schaffen finden zu können, begeben hatte. Hier waren es wiederum eine grosse Reihe von Versuchen mit der Luftpumpe, die er für den berühmten englischen Physiker Boyle ausführte. Eine neue Luftpumpe, die erste mit 2 Cylindern, und eine Windbüchse, die er auch als Kompressionspumpe benutzte, waren bei diesen Arbeiten entstanden und brachten ihm Lob und Anerkennung von der kgl. Gesellschaft der Wissenschaften. Auf Vorschlag Boyle's ernannte ihn diese 1680 zu ihrem Mitglied. Dankbar hierfür widmete er der Gesellschaft ein Jahr darauf sein Werk, das die Erfindung des Digestors behandelte, dessen Bezeichnung als „Papin'scher Topf" den Namen seines Erfinders wohl am meisten bekannt gemacht hat. Die wirtschaftliche Ausbeutung dieser Erfindung, wie sie Papin sich bereits dachte, blieb unserer Zeit vorbehalten, soviel Aufsehen sie auch machte und so viel berühmte Männer sich auch damals bereits dafür interessierten.

Der Wunsch den Brennstoff besser auszunutzen, als dies bisher geschah, hatte zu einer Reihe von Versuchen geführt, die mit der Erfindung des Digestors einen befriedigenden Abschluss fanden. Der Apparat bestand aus einem eisernen Gefäss, dessen Deckel durch Schrauben angepresst, dem bei der Erwärmung. des Wassers sich bildenden Dampf den Austritt versperrte. Die Kenntnis von der wachsenden Spannkraft des Dampfes veranlasste den Erfinder, seinen Apparat mit einem Ventil zu versehen, das sich unter Einwirkung des Dampfdruckes selbstthätig öffnete, sobald die Dampfspannung die zulässige Grenze überschritten hatte. Das Sicherheitsventil war ein sehr wesentlicher Teil, da es die Explosion verhinderte und erst ein verhältnismässig gefahrloses Arbeiten mit hohen Dampfspannungen möglich machte. Papin empfahl seine Maschine den „Zuckerbäckern, Köchen, Brauern und Färbern" und wendete sie im besondern an zur Herstellung von Frucht-Gelée's also zur Konservierung der Früchte durch Einkochen. Er war der Ansicht, dass die Maschine sich sehr schnell bezahlt machen würde, da das Pfund Gelée 20 Sous koste, er aber mit einer Maschine zum Preise von 16 Thalern mindestens 100 Pfund am Tage herstellen könne.

Mitten aus diesen Arbeiten heraus führte ihn seine Wanderlust und die Hoffnung, unter andern, neuen Verhältnissen schneller vorwärts zu kommen, nach Venedig, wo er im Verein mit andern Gelehrten eine Akademie der Wissenschaften gründen wollte. Auch dort setzte er seine Versuche mit der Luftpumpe weiter fort. Sein Aufenthalt in Italien war jedoch von kurzer Dauer. Drei Jahre später kehrte er wieder nach London zurück, wo er bei der kgl. Gesellschaft der Wissenschaften eine provisorische Anstellung erhielt, die ihn ausserordentlich befriedigte, da sie seinen Neigungen, wissenschaftliche Versuche durchzuführen, sehr entgegenkam. Seine Thätigkeit bestand in der Ausarbeitung von Experimenten, die er der Akademie in ihren Sitzungen vorzuführen hatte. Die grosse Anzahl Versuche zeigt, wie sehr ihm diese Arbeit zugesagt haben mochte.

Unter anderem beschäftigte er sich damit, Wasser mit Hilfe des Luftdruckes auf grössere Entfernungen hin zu fördern. Er glaubte eine Lösung gefunden zu haben, das Wasser der Seine bis nach Versailles zu fördern. Zwei durch ein Wasserrad angetriebene Luftpumpen sind durch Rohrleitung mit einer Anzahl übereinander angeordneter, luftdicht verschlossener Gefässe verbunden, von denen das eine mit dem andern durch ein Rohr mit Rückschlagklappe in Verbindung steht. Die Wasserentnahmestelle, hier der Fluss, ist in der gleichen Weise mit dem untersten Behälter verbunden. Die Luftverdünnung in den Gefässen hat zur Folge, dass der äussere Luftdruck das Wasser von einem zum andern befördert.

Eine andere Reihe von Versuchen, auf die er immer wieder zurückkam und die er auch zahlenmässig zu lösen suchte, bezogen sich auf eine Maschine, die mit Hülfe des luftverdünnten Raumes Geschosse schleudern sollte, also auf ein Geschütz, bei dem die Kraft der Pulvergase durch den Druck der atmosphärischen Luft ersetzt war.

Inzwischen hatte der allerchristlichste König das Edikt zu Nantes aufgehoben und damit auch Papin die Möglichkeit genommen, in sein Vaterland zurückzukehren. Der Wunsch, recht bald zur praktischen Ausführung seiner Erfindungen zu gelangen, schien ihm in London nicht erfüllt zu werden, und so war er gern bereit seiner Reiselust nachzugeben und dem Ruf des Landgrafen von Hessen an die Universität Marburg zu folgen. 1688 wurde er hier als Professor der Mathematik eingeführt. Seine Antrittsrede handelte „über den Nutzen der mathematischen Wissenschaften, insbesondere der Hydraulik".

Da der Landgraf von Hessen allen mechanischen Künsten grosses Interesse entgegen brachte, so versprach sich Papin von dem Fürsten eine weitgehende Förderung seiner Pläne. Aber die ewigen Kriege mit Frankreich, an denen der Landgraf thätigen Anteil nahm, hielten ihn meist seinem Lande fern und machten es Papin oft unmöglich, ihn auch nur theoretisch von seinen Ideen zu unterrichten. Diese Enttäuschung und die gar zu kleinen und kleinlichen Verhältnisse, die er in Marburg antraf, verbitterten ihn. Die Wissenschaften,

die von ihm vertreten wurden, gehörten nicht zu dem Berufsstudium
der damaligen Zeit. So blieben seine Vorträge leer, auch der Beruf des
Lehrers konnte ihn somit nicht erfreuen und befriedigen. Dazu kamen
noch Nahrungssorgen. Seine sehr geringen Einnahmen von 200 Thalern
jährlich wollten erst recht nicht ausreichen, seitdem er sich 1691
verheiratet hatte. Streitigkeiten mit seinen eigenen Landsleuten in
Marburg, die von dem kleinlichsten Dienstbotengezänk ausgingen und
bis zur Entscheidung an höchster Stelle getrieben wurden, machten
seine Lage noch unerträglicher, so dass er bereits 1692 sein Entlassungsgesuch einreichte und wieder nach London zurückkehren
wollte. Der Landgraf schlug das Gesuch ab, gewährte ihm aber eine
Gehaltsaufbesserung von 40 Kammergulden.

So unbehaglich für den Professor Papin der Marburger Aufenthalt sich gestaltete, so fruchtbringend und erfolgreich war er für
den Erfinder. Eine seiner ersten dort entstandenen Erfindungen war
die der Centrifugalpumpe und des Centrifugalventilators, welche die
vorhandenen rotierenden Pumpen, genannt „Kapselkünste", ersetzen
sollten, von denen sie sich in der Hauptsache durch den Ein- und
Austritt der Flüssigkeit unterschieden. Während nämlich bei den
älteren die Luft am Umfange in radialer Richtung eintrat und an
einem andern Punkt des Umfanges tangential austrat, liess Papin
Wasser oder Luft in der Richtung der Drehachse ein- und in der
Richtung der Tangente austreten. Bei der praktischen Ausführung
stellte sich dem Erfinder ein technisches Hindernis entgegen, das
die damalige Zeit nicht zu überwinden vermochte. Die Centrifugalpumpe verlangte eine grosse Geschwindigkeit und eine bis dahin
unbekannte Gleichmässigkeit ihres Ganges. Da unsere Zeit erst diese
Bedingungen erfüllt hat, so sind auch die Vorteile dieser Erfindung
erst uns zu gute gekommen. Zur Förderung der Luft bewährte sich
die Konstruktion auch damals schon, und wurde vielfach in den
technischen Betrieben der Bergwerke angewendet.

Ein zweites Projekt, dessen Lösung, wenn auch in ganz anderer
Weise als Papin damals dachte, der neuesten Zeit vorbehalten war,
behandelte nichts Geringeres als die Kraftübertragung auf grössere
Entfernungen. Ein Wasserrad sollte eine zweistieflige Luftpumpe, die
durch ein Bleirohr mit zwei an der Kraftentnahmestelle aufgestellten
Cylindern verbunden war, betreiben. Die Kolben dieser Arbeitscylinder
waren durch Taue so mit der Welle verbunden, dass bei ihrem durch
den Luftdruck verursachten abwechselnden Herabdrücken sich die
Welle bald nach der einen, bald nach der andern Richtung drehte.
Auf ihr sass eine grössere Seilscheibe, über die ein Tau gelegt war,

an dem zwei Schöpfeimer hingen. Durch die schwingende Drehbewegung der Scheibe wurden die Eimer abwechselnd gehoben und
gesenkt. Zu weiteren Versuchen in dieser Richtung kam es nicht,
da Papin inzwischen anderen Vorrichtungen zum Wasserheben den
Vorzug gegeben hatte.

Ein Wunsch des Landgrafen veranlasste ihn, sich mit der
Huyghens'schen Pulvermaschine, die er seiner Zeit bereits dem
Minister Colbert in einer Reihe von Versuchen vorgeführt hatte,
von neuem zu beschäftigen. Das Ergebnis seiner Arbeit war eine
konstruktiv sehr verbesserte Ausführung der Maschine (Fig. 5 S. 32).
Gleichzeitig aber führten ihn die gefährlichen und sehr schwierigen
Betriebsverhältnisse dieses Apparates auf die Idee, an Stelle des
Pulvers das Wasser zu setzen, indem er richtig erkannte, dass die
Eigenschaft des Wassers, in Dampfform einen grossen Raum einzu-
nehmen, dann aber durch Abkühlen des Dampfes sich wieder auf
das kleine Volumen zu verdichten, ihm ein bequemeres Mittel an
die Hand gab, einen luftverdünnten Raum zu erzeugen und dadurch
den Luftdruck zur Gewinnung nützlicher Arbeit in Thätigkeit zu
setzen. Die Ausführung zeigte die praktische Verwendbarkeit, und
somit ist Papin der Erfinder der „Feuermaschine", der ersten Kraftmaschine, in der Wasserdampf zur Verwendung kam.

In welch umfassender Weise der Erfinder die ausserordentlich
weittragende Bedeutung dieser Maschine auseinandersetzte, ist bereits
früher näher erörtert worden. Papin war auch hier der wirtschaftlich denkende Ingenieur und nicht nur der gelehrte Professor. Es
genügte ihm nicht, die Wissenschaft um einen interessanten Fall
bereichert und die Zahl kunstvoller Apparate vermehrt zu haben; in
der wirtschaftlich nutzbringenden Anwendung erst sah er sein Ziel
verwirklicht. In dem Kontrast zwischen diesem seinem Wollen und
dem Bedürfnis und dem Können seiner Zeit liegt die Tragik seines
an Arbeit so reichen und an Erfolg so armen Lebens.

In Papins Marburger Zeit fällt auch die Erfindung eines Apparates,
eine Flamme unter Wasser brennen zu lassen. Er erreichte es
durch Zuführung von Luft und suchte dies auf die Taucherglocke
anzuwenden, ein Verfahren, welches auch erst der Neuzeit grossen
Nutzen bringen sollte. Auch die Idee seiner Windbüchse griff er
wieder auf, nicht ohne seine Absicht, solche todbringende Maschinen
anzufertigen, zuerst besonders zu entschuldigen. Er sprach sogar die
Hoffnung aus, dass die Furcht vor solchen mörderischen Maschinen
eher Kriege verhindern, als sie hervorrufen werde. Einige theoretische und kritische Arbeiten führten zu wissenschaftlichen Ausein-

andersetzungen, die für uns kein Interesse mehr haben, die aber
einen reichen und auch heut noch für uns sehr interessanten Briefwechsel zwischen Papin- und Leibniz hervorriefen.

1692 stellte Papin im Auftrage des Landgrafen in Cassel Versuche an, die auf nichts Geringeres als auf den Bau eines Untersee-
schiffes sich bezogen. Die erste Ausführung bestand in einem
blechernen viereckigen Kasten von etwa $2^1/_2$ cbm Rauminhalt. Dem
Innern dieses Kastens konnte mit Hilfe einer Pumpe und eines
Lederschlauches Luft zugeführt werden. Das Gewicht des Gefässes
war so bemessen, dass es im Wasser vollkommen untertauchte.
Bleistücke, die als Ballast mitgeführt wurden, ermöglichten den
genauen Gewichtsausgleich. 2 kleinere Oeffnungen waren ausser
dem Einsteigschacht noch vorhanden und wurden durch Deckel mit
Schrauben fest verschlossen. Die gepresste Luft im Innern des
Raumes sollte es verhindern, dass Wasser hineinströmte, auch wenn
die Deckel geöffnet werden. Es war dann möglich, Ruder hindurch
zu stecken oder mit den Händen Sprenggeschosse an feindlichen
Schiffen zu befestigen.

Der Plan war nach allen Seiten durchdacht und erwogen, der
Apparat lag fertig vor, ein Krahn war eben im Begriff, ihn dem
Wasser zu übergeben, da brach dieser, das Taucherschiff stürzte in
die Fulda. Die Beschädigungen durch diesen Sturz waren gross
und verhinderten die von vielen Neugierigen erwarteten Versuche.
Diese unbefriedigte Neugierde rächte sich in einer Verdächtigung
Papins, und noch 15 Jahre später wurde er auf Grund dieses Miss-
lingens, an dem noch obendrein er unschuldig war, als ein Schwindler
hingestellt, der wohl viel versprechen, aber wenig halten könne.
Auch an Leibniz hatte man sofort einen Bericht über das Fehlschlagen des Versuches gesandt, dadurch aber nur erreicht, dass
dieser sehr energisch die Sache Papins verteidigte: „Sein Glaube
an ihn sei hierdurch nicht erschüttert, dazu kenne er Papins Gelehrsamkeit und Erfindungsgenie zu gut. Die Sache an sich sei klar
und richtig durchgedacht, die Schwierigkeiten bei der praktischen
Ausführung könnten nur durch Versuche gehoben werden. Ein
Mensch, dem bei einem solch ausserordentlich schwierigen Unternehmen sofort alles gelänge, müsste schon von wahrhaft göttlichem
Geiste beseelt sein." Auch die 2000 Thaler, die der Landgraf
durch dieses Misslingen verloren haben sollte, konnten Leibniz
Urteil nicht beeinflussen: „Viel mehr geben die Herren oft an einem
Abend am Spieltisch aus, warum nicht auch einmal für Experimente
von solcher Wichtigkeit für das allgemeine Wohl." Auch der

Landgraf liess sich durch das Ereignis nicht entmutigen; er gewährte aufs neue die Mittel, und Papin erbaute ein verbessertes Unterwasserboot. Mit demselben gelangen die Versuche in Gegenwart des Landesfürsten 1692 in der gewünschten Weise. Hiermit wurden die Versuche als beendigt angesehen, da bei der geographischen Lage Hessens eine praktische Verwendung ausgeschlossen war.

Andere Aufgaben harrten bereits der Bearbeitung. Besitzer von Berg- und Hüttenwerken wandten sich an Papin um Rat, wie sie ihre Betriebe wirtschaftlich vorteilhafter einrichten könnten. Zuerst handelte es sich darum, den allzu grossen Brennstoffverbrauch bei dem Verhüttungsprocess herabzumindern. Auf Kosten des Grafen Sayn-Wittgenstein stellte der Forscher ausführliche Versuche über Verbrennung an, die ihn zu sehr verbesserten Ofenanlagen führten. Papin hielt eine grössere Luftmenge als bisher genommen wurde für erforderlich, und wollte sie durch seinen Centrifugalventilator dem Brennstoff von oben zuführen. Der Rauch wurde durch die Kohlen gepresst und so teilweise verbrannt. Der Uebelstand, dass hierbei eine grosse Menge Luft unnötig stark erwärmt werden musste, suchte Papin durch Vorwärmung der Luft zu vermindern.

Auch auf die Verdampfung grösserer Mengen Wasser, wie es z. B. bei dem Eindampfen der Salzsolen in Frage kam, richtete er seine Aufmerksamkeit. Von einem besonders dafür eingerichteten Ofen liess er Röhren ausgehen, die in verschiedenen Krümmungen auf dem Boden des Wasserbehälters angebracht wurden. Die Verbrennungsgase wurden durch diese Röhren geleitet und erwärmten das Wasser in kurzer Zeit sehr stark. Der Erfolg war ausserordentlich, da er schon bei mittelgrosser Einrichtung gegenüber den alten primitiven Heizanlagen über 80 % an Brennmaterial sparte.

Ferner wurde sein Rat eingeholt, wie man des Wassers in einzelnen Gruben Herr werden könne. Der ganze Betrieb war in Frage gestellt, wenn die Wasser nicht bewältigt werden konnten. Papin schlug die Verwendung einer nahe liegenden Wasserkraft oder, wo die nicht vorhanden, seine Feuermaschine vor, zu deren Anlage er den Gruben-Besitzern Vorschläge unterbreitete.

Bei all dieser praktischen Ausführung und Durcharbeitung seiner Konstruktion verging ihm die Neigung, die wissenschaftlichen Streitfragen weiter zu behandeln. „Was meine theoretischen Betrachtungen angeht — schreibt er 1696 an Leibniz — so muss ich gestehen, dass ich sie jetzt ganz verlassen habe. Die Zahl der Maschinen und neuen Erfindungen, die ich im Kopfe habe, wird immer grösser und ich wünsche mir nichts sehnlicher, als ihre Wirkungen, die sie ausüben werden, sobald man sie vorteilhaft ausführen könnte, noch zu erleben." Er beklagt sich dann, dass er nur so langsam vorwärts komme. Er habe keine Mittel, sich einen Mechaniker zu halten und müsse daher fast alles selbst ausführen. All die verschiedenen Möglichkeiten in der Ausführung seiner Pläne müsse er selbst genau prüfen, dann unter ihnen die beste auswählen und zugleich die zur Herstellung nötigen Werkzeuge und Apparate sich ausdenken und schliesslich alle die Mängel beseitigen, die sich bei einer ersten Ausführung immer herausstellen. Bei all seinem Fleiss sah er doch keine Möglichkeit, in seinem Leben auch nur die Hälfte seiner Pläne ausführen zu können. „Daher will ich mich," fährt er in seinem Brief an Leibniz fort, „darauf beschränken, der Welt mit dem Talent zu dienen, das mir Gott gegeben hat, und es den grossen und vielseitigen Geistern, wie dem Ihrigen, überlassen, in die ewigen Wahrheiten einzudringen und der Nachwelt kurze und leichte Wege zu schaffen, auf denen sie zu immer grösserem Fortschritte gelangen kann."

Seine angestrengte Arbeit war indes auch nicht im stande, ihm den Aufenthalt in Marburg behaglicher zu gestalten, die Hoffnung auf Besserung seiner Lage ging ihm verloren, er bat zum zweiten Mal um seine Entlassung. Der Landgraf schlug auch dies Gesuch ab, berief ihn jedoch nach Cassel in seine Umgebung, wo er ganz der Ausführung seiner Ideen leben sollte. Die Vorteile, die sich Papin hiervon versprach, erfüllten sich nicht, zwar konnte er seine ganze Zeit seinen Arbeiten widmen, aber Hilfe und Unterstützung waren auch in Cassel nicht für ihn vorhanden. Schon im nächsten Jahre erneuerte er sein Entlassungsgesuch, jedoch wieder ohne Erfolg. Man verstand es in ihm Hoffnungen zu erwecken, die ihm wenigstens für die nächste Zeit neue Lust zur Arbeit gaben.

Die Schmelzung des Glases, Konservierung von Früchten, Fleisch und Fischen, sowie Untersuchungen über die Wirkung des Schiesspulvers beschäftigten ihn in den nächsten Jahren. Da war es wieder der Landgraf, der ihm wenigstens indirekt zur Anwendung seiner Feuermaschine Veranlassung gab. Der Fürst wünschte Untersuchungen über den Ursprung des Salzgehaltes seiner Salzquellen angestellt zu sehen. Hierzu war es notwendig, grössere Wassermengen auf eine bestimmte Höhe zu heben und Papin glaubte das am besten mit Hilfe der Dampfmaschine erreichen zu können. Aus Gründen der schwierigen Herstellung nahm er Abstand von seiner ersten Idee, einer Kolbenmaschine.

Ein neuer Plan, bei dem er auch den Druck des Dampfes benutzen wollte, entstand und wurde von ihm in demselben Jahre,
1698, verwirklicht, als auch Savery in England die gleiche Idee
veröffentlichte. Papin machte sich sofort mit grosser Freude und
vielem Eifer an die Arbeit. Zuerst wurde ein Ofen gebaut, der es
ihm ermöglichte, grössere schmiedeeiserne Behälter herzustellen.
Bei der Ausführung der Maschinen kamen ihm weitere Pläne über
die Anwendung der Dampfmaschine.

Vor allem beschäftigte ihn ihre Verwendung als Verkehrsmittel. Er konstruierte das Modell eines Dampfwagens, sah aber
bald ein, dass hier noch zu grosse praktische Hindernisse einer
brauchbaren Ausführung im Wege standen. Dagegen glaubte er
jetzt schon seine Maschine zur Bewegung von Schiffen praktisch
verwenden zu können.

In dieser Zeit erhielt er zuerst die Nachricht aus London, dass
auch dort Versuche mit der Dampfmaschine angestellt, aber zu
keinem befriedigenden Abschluss gekommen seien. Gleichzeitig
ersuchte man ihn, nach London zu kommen und seine frühere Stellung
als Leiter der Experimente an der Kgl. Gesellschaft der Wissenschaften von neuem aufzunehmen. Papin, der gerade jetzt die
Hoffnung hatte, seine Pläne in Cassel verwirklichen zu können,
folgte der Berufung nicht, und hatte es auch vorläufig nicht zu
bereuen, da seine Arbeiten in nächster Zeit merklich gefördert
wurden. Ende 1699 wurden die Versuche unterbrochen, da der
Landgraf eine grössere Reise antrat und auch Papin auf einige Zeit
nach Holland ging. In dem Briefwechsel mit Leibniz, der für diese
ganze Zeit fast die einzige Quelle ist, trat auch eine Stockung ein
und erst 1702 wurde er in der früheren Weise wieder aufgenommen,
und zwar war es Leibniz, der bei seinem Interesse für Papin hierzu
die Anregung gab. Die Arbeit an der Dampfmaschine trat wiederum
zurück, andere Pläne füllten die Zeit des Erfinders aus. So gelang
ihm die Herstellung wasser- und luftdichter Häute. Letztere Eigenschaft wollte er zur Herstellung von Luftkissen verwenden, die mit
Ventilen ausgerüstet sein sollten, um stets etwa entwichene Luft
durch neue ersetzen zu können. Er fertigte für seinen Arbeitsstuhl
ein derartiges Kissen an, versprach auch für Leibniz ein gleiches
zu besorgen.

Ferner beschäftigte ihn wieder in ausserordentlichem Masse
die Idee seiner Luftbüchse, eine Vereinigung von Windbüchse und
Wurfmaschine. Er wendet sich, da seine Idee in Deutschland keinen
Anklang fand, nach England und Holland, jedoch auch da ohne Erfolg.

Papin wurde durch diese Misserfolge sehr niedergedrückt, war
aber durchaus nicht zu überzeugen, dass das Fehlschlagen seiner
Erwartungen in seiner Erfindung selbst begründet war, vielmehr
glaubte er in etwas phantastischer Weise, eine gegen ihn gerichtete
Verschwörung annehmen zu müssen, um seine schlechten Erfolge
sich selbst erklären zu können. Worin auch immer Papin die Ursachen zu finden glaubte, das Resultat blieb dasselbe, die Mühe und
Arbeit, ganz ungerechnet die vielen dazu verwendeten Geldmittel,
waren verloren, und noch obendrein war diese Maschine die Ursache,
dass man in Papin lange Zeit nichts anderes als einen Phantasten
sehen wollte, der unmögliche Projekte mit der grössten Hartnäckigkeit verfolgt habe, nur um Geld dabei herauszuschlagen.

Da wurde 1705 wieder von neuem bei dem Fürsten das
Interesse an der Dampfmaschine wach. Leibniz sandte im Januar
eine Zeichnung der Savery'schen Maschine an Papin, der sie dem
Landgrafen vorlegte und von ihm den Auftrag erhielt, die Dampf-
kraft praktisch zum Betriebe einer Mahlmühle zu verwenden. Von
neuem machte sich Papin an die Arbeit, eine Pumpmaschine zu bauen.
Das gehobene Wasser sollte dann mit Hilfe eines Wasserrades die
Mühle treiben. Die Versuche gelangen im Beisein des Landgrafen
vortrefflich. Zum Gedächtnis dieser Thatsache hat man in neuester
Zeit auf dem Platz vor dem jetzigen naturwissenschaftlichen Museum
in Cassel eine Marmortafel angebracht mit der Inschrift: „Denis
Papin, der Erfinder der Dampfmaschine, hat auf diesem Platze in
Gegenwart des Landgrafen Carl von Hessen im Juni 1706 die ersten
grösseren Versuche mit Hilfe der Dampfmaschine erfolgreich angestellt." Eine weitere Folge als die lobende Anerkennung schienen
aber auch diese Versuche nicht erreicht zu haben.

Papins Hoffnung, durch Leibniz' Unterstützung seine Maschine
für die Wasserkünste in Herrenhausen bei Hannover verwenden zu
können, erwies sich gleichfalls als trügerisch, obwohl er, vertrauend
auf die grosse Leistungsfähigkeit seiner Maschine, die denkbar
günstigsten Anerbietungen dem Kurfürsten von Hannover hatte
machen lassen. So war Papin, in fast allen Erwartungen getäuscht,
endlich fest entschlossen, nach England zurückzukehren. Sein
Entlassungsgesuch wurde diesmal in für ihn sehr anerkennender
Form huldvoll genehmigt.

Die Vorbereitungen zur Abreise waren schnell ausgeführt.
Schätze hatte der Erfinder nicht gesammelt, das Fortschaffen seiner
Habseligkeiten machte ihm daher die geringste Sorge. Schwieriger
war der Transport eines kleinen Schiffes, das er in den Jahren 1703

und 1704 gebaut hatte und mit dem er in tieferen Gewässern Versuche anstellen wollte. Das Schiff war für eine Belastung von 4000 Pfund gebaut und mit Ruderrädern ausgerüstet. Vor der Abreise stellte Papin noch eine Probefahrt im Beisein des Landgrafen an, die nach Wunsch verlief. Von der Verwendung der Dampfkraft glaubte er bei diesem Boot noch absehen zu sollen, damit er nicht seine Kräfte durch Beschäftigung mit zu vielen Dingen zu sehr zersplittere. So ist durch Papins eigene Worte eine Legende zerstört, die ausserordentlich weit verbreitet war und sogar phantastische Abbildungen des Papin'schen „Dampfschiffes" gezeitigt hat.

Papin wollte sich selbst mit seiner Familie und seiner Habe auf diesem Boot bis Bremen befördern. Von dort sollte das Fahrzeug auf ein Seeschiff verladen und nach London transportiert werden. Er liess durch Leibniz' Vermittlung ein Gesuch in Hannover einreichen, ungehindert bei Münden in die Weser fahren zu dürfen. Die Bitte wurde ohne Angabe von Gründen abgeschlagen. Ein gleiches Gesuch, an den Regierungsvertreter in Münden gerichtet, wurde genehmigt. Papin erschien es jedoch zu gewagt, gegen den Willen der obersten Landesbehörde die Reise zu unternehmen. Da wurden die Schwierigkeiten durch einen Schiffer gelöst, der sich erbot, Papins Schiff ins Schlepptau zu nehmen und so als Befrachtung seines eigenen Schiffes in die Weser zu führen.

Am 24. September 1707 fuhr Papin mit seiner Familie aus Cassel ab. In Münden weigerte sich die Schiffergilde, das Schiff passieren zu lassen, da ihr Privileg ihnen gestattete, jedem fremden Schiffe die Einfahrt in die Weser zu verbieten. Der Magistrat und die Schiffergilde kamen nach gemeinsamer Beratung zu dem Entschluss:

„Dass im fall hiesiges Ambt gedachtes Fahrzeug wider der Schiffer Gilde Privilegia durch passieren lassen wollte, selbiges aufs Land gezogen werden künte, als dan man sich bey Churfürstlicher Regierung über hiesige Beambten zu beschweren, als welche bey diesen ohn dehm sehr schlechten und nahrlosen Zeiten hiesige Schiffer Gilde bei Ihro Uhralten Privilegien nicht zu schützen, sondern Vielmehr dieselbe aufzuheben trachteten."

Die Schiffer setzten ihren Willen durch. Das Boot wurde an das Land gezogen. Da Papin diesem Vorgehen jedenfalls in aufgeregter Weise Widerstand geleistet haben wird, so gingen die Schiffer noch weiter und zerstörten das Boot und damit die letzte Hoffnung Papins. Noch an demselben Tage reiste der Erfinder aus Münden ab, um zu Lande bis nach Bremen und von dort nach England zu eilen.

Zum dritten Mal in London, begann für ihn die schwerste Zeit seines Lebens, der Kampf um das Leben.

Voller Hoffnungen auf die Kgl. Akademie der Wissenschaften, ausgerüstet mit Empfehlungsbriefen von Leibniz, bat er um die Erlaubnis, die Wirkung seiner Maschine im Vergleich mit der Savery's durch Versuche nachweisen zu dürfen. Nur den Dampfkessel solle man ihm liefern; die Maschine wollte er selbst besorgen. Würden die Versuche zu seinen Gunsten ausfallen, so solle man ihm seine Auslagen in der Höhe von etwa 15 Pfund Sterling vergüten. Die Akademie lehnte seine Bitte ab. Damit war auch diese Hoffnung vernichtet. Arm und von allen früheren Freunden verlassen, stand der unglückliche Mann allein in London. Nach einem arbeitsreichen Leben sah er einem qualvollen Untergange entgegen. Noch gab er sich nicht verloren. Mit grosser Energie und Ausdauer suchte er die Anerkennung der Akademie zu erringen.

Er hielt einen Vortrag, der seinen Plan, ein „Warmhaus" zu errichten, zum Gegenstand hatte. Gleichzeitig schlug er vor, eine luftdicht geschlossene Kammer zu konstruieren, in der man Tiere und Pflanzen einem grösseren Luftdruck aussetzen könne, um auf diese Weise verschiedene Krankheiten zu behandeln. Es gelang ihm nicht, Mittel zur Ausführung dieser Ideen zu erhalten. Jetzt versuchte er eine Lehrerstelle für Physik zu bekommen. Auch das war vergeblich. Immer neue Vorschläge unterbreitete er der Akademie und immer von neuem wurden sie abgelehnt, immer deutlicher wurde ihm gezeigt, dass man ihm nicht helfen wollte. Man konnte es ihm nicht vergessen, dass er der Berufung zum Verwalter der Experimente 10 Jahre früher nicht gefolgt war, und man wollte nichts von einem Manne wissen, der einen Leibniz zum Beschützer hatte. Die Eifersucht Newtons gegen Leibniz scheint in der That der Grund gewesen zu sein, weshalb man dessen Günstling Papin nicht mehr hochkommen lassen wollte. Man verlangte von ihm eine Aufzählung alles dessen, was er für die Gesellschaft gearbeitet habe, seitdem er kein Geld mehr von ihr erhalten hätte, man wollte daraus schliessen, ob es ratsam sei, ihm Geld zu bewilligen. Papin empfand die Demütigung, aber der Kampf um seine Existenz erzwang auch die Bewilligung dieses Wunsches. Er hörte nicht auf zu arbeiten, aber jeder Erfolg war ihm versagt.

1712 machte der Tod seinem an Arbeit reichen, an Erfolgen armen Leben ein Ende.

Sein letzter uns erhaltener Brief schliesst mit den Worten: „Ich bin in einer traurigen Lage. Selbst wenn ich das Beste leiste, ziehe ich mir nur Feindschaft zu. Doch dem sei wie ihm wolle, ich fürchte nichts, denn ich vertraue auf Gott, der allmächtig ist."

Papin's Lebensgeschichte zeigt uns einen Erfinder, der, ausgerüstet mit klarem Verstand und scharfer Beobachtungsgabe, mit der Natur um ihre Geheimnisse ringt. Harte, gewissenhafte Arbeit, nicht zufälliges Finden führen ihn zu seinen Erfindungen und Verbesserungen. Eine reiche, künstlerische Phantasie, die ihm die Anwendung seiner Entdeckungen in umfassendster Weise vor Augen führt, hilft ihm oft über die unerquicklichen Verhältnisse des täglichen Lebens hinweg, macht ihn jedoch auch oft tief unglücklich und unzufrieden, wenn er sehen muss, wie weit die Wirklichkeit ihn von der Erfüllung seiner Erwartungen trennt. Nicht zufrieden mit der Rolle eines Gelehrten, der, eingeschlossen in seine Studierstube, nur seiner Wissenschaft lebt, will er die Ergebnisse seiner Forschung vielmehr sofort dem praktischen Leben nutzbar machen. Die schwierigsten und weitgehendsten Probleme der Technik zieht er in den Kreis seiner Untersuchungen. Der erzielte Erfolg steht in keinem Verhältnis zu der Genialität seiner Ideen. Die ausführende Technik konnte damals noch nicht entfernt das leisten, was seine Konstruktionen verlangten. Das Unglück seines Lebens war, ein Jahrhundert zu früh gelebt zu haben.

Papin, den Gelehrten und Physiker, haben Männer wie Boyle, Huyghens und Leibniz ihrer Freundschaft gewürdigt. Papin, der Ingenieur, wird unter den Männern der Technik stets mit Recht als einer der Ersten genannt werden.

Thomas Savery.

Thomas Savery wurde um das Jahr 1650 zu Shilston in Devonshire als Sohn angesehener Eltern geboren. Er genoss eine sehr sorgfältige Erziehung und widmete sich, als er herangewachsen, dem militärischen Ingenieurwesen. Seine freie Zeit verwandte er auf das Studium der Naturwissenschaften, deren technische und wirtschaftliche Anwendungsgebiete sein Interesse vorzugsweise auf sich zogen. Unter anderen fertigte er eine Uhr an, die nach der Idee und Ausführung vortrefflich genannt werden musste und noch heute in der Familie aufbewahrt wird.

Um die Bewegung der Schiffe von Wind und Wetter unabhängig zu machen, versuchte Savery statt Segel Schaufelräder anzuwenden, die durch Menschenkraft mit Hilfe einer Winde bewegt werden sollten. Er erhielt zwar ein Patent darauf, aber es gelang ihm nicht seine

Erfindung einzuführen. Die Marine wies seine Bemühungen mit der
verwunderten Frage zurück, „wie sich überhaupt unberufene Leute
anmassen könnten, für sie Erfindungen machen zu wollen". Man
schien zu glauben, dass auch das Erfinden an die Zunftschranken
gebunden sei.

Die Not der Bergwerke, die ihre Gruben vor den Wassern
nicht mehr retten konnten, führte Savery zu Versuchen mit der
Dampfkraft. Es entstand die Dampfpumpe, auf deren Einrichtung
er am 25. Juli 1698 ein Patent erhielt, das bereits im folgenden
Jahre verlängert wurde und erst 1733 ablief. Die grossen Hoffnungen,
die seine Maschine bei den Grubenbesitzern erweckte, vermochte
Savery freilich nicht zu erfüllen. Wohl aber bleibt ihm das Verdienst,
als erster in grösserem Umfang die Dampfkraft für kleine Leistungen
eingeführt zu haben.

Savery starb im Mai 1715 im Alter von etwa 65 Jahren.

Thomas Newcomen.

Thomas Newcomen entstammte einer wohlgeachteten englischen
Familie, die um die Mitte des 18. Jahrhunderts ihren Wohnsitz im
Süden Englands in Darmouth hatte.

Von seinen persönlichen Verhältnissen, seinem Charakter wissen
wir nicht mehr, als dass er ein bescheidener, stiller Mann gewesen
sein muss, der äusserst strenge religiöse Anschauungen hatte. Er
gehörte zur Sekte der Baptisten, für deren Ausbreitung er, wenigstens
in seiner Jugend, so weit ihm sein Beruf Zeit liess, auch durch
öffentliche Predigten thätig war.

Seinem Beruf nach war Newcomen Grobschmied und Eisen-
händler. Wie er darauf kam, sich mit der Dampfmaschine zu beschäftigen, darüber berichten uns nur einige unverbürgte Geschichtchen. Nach der einen soll er — das Gleiche wird von Watt auch
erzählt — durch Beobachtung eines Theekessels, dessen Deckel durch
die herausströmenden Wasserdämpfe gehoben wurde, auf die Idee
der Dampfmaschine geführt worden sein. Andere erzählen, die
Zeichnung einer Savery'schen Maschine sei zufällig in seine Hände
geraten. Er habe danach sich ein Modell angefertigt und durch
Versuche an dieser kleinen Maschine sei er schrittweise zu den bedeutsamen Verbesserungen gekommen, die noch heute seinen Namen
unvergessen machen. Wie dem auch sei, Thatsache ist, dass Newcomen wohl von den Versuchen Saverys, der ganz in seiner Nähe

wohnte, Kenntnis hatte, und dass er ungefähr um die gleiche Zeit als Savery sich mit dem Projekt befasste.

Ueber die Erfindung und Einführung der atmosphärischen Maschine ist an anderer Stelle berichtet worden. In verhältnismässig kurzer Zeit hatte sich die Feuermaschine in ganz England verbreitet, überall hatte sie Hilfe oder doch wenigstens Aufschub der durch die Wasser drohenden Betriebseinstellung gebracht. Newcomen's Name ist unzertrennlich verbunden mit den maschinellen Anlagen des damaligen Bergbaus, und doch hat niemand es für der Mühe wert gehalten, der Nachwelt etwas von dem persönlichen Ergehen des Erfinders zu berichten.

Wir wissen nicht, wo und wann Newcomen gestorben ist, auch nicht, ob er arm oder reich sein Leben beendet hat.

Wahrscheinlich ist es wohl kaum, dass der bescheidene, stets zufriedene Newcomen irgend welchen Gewinn aus seiner Erfindung gezogen hat, dazu fehlte ihm der rührige Geschäftssinn und wohl auch' weitreichende persönliche Beziehungen, die gerade Savery in ausgesuchter Weise zur Verfügung standen.

Thomas Newcomen starb vermutlich um 1750 in Darmouth. Niemand kennt sein Grab.

James Watt.

Am 19. Januar 1736 wurde James Watt in Greenock am Clyde als vierter Sohn des Zimmermanns und Schiffbauers James Watt geboren. Einfach gestaltet waren die Erwerbsverhältnisse im damals noch unbedeutenden kleinen Fischerdorf Greenock. Der Arbeitskraft eines Mannes genügte bei der geringen Nachfrage nach gewerblichen Erzeugnissen nicht die Ausübung eines Handwerkes. Kein Wunder, dass auch der Vater Watts nicht nur Häuser und Schiffe baute, sondern fast alles anfertigte, wonach Nachfrage erging. So fabricierte er auch Möbel aller Art, und besonders mit den Ausrüstungsgegenständen der Schiffe trieb er regen Handel. Selbst an mathematischen Instrumenten versuchte sich die rauhe Zimmermannshand gelegentlich. Bei emsiger, ausdauernder Thätigkeit brachte es Watt um so eher zu einem gewissen Wohlstand, als ihm seine Frau im Erhalten des Erworbenen treu zur Seite stand.

Die Mutter des grossen Erfinders wird uns als eine Hausfrau in des Wortes schönster Bedeutung geschildert. Klug und sparsam, dabei liebenswürdig, körperlich und geistig eine gesunde Frau. Der

bitterste Schmerz, den eine Mutter erfahren kann, ist auch ihr nicht
erspart geblieben. Drei ihrer Kinder starben in frühester Jugend,
ihr ältester Sohn, John, erlitt Schiffbruch auf einer Reise nach

JAMES WATT
geb. 19. Jan. 1736 gest. 19. Aug. 1819.

Amerika und ertrank. Es blieb ihr nur James übrig, ein überaus
schwächliches Kind, das nur durch aufopferndste Pflege dem Leben
erhalten werden konnte.

Einsam und still verlief des kleinen Watt erste Kindheit. Bei seiner Zartheit und Kränklichkeit verboten sich für ihn das frohe Spiel und das Tummeln mit Altersgenossen von selbst. So wuchs James Watt heran, ein schüchternes Kind, das fast ängstlich jedem Verkehr aus dem Wege ging. Scheu und verlegen jedem Fremden, zutraulich und freundlich nur den Seinen gegenüber, spielte der Kleine am liebsten in der Werkstatt des Vaters oder in der Stube der Mutter. Von den Eltern im Lesen, Schreiben und Rechnen unterrichtet und auch nach andern Richtungen vielfach angeregt, entwickelte sich das Kind im ständigen Verkehr mit Erwachsenen geistig sehr schnell zu einer gewissen Frühreife, in deren Merkmalen liebevolle Biographen gern die ersten Anzeichen der späteren grossen Erfinderthätigkeit haben sehen wollen. Die Einsamkeit regte die Einbildungskraft des geistig äusserst lebhaften Kindes mächtig an, das sich nicht genug thun konnte im Selbsterfinden von allerhand Märchen. Bis ins späte Alter erhielt sich in ihm diese Lust am Fabulieren, diese Kunst des Märchenerzählens, mit der er noch als 80jähriger Greis einen Walter Scott auf das Höchste entzückte.

Das Spiel des Kindes ging unbemerkt über in die Beschäftigung des Knaben mit den Werkzeugen des Vaters, der voll Freude über die geschickte Hand seines Jungen diesem eine eigene kleine Arbeitsstätte mit Drehbank, Ambos, Schmiedefeuer und anderem mehr einrichtete. Diese frühzeitige praktische Bethätigung hat wohl den Grund gelegt zu der Handfertigkeit, vermöge deren es Watt später gelang, so vieler ausserordentlich grosser, praktischer Schwierigkeiten Herr zu werden.

Sein körperlicher Zustand liess dauernd viel zu wünschen übrig. Oft kam es vor, dass entsetzliche Kopfschmerzen ihn wochenlang an das Zimmer fesselten und jede Thätigkeit ausschlossen. Die besorgten Eltern schickten ihn daher auch erst spät zur Schule, in der der schüchterne Knabe zunächst eine recht ungünstige Beurteilung erfuhr.

Die Jahre verstrichen und bald trat die Frage: was soll aus James Watt werden? in den Vordergrund des elterlichen Interesses. Der Vater hätte wohl gern in seinem Sohn seinen Nachfolger gesehen, aber dazu war James zu schwächlich, und ausserdem ging das Geschäft schlecht, so dass Greenock'scher Zimmermann zu werden, wenig Verlockendes hatte.

Da erinnerte man sich, dass James stets mit grösster Vorliebe sich die Wiederherstellung der mathematischen Instrumente hatte angelegen sein lassen und beschloss, die dabei an den Tag gelegten Fähigkeiten weiter auszubilden. Der junge Watt sollte Feinmechaniker, Optiker werden. In Glasgow, dem kleinen bescheidenen Universitätsstädtchen, fand man auch endlich einen Mann, dessen Berufsbezeichnung wenigstens mit dem übereinstimmte, was Watt werden wollte.

Die Erfahrung zeigte aber bald, dass es in Wirklichkeit hier nur wenig mathematische und physikalische Instrumente zu bauen gab. Die Hauptthätigkeit Watt's bestand vielmehr hier im Bauen und Reparieren musikalischer Instrumente, ferner waren Brillen anzufertigen und zu verkaufen und was sonst der Beruf eines solchen kleinstädtischen Tausendkünstlers mit sich bringt. In seiner Ansicht, dass diese Beschäftigungen kaum seine Ausbildung fördern könnten, wurde Watt vor allem durch den Professor Dick bestärkt, der sich für den jungen Mechaniker sehr interessierte und ihm dringend riet, sich in London einem tüchtigen Lehrmeister in die Schule zu geben. Der Vater in Greenock war damit einverstanden, so machte James sich in Begleitung eines befreundeten Kapitäns, dessen Schiff auf der Themse lag, auf den Weg nach der Hauptstadt. Hoch zu Ross, bei den schlechten Wegen der damaligen Zeit das beste Verkehrsmittel, verliess man am 7. Juni 1755 Glasgow. Nach 12 Tagen war London erreicht.

Die Hoffnung, hier in der Hauptstadt des Reiches in kurzer Zeit die für einen Feinmechaniker nötigen Kenntnisse und Fertigkeiten erlangen zu können, schien anfangs an den Zunftgesetzen, die nicht weniger als 7 Jahre Lehrzeit verlangten, scheitern zu sollen. Abgesehen davon, dass der junge Watt durchaus nicht den Ehrgeiz in sich verspürte, in London rite Feinmechanikergeselle zu werden, hätte er auch garnicht für diese lange Zeit seinen Unterhalt bestreiten können. Ihm kam es vielmehr darauf an, in möglichst kurzer Zeit das Nötige zu erlernen, damit er sich selbständig und unabhängig von elterlicher Unterstützung machen könnte. Vor allen Thüren aber, wo er anklopfte, stiess ihn die unannehmbare Bedingung der siebenjährigen Lehrzeit zurück. Um nicht dauernd stellungslos zu bleiben, trat er ohne Lohn in den Dienst eines Uhrmachers, bei dem er das Gravieren lernte. Seine Bemühungen, bei einem Feinmechaniker Arbeit zu finden, setzte er aber unter der Hand fort und zwar mit Erfolg, denn bald darauf finden wir Watt bei einem für damalige Zeit sehr beachtenswerten Mechaniker Namens Morgan.

Für ein Lehrgeld von 400 Mk. hatte sich Morgan bereit gefunden, die geschickten Hände des jungen Schotten ein Jahr lang für seinen Nutzen arbeiten zu lassen. Mit einfachen Arbeiten beginnend, wurde

Watt bald mit immer schwierigeren betraut, an deren zufriedenstellender Ausführung er selbst seine Fortschritte ermessen konnte.
Nach Ablauf eines Jahres konnte er ohne Uebertreibung seinen
Eltern Hoffnung machen, dass er nun bald selbst sein Brot werde
verdienen können. Der betreffende Brief bereitete wohl um so
grössere Freude im Elternhause, als geschäftliche Verluste dem Vater
den Unterhalt seines Sohnes sehr erschwerten. In rührender Weise
darum besorgt, den Eltern nicht mehr Ausgaben als durchaus notwendig zu machen, lebte Watt bis zum Hungern sparsam. Den
ganzen Lebensunterhalt mit 8 Schillingen für die Woche zu bestreiten,
muss auch in damaliger Zeit, zumal in London, schon die äusserste
Sparsamkeit erfordert haben. Ausserdem suchte sich Watt durch
Privatarbeiten, die er nach angestrengter Berufsarbeit Abends bis
tief in die Nacht hinein auszuführen pflegte, Geld zu verdienen.
Lange konnte ein solcher Zustand bei der ohnehin nicht starken
Körperbeschaffenheit Watts nicht währen, zumal sich zu der Ueber-
anstrengung noch ein schmerzhafter Husten und rheumatische
Schmerzen gesellten, die er seinem, der Zugluft sehr stark ausge-
setzten Arbeitsplatz zuzuschreiben hatte.

Eine Sehnsucht nach der Ruhe und der frischen Luft seiner
Heimat überkam ihn. Mit Einstimmung seines Vaters, der ihm noch
einige Geldmittel zum Ankauf verschiedener Werkzeuge und Bücher
übersandte, verliess Watt London. Im Herbst 1756 traf der Sohn
müde und krank wieder im Vaterhause ein. Gute Pflege, Ruhe und
gesunde Luft kräftigten seine Gesundheit bald so weit, dass er seine
Berufsgeschäfte von neuem aufnehmen konnte. Obwohl erst 20 Jahre
alt, beschloss er, der Unterstützung seines Vaters gewiss, sich in
Glasgow als Feinmechaniker niederzulassen.

Auch hier, ähnlich wie in London, setzten sich starre Zunft-
gesetze seinem Vorhaben entgegen. Nur der Sohn eines Glasgower
Bürgers, der in seiner Vaterstadt seine Lehrzeit bestanden hatte,
durfte in Glasgow ein Handwerk betreiben, so lautete der Schein,
auf den die Zunft der Schmiede pochte, als sie sich der Zulassung
eines Feinmechanikers auf das Entschiedenste widersetzte. Hätten
sie erst geahnt, dass der zurückgewiesene junge Instrumentenmacher
einst eine Maschine schaffen werde, die dieser einseitig und unfruchtbar
gewordenen gewerblichen Organisation den Garaus machen sollte!

Dem in der Stadt Glasgow nicht Aufgenommenen gaben die
Professoren der Universität auf ihrem Gebiet, das den städtischen
Gesetzen nicht unterlag, eine Freistatt. Ein kleiner Raum zur ebenen
Erde wurde die Werkstatt. Auch für einen Verkaufsladen sorgten

die gelehrten Herren. So unter der Obhut der Wissenschaften begann Watt seine selbständige Thätigkeit. Mit dem Verdienen sah es zunächst übel aus, väterlicher Zuschuss war noch nicht zu entbehren. Von der Anfertigung der zwei oder drei mathematischen Instrumente, die jährlich in Glasgow verlangt wurden, konnte man nicht satt werden. Watt musste daher in Arbeit nehmen, was ihm angeboten wurde. Aehnlich wie sein erster Glasgower Lehrmeister fing auch er an, sich mit Reparatur und Anfertigung musikalischer Instrumente zu befassen. Sein Konstruktionstalent wurde besonders mächtig durch den Bau einiger grösseren Orgeln, die er in Auftrag bekommen hatte, angeregt. So systematisch wie später bei der Dampfmaschine verfuhr Watt schon hier beim Orgelbauen. Zuerst wurde die einschlägige Litteratur, vor allem eine Harmonielehre, studiert, dann ein Modell angefertigt, an dem die grundlegenden Versuche nach allen Richtungen gewissenhaft durchgeführt wurden, und erst auf den so gewonnenen Kenntnissen und Erfahrungen das eigentliche Werk begonnen.

Seine Mussestunden pflegte Watt mit Lesen auszufüllen. Er war ein Vielleser, der ziemlich wahllos alles las, was ihm geboten wurde. Lesestoff war in der Universität reichlich vorhanden, so hatte Watt hier die beste Gelegenheit, so manche Lücken seiner allgemeinen Bildung auszufüllen. Was ihm die Bücher nicht geben konnten, erwarb er in dem anregenden freundschaftlichen Verkehr mit Professoren und Studenten. Der geschickte und dabei stille und bescheidene Mechaniker war der Liebling Aller, und gar oft sah die kleine Werkstätte Besucher, die, erstaunt über die scharfe Beobachtungsgabe, das tiefe Verständnis und das klare Urteil des jungen Watt, nicht müde wurden, sich mit dem bescheidenen Handwerker zu unterhalten. „Ich war eitel genug“ — schrieb später Watts intimer Freund Dr. Robison über seine erste Begegnung mit Watt — „mir einzubilden, wenigstens in meinen Lieblingsfächern, Mathematik und Mechanik, es ziemlich weit gebracht zu haben und musste zu meiner Demütigung erkennen, dass auch hierin mir Watt weit überlegen war.“

Zu dieser Ueberlegenheit in wissenschaftlicher Hinsicht, die übrigens auch von anderen anerkannt wurde, gesellte sich ein treuherziger, aufrichtiger Charakter, was Wunder, dass alle seine Bekannten ihm tiefgehende Zuneigung entgegenbrachten. „So vieles ich auch auf der Welt gesehen habe,“ — schrieb später Robison, — „so muss ich doch zugestehen, dass ich es nie wieder erlebt habe, dass einem Menschen, dessen Ueberlegenheit allgemein anerkannt wurde, alle so herzlich zugethan waren. Allerdings seine Ueberlegenheit verbarg sich unter der liebenswürdigsten Aufrichtigkeit und grossmütigsten Anerkennung der Verdienste eines jeden. Watt war schnell bereit, dem Scharfsinn eines Freundes Dinge zuzuschreiben, die er selbst angeregt, und die der andere nur weiter ausgearbeitet hatte. Ich kann dies um so eher sagen, da ich es oft an mir selbst erfahren habe."

Derselbe Professor Robison, der für seinen Freund nicht Worte genug der Anerkennung finden konnte, war auch der erste, der Watts Aufmerksamkeit auf die Dampfmaschine lenkte.

Robison, damals noch Student, hatte sich selbst mit dem Projekt eines Dampfwagens beschäftigt. Er konnte niemanden finden, mit dem er besser und mit mehr Nutzen über seine Pläne reden konnte, als Watt, den geschickten Mechaniker, der ausserdem wie geschaffen dazu war, ihn bei der technischen Ausführung seiner Idee zu unterstützen. Es war im Jahre 1759, als sich James Watt in der Mechaniker-Werkstatt der Universität Glasgow mit der Dampfkraft zu beschäftigen begann. Der Gedanke der Dampfmaschine war einmal in ihn hineingetragen worden, und das Samenkorn hatte in dem an technischen Spekulationen schon überreichen Kopf den besten Nährboden gefunden. Er kam in Zukunft nicht mehr los von der Idee; es wurde zu seiner Bestimmung, über dem Problem nachzusinnen.

Zuweilen verwünschte er diesen inneren Drang, der ihn zeitweise für die Berufspflichten untauglich machte, aber er kann sich ihm nicht mehr entziehen. „Alle meine Gedanken sind auf die Maschine gerichtet. Ich kann an nichts anderes mehr denken," schreibt er 1765 an einen seiner Freunde.

In der geschichtlichen Entwicklung der Dampfmaschine ist berichtet, nach wie gründlicher Methode Watt arbeitete, um die Dampfmaschine zu verbessern. Zuerst Versuche mit einem Modell, zu gleicher Zeit gewissenhaftes Studium der einschlägigen Litteratur, dann Verwertung der gewonnenen Resultate beim Bau der Versuchsmaschine.

Glanzvoll und bahnbrechend waren die bis zum heutigen Tage noch grundlegenden Ergebnisse seiner Anstrengungen. Aber mit dem blossen Erkennen und Erfinden war es nicht gethan. Der Feinmechaniker musste sich daher vor allem erst die nötige Erfahrung im Gross-Maschinenbau anzueignen suchen, und da stellte sich bald heraus, dass die Dampfmaschine ganz andere Anforderungen an die Genauigkeit der Bearbeitung stellte, als sie die Herstellung von Wasserrädern und auch von atmosphärischen Maschinen erfordert hatte.

So ging es denn anfangs nicht ohne grosse Enttäuschungen.
Der alte Klempner, den sich Watt als einzigen Gehilfen zur Herstellung seiner ersten Dampfmaschine genommen hatte, besass jedenfalls nicht mehr Erfahrungen als er. Eine Dampfmaschine, von einem
Feinmechaniker und einem Klempner erbaut, konnte beim ersten
Versuche unmöglich schon alle Hoffnungen erfüllen, die man sich
auf Grund der Aufwendungen an Zeit, Geld und Arbeit gemacht hatte.

Aber die Enttäuschung war für Watt um so bitterer, als der
Gang seines vordem ziemlich blühenden Geschäfts merklich zurück-
zugehen begann. Watt musste sich nach neuen ergiebigeren Er-
werbsquellen umsehen, besonders da er seit 1760 verheiratet war,
also jetzt nicht nur für sich, sondern auch für seine Familie zu
sorgen hatte. Er beschloss das unrentable Geschäft ganz aufzugeben
und es einmal unter Benutzung der ihm vertrauten mathematischen
Instrumente als Feldmesser zu versuchen. Gleichzeitig begann er
auch andere Arbeiten des Ingenieurberufes auszuführen. Watt wurde
Geometer und Civilingenieur. Die Arbeit an der Dampfmaschine
konnte zunächst nicht fortgesetzt werden, da jedes Geld dazu fehlte.

Dr. Black, der Watt bereits öfter mit kleinen Summen unterstützt
hatte, war ausser Stande, bedeutendere Mittel zur Verfügung zu
stellen. Von der grossen Bedeutung der Watt'schen Erfindung aber
überzeugt, sah er sich für seinen Freund nach kapitalkräftiger Hilfe
um. In Dr. Roebuck, einem unternehmungslustigen Grossindustriellen,
der für seine Werke selbst nichts nötiger brauchte, als eine leistungsfähige Kraftmaschine, schien der geeignete Mann gefunden. Roebuck
liess sich in der That bereit finden, zunächst die 20 000 Mark, die
Watt schon für die Dampfmaschine ausgegeben hatte, zu bezahlen
und ausserdem für die Kosten, die sich aus der Fortsetzung der
Versuche und den Patentgebühren ergeben würden, aufzukommen.
Dafür verlangte er, falls die Erfindung gelang, $^2/_3$ des Eigentumrechts
an Watts Erfindung.

Watt erbaute daraufhin eine kleine Versuchsmaschine, die be-
friedigend ausfiel. Man beschloss sofort ein Patent zu nehmen.
Trotz des Widerspruchs einer mächtigen Partei, die sich gegen das
Monopol aussprach, gelang es schliesslich Watts einflussreichen
Freunden, den gesetzlichen Schutz für die verbesserte Dampfmaschine
zu erhalten. Inzwischen glaubte der sanguinisch veranlagte Roebuck,
alle Schwierigkeiten seien bereits überwunden. Er ermahnte Watt,
sich nicht mehr mit irgendwelchen Verbesserungen aufzuhalten,
sondern nur einzig und allein die Ausführung der Maschine nach
dem jetzigen Plan im Auge zu behalten. Watt begann denn auch

in Kinneil, wo Dr. Roebuck wohnte, eine Dampfmaschine gemäss seiner eigenen Patentbeschreibung zu bauen.

Seine Berufspflichten — er hatte die Vermessungsarbeiten für einen Kanal übernommen — und die Unbeholfenheit der ihm zur Verfügung stehenden Arbeiter verzögerten die Fertigstellung. Die Sorge um das Gelingen der Maschine, das angestrengte Arbeiten auf so verschiedenen Gebieten griff die Gesundheit des Erfinders an. Als man endlich soweit war, dass die Maschine in Betrieb gesetzt werden konnte, da waren die Sorgen doch noch nicht zu Ende, denn das endliche Ergebnis so langer Arbeit war wieder ein Misserfolg, den mangelhafte Herstellung verschuldet hatte. Dazu kam, dass Dr. Roebuck in Geldverlegenheiten geraten war, die es ihm unmöglich machten, Watts Patentkosten zu zahlen. Dr. Black half aus, und Watts Schulden wurden noch grösser. „Es giebt nichts Thörichteres im Leben als das „Erfinden“, schrieb Watt damals an einen seiner Freunde. „Ich trete jetzt mein 35. Lebensjahr an, und ich habe, meiner Ansicht nach, der Welt noch nicht für 35 Pfennige genützt,“ so urteilte Watt über sich, nachdem er sich 12 Jahre mit der Dampfmaschine beschäftigt hatte.

Die Sorge um seine Familie liess ihm nicht Zeit, trüben Gedanken nachzuhängen. Die übernommenen Vermessungsarbeiten mussten beendigt werden. Sie führten Watt (1773) in eine trostlos einsame Gegend, wo herbstliche Stürme und unaufhörlicher Regen den dauernden Aufenthalt im Freien nur noch aufreibender und zugleich trübseliger machten. Da kam plötzlich von Haus die Nachricht, seine Frau sei schwer erkrankt; Watt eilte nach Haus. Seine Frau war tot. Sie, deren stets fröhliches Gemüt ihm oft die Sorgen verscheucht hatte, die ihn immer wieder ermutigt und getröstet hatte, war von seiner Seite gerissen. Die verzweifeltesten Stunden seines Lebens waren gekommen. Wer weiss, wie lange sich Watt seinem Schmerze hingegeben hätte, wäre nicht gerade damals ein grosser Wendepunkt in seiner Lebenslage eingetreten.

Boulton, ein reicher Metallwarenfabrikant, begann sich für die Dampfmaschine zu interessieren. Schon vor Jahren einmal (1767) war Watt in den Sohoer Werken Boultons besuchsweise gewesen. Von seinem Freunde Dr. Small geführt, besichtigte Watt zum ersten Mal eine geordnete, grossartig angelegte Fabrik. Die Menge geschickter Metallarbeiter, die er dort beschäftigt fand, erregten seine Bewunderung. Von der Zeit an wusste Watt, mit wessen Hilfe er allein seine Dampfmaschine würde ausführen können. Boulton,

welcher selbst den Mangel an einer guten Kraftmaschine bitter
empfand, interessierte sich für Watt und seine Erfindung. Aber
alle Geschäfte lagen darnieder, die Zeiten waren zu schlecht, um
ohne Weiteres Kapital in eine so neue und gewagte Unternehmung zu
stecken. Da führten Dr. Roebucks Zahlungsschwierigkeiten zu einer
Verbindung Boultons mit Watt. Boulton, der von Roebuck 24000 Mk.
zu erhalten hatte, erklärte sich bereit, auf diese Summe gegen Roebucks Anteil am Dampfmaschinen-Patent zu verzichten. Die anderen
Gläubiger waren damit gern einverstanden, da sie der Erfindung
nicht den geringsten Wert beimassen.

Die in Kinneil erbaute Dampfmaschine wurde nach Soho
geschafft. Watt selbst siedelte im Frühjahre 1774 nach dahin über,
und unter seiner Aufsicht wurde die Maschine unter Berücksichtigung aller notwendigen Verbesserungen von neuem aufgebaut.
Der Erfolg war zufriedenstellend. Auf 14 Jahre lautete der gesetzliche Schutz der Erfindung, 6 Jahre waren verflossen. Die übrig
bleibenden 8 Jahre reichten vielleicht gerade aus, die Maschine
soweit zu verbessern, dass sie dauernd Arbeit leisten konnte. Dann
erst konnte die Zeit kommen, wo das aufgewendete Kapital und
die endlose Arbeit und Mühe ihre Früchte tragen konnten. Eine
Verlängerung des Patentes musste daher die notwendige Voraussetzung für eine Beteiligung Boultons am Dampfmaschinen-Geschäft
sein. Watt reiste 1775 nach London, um bei dem Parlament eine
Verlängerung des Patentes zu erlangen. Die heftigste Opposition
der Grubenbesitzer stellte sich seinen Wünschen entgegen, aber
Watt siegte. Das Patent wurde auf 25 Jahre, also bis 1800 verlängert, und auf so lange lautete auch der Geschäftsvertrag zwischen
Boulton und Watt.

Endlich begann die Zeit der erfolgreichen Arbeit. Die Maschine
musste in die Praxis eingeführt werden, d. h. es galt jetzt Dampfmaschinen in möglichst grosser Zahl zu bauen. Für Aenderungen
und Verbesserungen blieb vorläufig keine Zeit. Watt, der die Mühe
und Sorgen erfahren hatte, die alles Erfinden mit sich führt, war
fast besorgt vor jedem neuen Gedanken, der ihn zu neuen Versuchen verleiten konnte. In der Selbstbeschränkung sah er den
einzigen Weg, das einmal Gewonnene zu verwerten, die einzige
Möglichkeit, schliesslich auch die Früchte seiner Lebensarbeit zu
geniessen. Watt wäre damit zufrieden gewesen, nur Dampfmaschinen für die Wasserhaltung der Bergwerke zu bauen. Boulton
musste ihn dazu drängen, den Bau von Dampfmaschinen für den
Gewerbebetrieb in Angriff zu nehmen. Von anderer Seite suchte

man ihn zu veranlassen, sich auch mit dem Bau von Dampfwagen und Dampfschiffen zu beschäftigen. Aber Watt wies derartige Aufforderungen von vornherein zurück: „mögen sich andere daran versuchen, die nichts zu verlieren haben". Ihm genügt seine Lebensarbeit, nach neuen Lorbeern, die, wie er wohl weiss, nur mit neuer Mühe und Sorge zu erreichen sind, trägt er kein Verlangen.

In rastloser stetiger Berufsarbeit vergehen die 25 Jahre seines Patentes. Das neue Jahrhundert macht ihn frei von allen seinen Verpflichtungen. In dem frohen Gefühl, sich jetzt allein zu gehören, entsagt er der ferneren Thätigkeit an der Spitze eines weltberühmten Unternehmens. Aus dem Geräusch des öffentlichen Lebens sehnt er sich nach Ruhe und Frieden. Auf seinem kleinen Landgut bei Heathfield, das er sich von seinem Gewinnanteil erworben hatte, will er das Ende seines Lebens erwarten. Ein schöner, selbst angelegter Park bietet ihm Erholung in frischer Luft. Eine kleine Schmiede und Werkstatt mit Drehbank und allem Gerät eines Mechanikers darf nicht fehlen. Er findet noch immer Freude an der Geschicklichkeit seiner Hände; mancherlei Erfindungen, mit denen er sich nur zu seinem Vergnügen beschäftigt, — ein Patent ist daher unnötig, — werden hier noch ausgeführt. Auch an Gesellschaft fehlt es ihm nicht, da ihn seine Freunde nicht vergessen haben. Jedes Jahr reist er einmal nach London, um an dem grossstädtischen Hasten und Treiben seiner ländlichen Ruhe erst recht froh zu werden.

Einem mühevollen Leben folgte ein sorgenfreier, heiterer Lebensabend. Selbst die heftigen nervösen Kopfschmerzen, die den Mann noch oft in Verzweiflung brachten, verschonten den Greis.

Nur ein Schmerz blieb ihm nicht erspart. Der Kreis seiner Freunde wurde immer kleiner. Einer nach dem andern sank ins Grab. Watt überlebte sie fast alle. Auch seinen treuen Kampfgenossen Boulton musste er begraben.

Im Jahre 1819 ereilte endlich ihn selbst seine letzte Krankheit. Er hatte nur wenig zu leiden. Still und friedlich konnte er im vollen Besitz seiner Geisteskräfte sein Leben beenden. Voll Dank gegen die göttliche Vorsehung, die ihm so viel des Glückes bescheert, verschied James Watt am 19. August 1819 im Kreise trauernder Freunde. In der Kirche zu Heathfield an Boultons Seite liegt James Watt begraben.

Das englische Volk, in dem richtigen Gefühl für die Grösse und den unsterblichen Ruhm der Thaten eines James Watt, gab dem grossen Ingenieur einen Platz in jenem Pantheon menschlicher

Grösse, der Westminster-Abtei, mitten unter den grossen Kriegs-
helden, Staatsmännern und Dichtern.

Keine der Inschriften an diesem Orte ist vergleichbar der, die
Watt's Büste schmückt, und die da lautet:

Nicht einen Namen zu verewigen,
der dauern muss, so lange die Künste des Friedens blühen,
sondern zu zeigen,
dass die Menschheit gelernt hat die zu ehren,
die ihren Dank am meisten verdienen, haben
Der König,
Seine Minister und viele der Adligen
und Bürgerlichen des Königreichs
dieses Denkmal errichtet
JAMES WATT,
welcher, indem er die Kraft eines schöpferischen,
frühzeitig in wissenschaftlichen Forschungen geübten Geistes
auf die Verbesserung
der Dampfmaschine wandte,
die Hilfsquellen seines Landes erweiterte,
die Kraft des Menschen vermehrte
und so emporstieg zu einer hervorragenden Stellung
unter den berühmtesten Männern der Wissenschaft
und den wahren Wohlthätern der Welt.
Geboren zu Greenock 1736.
Gestorben zu Heathfield, in Staffordshire, 1819.

Kurze Auszüge aus dem Briefwechsel Watt's.

Der eigene Reiz des unmittelbar Persönlichen, der mehr oder
weniger allen Briefen eigen ist, macht besonders auch Watt's Briefwechsel so äusserst wertvoll für die Beurteilung des Menschen Watt.

Einige der für den genannten Zweck wichtigsten Briefe mögen
deshalb hier seiner Lebensbeschreibung beigefügt werden.

Watt an Dr. Small.   Glasgow, 9. Sept. 1770.

(Es war Watt angeboten worden, den Bau eines Kanals zu unternehmen. Zwar
hätte er lieber die Versuche an der Dampfmaschine weiter fortgesetzt, aber
die Rücksicht auf seine Familie zwang ihn, dem sicheren Broterwerb den
Vorzug zu geben.)

— — Auch noch andere Umstände bewogen mich nicht
weniger stark, das Anerbieten anzunehmen; das that ich denn auch,

nahm mir aber zugleich fest vor, die Angelegenheit mit der Maschine weiter zu verfolgen, sobald ich etwas Zeit erübrigen könnte.

Nichts ist meiner Natur mehr zuwider als der ganze geschäftliche Verkehr mit Leuten. Aber so geht es im Leben, gerad das gehört nun zu meiner Thätigkeit. Ich lebe in fortwährender Furcht, ich könnte aus Mangel an Erfahrung in Schwierigkeit geraten oder ich wäre nicht im stande, die Arbeiter genügend zu kontrolieren. — —

Die Zeit, die mir meine Berufsthätigkeit noch übrig lässt, verteilt sich auf Kopfschmerzen und anderes Unwohlsein, wird zum Teil auch ausgefüllt durch Anfragen über die verschiedensten Dinge. Ich werde um mehr Rat gebeten, als ich erteilen kann, und die Leute bezahlen auch recht gut. Kurz ich wünsch mir nur etwas Gesundheit und körperliche Frische und ich will Geld verdienen so schnell, als es die Verhältnisse nur immer gestatten. Wenn Sie, Doktor, und ihre Freundin Hygieia mir diese Wohlthat verschaffen könnten, so wollte ich wohl ein reicher und glücklicher Mann sein, sonst aber wird es wohl mit keinem von den beiden etwas werden.

Ich hoffe bestimmt, mich bald mit der Maschine wieder beschäftigen zu können, inzwischen wird es mich freuen bald zu erfahren, wie es Ihnen und allen unsern Freunden ergeht.

Watt an Dr. Small.   20. Okt. 1770.

— — Ich finde, dass es einen sehr stark geistig anstrengt, wenn man ausser an sein Steckenpferd noch an alles mögliche andere denken muss. Ich fühle mich in der That auch riesig abgestumpft und kann überhaupt noch selten denken. Ich wünsche zu Gott, ich könnte einmal ohne all das leben, und doch mag ich von Ihrem Vorschlag, im Schlaf Ruhe zu finden, nichts wissen. Ich muss sehr abgearbeitet sein, sonst kann ich weder essen noch schlafen. Kurz, mir kommen oft grosse Bedenken, ob nicht der glücklichste Aufenthalt in jener kleinen, stillen Wohnung, dem Grab, zu finden sei.

Von den meisten meiner jugendlichen Wünsche bin ich geheilt. Wenn nicht etwas Ehrgeiz und der Wunsch Geld zu verdienen mich noch hielten, so würde ich wohl bereits mir ebenso gelangweilt vorkommen, als sie von sich behaupten.

Dr. Small an Watt.   14. Febr. 1771.

Gestern fragte eine Bergwerksgesellschaft in Derbyshire bei mir an, wann Sie wohl nach England kämen. Es handelt sich um

Feuermaschinen. Die Leute müssen ihre Gruben verlassen, wenn
Sie ihnen nicht helfen können.

Dr. Small an Watt.   19. Okt. 1771.

Ich bewundere Ihre zarte Zurückhaltung, wenn es sich um die
Bezahlung dessen handelt, was Ihr genialer Kopf und Ihr Fleiss
geschaffen hat, aber warum das, sehen Sie sich doch einmal unsere
Juristen und Mediciner an, was machen denn die! Nichts hat mich
in den letzten Jahren so geärgert, als dass besondere Verhältnisse
die Fertigstellung Ihrer Feuermaschinen so verzögert haben, denn
ich denke von diesen sowie von Ihnen selbst noch genau so wie
sonst; dass nämlich die Erfindung eine ganz ausserordentliche Bedeutung hat, und dass Sie selbst soviel oder mehr Geist und Charakter
haben als irgend ein anderer, den ich kenne.

Watt an Dr. Small.   Aug. 1772.

Obwohl ich mehr Geld auf diese Versuche verwandt habe, als
mein Teil an der Maschine eigentlich beträgt, so sehe ich doch in
diesem Geld nicht den Betrag einer Aktie, sondern das Lehrgeld,
das meiner Erziehung zu gute kommt. Gott sei Dank bin ich jetzt
soweit, dass ich hoffen kann, solange ich gesund bin, meine Schulden
bezahlen zu können und noch soviel übrig zu haben, dass ich
wenigstens in bescheidenen Verhältnissen leben kann. Nach mehr
trage ich durchaus kein starkes Verlangen.

Dr. Small an Watt.   Birmingham, 29. Okt. 1772.

In der That, wenn wir nichts finden, was die Angelegenheit
auch mit Hilfe eines ganz kleinen Kapitals vorwärts bringt, so fange
ich an zu fürchten, dass wir bei der augenblicklichen Geschäftslage,
soviel Vorteil die Maschine auch verspricht, nicht im stande sein
werden, Ihnen oder Ihrer Erfindung nur einigermassen gerecht zu
werden. Jedermann scheint vor der Wirkung des nahenden Weih-
nachtsfestes Angst zu haben und findet es unumgänglich notwendig,
sich noch mehr als gewöhnlich einzuschränken.

Aber nichts kann mein Interesse noch grösser machen, als es
schon ist, denn der Mangel an einer „Kraft" ist ein grosses Uebel.

Watt an Dr. Small.   Glasgow, 7. Nov. 1772.

(Bezieht sich auf den Vorschlag, Watt solle mit Boulton gemeinsam den
Bau und Vertrieb der Dampfmaschine im Grossen unternehmen.)

— — Auf keinen Fall darf ich etwas mit Arbeitern zu thun
haben oder mit Geldgeschäften und Löhnungen, ferner möchte ich

mich nicht so sehr mit meiner Zeit festlegen, dass ich nicht gelegentlich im stande wäre, meinen Freunden in kleineren Sachen hilfreich zur Seite zu stehen. Vergessen Sie nicht, dass ich keine grosse Erfahrung darin habe. Ich bin nicht unternehmend und kann mich nur selten dazu verstehen, grosse und neue Dinge in Angriff zu nehmen. Ich bin kein Mann, der im stande ist, einige Methode in seine geschäftlichen Arbeiten zu bringen, und zu guter letzt ist es auch mit meiner Gesundheit schlecht bestellt.

Watt an Dr. Small. Glasgow, 24. Nov. 1772.

Ich will mich lieber vor die Mündung einer geladenen Kanone stellen, als Rechnungen aufsetzen oder Geschäfte machen. Kurz und gut, es kommt mir immer vor, als ob ich ganz aus mir selbst heraus müsste, wenn ich irgend was mit dem grossen Publikum zu thun habe. Es genügt für einen Ingenieur, die Natur zu bezwingen und sich dabei zu ärgern, dass sie es doch noch besser kann als er. Satis ´iuveni, nunc est perficere.

Boulton an Watt. London, 29. März 1773.

Mein Freund Dr. Roebuck schreibt mir dieser Tage, dass viele seiner Hauptgläubiger eine Versammlung berufen haben, um über den Stand der Geschäfte Klarheit sich zu verschaffen. Sie sind beunruhigt, dass unter Leitung des gegenwärtigen Aufsichtsrats eine grosse neue Anleihe aufgenommen ist, statt dass man den Gewinn von Borrowstoners zur Schuldentilgung verwandt hätte.

Nun, mein Herr, wenn ich wüsste, wo ich einen rechtschaffenen Mann finden könnte, den man eher dazu veranlassen könnte, hierfür Zeit zu opfern als Sie, ich würde nicht auf Ihre Gutmütigkeit rechnen, aber da ich verzweifelt wenig Hoffnung habe, einen solchen Mann zu finden, auch wenn ich mit der Laterne danach suchte, so nehme ich mir die Freiheit, Ihnen meine gesetzliche Vollmacht zu übertragen, und Sie dadurch zu ermächtigen für mich zu stimmen und zu handeln, soweit es die Summe anbelangt, die Dr. Roebuck mir und meinem Geschäftsteilhaber, Herrn John Fothergill, schuldet. Hierbei versichere ich, dass, was immer Sie auch sagen, thun oder zeichnen werden in meinem oder meines Kompagnons Interesse, so bindend sein soll, als ob ich es selber gethan hätte.

Was auch immer Sie bei diesem Fall im Interesse Ihrer eigenen Angelegenheit unternehmen wollen, thun Sie es ja ohne Rücksicht auf mich und vergessen Sie nicht, alle irgendwelche Ausgaben mir mitzuteilen, damit ich Ihnen alles mit vielem Dank zurückerstatten kann.

Ich hoffe bald zu hören, dass des Doktors Angelegenheiten zur Zufriedenheit der Mehrheit seiner Gläubiger und zu seinem eigenen Vorteil geregelt worden sind.

Watt an Boulton.   Glasgow, 4. Juli 1773.

(Betrifft Regelung der Verhältnisse mit Dr. Roebuck.)

Mein Herz blutet, wenn ich sehe, in welche Lage er gekommen, und doch kann ich ihm nicht helfen. Ich verweile noch bei ihm, obwohl ich selbst meine Zeit sehr nötig brauche. Es geht auch so nicht länger. Meine Familie beansprucht meine Fürsorge. Und doch, ich kann den Doktor nicht in Not sehen, und die, fürchte ich, wird bald vorhanden sein.

Ich werde wieder schreiben, sobald ich etwas Neues über den Doktor mitzuteilen habe, und bleibe indessen, mein Herr,

Ihr ergebener
James Watt.

Keiner von den Gläubigern giebt für die Maschine (Dampf-maschine) auch nur einen Pfennig.

Watt an Dr. Small.   17. Aug. 1773.

Ich will ein Buch schreiben über: „Grundzüge einer Theorie der Dampfmaschinen" und will darin nur die Erklärung einer vollkommenen Dampfmaschine geben. Solch Buch kann für mich und das Projekt ganz gut sein und würde doch dem Publikum die Konstruktion der Maschine nicht verraten. Jedenfalls ist etwas in der Art notwendig, da auch Smeaton sehr eifrig daran arbeitet. Wenn ich auch kein Geschäft machen sollte, so will ich mir doch nicht die Ehre nehmen lassen, die Versuche zuerst gemacht zu haben.

Watt an Dr. Small.   Glasgow, 11. Dec. 1773.

— — — Ihr Lebensüberdruss ist ausserordentlich ansteckend, ich glaube beinahe, er kann wie die Pest durch die Post übertragen werden. Er hat auch mich ergriffen. Ich bin nicht gerade trübsinnig, aber ich habe viel von meinem Interesse an der Welt, ja an meinen eigenen Erfindungen eingebüsst. Sie sagen, der Mensch muss ent-weder arbeiten oder sich langweilen, ich thue beides. Ich sehne mich danach, Sie zu sehen, Ihre Grübeleien zu hören und Ihnen meine mitzuteilen; aber es kommt immer soviel dazwischen, und ich bin so arm, dass ich nicht weiss, wann es möglich sein wird. Ich habe das Land satt, habe keine Lust mehr einmal über die Stränge zu schlagen und, was mich am meisten beunruhigt, ich werde mit der Zeit immer geistig stumpfer. Mein Gedächtnis lässt mich oft bei Dingen im Stich, die eben erst passiert sind. Ich sehe mich zum Leben eines Geschäftsmanns verdammt, und ich wüsste nicht, was mir mehr zuwider wäre. Ich zittre, wenn ich bloss den Namen von einem höre, mit dem ich geschäftliche Abmachungen zu treffen habe. Der Beruf des Ingenieurs ist hier nicht sehr gewinnbringend, wir werden im allgemeinen sehr schlecht bezahlt. Dieses letzte Jahr habe ich noch nicht 200 ℒ. eingenommen, und dabei hatten mich noch einige sehr anständig bezahlt. Auch noch andere missliche Umstände, über die ich nicht schreiben mag, sind hier vorhanden. Kurz, soviel ich beurteilen kann, werde ich gut thun, bald meinen Aufenthaltsort zu wechseln. Ich kann nun entweder nach England gehen oder im Auslande mir einen erträglichen Posten zu verschaffen suchen. Ich bezweifle aber, ob letzterer mir Vorteil bringen würde. Zum Feldmesser passe ich am besten. Giebt es in dem Fach Beschäftigung bei Ihnen?

Watt an seinen Vater.　　　　Birmingham, 11. Dec. 1774.

Das Geschäft, dessentwegen ich hier bin, ist ziemlich erfolgreich abgelaufen, das heisst, die Feuermaschine, die ich erfunden habe, geht jetzt und giebt viel bessere Resultate als alle die andern bis jetzt gebauten Maschinen. Ich hoffe, dass diese Erfindung mir noch viel Segen bringen wird.

Boulton an Watt.　　　　Birmingham, 25. Febr. 1775.

(Durch Vermittlung seines Freundes Dr. Robison war Watt eine Stellung in Petersburg angeboten worden mit einem jährlichen Einkommen von über 1000 £.)

Ihre Absicht, nach Russland zu gehen, macht mir grosse Bedenken. Ihr empfindlicher Gesundheitszustand, die Gefahren einer so langen Reise zu Wasser und zu Lande, auch dass ich dann Ihren Trost entbehren muss, alles das macht mir Unruhe. Aber ich möchte nur Ihnen, ohne Rücksicht auf mich, zum Besten helfen und raten.

Boulton an Watt.　　　　Soho, 24. April 1775.

In Cornwall werden jetzt mehrere Maschinen verlangt. Einige der Minenbesitzer sind sehr gespannt, ob unsere Bill Erfolg haben wird, und welche Bedingungen wir festsetzen werden.

Mr. Glover, den wir gebeten hatten, auf uns mit dieser Angelegenheit
zu warten, habe ich mitzuteilen gewagt, dass wir es kontraktmässig
übernehmen werden, Maschinen von jeder gewünschten Stärke zu
bauen und zwar für dasselbe Geld, was gleich grosse, gewöhnliche
Maschinen kosten, dass wir ferner den halben Brennstoffverbrauch der
alten Maschinen garantieren werden, vorausgesetzt, dass uns eine
Summe bewilligt wird, die etwa weiteren Brennstoffersparnissen entspricht, und noch dazu die Kosten der oben genannten ersparten Hälfte.

Es soll nicht nur die Ehre der Erfindung bezahlt werden,
sondern ausserdem auch der Verlust so vieler Jahre und einiger
1000 Pfund gedeckt werden. Trotzdem bleibt dann immer noch die
Gefahr, noch viele 1000 £. zu verlieren. Denn nachdem wir nun
fertig sind, wird vermutlich ein andres Genie mit einer neuen Entdeckung auftreten und wird beweisen, dass seine Maschine siebenmal
besser ist als die gewöhnliche Maschine, während unsere nur dreimal
so gut ist. Was soll dann aus unserer Fabrik werden, die wir errichtet haben, und aus den geträumten Verdiensten? Weiss Gott, es
giebt wenige Erfinder, die reich werden, obwohl sie oft zum Glück
ihres Landes viel beitragen. Dies mag auch einer von den Gründen
sein, die für das Parlament in Frage kommen.

Watt an seinen Vater.   London, 8. Mai 1775.

Lieber Vater! Nach einer ganzen Reihe der verschiedensten
und heftigsten Einsprüche habe ich doch schliesslich einen Parlaments-
beschluss durchgesetzt, der mir und meinen Compagnions für die
folgenden 25 Jahre das Eigentumsrecht meiner Feuermaschine für
Gross-Britannien und die Kolonien überträgt. Ich hoffe, dass es
mir sehr viel Vorteil bringen wird, zumal schon eine beträchtliche
Nachfrage nach den Maschinen vorhanden ist. Diese Angelegenheit
war mit grossen Ausgaben und viel Besorgnis verknüpft, und ich
würde es ohne viele einflussreiche Freunde wohl niemals erreicht
haben, zumal viele der ausschlaggebenden Parlamentarier schon seit
dem 22. Februar sich ihre Entscheidung vorbehalten hatten. Ich
werde wohl noch einige Tage länger hier bleiben müssen, dann aber
nach Birmingham zurückkehren, um einige bestellte Maschinen auszuführen. Danach will ich mir selbst die Freude zu verschaffen
suchen, Euch und die lieben Kinder wiederzusehen.

Boulton an Watt.   Soho, Juli 1776.

Es ist schwierig, den wirklichen Wert Ihrer Eigentumsrechte bei
unserer Teilhaberschaft festzusetzen. Jedenfalls will ich es bestimmt

bezeichnen und ich kann wohl sagen, ich würde Ihnen gern zwei, auch 3000 Pfund für die Uebertragung ihres Drittels an dem Patent geben. Es würde mir aber leid thun, mit Ihnen einen für Sie so unvorteilhaften Handel abzuschliessen und ich würde jedes Geschäft bedauern, was mich Ihrer Freundschaft, Zuneigung und thatkräftigen Hilfe berauben würde. Ich hoffe, dass wir in Liebe und Eintracht die 25 Jahre zusammen aushalten werden, und das wird mir lieber sein, als wenn ich als alleiniger Inhaber so reich wie Nabob werden könnte.

Ich würde Ihnen gern sofort die betreffende Anweisung und den Vertrag über unsere Teilhaberschaft übersenden. Leider ist es mir unmöglich, da der Rechtsanwalt Herr Dadley plötzlich nach London gerufen wurde und ich das Aktenstück nicht vor seiner Rückkehr erhalten kann. Wenn Sie aber vielleicht mit Ihren Freunden darüber verhandeln wollen, so können Sie ihnen von folgenden Hauptpunkten eine Abschrift geben. Ich habe sie aus unserer Correspondenz ausgezogen, und soviel ich weiss, enthalten sie das Hauptsächlichste unseres Vertrages.

1. Sie überweisen mir $^2/_3$ des Patents unter folgenden Bedingungen.

2. Ich habe die Kosten für die Versuche, für die Erwerbung des Patentes, sowie für das, was für die Maschine vom Juni 1775 gebraucht wurde, zu tragen, auch die Ausgaben für die ferneren Versuche zu bestreiten. All dies Geld ist von mir unverzinslich herzugeben, und darf nicht gegen Sie verrechnet werden. Die Versuchsmaschinen sind mein Eigentum, da sie von meinem Gelde gekauft werden.

3. Ferner habe ich das Kapital, was zum Geschäftsbetriebe nötig ist, gegen übliche Zinsen vorzuschiessen.

4. Der Gewinn des Geschäfts nach Bezahlung oder Abschreibung der Zinsen, der Arbeitslöhne und aller Geschäftsunkosten, soweit sie sich auf unser Dampfmaschinengeschäft beziehen, ist in drei Teile zu teilen, von denen Sie einen, ich zwei erhalte.

5. Sie haben die Zeichnungen zu entwerfen, die Angaben zu machen und die Leitung zu übernehmen. Die Auslagen für Geschäftsreisen ersetzt das Geschäft.

6. Ich habe die Bücher genau zu führen, dafür Sorge zu tragen, dass jährlich Abschluss gemacht wird. Ferner habe ich Sie in der Leitung der Arbeiter zu unterstützen, Geschäfte ab-

25*

zuschliessen, sowie überhaupt alles das zu thun, was wir
beide von Interesse für das Geschäft halten.

7. Ein Buch ist zu führen, worin alle neueren Uebereinkommen
zwischen uns zu Protokoll genommen werden und die, mit
unserer beiden Unterschrift versehen, dieselbe Kraft haben,
wie unser Vertrag.

8. Keiner darf seinen Anteil ohne Zustimmung des andern ver-
äussern. Sollte einer von uns sterben oder für gemeinsame
Thätigkeit unfähig werden, so soll der andere der einzige
Leiter sein, ohne Kontrolle der Erben, Testamentsvollstrecker
oder gesetzlichen Nachfolger. Die Bücher jedoch können
von ihnen eingesehen werden, auch kann der thätige Teilhaber eine vernünftige Entschädigung für seine besondere
Mühewaltung beanspruchen.

9. Der Vertrag tritt mit dem 1. Juni 1775 auf 25 Jahre in
Kraft.

10. Unsere Erben, Testamentsvollstrecker u. s. w. sind zur Beobachtung des Vertrages verpflichtet.

11. Im Fall wir beide sterben, sind unsere Erben u. s. w. unsere
Nachfolger auf Grund desselben Vertrages.

Ich wünschte mir mehr Zeit, um Ihnen alles erzählen zu können,
was sich im Maschinengeschäft ereignet hat. Es soll der Gegenstand
meines nächsten Briefes sein. Alles ist wohl und munter. Sie
werden sich sehr freuen über den einfachen Betrieb und den ruhigen
Gang unserer Soho'er Maschine.

Boulton an Watt.   1776.

Wenn wie jetzt 100 rotierende Maschinen, 100 kleine Maschinen,
wie die Bow., und einige 20 ganz grosse fertig auf Lager hätten,
wir könnten sie alle verkaufen. Daher lassen Sie uns Heu machen,
so lange die Sonne scheint, und unsere Scheuer füllen, bevor
die dunkle Wolke des Alters uns überfällt und bevor einige weitere
Tubal-Cains oder Watts oder Dr. Fausts oder Gainsboroughs aufer-
stehen mit Schlangen wie Moses und alle andern verschlingen.

Watt an Dr. Black.   24. Juli 1778.

Unsere Maschinen befriedigen jetzt in jeder Hinsicht, nur bringen
sie uns noch nicht schnell genug Geld ein; aber auch nach der
Richtung fängt es an besser zu werden, und es verspricht guten
Fortschritt, wenn nur nicht die Gemeinheit der Leute so unglaublich

wäre. (Bezieht sich auf die Patentangriffe.) Ich habe letzthin eine Methode entdeckt, Schrift, vorausgesetzt dass sie am selben Tag oder innerhalb 24 Stunden geschrieben ist, sofort zu kopieren. Ich sende Ihnen eine Probe und will Ihnen das Geheimnis verraten, wenn es für Sie von Nutzen sein sollte. Mir ermöglicht es, meine ganzen Geschäftsbriefe zu kopieren.

Watt an Boulton. Redruth, 12. Dec. 1778.
(Im Grubenbezirk in Cornwall.)

— — — Mit der Ersparnis von Brennmaterial haben wir gute Erfolge gehabt, da wir nur $1/4$ von dem brauchten, was die hier aufgestellten alten Maschinen der besten Ausführung nötig hatten. Mehrere Gruben, früher verlassen, fangen wahrscheinlich jetzt wieder an zu arbeiten, dank unsern Maschinen. 5 Maschinen verschiedener Grösse haben wir jetzt hier in diesem Bezirk im Betriebe und 8 weitere in Bearbeitung, so dass unsere Geschäfte nach menschlichem Ermessen sehr gute Aussichten zeigen.

Der König von Frankreich hat uns das ausschliessliche Recht übertragen, diese Maschinen in Frankreich zn fabricieren und zu verkaufen, und wir haben dafür jetzt eine Maschine gerade in Arbeit, aber dies unter uns.

Unsere Geschäfte in den andern Teilen Englands machen sehr gute Fortschritte, aber kein Bezirk kann oder wird uns soviel zu verdienen geben als Cornwall, und wir sind glücklicherweise dort gerade dann ins Geschäft gekommen, als sie am Ende ihrer Weisheit waren und nicht wussten, wie sie tiefer mit ihren Gruben gehen könnten.

Watt an Dr. Black. Birmingham, 13. Jan. 1779.

— — — Zu meinem Leidwesen finde ich, dass proportional mit der geschäftlichen Thätigkeit auch die Sorgen wachsen, eine Thatsache, die in sehr beträchtlichem Grad die Freude am Leben verhindert.

Watt an Boulton. Birmingham, 31. Okt. 1780.

Sie haben Gelegenheit gehabt, meine Meinung von Anfang an zu kennen und wissen, dass ich statt dieses Parlamentsbeschlusses (bezieht sich auf die Versuche sein Patent zu stürzen), der ihnen so viel Verdruss bereitet, gern bei Zahlung von 7000 £ die Erfindung allen zugänglich gemacht hätte. Aber keiner, weder das Parlament noch irgend sonst wer, wollte mir diese Summe geben. Obwohl davon

nicht viel in meine Tasche gekommen wäre, würde ich doch noch
reicher geworden sein, als ich jetzt bin.

Watt an Boulton.   Cosgarne, 14. Februar 1782.

— — Die Gedanken scheinen einem gestohlen zu werden, ehe
man sie ausgesprochen hat. Es scheint, als ob die Natur eine Abneigung gegen Monopole habe und deshalb, um diese zu verhindern,
dieselben Ideen zu gleicher Zeit mehreren Leuten in die Köpfe
bringe. Ich fange an zu befürchten, dass sie mich zu erleuchten
aufgegeben hat, da ich nur noch mit grösster Mühe etwas Neues
auszubrüten vermag.

Watt an Dr. Black.   Birmingham, 6. Juni 1784.

Meine Gesundheit ist wie gewöhnlich sehr mittelmässig. Ich
fühle, dass ich alt und stumpf werde, aber immer wünsche ich noch
meine Kenntnisse zu erweitern. Dies und die notwendige Aufmerksamkeit auf Familie und Geschäft dient dazu, mich noch nicht
einschlafen zu lassen.

Watt an Dr. Luc.   10. Sept. 1785.

Ich habe einige Hoffnung, den schrecklichen Rauch, der von
den Feuermaschinen herrührt, los zu werden. Einige Versuche,
die ich gemacht habe, versprechen guten Erfolg.

Watt an Boulton.   Birmingham, 5. Nov. 1785.

— — Im ganzen finde ich es jetzt an der Zeit, mit den Versuchen, neue Dinge zu erfinden, endlich aufzuhören, auch sollte man
nichts mehr versuchen, was mit irgend welcher Gefahr des Misserfolges verbunden ist oder uns Mühe bei der Ausführung verursacht.
Lassen sie uns weiter fortfahren, die Sachen zu machen, die wir
verstehen, und überlassen wir das Uebrige jüngeren Leuten, die
weder Geld noch Namen zu verlieren haben.

Watt an Dr. Luc.   Birmingham, 11. Dec. 1785.

Einige meiner müssigen Gedanken habe ich jetzt auf eine Rechen-
maschine gelenkt; ob ich Erfolg haben werde, weiss ich nicht, noch
habe ich keine ausgeführt. — — — — Ich beabsichtige einen
Versuch zu machen, sie auszuführen. Ich sage „einen Versuch,"
denn obwohl die Maschine ausserordentlich einfach ist, so hat mich
doch die Erfahrung gelehrt, dass in der angewandten Mechanik

noch vieles „zwischen Lipp' und Kelchesrand" unausführbar zu sein pflegt.

Watt an Boulton. Birmingham, 27. April 1786.

In der Angst meines Herzens, unter dem Eindruck all des Aergers, den mir neue und erfolglose Projekte verursachen, verwünsche ich meine Erfindungen und wünsche fast, falls wir unser Geld zusammen herausziehen könnten, irgend ein anderer möge soviel Erfolg haben, dass er das Geschäft an sich ziehe.

Wie dem auch immer sein mag, alles kann noch gut werden. Die Natur kann besiegt werden, wenn wir nur ihre schwache Seite ausfindig machen.

Watt an Hamilton. Birmingham, 18. Juni 1786.

(Watt klagt, dass er geistig und körperlich vollkommen aufgebraucht sei.)

Ich habe oft ernsthaft daran gedacht, diese Last, die zu tragen ich mich selbst ausser stande fühle, abzuwerfen und vielleicht, wenn andere Empfindungen nicht stärker gewesen wären, würde ich wohl daran gedacht haben, den Lebensfaden abzuschneiden. Wenn die Sache nicht noch schlimmer wird, mag ich mich wohl vielleicht noch weiter schleppen.

Salomon sagt, dass mit dem Wissen der Kummer wachse. Wenn er „Geschäft" statt Wissen gesetzt hätte, würde er vollkommen Recht gehabt haben.

Watt an Dr. Erasmus Darwin. Birmingham, 24. Nov. 1789.

(Darwin hatte Watt um Angaben über Dampfmaschinen zum Zweck der Veröffentlichung gebeten.)

— — Papin trat fast gleichzeitig auf und war wohl von allen das grösste Genie. Er kannte, wenigstens glaube ich das, die Einspritz-Kondensation. Wenn dies aber der Fall war, so war er der erste Erfinder, noch früher als Savery, der selbst, wenn Papin keinen Anspruch auf die Einspritz-Kondensation haben sollte, jedenfalls dieselbe erfunden hat. Und welch prachtvolle Erfindung war dies!

Fürchten Sie nicht, dass in dem, was ich Ihnen zu senden gedenke, grosse Rechnungen und viel Mathematik enthalten sein wird. Mein Herz verabscheut sie beide und alle andern abstrakten Wissenschaften dazu. Ich werde Ihnen einige Thatsachen mitteilen zur Erklärung einiger „Warums" und „Weswegen", aber ich hoffe Ihre Zeit nur mit 2 Quartseiten in Anspruch zu nehmen. Die Wahrheit zu sagen, obwohl ich nicht glaube, dass aller eitle Stolz in mir

gestorben sein wird, so ist doch das Verlangen nach Ehre fast
gesättigt; — nichts bleibt zurück als der Wunsch, Geld zu verdienen.
Reich zu werden lasse ich mir aber nicht viel Mühe kosten, da ich
gefunden habe, dass man sich weder Gesundheit noch Glück dafür
kaufen kann. Soweit es mich anbetrifft, so würde ich mir nicht die
Mühe erst machen in der Weise, wie sie es wünschen, darüber zu
schreiben, aber ich kann eine an mich so verbindlich gerichtete
Bitte nicht abschlagen. Ich will es jedoch nur unter der Bedingung
thun, dass sie mich nicht wieder mit so unmässigem Lob über-
schütten, wie bei dem letzten Artikel, wo Sie die Liebenswürdigkeit
hatten, die Maschine zu erwähnen. Ohne jungfräuliche Schüchtern-
heit heucheln zu wollen, machen Sie mich doch wirklich in meinen
eigenen Augen verächtlich, wenn ich betrachte, wie weit unten meine
Ansprüche, beziehungsweise die der Maschine, auf der Leiter menschlicher Erfindungen sich befinden. Ich weiss es selbst, dass ich in
den meisten Dingen tiefer stehe als der grösste Teil geistig bedeutender Männer! Wenn ich mich ausgezeichnet habe, so ist daran,
nach meinem jetzigen Dafürhalten, der Zufall und die Nachlässigkeit
anderer Schuld. Bewahren Sie die Würde eines Philosophen und
Geschichtschreibers; berichten sie Thatsachen und überlassen Sie es
der Nachwelt, zu richten. Wenn ich es verdiene, so mag einst einer
meiner Landsleute, beeinflusst durch den „Amor Patriae", ausrufen:
„Hoc a Scoto factum fuit."

Ich werde Ihnen, sobald meine notwendigsten Arbeiten es mir
gestatten, das übersenden, was ich zu sagen für wünschenswert
halte. Sollte es Ihnen zu viel sein, so besitzen Sie eine Feder es
auszustreichen, aber schreiben Sie in Ihrer, nicht in meiner Person.

— — Wie es mir jetzt geht, so bin ich den einen Tag leidlich
wohl, um am andern Tag wieder schreckliche Kopfschmerzen oder
Asthma zu haben. Ich bin dann stumpfsinnig wie ein Stock und
kann nicht drei Zahlen richtig addieren. Von allen Uebeln des
Alters empfinde ich am meisten den Verlust einiger geistigen Fähig-
keiten, die ich in der Jugend besessen hatte. Leben Sie wohl.
Entschuldigen Sie das schlechte Englisch. Vielen Dank dafür, dass
Sie sich noch erinnert haben an Ihren ergebenen

James Watt.

Dr. Black an Watt.   Edinburgh, 1. Febr. 1799.

Sie sollten sich jetzt recht an Ihrer geschäftlichen Musse und
an den Vergnügungen erfreuen, die so ganz Ihrem Geschmack entsprechen. Aber vor allem ausspannen und ruhen, mässige Bewegung

und Luftveränderung. Um Ihr Vermögen brauchen Sie sich keine
Sorge mehr zu machen; sie haben jetzt schon Geld im Ueberfluss
und es wird gleichmässig anwachsen, auch wenn Sie schlafen. Es
ist jedoch eine der Thorheiten des Alters, zu sehr sich mit der An-
häufung von Reichtümern zu befassen; ich fühle mich selbst nicht
frei von dieser Neigung. Gerade wir, die durch eigenen Fleiss uns
ein kleines Vermögen erworben haben, schätzen den Reichtum so
hoch, da wir wissen, wie viel Arbeit er uns gekostet hat. Wenn
dann die Zeit andern Vergnügungen ein Ende bereitet hat, bleibt
es unsere grösste Freude, den Schatz noch zu vergrössern. Wir
bedenken nicht, dass die Zeit immer noch langt, etwas Vernünftiges
zu unternehmen. Wir haben dann unsern eigenen Geschmack und
unsere besonderen Gewohnheiten und davon gehen wir nicht ab.
Wenn Sie sich mit Horaz beschäftigen wollen, werden Sie bei ihm
viele feine Anspielungen auf diese Thorheit und manche geistreiche
Auseinandersetzung dieser Verrücktheit finden.

Watt an Boulton. London, 23. Nov. 1802.

— — Was uns selbst anbetrifft, so müssen wir mit tiefem
Bedauern zusehen, wie der Kreis unserer alten Freunde sich immer
mehr lichtet und zwar in demselben Masse, als sich unsere Fähigkeit,
neue zu gewinnen, vermindert.

Vielleicht ist aber gerade dies eine sehr weise Einrichtung der
Vorsehung, unsere Freuden auf dieser Welt zu verringern, damit,
wenn unser Ende kommt, wir sie ohne Bedauern verlassen können.

Watt an Bertholet. 26. Dec. 1810.

Ich habe mich schon vor langer Zeit mit einem sehr bescheidenen Vermögen zurückgezogen, und auch das läuft Gefahr,
durch die wachsenden Ausgaben der heutigen Zeit so klein zu
werden, dass gerade noch mein Aufenthalt in dieser Welt möglich
ist. Wünsche habe ich nur wenige noch, und ein Verlangen nach
der „grossen Welt" ist nicht mehr vorhanden.

Watt an Dr. Brewster. Heathfield, 7. Juni 1814.

— — Einen andern Vorwurf kann ich jedoch nicht zurückweisen. — Bei so vielen neuen Ideen, warum habe ich deren nicht
mehr ausgeführt? Der Geist war willig, aber das Fleisch war
schwach. Ich war der Arbeit nie sehr zugeneigt und ich bin niemals
ein Mathematiker gewesen.

Matthew Boulton.

In Birmingham, dem damaligen Hauptsitz der englischen Metall-
warenfabrikation, wurde Matthew Boulton am 3. September 1728
geboren. Sein Vater war der Besitzer einer kleinen Metallwarenfabrik. Auf einer Privatschule erwarb sich Boulton die damals zu
einer guten allgemeinen Bildung gehörenden Kenntnisse. Früher
als sonst wohl üblich verliess er die Schule, um sich dem väterlichen
Geschäft zu widmen. Die Berufsthätigkeit liess ihm aber Zeit, sich
noch weiter mit den Wissenschaften zu beschäftigen, von denen
vor allem Chemie und Mechanik sein Interesse gewannen.

Für das Geschäft wurde der junge Boulton bald unentbehrlich.
17 Jahre alt, führte er wertvolle Verbesserungen in die Fabrikation
von Metallknöpfen, Schnallen, Uhrketten u. s. w. ein, deren Vorteile
dem Vater so bedeutend erschienen, dass er bald darauf seinen
Sohn als Teilhaber in sein Geschäft aufnahm.

Die Birminghamer Metallwaren waren als ordinär und geschmack-
los in Verruf gekommen. Der junge Boulton setzte seine Ehre darein,
sich in dieser Richtung von seinen Konkurrenten vorteilhaft zu unterscheiden. Er verbesserte nicht nur den Fabrikationsgang, sondern sah
sich dabei auch nach guten Vorbildern für seine kunstgewerblichen
Erzeugnisse um. Er fand diese zum Teil im Britischen Museum,
im Privatbesitz der reichen Lords, oder er liess sich von tüchtigen
Künstlern Entwürfe anfertigen. Alle die Mehrausgaben, die er durch
diesen grossartigeren Geschäftsbetrieb naturgemäss gegenüber den
Konkurrenten hatte, machten sich bald bezahlt. Man erkannte seine
Waaren aus der grossen Masse heraus, man achtete auf sie, und
gab einem künstlerisch geschmackvollen Gegenstand bald den Vorzug
vor den anderen Fabrikaten.

1759 starb Boultons Vater und hinterliess seinem Sohn ein
beträchtliches Vermögen, das diesem zusammen mit dem seiner Frau
ein sorgenfreies Leben auch fern von allem Geschäftsbetrieb gestattet hätte. Aber Boulton war ein Mann der Arbeit, dem es nur
bei reger Geschäftsthätigkeit wohl war. Nicht darüber sann er
nach, welche Bequemlichkeit ihm sein Geld gewähren könnte, sondern
wie er es am besten anwenden könnte, um seine Fabrikation weiter
auszudehnen, darüber ging er mit sich zu Rate. Der beste Metallwarenfabrikant zu werden, war sein Ehrgeiz.

Die Werkstätten in Birmingham reichten nicht mehr aus. Boulton
erwarb in der Nähe der Stadt ein Landgut „Soho", um dort eine
mustergültige grosse Metallwarenfabrik anzulegen. Für die immer

wachsende Produktion mussten Abnehmer gefunden werden. England genügte als Markt nicht mehr; es galt das Geschäft auf Europa auszudehnen. Boulton nahm zu diesem Zwecke einen Kaufmann, Fothergill, der zwar wenig Kapital, aber die besten ausländischen Beziehungen besass, zu seinem Geschäftsteilhaber.

So verbreitete sich immer weiter der Ruf der Sohoer Werke; bald galten sie geradezu für eine nationale Sehenswürdigkeit. Die Fabrik wurde von Besuchern nicht leer. Viele der Vornehmsten des Landes, die Aristokraten der Geburt und des Geistes nicht nur Englands, sondern Europas statteten den industriellen Anlagen einen Besuch ab. Alle waren entzückt, nicht nur von den Wundern der Technik, sondern auch von dem stets liebenswürdigen, gastfreundlichen Boulton, der eine besondere Gabe zu besitzen schien, die Herzen der Menschen für sich zu gewinnen. Sein strenger, fester Charakter, der ihn auch das glänzendste Geschäft zurückweisen liess, wenn es sich mit seinen Begriffen von Ehrenhaftigkeit nicht vertrug, hatte ihm das dauernde Vertrauen der Bevölkerung erworben, das auch durch die von missgünstigen Konkurrenten über seine ungünstige Finanzlage ausgestreuten Gerüchte nicht mehr erschüttert werden konnte.

Das Geschäft dehnte sich immer mehr aus. 1770 beschäftigte Boulton 800 Arbeiter, und zwei grosse Wasserräder lieferten die Kraft zum Antrieb der zahlreichen Arbeitsmaschinen, vorausgesetzt, dass genügend Wasser vorhanden war, und das war keineswegs immer der Fall. Soho war zu wasserarm, um mit diesen Kraftmaschinen das ganze Jahr über einen regelmässigen Betrieb aufrecht erhalten zu können. Wenn das Wasser nicht langte, dann mussten alle die vielen Walzenstühle, Drehbänke und Schleifsteine feiern und mit ihnen die Arbeiter, die sich ihrer bedienten; denn die Pferde, die dann herangezogen wurden, boten nur notdürftigen Ersatz. Der Fabrikbesitzer, der zugleich sein eigener Betriebsingenieur war, sann auf Abhülfe. Bei seinen überall hinreichenden Verbindungen waren ihm die Versuche mit den Feuermaschinen nicht entgangen.

Seine Notlage einerseits und seine Freude an mechanischen Problemen andrerseits veranlassten ihn, sich eingehender mit der Dampfmaschine zu befassen. Er baute eine Versuchs-Dampfmaschine und korrespondierte ausführlich darüber mit Benjamin Franklin. Auch an Dr. Roebuck hatte er sich um Auskunft über die Dampfmaschine gewandt, der ihn als Antwort darauf von den Arbeiten Watts in Kenntnis setzte. Boulton lud Watt alsbald ein, ihn in

Soho zu besuchen. 1768 sahen sich die beiden Männer zum ersten
Mal, und dem kleinen bescheidenen Feinmechaniker mag es gar
wohl gefallen haben, dass der weltberühmte Grossindustrielle so
lebhaften Anteil an seiner Erfindung nahm. Die unmittelbare Folge
dieser Unterredung war, dass Boulton selbst sofort alle eigenen
Arbeiten an seiner Dampfmaschine einstellte, „denn wenn ich meine
geplante Maschine jetzt ausführen wollte, würde ich ohne Zweifel
manches verwerten, was ich aus der Unterhaltung mit Herrn Watt
gelernt habe, das aber, ohne seine Zustimmung, zu thun, wäre nicht
recht," äusserte er sich zu einem Besucher, der sich nach den
Fortschritten seiner Dampfmaschine erkundigte.

Die Beziehungen Watts zu Boulton wurden allmählich engere,
nähere und führten 1775 zu der dauernden Verbindung der beiden
in der Dampfmaschinenfirma „Boulton & Watt".

Die beiden Männer ergänzten einander aufs beste. Watt, der
sich vor nichts mehr scheute, als mit anderen Leuten geschäftlich
in Berührung treten zu müssen, wurde in vollkommenster Weise durch
Boulton ersetzt, dem die Aufregungen des Geschäftslebens und die
Beschäftigung mit der Organisation der gewerblichen Arbeit ein
Genuss waren. Watt, der Typus eines in sich gekehrten, stillen Kon-
strukteurs, Boulton, der grossartig angelegte „Unternehmer". Ein
Erfinder und ein Kaufmann und Organisator, beide unübertroffene
Meister auf ihren Gebieten, hatten sich vereint, dem gewerblichen
Leben die Kraftmaschine zu verschaffen, die es so notwendig
brauchte.

Der Kampf für die Dampfmaschine begann. Immer grössere
Kapitalien verschlang der Bau der Dampfmaschinen und immer
noch war an ein Verdienen nicht zu denken. Boulton griff sein
Vermögen an, das seiner Frau folgte, bedeutende Schuldenlasten
mussten aufgenommen werden, was die Metallwarenfabrik verdiente,
frass die Dampfmaschine. Watt war mutlos und verzagt, er fürchtete
sich vor dem Schuldgefängnis. Boulton, der die Gefahr eines
Sturzes wohl noch deutlicher vor Augen sah, hielt aus. Erst von
1785 an, als über 800 000 Mark — eine für die damalige Zeit
ungeheure Summe — hineingesteckt waren, begann sich der Lohn
für Boultons zähe Ausdauer in barer Münze auszudrücken. Noch
einmal, 1788, brachte eine allgemeine schwere Handelskrisis das
ganze Vermögen Boultons, das bei den verschiedensten industriellen
Unternehmungen beteiligt war, in Gefahr. Ein schweres körper-
liches Leiden raubte ihm seine geistige Widerstandsfähigkeit; eine
unsäglich trübe Zeit war für den Mann gekommen, der trotz aller

seiner Arbeit die materielle Zukunft seiner Familie noch nicht
gesichert sah. Das geschäftliche Unglück ging vorüber, das körperliche Leiden verzog sich, und Boulton gewann zugleich seinen
ganzen Unternehmungsmut wieder. Das Dampfmaschinengeschäft
war im richtigen Fahrwasser, Boulton sah sich nach einem neuen
Arbeitsgebiete um.

Das Münzwesen der Staaten war um die Mitte des 18. Jahrhunderts in argen Verfall geraten. Die technische Herstellung war
eine so mangelhafte, dass die zahlreichen Falschmünzer leichte
Arbeit hatten. Boulton verbesserte die Prägmaschinen so wesentlich,
dass ein Betrug, wenn auch nicht ausgeschlossen, doch sehr erschwert
wurde. Die Regierungen sahen den grossen Vorteil, der sich ihnen
bei Benutzung der neuen Maschinen bot, sehr bald ein. Nach
Russland, Spanien, Dänemark, nach Mexiko und Ostindien gingen
Boulton'sche Münzmaschinen. „Hätte Boulton nichts weiter in der
Welt gethan, als das Münzwesen vervollkommnet, so verdiente sein
Name, unsterblich zu sein," lautete das Urteil Watts zu Boultons
Erfolgen auf diesem Gebiete.

Das neue Jahrhundert löste die geschäftliche Verbindung
Boultons und des arbeitsmüden Watt, aber nicht das innige Freund-
schaftsband, das die beiden bedeutenden und so verschiedenen
Männer bis zum Tode umschlungen hielt. Boulton vermochte es
nicht, wie Watt, sich aus der geschäftlichen Thätigkeit zurückzu-
ziehen; für eine Natur wie die seine wäre Ruhe, Verzicht auf sein
Lebenselement gleichbedeutend mit Tod gewesen. Und wenn auch
das hohe Alter und seine Beschwerden manchmal vor gar zu eifriger
Thätigkeit warnten, und wenn auch Watt bat, endlich der Ruhe zu
pflegen, Boulton blieb seiner Schöpfung treu bis zum Grabe.

Das Jahr 1809 brachte ihm sein altes Leiden, es fesselte den Unermüdlichen auf das Krankenbett, von dem ihn ein friedlicher Tod
am 17. August 1809 erlöste. James Watt wurde von dem Tode des
Mannes, dem er den geschäftlichen Erfolg seiner Erfindung allein
zu verdanken hatte, auf das Tiefste erschüttert; er schrieb an
Boultons Sohn und Nachfolger:

„Wie sehr wir auch unseren eigenen Verlust beklagen mögen,
wir müssen anderseits auch daran denken, welche quälenden
Schmerzen er so lange hat erdulden müssen, und uns zu trösten
suchen in der Erinnerung an seine Tugenden und hervorragenden
Eigenschaften. Wenige Menschen haben seine Fähigkeiten besessen
und noch wenigere haben sie so angewandt, wie er es gethan hat.
Nehmen wir seine Leutseligkeit, seine Grossmut und seine Liebe zu

den Freunden, so haben wir einen Charakter, der selten seines
Gleichen hat. Das war der Freund, den wir verloren haben, auf
dessen Liebe wir stolz sein können, während sie sich rühmen
dürfen, der Sohn eines solchen Vaters zu sein."

Oliver Evans.

1755 wurde Oliver Evans in der Nähe von Philadelphia geboren.
Seine Eltern waren arm und vermochten nicht, ihrem Sohn die Ausbildung zu geben, die dessen geistige Fähigkeiten wohl hätten
wünschenswert erscheinen lassen. So kam der junge Oliver zu
einem Stellmacher in die Lehre; hier hatte er die erste Gelegenheit,
seine besondere Begabung für technisch-gewerbliche Thätigkeit zu
entdecken. Bald sollte er dieses Talent auch auf andern Gebieten
fruchtbringend anwenden können.

Der amerikanische Befreiungskrieg, der den Zweck hatte, Amerika
von England politisch frei zu machen, zwang auch nach möglichst
grosser wirtschaftlicher Unabhängigkeit zu streben. Eine Menge
Gegenstände, Apparate und Maschinen, die man bisher fertig vom
Mutterlande bezogen hatte, mussten jetzt im Lande selbst hergestellt
werden. Eine solche Zeit bot Erfindern reichlich Gelegenheit, sich
zu bethätigen.

Etwa 1779 erfand Oliver Evans eine Maschine, mit der er die
Drahtzähne für Kratzen, wie sie in der Baumwoll- und Wollspinnerei
gebraucht werden, herstellte. Ausser auf dem Gebiet der Textilindustrie machte sich Evans vor allem um die Ausgestaltung des
Mahlverfahrens verdient. Eine ganze Anzahl von Maschinen und
Maschinenteilen, die noch heute in unsern Mühlen zu finden sind,
rühren von ihm her. Die Leistungsfähigkeit der Mühlen stieg bei
Verwendung der Evans'schen maschinellen Einrichtungen nach Menge
und Güte des Mehls so erheblich, dass schliesslich auch die Besitzer
der alten Mühlen sich zu ihrer Anwendung bequemen mussten,
wollten sie mit den neuen Mühlen im Wettbewerb bleiben. In den
Mühlen Baltimores soll Evans jährlich allein 5000 Dollar an Arbeits-
kosten erspart und durch Steigerung der Produktion die Einnahme
um 30 000 Dollar im Jahr vermehrt haben. Hatten die Müller aber
zuerst hartnäckig mit allerhand Vorurteilen gegen die Neuerung
gekämpft, so thaten sie jetzt, als ob alle Evans'schen Verbesserungen
schon längst bekannt gewesen wären, und weigerten sich, ihm die
geringe Gebühr, die er für die Benutzung seiner Erfindungen verlangte,
zu bezahlen. Erst eine richterliche Entscheidung, die auf seine An-

klage hin erfolgte, verschaffte ihm die Anerkennung seiner berechtigten
Ansprüche.

Aber nicht nur um Verbesserung der Arbeitsmaschinen und

OLIVER EVANS

geb. 1755 gest. 1819.

Arbeitsmethoden kümmerte sich Evans, auch auf die Maschinen, die
diesen erst Leben und Bewegung geben, auf die Kraftmaschinen, lenkte
sich das Interesse des Erfinders. Die vorhandenen Kräfte genügten

ihm nicht; schon frühzeitig soll sich bei ihm die Sehnsucht nach einer neuen Kraft bemerkbar gemacht haben. Eine jener Anekdoten, wie sie von fast all den grossen Männern erzählt werden, die sich um die erste Ausgestaltung der Dampfmaschine verdient gemacht haben, wird auch mit seinem Namen in Verbindung gebracht. Einer seiner Kameraden hatte in einen Flintenlauf etwas Wasser gethan, ihn sorgfältig mit einem Stöpsel verschlossen und so dem Feuer ausgesetzt. Der Pfropfen wurde sodann bald danach mit grosser Gewalt fortgeschleudert. Das soll die erste Bekanntschaft Evans' mit der Dampfkraft gewesen sein.

Aus einem Buch, das die damals schon gebräuchlichen Feuermaschinen behandelte, ersah er, dass die Benutzung der Dampfkraft nicht mehr so neu war, wie er anfangs wohl geglaubt hatte, gleichzeitig erkannte er aber, dass die Leistungsfähigkeit sich erheblich durch Verwendung höherer Dampfdrücke steigern lasse. Das besondere Verdienst, das Evans sich um die Entwicklung der Dampfmaschine erworben hat, besteht in der ersten Ausführung brauchbarer Hochdruckdampfmaschinen. Zu einer Zeit, wo in der alten Welt ausschliesslich Niederdruckdampfmaschinen mit 1 Atm. Dampfdruck angewandt wurden, arbeitete Evans in Amerika mit Spannungen von 8 bis 10 Atm.

„Oliver Evans war es vorbehalten" — sagt Dr. Alban, der begeisterte Verehrer des grossen Amerikaners — „einer lange bekannten Erfahrung erst das gehörige Gewicht zu geben, und darauf einen neuen, einfacheren Plan zur Anwendung der Dämpfe · auf Maschinen zu gründen, einen Plan, dessen Fruchtbarkeit kaum zu berechnen ist, der ihm ein ewiges Denkmal errichtet." Evans begnügte sich nicht, seine Dampfmaschine für die mannigfachen gewerblichen Arbeitsleistungen anzuwenden, er war so kühn, von Anfang an ihre Benutzung als Verkehrsmittel ins Auge zu fassen. Schon 1786 suchte er um ein Patent auf den „Dampfwagen" nach. Er wurde abgewiesen, seine Vorschläge erschienen den damaligen Beurteilern geradezu unvernünftig. Man lehnte es ab, sich mit solch merkwürdigem Projekt überhaupt ernsthaft zu beschäftigen. Erst 11 Jahre später wurde ihm das Patent auf den Dampfwagen erteilt, aber auch da vergass man nicht, seinen Zweifel an der Möglichkeit des Unternehmens noch besonders auszudrücken.

Auch an die Benutzung der Dampfmaschine auf den Schiffen dachte Evans und mühte sich, seine Maschine hierfür brauchbar zu gestalten. Praktische Erfolge aber hatte Evans trotz aller Mühe in der Anwendung der Dampfkraft auf den Verkehr nicht zu verzeichnen.

Resigniert tröstete er sich mit der philosophischen Betrachtung: „Bedenkt man die Hartnäckigkeit, die von seiten der meisten Menschen jedem Fortschritt entgegengesetzt wird, sieht man, wieviel es brauchte, um von schlechten Strassen auf Chausseen, von Chausseen auf Kanäle, von Kanälen auf Eisenbahnen zu kommen, so scheint es thöricht zu erwarten, dass man in einem Wundersprunge von schlechten Strassen auf Eisenbahnen mit Dampfwagen gelangen kann. Ein Schritt vorwärts in einer Generation ist alles, was man hoffen kann." Die Zukunft erst hat das erleben dürfen, was damals schon durchzuführen der Erfinder vergebens sich abmühte. „Ich zweifle nicht" — so prophezeite Oliver Evans vor hundert Jahren — „dass meine Maschinen noch die Boote auf dem Mississippi stromaufwärts treiben und auf den Strassen, dem Land zum Nutzen, verkehren werden. — Es wird eine Zeit kommen, wo man in Dampfwagen von einer Stadt zur andern fast so schnell, als die Vögel fliegen, reisen wird. — Am Morgen wird ein Wagen aus Washington abgehen, dessen Insassen an demselben Tag in Baltimore frühstücken, in Philadelphia zu Mittag und in New York zu Abend speisen werden." Das Eintreffen seiner Prophezeiungen zu erleben war dem grossen Manne nicht beschieden.

Am 19. April 1819 starb Oliver Evans, „der Wohlthäter des Vaterlandes", wie ihn der Kongress der Vereinigten Staaten, seine Verdienste zu ehren, genannt hat.

Richard Trevithick.

In dem Sitz uralter Bergmannsthätigkeit, mitten zwischen den gewaltigen Zinn- und Kupfergruben Cornwalls, liegt der Geburtsort, die Heimat Richard Trevithick's. Am 13. April 1771 wurde er in einem Dorf, nahe bei Redruth in Cornwall, als Sohn eines Bergwerksbeamten geboren. Seine Jugendzeit beeinflusste früh die ihn umgebende Technik. Die ersten mächtigen Dampfmaschinen Watt's, die unter Leitung des alten Murdock, Watt's treuesten und tüchtigsten Maschinenbauers, ihre segensreiche Thätigkeit auf den Gruben ausübten, regten das Interesse des Knaben und den Ehrgeiz und die Schaffenslust des Jünglings an.

Frühzeitig wurde er der Gehilfe Murdock's, dessen Vertrauen er sich bald in hohem Masse zu erwerben verstand. Hier empfing er auch die erste Anregung zu einer seiner bedeutendsten Ausführungen, der Hochdruckmaschine und Lokomotive.

Der Gedanke, den Dampf dem Verkehr dienstbar zu machen,

hatte auch Murdock erfasst und ihn bis zur Herstellung eines Modelles
gebracht, das die Ausführbarkeit der Idee zur Genüge erwies, aber
zu klein war, um praktisch verwertet zu werden. Die riesige Ar-
beitslast, die in der praktischen Einführung der Watt'schen Maschine
bestand, liess ihm nicht Zeit, die Idee weiter zu verfolgen. Das
Modell der Lokomotive blieb ein Spielzeug, das in Feierabendstunden
bisweilen den Meister und den Schüler durch seine schnellen Bewegungen ergötzte.

Bald war Trevithick der Lehre entwachsen, sein Talent strebte
selbständig zu schaffen, er verband sich mit Hornblower und Ball
zum Bau von Bergwerksmaschinen und wurde so zum Konkurrenten
Watt's. Die Bergwerksbesitzer, deren Gruben durch Watt gerettet
waren, vergassen bald den Dank und fühlten nur noch den lästigen
Zwang, die hohe Patentgebühr zahlen zu müssen. Der junge
Ingenieur kam ihnen daher mit seinem Unternehmen gelegen, durften
sie doch hoffen durch ihn unabhängig von der Sohoer Fabrik zu werden.
Das englische Gericht aber machte einen Strich durch diese Rechnung
und erkannte auf Verletzung Watt'scher Patentrechte. Damit war
die weitere Thätigkeit Trevithick's in dieser Richtung bis zum Er-
löschen dieser Patente, das heisst bis 1800, unmöglich geworden.

1801 trat Trevithick mit seinem Vetter Vivian zur Gründung
einer Maschinenfabrik in Camborne in Verbindung, und sofort machte
er sich an die Ausführung seiner Idee, den Dampf als Verkehrsmittel
zu benutzen. Die Forderung, das Gewicht der Maschine im Verhältnis zu ihrer Leistung möglichst gering zu halten, führte ihn dazu,
zu, hochgespannte Dämpfe zu verwenden, die er nach geleisteter
Arbeit auch bereits in den engen Schornstein einblasen liess, allerdings ohne den Vorteil dieser Einrichtung klar zu erkennen, denn
sein erster Automobilwagen weist noch 2 Blasebälge zur Anfachung
des Feuers auf. Der Kessel bot besondere Schwierigkeit, da die
Form der zumeist angewendeten Kofferkessel nicht geeignet war,
hohen Druck aufzunehmen. Trevithick, in richtiger Erkenntnis dieser
Thatsache, veränderte ihre Gestalt und wandte cylindrische Kessel
mit innenliegender Feuerung an, eine Konstruktion, die auch heute
unter der Bezeichnung Flammrohrkessel vielfach zur Ausführung
gelangt.

Sein Wagen, den er mit diesem Kessel und der Hochdruckmaschine ausrüstete, genügte den Anforderungen und erregte überall Aufsehen und staunende Bewunderung. Er fuhr mit ihm bis zur
nächsten Hafenstadt, um von dort zu Schiff nach London zu kommen,
denn hier erst sah er eine Zukunft für seine Erfindung. Auch hier

erregte die „neuste Anwendung der Dampfkraft" das grösste Aufsehen. Berühmte Männer besichtigten den Automobilwagen, fuhren mit ihm und lobten den Erfinder in seinem Werke. Der Zudrang des sensationslüsternen Publikums wurde immer gewaltiger. In Trevithick regte sich der Geschäftsmann. Er schloss einen grossen Platz durch einen Zaun vor den Neugierigen ab und zeigte die Leistung seiner Maschine für Geld. Der Verdienst übertraf seine Erwartungen, das Interesse an seiner Erfindung wuchs, da wurde ihm sein aufbrausendes Temperament zum Verderben.

Ein unbedeutender Streit mit den Grundeigentümern veranlasste ihn, die Schaustellung seiner Maschine zu schliessen. Er verkaufte Wagen und Dampfmaschine und kehrte nach Camborne zurück.

Die nächste Zeit bot ihm neue Gelegenheit, sich mit der Lokomotive zu beschäftigen, und dies führte 1804 zu einer Konstruktion, dazu bestimmt, auf eisernen Spurbahnen die teuren Pferde zu ersetzen. Die Maschine erfüllte in jeder Beziehung die Versprechungen ihres Erbauers, der Oberbau bot jedoch unerwartete Schwierigkeiten. Die flachen, gusseisernen Schienen brachen unter der Last der Maschine. Den Oberbau der Belastung entsprechend zu verstärken, verursachte naturgemäss beträchtliche Kosten, die nach Ansicht der Eigentümer in keinem Verhältnis standen zu dem Nutzen, den sie sich von der Einführung der Lokomotiven versprachen. Die technische Ausführbarkeit war erwiesen. Die Wirtschaftlichkeit der Anlage fand noch keinen Glauben; man blieb bei den Pferden. Die erste Eisenbahn-Lokomotive fand zum Antrieb von Werkzeugmaschinen weitere Benutzung.

Mit dem Ertrag dieser Arbeit wandte sich Trevithick nach London. An den verschiedensten Unternehmungen beteiligte er sich mit wechselndem Erfolge. Seine Erfinder-Thätigkeit erreichte ihren Höhepunkt. Patente auf Dampfkrähne zum Be- und Entladen der Schiffe, Wassersäulenmaschinen, Schiffsschrauben und Herstellung von Schiffskörpern aus schmiedeeisernen Platten, alle in buntem Wechsel, werden Trevithick erteilt.

Alle diese grossen und kühnen Pläne verschwinden in den Akten des Patentamtes, ohne Erfolg gezeitigt zu haben. Man sieht auch hier wieder, dass die geniale Idee nur dann zum nutzbringenden Erfolg führen kann, wenn entschlossener Mut und zähe Ausdauer ihr ebenbürtig zur Seite stehen.

1807 machte sich Trevithick mit grosser Begeisterung an die Ausführung eines Themsetunnels, ein Werk, dem die Technik damaliger Zeit noch nicht gewachsen war, und dessen Misslingen auch ein Trevithick nicht verhindern konnte. Enttäuscht zog sich der Erfinder von London nach Camborne zurück. Hier begann er sich wieder eifrigst und mit grossem Erfolge um die Verbesserung und Ausgestaltung der Dampfmaschine zu bemühen.

Trevithick erbaute eine Anzahl Hochdruckmaschinen, die mit ihrem im Verhältnis zu den Niederdruckmaschinen so äusserst verringerten Raumbedarf und Gewicht überall grosses Interesse erregten. Diese kleinen, leichten Hochdruckmaschinen sollten die Veranlassung werden zu einem an romantischen Begebenheiten überreichen Abschnitt der Lebensgeschichte Richard Trevithicks.

In den südamerikanischen Gold- und Silbergruben war man, wie in den meisten Bergwerksbezirken, an die Grenze gekommen, wo die Wasser mit den bisherigen Vorrichtungen nicht mehr zu bewältigen waren. Mit Verzweiflung sahen die Grubenbesitzer die unermesslichen Schätze der Tiefe vor ihren Augen verschwinden. Die Dampfmaschinen gewöhnlicher Ausführung waren in ihren einzelnen Teilen bei weitem zu schwer, als dass sie auf den unwegsamen, engen Gebirgspfaden bis zu den Minen gebracht werden konnten. Einer der Hauptinteressenten, ein Schweizer Urvillé reiste daher nach England, um sich aus dem Lande der Technik Rat und Hilfe zu holen. Bei einem Maschinenhändler in London sah er zuerst eine Trevithick'sche Hochdruckmaschine, deren geringes Gewicht seinem Zweck entsprach. Er kaufte die Maschine und kehrte damit nach Peru zurück, wo er sofort ihre Aufstellung veranlasste. Alles ging über Erwarten gut von statten, und bald war es möglich, die Schätze einer der reichsten Gruben wieder zugänglich zu machen. Trevithick war mit einem Schlage der populärste Mann im Lande. Urvillé wurde im Auftrag der Regierung nach England gesandt, um neue Maschinen und, wenn irgend möglich, den Erfinder selbst herüber zu bringen.

Neun Maschinen wurden alsbald nach Ankunft des Schiffes in England gekauft und am 1. September 1814 in Plymouth für Lima verladen. Drei Cornwall-Ingenieure begleiteten die Maschinen, um den Betrieb sofort in sachgemässer Weise einrichten zu können. Im Oktober 1816 folgte auch Trevithick dem Ruf nach Peru unter Bedingungen, die ihm „unbegrenzte Reichtümer" in Aussicht stellten. Unbeschreiblich war der Jubel des ganzen Landes, mit dem seine Ankunft im Februar 1817 begrüsst wurde. Der Vicekönig empfing ihn mit fürstlichen Ehren, die Strassen waren mit Blumen und Fahnen geschmückt, die Begeisterung des Volkes kannte keine

Grenzen, und die Minenbesitzer beschlossen in phantastischer Ueber-
schwänglichkeit, eine Bildsäule von ihm aus massivem Silber zu errichten. Trevithick stand auf der Höhe seines Lebens, vor ihm lag
der mit Reichtum und Ehre bezahlte Erfolg seiner Arbeit.
Da kam der Krieg. Der Unabhängigkeitssinn der Bewohner
Perus strebte danach, die spanische Herrschaft zu brechen. Aufruhr
und Verwirrung, wohin man blickte. Die spanischen Truppen be-
setzten die Bergwerke, zertrümmerten die Maschinen. Trevithick
selbst musste fürchten, als Aufrührer behandelt zu werden. Das
Schicksal, welches ihn als Gefangenen der grausamen spanischen
Soldateska erwartete, erschien ihm entsetzlicher als die Flucht durch
das wilde Gebirge. Von einem Landsmann begleitet, überschritt er die
schneebedeckten eisigen Bergketten der Cordilleren, und mit ungeheurer Anstrengung, immer den Tod vor Augen, gelangte er endlich nach dem Hafen Carthagena am Golfe von Darien. Ein Paar
silberne Sporen war alles, was ihm von den erhofften „Silberfluten"
übrig geblieben war.

In Carthagena begegnete er einem Landsmann, der auf ein
Schiff wartete, um nach England zurückzukehren, und dieser Lands-
mann war — Robert Stephenson, der Sohn des Mannes, dem die
Welt den Sieg der Lokomotive verdankt. Als Gast Stephensons
begab sich Trevithik mit dem nächsten Schiff auf die Heimreise.
Doch das Ende seiner Abenteuer war noch nicht gekommen. Das
Schiff scheiterte im Sturm, und den Reisenden gelang es, nur das
nackte Leben zu retten. „Wäre ich nicht auf Stephensons Schiffe
gewesen, wäre es nicht gescheitert, und wäre er nicht mit mir an
Bord gewesen, wäre ich ertrunken." So pflegte der alte Trevithik,
wenn er dieses Schiffbruchs gedachte, sein eigenes Missgeschick
wehmütig dem stets sich gleichbleibenden Glück und Erfolg der
beiden Stephensons gegenüber zu stellen.

Im Oktober 1827 landete Trevithik in England. Arm und
niedergeschlagen durch all das Unglück, versuchte er durch Dar-
legung seiner Verdienste um die Verbesserung der Dampfmaschine
von der Regierung eine Geldunterstützung zu erlangen, um so in der
Lage zu sein, neuere Ideen zur Ausführung zu bringen. Die Erfolg-
losigkeit dieser Gesuche vernichtete seine letzte Hoffnung.
Der schöpferische Genius war gebrochen. Am 22. April 1833
starb Trevithik. Nicht Reichtümer, wohl aber eine Schuld von 60 Pfd.
Sterling hinterliess der geniale Erfinder. Eine Geldsammlung bei
den Fachgenossen der nächsten Umgebung für das „Begräbnis des
grossen Erfinders" deckte die Kosten seiner letzten Ruhestätte.

Arthur Woolf.

Arthur Woolf wurde, als es sich um die Berufswahl handelte, von seinem Vater, der in mancherlei Beziehungen zu den Gruben stand, für das Maurer- und Zimmerhandwerk bestimmt. Da der Sohn aber bald sah, dass seine Neigung ausschliesslich dem Maschinenbau galt, bildete er sich in diesem Fache weiter aus. Er verliess seine Heimat Cornwall und ging nach London, wo er in den ersten Jahren des 19. Jahrhunderts einige Zeit lang die Stellung eines Betriebsingenieurs in der Brauerei von Meux einnahm und dabei Gelegenheit fand, an einer Hornblower'schen Maschine seine ersten Versuche mit der Dampfkraft zu machen. Seine bedeutsamen Verbesserungen der Dampfmaschine wurden ihm durch zwei Patente — 1804 und 1810 — geschützt. Die ersten „Woolf'schen Maschinen" wurden in London erbaut. 1813 kehrte Woolf nach dem Grubenbezirk Cornwalls zurück, denn dort sah er ein weites Feld für seine Thätigkeit.

Mit grosser Ausdauer trat er hier als einer der ersten für die Anwendung höheren Dampfdruckes ein. Eine grosse Anzahl seiner zweicylindrigen Expansions-Maschinen kamen in Gebrauch und zogen durch ihren geringeren Brennstoffverbrauch bald die Bewunderung der Grubenbesitzer auf sich. Eine grössere Verbreitung seiner Zwei-Cylinder-Maschine in Cornwall hinderte er selbst durch das hartnäckige Festhalten an seinen gusseisernen Kesseln, deren grosse Unzuverlässigkeit im Betrieb, zumal bei höheren Spannungen, schliesslich den Besitzern die ganze Maschine verleidete. Erst von 1820 ab wandte sich auch Woolf der eincylindrigen einfachwirkenden Expansionsmaschine zu, der ihre Einfachheit immer neue Freunde in den Grubenbezirken gewann. Auch diesen Maschinentypus führte Woolf zu hoher Vollendung in Konstruktion und Ausführung. Kaum ein Teil der Maschine blieb unbeeinflusst von dem fast unerschöpflichen Ideenreichtum Woolfs. Vor allem erfuhr die Werkstättenarbeit eine äusserst wertvolle Durchbildung. Bezeichnend dafür ist ein zeitgenössisches Urteil: die Woolf'schen Maschinen wären Zierstücke einer Ausstellung, aber fast zu schade für Grubenarbeit.

In Woolf fand sich in glücklichster Weise der ideenreiche Konstrukteur mit dem umsichtigen Betriebsingenieur und geschickten Metallarbeiter vereint.

Mit diesen vorzüglichen Begabungen verband sich leider ein recht schroffer und unverträglicher Charakter, der ein Zusammenarbeiten mit den Grubenbesitzern auf die Dauer unmöglich machte. Um das

Jahr 1832 verliess Woolf Cornwall und nahm seinen Wohnsitz auf einer Insel des Kanals. Die Grube, für die er seiner Zeit die grösste Maschine der Welt (2,228 m Cylinder-Durchmesser und 3 m Hub) erbaut hatte, zahlte ihm eine Pension. Arthur Woolf starb 1837.

August Friedrich Wilhelm Holtzhausen.

Holtzhausen wurde am 4. März 1768 in Elbrich, einem kleinen Städtchen des Südharzes, geboren. 1790 finden wir ihn in Andreasberg, wo er sich im Berg- und Maschinenfache praktisch auszubilden suchte und bald die Aufmerksamkeit seiner Vorgesetzten auf sich lenkte. Er wurde daher dem Grafen von Reden, dem Schöpfer der schlesischen Grossindustrie, der für Tarnowitz einen Maschineninspektor suchte, als „ein guter mechanischer Kopf" warm empfohlen. Da Holtzhausen bereit war, die ihm zugedachte Stellung in Schlesien zu übernehmen, wurde er zunächst zur weiteren Ausbildung dem Oberbergrat Bückling, dem Erbauer der Hettstedter Maschine überwiesen, der ihn zur Wartung der Dampfmaschine und in der Maschinenbauanstalt verwenden und ihn so zum „Engineer" machen sollte.

Holtzhausen benutzte diese Lehrzeit sehr fleissig. In den Freistunden verfertigte er genaue Zeichnungen der ganzen Maschinenanlagen und ihrer einzelnen Teile. Kaum ein Jahr dauerte diese Vorbereitungszeit. Ende März 1792 wurde seine Anwesenheit in Oberschlesien durch den Tod eines Kunstmeisters so dringend notwendig, dass er sich sofort nach seinem neuen Wirkungskreis begeben musste. Noch in demselben Jahre 1792 bekam er seine Ernennung als „Feuermaschinenmeister". Drei „Dampfkünste" waren ihm unterstellt. Unter den schwierigsten Verhältnissen, mit den einfachsten und rohesten Werkzeugen und mit gänzlich ungeschulten Leuten fing Holtzhausen alsbald an, auch neue Dampfmaschinen zu errichten.

Die Maschinenteile wurden zuerst auf der Hütte zu Malapane, später zu Gleiwitz angefertigt. Der sich immer steigernde Bedarf an Feuermaschinen führte 1806 zu dem Entschluss, auf der Gleiwitzer Hütte ein Bohr- und Drehwerk anzulegen und das Werk zu einer Maschinenfabrik auszubauen. 1808 wurde Holtzhausen, den .die Regierung inzwischen zum Maschineninspektor befördert hatte, nach Gleiwitz als Leiter der Werkstätten berufen. Gleichzeitig hatte er

die Aufsicht über alle Dampfmaschinen der oberschlesischen Berg-
und Hüttenwerke weiter auszuüben, auch die Maschinenbauten des
Waldenburger Kohlenreviers wurden seiner Leitung unterstellt.

1812 sandte die Bergbehörde Holtzhausen auf eine Studienreise,
die ihn in die verschiedensten deutschen Bergwerksbezirke führte.
1816 und 1820 wurde er vorübergehend nach Berlin berufen, damit
er Gelegenheit habe, die dort inzwischen in Betrieb genommenen
neueren englischen Maschinen kennen zu lernen. Am 9. März 1825
verlieh ihm der König als ehrende Auszeichnung den Titel eines
Maschinendirektors.

Am 1. December 1827 endigte ein Schlaganfall das arbeitsreiche
Leben des Mannes, dessen Werke noch lange nach seinem Tode darauf
hinwiesen, wieviel die schlesische Industrie dem bescheidenen Maschinenmeister zu verdanken hat.

Robert Fulton.

Robert Fulton ist Nordamerikaner. 1765 wurde er in Little
Britain, einer Stadt Pennsylvaniens geboren. Seinem anfänglichen
Beruf eines Uhrmachers wurde er schon in der Lehre untreu; er
verliess sein Handwerk und ging zur Kunst über. Als Porträtmaler
erwarb er sich bald einen gewissen Ruf. Sobald er mündig geworden
war, besuchte er England; er lernte hier Benjamin West kennen
und wurde sein Schüler. Seine Vorliebe für Technik, die sich schon
früh bei ihm gezeigt haben soll, machte ihn 1793 auch der Malerei
abwendig und führte ihn zu mancherlei Versuchen und Erfindungen.
1797 verliess Fulton England, um in Frankreich Versuche mit
Torpedos und Torpedobooten zu machen, die auch insoweit Erfolge
zeitigten, als die Besorgnis der Engländer, die gerade im Kriege
mit Frankreich lagen, rege wurde. Gleichzeitig begann Fulton auch
zusammen mit Livingston, der als Gesandter der Vereinigten Staaten
in Frankreich weilte, den Bau eines Dampfschiffes in Angriff zu nehmen.
Seine Versuche mit Torpedos setzte er 1804—1806 in England fort,
ohne jedoch dauernden Erfolg damit zu erzielen.

Er beschloss in sein Vaterland zurückzukehren und seine
ganze Arbeitskraft fortan in den Dienst des Dampfschiffahrtprojekts
zu stellen. Am 13. December 1806 kam er in New-York an und im
August 1807 lag der erste Dampfer, mit einer Watt'schen Dampfmaschine ausgerüstet, betriebsfertig vor Anker. Der „Clermont"
war das erste Dampfschiff, das nicht nur versucht wurde, sondern

das lange Zeit dem Verkehr diente. Dieser Erfolg macht Fulton zwar nicht zum Erfinder des Dampfschiffes, wohl aber zum Begründer der Dampfschiffahrt, die, wie man wohl sagen kann, 1807 mit der ersten Fahrt des „Clermont" begonnen hat.

Geachtet und geehrt starb Fulton am 24. Februar 1815. Das ganze Vaterland trauerte um den Tod seines grossen Sohnes.

George Stephenson.

Am 8. Juni 1781 wurde George Stephenson in Wylam am Tyne in der Nähe von Newcastle als Sohn eines armen Kohlenarbeiters geboren. Schon früh gezwungen, sich sein Brot selbst zu verdienen, suchte er zuerst als Hirtenjunge, später als Wärter eines Pferdegöpels Beschäftigung und Verdienst. Im Alter von 14 Jahren brachte er es zum Gehilfen eines Maschinenwärters und zeigte sich hierbei so anstellig, dass ihm mit 17 Jahren die Beaufsichtigung einer Maschine übertragen werden konnte. Zur Ausbildung in den Wissenschaften, zur Befriedigung seiner Lernbegierde liess ihm die Arbeit um das tägliche Brot wenig Zeit.

Erst mit 15 Jahren lernte Stephenson bei Wanderlehrern abends nach gethaner Berufsarbeit Schreiben, Lesen und Rechnen. Vor allem aber zogen die Dampfmaschinen immer mehr das Interessse des jungen Maschinisten auf sich. Er erwarb sich in kurzer Zeit ein tiefgehendes Verständnis der atmosphärischen und Watt'schen Maschinen, und es gelang ihm, zum Erstaunen seiner Brotherren, Maschinen wieder in Gang zu setzen, an deren Wiederherstellung sich bekannte Ingenieure bereits vergeblich versucht hatten.

1801 wurde er Bremser, und ein Jahr später verheiratete er sich mit Fanny Henderson, dem Dienstmädchen des Grubenbesitzers, und begründete seinen Hausstand mit einem Wochenlohn von 18 bis 20 sh. Am 16. Oktober 1803 wurde ihm ein Sohn Robert geboren, der später gemeinsam mit seinem Vater an der Begründung und Ausbreitung des Eisenbahnwesens hervorragenden Anteil nehmen sollte.

1804 wurde Stephenson als Maschinenwärter der Kohlengruben nach Killingworth versetzt, wo er durch gewinnbringende Verbesserungen der maschinellen Einrichtungen die Aufmerkamkeit der Unternehmer so sehr auf sich zog, dass diese ihn 1812 zum Aufseher über das gesamte Maschinenwesen ernannten. Diese Stellung gab ihm soviel Bewegungsfreiheit, dass er jetzt ernsthaft an die Benutzung der Dampfkraft zum Transport der Lasten denken konnte. Das

Resultat seiner Arbeiten war eine Lokomotive, die er aus Verehrung für den deutschen Helden der Freiheitskriege „Blücher" nannte. Diese erste Lokomotive war aber in vieler Beziehung noch so mangelhaft, dass sie einen wirtschaftlichen Vorteil gegenüber dem Pferdebetrieb nicht gewährte.

Ein grosses Arbeitsfeld that sich für Stephenson auf, als er 1823 Ingenieur der Stockton-Darlington Bahn wurde. 1824 begründete er in Newcastle die später von seinem Sohn Robert geleitete erste Lokomotivfabrik der Welt.

Sein Ruf als Ingenieur und Eisenbahnfachmann, den er sich im Laufe der Jahre erworben hatte, veranlasste die Liverpool-Manchester Eisenbahngesellschaft, ihn als obersten leitenden und ausführenden Ingenieur ihres Unternehmens zu berufen.

Hier war es Stephenson, der nach Beseitigung aller Hindernisse die Verwendung der Lokomotiven auf der Eisenbahn endlich durchsetzte. Jener welthistorische Tag des Lokomotiv-Wettkampfes von Rainhill, der 6. Oktober 1829, brachte den glänzenden Sieg der Stephenson'schen Lokomotive „Rocket" und machte die bittersten Feinde des Eisenbahnwesens zu begeisterten Freunden desselben. Stephenson war mit einem Schlage der populärste Mann Englands. Der Hirtenjunge war zum berühmtesten Ingenieur der Welt emporgestiegen, dessen Rat auch ausserhalb Englands in allen wichtigen Eisenbahnangelegenheiten nachgesucht wurde.

1840 zog sich Stephenson von den Geschäften zurück und widmete seinen Lebensabend dem Gartenbau und der Landwirtschaft.

Am 12. August 1848 starb er auf seinem Landsitze zu Tapton-House bei Chesterfield.

Mit ihm war einer jener Männer dahingegangen, die mit gesundem, praktischem Verstand Ausdauer genug verbinden, um auch das Grösste möglich zu machen. Kein Schriftgelehrter und Mann des Wortes war George Stephenson, wohl aber der Mann der That. „Ich kann's nicht sagen, aber ich werde es machen," war das einzige stolze Wort, das er im englischen Parlament auf all die gelehrten Bedenken seiner hochgebildeten Gegner zu finden wusste.

„Die Eisenbahn, vollständig und fertig, wie sie uns Stephenson hinterliess, ist ein Produkt der Notwendigkeit und des Geistes ihrer Zeit. Das ungelehrte Talent, das gesunde, praktische Denken des Volkes, die schwielige Hand des Arbeiters hat sie allein geschaffen. Keine Formel ist bei der grössten technischen Schöpfung unserer Zeit entwickelt, keine Gleichung dabei gelöst worden." Mit diesen

Worten wies Rankine, einer der berühmtesten Gelehrten des Ingenieurwesens, bei Gelegenheit der Enthüllung eines Stephenson-Denkmals auf das Werk des grossen Mannes hin.

Das englische Volk, der Adel und die Königin errichteten in der Westminster-Abtei dem Begründer des Eisenbahnwesens neben Watt, Wellington, Nelson und Shakespeare ein Denkmal in der richtigen Erkenntnis, dass die Schöpfung des modernen Verkehrs eine Grossthat ersten Ranges bedeutet.

Als bleibende Siegeszeichen, als Denkmäler des grossen Kampfes um die Herrschaft über den Raum hat man die ersten Stephensonschen Lokomotiven zu Darlington, Newcastle und London auf Postamenten aufgestellt.

Der Nachwelt zur Erinnerung an das Werk von

GEORGE STEPHENSON.

Dr. Ernst Alban.

Ernst Alban, geboren 7. Februar 1791, war der Erstgeborene des Hauptpastors Samuel August Friedrich Alban in Neubrandenburg in Mecklenburg-Strelitz und seiner Gattin Johanna, einer Rektorstochter aus Friesland.

Seine Eltern, die selbst das Glück einer guten Erziehung genossen hatten und sie nach dem Wert einer umfassenden Bildung zu schätzen vermochten, versäumten nicht, ihren Sohn in all den Fächern unterrichten zu lassen, die als Grundlage für ein späteres Universitätsstudium notwendig waren, oder für die der Knabe besondere Lust und Begabung verriet. Den ersten Unterricht erteilte ihm ein Kandidat, dem Alban vor allem, als nicht zu unterschätzende Fertigkeit, eine klare, deutliche Handschrift verdankte. Des Knaben Vorliebe für zeichnerische Wiedergabe der äusseren Eindrücke wurde durch entsprechenden Unterricht gefördert und die vorhandenen Fähigkeiten entwickelt. Das Gleiche gilt von seiner musikalischen Begabung. Talent, Uebung und Unterricht machten Alban zum guten Violin- und Violoncellospieler, der sich sogar im selbstthätigen Komponieren versuchte. Eine Anzahl Tänze für volles Orchester rühren von ihm her. Der Musiklehrer Albans war zugleich der erste, der ihn in die Gebiete der Mathematik einführte, allerdings mit zweifelhaftem Erfolg. Der Musikant starb, und damit endigte auch der mathematische Unterricht, da in Neubrandenburg sonst niemand soviel von der Mathematik wusste, um einem andern davon noch etwas abgeben zu können.

Die fernere Ausbildung des Knaben für die Universität übernahm das Gymnasium der Vaterstadt. Noch mehr wie heute lag damals der Schwerpunkt des Unterrichts in den alten Sprachen. So wurde

Dr. ERNST ALBAN.

geb. 7. Febr. 1791 gest. 13. Juni 1856.

Alban zwar äusserst gewandt und bewandert in der lateinischen Grammatik und den klassischen Versmassen, aber von alle dem, was der Inhalt seines späteren Lebens werden sollte, erfuhr er hier

nichts. Die Zeit, die in Prima die Sprachen der Griechen und
Römer etwa übrig liessen, wurde — wie Alban später gelegentlich
mit viel Humor erzählte — zum Studium der chinesischen Geschichte
überhaupt und der des grossen Dschingis-Khan im besondern
verwandt.

Ostern 1808 war die Zeit der Vorbereitung für die Universität
verstrichen, es galt, sich für einen Beruf zu entscheiden. Der Erstgeborene im Pastorenhause sollte der Nachfolger seines Vaters
werden, um im gleichen Berufe das gleiche Glück, die gleiche Zufriedenheit zu finden. Die ausgesprochenen Neigungen des Sohnes
für die Technik erschienen dem Vater als unreife Ideen, die sich
bald verlieren würden. Der Vater, der natürlich nur das Beste des
Sohnes wollte, blieb dessen Wünschen gegenüber um so unerbitt-
licher, als sich diese auf einen Beruf richteten, den es in Deutschland
kaum gab, von dem man in Mecklenburg nur eine sehr unklare
Vorstellung haben konnte. Wie kamen diese stark ausgeprägten
Ideen in den Sinn des Knaben, der in einem Lande lebte, das keine
Industrie kannte, der in einer Familie gross wurde, die nicht den
geringsten Zusammenhang mit der Technik hatte?

Es ist sicher verkehrt, aus kindlichen Spielen auf die künftige Bedeutung des Mannes zu schliessen, aber von der Höhe eines Menschen-
lebens rückwärts zu schauen, die ersten Keime der späteren Lebensarbeit im Spiel des Knaben wiederzufinden, gewährt einen eigenartigen
Genuss. So sehen wir, wie die Windmühlen, die einzigen Maschinen
der Umgegend, eine starke Anziehungskraft auf den Knaben ausüben; sie bilden in einem Schulaufsatz den Hauptgegenstand einer
kleinen Reisebeschreibung; sie bevorzugt der kleine Ernst bei
seinen Mal- und Zeichenübungen; ja der Knabe baut sich kleine
Räderwerke und richtet Mäuse ab, die seine Mühlen zu betreiben haben.

Jetzt sollten alle die Spiele des Knaben, die Ideen des Jünglings
vergessen werden und der Theologie Platz machen, die als recht-
schaffenes Brotstudium Glück und gutes Auskommen zu gewährleisten schien.

Der Sohn fügt sich still und gehorsam dem Wunsche seines
Vaters und geht nach Rostock, Theologie zu studieren. Durch
eifrige Arbeit und tiefes Eingehen in das Wesen der Sache sucht
er sich in dem ungewollten Beruf Ruhe und Glück zu erwerben.
Vergebens. Nach Jahre langem Ringen muss er 1811 seinem Vater
erklären, dass er nicht weiter Theologie studieren könne. Vergeblich versucht er auch jetzt wieder den Vater für die Erfüllung
seines Wunsches, Maschinenbauer zu werden, günstig zu stimmen.

Der Lieblingswunsch des Vaters, in seinem Aeltesten seinen Nachfolger zu sehen, wird nicht erfüllt, der Lieblingswunsch des Sohnes,
sich in der Technik eine Stellung zu schaffen, soll gleichfalls nicht
in Erfüllung gehen. Da wählt Alban denjenigen der „gelehrten"
Berufe, der der Technik am nächsten steht, er studiert mit Ein-
willigung des Vaters Medicin. Nur ein Semester liegt er in Rostock
dem neuen Studium ob, 1812 geht er nach Berlin; ein Jahr später
schon zwingen ihn die Kriegsunruhen wieder zur Rückkehr in die
Heimat.

Der Friede der Studierstube war aus Deutschland entflohen.
Ueberall eilten die Jünglinge zu den Waffen. Die grosse Zeit der
nationalen Erhebung war angebrochen. Alban, damals ein 22jähriger
Jüngling mit gesundem Körper, von feurigem Geist, sehnte sich
danach, die Bücher mit der Waffe zu vertauschen. Der Vater tritt
auch diesem Wunsch entgegen; einer seiner Söhne hat sich bereits
den freiwilligen Jägern angeschlossen; das genügt dem Vater, er
will nicht, dass auch der andere sein Leben aufs Spiel setze.

Traurig, aber gehorsam bezieht Alban die Universität Greifswald,
um hier seine medicinischen Studien fortzusetzen.

Der Wille des Vaters hat ihn wohl verhindert, den Beruf des
Ingenieurs zu ergreifen, aber die Neigung zur Technik, das Interesse
für ihre Aufgaben lässt sich nicht verbieten; immer eifriger vertieft
sich der junge Mediciner in Arbeiten, die seinem Lieblingsfache
nahe liegen. Bei alledem vernachlässigte er sein Brotstudium nicht,
so dass er bereits 1814 in Rostock das Doktor-Examen ablegen
konnte. Um sich noch weiter zu vervollkommnen, ging Alban nach
Göttingen und studierte dort zwei Semester Chirurgie und Augenheilkunde. Seine Vorliebe für technische Aufgaben führte ihn in Göttingen
auch zur Erfindung einer maschinellen Vorrichtung, die bei chirur-
gischen Operationen noch lange Zeit gern gebraucht wurde.

Ostern 1815 schloss Alban sein medicinisches Studium ab, und
liess sich als praktischer Arzt in Rostock nieder. Zugleich habili-
tierte er sich als Privatdocent an der Universität und erwarb sich
besonders durch seine Vorlesungen über Augenheilkunde bald einen
angesehenen Namen. Seine vielen glücklichen Staroperationen verbreiteten seinen Ruf im ganzen Lande und machten ihn in Rostock
z. B. so stadtbekannt, dass einst ein Bäuerlein auf seine Frage, wo
denn der Doctor wohne, der den Leuten die Augen ausstäche,
richtige Auskunft erhielt.

So war es Alban gelungen, sich eine sichere bürgerliche
Existenz zu schaffen. Er konnte daher nunmehr auch an Gründung

eines eigenen Hausstandes denken. Am 1. September 1815 nahm er sich die Tochter eines Rostocker Weinhändlers zur Frau, die ihm aber bald, nach der Geburt einer Tochter, durch den Tod entrissen wurde. 1820 verheiratete er sich mit der Tochter eines Gutsbesitzers Wendt aus der Umgegend von Rostock. Dieser Ehe entstammte ein Sohn, der spätere Kammeringenieur Ernst Alban in Schwerin.

So hatte Alban die Pflichten und Sorgen, die eine Familie ihrem Begründer auferlegt, auf sich genommen und seine stetig zunehmende ärztliche Praxis gab ihm die Mittel, sie zu erfüllen.

Der Familienvater aber so wenig wie der Arzt vermochten, den Ingenieur auf die Dauer in ihm zu unterdrücken, und der alte Pastor Alban musste es noch erleben, dass sein Sohn, den er so ängstlich vor der Technik bewahrt hatte, sich doch noch dieser damals so fremden Kunst zu eigen gab.

Und zwar war es das Gebiet des Dampfmaschinenbaus, das vorwiegend das Interesse Dr. Albans in Anspruch nahm. Bereits 1815 hatte er sich aus einer zinnernen Wärmeflasche, die als Dampfkessel, und zwei Wundspritzen, die als Dampfcylinder dienen mussten, eine kleine Dampfmaschine gebaut. Diese erste Dampfmaschine, noch mehr ein Spielzeug als eine technische, wirtschaftliche Schöpfung, war eine Hochdruckmaschine mit Auspuff des Dampfes. Von den grossen Vorteilen, die aus der Verwendung von hochgespannten Dämpfen für die Dampfmaschine erwachsen mussten, mochte Dr. Alban sich schon an dieser ersten kleinen Modellmaschine überzeugt haben. Je länger er sich mit der Dampfmaschine beschäftigte, um so deutlicher traten ihm die Vorzüge, welche die Hochdruckdampfmaschine gegenüber der Niederdruckdampfmaschine aufweisen konnte, vor die Augen. Die Idee, eine Dampfmaschine für ausserordentlich hohe Spannungen — er dachte an 50 bis 80 Atm. — zu bauen, reifte in ihm, und kurz entschlossen, suchte er sie mit allen Mitteln zur Ausführung zu bringen.

Zunächst galt es einen Kessel zu konstruieren, der Dampf von so hoher Pressung zu erzeugen gestattete. Wir haben vorher gesehen, wie Alban diese Aufgabe durch einen Röhrenkessel, dem die Wärme durch ein Metallbad zugeführt werden sollte, zu lösen versuchte.

Massgebende Persönlichkeiten, an die sich Alban mit ausführlichen Zeichnungen und Beschreibungen seines Kessels gewandt hatte, ermunterten ihn, seine Versuche, auf diesem Wege zum Ziel zu gelangen, fortzusetzen. Da diese zur Zufriedenheit ausfielen, so sah sich jetzt Dr. Alban nach einer Gelegenheit um, seine Erfindung praktisch in grösserem Umfang auszuführen oder zu verwerten.

Aber wer sollte in Mecklenburg damals Interesse an der Ausgestaltung der Dampfmaschine haben? Im übrigen Deutschland war auch kaum Aussicht auf erfolgreiche Unterstützung zu finden. Naturgemäss richtete sich daher der Blick Dr. Alban's nach England, dem gelobten Lande der Technik. Dort allein schien ihm Erfolg und Anerkennung zu winken, dort wollte er in offenem, freien Meinungsaustausch lernen, Erfahrungen sammeln, um so immer fähiger zu werden, die Technik zu fördern.

Alban verstand es, den mecklenburgischen Konsul in London, dessen Bekanntschaft er gelegentlich in Rostock gemacht hatte, so weit für sein Projekt zu interessieren, dass dieser in England eine Gesellschaft zur Ausbeutung der Alban'schen Erfindung gründete und das erforderliche Patent besorgte. Am 12. Juni 1825 reiste Alban nach England ab, um persönlich seine Erfindung hier zu vervollkommnen und in die Praxis einzuführen.

Ein schönes, rührendes Stück von deutschem Gelehrten-Idealismus, der im Kampf mit der rein praktischen, auf wirtschaftlichen Nutzen gerichteten Denkungsweise englischer Kapitalisten schwere Enttäuschungen erfahren sollte.

Der deutsche Gelehrte mit der unbegrenzten Hochachtung vor der englischen Technik wagt den Schritt aus der stillen Studierstube hinein in das geschäftliche Leben und Treiben des industriereichsten Volkes; er begiebt sich aus der Mitte wohlwollender Landsleute in die Gesellschaft von Kapitalisten, die naturgemäss nur insoweit an seiner Erfindungsthätigkeit Interesse nehmen, als diese ihnen Aussicht gewährte, Geld zu verdienen.

Unangenehm bemerkbar machte sich für Dr. Alban ferner seine geringe praktische Erfahrung mit den Ausführungsarbeiten des Maschinenbaues. Der jetzt 34jährige berühmte Augenarzt musste erst Maschinenbauer werden, auch er konnte die Lehrzeit, die niemandem erspart wird, nicht umgehen. Unter dem Druck der persönlichen Verantwortung und mit dem Bewusstsein, dass die Aufmerksamkeit der hervorragendsten Fachmänner, veranlasst durch eine zu voreilige und marktschreierische Reklame seiner Geldleute, auf seine Erfindung gerichtet waren, ging Dr. Alban an die Ausführung seiner Idee.

Gross waren zunächst die praktischen Schwierigkeiten, die sich der Ausführung in den Weg stellten. Die guten Werkzeuge, die vorzügliche Werkstatteinrichtung, von denen er geglaubt hatte, sie müssten in England überall zu finden sein, sie waren jedenfalls in

Mr. Burton's Fabrik, die ihm zur Benutzung überwiesen war, nicht anzutreffen. Trotzdem wurde ein Probekessel und eine kleine Dampfmaschine schliesslich doch glücklich fertig, und die Versuche, denen sie ausgesetzt wurden, befriedigten allgemein. Alban wurde auf das lebhafteste gefeiert. Die Zeitungen brachten Berichte über den deutschen Doktor und seine Erfindung.

Nach diesem Erfolg glaubte sich Alban eine kurze Erholung bei den Seinen gönnen zu dürfen. Nach achtwöchentlicher Abwesenheit traf er wieder zur Fortsetzung seiner Arbeiten in England ein. Diesmal begleitete ihn seine Frau.

Seine Gesellschaft, die inzwischen mit Anpreisungen der noch unfertigen Erfindung nicht gespart hatte, überraschte ihn mit der Thatsache, dass eine 16pferdige Maschine bereits an die englische Regierung verkauft sei. Der kaufmännische Leiter hatte auch bereits selbständig die Lieferzeit auf 3 Monate festgesetzt und ebenso eigenmächtig einen bestimmten Kohlenverbrauch garantiert. Der Kaufmann hatte das Geschäft abgeschlossen, und der Ingenieur sollte das erfüllen, was jener versprochen hatte.

Alban war auf das äusserste bestürzt. Er wusste am besten, wie weit er noch von der endgültigen Lösung seiner Aufgabe entfernt war. Auf die Gelegenheit, ruhig und ungestört Versuche anstellen zu können, hatte er gehofft, vor den Bau einer Dampfmaschinenanlage, von der man dauernd die günstigsten Betriebsergebnisse verlangte, wurde er gestellt.

Doch der bindend mit der Regierung abgeschlossene Kaufvertrag liess ihm nicht Zeit zu trüben Gedanken, sondern trieb ihn zu angestrengtester und aufregendster Arbeit. Von dem Ausfall dieser Lieferung hing ja mehr oder weniger die Zukunft seiner Erfindung in England ab. Doch der Erfolg lässt sich nicht immer erzwingen. Die Versuche mit dem Kessel zeigten bald, dass auf diesem Wege das Ziel nicht zu erreichen war. Eine grundlegende Aenderung des Dampfentwicklungapparats erschien Alban notwendig. Doch dazu wollte sich die Gesellschaft nicht verstehen. Als Alban auf seiner Ansicht bestand, übertrug man, entgegen allen Abmachungen, die Anfertigung eines neuen Apparates nach der ursprünglichen Form einem gewissen Beale, und da der Erfinder seine eigene Erfindung nicht nach den Anordnungen anderer und gegen seine Ueberzeugung ausführen wollte, so verbot man ihm, die Werkstatt zu betreten, und stellte die Zahlungen an ihn ein.

So stand Alban mit seiner Frau allein im fremden Lande ohne genügende Barmittel, auch nur sein Leben zu fristen.

Da besann er sich auf seine früher viel und gern ausgeübte zeichnerische Fertigkeit und schickte sich, an mit Landschaftsmalen seinen Lebensunterhalt zu verdienen. Seine Bilder, die sich durch effektvoll gewählte Motive und Naturtreue auszeichneten, fanden rasch genügenden Absatz. Der Landschaftsmaler musste eine Zeitlang den Ingenieur ernähren.

Weitere Versuche, seine Erfindung zu verwerten, gelangen nicht. Vertröstungen auf bessere Zeiten waren das Einzige, was er erhalten konnte. Man hatte eingesehen, dass eine sofortige Verwertung der Alban'schen Projekte nicht möglich sei, und zeigte keine Neigung, Geld zu kostspieligen Versuchen herzugeben.

Zwei Jahre waren so, ohne den gewünschten Erfolg zu zeitigen, dahingegangen, aber verloren waren sie darum nicht. Der deutsche Gelehrte hatte in dieser Zeit eine Lehre durchgemacht, die er in keinem andern Lande damals hätte so fruchtbringend gestalten können.

Hunderte von Dampfmaschinen in den verschiedensten Ausführungen hatte er hier kennen gelernt und sie im Betrieb beobachten können. Werkzeugmaschinen und Werkstatteinrichtungen, von denen er bis dahin wenig oder keine Vorstellung gehabt hatte, waren ihm bekannt geworden. Der Gelehrte hatte ferner erfahren, dass Reklame nicht technische Wahrheit bedeute, und dass ein tiefes Eindringen und Erfassen der Grundlagen der Technik bei der grossen Menge der „Engineers" nicht vorhanden war.

Die Wirklichkeit stach zu sehr ab von dem Bild, das sich Alban vom englischen Maschinenbau entworfen hatte, sie ernüchterte ihn und machte ihn misstrauisch gegen englische Unfehlbarkeit.

Nach Mecklenburg zurückgekehrt, gedachte er in der Heimat seine technischen Ideen ausreifen zu lassen. In der stillen Ruhe Stubbendorfs bei Tessin, wo er sich neuerdings niedergelassen hatte, vertiefte er sich in die ihm zugänglichen Schätze der technischen Litteratur und der Hilfswissenschaften, womit er den Grund zu seinem umfassenden theoretischen Wissen legte.

Auch auf technisch litterarischem Gebiete, als Mitarbeiter von Dinglers polytechnischem Journal, begann er sich zu bethätigen. Aber bald zog es ihn wieder zur praktischen Ausführung seiner Ideen. Diesmal waren es landwirtschaftliche Maschinen, an denen er sein Können versuchte. So baute er bereits in Stubbendorf Kornreinigungsmaschinen.

Er überzeugte sich aber bald, dass man, um wirklich brauchbare landwirtschaftliche Maschinen bauen zu können, zuerst genau die Arbeit kennen musste, die sie zu verrichten hatten. Alban, in der Ueberzeugung, nicht aus Büchern, sondern nur aus dem Leben heraus diese Erfahrungen machen zu können, entschloss sich, die Landwirtschaft zunächst persönlich zu betreiben. Er kaufte sich ein kleines Landgut, Klein-Wehnendorf bei Tessin, und verstand es, sich bald auch in dies ihm neue Gebiet einzuarbeiten; sein Gut galt in der Nachbarschaft geradezu als Musterwirtschaft.

Unterdess war Alban's Ruf als Maschinenbauer bereits über sein Vaterland hinausgedrungen, und vorteilhafte Anerbietungen aus dem Auslande gingen ihm zu. Alban zog es jedoch vor, alles abzulehnen und in der Heimat zu bleiben.

Angeregt von dem damaligen Grossherzog Friedrich Franz, gründete er hier 1830 in Klein-Wehnendorf die erste Maschinenbauanstalt Mecklenburgs. Wieder trat Alban in die Aufregungen und Kämpfe der wirtschaftlichen Technik ein. Betriebskapital war nur in bescheidenstem Umfange vorhanden. Arbeitsmaschinen und zuverlässige Arbeiter waren selten.

.· Hatte er glücklich einige Leute soweit herangebildet, dass sie ihm als tüchtige Hilfskräfte zur Seite stehen konnten, so wurde er häufig von ihnen im Stich gelassen. Die Schüler gründeten im In- und Auslande Konkurrenz-Unternehmen und verstanden es, wie Alban es ausdrückte, „in seinem Schweisse sich die Hände zu waschen". Noch schützte kein Patentgesetz das geistige Eigentum des Erfinders vor Entwendung, und Albans Bemühungen, ein solches herbeizuführen, blieben erfolglos.

Der deutsche Idealismus sah in jeder Erfindung gleichsam eine That zum Wohle der Menschheit, sich für diese bezahlen zu lassen galt als Unrecht, sie im eigenen Interesse auszunützen war geradezu unmoralisch. Die guten Leute vergassen, dass auch ein Erfinder nicht vom Interesse an der Menschheit satt wird und dass, ganz abgesehen von aller Gerechtigkeit, es doch mehr im allgemeinen Interesse liegt, dass der originelle, unternehmungsfrohe Erfinder Geld hat zu neuen Versuchen, als dass andere unproduktive Leute ernten, wo sie nicht gesät haben. Der deutsche Maschinenbau jener Tage hatte mit Schwierigkeiten zu kämpfen, an die heutzutage niemand mehr denkt.

Eine Erhöhung des Zolles auf ausländische Maschinen, mit der Preussen vorging, nahm dem fleissigen Mann mit einem Schlag seine bedeutende Ausfuhr nach dem benachbarten Lande. Doch nicht nur unter den Nachteilen deutscher Kleinstaaterei, auch unter den Mängeln der damaligen gewerkschaftlichen Organisation sollte Dr. Alban zu leiden haben.

Da er in seinem Betrieb Handwerker beschäftigte, galt sein
Beruf als städtisches Gewerbe, das auf dem Lande auszuüben
gegen die Privilegien der Städte verstiess. Alban musste froh
sein, dass auf den Protest der Städte nicht sofort die Schliessung
seiner Fabrik verfügt wurde, sondern ausnahmsweise ihm persönlich auf Lebenszeit die Ausführung von Maschinen gestattet
wurde. Nehmen wir zu diesen ausserordentlichen Schwierigkeiten
noch häusliche Zerwürfnisse, die bis zur Ehescheidung führten, so
muss man zugeben, dass das Mass der Anstrengung und des
Kampfes auch für diese Jahre dem Erfinder reichlich gemessen war.
Aber die begeisterte Liebe zum Beruf blieb Sieger über Kleinmut
und Trübsinn. Allen Schwierigkeiten zum Trotze baute Alban,
abgesehen von seinen landwirtschaftlichen Maschinen, anderweitige
Arbeitsmaschinen, ja sogar Dampfmaschinen. Allen diesen Ausführungen war eine überlegte Einfachheit der Konstruktion eigen,
aus der man ersah, in wie genialer Weise Alban die Unvollkommenheit seiner Werkzeuge zu berücksichtigen verstand. Neben seiner
Maschinenbauanstalt legte sich Alban noch eine Papierfabrik und
eine Flachsspinnerei an, deren Betriebsmaschinen er erbaute. Auch
diese Gründungen wollten sich wirtschaftlich nicht recht lohnen; erst
einer neuen Erfindung hatte Alban einen günstigen Umschwung zu
verdanken.

Schon im Anfang seiner Wehnendorfer Thätigkeit hatte er eine
Säemaschine ausgeführt, für die die Leute ihrer vielen Unvollkommenheiten wegen zunächst nur Spott übrig hatten. Der Erfinder,
der mit anderen Ideen genügend beschäftigt war, hatte daher die
unvollendete Maschine vorläufig bei Seite gestellt. Eine vom
patriotischen Verein an ihn gerichtete Aufforderung, eine praktische
Säemaschine auszuführen, veranlasste ihn, sein früheres Projekt
wieder aufzunehmen; seine inzwischen gesammelten, maschinentech-
nischen Erfahrungen im Gebiete des landwirtschaftlichen Maschinenbaues befähigten ihn, die Aufgabe zu einer Lösung zu führen, die
heute noch allen Anforderungen genügt. Die Erfindung der Breit-
säemaschine wurde vorläufig Albans gewinnbringendste, technische
Arbeit, die ihm auch Ehren in Form von Anerkennungsschreiben
und Denkmünzen eintrug. Die Nachfrage nach den Säemaschinen
wurde immer grösser, aber mit dieser günstigen, geschäftlichen
Entwicklung wuchs auch die Konkurrenz, denn jeder wollte nun
das gute Geschäft selbst machen; ein Gesetz aber, das dem Erfinder
sein Eigentum schützte, gab es nicht.

Die Erfolge Albans hatten unterdessen dazu angeregt, in Güstrow eine Eisengiesserei zu gründen; da dem Unternehmen bedeutende Geldmittel zur Verfügung standen, so beschloss man bald, die Eisengiesserei zu einer Maschinenbauanstalt zu erweitern. Alban erschien als die geeignetste Persönlichkeit, dieses Unternehmen zu gründen und zu leiten. Nach wiederholten Anerbietungen entschloss sich Alban, seine eigene Fabrik aufzugeben und mit Andersen, dem Besitzer der Eisengiesserei, ein Compagnie-Geschäft einzugehen. Seine eigenen, beschränkten Kapitalkräfte, vielleicht auch Besorgnis vor der nahen Konkurrenz, mögen Alban bewogen haben, seine Selbständigkeit zum Teil aufzugeben. Das Geschäft entwickelte sich rasch. Geld und Arbeiter waren vorhanden, so konnten die zahlreich eingehenden Aufträge schnell ausgeführt werden. Schon das erste Betriebsjahr machte eine bedeutende bauliche Erweiterung der Fabrik nötig.

Von den nach Albans Entwürfen und unter seiner Leitung in Güstrow erbauten Dampfmaschinen war eine für die Plauer Tuchfabrik bestimmte Maschine von 30 PS. die bedeutendste. Für die Güte der Konstruktion und Ausführung spricht am besten die Thatsache, dass die Maschine noch heute nach 60 Jahren ihre Aufgabe erfüllen kann.

Eine selbständige Erfindernatur wie Alban, dem es immer Beruf und heilige Pflicht war, sich ganz der Ausführung seiner Gedanken und Pläne zu widmen, konnte sich in der teilweisen Abhängigkeit auf die Dauer nicht wohl fühlen. Sein Bestreben, das technisch Vollkommenste zu liefern, mag ihn bald mit der kaufmännischen Leitung in Zwistigkeiten gebracht haben, die bereits nach zwei Jahren zum Bruche führten. Die eigenmächtige Bestellung einer neuen Arbeitsmaschine (Hobelmaschine) gab die letzte äussere Veranlassung. Alban befand sich gerade in Plau zur Montage der erwähnten 30 PS-Maschine, als die Hobelmaschine aus Manchester in England in Hamburg ankam und gleichzeitig die Rechnung in Güstrow einlief. Die Kosten erschienen dem Geschäftsteilhaber zu hoch, er machte sich in bitteren Vorwürfen gegen Dr. Alban Luft, die dieser mit dem Austritt aus der Firma beantwortete. Da es ihm in Plau gefiel, beschloss er, hier seinen Wohnsitz zu nehmen und aufs neue sein Glück in der Selbständigkeit zu suchen. Das erste, was er that, war, das er die Hobelmaschine statt nach Güstrow nach Plau kommen liess, wo sie noch heute in der Alban'schen Maschinenfabrik ihre Arbeit verrichtet.

Mit der Gründung einer jetzt noch, unter Leitung seines Enkelsohns, blühenden Maschinenfabrik in Plau im Jahre 1840 begann ein neuer Abschnitt in Albans Thätigkeit als Maschinenbauer, die von nun ab einen allmählich gleichmässig anwachsenden Erfolg wohl aufzuweisen hat, die aber anfangs wieder mit harter Arbeit und schweren Sorgen verknüpft war. Das ganze ihm zur Verfügung stehende Kapital betrug etwa 21 000 Mark. Davon sollten Gebäude errichtet werden, Arbeitsmaschinen und Werkzeuge mussten angeschafft, Vorräte an Eisen und Holz u. s. w. gekauft werden. Eine eigene Eisengiesserei war kaum zu entbehren. In dieser Not erinnerte sich Alban an alte Versprechungen und wandte sich mit dem Gesuch an die Regierung, ihm 12 000 Mark gegen landesübliche Zinsen zu leihen. Das Gesuch wurde abgelehnt. Alban verlor jedoch den Mut nicht und seine Ausdauer und Zähigkeit erzwang den Erfolg.

Neben seiner umfassenden Thätigkeit als Leiter der Fabrik verstand er noch Musse für wissenschaftliche Arbeiten zu finden, die allerdings wohl alle in nächtlicher Stille entstanden sind. Hinter den weinumrankten Fenstern seiner Studierstube vollendete er im Anfang der 40 er Jahre sein Hauptwerk „die Hochdruckmaschine", in welchem er „aus eigenen Erfahrungen" eine „Richtigstellung ihres Wertes" zu geben beabsichtigte. „Um etwas von alledem zu erhalten, was ich begeistert ergriff und festhielt und von dem manches vielleicht verdient erhalten zu werden", heisst es in der Vorrede. Das umfassende Wissen, die Belesenheit und die ausgedehnten Erfahrungen seines Verfassers machten das Werk zu einem der besten der Dampfmaschinenlitteratur, das auch bei Männern wie Karmarsch und Rühlmann volle Anerkennung fand.

Um so bezeichnender für die damalige Stellung des deutschen Maschinenbaues ist es, dass Alban kaum einen Verleger finden konnte, und dass die Verbreitung des Buches in Deutschland nicht entfernt seiner Bedeutung entsprach, wogegen eine bald erschienene englische Uebersetzung besonders wegen der grossen Nachfrage in Amerika in kurzer Zeit mehrere Auflagen erlebte. Von allen Seiten gingen dem Verfasser ehrende Anerkennungen zu.

Die wirtschaftlichen Verhältnisse zwangen damals, wo der Maschinenbau sich erst zu entwickeln begann, zur Vielseitigkeit in der Fabrikation. Auch Dr. Albans Maschinenfabrik konnte sich nicht auf einige wenige Gegenstände beschränken, sondern musste so ziemlich alles herstellen, was verlangt wurde. Zu den technisch bedeutsamsten Erzeugnissen gehörten unstreitig die Dampfkessel und die Dampfanlagen, die nach Konstruktion und Ausführung im vorigen Abschnitt gebührend besprochen wurden. Ausser diesen wurden

Feuerspritzen — ihrer Form wegen Kanonenspritzen genannt — ferner landwirtschaftliche Maschinen sowie Maschinen für die Tuchfabrikation in grösserem Umfang hergestellt.

Auch zur Erbauung eines kleinen Dampfschiffes, des ersten in Mecklenburg, bot sich Gelegenheit. Es war mit einer Hochdruckmaschine und einem genial ausgedachten Schaufelapparat ausgerüstet und sollte dem Verkehr auf der Seeenkette dienen.

In der Eisengiesserei wurden Handelsartikel aller Art, Gitter, Ofenthüren u. s. w. angefertigt.

Das Jahr 1848 mit seinen unreifen politischen Versuchen, mit den unsicheren Zuständen, die die politische Gährung im Gefolge hatte, waren für das Emporwachsen einer Industrie nicht günstig, und auch Alban hatte schwer unter diesem allgemeinen Stillstand zu leiden. Um so mehr erfreute ihn damals die Bestellung einer grösseren Dampfmaschinenanlage für Russland, die er sich nicht nehmen liess, selbst an Ort und Stelle aufzustellen und in Betrieb zu setzen. Auf seiner an Strapazen überreichen Reise berührte er auch Petersburg, wo man ihn zuvorkommend empfing und ihm seitens der Regierung sehr vorteilhafte Anerbietungen machte für den Fall, dass er sich entschliessen könnte, ganz nach Russland zu kommen. Mit Rücksicht auf sein Alter und seine Liebe zur Heimat lehnte er ab.

Bei seiner Rückkehr fand Alban alles bereit, sein 25 jähriges Maschinenbauerjubiläum festlich zu begehen. Die Medaille für Kunst und Wissenschaft, der Ehrendoktor der Philosophie und der Einkauf seiner vier Kinder letzter Ehe*) in die preussische Rentenversicherung mit je 200 Thalern waren von seiten des Grossherzogs, der Universität Rostock und des patriotischen Vereins die äusseren Zeichen der Anerkennung, zu denen das Jubiläum Gelegenheit bot.

Mit dem Jahre 1850 hatte Alban den Höhepunkt seines Lebens erreicht. Die Aufregung seines wechselvollen Lebens, die harte Arbeit des Berufs, sie trugen jetzt zu einem raschen Verfall das ihrige bei. 1851 erlitt Alban auf einer Geschäftsreise einen Hirnschlagfluss, der die Einleitung zu einer kurzen, aber leidensreichen Zeit bildete. Wiederholte Schlaganfälle führten zur lähmungsartigen Schwäche des ganzen Körpers, und all die aufopfernde Pflege seiner Angehörigen vermochte die endliche Auflösung nicht aufzuhalten.

---

*) Alban hatte am 18. März 1835 sich zum drittenmal verheiratet und zwar mit einer Kaufmannstochter Klitzing aus Rostock.

Von Ende December 1855 an fast ununterbrochen an das
Krankenlager gefesselt, starb Dr. Ernst Alban am 13. Juni 1856.
Einer der eigenartigsten und bedeutendsten Maschinen-
ingenieure Deutschlands war mit ihm dahingegangen.

Gleich weit entfernt von dem „praktischen Mühlenarzt", der
jedes wissenschaftliche Denken als unfruchtbare Theorie verachtet,
und dem einseitigen Gelehrten, dem praktische Bethätigung unwesentlich und untergeordnet zu sein erscheint, stellte Dr. Alban sein
geschultes logisches Denken in den Dienst der Technik, hob aber
immer hervor, dass die praktische Ausführung das Kriterium jeder
Theorie sein müsse. „Die Erfahrung muss immer des Maschinenbauers erste Autorität sein" ist ein Wort Dr. Alban's, das heute von
den Ersten des Faches noch uneingeschränkt unterschrieben werden
würde. Alban hat an sich selbst erfahren müssen, dass „die Erfahrung oft die künstlichsten Kombinationen zu Schanden macht".
Kein Wunder, dass er etwas hielt auf praktische Erfahrung, die er
sich unter den denkbar schwierigsten Umständen in jahrzehntelangem,
selbständigem Betriebe erworben hatte. Alban war trotz zweifacher
Doktorwürde stolz auf den Titel eines praktischen Maschinenbauers,
den er sich zwar nicht durch Prüfungen, wohl aber durch die harte
Arbeit erworben hatte. Da sich Maschinenbauer zu nennen, keinem
verboten war, so wurde dieser Titel bald zu allgemein üblich, um
die hohe Bedeutung, die ihm Alban beilegte, noch enthalten zu
können. Entrüstet klagt er in seinem Buch: „Der Name Maschinenbauer sinkt zu einer völligen Alltäglichkeit, zu einer wahren Unwürdig-
keit herab und bedeutet kaum mehr als der eines gewöhnlichen Hand-
werkers, weil jeder Ansprüche darauf macht und sich damit schmückt,
der nur eine Feile oder einen Drehstahl oder Hobel und Säge in
der Hand gehabt, an ein paar Maschinen herumgeklimpert und sie
verdorben oder gar nur einige Dutzend davon gesehen hat."

Setzen wir statt „Maschinenbauer" das Wort „Ingenieur", so
klingt es wie eine Klage aus unseren Tagen.

Der Versuch steht bei Alban als Auskunftsmittel in technischen Fragen an erster Stelle, und mutig redete er in
einer Zeit, wo die reine Spekulation noch unbeschränkte Herrschaft besass, der direkten „Fragestellung an die Natur" das
Wort: „Bis jetzt ist in dieser Beziehung nur von einigen Einzelnen
und von Industriegesellschaften hie und da etwas unternommen,
dieses wenige genügt aber nicht, und man dürfte auch dann erst
zum gewünschten Ziele gelangen, wenn irgend eine Regierung sich
ins Mittel legte und die nicht unbedeutenden Kosten hergäbe, um

solche entscheidenden Versuche in dem gehörigen Umfange und mit Ruhe und mit wissenschaftlicher Schärfe zu machen."

Mit unseren staatlichen Versuchsanstalten, mit den Maschinenbau-laboratorien unserer technischen Hochschulen haben wir in neuester Zeit zum grössten Vorteil für Industrie und Gewerbe den Weg beschritten, den Alban bereits vor 60 Jahren als den allein rechten bezeichnet hatte.

Alban's nie ruhender Geist zog in seinen Interessenkreis fast das ganze Gebiet des damaligen Maschinenbaues, und langte auch Zeit und Geld nicht dazu, sich überall praktisch zu bethätigen, so gab es doch Mussestunden, in denen er seiner technischen Phantasie und Erfindungskraft freies Spiel gewährte. Eine grosse Anzahl konstruktiv durchgeführter Entwürfe und Skizzen giebt Zeugnis von der Fruchtbarkeit und Vielseitigkeit seines Genies. Flugmaschinen und Windmotoren, Motorwagen und moderne Fahrräder finden sich neben der zahlreichen Menge Konstruktionen industrieller und land-wirtschaftlicher Maschinen.

Sein Sohn pflegte wohl später, wenn von irgend einer neuen Erfindung viel Wesens gemacht wurde, zu sagen: „Dat is 'ne oll' Geschicht, wat sei nu noch all' erfinden, hät Vadder all' lang' wedder wegsmeten."

Und doch ist Alban ein bedeutender materieller Gewinn aus seiner Arbeit nicht zuteil geworden.

Die Gründe für die Thatsache, dass die wirtschaftlichen Erfolge Dr. Alban's nicht ganz seiner genialen Erfindungsthätigkeit entsprachen, mögen zum grössten Teil in den äusseren Umständen, mit denen er zu kämpfen hatte, liegen. In einem Lande, das die Technik noch nicht kannte, dessen Hauptgebiet die Landwirtschaft war, musste der Bedarf an Maschinen erst geweckt werden, ehe er befriedigt werden konnte. Die Ausfuhr war engherzigen Zoll-plackereien unterworfen. Das geistige Eigentum, d. h. die Er-findungen, war noch schutzlos der Nachahmung preisgegeben. Gerade dieser letzte Umstand musste für eine Erfindernatur, wie Dr. Alban es war, besonders schwer ins Gewicht fallen. Interessant ist, wie Alban versuchte, sich trotzdem die Früchte seiner An-strengungen einigermassen zu sichern und „die allzeit geschäftigen Raubbienen für den Bienenkorb seiner Wirksamkeit, wenigstens für eine bestimmte Zeit, unschädlich zu machen."

Das Mittel bestand darin, die Einrichtung der neuen Maschinen — um Schrotmühlen handelte es sich in diesem Fall — so lange geheim zu halten und ihre Anfertigung nicht eher zu übernehmen, als bis

200 Bestellungen eingegangen waren. Die Subskriptionsliste war in 5 Städten Mecklenburgs ausgelegt. Ein eigenartiges Mittel, zu dem die Not den Erfinder zwang.

Auch die vielen Versuche und der Wunsch, das technisch Vollkommenste in jedem Falle zu liefern, mögen einen grossen Teil des Gewinnes aufgezehrt haben.

Rechnet man noch Alban's Abneigung gegen jede Reklame und seine etwas patriarchalische Auffassung der Geschäftsthätigkeit hinzu, so wird man eine Erklärung finden für den nach heutigem Massstab geringen materiellen Erfolg Dr. E. Alban's.

Bei Alban interessiert uns aber nicht nur der Ingenieur, auch der Mensch verdient unsere volle Beachtung.

Dr. Alban war einer jener Männer, die lebensfroh und lebensstark durchs Dasein pilgern, die sich freuen an all dem Schönen, was sie finden, und denen ein gesunder Humor Kraft giebt, sich auch über Unerfreuliches hinwegzuhelfen. Alban war kein Gesellschaftsmensch, dazu fehlte ihm Zeit und wohl auch Lust, nur an seinem Geburtstage pflegte er seine Freunde zu einem fröhlichen Fest in seiner Wohnung zu vereinen und humorvoll rühmte er dann: „Ich habe zwar vieles in der Welt nicht, aber einen Geburtstag habe ich doch."

Sein Sinn für echten Humor liess ihn auch die grösste Freude an den Schriften seines jungen Landsmanns, Fritz Reuter, finden.

Als er zum ersten Mal Reuter las, war der Eindruck auf ihn und seine Freude so gross, dass er sie nicht für sich behalten konnte. Er ging mit dem Buch in die Fabrik, liess die Maschine anhalten und las seinen Arbeitern Reuter vor. Ein freundliches, eigenartiges Bild: Fabrikbesitzer und Arbeiter im Arbeitsanzug und auf der Arbeitsstätte freuen sich gemeinsam an dem, „wat Fritzing Reuter sinen leiwen Meckelnbörgern tau vertellen het".

Von tiefem Wahrheitsgefühl durchdrungen, hatte Alban den Mut, auch seine Meinung dann zu bekennen, wenn sie seinen eigenen, früher gehegten Ansichten schnurstracks zuwiderlief. Es ist eine tiefe Wahrheit, die Alban in den Worten ausdrückt: „Die meisten Menschen beleidigt es, frei zu gestehen, dass sie hie und da Fehler begingen, dass in diesem oder jenem Falle ihre Hoffnungen eine unvollkommene Erfüllung fanden, und dieses falsche Ehrgefühl hat die Entwicklung mancher grossen Erfindung oft verzögert."

„Durch natürliche Anlage und durch eine unwiderstehliche, sich durch alle widrigen und hemmenden Verhältnisse seines Lebens durchkämpfende Neigung" zum Ingenieur bestimmt, hat Dr. Alban

durch eigene Kraft sein Leben sich gezimmert und durch seine
Werke sich einen ehrenvollen Platz in der Geschichte der Dampfmaschine gesichert.

Gerhard Moritz Roentgen.

Am 7. Mai 1795 wurde Gerhard Moritz Roentgen als vierter
Sohn des Oberpredigers und Konsistorialrates Ludwig Roentgen zu
Esens in Ostfriesland geboren. Vater und Mutter waren hoch-
gebildet und besassen eine nicht gewöhnliche künstlerische Begabung.
Trotz der kirchlichen Würden, die der Vater bekleidete, war das
Gehalt für die grosse Familie von 7 Kindern kaum ausreichend.
Schon früh musste der junge Roentgen daran denken, sein Brot
sich selbst zu verdienen. Als die Zeit kam, wo auch an ihn die
Frage herantrat, was willst du werden? da lautete die bestimmte
und einzige Antwort: Seeofficier. Da inzwischen Napoleon Friesland
zu Holland geschlagen hatte, Roentgen also mit einmal holländischer
Unterthan geworden war, kam für die gewünschte Ausbildung die
holländische Kriegsschule zu Enkhuizen in Frage.

13 Jahre alt, im Jahre 1808, fand der junge deutsche Pastorensohn hier nicht nur Aufnahme, sondern wurde sogar, da man seine
ungewöhnlichen Geistesgaben bald entdeckte, auf Kosten der Regierung
erhalten und erzogen.

Da inzwischen Napoleon 1810 beliebt hatte, Holland mit
Frankreich zu vereinigen, war Roentgen gezwungen, in die französische Marine einzutreten. Der Gang der politischen Ereignisse
befreite 1813 die Niederlande wieder von der französischen Herrschaft,
und sofort bat Roentgen und mit ihm noch 32 seiner Kameraden
um Entlassung aus der französischen Marine. Die Antwort
darauf war ihre Verhaftung. Auf dem Fort la Malgue bei Toulon
wurden sie gefangen gehalten. Roentgen jedoch gelang es mit
zwei Kameraden, glücklich nach den Niederlanden zu entkommen,
wo er am 1. Juli 1814 als Seekadett in die niederländische Marine
wieder aufgenommen wurde.

Er verstand es auch jetzt wieder, die Aufmerksamkeit seiner
Vorgesetzten auf sich zu lenken. Im Juni 1818 wurde er auf zwei
Jahre nach [England gesandt, um den englischen Schiffbau genau
kennen zu lernen, und über das Gesehene ausführlich zu berichten.
Einige Jahre später bot sich für Roentgen, der inzwischen
1822 Leutnant zur See 1. Kl. geworden war, Gelegenheit, durch die
erfolgreiche Bewerbung um eine von der Provinzialgesellschaft für

Künste und Wissenschaften zu Utrecht ausgeschriebene Preisfrage
an die grössere Oeffentlichkeit zu treten. Roentgens Beantwortung
der Frage: Auf welche Weise könnte man mit Vorteil auf unsern
Binnenwässern, dem Zuidersee und unsern Flüssen Dampfschiffe
verwenden? wie hätte man sie einzurichten, um jede Gefahr aus-
zuschliessen, dabei aber auch ihre Vorteile voll auszunutzen? war
so eingehend klar und sachgemäss gehalten, dass die Gesellschaft
ihm 1823 die goldene Medaille für diese Arbeit zuerkannte.

Uns interessiert aus dieser Schrift vor allem Roentgens klarer
Nachweis der grossen Vorteile, die von der Einführung der Dampf-
schiffahrtsverbindung für Verkehr, Handel und Industrie mit Be-
stimmtheit zu erwarten seien.

Gleichzeitig mit der goldenen Medaille der genannten Gesellschaft erhielt Roentgen von der Regierung den ehrenvollen Auftrag,
in England die neuesten Anwendungen der Dampfkraft genau zu
studieren und in einer Denkschrift seine Ansichten über die Benutzung
der Dampfmaschine auf Kriegsschiffen zum Ausdruck zu bringen.
Im April 1824 übersandte Roentgen dem Marineminister die gewünschte umfangreiche Ausarbeitung. Eine Kommission, die sich aus
3 höheren Marineofficieren, 2 Ingenieuren und einem Professor zu-
sammensetzte, wurde mit Beurteilung der Denkschrift betraut. Der
Inhalt setzte die Herren in nicht geringes Erstaunen. Eine solche
Unmasse neuer Ideen und von den bisherigen abweichender Ansichten
zeigten sich da, dass die Kommission zu dem Schluss kam, die von
Roentgen gemachten Vorschläge seien höchst phantastisch, und es
erscheine nicht einmal wünschenswert, auf Grund derselben Versuche
anzustellen. Und welcher Art waren diese Vorschläge, die bei der
Kommission so wenig Verständnis gefunden hatten? In erster Linie
wohl der „unerhörte" Gedanke Roentgen's „Schiffe ganz aus
Eisen zu bauen". Aber auch die Ansicht, man solle schwere Geschütze und Rammsporen einführen und das Schiff „wenigstens 3 Fuss
unter und 3 Fuss über der Wasserlinie herum stark panzern" kamen
den Beurteilern sehr sonderbar vor.

Interessant ist, dass der König Wilhelm trotz des abfälligen
Urteils der Kommission befahl, die hölzerne Fregatte „Rhjjn" nach
Roentgen's Vorschlägen umzubauen.

Zur Ausführung kam es nicht, da inzwischen Roentgen seine
staatliche Laufbahn aufgegeben hatte und in die Privatpraxis über-
gegangen war. Die Veranlassung hierzu war der Wunsch, einen
eigenen Haushalt zu gründen. Sein geringes Gehalt nahm ihm die
Möglichkeit, sich mit dem Mädchen seiner Wahl, einer Engländerin

Louisa Georgina Bennett, die gleich ihm vollkommen mittellos war, zu verehelichen; so entschloss er sich, die Stellung des technischen Direktors einer unter dem Namen: „Nederlandsche Stoomboot-Maatschappij" neu gegründeten Dampfschiffahrtsgesellschaft anzunehmen. Am 1. Januar 1824 wurde er „sehr ehrenvoll" aus dem königlichen Dienst entlassen.

Jetzt begann der für die Entwicklung der Dampfmaschine wichtigste Teil seiner Lebensarbeit, die Erfindung und Einführung der Mehrfach-Expansions-Dampfmaschine, über deren weittragende Bedeutung an anderer Stelle ausführlich berichtet wurde.

Die Gesellschaft, die zuerst nur als Reederei gedacht war, sah bald ein, dass mindestens eine Reparaturwerkstatt nicht zu entbehren sei, dass es aber noch wirtschaftlicher für sie sein würde, ihre Schiffe selbst zu bauen statt sie aus England zu beziehen. So wurde 1826 auf der Insel Fijenoord gegenüber Rotterdam eine Schiffswerft und Maschinenfabrik gebaut, und hier entstand in den Jahren 1828 und 1829 unter Roentgens Angaben und Leitung die erste Verbundmaschine mit Zwischenkammern, welche Maschinenanordnung in ihrem allgemeinsten Fall 1834 in Frankreich und England patentiert wurde.

Roentgens Ansehen stieg mit dem Ruf, den die Gesellschaft sich unter seiner Leitung erwarb. Sein Rat war überall begehrt. Als technischer Beirat stand er auch deutschen Gesellschaften, wie der Kölnischen Dampfschiffahrtsgesellschaft und der Gutehoffnungshütte in Sterkrade, helfend zur Seite. Die Erzeugnisse der Schiffswerft und Maschinenfabrik zu Fijenoord wurden immer begehrter. 1837 gingen zwei Dampfer auf die Donau, um zwischen Linz und Regensburg eine Schiffsverbindung zu bewirken. 1840 erhielt die Elbdampfschiffahrt-Gesellschaft drei Dampfer, und ebenfalls drei Dampfer wurden 1847 für die Wolga abgeliefert, von denen die Maschinen des einen Schiffs noch 1890 sich in gutem Zustande befanden, ohne dass in den 43 Jahren grössere Ausbesserungen nötig gewesen wären. 1840 wurde auch das erste Seedampfschiff für die niederländisch-indische Marine gebaut; auch Kriegsschiffe für die französische und russische Marine sind von Roentgen, dem früheren Seeofficier, erbaut worden.

Mitten in dieser unermüdlichen Berufsarbeit ereilte ihn ein tragisches Geschick. Er hatte nicht bedacht, dass auch der Geist, über das Mass angestrengt, schliesslich versagen kann. Seine ruhelose Arbeit, die er oft bis tief in die Nacht hinein fortsetzte, zog ihm eine Geisteskrankheit zu, die sich zuerst 1847 bemerkbar machte.

1849 musste er die Behandlung eines Irrenarztes in Utrecht in Anspruch nehmen, wobei sich die Unheilbarkeit seines Leidens herausstellte. In einer Irrenanstalt bei Haarlem starb in geistiger Umnachtung am 28. Oktober 1852 der deutsche Pastorensohn und holländische Ingenieur Gerhard Moritz Roentgen, dem die Welt die Erfindung der Mehrfach-Expansions-Dampfmaschine zu verdanken hat.

George Henry Corliss.

Am 2. Juni 1817 wurde George Henry Corliss als Sohn eines Arztes in Easton N. J. in den Vereinigten Staaten Nordamerikas geboren. In Greenwich N. J., wohin sein Vater 1825 verzogen war, genoss Corliss den ersten Unterricht. Als 14 jähriger Knabe verliess er die Schule, um sich als Schreiber in einem Baumwollwarengeschäft die Mittel zu seiner weiteren Ausbildung zu erwerben. Nach dreijahrelangem Besuch der Akademie zu Castleton eröffnete er in Greenwich ein Ladengeschäft, dessen Ertrag ihn befähigte, seine wissenschaftlichen Studien fortzusetzen. Inzwischen war er 21 Jahre alt geworden, ohne je eine Maschinenfabrik betreten zu haben. Da gab ihm ein durch Hochwasser plötzlich veranlasster Brückeneinsturz, der den Verkehr zwischen beiden Stadtteilen mit einemmal unterbrach und die Bewohner in die grösste Verlegenheit setzte, Gelegenheit, sein technisches Genie zu entfalten. Er schlug vor, eine hölzerne Notbrücke zu bauen, die er in wenigen Tagen ausführen wolle. Man lachte über ihn und erklärte seinen Vorschlag für Unsinn. Corliss verschaffte sich aber kurz entschlossen die 55 Dollar, die er nötig zu haben glaubte, und begann den Bau seiner Brücke. In 10 Tagen war sie fertiggestellt und leistete ein halbes Jahr lang, bis zur Wiederherstellung der alten Brücke, dem Verkehr ausgiebige Dienste.

Seine Befähigung für den Maschinenbau bewies Corliss ausserdem durch erfolgreiche Konstruktion und Ausführung von Nähmaschinen für Leder und anderen Hilfsmaschinen für die Schuhfabrikation. 1844 verlegte er seinen Wohnsitz nach Providence, wo er im Alter von 27 Jahren in Verbindung mit John Barstow und E. J. Nightingale eine Maschinenfabrik ins Leben rief. Hier, als erster Konstrukteur dieser Fabrik, begann er 1846 sein Augenmerk auf eine Verbesserung der Dampfmaschinensteuerung zu richten, die ihn nach einer Reihe von Versuchen endlich zu jener Lösung der gestellten Aufgabe führte, die als Corlisssteuerung in der ganzen Welt bekannt wurde, und die noch jetzt mit Recht als eine der vorzüglichsten Dampfverteilungssysteme angesehen wird. Am 10. März 1849 wurde jenes denkwürdige Patent erteilt, das viele der Verbesserungen betraf, durch die sich die moderne Dampfmaschine

GEORGE HENRY CORLISS.

geb. 2. Juni 1817 gest. Februar 1888.

so wesentlich von der Kraftmaschine der früheren Zeiten unterscheidet.

Unter der energischen Leitung ihres Begründers entwickelte

sich die Maschinenfabrik zu ungeahnter Grösse. 1885 wurden über 1000 Arbeiter in ihr beschäftigt.

Corliss war ein entschlossener, charakterstarker Mann, der nicht nur Entschlüsse zu fassen, sondern diese auch allen Hindernissen zum Trotz durchzuführen verstand.

An religiösen Dingen nahm er regen Anteil, er war von streng orthodoxer Richtung — häufig spendete er reichliche Summen für kirchliche Zwecke; im persönlichen Verkehr war er stets liebenswürdig und zuvorkommend. In friedlichem, glücklichem Familienleben mit Frau, Sohn und Tochter bewohnte Corliss in der Nähe seiner Fabrik ein schlichtes Landhaus und suchte nach der aufreibenden Berufsthätigkeit Erholung und Genuss in der Pflege seines Gartens; ein Rasen wie der seine, erklärte er wohl mit Stolz, sei in ganz Amerika nicht mehr zu finden.

Ein Mann wie Corliss, der in der alten und neuen Welt den Ruf eines der grössten Ingenieure genoss, brauchte sich nicht erst um Auszeichnungen zu bemühen; von allen Seiten flossen sie ihm zu.

1867 wurde seiner Maschine in Paris der erste Preis zuerkannt, und 1873 erhielt er auf der Wiener Ausstellung die goldene Medaille, obwohl weder er noch einer seiner Vertreter ausgestellt hatten. Wohl aber war die Mehrzahl der 400 dort ausgestellten Dampfmaschinen nach seinem System gebaut, Beweis genug, welch weitgehenden Einfluss Corliss auf den gesamten Dampfmaschinenbau ausübte. 1870 überreichte ihm die Amerikanische Akademie der Wissenschaften und Künste die Rumford-Medaille. „Seit Watt hat keine Erfindung die Wirksamkeit der Dampfmaschine so erhöht wie die, für welche die Rumford-Medaille jetzt überreicht wird", waren die Schlussworte der Ansprache, mit der dem Erfinder diese hohe Auszeichnung übergeben wurde.

Das Vertrauen seiner Mitbürger genoss Corliss in hohem Masse, und mehr Ehrenämter, als er annehmen konnte, wurden ihm angeboten.

Im Februar 1888 erkrankte Corliss am gastrischen Fieber, das in wenigen Tagen seinen Tod herbeiführte.

ZEITTAFEL

zur

Geschichte der Dampfmaschine.

*) nicht 1779, wie irrtümlich auf S. 117 vermerkt.

Litteratur.

Aus der technischen Zeitschriftenlitteratur sind nur die für vorliegende Arbeit wichtigsten namentlich aufgeführt. Als Abkürzung ist benutzt:

Z. = Zeitschrift des Vereins deutscher Ingenieure.

D. p. J. = Dinglers polytechnisches Journal.

Die in Klammern beigefügten Figuren-Nummern bezeichnen die Figuren des vorliegenden Werks, die aus der betreffenden Arbeit entnommen wurden.

Alban, Dr. Ernst. Die Hochdruckdampfmaschine. Rostock 1843. (Fig. 63—67.)

— Ueber Dampfmaschinenkolben mit Metallliderung. D. p. J. 1829.

— Mitteilungen aus meinem Leben und Wirken als Maschinenbauer. D. p. J. 1851.

— Beschreibung meiner neuen Dampfmaschine mit sehr hohem Druck. D. p. J. 1829.

— Verteidigung des Hochdruck-Dampfmaschinen-Princips. D. p. J. 1828.

— Bemerkungen über Hochdruckdampfmaschinen. D. p. J. 1849.

Arago. Zur Geschichte der Dampfmaschinen. In seinen sämmtlichen Werken. Deutsch. Leipzig 1856.

Bavier, Th. v. Beispiele aus dem Gebiete des Pumpmaschinenbaues. Z. 1900.

Beck, Dr. L. Die Geschichte des Eisens in technischer und kulturgeschichtlicher Beziehung. Braunschweig 1897.

Beck, Th. Beiträge zur Geschichte des Maschinenbaues. Berlin 1899.

Beduwe, Jos. Dampffeuerspritzen. Z. 1896.

Bernoulli. Dampfmaschinenlehre. 6. Aufl. 1877.

Blaha. Steuerungen der Dampfmaschine. Berlin 1885.

Borries, von. Ueber Compoundlokomotiven. Z. 1884.

Brauer, E. A. Mitteilungen von den Jubiläumsausstellungen in Manchester und Newcastle upon Tyne. Z. 1888. (Fig. 157.)

— Die Weltausstellung in Antwerpen. Dampfmaschinen. Z. 1886.

Brückmann, E. Gerhard Moritz Roentgen. Z. 1892 u. 1893. (Fig. 171.)

— Verbundlokomotiven in Nordamerika. Z. 1894.

— Die Entwicklung der Verbundlokomotiven. Z. 1896.

Brückmann, E. Die Lokomotive auf der II. bayr. Landesausstellung in Nürnberg 1896. Z. 1897.

— Die Lokomotiven. Paris 1900. Z. 1901.

Brunner, A. Lokomotiven. Weltausstellung Chicago. Z. 1893.

Busley, C. Die Schiffsmaschine, ihre Bauart, Wirkungsweise und Bedienung. Kiel 1885.

— Die Entwicklung der Schiffsmaschine in den letzten Jahrzehnten. Z. 1888.

— Deutschlands Schnelldampfer und ihre Besichtigung durch Kaiser Wilhelm II. Z. 1891.

— Die neueren Schnelldampfer der Handels- und Kriegsmarine. Z. 1891. (Fig. 182, 183.)

— Die Wasserrohrkessel der Dampfschiffe. Z. 1896.

Collmann. Die Collmannsteuerungen. Wien 1877.

Daelen, R. M. Mitteilungen über die Fortschritte in der Konstruktion von Walzenzugmaschinen. Z. 1884.

Davy, Chr. Perkins's neue Sicherheitsdampfmaschine mit hohem Drucke. D. p. J. 1828.

Delabar, G. Die Dampfmaschine und ihre Konkurrenten auf der intern. Londoner Industrie-Ausstellung 1862. D. p. J. 1864.

Dieterici, C. F. W. Ueber die Fortschritte der Industrie und die Vermehrung des Wohlstandes unter den Völkern. Berlin 1856.

Dietze, C. Historische Entwicklung der Rheindampfschiffahrt. Z. 1886.

Dinglers polyt. Journal. 1824 (entn. aus Gill's technical Repository N. 22.) Oliver Evans Columbian-Dampfmaschine mit hohem Druck. (Fig. 58.)

— 1851. Die Dampfmaschine auf der Londoner Industrie-Ausstellung.

— 1846. Ueber die Expansionsvorrichtung an Dampfmaschinen und Lokomotiven.

— 1896. Schnelllaufende Dampfmaschinen.

— 1896. Neuere Steuerungen an Dampfmaschinen.

— 1900. Die grösste Lokomotive der Welt (nach Locomotive magazine) 1899.

Doerfel, R. Die Entwicklungsgeschichte der Zweicylindermaschine. (Techn. Blätter 11 und 12.)

— Die Dampfmaschine auf der Allgemeinen Landesausstellung in Prag. Z. 1892.

— Die Anwendung überhitzten Dampfes zum Betriebe von Dampfmaschinen. Z. 1899.

Donkin, Bryan. Eine von Newcomen erbaute Maschine. Engineering 1894 und Z. 1894. (Fig. 16.)

Dubbel, H. Regulatoren und Schieber für raschlaufende Dampfmaschinen. (Der praktische Maschinenkonstrukteur 1896.)

— Neuere Bergwerksmaschinen schlesischer Werke. Z. 1897 und 1899.

— Ueber Lokomobilen. Vortrag. Z. 1901.

— Zwangläufige Corlisssteuerungen. Z. 1899.

E berding. Zwei Pioniere der Hochdruckdampfmaschine. Z. 1885.

Eberhard, Joh. Neue Beiträge zur Mathesi applicata. Halle 1773.

Eberle, Chr. Die Verwendung überhitzten Wasserdampfes. Z. 1896.

Emsmann, Dr. A. H. Die Dampfmaschine. Leipzig 1858.

The Engineer: Compound Marine Engines sixty years ago. 1890.

— G. A. Hirn. 1890.

Erfindungen, Das Buch der. 9. Aufl. Leipzig 1901.

Ernst, Ad. James Watt und die Grundlagen des modernen Dampfmaschinenbaues. Z. 1896. Auch als besondere Broschüre erschienen. (Fig. 9—14,
17—19, 23, 25.) Die Originale zu diesen Figuren befinden sich Farey,
A treatise on the steam engine.

Escher, Prof. Rudolf. Die Entwicklung der Dampfmaschine in den letzten
fünfzig Jahren. Schweiz. Bauzeitung 1900.

Eyth, Max. Die Entwicklung des landwirtschaftlichen Maschinenwesens in
England. Z. 1884.

Farey, A treatise on the steam engine. London 1827. (Fig. 15, 20—22, 26
bis 29, 32—34.)

Fölsche, A. Die Stadt-Wasserkunst in Hamburg. Hamburg 1851.

Freytag, Prof. Fr. Die Dampfkessel und Motoren auf der Sächsisch-Thür.
Industrie- und Gewerbeausstellung zu Leipzig 1897. Z. 1898. (Fig. 112,
132—134.)

Friese, R. M. Anforderungen der Elektrotechnik an die Kraftmaschinen.
Z. 1899.

Glasers Annalen 1884. Die erste Dampfwagenfahrt auf der Braunschwei-
gischen Eisenbahn.

Gerdau, B. Neuere unterirdische Wasserhaltungsmaschinen für Bergwerke.
Z. 1899.

Gerland, Dr. Leibnizens und Huygens Briefwechsel mit Papin nebst Bio-
graphie Papins. Berlin 1881.

— Die erste Dampfmaschine in Deutschland. Z. 1883.

Gerland & Hammer. Die erste in Deutschland erbaute und in Betrieb
gesetzte Dampfmaschine und das Hettstedter Denkmal. Z. 1886.

Goerris. John Ericsson's Entwurf einer Schiffsmaschine mit Oberflächen-Kon-
densation und eines Hochdruckkessels mit Unterwindgebläse. Z. 1891.

Grabau, L. Die Dampfmaschine für den Betrieb von Dynamomaschinen.
Z. 1892.

Grothe, Dr. H. Die Industrie Amerikas (unter Berücksichtigung der Weltausstellung zu Philadelphia). Berlin 1877.

Gutermuth, M. F. Mitteilungen über eine Studienreise nach Nordamerika.
Z. 1888.

— Die Dampfmaschine auf der Weltausstellung in Chicago 1893. Z. 1893.
(Fig. 141 und 142.)

— Der Dampfmaschinenbau und seine Beziehungen zur Elektrotechnik.
Z. 1897.

Gutermuth, M.F. Die Dampfmaschine. Weltausstellung Paris. Z. 1900, 1901.

— Die Anwendung überhitzten Dampfes. Z. 1898.

Haack, R. und Busley, C. Die technische Entwicklung des Norddeutschen Lloyd und der Hamburg-Amerikanischen Packetfahrt-A.-G. Z. 1890, 1891, 1892. (Fig. 82, 174—177.)

Haeder, H. Die Dampfmaschine. Düsseldorf 1894.

Haller, K. Fabrikationsgrundsätze des amerikanischen Maschinenbaues. Z. 1895.

Hammer. Die erste deutsche Dampfmaschine. Z. 1886. (Fig. 30.)

Hartig, Dr. E. Studien in der Praxis des Kaiserl. Patentamtes. Leipzig 1890.

Hauer, J. v. Die Wasserhaltungsmaschinen der Bergwerke. Leipzig 1879.

Hauer, R. v. Die Fördermaschinen der Bergwerke. Leipzig 1885.

Helmholtz, v. Bemerkungen über ältere und neuere Anschauungen in der Lokomotivkonstruktion. Vortrag. Z. 1900.

Hering, A. Die Kraft- und Arbeitsmaschinen auf der II. bayerischen Landesausstellung in Nürnberg. Z. 1896 u. 1897. (Fig. 110, 111 u. 136.)

Hey, J. Fr. Die Dampfmaschine. Schweizerische Nationalausstellung in Genf 1896. Z. 1897. (Fig. 116.)

Hoppe. Rückblicke auf die Entwicklung des Dampfmaschinenwesens in Berlin vor 50 Jahren. (Glasers Annalen 1884.)

Hrabák. Hilfsbuch für Dampfmaschinentechniker. Berlin 1883 und 1897.

„Hütte.“ Des Ingenieurs Taschenbuch. Berlin.

Hutton, F. R. Zur Geschichte der Dampfmaschine in Amerika. (Vortrag.) Transactions of the American Society of Mechanical Engineers. N. XV. New-York 1894.

Jahrbuch des schles. Vereins für Berg- und Hüttenwesen. Breslau 1861.

Kaiserlich statistisches Amt. Statistische Jahrbücher.

Keller, K. Rekonstruktion der Rocket. Z. 1887. (Fig. 91 u. 92.)

Kemmann, G. Die Berliner Elektricitätswerke bis Ende 1896. Berlin 1897. (Fig. 113—115, 151, 152.)

Klein. Theorie, Konstruktion und Nutzeffekt der Dampfturbinen. Z. 1895.

Klobukow, Dr. N. v. Zur Geschichte der Dampfmaschine. Atmosphärische Dampfmaschine von Joh. Polsunow. Prometheus 1892.

Knoke. Kraftmaschinen des Kleingewerbes. Berlin 1887.

Körting, Joh. Pulsometer. Z. 1893. (Fig. 163, 164.)

Kollmann, P. Die gewerbliche Entfaltung im Deutschen Reich und die Gewerbezählung vom 14. Juni 1895. Jahrbuch f. Gesetzgeb., Verwaltg. u. Volkswirtsch. von Schmoller. Jahrgang 24.

Kurtz. Ueber neuere Konstruktionen von Dampfhämmern. Z. 1886.

Leist, C. Neuere Ausführungen von Flach- und Rundschiebersteuerungen. Z. 1896. (Fig. 143.)

— Die Dampfmaschinensteuerungen. Berlin 1900. (Fig. 71, 74, 96, 117.)

Leitzmann, F. Versuche mit viercylindrigen Lokomotiven. Z. 1898.

Lentz. Die Lokomotiven unseres Erdballs. Z. 1892.

Lindley, Schröter, Weber. Versuche an einer Dampfturbine mit Wechselstrommaschine. Z. 1900.

List, F. Ueber ein sächsisches Eisenbahnsystem als Grundlage eines allgemeinen deutschen Eisenbahnsystems. Leipzig 1833.

Lotze, Prof. Dr. Walter. Verkehrsentwicklung in Deutschland (1800—1900). Leipzig 1900.

Lynen, W. Die Ziele und Erfolge in der Wärmeausnützung bei der Dampfmaschine. Z. 1901.

Mach, Dr. E. Die Prinzipien der Wärmelehre. Wien.

Marx, G. Stehende Dampfmaschine. Z. 1899.

Merckel, Curt. Die Ingenieurtechnik im Altertum. Berlin 1899.

Mewes. Die vereinigte Dampf- und Kaltdampfmaschine einst und jetzt. D. p. J. Bd. 315.

Mollier, Dr. R. Ueber die Beurteilung der Dampfmaschine. Z. 1898.

Mueller, Otto H. Zur Geschichte der Compoundmaschine. (Technische Blätter 14.)

— sen. Zum Todestage von George Henry Corliss. Z. 1889.

— Amerikanische Dampfschiffahrt. Z. 1894.

— jun. Ueber Dreifach-Expansionsmaschinen. Z. 1887.

— jun. Die Erfolge schnelllaufender Dampfmaschinen. Z. 1889.

— jun. Otto H. Mueller, sein Leben und seine Bedeutung für den Maschinenbau. Z. 1897.

— jun. Dampfkessel und Dampfmaschine auf der Ausstellung zu Budapest 1896. Z. 1896.

Müller-Melchiors, F. Die Dampfmaschinen-Steuerungen auf der Wiener Ausstellung 1873. (Besonderer Abdruck aus D. p. J. Bd. 112, 113, 114.)

Müller, W. Die Schiffsmaschinen, Handbuch für Maschinisten. Braunschweig 1884.

Muirhead. The origin and progress of the mechanical inventions of James Watt, London 1854.

Partington, Ch. F. An historical and descriptive account of the steam engine. London 1822. 1836. (Fig. 35—40, 88.)

Pickersgill, W. Die Dampfmaschine auf der Ausstellung zu Stuttgart 1896. Z. 1897.

Proell, Dr. R. Neue Konstruktionen schnellgehender Dampfmaschinen. Verhandlung d. V. z. Beförderung des Gewerbfleisses 1886.

— Expansionssteuerung mit Regulator für schnelllaufende Dampfmaschinen. Z. 1887.

Radinger. Ueber Dampfmaschinen mit hoher Kolbengeschwindigkeit. Wien 1892.

Rebenstein, G. Stephenson's Lokomotive auf der Ludwigseisenbahn. Nürnberg 1836. (Fig. 97—102.)

Reiche, H. v. Berechnung und Konstruktion der Transmissionsdampf-
maschine. Aachen 1880 und 1886.

Reuleaux, F. Kurzgefasste Geschichte der Dampfmaschine. Braunschweig 1896.

— Der Konstrukteur. Braunschweig 1899.

Riedler, A. Die unterirdische Compound-Wasserhaltungsmaschinen am
Mayranschacht. Z. 1883.

— Mitteilungen über eine Studienreise nach Amerika. Z. 1893.

— Neuere Wasserwerksmaschinen. Z. 1890.

— Das Maschinenzeichnen. Berlin 1896. (Fig. 45—47, 107, 124, 127, 128.)

— Schnellbetrieb. Berlin 1899.

Robertson. The evolution of the stationary steam-engine. (Proc. Inst. Civ.
Eng. 1899.)

Robison, A. System of Mechanical Philosophy. Band 2. Edinburgh 1822.
Steam and Steam engines. (With Notes and Additions by James Watt.)

Röll, Dr. Victor. Encyklopädie des gesamten Eisenbahnwesens. Wien 1899.

Rühlmann, Dr. Moritz. Allgemeine Maschinenlehre. Leipzig 1875.

Salomon, B. Die Lokomotiven auf der Pariser Weltausstellung (1889).
Z. 1889. Z. 1890.

— Die Dampfmaschine auf der Pariser Weltausstellung (1889). Z. 1890.

Schöne. Beschreibung und Zeichnung einer von Kessler in Bernburg 1744
erbauten Feuermaschine. Z. 1892.

Schröter. Vergleichende Versuche mit gesättigtem und überhitztem
Dampf. Z. 1896.

Schweizer. Bauztg. 1900. No. 21 und 22. Die Dampfturbinen.

Seemann, Prof. A. Ueber Heissdampfmaschinen. Z. 1897.

Seidler, H. Dampfmaschinen mit Flachreglern. Z. 1898.

Severin. Beiträge zur Kenntnis der Dampfmaschine. (Abhandlungen
der kgl. techn. Deputation für Gewerbe 1826. Fig. 41, 42, 50—55, 59—61,
62, 79.)

Slaby, A. John Ericsson und Gustav Adolf Hirn. (Verhandlungen des
Vereins zur Beförderung des Gewerbefleisses 1890.)

Smiles. Lives of Boulton and Watt. London 1855.

Sondermann, C. Schnelllaufende Dampfmaschinen. Z. 1896. (Fig. 135.)

Sosnowski, M. K. Roues et turbines à vapeur. Bulletin de la Société
d'encouragement pour l'industrie nationale 1896.

Stodola, A., Prof., Zürich. Dampfmotoren an der Weltausstellung in Paris
1900. Schweiz. Bauztg. 1900.

Straube. Die Dampfmaschine bei Beginn des 20. Jahrhunderts. Vortrag.
Z. 1901.

Stribeck. Die Dampfturbine von Parsons. Z. 1889.

Stuart. A descriptive history of the steam-engine. London 1824.

Thurston, Robert H.　Die Dampfmaschine, übersetzt von W. H. Uhland.
　　Leipzig 1880.

— Stationary Steam Engines.　New York 1892.

— Contemporary economy of the steam-engine.　Transactions of the American
　　Society of Mechanical Engineers.　New York 1894.

Tredgold.　The steam engine, its invention and progressive improvement.
　　London 1838 (Appendix mit Atlas 1845. Fig. 81).

Uhland.　Die Woolf'sche und Compoundmaschine.　1882.

— Die Corliss- und Ventildampfmaschine.　1879.

— Dampfmaschine mit Schiebersteuerung.　1881.

Wachler.　Geschichte des ersten Jahrhunderts der königlichen Eisen-
　　hüttenwerke Malapane.

Weber, M. M. v.　Der Ahne der Lokomotiverfindung.　Westermanns Monats-
　　hefte 1876.

— Vom rollenden Flügelrade.　Berlin 1882.

Weltausstellung in Paris 1900.　Amtlicher Katalog der Ausstellung des
　　deutschen Reichs.

Werner, R. R.　Dampfmaschine mit schnellem Umlauf.　Z. 1886.

Wiebe, H.　Skizzenbuch.　(Fig. 68, 69, 75, 76.)

Zeitschrift des Vereins deutscher Ingenieure 1863.　Ueber die Erfindung des
　　Dampfhammers.

Z. 1893.　Dampfhammer der Bethlehem Iron Co.　(Fig. 168.)

Z. 1894.　Die Dampfturbine von de Laval.　(Fig. 143 bis 148.)

Z. 1897.　Rundschau.　Deutsche Werften.

Z. 1899.　Stehende Dampfmaschine von 3000 PS.　Berliner Elektricitätswerke.

Z. 1900.　Der Doppelschrauben-Schnelldampfer „Deutschland".　(Fig. 179—181.)

Z. 1900.　Der Salondampfer „Kaiserin Auguste Victoria".

Z. 1900.　Rundschau.　Kraftwerk der Metropolitan Street Railway Co. in
　　New-York.　(Fig. 149.)

Z. 1900.　Die Weltausstellung in Paris 1900.

Z. 1901.　Die Entwicklung des preussischen Eisenbahnwesens.

Zeuner, Dr. G.　Die Schiebersteuerungen.　Leipzig 1888.

Ziese, R. A.　Stehende und liegende Dampfmaschinen für stationäre An-
　　lagen.　Z. 1898.

Mitteilungen, Drucksachen, Zeichnungen und Photographien.

Maschinenfabrik von Dr. F. Alban, Plau.

Joseph Beduwe, Aachen.

A. Borsig, Tegel-Berlin.

Brown, Boveri & Co., Baden (Schweiz).

Maschinenfabrik Buckau, A.-G. zu Magdeburg.

Ehrhardt & Sehmer, Schleifmühle bei Saarbrücken.

Elsässische Maschinenbau-Gesellschaft, Mülhausen i. Els.

John Fowler & Co., Magdeburg.

Eisenwerke Gaggenau, A.-G., Gaggenau (Baden).

Görlitzer Maschinenbau-Anstalt und Eisengiesserei, A.-G., Görlitz.

Gutehoffnungshütte, Oberhausen.

G. Kuhn, Maschinenfabrik, Stuttgart-Berg.

Direktorium der Ludwigseisenbahn-Gesellschaft, Nürnberg.

Lüders, C., Civilingenieur, Leipzig.

Gebr. Sachsenberg, G. m. b. H. in Rosslau a. E.

Sächsische Maschinenfabrik vorm. R. Hartmann, A.-G., Chemnitz.

F. Schichau, Elbing.

Gebrüder Sulzer, Winterthur.

Maschinenbau-A.-G. Union, Essen.

Vereinigte Maschinenfabrik Augsburg und Maschinenbaugesellschaft Nürn-
. berg A.-G.

Vulcan, Bredow bei Stettin.

R. Wolf, Maschinenfabrik, Magdeburg-Buckau.

Worthington, Pumpen-Compagnie, A.-G., Berlin.

Personen-Verzeichnis.

www.ingramcontent.com/pod-product-compliance
Lightning Source LLC
Chambersburg PA
CBHW020906210326
41598CB00018B/1787